# 660MW 超超临界机组培训教材

# 电厂化学设备及系统

陕西商洛发电有限公司　西安电力高等专科学校　组　编

王浩青　主　编

郭进民　副主编

郭　松　参　编

中国电力出版社

CHINA ELECTRIC POWER PRESS

## 内 容 提 要

本分册是 660MW 超超临界机组培训教材系列丛书之《电厂化学设备及系统》。全书主要以陕西商洛发电有限公司 660MW 超超临界机组为主，讲述了大型火电机组化学水处理基础知识、原水预处理、锅炉补给水预脱盐、深度除盐、凝结水精处理、大型火力发电机组热力设备腐蚀、大型火力发电机组热力设备防护、大型火力发电机组水汽化学监督、热力设备停用保护及化学清洗、循环冷却水处理、大型火力发电厂废水处理等内容。

本分册适合从事 600MW 及以上大型火力发电机组安装、调试、运行、检修等工作人员学习，或作为培训教材使用，也可以供其他有关专业人员学习及高等院校热能动力工程类和电力工程类专业师生课外参考学习。

**图书在版编目（CIP）数据**

电厂化学设备及系统/陕西商洛发电有限公司，西安电力高等专科学校组编；王浩青主编 . —北京：中国电力出版社，2023.4

**660MW 超超临界机组培训教材**

ISBN 978-7-5198-7297-7

Ⅰ. ①电… Ⅱ. ①陕…②西…③王… Ⅲ. ①电厂化学-设备-技术培训-教材 Ⅳ. ①TM621.8

中国版本图书馆 CIP 数据核字（2022）第 233250 号

出版发行：中国电力出版社
地　　址：北京市东城区北京站西街 19 号（邮政编码 100005）
网　　址：http：//www. cepp. sgcc. com. cn
责任编辑：吴玉贤（010-63412540）
责任校对：黄　蓓　郝军燕
装帧设计：赵姗姗
责任印制：吴　迪
印　　刷：望都天宇星书刊印刷有限公司
版　　次：2023 年 4 月第一版
印　　次：2023 年 4 月北京第一次印刷
开　　本：787 毫米×1092 毫米　16 开本
印　　张：21.25
字　　数：609 千字
定　　价：88.00 元

# 编 委 会

# 前　言

21 世纪，火力发电进入超高参数、大容量、低能耗、小污染、高自动化程度机组的发展时期，600MW 等级以上机组已经成为主力发电机组。近几年来，有一大批 660MW/1000MW 超超临界机组相继投产，对从事生产运行和相关工作的技术人员提出了更高的要求。为了帮助他们提高技术水平，确保机组安全、经济、环保、可靠运行，由西安电力高等专科学校和陕西商洛发电有限公司联合组织编写本套培训教材。本套教材分为《锅炉设备及系统》《汽轮机设备及系统》《电气设备及系统》《热工过程自动化》《电厂化学设备及系统》《输煤与环保设备及系统》六个分册。

本册为《电厂化学设备及系统》分册，主要针对陕西商洛发电有限公司的高效660MW 超超临界机组的各种水处理工艺，力求实用为主，同时兼顾特殊需求而进行编写。该分册共有十章内容，介绍了大型火电机组化学水处理基础知识、原水预处理、锅炉补给水预脱盐、深度除盐、凝结水精处理、大型火力发电机组热力设备腐蚀、大型火力发电机组热力设备防护、大型火力发电机组水汽化学监督、热力设备停用保护及化学清洗、循环冷却水处理、大型火力发电厂废水处理等内容。分册内容主要突出 660MW 超超临界汽轮机机组的设备、系统特点，注重基本理论与实践的结合，注重知识的深度与广度的结合，注重专业知识与操作技能的结合。

本分册由西安电力高等专科学校王浩青和陕西商洛发电有限公司郭松编写。在编写过程中，参阅了参考文献中列写的正式出版文献以及相关电厂、研究院所和高等院校的技术资料、说明书、图纸等，得到了陕西商洛发电有限公司生产领导和专业技术人员的大力支持、帮助及配合，在此一并表示衷心的感谢。

由于编者水平所限和编写时间紧迫，书中疏漏之处在所难免，敬请读者批评指正。

编者

2023 年 3 月

# 目 录

# 绪　　论

为了提高火力发电的经济性，火力发电机组朝高参数、大容量方向发展已成为一个必然的趋势。高参数、大容量火力发电机组因其能量利用率高、经济性好而得到快速发展，已在发达国家广泛应用。随着我国国民经济的快速发展，超临界机组在国内已开始大量使用，并向超超临界火力发电机组发展。

由于高参数、大容量机组运行的特殊性，对其中进行能量传递的工质纯度提出了更高的要求，进而要求电厂化学水处理及化学监督不断发展、完善、细化，以适应高参数、大容量机组安全、经济运行的要求。

## 第一节　超超临界机组水汽系统简介

### 一、火力发电厂的生产过程

电力是一个国家经济发展的基础，是国民经济的先行官。与其他能源相比，电能具有很大的优越性，它效率高，便于控制和远距离传输，使用方便。所以，社会发展对电力的依赖度越来越高，电气化程度是衡量一个国家现代化水平的重要标志。

电力不是一种天然能源，必须由其他能源转换而来。大规模的电能生产一般在发电厂中进行。按所用能源种类的不同，发电厂的分类如图 0-1 所示。

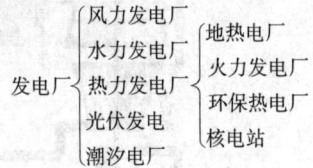

利用燃料燃烧进行发电的设备称为火力发电机组，主要由三大主机组成：锅炉、汽轮机和发电机。火力发电机组的发电过程示意图如图 0-2 所示。

$$
发电厂\begin{cases} 风力发电厂 \\ 水力发电厂 \\ 热力发电厂\begin{cases} 地热电厂 \\ 火力发电厂 \\ 环保热电厂 \\ 核电站 \end{cases} \\ 光伏发电 \\ 潮汐电厂 \end{cases}
$$

图 0-1　发电厂的分类

### 二、火电厂能量转换过程

在火力发电厂的生产过程中，存在着三种形式的能量转换。即：

$$
燃料的化学能\xrightarrow{锅炉}蒸汽的热能\xrightarrow{汽轮机}汽轮机转子的机械能\xrightarrow{发电机}电能
$$

锅炉是火力发电厂三大主机中最基本的能量转换设备。其作用是利用燃料在炉内燃烧将燃料中的化学能转变为热能加热给水，产生规定参数（温度、压力）和品质的蒸汽，送往汽轮机。蒸汽流经汽轮机时，冲击叶片带动汽轮机转子转动，将热能转化为机械能。发电机与汽轮机同轴，发电机转子随汽轮机转子一起转动，切割磁力线，产生电能。火电厂能量转换过程如图 0-3 所示。

火力发电厂生产系统分别由锅炉设备，汽轮机设备，发电机设备及输煤、除尘、除灰、脱硫和化学等辅助系统构成。

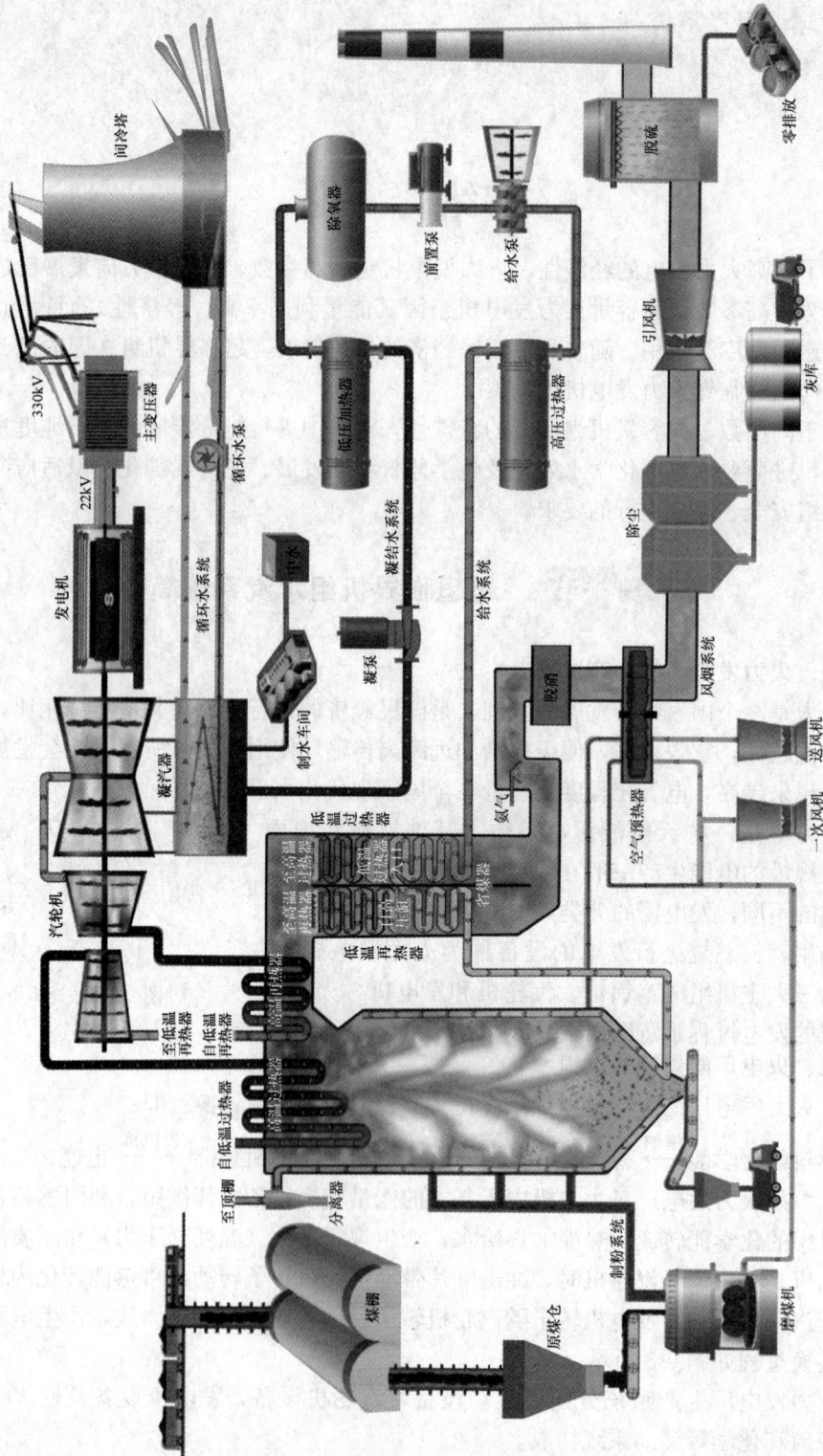

图 0-2 火力发电机组生产过程示意图

（1）锅炉是使燃料燃烧释放出热能，并将不断输入的水加热成具有一定压力和温度的过热蒸汽的设备，它为汽轮发电机生产电能提供动力。

（2）汽轮机是一种利用锅炉中产生的蒸汽热能转换为汽轮机转动轴所传递的机械能的动力机械。

（3）发电机是与汽轮机转动部分联轴，利用电磁感应原理，将旋转机械能转换为电能的设备。

（4）输煤系统是指燃煤发电厂的燃料运输与供应系统。其工作包括对

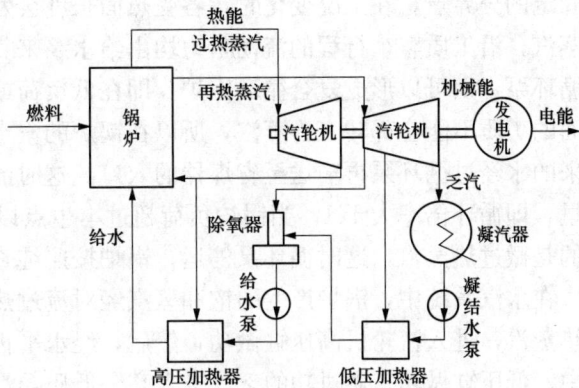

图 0-3　火电厂能量转换过程

陆运或水运来厂原煤的接收、厂内燃料的运输及储存，为锅炉提供燃烧工质。

（5）除尘除灰、脱硫系统是将锅炉燃烧过程中产生的烟气中的飞灰、有害气体、二氧化硫和微量重金属微粒及灰渣等废弃物分别除去和排走，以满足环境保护的要求。

（6）化学系统的主要作用就是保证为热力系统各部分提供品质良好的水、汽，以防止热力设备的结垢、腐蚀和积盐。

### 三、火力发电厂的水汽循环系统

火力发电厂的主要生产系统有水汽系统、燃烧系统、电气系统三大部分。锅炉和汽轮机是火力发电的主要设备。根据锅炉的运行压力，可以分为高压机组、超高压机组、亚临界机组和超临界机组。

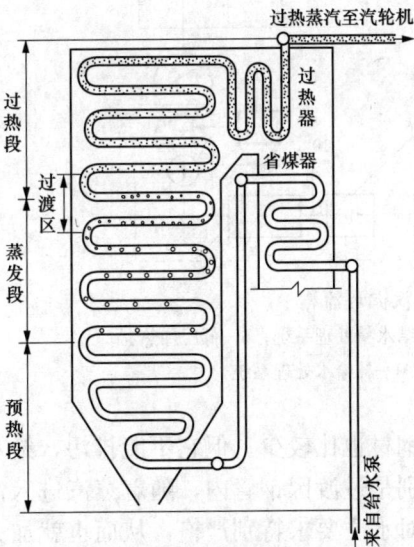

图 0-4　直流锅炉结构

水的临界状态参数为 22.1MPa、374.15℃，在水的参数达到该临界点时，汽化会在一瞬间完成，即在临界点时，在饱和水和饱和蒸汽之间不再有汽、水共存的两相区存在，二者参数不再有分别。当机组参数高于这一临界状态参数时，通常称其为超临界参数机组。而在我国通常把主蒸汽压力大于 27MPa 或者蒸汽温度大于 580℃的机组称为超超临界参数机组。而汽、水在过临界点不再有汽、水共存的两相区存在，也就决定了超临界或超超临界机组所配备的锅炉必须是直流炉，如图 0-4 所示。

直流锅炉依靠给水泵的压头将锅炉给水一次通过预热、蒸发、过热各受热面而变成过热蒸汽。在直流锅炉蒸发受热面中，由于工质的流动不是依靠汽水密度差来推动，而是通过给水泵压头来实现，工质一次通过受热面，蒸发量 $D$ 等于给水量 $G$，故可认为直流锅炉的循环倍率 $K=G/D=1$。

直流锅炉没有汽包，在水的预热受热面和蒸发受热面间、蒸发受热面和过热受热面间

无固定的分界点，在工况变化时，各受热面长度会发生变化。水在受热蒸发面中全部转变为蒸汽，沿工质整个行程的流动阻力均由给水泵来克服。如果在直流锅炉的启动回路中加入循环泵，则可以形成复合循环锅炉。即在低负荷或者本生负荷以下运行时，由于经过蒸发面的工质不能全部转变为蒸汽，所以在锅炉的汽水分离器中会有饱和水分离出来，分离出来的水经过循环泵再输送至省煤器的入口，这时流经蒸发部分的工质流量超过流出的蒸汽量，即循环倍率大于1。当锅炉负荷超过本生点以上或在高负荷运行时，由蒸发部分出来的是微过热蒸汽，这时循环泵停运，锅炉按照纯直流方式工作。

在水汽系统中，锅炉产生的饱和蒸汽经对流过热器、屏式过热器、二级过热器后成为过热蒸汽，进入汽轮机高压缸做功，然后，经水平再热器、吊式再热器再热后，进入汽轮机中、低压缸做功；做过功的乏汽进入高、低压凝汽器凝结成为凝结水，经凝结水泵、凝结水净化装置、轴封冷凝器、低压加热器后送入除氧器；再由给水泵将已除氧的给水经高压加热器后送入锅炉省煤器，如此循环运行。

国产600MW超临界锅炉的典型水汽流程是：给水→省煤器→螺旋水冷壁→垂直水冷壁→汽水分离器→顶棚和包覆过热器→低温过热器→屏式过热器→高温过热器→集汽联箱。由于水一次过受热面变成蒸汽，所以直流锅炉的蒸发量等于其给水流量。超临界直流锅炉机组水汽循环流程如图0-5所示。

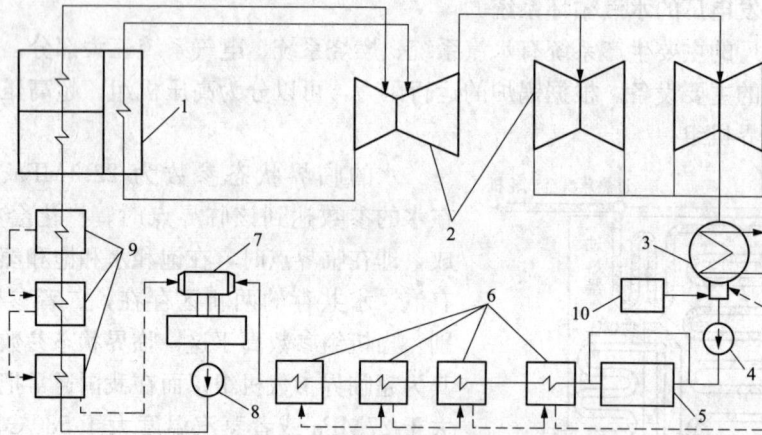

图0-5 超临界直流锅炉机组水汽循环流程
1—锅炉；2—汽轮机；3—凝汽器；4—凝结水泵；5—凝结水精处理系统；6—低压加热器；
7—除氧器；8—给水泵；9—高压加热器；10—补给水处理系统

直流锅炉由于没有汽包，比较容易制造，消耗的钢材也比较少。但它不能排污，给水完全在管子内蒸发，水中杂质都沉积在锅炉各段，特别是过渡区钢管内，随着蒸汽进入汽轮机，沉积在叶片上，造成结垢、积盐，故直流锅炉对水质要求特别严格，从而也就加大了水汽监督的难度。

蒸汽从锅炉带出的盐分进入汽轮机后，由于盐类在蒸汽中的溶解度随蒸汽压力的降低而下降，所以参数越低，蒸汽溶解带盐的能力越差。蒸汽在汽轮机中将热能转换成机械能，压力和温度不断下降，溶盐能力越来越低，如果蒸汽含盐量超出相应压力、温度下的溶解度，就会析出并沉积在喷嘴和叶片上，使叶片通流截面积减少，导致汽轮机效率降低，轴向推力增大，严重时还会影响转子的平衡而造成更大事故。因此锅炉产生的蒸汽不仅要符合设计规定的压力和温度，而且还要达到规定的蒸汽质量标准。

**四、水在火电厂中的名称**

由于水在火电厂的作用不同，其水质差别很大。在实际生产中，我们给这些水以不同的名称，如：生水、补给水、凝结水、给水、锅炉水、疏水、凝结水、冷却水等。

(1) 生水又称原水，是指未经处理的天然水，如江河水、湖水、地下水等。在火电厂中生水既可作为制取锅炉补给水的水源，又可作为冷却水、消防水使用。

(2) 补给水是指生水经过各种方法处理后，用来补充火电厂水、汽循环系统损失的水。补给水按其净化处理方法不同，又可分为软化水、除盐水等。

(3) 凝结水是指汽轮机做功后的蒸汽经凝汽器冷却凝结形成的水。

(4) 送往锅炉的水称之为给水。凝汽式发电厂的给水主要由凝结水、补给水和各种疏水组成。热电厂还包括返回凝结水。

(5) 锅炉水是指在锅炉本体的蒸发系统中流动着的水称为锅炉水，简称炉水。

(6) 疏水是火电厂内部各种蒸汽管道和用汽设备中的蒸汽凝结成的水。它经疏水器汇集到疏水箱。在火电厂中高压疏水一般回收到除氧器，低压疏水回收到凝汽器。

(7) 凝结水是指热电厂向用户供蒸汽后，回收的蒸汽凝结水，简称返回水。

(8) 作为冷却介质的水称之为冷却水。采用水冷凝汽器的机组，用量最大的是通过凝汽器用以冷却汽轮机排汽的水，称之为循环冷却水。

**五、火力发电厂中的水处理**

热力系统中水的品质是影响热力设备安全、经济运行的主要因素之一，为了防止水中的杂质进入锅炉后发生积盐、结垢和腐蚀，需要对原水进行预处理（混凝、澄清、过滤、超滤）、除盐处理（反渗透、一级除盐、二级除盐或 EDI）以及凝结水的精处理，尽量减少杂质进入锅炉水中；为了防止水、汽对系统金属的腐蚀，防止腐蚀产物进入锅炉并引起水冷壁的腐蚀、结垢以及防止蒸汽携带杂质引起过热器和汽轮机腐蚀、积盐等，需要对给水进行加药处理。例如，给水中的腐蚀产物 $Fe_3O_4$、$CuO$ 进入锅炉后，一方面在锅炉热负荷高的部位沉积，产生铜、铁垢，影响热传递，严重时发生锅炉爆管，另一方面铜垢容易被高压蒸汽携带，它往往沉积在汽轮机的高压缸部分。因此，既要严格控制锅炉给水的质量，又要对给水、炉水进行合理的处理，防止发生任何形式的腐蚀。

(1) 锅炉补给水处理。给水由补给水、凝结水和疏水等组成。因此，给水的质量与这些水的质量有关。为什么要不停地向锅炉补水呢？这是因为虽然火电厂中的水、汽理论上是密闭循环，但实际上总是有一些水、汽损失，包括以下几方面：

1) 锅炉：锅炉安全门和过热器放汽门的向外排汽，用蒸汽推动附属机械，蒸汽吹灰和燃烧液体燃料（如油等）时采用蒸汽雾化法等。

2) 汽轮机：汽轮机轴封漏汽、抽气器和除氧器的对空排汽和热电厂对外供汽等。

3) 各种水箱：如疏水箱、给水箱溢流和其相应扩容器的对空排汽。

4) 管道系统：各种管道的法兰连接不严和阀门泄漏等。

因此，为了维持火电厂热力系统的正常水、汽循环，机组在运行过程中必须要补充这些水、汽损失，补充的这部分水称为锅炉补给水。补给水要经过沉淀、过滤、除盐等水处理过程，把水中的有害物质除去后才能补入水、汽循环系统中。火电厂的补给水量与机组的类型、容量、水处理方式等因素有关。凝汽式 600MW 以上机组的补水量一般不超过锅炉额定蒸发量的 1.0%。

(2) 凝结水精处理。对于直流锅炉机组，由于锅炉对水质要求非常严格，必须要对凝结水进行精处理。在火电厂中应用较普遍的凝结水精处理方式为前置过滤器＋高速混床，高速混床内树脂采用体外再生方式。

(3) 给水处理。给水水质即使很纯，也会对给水系统造成腐蚀。选择适当地给水处理方式，将系统的腐蚀降到最低限度。给水处理方式包括还原性全挥发处理 AVT（R）、氧化性全挥发处理 AVT(O) 和加氧处理 OT。各电厂可根据机组的材料特性、炉型及水汽指标采用不同的给水处理方式。

(4) 循环冷却水处理。开式循环冷却水系统中，冷却水与空气直接接触进行冷却，由于蒸发、泄漏、排污等损失和盐类浓缩；水中有充足的溶解氧，有光照，再加上温度适宜，有利于微生物的滋生，容易发生腐蚀、结垢问题，应采取杀菌灭藻、阻垢缓蚀措施。

火力发电厂热力设备水汽循环系统中的介质总是含有一些杂质的，这些杂质是引起热力设备结垢、腐蚀和汽轮机积盐的主要根源。主要有以下几方面：

(1) 补给水含有杂质。补给水一般采用超滤＋反渗透＋除盐系统制备除盐水作为补给水，补给水水质控制标准如下：二氧化硅小于等于 $10\mu g/L$；电导率（25℃）小于等于 $0.10\mu S/cm$。由此看出，除盐水中仍然含有微量杂质，这些微量杂质的种类包括盐类、硅化合物和有机物等。当水处理系统的设备有缺陷或者运行操作管理不当时，除盐水中钠化合物、硅化合物和有机物等杂质的含量还会增加。除盐水中有机物种类和含量与原水中有机物的种类和含量有关，而且与预处理过程（特别是混凝过程）的进行程度有关。除盐水中还可能带有离子交换树脂的粉末等合成有机物和离子交换床内滋生的细菌、微生物等。

(2) 冷却水渗漏使杂质进入凝结水。凝汽器水侧流过的是循环冷却水，当凝汽器泄漏时，冷却水中的杂质就会随之进入凝结水，使凝结水含有各种盐类物质（包括 $Ca^{2+}$、$Mg^{2+}$、$Na^+$、$HCO_3^-$、$Cl^-$ 等）、硅化合物和各种有机物等杂质。虽然每台机组设有前置过滤器和高速混床作为凝结水精处理设备，但它无法除尽从冷却水漏入的杂质，尤其是冷却水中的胶体硅和胶态有机物。

(3) 金属腐蚀产物被水流携带。补给水系统、给水系统、凝结水系统、疏水系统中各种管道和热力设备不可避免遭受到的腐蚀都会给机组水汽系统带入金属腐蚀产物。这些金属腐蚀物主要是铁和铜的腐蚀产物。

此外，在机组安装、检修期间也会使一些杂质残留在系统中。由于杂质的存在，热力设备中必然会发生各种结垢、腐蚀和蒸汽污染等问题，导致热力设备在短时间内发生故障，甚至造成停机、停炉的严重局面，影响机组的安全经济运行。在火力发电厂中，如果汽水品质不合格，则可能引起以下危害：

1) 引起热力设备的结垢。进入锅炉的水中如果有易于沉积的物质，或发生反应后生成难溶于水的物质，则在运行过程中会发生结垢的现象。垢的导热性比金属差几百倍，且它又极易在热负荷很高的部位生成，使金属壁的温度过高，引起金属强度下降，致使锅炉的管道发生局部变形、鼓包，甚至爆管；而且锅炉内结垢还降低锅炉的热效率，从而影响发电厂的经济效益。

　　锅炉给水中的硬度盐类是造成结垢的主要因素，但对于高参数的大型锅炉，由于给水中硬度已被全部去除，故形成的水垢主要是铁的沉积物。在水冷凝汽器内，因冷却水水质问题而结垢会导致凝汽器真空下降，从而使汽轮机的热效率和出力降低。热力设备结垢后需要清洗，不但增加了检修工作量和费用，而且使热力设备的年运行时间减少。

　　2）热力设备的腐蚀。火力发电厂中热力设备的金属面经常与水接触，会发生由于水质问题而引起的金属腐蚀。易于发生腐蚀的设备有给水管道、加热器、锅炉的省煤器、水冷壁、过热器和汽轮机凝汽器等。

　　腐蚀不仅会缩短设备本身的使用寿命，而且由于金属腐蚀产物转入水中，使给水中杂质增多，其结果是这些杂质会促进炉管内的结垢过程，结成的垢转而又加剧炉管的腐蚀，形成恶性循环。如果金属的腐蚀产物被蒸汽带到汽轮机中，则会因它们沉积下来严重影响汽轮机的安全和运行的经济性。

　　3）过热器和汽轮机机内积盐。水质不良还会引起蒸汽不纯，从而使蒸汽带入的杂质沉积在蒸汽通过的各个部位，例如过热器或汽轮机，这种现象称为积盐。过热器管内积盐会引起金属管壁温度过高，以致爆管。汽轮机内积盐会大大降低汽轮机的出力和效率。当汽轮机内积盐严重时，还会使推力轴承负荷增大，隔板弯曲，造成事故停机。

## 第二节　水　质　概　述

### 一、电厂用水及水质特性

　　电厂用水多采用天然水体，一种是地表水，另一种是地下水。随着水资源短缺的情况越来越严重，中水（再生水）也渐渐成为电厂用水的另一种水源。

　　1. 地表水

　　地表水是指位于地球表面处于流动或静止的水。主要是指江、河、湖泊、水库水和海水。地表水在大自然循环过程中，无时不与大气、土壤和岩石接触。由于水是一种溶解能力很强的溶剂，所以任何水体都不同程度的含有多种多样的杂质。

　　江河水流域面积广阔，又是敞开流动的水体，所以水质易受自然条件、地理条件的影响。这种水的化学组成具有多样性和易变性。如：我国的黄土高原、黄河水系，冬季枯水季节浊度有时只有几十毫克/升，而到了夏季的汛期，浊度陡增到几克/升～数百克/升。而东北、华北和中南地区大部分河流的浊度均比较低，平均浊度为 $50\sim400mg/L$。通常江河水的悬浮物和胶体杂质含量较高，浊度高于地下水，含盐量及硬度较低，是电厂用水最合适的水源。但江河水最大的缺点是易受工业废水、生活污水及其他各种原因的污染。

　　湖泊和水库水主要是由江河水和降水补充的，水质与江河水类似。但由于水的流动性小，储存时间长，经过长期自然沉淀，浊度较低。又由于流动性小，透明度好，一般含藻类较多，使水产生色、嗅、味等。由于蒸发浓缩，含盐量往往高于江河水。只有淡水湖和微咸水湖可以作为工业用水水源。

　　2. 地下水

　　地下水主要是由于雨水和地表水渗入地下而成的。当它通过土壤时，由于过滤作用而将水中的悬浮物去除，所以地下水常常是清澈透明的。且水源不易受到外界污染和气温影响，水质较稳定。

地下水的含盐量和硬度通常比地表水高，因为在地表水渗入地下时，沿途溶解了许多物质。并且含盐量的多少和盐类的成分，取决于地下水流经地层的矿物成分，通常铁、锰的含量较高。

3. 中水（再生水）

中水主要是指城市污水和生活污水经过处理后达到一定的水质标准，可在一定范围内重复使用的非饮用杂用水，也有称其为再生水。

中水回用的水质首先要满足卫生要求，主要指标有细菌总数、大肠杆菌群数、余氯量、悬浮物、生物需氧量、化学耗氧量；其次要满足感观要求，其衡量指标有色度、浊度、臭味等；此外，还要求水质不会引起设备管道的严重腐蚀和结垢，主要指标有 pH 值、溶解性物质和蒸发残渣等。

中水是水资源有效利用的一种形式。在偏僻地方的火力发电厂中，中水主要用于工业冷却水的补充水，以及消防、绿化、道路清洁、冲厕等用水。近年来，随着水资源的不断紧缺，城市附近的电厂以及热电厂，在国家政策的要求下，城市中水（再生水）已作为这些电厂的主要水源，再辅以地下水或水库水作为其备用水源。

**二、天然水的性质**

水分子（$H_2O$）是由两个氢原子和一个氧原子组成，可是大自然中很纯的水是没有的，因为水是一种溶解能力很强的溶剂，能溶解大气中、地球表面和地下岩层里的许多物质，此外还有一些不溶于水的物质和水混合在一起。它主要有以下几种特性：

（1）水的状态。水在常温下有三态。水的熔点为 0℃，沸点为 100℃，在自然环境中可以固体存在，也可以液体存在，并有部分变为水蒸气。火力发电厂的生产工艺就是利用水的状态变化来转换能量的。

（2）水的密度。水的密度与温度的关系和一般物质有些不同，标准大气压下，水的密度在 3.98℃时最大，为 $1g/cm^3$，高于或低于此温度，其密度都小于该值，这通常由水分子之间的缔合现象来解释，即 3.98℃时，水分子缔合的聚合物结构最密实。

（3）水的比热容。几乎所有的液体和固体物质中，水的比热容最大，同时有很大的蒸发热和溶解热。这是因为水加热时，热量不仅消耗于水温升高，还消耗于水分子聚合物的解离。所以，在火力发电厂和其他工业中，常以水作为传送热量的介质，这可以使设备的体积最小。表 0-1 列出水在定压（0.1MPa）下的比热容。

表 0-1　　　　　　　　　　水的比热容（不含空气的水在 0.1MPa 下的比热容）

| 温度（℃） | 比热容[J/(kg·K)] | 温度（℃） | 比热容[J/(kg·K)] | 温度（℃） | 比热容[J/(kg·K)] |
|---|---|---|---|---|---|
| 0 | 4217.309 8 | 20 | 4181.733 0 | 50 | 4180.477 1 |
| 5 | 4205.883 3 | 25 | 4175.873 3 | 60 | 4184.244 3 |
| 10 | 4191.778 2 | 30 | 4178.384 6 | 70 | 4189.266 9 |
| 15 | 4185.500 0 | 40 | 4178.381 6 | 80 | 4195.963 7 |
| 90 | 4204.753 3 | 100 | 4215.635 6 | | |

（4）水的溶解能力。水的溶解能力极强，是一种很好的溶剂，溶解于水中的物质可以进行许多化学反应，而且能与许多金属的氧化物、非金属的氧化物及活泼金属产生化合作用。锅炉补给水净化的任务就是将水中溶解和携带的杂质部分和全部除去。

(5) 水的导电能力。水是一种弱两性电解质，能电离出少量的 $H^+$ 和 $OH^-$，所以即使是理想的纯水也有一定的导电能力，这种导电能力常用电导率来表示。电导率是电阻率的倒数。电阻率单位是欧姆米（$\Omega \cdot m$），电导率的单位是西门子每米（S/m），常用单位为 $\mu S/cm$。

纯净水的电导率不仅受含盐量影响，而且受水的温度及水在大气中放置时间长短的影响，水的温度与水的电导率关系见表 0-2。随着水中各种离子的增加，水的导电能力也增大。

表 0-2　　　　　　　　　　水的温度与电导率关系

| 温度（℃） | 5 | 10 | 15 | 20 | 25 | 30 | 35 | 40 | 45 | 50 |
|---|---|---|---|---|---|---|---|---|---|---|
| 电导率（$\mu S/cm$） | 0.016 | 0.022 | 0.032 | 0.038 | 0.055 | 0.071 | 0.102 | 0.131 | 0.141 | 0.172 |

(6) 水的饱和压力与沸点。对液态的水加热，当液体温度达到一定值时，液体内部便产生大量气泡，气泡上升到液面破裂而放出大量蒸汽，这种在液体表面和内部同时进行的剧烈汽化现象称为沸腾。工程实际中，就是通过沸腾获得水蒸气。液体沸腾时的温度称为沸点（饱和温度）。实验证明，定压沸腾时，虽然对液体持续加热，但其温度保持不变。此时汽液两相达到动态平衡的状态称为饱和状态。饱和状态下的蒸汽称为饱和蒸汽，饱和状态下的水称为饱和水。处于饱和状态时，蒸汽和水的压力相同，温度相等。该压力称为饱和压力，用符号 $p_s$ 表示；该温度称为饱和温度，用符号 $t_s$ 表示。

饱和温度和饱和压力一一对应，改变饱和温度，饱和压力也会起相应的变化，饱和温度越高，饱和压力也越高。水的饱和压力与饱和温度的关系见表 0-3。

表 0-3　　　　　　　　　　水的饱和压力与饱和温度的关系

| 饱和压力（MPa） | 0.01 | 0.1 | 1 | 10 | 15 | 18 | 22.064 |
|---|---|---|---|---|---|---|---|
| 饱和温度（℃） | 45.83 | 99.63 | 179.88 | 310.96 | 342.13 | 356.96 | 374.15 |

火电厂中，水蒸气是在锅炉中定压加热产生的。从锅炉产生出来的饱和蒸汽常带有少量水分，通常称为饱和蒸汽，清除饱和蒸汽中的水分后，通过过热器进一步加热，蒸汽温度高于同压下的饱和温度，称为过热蒸汽。

随着温度和压力的提高，蒸汽密度增大，水的密度降低，当温度和压力提高到一定程度时，蒸汽和水的密度相同，此时称为临界状态。水的临界压力为 22MPa（精确值为22.1MPa），在此压力下水的沸点为 374℃（精确值为 374.15℃），称为临界温度。处于临界温度水体的汽液两相界面已消失，这时汽液的各种性质也基本相同。

### 第三节　水中的杂质及特性

火力发电厂用水的品质直接影响到设备的安全、稳定、经济运行。火电厂对水质的要求很高，需对水进行净化处理，去除水中的杂质，使水质达到火电厂生产要求。为更好地做好水处理工作，认识、了解水中的杂质种类、特点、含量和危害有着十分重要的意义。

水中杂质有的呈固态，有的呈液态或气态，它们大多以分子态、离子态或胶体颗粒存在于水中。水处理工艺中通常将这些杂质按存在状态和颗粒直径分为三类：悬浮物（粒径

$\phi > 10^{-4}$ mm)、胶体（$10^{-6}$ mm $< \phi < 10^{-4}$ mm）、溶解物质（$\phi < 10^{-6}$ mm）。从表 0-4 中可以看出水中的杂质和组成。

表 0-4                          天然水中的杂质

| 主要离子 | | 溶解气体 | | 生成物 | 胶体 | | 悬浮物质 |
| --- | --- | --- | --- | --- | --- | --- | --- |
| 阴离子 | 阳离子 | 主要气体 | 微量气体 | | 无机 | 有机 | |
| $Cl^-$ $SO_4^{2-}$ $HCO_3^-$ $CO_3^{2-}$ | $Na^+$ $K^+$ $Ca^{2+}$ $Mg^{2+}$ | $O_2$ $CO_2$ | $N_2$ $H_2S$ $CH_4$ | $NH_3$、$NO_3^-$ $NO_2^-$、$PO_4^{3-}$ $HPO_4^{2-}$ $H_2PO_4^-$ | $SiO_2 \cdot nH_2O$ $Fe(OH)_3 \cdot nH_2O$ $Al_2O_3 \cdot nH_2O$ | 腐殖质 | 硅铝酸 盐颗粒 砂粒 黏土 |

## 一、悬浮物质

悬浮物的颗粒较大，一般在 100nm 以上。按其颗粒大小和相对密度的不同可分为漂浮物、悬浮物和可沉降物。如一些植物及腐烂体的相对密度小于 $1g/cm^3$，一般漂浮于水面，称为漂浮物，它们是一些有机物；一些动植物的微小碎片、纤维或死亡后的腐烂产物的相对密度接近 $1g/cm^3$，如细菌、藻类、纤维素等微生物类杂质，一般悬浮于水中，称为悬浮物；一些砂子和黏土类无机物的相对密度大于 $1g/cm^3$，当水静置时或流速较慢时会下沉，称为沉降物。因此，悬浮物质在水中很不稳定，分布也不均匀，在重力或浮力的作用下易于分离出来。悬浮杂质是水发生浑浊的主要原因。

含有悬浮杂质的给水，进入锅炉内，受热后很快下沉，尤其在锅炉的水流缓慢处，悬浮杂质最易沉积。沉积的悬浮物不仅影响锅炉的传热和炉水循环，而且还可堵塞炉管，造成被迫停炉等事故；悬浮杂质进入补给水净化系统，会堵塞或划伤反渗透膜，污染离子交换树脂，是水处理工艺中首先需要除去的杂质。

## 二、胶体

胶体是指颗粒直径约为 1～100nm 之间的微粒。胶体颗粒在水中有布朗运动，它们不能靠静置的方法自水中分离出来。而且，胶体表面因带电，同类胶体之间有同性电荷的斥力，不易相互黏合成较大的颗粒，所以胶体在水中是比较稳定的。

胶体大都是由许多不溶于水的分子组成的集合体，在天然水中，属于这一种胶体的主要是铁、铝和硅的化合物，是一些无机物，属无机胶体，这类胶体物质的存在，使水在光照下显得浑浊。有些溶于水的高分子化合物也被看作胶体，是因为它们的分子较大，具有与胶体相似的性质，它们是因动植物腐烂而形成的有机胶体，多为大分子的有机物，其中主要是腐殖质，尽管它对水的浊度影响不大，但它们是水体产生色、嗅、味的主要原因。此外，还有无机胶体上吸附了大分子的有机物构成的混合胶体。

胶体杂质进入锅炉内时，同悬浮杂质一样，能形成沉积物，并在受热面上结成水垢或泥渣黏附物。此外，有机胶体会引起锅炉水发泡，严重时会引起汽水共沸。

## 三、溶解物质

溶解物质是指颗粒直径小于 1nm 的微粒，这些微粒往往以离子、分子或气体的状态存在于水中，成为均匀的分散系，称为真溶液。这类物质不能用混凝、澄清、过滤的方法去除，必须采用蒸馏、膜过滤（电渗析、反渗透、连续电去离子等）或离子交换的方法去除。

（1）水中的离子态溶解物质。天然水中含有的离子种类很多，见表 0-4，天然水体中含有的主要离子有 $Cl^-$、$SO_4^{2-}$、$HCO_3^-$、$CO_3^{2-}$、$Na^+$、$K^+$、$Ca^{2+}$、$Mg^{2+}$ 八种离子，它们几乎占水中溶解固体总量的 95％以上，它们是工业水处理中需要净化的主要离子。另外水中还有一定的生物生成物、微量元素及有机物。生物生成物主要是一些氮（如 $NH_4^+$、$NO_2^-$、$NO_3^-$）的化合物，磷（如 $HPO_4^{2-}$、$H_2PO_4^-$、$PO_4^{3-}$）的化合物，铁的化合物和硅的化合物；微量元素是指含量小于 10mg/L 的元素，主要有 $I^-$、$Br^-$、$Co^{2+}$、$Cu^{2+}$、$Ni^{2+}$、$F^-$、$Fe^{2+}$ 等；有机物有腐殖酸、富维酸、富里酸等。

1）$Na^+$ 和 $K^+$。钠盐占地壳矿物质的 25％左右，再加上钠盐的溶解度很高，因此水中普遍含有 $Na^+$。在高含盐量水中，$Na^+$ 是最主要的阳离子。天然水中的 $K^+$ 含量远低于 $Na^+$，这是因为含钾的矿物比含钠的矿物抗风化能力强，所以 $K^+$ 较难转移到水中。由于一般水中 $K^+$ 含量不高，而且化学性质与 $Na^+$ 相近，因此在水质分析中，常以（$K^+$＋$Na^+$）之和表示它们的含量，并取加权平均值 25 作为两者的摩尔质量。

2）$Ca^{2+}$。在含盐量少的水中，钙离子的含量常常在阳离子中占第一位。天然水流经含有石灰石（$CaCO_3$）或石膏石（$CaSO_4 \cdot 2H_2O$）的岩层时，$CaCO_3$ 和 $CaSO_4$ 溶解于水便产生 $Ca^{2+}$。其中 $CaCO_3$ 溶解度虽然极小，但当水中有足够的 $CO_2$ 时，$CaCO_3$ 发生如下反应生成溶解度较大的碳酸氢钙，较容易溶解。

$$CaCO_3 + CO_2 + H_2O = Ca(HCO_3)_2$$

天然水中可能同时溶解 $CaCO_3$、$CaSO_4 \cdot 2H_2O$、$CaSO_4$ 使水中 $Ca^{2+}$ 的浓度大大超过 $HCO_3^-$ 的浓度。

3）$Mg^{2+}$。水中的镁离子大都由于白云石（$MgCO_3 \cdot CaCO_3$）被含 $CO_2$ 水溶解所致。白云石在水中的溶解与石灰石相似。白云石中碳酸镁的溶解反应如下

$$MgCO_3 + CO_2 + H_2O = Mg(HCO_3)_2$$

在含盐量不大的水中，$Mg^{2+}$ 的含量一般为 $Ca^{2+}$ 的 25％～50％，水中的 $Ca^{2+}$、$Mg^{2+}$ 是形成水垢的主要成分。

4）碳酸氢根（$HCO_3^-$）和碳酸根（$CO_3^{2-}$）。水中的碳酸氢根主要是水中溶解的 $CO_2$ 和碳酸盐反应后产生的。碳酸氢根是天然水中最主要的阴离子。

水中的 $HCO_3^-$、$CO_3^{2-}$ 和 $CO_2$ 共同组成了一个碳酸化合物平衡体系。水中 $HCO_3^-$ 的含量与氢离子浓度 $[H^+]$ 成反比，计算表明，当水的 $pH < 4.0$ 时，$HCO_3^-$ 含量已经很少了，即在酸性条件下不存在 $HCO_3^-$。在一般的地表水中，$HCO_3^-$ 含量一般在 50～400mg/L 之间，在少数水中达到 800mg/L。

水中 $CO_3^{2-}$ 与氢离子浓度 $[H^+]$ 成反比，计算表明，当水的 $pH < 8.3$ 时，$CO_3^{2-}$ 含量也很少，即在中性和酸性条件下不存在 $CO_3^{2-}$。

5）氯离子（$Cl^-$）。天然水中都含有 $Cl^-$，这是因为水流经地层时，溶解了其中的氯化物，所以 $Cl^-$ 几乎存在于所有的天然水中，但其含量相差很大，在某些河水中只有几毫克/升，在海水中却高达几十克/升。由于氯化物的溶解度大且又不参与水中任何氧化还原反应，所以大部分 $Cl^-$ 在水中都以游离状态存在。

6）硫酸根 $SO_4^{2-}$。硫酸根在天然水中的含量与当地的地质情况有关。当硫化物与含氧的天然水接触时，硫被氧化成 $SO_4^{2-}$；石膏石（$CaSO_4 \cdot 2H_2O$）也是天然水中 $SO_4^{2-}$ 的主

要来源。

铁也是天然水中常见的杂质，水中的铁有$Fe^{2+}$和$Fe^{3+}$两种，在深井水中因溶解氧的量很小和pH值较低，水中会有较多的$Fe^{2+}$存在，高达10mg/L以上，亚铁盐类溶解度大，水解度小，所以$Fe^{2+}$不易形成沉淀物。在地表水中，由于溶解氧的含量较多，$Fe^{2+}$会氧化成$Fe^{3+}$，并转变成$Fe(OH)_3$沉淀物或胶体，所以$Fe^{3+}$的量也很小。此外，某些地区的地下水中还含有较多的$Mn^{2+}$。

天然水中普遍含有硅酸，且形态复杂，变化幅度也较大。天然水中硅酸来源于硅酸盐矿的溶解，地下水中硅酸含量比地表水中的多。硅酸是锅炉补给水处理必须除去的主要杂质之一。

对于火力发电厂，水中的离子态溶解物能够引起热力设备的结垢、腐蚀和积盐，影响设备和系统的安全经济运行，所以必须除去。

（2）呈分子状态的气体。天然水中常见的溶解气体有氧（$O_2$）和二氧化碳（$CO_2$），有时还有硫化氢（$H_2S$）、二氧化硫（$SO_2$）和氨（$NH_3$）等。

1）氧。天然水中的氧主要是由大气中的氧气溶解到水中，有的部分也来自水生植物的光合作用所产生的氧气。溶解在水中的氧气，简称溶解氧。

天然水的氧含量一般在0～14mg/L。地表水中溶解氧含量与水温、气压及水中有机物含量有关，如图0-6所示，在一定压力下，水中的溶氧含量随温度的升高而减少。水中有机物进行氧化分解需消耗溶解氧，如果有机物较多，耗氧速度超过从空气中补充的溶氧速度，则水中的溶解氧量将减少。有机物污染严重时，水中的溶解氧甚至接近于零，这时，有机物在缺氧条件下分解，出现腐败发酵现象，使水质严重恶化。地下水与空气接触较少，含氧量通常比地表水少，且随着深度增加而减少，在一定深度下，地下水中溶解氧几乎为零。

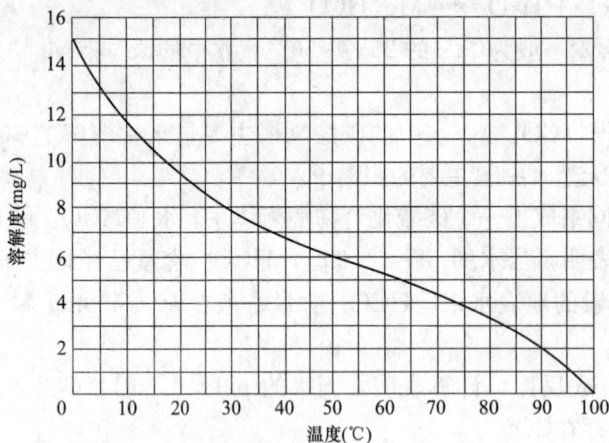

图0-6　101.325kPa大气中氧在水中的溶解度

对于火力发电厂，水中的溶解氧能造成热力系统金属设备的腐蚀，一般采用热力除氧和化学除氧将其除去。

2）二氧化碳。天然水中的$CO_2$并非来自大气，主要来源为水中或泥土中有机物的分解和氧化，也有因地层深处进行的地质过程而生成的。这是因为大气中二氧化碳的分压很低，按体积百分数只有0.03%～0.04%，与之对应的溶解度仅为0.5～1.0mg/L。在实际天然水中，$CO_2$含量常不超过20～30mg/L，地下水的$CO_2$含量较高，有时达到几百毫克/升。说明水中有机质降解时，消耗了氧气，产生了$CO_2$，使水中$CO_2$含量大大超过了与大气接触时的平衡浓度。

对于火力发电厂，$CO_2$在给水、凝结水和冷却水中对金属设备能够产生酸性腐蚀，同时还会加剧溶解氧对金属的腐蚀，所以在锅炉用水和冷却水中含有 $CO_2$ 时危害很大。

### 四、有机物

天然水中的有机物有两种不同的来源，一种是自然界生态循环中形成的，另一种是人类生产活动中产生的，如工业废水、生活污水。

自然界生态循环中形成的有机物主要是腐殖质。腐殖质来自土壤中，是因动植物腐烂而分解出来的一些产物。腐殖质中的有机物按其性质大体上可分为腐殖酸和富维酸，腐殖酸主要表现为可溶于碱性溶液，但不溶于酸性溶液（pH＝1），在水中多呈胶体状态；富维酸可溶于酸（pH＝1），在水中多是溶解状态。有报道称，腐殖酸的相对分子质量约为 30 000～50 000，富维酸约为 1000～10 000。腐殖质的分子结构大都是以苯环为基本骨架，由醚链 R-O-R′ 连接起来，带有羧基、酚基、铜基、醇基、羰基等。

地表水中有机物的含量，$COD_{Mn}$ 一般为 1～10mg/L，并随季节有规律地变化，通常是夏季高，而冬季低；地下水有机物含量很少，$COD_{Mn}$ 为 1mg/L 左右。

水中有机物在进行生物氧化分解时，需要消耗水中的溶解氧，如果缺氧，则发生腐败，恶化水质、破坏水体。天然水中有机物不但影响水处理过程的进行（如影响水的混凝沉淀、污染交换树脂和分离膜等），而且进入锅炉后会受热分解为低分子有机酸，造成热力设备酸性腐蚀。因此，有机物是水处理中必须去除的杂质。

### 五、微生物

在天然水中还有许多微生物，其中属于植物界的有细菌类、藻类和真菌类；属于动物界的有鞭毛虫、病毒等原生动物。另外，还有属于高等植物的苔类和属于后生动物的轮虫、涤虫等。微生物可视为胶体，带负电荷。微生物存在于水中可生长成生物膜，恶化水质，特别是对水处理设备危害较大。

## 第四节　火力发电厂常用水质分析指标

所谓水质是指水和其中杂质共同表现出的综合特性，也就是常说的水的质量，而表示水中杂质个体成分或整体性质的项目，称为水质指标，它是衡量水质好坏的参数。

由于各种工业生产过程对水质的要求不同，所以采用的水质指标也有差别。火力发电厂用水的水质指标有二类：一类是表示水中杂质离子组成的成分指标，如 $Ca^{2+}$、$Mg^{2+}$、$Na^+$、$HCO_3^-$、$Cl^-$、$SO_4^{2-}$ 等；另一类指标是表示某些化合物之和或表征某种性能，这些指标是由于技术上的需要而专门制定的，故称为技术指标，表 0-5 所列的为火电厂用水的技术指标。

### 一、表征水中悬浮物及胶体的指标

#### 1. 悬浮固体

悬浮固体是反映水中悬浮物含量的一项指标，它是水样在规定的条件下，经孔径为 3～4μm 玻璃过滤器过滤能够分离出来的固体，单位为 mg/L。这项指标仅能表征水中颗粒较大的悬浮物，而没有包括那些能穿透滤层的颗粒小的悬浮物及胶体，所以有较大的局限性。

悬浮物的含量也可以用质量分析法来测定，此法需要将水样过滤，滤出物需经 110℃±5℃烘干和称量等手续，操作麻烦，不宜用作现场的监督指标。因此，通常采用较易测量的"浊度"作为衡量悬浮物的指标。

表 0-5　　　　　　　　　　　火电厂用水的技术指标

| 指标名称 | 常用符号 | 单位 | 指标名称 | 常用符号 | 单位 |
|---|---|---|---|---|---|
| pH | pH | | 硬度 | YD | mmol/L |
| 全固体 | QG | mg/L | 碳酸盐硬度 | $YD_T$ | mmol/L |
| 悬浮固体 | XG | mg/L | 非碳酸盐硬度 | $YD_F$ | mmol/L |
| 浊度 | ZD | FTU、NTU | 碱度 | JD | mmol/L |
| 透明度 | TD | cm | 酸度 | $A$ | mmol/L |
| 溶解固体 | RG | mg/L | 化学耗氧量 | COD | mg/L |
| 灼烧减少固体 | SG | mg/L | 生化需氧量 | BOD | mg/L |
| 含盐量 | $S$ | mg/L | 总有机碳 | TOC | mg/L |
| 浓度 | $C$ | mmol/L | 活性硅 | $SiO_2$ | mg/L |
| 电导率 | DD | $\mu S/cm$ | 细菌总数 | | CFU/mL |

2. 浊度

浊度是反映水中悬浮物和胶体含量的一个综合性指标，它是利用水中悬浮物和胶体颗粒对光的透射或散射作用来表征其含量的一种指标，即表示水浑浊的程度。

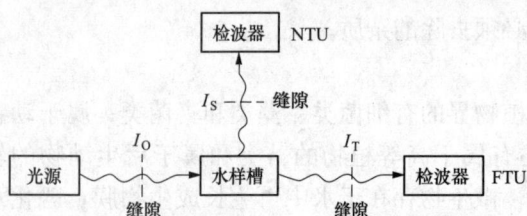

图 0-7　浊度测量原理

浊度通常采用光电浊度仪测定，利用测量透射光强度的浊度仪称为透射光浊度仪，测得的浊度称为透射光浊度；利用测量散射光强度的浊度仪称为散射光浊度仪，测得的浊度称为散射光浊度。此外，还可对透射光和散射光均进行测量，测得的浊度称为积分球浊度。如图 0-7 所示，它是利用光的散射原理制成的。当光束透过水样时，由于水中悬浮物个体浓度的影响，在颗粒任何一个方向都会产生一定强度的散射光，将样品在 90°下的散射光强度与用标准溶液在同样条件下的散射光强度相比较，得出数值。

浊度通过专用仪器测定，操作简便。由于标准水样浊度的配制方法不同，所使用的单位也不相同，目前以福马肼聚合物〔由硫酸肼 $N_2H_4SO_4$ 和六次甲基四胺 $(CH_2)_6N_4$ 配制成的浑浊液〕作为浊度标准的对照溶液，与水样相比较，所测得的浊度单位用福马肼单位。采用福马肼作为对照溶液，利用透射光原理测得的浊度称为透射光福马肼浊度，用 FTU 表示；采用福马肼作为对照溶液，利用散射光原理测得的浊度称为散射光福马肼浊度，用 NTU 表示。

3. 透明度

透明度这一指标也是反映水中悬浮物和胶体含量的，透明度是利用水中悬浮物和胶体物质的透光性来表征其含量的另一种指标，即表示水透明程度的指标，单位用厘米（cm）表示。水的透明度与浊度成反比，水中悬浮物和胶体含量越高，其透明度越低。由于它是通过人的眼睛观察水层厚度来确定水中悬浮物含量的，因此它带有人为的随意性。

**二、表征水中溶解盐类的指标**

1. 含盐量

含盐量是表示水中各种溶解盐类的总和，由水质全分析的结果，通过计算求出。含盐量有两种表示方法：①摩尔表示法，即将水中各种阳离子（或阴离子）均按带一个电荷的离子为基本单位，计算其含量（mmol/L），然后将它们（阳离子或阴离子）相加；②重量表示法，即将水中各种阴、阳离子的含量以 mg/L 为单位全部相加。计算含盐量的阳离子和阴离子不包括 $H^+$ 和 $OH^-$。

由于水质全分析比较麻烦，所以常用溶解固体近似表示，或用电导率来衡量水中含盐量的多少。含盐量不宜作为运行控制指标，可做定期测定，DL/T 246—2015《化学监督导则》要求每年至少进行 4 次水质全分析，以掌握水中溶解盐类浓度变化。

2. 溶解固体

溶解固体是指在规定的条件下，水样过滤除去悬浮固体后，经蒸发、干燥所得的残渣重量，单位用 mg/L 表示。这种方法实际测得的是在蒸发时水中不挥发性物质的质量，主要是水中各种溶解性盐类。溶解固体只能近似表示水中溶解盐类的含量，这是因为：在过滤时水中的胶体及部分有机物与溶解盐类一样能穿过滤层；蒸干时某些物质的湿分和结晶水不能除尽；有些有机物分解了；在蒸干过程中水中原有的碳酸氢盐全部转换为碳酸盐。

3. 电导率

表示水中离子导电能力大小的指标，称作电导率。电导率表示电极面积等于 $1cm^2$，两电极之间距离为 1cm，中间放置 $1cm^3$ 的水溶液具有的电导。由于溶于水的盐类都能电离出具有导电能力的离子，所以电导率是表征水中溶解盐类的一种替代指标。水越纯净，含盐量越小，电导率就越小。

水的电导率的大小除了与水中离子含量有关外，还与离子的种类有关，单凭电导率不能计算水中含盐量，在水中离子组成比较稳定的情况下，可以根据试验求得电导率与含盐量的关系，将测得的电导率换算成含盐量。水的导电能力还与水的温度有关，一般情况下，温度每改变 1℃，电导率将发生 1.4％的变化。所以测定水的电导率时要求水温一定，水中离子保持相对稳定。电导率的常用单位为微西/厘米（$\mu S/cm$）。

火力发电厂水汽质量标准中采用的"氢电导"是指水样经过氢型强酸阳离子交换树脂彻底交换后测得的电导率。用氢电导表示水汽质量是为了消除其中氨的影响，同时也增加了测定结果的可比性。

另外，也有用电阻率来表示水的纯度的，电阻率与电导率互为倒数关系，电阻率的单位为 $\Omega \cdot m$。

天然水按其含盐量的多少可分为表 0-6 中所示的 4 类。

表 0-6　　　　　　　　　　　　　　按含盐量分类

| 类别 | 低含盐量水 | 中等含盐量水 | 较高含盐量水 | 高含盐量水 |
|---|---|---|---|---|
| 含盐量（mg/L） | <200 | 200～500 | 500～1000 | >1000 |

我国江河水大都属于低含盐量和中等含盐量水，地下水大部分是中等含盐量水。

另外，也有将含盐量在 1000mg/L 以上的水又进行了如下的分类：即含盐量 1000～2500mg/L 者为微咸水，2500～5000mg/L 者为咸水，大于 5000mg/L 者为盐水。

**三、表征水中易结垢物质的指标**

硬度是表征水中易结垢物质的指标，它是指水中某些易形成沉淀的二价和二价以上的金属离子。在天然水中，形成硬度的物质主要是钙、镁离子，所以通常认为硬度就是指水中这两种离子的含量。水中钙离子含量称钙硬（$YD_{Ca}$），镁离子含量称镁硬（$YD_{Mg}$），总硬度（YD）是指钙硬和镁硬之和，即

$$YD = YD_{Ca} + YD_{Mg} = \left[\frac{1}{2}Ca^{2+}\right] + \left[\frac{1}{2}Mg^{2+}\right]$$

根据$Ca^{2+}$、$Mg^{2+}$与阴离子组合形式的不同，又将硬度分为碳酸盐硬度和非碳酸盐硬度。

1. 碳酸盐硬度（$YD_T$）

碳酸盐硬度是指水中钙、镁的碳酸盐及碳酸氢盐的含量。此类硬度在水沸腾时析出沉淀而从水中消失，所以有时也叫暂时硬度。

2. 非碳酸盐硬度（$YD_F$）

非碳酸盐硬度是水中除碳酸盐硬度之外的其他硬度，主要是水中钙、镁的硫酸盐、氯化物。由于这种硬度在水沸腾时不能析出沉淀，所以有时也称永久硬度。

由于水受热时，会析出$CaCO_3$沉淀，所以水中$Ca^{2+}$、$Mg^{2+}$首先与$HCO_3^-$结合，形成碳酸盐硬度，多余的才与$Cl^-$、$SO_4^{2-}$、$NO_3^-$结合，即非碳酸盐硬度。

硬度的单位为 mmol/L，这是一种最常用的表示物质浓度的方法，是我国的法定计量单位。在美国，硬度的单位为$ppmCaCO_3$，它是将水中硬度离子全部换算成$CaCO_3$，以 ppm 为单位，这里 ppm 表示百万分之一，它与 mg/L 大致相当；在德国，硬度的单位是德国度$^{\circ}G$，它是将水中硬度离子全部换算成 CaO，以 mg/L 为单位，$1^{\circ}G$ 相当于 10mg/LCaO 所形成的硬度。

以上几种硬度单位的关系如下：

$$1mmol/L = 2.8^{\circ}G = 50ppmCaCO_3$$

天然水按其硬度的大小可分为表 0-7 中所示的 5 类。

表 0-7　　　　　　　　　　　　　　按硬度分类

| 类别 | 极软水 | 软水 | 中等硬度水 | 硬水 | 极硬水 |
|---|---|---|---|---|---|
| 硬度（mmol/L） | <1.0 | 1.0~3.0 | 3.0~6.0 | 6.0~9.0 | >9.0 |

根据此种分类，我国天然水的水质是由东南沿海的极软水，向西北经软水和中等硬度水而递增至硬水。

**四、表示水中酸、碱性物质的指标**

1. 碱度（JD）

表征水中碱性物质的指标是碱度，碱度是指水中能接受 $H^+$，与强酸进行中和反应的物质的含量，碱度的单位为毫摩尔/升(mmol/L)。形成碱度的物质有：

(1) 强碱，如 $NaOH$、$Ca(OH)_2$ 等，它们在水中完全电离，以$OH^-$形式构成碱度；

(2) 弱碱，如$NH_3$的水溶液，它们在水中部分电离出$OH^-$；

(3) 强碱弱酸盐，如碳酸盐、磷酸盐等，它们水解时产生$OH^-$。

天然水中的碱度成分主要是碳酸氢盐，在少数 pH 值较高（>8.3）的天然水中，除碳酸氢盐外，还有少量碳酸盐。天然水中有时还有少量的腐殖酸盐。

水中常见的碱度形式是$OH^-$、$CO_3^{2-}$ 和$HCO_3^-$，当水中同时存在有$HCO_3^-$ 和$OH^-$ 的时候，就发生如式（0-1）的化学反应

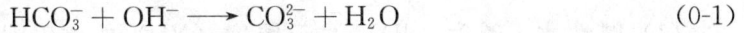

$$HCO_3^- + OH^- \longrightarrow CO_3^{2-} + H_2O \tag{0-1}$$

故一般说水中不能同时含有 $HCO_3^-$ 和 $OH^-$。

水中的碱度是利用中和滴定原理测定的。根据不同的指示剂可以分为酚酞碱度（$JD_{酚}$）和甲基橙碱度〔又称全碱度（$JD_{全}$）〕。

酚酞碱度是以酚酞作指示剂测得的碱度，酚酞终点的 pH 约为 8.3。

$$H^+ + OH^- = H_2O$$
$$H^+ + CO_3^{2-} = HCO_3^-$$
$$H^+ + PO_4^{3-} = HPO_4^{2-}$$
$$H^+ + SiO_3^{2-} = HSiO_3^-$$

$$JD_{酚} = [OH^-] + \frac{1}{2}[1/2\,CO_3^{2-}] + \frac{1}{3}[1/3\,PO_4^{3-}] + \frac{1}{2}[1/2\,SiO_3^{2-}]$$

$$\approx [OH^-] + \frac{1}{2}[1/2\,CO_3^{2-}]$$

全碱度是以甲基橙（或甲基红-亚甲基蓝）作指示剂测得的碱度。甲基橙终点的 pH 约为 4.2，甲基红-亚甲基蓝终点的 pH 约为 5.0。

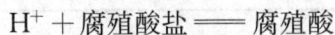

$$H^+ + OH^- = H_2O$$
$$H^+ + CO_3^{2-} = HCO_3^-$$
$$H^+ + PO_4^{3-} = HPO_4^{2-}$$
$$H^+ + SiO_3^{2-} = HSiO_3^-$$
$$H^+ + HCO_3^- = H_2CO_3$$
$$H^+ + HPO_4^{2-} = H_2PO_4^-$$
$$H^+ + HSiO_3^- = H_2SiO_3$$
$$H^+ + 腐殖酸盐 = 腐殖酸$$

$$JD_{全} = [OH^-] + \left[\frac{1}{2}CO_3^{2-}\right] + [HCO_3^-] + \left[\frac{1}{3}PO_4^{3-}\right] + \left[\frac{1}{2}SiO_3^{2-}\right]$$

$$\approx [OH^-] + \left[\frac{1}{2}CO_3^{2-}\right] + [HCO_3^-]$$

根据这种假设，水中的碱度可能有 5 种不同的形式，$JD_{全}$、$JD_{酚}$ 与 $OH^-$、$CO_3^{2-}$ 和 $HCO_3^-$ 的关系见表 0-8。

表 0-8　　　　　　　　　$JD_{全}$、$JD_{酚}$ 与 $OH^-$、$CO_3^{2-}$ 和 $HCO_3^-$ 的关系

| $JD_{全}$、$JD_{酚}$ 的关系 | 水中存在的离子 | 碱度成分含量（mmol/L） | | |
|---|---|---|---|---|
| | | $OH^-$ | $CO_3^{2-}$ | $HCO_3^-$ |
| $JD_{全} = JD_{酚}$ | $OH^-$ | $JD_{全}$ 或 $JD_{酚}$ | — | — |
| $JD_{全} < 2JD_{酚}$ | $OH^-$ 和 $CO_3^{2-}$ | $2JD_{酚} - JD_{全}$ | $2(JD_{全} - JD_{酚})$ | — |
| $JD_{全} = 2JD_{酚}$ | $CO_3^{2-}$ | — | $JD_{全}$ 或 $2JD_{酚}$ | — |
| $JD_{全} > 2JD_{酚}$ | $HCO_3^-$ 和 $CO_3^{2-}$ | — | $2JD_{酚}$ | $JD_{全} - 2JD_{酚}$ |
| $JD_{酚} = 0$ | $HCO_3^-$ | — | — | $JD_{全}$ |

在水处理工艺学中，天然水按碱度和硬度的大小可分为碱性水和非碱性水。

17

(1) 碱性水。碱度（JD）大于硬度（YD）的水，即 $[HCO_3^-]>[\frac{1}{2}Ca^{2+}]+[\frac{1}{2}Mg^{2+}]$ 称为碱性水，见表 0-9 碱性水图解。在此种水中，硬度都是由碳酸氢盐形成的，没有非碳酸盐硬度，而有 $Na^+$ 和 $K^+$ 的碳酸氢盐。

在碱性水中，碱度与硬度的差值称为过剩碱度（$JD_c$），有时也称为负硬，相当于 $Na^+$ 和 $K^+$ 的碳酸氢盐量，即 $JD_C=JD-YD$。

表 0-9 碱性水图解

| 1/2Ca²⁺ | 1/2Mg²⁺ | Na⁺＋K⁺ | | |
|---|---|---|---|---|
| HCO₃⁻ | | | 1/2SO₄²⁻ | Cl⁻ |
| 1/2Ca(HCO₃)₂ | 1/2Mg(HCO₃)₂ | NaHCO₃,KHCO₃ | 1/2Na₂SO₄,1/2K₂SO₄ | NaCl,KCl |

(2) 非碱性水。硬度大于碱度（YD＞JD）的水，称为非碱性水，即 $[\frac{1}{2}Ca^{2+}]+[\frac{1}{2}Mg^{2+}]>[HCO_3^-]$。此时水中有非碳酸盐硬度（$YD_F$）存在。

非碱性水又可分为两类：一类称为钙硬水，见表 0-10 钙硬水图解。其特征为钙含量大于碳酸氢根，即 $[\frac{1}{2}Ca^{2+}]>[HCO_3^-]$。水中有钙的非碳酸盐硬度，没有镁的碳酸盐硬度。

表 0-10 钙硬水图解

| 1/2Ca²⁺ | | 1/2Mg²⁺ | Na⁺＋K⁺ | |
|---|---|---|---|---|
| HCO₃⁻ | | 1/2SO₄²⁻ | | Cl⁻ |
| 1/2Ca(HCO₃)₂ | 1/2CaSO₄ | 1/2MgSO₄ | 1/2Na₂SO₄,1/2K₂SO₄ | NaCl,KCl |

另一类称为镁硬水，见表 0-11。其特征为钙含量小于碳酸氢根，即 $[\frac{1}{2}Ca^{2+}]<[HCO_3^-]$。水中有镁的碳酸盐硬度，没有钙的非碳酸盐硬度。

表 0-11 镁硬水图解

| 1/2Ca²⁺ | 1/2Mg²⁺ | | Na⁺＋K⁺ | |
|---|---|---|---|---|
| HCO₃⁻ | | 1/2SO₄²⁻ | | Cl⁻ |
| 1/2Ca(HCO₃)₂ | 1/2Mg(HCO₃)₂ | 1/2MgSO₄ | 1/2Na₂SO₄,1/2K₂SO₄ | NaCl,KCl |

2. 酸度

表征水中酸性物质的指标是酸度，酸度是指水中能提供 $H^+$，与强碱进行中和反应的物质的含量。形成酸度的物质有强酸、强酸弱碱盐、弱酸和酸式盐。天然水中酸度的主要成分是碳酸，一般没有强酸酸度。在水处理过程中，例如氢离子交换器出水有强酸酸度。

水中酸度的测定是用强碱标准溶液来滴定的。所用指示剂不同，所得到的酸度不同。如：用甲基橙作指示剂，测出的是强酸酸度。用酚酞作指示剂，测定的酸度除强酸酸度（如果水中有强酸酸度）外，还有碳酸酸度（即 $CO_2$ 酸度）和 $HCO_3^-$ 的盐类。水中酸性物质对碱的全部中和能力称总酸度。

酸度并不等于水中氢离子的浓度，水中氢离子的浓度常用 pH 值表示，它表示呈离子状态的 $H^+$ 数量；而酸度则表示中和滴定过程中可以与强碱进行反应的全部 $H^+$ 数量，其中包括原已电离的和将要电离的两个部分。同样道理，碱度并不等于水中氢氧离子的浓度，水中氢氧离子的浓度常用 POH 表示，是指呈离子状态的 $OH^-$ 数量。

**五、表示水中有机物的指标**

天然水中的有机物种类繁多，成分也很复杂。因此很难进行逐类测定，通常是利用有机物的可氧化特性，用某些指标间接地反映它的含量，如化学氧化、生物氧化和燃烧等三种氧化方法，都是以有机物在氧化过程中所消耗的氧或氧化剂的数量来表示有机物可氧化程度。

1. 化学耗氧量（COD）

化学耗氧量是指在规定条件下，用氧化剂处理水样时，氧化水样中有机物所消耗该氧化剂的量，也称化学需氧量。计算时折合为氧的质量浓度，简写代号为 COD，常用单位为 mg/L。化学耗氧量越高，表示水中有机物越多。常采用的氧化剂有重铬酸钾（$K_2Cr_2O_7$）和高锰酸钾（$KMnO_4$），氧化剂不同，测得有机物的含量也不同。如用 $K_2Cr_2O_7$ 作氧化剂，在强酸加热沸腾回流的条件下，以银离子作催化剂，则可氧化水中 85%～95% 以上的有机物，但一些直链的、带苯环的有机物不能被完全氧化，这种方法基本上能反映水中有机物的总量。如用 $KMnO_4$ 作氧化剂，只能氧化约 70% 的一些比较容易氧化的有机物，并且有机物的种类不同，所得的结果也有很大差别，所以这项指标具有明显的相对性，目前它较多地用于轻度污染的天然水和清水的测定。

用 $KMnO_4$ 作氧化剂测得的有机物用 $COD_{Mn}$ 标注，用 $K_2Cr_2O_7$ 作氧化剂测得的有机物用 $COD_{Cr}$ 标注。

温度、氧化时间和 pH 值对测定结果有较大影响，因此，测定化学耗氧量时，应严格控制氧化反应条件。

2. 生化需氧量（BOD）

生化需氧量是指在特定条件下，利用微生物氧化水中有机物所消耗的氧量，简写代号为 BOD，单位用 mg/L 表示。因为水中有机物可以作为微生物的营养源，微生物在吸收水中有机物后，又按一定比例吸收水中溶解氧，在体内对有机物进行生物氧化，所以水中微生物需要的氧量间接反映了水中有机物的多少。

构成有机体的有机物大多是碳水化合物、蛋白质和脂肪等，其组成元素是碳、氢、氧、氮等，因此不论有机物的种类如何，有氧分解的最终产物总是二氧化碳、水和硝酸盐。

生物氧化的整个过程一般可分为两个阶段，第一个阶段主要是有机物被转化为二氧化碳、水和氨的过程；第二个阶段主要是氨转化为亚硝酸盐和硝酸盐的过程。对于工业用水，因为氨已经是无机物，它的进一步氧化，对环境卫生的影响较小，所以，生化需氧量通常只指第一阶段有机物氧化所需的氧量。

通常都以 5 天作为测定生化需氧量的标准时间，称 5 天生化需氧量，用 $BOD_5$ 表示。试验证明，一般有机物的 5 天生化需氧量约为第一阶段生化需氧量的 70% 左右，因此，$BOD_5$ 具有一定的代表性。

3. 总有机碳（TOC）

总有机碳是指水中有机物的总含碳量，它是以碳的数量表示水中含有机物的量。因为有机物均含有碳元素，因此可以测定其含碳量来反映有机物的量，直接测定有机物中的碳含量并非容易，所以常将其转换成易于测定的物质。例如，将水样中有机物在900℃高温和加催化剂的条件下气化、燃烧，使其变成$CO_2$，然后用红外线测定$CO_2$的量。因为在高温下水样中的碳酸盐也分解产生$CO_2$，故前面测得的为水样中的总碳（TC）。为此，在测定总碳的同时，还需对同一水样中的碳酸盐在150℃分解产生的$CO_2$（此温度时有机物不能被分解氧化）进行测定，测得无机碳（IC），二者之差即为总有机碳。

此外，用仪器测定有机物完全燃烧所消耗氧的量，称总需氧量（TOD）。

上述COD、BOD、TOC、TOD都只能笼统反映水被有机物污染的程度，不能区分有机污染物的具体组成，也无法知道有机物的真正含量。

### 六、表征水中硅酸化合物的指标

表示水中硅酸化合物的指标是活性硅和全硅。

硅酸是一种比较复杂的化合物，它的形态多，在水中有离子态、分子态以至胶体。硅酸的通式为$x\mathrm{SiO_2} \cdot y\mathrm{H_2O}$。当$x$和$y$等于1时，分子式可写成$H_2SiO_3$，称为偏硅酸；当$x=1$，$y=2$时，分子式为$H_4SiO_4$，称为正硅酸；当$x>1$时，硅酸呈聚合态，称多硅酸。当硅酸的聚合度增大时，它会由溶解态转化成胶态，当其浓度较大时，会呈凝胶状析出。硅酸化合物的各种形态可以相互转化，提高水温或增大水的pH值，都有利于胶体硅向溶解硅转化。不同pH值时硅酸化合物的百分数见表0-12。

表0-12　　　　　　　　　　　　　不同pH值时硅酸化合物的百分数

| 硅酸形式 | pH值 | | | | | | |
|---|---|---|---|---|---|---|---|
| | 5 | 6 | 7 | 8 | 9 | 10 | 11 |
| $H_2SiO_3$ | 100 | 99.9 | 99.0 | 90.9 | 50.0 | 8.9 | 0.8 |
| $HSiO_3^-$ | — | 0.1 | 1.0 | 9.1 | 50.0 | 91.0 | 98.2 |
| $SiO_3^{2-}$ | — | — | — | — | — | 0.1 | 1.0 |

从表0-12可以看出，当pH<7时，水中实际只有硅酸的分子，即在酸性溶液中没有硅酸根离子存在。所以，在pH值较低时，水中的胶态硅酸增加；当pH>7时，水中同时会出现$H_2SiO_3$和$HSiO_3^-$；当pH>11时，水中以$HSiO_3^-$为主；只有在碱性较强的水中才出现$SiO_3^{2-}$。

在水质分析中，依据硅的测定方法，硅酸化合物可分为活性硅和非活性硅。活性硅是指能够直接用比色方法测得的硅酸化合物，这类硅酸化合物通常都是溶于水的离子态或单分子化合物，所以又称可溶性硅；非活性硅是指不能直接用比色方法测得的硅酸化合物，它们大都是硅酸的多聚物，是以胶体形态存在于水中的，所以有时又称为胶体硅。但严格讲，非活性硅与胶体硅是不完全相同，胶体硅是由可溶性硅在较高浓度和较低pH值条件时转换来的，而非活性硅仅指比色方法不起反应的$SiO_2$。活性硅和非活性硅之和称为全硅，由于水中非活性硅无法测定，因此非活性硅是由测得的全硅减去活性硅而求得的。

一般地下水中的硅酸化合物比地表水含量高。由于硅酸化合物易堵塞反渗透膜，污染强碱性阴树脂，在锅炉的金属表面或汽轮机的叶片上形成难以清除的沉积物，故为锅炉补给水处理的重点去除对象，目前最有效的方法是超滤。

### 七、表征水中氨氮和细菌总数的指标

#### 1. 氨氮

氨氮是指以氨或铵离子形式存在的化合氨。氨氮主要来源于人和动物的排泄物，雨水径流以及农用化肥的流失也是氨氮的重要来源。另外，氨氮还来自化工、冶金、煤炭、鞣革、化肥等工业废水中，中水再利用时，也会带入较多的氨氮。当氨溶于水时，其中一部分氨与水反应生成铵离子，一部分形成水合氨，也称非离子氨。非离子氨是引起水生生物毒害的主要成分，而氨离子相对基本无毒。国家标准Ⅲ类地面水，规定非离子氨的浓度不大于 0.02mg/L。

氨氮是水体中的营养素，可导致水富营养化现象产生，是水体中的主要耗氧污染物，对某些水生生物有毒害。当以中水作为工业冷却水或循环冷却水的补充水时，若氨氮浓度较高，有可能在冷却水系统中滋长大量微生物，甚至生成黏泥、泥垢。此外，氨氮在硝化细菌的作用下，会部分转化为硝酸盐和亚硝酸盐，这可能导致水的 pH 值下降和设备腐蚀等。

#### 2. 细菌总数

细菌总数是指水样在一定条件下（培养基成分，培养温度和时间，pH 值等）进行培养后，所得 1mL 水样中所含细菌菌落的总数。细菌在水中的浓度通常以 CFU/mL（菌落数/毫升）表示。

细菌在自然界的分布很广，存在于土壤、水、空气和动植物体表面及消化道等处，其中土壤是细菌的主要存在场所。水中细菌总数在一定程度上反映了水被微生物污染的程度，水中细菌总数增多，说明水的微生物污染加重。

水质指标及超标的危害和处理方法见表 0-13。

**表 0-13** 水质指标及超标的危害和处理方法

| 杂质或指标名称 | 危　害 | 处理方法 |
|---|---|---|
| 浊度 | 1. 使水浑浊，沉积于管道、热交换器中影响热效率或工艺过程；<br>2. 沉积在离子交换树脂表面，工作交换容量降低；<br>3. 产生黏泥 | 沉降、混凝和过滤 |
| 藻类 | 1. 使水产生色度，并伴有臭味；<br>2. 产生黏泥 | 杀菌灭藻 |
| 有机物 | 1. 产生沉淀；<br>2. 污染离子交换树脂；<br>3. 进入锅炉后，易使锅炉水发泡，产生汽水共沸 | 混凝、过滤、活性炭吸附、超滤 |
| 硬度 | 结垢 | 软化、除盐、炉内加药 |
| 碱度 | 1. 锅炉内热分解后产生碱性腐蚀，并使炉水起泡，及随蒸汽携带固形物；<br>2. 碳酸氢盐和碳酸盐会使蒸汽中含有$CO_2$，产生$CO_2$腐蚀 | 石灰软化、加酸、除盐 |
| $CO_2$ | 1. 会对给水管道、冷凝水管道产生酸性腐蚀；<br>2. 参与化学除盐工艺中阴离子交换，其量过大会增大碱耗 | 除碳 |
| 硫酸根$SO_4^{2-}$ | 1. 增大水的含盐量；<br>2. 与钙离子结合生成硫酸钙水垢 | 除盐 |

| 杂质或指标名称 | 危　害 | 解决方法 |
|---|---|---|
| 氯离子Cl⁻ | 1. 是腐蚀性离子，对不锈钢产生点蚀；<br>2. 增加水的含盐量 | 除盐 |
| 二氧化硅 SiO₂<br>胶体硅 | 1. 在锅炉内和冷却水系统产生硅化物水垢<br>2. 在高参数锅炉中由于蒸汽的选择性携带而在蒸汽通道中产生硅酸盐沉积，汽轮机叶片上产生不溶性沉积物；<br>3. 易使炉水起泡，产生汽水共沸 | 石灰软化一般可降低50%左右；或在澄清时加入氧化镁、氯化铁和铝酸钠；强碱性阴离子交换树脂除盐 |

## 第五节　水　质　校　核

水质校核是根据水质分析结果中各成分的相互关系，检查是否符合水质组成的一般规律，从而判断分析结果的准确性。水质校核主要有以下三种方法。

### 一、校核阴、阳离子的总量是否平衡

根据物质电中性的原则，水中正、负电荷的总量相等，因此水中各种阴、阳离子的摩尔总数必然相等。即

$$\sum C(Me^+) = \sum C(A^-)$$

$$\sum C(Me^+) = C(1/2Ca^{2+}) + C(1/2Mg^{2+}) + \cdots + C(Na^+) + C(K^+)\ mmol/L$$

$$\sum C(A^-) = C(HCO_3^-) + C(1/2CO_3^{2-}) + \cdots + C(1/2SO_4^{2-}) + C(Cl^-)\ mmol/L$$

误差 $\delta$ 不应超过 $\pm 2\%$，超出范围表示分析结果不正确或分析项目不全面。

$$\delta = \frac{\sum C(Me^+) - \sum C(A^-)}{\sum C(Me^+) + \sum C(A^-)} \times 100\%$$

### 二、判断总含盐量与溶解固形物是否吻合

含盐量和溶解固形物都是表示水中溶解盐类的指标，但两者并不相等。产生差值的主要原因：①在过滤操作时，不属于溶解盐类的胶体硅、铁铝氧化物和水溶性有机物都能穿过滤纸进入水样中；②水样受热烘干时，水中的 $HCO_3^-$ 受热分解，形成 $CO_2$ 和 $H_2O$ 而造成损失，其损失量为

$$\frac{[CO_2] + [H_2O]}{2[HCO_3^-]} = \frac{62}{122} = 0.51$$

因此，实测溶解固形物为

$$RG = \sum C(Me^+) + \sum C - 0.51[HCO_3^-] + [SiO_2] + [R_2O_3] + [有机物]$$

由于上述原因，用溶解固形物来校核含盐量时，需对实测的溶解固形物进行校正，校正后的溶解固形物为

$$RG_校 = RG + 0.51[HCO_3^-] - [SiO_2] - [R_2O_3] - [有机物]$$

式中　$RG_校$——校正后的溶解固形物，mg/L；

　　　$RG$——实测的溶解固形物，mg/L；

　　$[SiO_2]$——过滤水样的全硅含量，mg/L；

　　$[R_2O_3]$——过滤水样的铁铝氧化物含量，mg/L；

　$[有机物]$——过滤水样的水溶性有机物含量，mg/L。

校正后的溶解固形物与含盐量之间的相对误差表示为

$$\delta = \frac{RG_{校} - [\sum C(Me^+) + \sum C(A^-)]}{\sum C(Me^+) + \sum C(A^-)} \times 100\%$$

对于含盐量小于 100mg/L 的水样，$\delta$ 不应超过 $\pm10\%$；对于含盐量大于 100mg/L 的水样，$\delta$ 不应超过 $\pm5\%$。

### 三、对 pH 值进行校核

水中碳酸化合物的形态有 $CO_2$、$HCO_3^-$ 和 $CO_3^{2-}$，它们与 pH 值的关系如图 0-8 所示。当 pH≤4.2 时，水中只有 $CO_2$；当 pH＝4.2～8.3 时，水中 $CO_2$ 和 $HCO_3^-$ 同时存在，并且随着 pH 值的升高，$CO_2$ 减少，$HCO_3^-$ 增加；当 pH＝8.3 时，水中 98% 以上的碳酸化合物呈 $HCO_3^-$ 形态；当 pH＞8.3 时，水中 $HCO_3^-$ 和 $CO_3^{2-}$ 同时存在，并且随着 pH 值的升高，$HCO_3^-$ 减少，$CO_3^{2-}$ 增加。

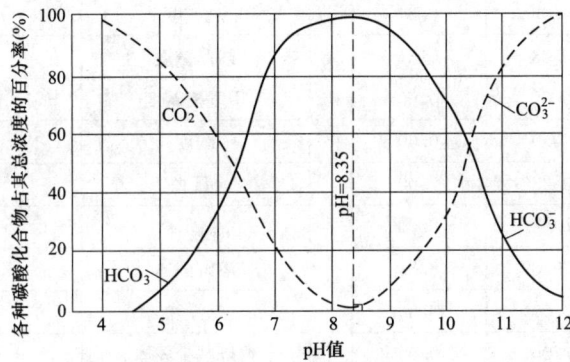

图 0-8　水中碳酸化合物相对量与 pH 的关系

当 pH＜8.3 时，25℃水中的碳酸化合物与 pH 值的关系是

$$pH = 6.35 + lg[HCO_3^-] - lg[CO_2] \tag{0-2}$$

当 pH＞8.3 时，25℃水中的碳酸化合物与 pH 值的关系是

$$pH = 10.33 + lg[CO_3^{2-}] - lg[HCO_3^-] \tag{0-3}$$

其中，$[HCO_3^-]$、$[CO_3^{2-}]$ 和 $[CO_2]$ 分别代表对应化合物浓度，单位 mmol/L。

将计算的 pH 值与测定的 pH 值进行比较，二者的偏差不应超过 $\pm0.2$。

## 第六节　陕西商洛发电有限公司水源水质概况

陕西商洛电厂一期工程位于陕西省商洛市商州区沙河子镇，西北距商州区约为 13.5km。陕西商洛电厂一期工程建设 2×660MW 超超临界燃煤间接空冷机组。

一期工程以商洛市污水处理厂的城市污水再生水作为电厂用水的主要水源，商洛市城市污水处理厂（商洛桑德水务有限公司）位于电厂西北方向约 13km 处，城市污水处理厂址处地形较电厂处地形高 30m 左右，高差较小，故在城市污水处理厂附近设城市污水再生水升压泵站，通过城市污水再生水升压泵升压，经 2×DN300 供给水管送至电厂区域。商洛桑德水务有限公司水质资料见表 0-14。

**表 0-14** 商洛桑德水务有限公司水质资料

| 委托单位 | | 陕西商洛发电有限公司 | | | |
|---|---|---|---|---|---|
| 水样名称 | | 商洛桑德水务有限公司中水 | | | |
| 委托日期 | 2015 年 10 月 13 日 | | 完成日期 | 2015 年 10 月 21 日 | |
| 外观 | 清亮 | | 嗅味 | 无嗅 | |
| 项目 | 检测结果 | | 项目 | 检测结果 | |
| | mg/L | mmol/L | | | |
| 阳离子 Na$^+$ | 49.66 | 2.16 | 硬度 总硬度 | 5.92mmol/L | |
| K$^+$ | 16.60 | 0.42 | 非碳酸盐硬度 | 0.87mmol/L | |
| Ca$^{2+}$ | 88.96 | 4.44 | 碳酸盐硬度 | 5.05mmol/L | |
| Mg$^{2+}$ | 17.98 | 1.48 | 负硬度 | 0.00mmol/L | |
| NH$_4^+$ | 6.09 | 0.34 | 酸碱度 总碱度 | 5.05mmol/L | |
| 全 Fe(以 Fe$^{3+}$计) | 0.23 | 0.01 | 酚酞碱度 | 0.00mmol/L | |
| 全 Cu | 0.01 | 0.00 | 甲基橙碱度 | 5.05mmol/L | |
| Al$^{3+}$ | <0.04 | 0.00 | 酸度 | 0.00mmol/L | |
| Sr$^{2+}$ | 0.28 | 0.00 | pH 值 | 7.39 | |
| Ba$^{2+}$ | 0.062 | 0.00 | 总固体 | 525.60mg/L | |
| 单位电荷阳离子总和 | 179.89 | 8.85 | 溶解固体 | 510.80mg/L | |
| 阴离子 OH$^-$ | 0.00 | 0.00 | 悬浮物 | 14.80mg/L | |
| CO$_3^{2-}$ | 0.00 | 0.00 | 灼烧减少固体 | 178.40mg/L | |
| HCO$_3^-$ | 308.15 | 5.05 | 灼烧残渣 | 332.40mg/L | |
| Cl$^-$ | 61.50 | 1.73 | 全硅（SiO$_2$） | 6.50mg/L | |
| SO$_4^{2-}$ | 84.86 | 1.77 | 活性硅（SiO$_2$） | 5.05mg/L | |
| NO$_3^-$ | 14.94 | 0.24 | 其他 胶硅（SiO$_2$） | 1.45mg/L | |
| NO$_2^-$ | 0.19 | 0.00 | COD$_{Mn}$ | 6.70mg/L | |
| PO$_4^{3-}$ | 0.96 | 0.03 | 电导率（25℃） | 740$\mu$S/cm | |
| F$^-$ | 0.36 | 0.02 | 浊度 | 3.08FTU | |
| 单位电荷阴离子总和 | 470.96 | 8.84 | 细菌总数 | 1.1×10$^3$CFU/mL | |
| 其他 总氮 | 8.56 | | 游离二氧化碳 | 23.27mg/L | |
| BOD$_5$ | 6 | | 氨氮 | 4.74mg/L | |
| — | — | | TOC | 47.8mg/L | |
| — | — | — | 总磷 | 1.38mg/L | |

　　以上为电力工业热力发电设备及材料质量检验 2015 年 10 月 13 日取样，10 月 21 的水质分析报告。

　　从表 0-14 的水质报告可以看出，此水质属中等含盐量、非碱性水，水质尚可。随着陕西商洛发电有限公司的建设投产，再生水的用量会急剧增长，再生水的水质难免会出现波动。

# 第一章　水的预处理

天然水中悬浮物和胶体杂质的去除，通常采用的方法是混凝沉淀（澄清）及过滤处理。水经混凝沉淀（澄清）处理后，浊度可降至10FTU以下，能满足工业用水的水质要求。如再进一步对其进行过滤处理，浊度可降至2～5FTU以下，达到后续除盐处理对进水的水质要求。习惯上将上述处理通常称为水的预处理，预处理的目的是除去水中悬浮物、胶体物质和部分有机物，防止管道堵塞、反渗透膜堵塞及损害，使出水水质变坏；防止泵与测量装置的擦伤，各种配件磨损，影响到后阶段水处理工艺的正常运行；防止当有铁、铝化合物的胶体进入锅炉，引起锅炉内部结垢；防止有机物进入炉内而使炉水起泡，从而恶化蒸汽品质。

水的预处理工艺流程通常为：原水-混凝沉淀（澄清）-过滤。对水中较大的悬浮物，靠重力沉淀就可以除掉；对于水中的胶体微粒，常向水中加入一些化学药品，使胶体颗粒凝聚沉淀，然后采用澄清、过滤去除。某电厂原水预处理流程图如图1-1所示。

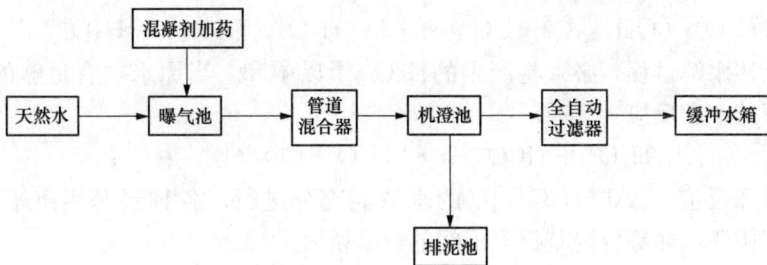

图1-1　某电厂原水预处理流程图

## 第一节　水的混凝处理

天然水中杂质的种类很多，通常按这些杂质的分散态进行分类，可分为悬浮物、胶体和溶解物质。天然水中常含有泥砂、黏土、腐殖质、纤维素等杂质和病毒、细菌、藻类等微生物，它们在水中具有一定的稳定性，是构成水的浊度和颜色的主要因素。其中有些悬浮物的颗粒直径大于0.1mm的颗粒，可靠自然沉降法除去，但对颗粒直径小于0.1mm的颗粒，特别是胶体颗粒，就不能直接用自然沉降法除去。

除去水中这种细颗粒的方法有两种，一种方法是在水中加混凝剂，使细小颗粒相互吸附黏结成较大的絮状物，从水中沉淀分离出来，这叫混凝沉淀处理。另一种方法是在水中加入混凝剂后，立即进入过滤设备，使水中细小颗粒直接吸附在滤料颗粒的表面上，这种除去方法叫接触凝聚。通过混凝处理除去水中的小颗粒悬浮物和胶体物质，是火力发电厂补给水处理系统中的一个重要的环节，近年来，由于水被有机物污染的程度加剧，如何提高去除有机物的效率就成为混凝处理迫切需要解决的问题之一。

## 一、混凝处理原理

胶体颗粒本身太小，在水分子的作用下，不断地做无规则的热运动，即布朗运动，使这些微小颗粒均匀地扩散在水中不会受重力作用而沉降；而且同类胶体往往带有相同电荷，彼此之间存在着同性相斥，阻止了胶体微粒在碰撞中相互接近从而使胶体保持着微粒状态而悬浮于水中；胶体不易沉降还由于胶体颗粒的溶剂化作用即其表面由于离子的水和作用，有一层水分子包围在胶体之外称为水化层，它阻碍了胶体颗粒间的接触，使得胶体在热运动时不能凝聚，从而保持微粒悬浮不沉降。混凝的作用就是在混凝剂的作用下，降低胶体颗粒的表面电荷，压缩双电层，破坏其稳定性，使胶体颗粒在相互碰撞时聚合成絮状颗粒从水中沉淀出来。这种使胶体颗粒失去稳定性的过程称为脱稳。

水处理常用的混凝处理是在水中投加铝盐或铁盐。以铝盐混凝处理为例，说明其混凝过程。

### 1. 混凝剂的水化学

在水溶液中，所有的高价金属阳离子都不是以单纯的离子形态存在的，而是以水合络离子形态存在，如 $[Al(H_2O)_6]^{3+}$、$[Fe(H_2O)_6]^{3+}$ 等。

当水溶液的 pH 值在 4 以上时，$[Al(H_2O)_6]^{3+}$ 就开始水解，其基本反应式如下

$$[Al(H_2O)_6]^{3+} + H_2O \Longrightarrow [Al(H_2O)_5(OH)]^{2+} + H_3O^+ \tag{1-1}$$

$$[Al(H_2O)_5(OH)]^{2+} + H_2O \Longrightarrow [Al(H_2O)_4(OH)_2]^+ + H_3O^+ \tag{1-2}$$

$$[Al(H_2O)_4(OH)_2]^+ + H_2O \Longrightarrow [Al(H_2O)_3(OH)_3] + H_3O^+ \tag{1-3}$$

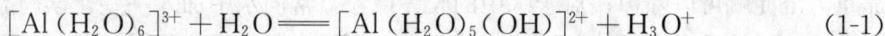

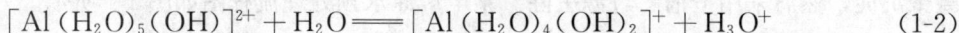

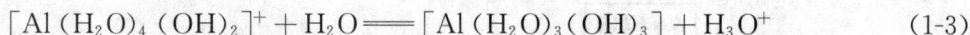

为完成上述水解过程，必须将产生的 $H_3O^+$ 予以中和。当原水中有足够的 $HCO_3^-$ 时，就能发生如下的中和反应

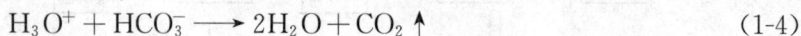

$$H_3O^+ + HCO_3^- \longrightarrow 2H_2O + CO_2 \uparrow \tag{1-4}$$

由于该中和反应，$[Al(H_2O)_6]^{3+}$ 的水解能充分进行。各种羟基铝离子发生架桥结合，称为羟基桥联，如等价羟基铝离子间的羟基桥联。

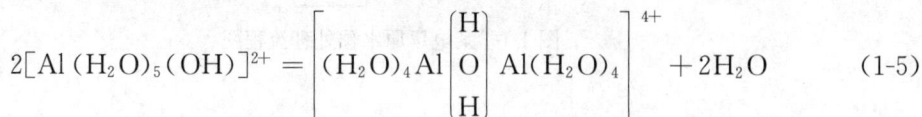

$$2[Al(H_2O)_5(OH)]^{2+} = \left[ (H_2O)_4Al \begin{matrix} H \\ O \\ H \end{matrix} Al(H_2O)_4 \right]^{4+} + 2H_2O \tag{1-5}$$

除等价羟基铝离子间的羟基桥联外，还可能发生不等价羟基铝离子间的羟基桥联。这种生成羟基桥联的反应可看作是络合反应，反应产物称为羟基多核络离子，它们同样会水解。水解和络合反应交错进行，最终水的 pH 值稳定到某一值，反应就此结束。一般水的 pH 偏低时，高正电荷低聚合度的多核络离子占优势；pH 值升高时，低正电荷高聚合度的多核络离子占主要地位；pH 值在 7～8 时，以聚合度很大的中性氢氧化铝为主。铝盐的解离、水解和络合过程在很短的时间内就可完成。

### 2. 混凝过程

水中胶体颗粒由于其稳定性，所以不会自我沉降，也不能用过滤的方法去除，若向水中投加称之为混凝剂的药品，则可让其颗粒变大，然后再进行澄清和过滤除去。例如将硫

酸铝投入水中，它发生电离和水解，生成氢氧化铝，反应式为

$$Al_2(SO_4)_3 + 6H_2O = 2Al(OH)_3\downarrow + 3H_2SO_4 \qquad (1-6)$$

这个过程很快，通常在30s内就完成了。氢氧化铝是溶解度很小的化合物，从水中析出时形成胶体，这些胶体在天然水中带正电荷，依靠一系列的物理和化学作用，与水中胶体结合，成为粗大的絮状物（通常称为矾花），然后依靠重力下沉，使水变清，将胶体与悬浮物去除。向水中投加铝盐后，水中胶体脱稳和凝聚的过程如下所述。

（1）吸附作用。当氢氧化铝形成胶体时，会吸附水中原有的胶体杂质，这是混凝处理能除去水中胶体杂质的重要原因。

（2）中和作用。在上述吸附过程中，如两种胶体带的电荷相反，则由于异性电相吸和中和作用，便促使它们黏结并析出。实际情况是天然水中的自然胶体大都带负电，而混凝剂形成的胶体带正电，所以有中和作用。

（3）表面接触作用。当水中悬浮物量较多时，凝絮的核心可以是某些悬浮物，即凝絮在悬浮物的表面上形成。

（4）过滤作用。凝絮在水中下沉的过程中，好像一个过滤网在下沉，又可把悬浮物带走。凝絮过滤网的形成，主要是由于氢氧化物的胶体在凝聚过程中相互结成长链，起了架桥作用，组成了许多网眼，包裹着悬浮物和一些水分而形成的。

综上所述，混凝过程包括凝聚和絮凝两个过程，水的混凝处理的基本原理可归纳为吸附、中和、表面接触和过滤等四种作用。

**二、影响混凝效果的因素**

如上所述，混凝过程从投加混凝剂起，经历水解、聚合、吸附、电中和，最终生成絮凝体等过程，所以影响混凝效果的因素有很多。这些因素是：水的pH值、混凝剂剂量、水温、原水中胶体颗粒浓度、原水中阴离子组成、流体搅拌条件和接触介质等。

1. pH值的影响

向天然水中投加硫酸铝后，水的pH值略有降低。水的pH值对混凝效果产生的影响较大，而且是多方面的。这里所指的pH值，是加药后水的pH值。

（1）pH值对铝离子水解产物形态的影响。铝离子水解产物的形态主要取决于水的pH值。当pH值为某一值时，各种不同形态的水解产物可能同时存在，但往往是其中某一种形态是主要组成部分，另一些则是次要的。

（2）pH值对混凝效果的影响。用铝盐作混凝剂时，混凝处理的最佳pH值一般在6.5~7.5，这与水的含盐量和悬浮物存在的形态有关。在此pH值范围内，铝盐的水解产物主要是低正电荷高聚合度的多核羟基络离子和氢氧化铝。这时混凝处理的决定性作用是吸附架桥，混凝效果较高。在pH=4~5条件下，混凝处理以电中和作用为主，混凝效果不理想。

（3）pH值对原水中有机物的影响。pH值低时，水中腐殖质为带负电荷的腐殖酸胶体，此时用混凝剂易于除去；当pH值较高时，它转化为腐殖酸盐，因而除去效率低。

由上述可知，对一具体水源，其混凝处理的最佳pH值不能从理论上估算，只能通过试验求得。

2. 混凝剂剂量

混凝剂剂量指的是在单位体积水中投加混凝剂的量。剂量的单位是 mg/L 或 g/m³。

混凝剂剂量对混凝效果产生较大的影响。

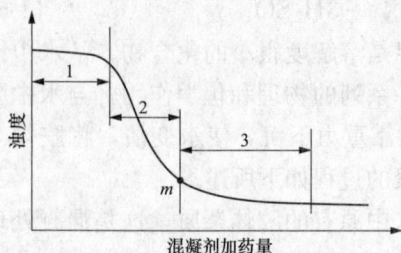

图 1-2 混凝剂加药量曲线

图 1-2 所示混凝剂加药量曲线示意图，它直观地反映出混凝剂剂量对混凝效果的影响。由图可知，混凝曲线可分成三个不同的区域，第 1 区为混凝剂低剂量区，由于剂量低，混凝效果不佳，残余浊度大；在第 2 区，由于混凝剂剂量增大，混凝效果明显提高，出水剩余浊度急剧降低，产生快速凝聚，起到良好的脱稳效果；在第 3 区，混凝剂剂量的增大只能稍微提高混凝效果。随着有加药量的增加，胶体表面吸附过量的混凝剂，引起胶体颗粒电性改变，出现再稳定现象，剩余浊度重新增加。通常将第 2 区和第 3 区之间 $m$ 点对应的混凝剂剂量称为最佳混凝剂剂量。曲线上的 $m$ 点的具体剂量与水质有关。

当剂量低时，混凝效果不佳；用量增大时，混凝效果明显提高。但当混凝剂剂量增大到某一值后，随着剂量的增大只能稍微提高混凝效果。而这样不但增加了原水中的含盐量，同时也造成药品的浪费，甚至影响出水水质。要取得一定的混凝效果，必须控制一定的混凝剂剂量。由于混凝过程是一个复杂的物理化学过程，因而所需的混凝剂剂量由试验来确定。

当原水胶体浓度低，悬浮物含量小于 $50\sim100mg/L$ 时，需投加较大量的混凝剂，以便形成大量金属氢氧化物沉淀物，保证较高的混凝效果。在冬季，如原水浊度很低时，通常向水中投加表面积大的黏土，以增加水中胶体颗粒浓度，同时适当增加混凝剂剂量，这样就能取得较好的混凝效果。

3. 水力条件对混凝效果的影响

在确定了混凝处理的最佳 pH 值和最佳混凝剂剂量后，十分重要的问题是合理选择混凝处理时的水力条件。这种水力条件是指水和混凝剂的混合以及絮凝体形成和长大所需的水力条件。混凝处理的一般水力条件是，混凝剂加入水中后，开始需要强烈的搅动紊流，在紊流中小旋涡不断形成和消失，促使混凝剂均匀扩散以利于混凝剂快速水解、聚合和胶体脱稳。形成大旋涡起到输送水量的作用。一旦絮凝体形成，就应减弱搅动强度以免打碎絮凝体。

4. 水温的影响

水温的作用反映在两个方面：①温度的变化影响胶体微粒的布朗运动，也即影响脱稳胶体颗粒的移动速度；②水温影响混凝剂水解和聚合的反应速度，从而影响形成的絮凝的结构。当水温低于 5℃ 时，形成的絮凝体细而松，含水多，沉淀速度低，混凝效果差。用铁盐作混凝剂时水温对混凝效果的影响较小。

一般铝盐的适宜水温为 $25\sim30℃$，铁盐可放宽。低温水使用铝盐混凝很困难，往往出水浊度偏高、矾花小、比重轻、易上浮。这时为改变这种状况，可增加混凝剂剂量，或投加高分子絮凝剂，或改用铁盐类混凝剂。

在电厂水处理中，冬季水温较低时，为了提高混凝效果，常采用生水加热器对来水进行加热，也可通过增加混凝剂投入量来改善混凝效果。

5. 原水水质对混凝的影响

主要指原水浊度和水中某些离子含量,原水浊度小,只有在加药量很大时,才能发生凝聚作用,这是因为胶体颗粒虽然脱稳,但碰撞机会太少,仍不能进行凝聚。当原水浊度太高时,混凝剂用量也要相应增加。

水中溶解离子对混凝效果也有一定影响。试验表明,阴离子如 $HCO_3^-$、$SO_4^{2-}$、$Cl^-$ 含量适中时对混凝有利。水中有机物含量高,混凝效果也不好,因为它们会吸附在胶体表面起保护胶体的作用,使胶体不能聚集,从而影响混凝效果,此时可采用加氯或臭氧破坏有机物。

6. 接触介质的影响

进行混凝处理时,如果在水中保持一定数量的泥渣层,也可提高混凝处理效果,这是因为泥渣在这里起到吸附、催化以及作为结晶核的作用,所以澄清设备中都设计有泥渣层。在电厂水处理系统中,利用澄清池内的泥渣起接触介质作用,即利用泥渣表面的活性,吸附水中的悬浮杂质和混凝处理时形成的细小絮凝体;而在另一些水处理系统中,混凝过程是在过滤器中进行的,此时过滤材料在这里起接触介质的作用。

**三、混凝剂和混凝辅助剂**

1. 混凝剂

水处理工艺中常用的混凝剂为铝盐和铁盐。

(1) 硫酸铝类化合物。最常用的铝盐是硫酸铝,其工业产品为白色晶体。除硫酸铝外,可用作混凝剂的铝盐还有明矾和铝酸钠。此类混凝剂应用历史久远,含无水硫酸铝 52%～57%,是一种效果较好的混凝剂,目前还在使用。硫酸铝类混凝剂用于不同处理时,其最优的 pH 值应有所不同,例如当主要用于去除水中有机物时,应使水的 pH 值在 4.0～7.0;当主要用于去除水中悬浮物时,应使水的 pH 值在 5.7～7.8;当处理浊度高、色度低的水时,应使水的 pH 值在 6.0～7.8。

硫酸铝和明矾均为白色晶体,其水溶液呈酸性,与水中碱度反应使水的 pH 值降低。投加量较大时,处理后水中强酸阴离子含量明显增加,为了抵消这种作用,并保证理想的混凝效果,可同时添加碱化剂,如石灰或纯碱等,但不适用于处理低温、低浊度的原水。

铝酸钠的水溶液呈碱性,适用于低碱度水的混凝处理。硫酸铝的 $Al_2O_3$ 含量为 14%～17%,明矾的 $Al_2O_3$ 含量为 11%,而铝酸钠的 $Al_2O_3$ 含量高达 52%～54%。在原水碱度不足,投加硫酸铝的同时,投加铝酸钠是一种较理想的配方。但其价格较贵,在混凝处理中应用不多。

(2) 聚合氯化铝(碱式氯化铝,PAC)。聚合氯化铝作为混凝剂使用广泛。PAC 是 $AlCl_3$ 经水解逐步转为 $Al(OH)_3$ 的过程中,各种中间水解产物通过羟基桥联等反应聚合而成的无机高分子化合物,聚合氯化铝的化学式可以表示成碱式氯化铝 $[Al(OH)_m Cl_{3n-m}]$。

市售的聚合氯化铝有固体和液体两种,其质量指标主要有三点:

1) $Al_2O_3$ 含量越高越好。

2) 聚合氯化铝的一项重要指标是碱化度,它的含义是聚合氯化铝中 $OH^-$ 和 $Al^{3+}$ 浓度的百分比,用符号 $B$ 表示。

$$B = \frac{[OH]}{[1/3Al]} \times 100\% \tag{1-7}$$

碱化度的大小直接影响混凝效果。$B$ 值在 30% 以下时，混凝能力低。随着 $B$ 值的增大，混凝能力提高，但生成沉淀物的可能性也增大。一般将 $B$ 值控制在 50%～80%。聚合氯化铝具有适用范围广、剂量低、絮凝体形成速度快等优点。聚合铝之所以能获得良好的混凝效果，是因为投入到水中后，不经水解和聚合，立即形成带适量正电荷、聚合度大的水合聚合物。

3）聚合度。即是指聚合氯化铝无机分子的聚合程度，一般用分子量来表示，其分子量以数千为宜。

与使用硫酸铝相比，使用聚合氯化铝作为混凝剂有下列好处：

1）加药量少。由于聚合氯化铝所含 $Al_2O_3$ 成分高，所以可节省加药量，降低制水成本，其用量一般只有硫酸铝的 1/3 左右。

2）混凝效果好。聚合氯化铝形成絮状物的速度快，与硫酸铝相比致密而且大，易于沉降，所以可以减少澄清沉淀设备体积。

3）对低温、低浊水也能适应，对高浊度水也能适应，其混凝效果比硫酸铝好。

4）药品腐蚀性少，加药设备简单。

（3）铁盐类化合物。常用的铁盐有硫酸亚铁、氯化铁和硫酸铁等。铁盐的混凝过程与铝盐相似。不同之处在于：硫酸亚铁水解形成的 $Fe(OH)_2$，溶解度较大，混凝效果较差，故必须将 $Fe^{2+}$ 氧化成 $Fe^{3+}$。为了使 $Fe^{2+}$ 氧化成 $Fe^{3+}$，必须使水 pH 在 8.5 以上，它能利用水中溶解氧，加速氧化过程，但实际上，天然水的 pH 一般只有 7～8，所以硫酸亚铁用作混凝剂时，多是与石灰处理联合使用，借石灰来提高水的 pH。当然，也有采用向水中投加氯气和漂白粉的办法来氧化 $Fe^{2+}$ 为 $Fe^{3+}$，此时就不需提高水的 pH。

（4）聚合硫酸铁（PFS）。聚合硫酸铁是用 $FeSO_4$ 溶液加入适量的 $H_2SO_4$，并在某种氧化剂作用下进行氧化聚合而得的无机高分子化合物，所以也是一种无机高分子混凝剂。它的分子式是 $[Fe_2(OH)_n(SO_4)_{3-n/2}]_m$。

这是一种黏稠状的液体混凝剂，适用于有机物含量较高的原水或有机废水的处理。国内曾在给水处理中试用，它除了具有铁盐混凝剂的优点之外，对 COD 的去除率也较好。对原水中溶解性铁的去除率可达 97%～99%，正常运行时，不会发生混凝剂本身铁离子后移现象。

采用聚合硫酸铁作混凝剂净化效率高，形成的矾花大而致密、沉降速度快，pH 适用范围为 4.5～10，缺点是投加量较大时，处理后水的 pH 值低于 6，如过滤不好，则水中铁含量将有所增加。

聚合硫酸铁的分子式中 $n<2$、$m>10$ 时，它的碱性度可用 $n/6\times10\%$ 来表示。制造工艺中可以变动工艺配方，制成不同碱性度的聚合硫酸铁，以供不同处理目的的使用。

聚合硫酸铁是近年来研制成的一种新型混凝剂。它具有以下的优点：出水剩余 Fe 含量低，在水中形成的聚合铁络离子的电荷量高于铁水解产物的电荷量，混凝能力强，除色和除有机物的效果高于铁盐，在处理低温和低浊度水时也能取得良好的混凝效果。

2. 助凝剂

助凝剂是在混凝处理中起辅助作用的药剂，可使混凝剂用量有所降低，扩大使用的 pH 范围，防止细小絮凝体从澄清设备中带出。助凝剂的作用有两个：①离子性作用，即利用电离出的不同电荷离子起到中和的作用；②利用高分子聚合物的链状结构，借助吸附架桥起凝聚作用。按其在混凝过程中的作用，可将助凝剂分为三类：第一类为调节 pH 值的酸和碱等物质；第二类为破坏有机物和起氧化作用的物质，例如氯；第三类为增加絮凝体和密度的物质，例如活性硅酸、黏土、活性炭（粉状）及一部分有机高分子絮凝剂。常见的助凝剂见表 1-1。

表 1-1 常见的助凝剂

| 助凝作用 | 名称 | 分子式 | 使用情况 |
|---|---|---|---|
| pH 值调节 | 石灰、纯碱 | Cao、$Na_2CO_3$ | 原水碱度不足，添加石灰或纯碱提高碱度 |
| 絮凝体加固剂 | 水玻璃（泡化碱） | $Na_2O \cdot xSiO_2 \cdot 3H_2O$ | 1. 提高絮凝体的密度；<br>2. 缩短混凝沉淀时间，节省混凝剂用量；<br>3. 在原水浊度低或水温较低（14℃以下）时使用，效果显著；<br>4. 水玻璃使用前，需用硫酸活化，必须在混凝剂之前加入 |
| 氧化剂 | 氯气、漂白粉 | $Cl_2$、$Ca(OCl)_2$ | 1. 破坏原水中的有机物，提高混凝效果；<br>2. $FeSO_4$ 为混凝剂时，将 $Fe^{2+}$ 氧化成 $Fe^{3+}$，促进混凝作用（1mg $FeSO_4$ 需加入氯 0.224mg） |
| 高分子吸附剂 | 聚丙烯酰胺（3 号絮凝剂） | PAM | 1. 适于处理高浊度水，即可保证出水水质，又可减少混凝剂用量；<br>2. 与常用混凝剂混合使用；<br>3. 不改变水的 pH 值，不增加水中离子态杂质含量；<br>4. 水解后使用效果更好 |

聚丙烯酰胺（助凝剂）是目前水处理领域用得最多的是一种非离子型絮凝剂。聚丙烯酰胺是由丙烯酰胺聚合而成，有固体的（粒状和粉状）和胶状的。聚丙烯酰胺又称 3 号絮凝剂，简称 PAM。

聚丙烯酰胺对高浊度水、低浊度水和废水等都有显著效果。在水处理中，一般是在混凝剂投加之后 0.5min 再投加聚丙烯酰胺，因为此时已处于混凝剂水解结束、进行絮凝的时候。它对絮凝过程十分有利，可降低出水浊度，提高矾花沉降特性，但它不能提高有机物去除效果。

聚丙烯酰胺中经常存在一些单体丙烯酰胺（我国产品中曾达到 2.65%）。它在水混凝过程中，会溶解于水中带出。丙烯酰胺是一种有毒物品，生活饮用水中规定其含量最高为 0.01mg/L（对非经常使用时可放宽到 0.1mg/L），所以它的使用剂量不能太高，这点对于供生活饮用水的处理设备特别重要。一般来说，如经常使用的，其剂量不超过 1mg/L，对非经常使用的，也不应超过 2mg/L。聚丙烯酰胺不宜长期存放，以避免降解；储存时应保持密闭、干燥、避光，防止高温，以免吸潮，降解变质；不应在与金属容器直接接触下长期储存，以避免与高价金属离子生成不溶性凝胶。

常用的阴离子絮凝剂是聚丙烯酸（PAA），它在水中解离出 $H^+$，大分子骨架部分成为负离子，所以是阴离子型高分子絮凝剂。常用的阳离子型絮凝剂是聚二丙烯二甲基胺（PDADMA）。

### 四、混凝剂的投加

#### 1. 混凝加药系统

混凝剂的投加方式有干投法和湿投法两种。干投法是按规定的投药量将易溶、干燥的粉末状固体药剂连续投入水中，边计量边投药。干投法占地面积小，但对药剂的粒度要求严格，投药量难控制。湿投法是把药剂先在溶解池内进行溶解，配制成一定浓度的溶液，然后再通过计量泵投入水中。

混凝加药系统通常包括药品的溶解、配制、计量、投加，如图 1-3 所示为某电厂净水站澄清池混凝剂（助凝剂）加药系统。先将混凝剂（助凝剂）在溶解箱中溶解，然后在溶液箱内配制成 5％～10％的稀溶液；无论是固体混凝剂还是液体混凝剂，为了促进药剂迅速溶解和均匀分布，都应采取搅拌措施，常用的搅拌方法是机械搅拌、水力循环搅拌和压缩空气搅拌；再由计量设备进行定量投加。计量泵的作用是根据处理水量和水质，定量连续投加药剂。

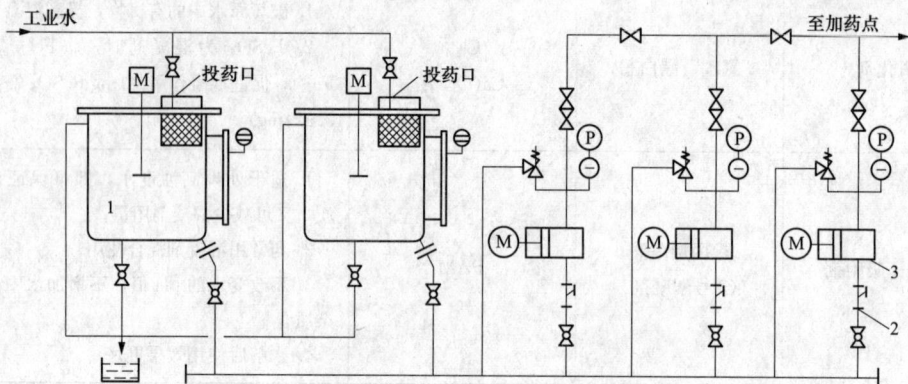

图 1-3 某电厂净水站澄清池的混凝剂（助凝剂）的加药系统
1—溶液箱；2—过滤器；3—计量泵

投加方式一般分为重力式投加和压力式投加。前者是利用溶液箱和加药点的位差，药液自流进入泵前的吸水管内或澄清设备的进水管内；后者是用水射器或计量泵进行投加。调节计量泵的转速即可调节加药量，用流量计指示流量。当处理水量和水质发生变化时，投药量也应改变。

#### 2. 药剂与水的混合

投加到原水中的药液应能快速、均匀地扩散到整个水体中，这对胶体脱稳及絮凝物的生成都很重要。从混凝反应速度及药液分布均匀性两方面考虑，混合过程可采用强烈快速搅拌，一旦胶体脱稳生成微小絮状物后，则应降低搅拌强度。常用的混合方法有：

（1）水泵混合。它是将混凝剂药液加入水泵的进水中，利用水泵叶轮转动实现混合的一种形式。药液加入点一般位于水泵吸水管上，也有在水泵吸水管的进水口附近，或者直接加药于吸水井中。

（2）管道混合。将药液加入沉淀澄清设备进水管中，利用水流把药扩散于水体中。由于这种方式不需要其他特殊的混合设备、布置简单，故目前应用比较广泛。管道混合一般规定加药点至管道末出口的距离不小于 50 倍管道直径。

（3）管式混合器。管式混合器是在管道内安装一定形状的导流叶片，使水产生分流或旋流，以增强药品与水的混合效果。这种混合器又可分为静态管式混合器和动态管式混合器，前者叶片是静止的，后者是旋转的，采用管式混合器进行药品与水的混合如图 1-4 所示。

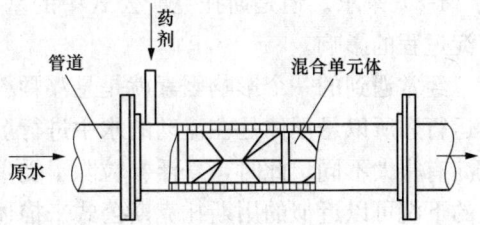

图 1-4　静态管式混合器

### 五、混凝处理后的水质变化

混凝（含后续的沉淀）处理后，主要的水质指标会发生如下变化：

（1）悬浮固体、浊度、色度降低。

（2）化学耗氧量、生化需氧量降低。

（3）水中有机物和胶体硅含量明显下降。

（4）由于混凝剂加入及一系列的化学反应，故还会引起其他指标的变化，如：水的碱度降低，$SO_4^{2-}$ 或 $Cl^-$（混凝剂中酸根离子）增加，pH 值降低。

## 第二节　水的澄清处理

利用重力使水中比水重的悬浮颗粒下沉而析出的过程称为水的沉降处理。此法比较简单，所以在水净化工艺中经常采用。

不同的悬浮颗粒，由于它们的黏结性不一样，在水中的沉降特征有很大差别。有许多悬浮颗粒在水中沉降时会发生颗粒间彼此黏合的现象，这种性能称为絮凝性，这类物质称为絮凝体。絮凝体常常是由脱稳胶态物质聚结而成的。另一些颗粒沉降时不会彼此黏合，这些颗粒称为离散颗粒，它们是一些晶态物质。还有许多颗粒介于以上两种颗粒之间，它们具有一定的絮凝性，所以絮凝性不是绝对的，有强弱之分。

在水净化工艺中，所涉及的颗粒，除较大的砂粒外，一般都具有絮凝性。这些絮凝体包含着大量水分，它们的密度与水相近。

水中悬浮颗粒的沉降过程比较复杂，因为影响此过程的因素甚多，例如颗粒本身的聚结性（絮凝性的强弱）、颗粒的密度和大小、各种大小颗粒的相对量和水温等，还有当许多颗粒一起沉降时发生的彼此干扰。沉降速度可以用斯托克斯公式来表示

$$v = \frac{1}{18} \frac{\rho_2 - \rho_1}{\mu} g \, d^2 \tag{1-8}$$

式中　$v$——沉降速度；

　$\rho_2$、$\rho_1$——悬浮颗粒、水的密度；

　　$\mu$——水的黏度；

　　$g$——重力加速度；

　　$d$——悬浮颗粒直径。

从式（1-8）可以看出，水中悬浮物的下沉速度随着悬浮体颗粒的比重、粒径的增加

而增加，随着水黏度的减小（水温上升）而增加。但是，自由沉降是一种非常理想的情况，实际水处理工艺中的悬浮物沉降远比它复杂得多，所以实际的沉降速度不可能使用式（1-8）来求。但是斯托克斯公式中的基本关系都是适用的，可以用来分析许多因素对沉淀过程的影响。

经常遇到的一个影响因素就是悬浮颗粒在流动水中的沉降。由于实际工业设备都是连续运行，所以悬浮体是在流动的水中进行沉降，其沉淀情况与上述的静止水中互不干扰的沉淀有很大不同。此时，悬浮颗粒除了受重力垂直下沉外，还有水平方向的运动，垂直方向的下沉可以近似的用斯托克斯公式来描述，水平方向运动速度则可看作水流的流速，所以悬浮颗粒的实际下沉轨迹是一条斜线，它的下沉速度也是两个速度的合速度。

颗粒在静水中的沉降可以分为两种情况，一种叫自由沉降，另一种叫拥挤沉降。沉淀设备的作用主要是让水中的悬浮固体颗粒沉淀出来，并排出这些沉淀物，使水得到澄清。按其工艺条件不同，可分为沉淀池和澄清池。

**一、斜流式沉淀池**

沉淀池的作用只是让悬浮固体颗粒从水中沉淀出来，并排出池外，因此在沉淀池的前面必须设置混凝剂与水进行混合的混合设备和反应设备，完成胶体颗粒的脱稳、长大过程后，再进入沉淀池。沉淀池的池型也比较多，最常用的有两种，一种是平流式沉淀池，它是发展最早的一种沉淀设备，另一种是斜流式沉淀池，它是在平流式沉淀池的基础上发展起来的一种新的池型。

斜流式沉淀池沉淀区是由一系列平行的斜板或斜管构成的，如图1-5所示。它是利用斜板或斜管把水流分隔成薄层，体现了浅池原理；同时，沉降在斜板或斜管壁上的污泥，自然滑下，很简便地解决了存泥区排泥问题。

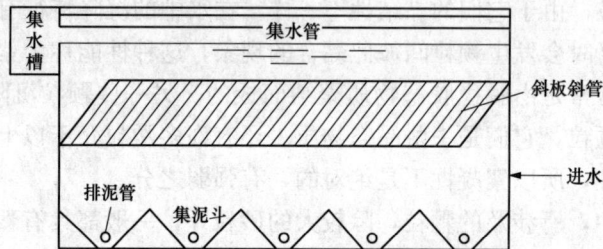

图1-5 斜流式沉淀池结构示意图

斜流式沉淀池按水流方向，一般分为同向流、异向流和横向流三种。如图1-5所示的沉淀池中，水流由下向上通过斜板或斜管，沉淀物由上向下滑动，两者的流动方向恰好相反，这种形式称为异向流。同向流是指水流方向和沉泥的滑动方向都是自上而下的，这种方式有利于沉泥的下滑，但清水流至沉淀区后仍需返回到沉淀池顶部引出，因此沉淀区的水流较为复杂。横向流是指沉泥滑动方向是自上而下的，而沉淀池的水流方向是水平流动，流动方向相互垂直的方式。目前，应用较为广泛的是异向流。

实践证明，当斜板或斜管的倾斜角大于60°，污泥能自动滑下；当倾斜角较小，但大于55°时，迅速放空沉淀区，污泥可随水流排出池外。为了便于在运行中排泥，通常设计成55°~60°。在斜流式沉淀池中，同样可以证明，沉降速度为$v$的悬浮固体颗粒从水面沉到水底的条件。如果保持$v$不变，随着沉淀池有效水深$H$的减小，沉淀时间按比例缩短，如果悬浮颗粒的最小速度为 1m/h，沉淀池有效水深为 2.0m，则沉淀池所需要的沉淀时间为 $t=\dfrac{H}{v}=\dfrac{2}{1}=2$（h）；如果有效水深减小 0.2m，则所需沉淀时间为 $t=\dfrac{H}{v}=\dfrac{0.2}{1}=0.2(\mathrm{h})=12(\min)$。

因此可以得出如下结论：沉淀池面积越大，沉淀池的沉淀效率就越高，与沉淀时间没有关系；沉淀池越浅，沉淀时间越短。为了能充分利用沉淀池的容积，斜管或斜板都设计成截面为密集的几何图形，例如截面为正方形、长方形、正六边形、波形。

斜管、斜板式沉淀池的结构与一般沉淀池相同，是由进口、沉淀区、出口与集泥区四个部分组成，只是在沉淀区设置有许多斜管或斜板。

至于斜管和斜板制作材料的选取，要考虑耐久性、便于加工、取材方便和造价低廉等因素。目前广泛采用聚氯乙烯或聚丙烯塑料。

单独一个斜管的断面积很小，所以为了加强斜管的机械强度和安装方便，一般都将几百个斜管组成一个整体，成为一个安装部件，然后在一个沉淀部分安放几个到几十个这样的部件。

斜流式沉淀池的优点是：

（1）利用了层流原理，水流在板间或管内流动，具有很大的湿周，水力半径很小，所以雷诺数较低，一般情况下，雷诺数小于 500，对沉淀极为有利。

（2）大大增加沉淀池的面积，因此使沉淀效率提高。实际上，由于斜板的具体布置，进出水的影响以及斜板或斜管内流态的影响，处理能力不可能到理论倍数。实际提高的沉淀效率与理论沉淀效率比称为有效系数。

（3）缩短了颗粒沉淀距离，使沉淀时间大大缩短。

（4）斜板或斜管内絮状颗粒的再凝聚，促进了颗粒进一步长大，从而提高了沉淀效率。

**二、澄清处理**

澄清处理是电厂水处理中常见的处理工艺。澄清池是同时完成混凝和沉淀两个过程的设备，与沉淀的区别在于澄清池要同时完成两个过程：一是完成水和药剂的引入、混合、反应和沉淀物的成长过程，二是完成沉淀物的沉淀分离和排出过程。因此澄清池必须同时起到以下几种作用：水的引入、药剂的加入、水和药剂的充分混合、沉淀物生成与沉降、澄清水的均匀引出和沉淀的排除。

澄清池是一种利用池中积聚的泥渣与原水中杂质颗粒相互接触、吸附，以达到泥水快速分离的净水构筑物，它可充分发挥混凝剂的作用和提高澄清效率。

悬浮泥渣层就是在混凝反应过程中，生成的絮状物在上升流的作用下处于悬浮状态，保持动力平衡，随着水的不断通过，处于动态平衡的絮状物逐渐积累，当达到一定的浓度时而形成的，对混凝效率起关键作用。

悬浮泥渣层中的颗粒浓度和悬浮层高度是保证接触凝聚效果的关键，而影响颗粒浓度的主要因素是生水中悬浮物含量及水流的上升速度。在其他相同条件下，上升流速越大，悬浮层中颗粒浓度就越小。

澄清池工作时，悬浮泥渣层加速了絮凝体的形成和长大，悬浮泥渣层中的颗粒浓度越大，接触凝聚的效果就越好。但浓度达到 40g/L 以上时，由于水流速度过大，容易将絮状物打碎，使悬浮泥渣层难以维持动力平衡状态，甚至带出池外。而且使失去表面吸附能力的絮状物相对增多，从而造成一部分刚脱稳的胶体颗粒失去最有利的凝聚机会，不能及时被吸附。

悬浮泥渣层对保证出水水质起一定的稳定作用。因为悬浮泥渣层中的固体颗粒在小股水流的撞击下呈无规则运动，从而改善了悬浮泥渣层中颗粒浓度的分布状态。当进水流量和水发生变化时，不至于引起出水水质恶化。随着处理水不断通过，一部分泥渣表面失去吸附能力，同时又有些新的泥渣在生成。为了保持悬浮层中颗粒表面的吸附活性，必须不断排除一部分老化的泥渣。

澄清池通常由进水配水系统、接触凝聚区、澄清区、出水配水系统和排污泥系统五个部分组成。澄清池的工作原理如图1-6所示。由于每个部分的形式不同，澄清池的形式繁多。根据泥渣悬浮层的特点，可分为泥渣悬浮式澄清池和泥渣循环式澄清池。

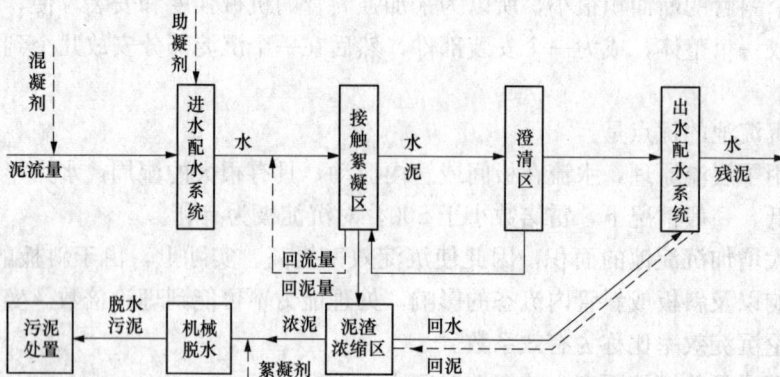

图1-6 澄清池的工作原理

泥渣悬浮式的特征是在运行中有一层悬浮在水中的泥渣层，该泥渣层是因为受到自下而上水流的作用力而呈悬浮状态的。水的净化作用发生在加有药剂的原水流过此泥渣层的过程中。

泥渣循环式除了有悬浮泥渣层外，还有若干泥渣作循环运行，即泥渣区中有部分泥渣回流到进水区，与进水混合后又返回到泥渣分离区。

**三、机械搅拌加速澄清池**

机械搅拌加速澄清池是水处理中使用广泛的澄清设备。机械搅拌澄清池的特征是在池中设有机械搅拌装置，在它的运行过程中有泥渣在循环，属于泥渣循环式澄清池。

机械搅拌澄清池的优点是效率较高，且运行比较稳定，对原水水质和处理水量的变化适应性较强，操作运行较方便。其缺点是设备维修工作量较大、配备机电设备较困难。

1. 机械搅拌澄清池的结构

机械搅拌澄清池的池体是由钢筋混凝土构成的圆形构筑物。它由第一反应室（又称混合室）、第二反应室、导流室和分离室等部分组成，并设有进水系统、出水系统和排泥系统。池体中心设有搅拌提升装置，由叶轮和叶片组成，是澄清池的关键部件。叶轮的作用是促使的泥渣循环；叶片起搅拌作用，促使水、混凝剂和泥渣的混合，叶轮和叶片由同一根轴驱动。大型澄清池在池底还设有刮泥板。机械搅拌澄清池示意图如图1-7所示。

(a) 实物图

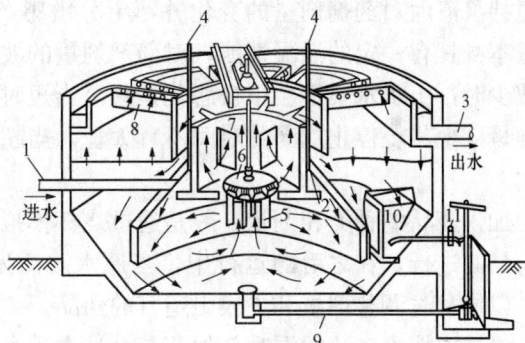

(b) 结构图

图 1-7　机械搅拌澄清池示意图

1—进水管；2—三角形配水槽；3—出水管；4—透气管；5—搅拌叶片；6—提升叶轮；
7—导流板；8—集水槽；9—放空管；10—泥渣浓缩室；11—排泥阀

2. 工作过程

原水由进水管进入三角形配水槽，经槽底出水孔或缝隙均匀流入第一反应室，在此，水与混凝剂以及大量回流泥渣在搅拌器的作用下混合均匀，混合后夹带泥渣的水被搅拌装置上的叶轮提升到第二反应室，进行絮凝长大的过程；然后，水流经设在第二反应室上部四周的导流室进入分离室，由于分离室的截面积较大，水流较慢，有利于泥渣和水的分离，分离出的水流入集水槽；分离出的泥渣大部分回流到第一反应室，部分进入泥渣浓缩室。进入第一反应室的泥渣随进水流动，参与新泥渣的形成；进入泥渣浓缩室的泥渣定期排走。澄清池底部设有排污管，供排空之用。

凝聚剂可直接加入进水母管中，也可加在水泵吸水管或配水槽中，可根据具体运行效果确定。助凝剂可直接加入澄清池内部。

机械搅拌器下部为叶片（六片），叶片的作用是搅拌，其转速一般为每分钟一至数转，可根据需要调节；澄清池通过提升搅拌器的高度来改变水的提升量。机械搅拌器最下部为刮泥装置，目的是防止泥渣在底部沉积。

3. 机械搅拌澄清池的设计参数

（1）上升流速。分离室中水的上升流速一般采用 $0.8\sim1.1$mm/s，第二反应室的上升流速一般控制在 50mm/s。

（2）停留时间。水在池内的总停留时间与进水水质、水温有关，一般采用 $1.2\sim1.5$h，当水温较低、进水中细小悬浮物含量和胶体含量较高时，停留时间应取上限值。在第一反应室和第二反应室的停留时间分别控制在 15min 和 $2\sim2.5$min。

（3）搅拌装置。机械搅拌器上设有叶轮和叶片。叶轮用来将夹带有泥渣的水提升到第二反应室，从而促使混流的回流和循环；叶片用来使进水和回流混合混匀。叶轮提升水量为 $3\sim5$ 倍的进水量，叶轮外缘线速度控制在 $0.5\sim1.5$m/s，叶片外缘线速度控制在 $0.3\sim1.0$m/s。

4. 机械搅拌澄清池的运行要点

（1）机械搅拌澄清池的正常运行控制。要保证澄清池运行正常，运行中要注意以下问题：

1）稳定地加药。稳定地投加足够剂量的凝聚剂和助凝剂是正常运行的基本保证。机械搅拌澄清池对药剂剂量的变化并不十分敏感，这是因为澄清池中存在大量的活性泥渣，泥渣本身具有一定的混凝性能，对药剂剂量的波动可以起到一定的缓冲作用。当药量短时间减少时，出水水质不会很快恶化，甚至当短时间停止加药时，出水仍然合格。当然，这种剂量减少甚至停止加药的时间不宜太长，当超过泥渣活性所能承受的极限时，出会迅速恶化。

加入药品的种类和剂量一般是通过烧杯模拟试验来确定的。烧杯模拟试验不只是在选择药品时进行，在之后的运行中，当原水水质发生变化或者澄清池运行不正常时也应进行，以便及时调整剂量和更换更适宜的药品。

机械搅拌澄清池的混凝剂加药点设计在进水母管上的，通过管式混合器使进水与药剂混合，便于充分反应；助凝剂的加药点在第二反应室入口处；次氯酸钠一般也加在进水母管上。一般来说，加药点的确定可以通过调整试验来实现。

2) 控制再循环装置。再循环装置是机械搅拌澄清池的关键设备，再循环装置类似于一台低扬程大流量的泵，它把进水流量 2～4 倍的泥渣从泥渣区提升至第一反应室，与原水混合。提升流量的大小直接决定了澄清池运行的好坏，提升流量的大小又可以通过电动机及调速装置来进行调节，所以实际运行时应当调节调速装置以便回流量在适当的范围内。根据一般经验，回流的泥渣量为进水流量的 2～4 倍，该数值有时会随进水水质的变化而变化。

3) 泥渣性质。泥渣性质与出水水质存在明显的关系，泥渣性质主要是指泥渣沉降特性和泥渣浓度。当泥渣浓度在一定范围内且沉降特性又较好时，出水水质肯定良好，否则出水水质会迅速恶化。泥渣特性良好时，泥渣层与水的分界面十分清晰，反之则看不清泥渣层与水的界面，水体混浊不清。

描述泥渣特性的指标主要是 5min 泥渣沉降比。它是将 100mL 泥渣放入 100mL 量筒内，静置 5min，测量泥渣沉降后的体积，要求为 $10\%～20\%$（10min 沉降比一般要求为 $10\%～15\%$）。当沉降比大于 $10\%～20\%$ 时，可能是泥渣颗粒太小，沉降特性不好；沉降比小于 $10\%～20\%$ 时，泥渣浓度太低，这些都会使出水水质恶化。

除了泥渣性质对出水水质的影响外，还有泥渣层高度的影响。当澄清池内泥渣层太高时，泥渣会进入出水管流出，所以实际运行时，除了控制泥渣沉降比外，还应控制泥渣层高度。泥渣层渣面高度的最适宜位置是在第二反应室出口或稍上的位置，距池顶留有 1～1.5m 深的清水层。泥渣层高度主要通过排污来进行控制。通过刮泥板的转动，将泥渣回流中沉降于池底的泥渣（多为大颗粒失去活性的泥渣）转移至池中央排泥斗排出，排泥一般是定期进行的。当泥渣层太高时，应当增加排污；当泥渣沉降比太大，沉降特性不好时，也应加大排污，以便排走小颗粒泥渣，重新进行积渣；当泥渣层太低及泥渣沉降比太小时，则应减少排污。当泥渣有异样，如变黑、发臭、大块上浮时，也应加大排污，逐步更新泥渣层。另外，也可通过澄清池两侧的排泥装置排除泥渣浓缩区的泥渣。

以上是澄清池运行中需要控制的三个主要问题，即加药、排污（控制泥渣沉降比）和调节回流比。除了这三点之外，澄清池正常运行中还需进行定期的清扫，运行中清扫一般只清扫池顶，主要是集水槽和出水槽，清扫沉积的杂物和生长的藻类，这在气温较高的夏季特别重要。池底也要定期清扫，一般是在整池放空时进行，以清除池底积存的污泥，一般一年进行一次。

澄清池运行中要注意进水温度的变化，一般来说温差不宜大于 2℃/h；运行中要及时排泥，防止池底污泥压耙，导致刮泥板超负荷而损坏；运行中还要注意进水水质的波动，及时调整药剂剂量等。

运行中还应做好详细的运行记录，其中包括进出水量、进出水浊度、水温、pH 值、加药量、刮泥板开停时间、泥渣（主要是第二反应室）沉降比、排泥时间、排泥量等。对于运行中出现的异常情况及处理过程也应做好记录。

（2）初次运行注意事项。机械搅拌加速澄清池初次运行时，应注意以下事项：

1）应尽快形成所需泥渣浓度。可先减少进水量、增加投药量。一般调整进水量为设计流量的 1/2～2/3，投药量一般为正常加药量的 1～2 倍，并适当减小叶轮提升量。

2）逐步提高转速，加强搅拌。如泥渣松散、絮凝颗粒粒径较小或水温偏低、进水浊度小时，可适当投加助凝剂以促进泥渣的形成。也可将正在运行的机械搅拌澄清池的泥渣加入新运行的机械搅拌澄清池中，以缩短泥渣形成时间。

3）找出开启度和转速的最佳组合。在泥渣形成过程中，进行转速和开启度的调整，在不扰动澄清区的情况下尽量加大转速和开启度，找出开启度和转速的最佳组合。

4）在形成泥渣过程中，应经常取样测定池内各部位的泥渣沉降比，若第一反应室及池子底部泥渣沉降比开始逐步升高，则表明泥渣在形成，此时，运行已趋正常。

泥渣形成后，出水浊度达到设计要求（浊度小于 10FTU 时），可逐步减少药量至正常加注量，然后逐步增大进水量。每次增加水量不宜超过设计水量的 20%。水量增加间隔不小于 1h，待水量增至设计负荷后，应稳定运行不小于 48h。

5）当泥渣面高度接近导流室出口时开始排泥，控制排泥量使泥渣层在导流室出口以下。一般要求第二反应室 5min 泥渣沉降比在 10%～20%。按不同的进、出水浊度确定排泥周期和排泥时间，以保持泥渣层的高度。

（3）机械加速澄清池的投运。

1）运行前的准备。机械搅拌澄清池运行前应将池内清理干净，并检查本体、阀门、管道和机电部分等是否良好。同时对加药设备进行检查，配制好各种药液，如混凝剂、助凝剂等。

2）原水池进水。开启原水池进水门，使原水池处于正常液位。

3）启动澄清池。机械加速澄清池投运前 30min 启动澄清池搅拌机，搅动底部沉积的泥渣层，有利于活性泥渣的生成。然后，启动原水泵，开启原水泵出口门、澄清池进水门（根据进水水温，决定是否开原水加热器进汽门），向澄清池进水（启动时，不合格的水从澄清池溢流管排放）。同时启动次氯酸钠、凝聚剂、助凝剂加药泵进行加药处理，并根据进水浊度及进水流量调节加药量。澄清池空投时，待搅拌机叶轮完全浸入水中时，启动搅拌机，调节转速为 10r/min 左右。

4）运行。当澄清池出水浊度达 3mg/L 时，投用澄清池出水浊度仪。同时，开启澄清池的出水门，向外供水。

（4）机械加速澄清池的停运。

1）关原水泵出口门，停原水泵，关原水加热器进汽门、澄清池进出水门，停加药泵并关闭其出、入口门。

2）备用停运：停澄清池搅拌器，关闭澄清池进、出水门，停出水浊度仪。

3）长期停运：关闭加药一次门。

（5）停运后重新运行。澄清池停运后，为防止泥渣成压实状态，每班应启动搅拌机2h。当停止运转8～24h后重新运转时，宜先开启底部放空管阀门，排出池底少量泥渣，并控制较大的进水量和适当加大投药量，使底部泥渣松动，然后调整到正常水量的2/3左右运转，待出水水质稳定后，再逐渐降低加药量，增大进水量。

（6）事故处理。运行中的几种特殊情况及处理方法如下：

1）当出现下列情况时，一般是由于投药量不足或原水碱度过低，应加大加药量：

a. 清水区中出现细小絮粒上升，出水水质浑浊。

b. 从第一反应室取样观察，发现絮粒细小。

c. 第一、二反应室的泥渣浓度越来越低。

2）当池面水体有大的絮粒普遍上浮，但颗粒间水色仍透亮时，可能是药量过大，应适当降低投药量，观察效果。

3）遇下列情况时，通常说明排泥量不够，必须缩短排泥周期或加长排泥时间。

a. 污泥浓缩室内排出的泥渣含水量很低，泥渣沉降比已超过80%。

b. 第二反应室泥渣浓度增高，5min泥渣沉降比达25%以上。

c. 分离室泥渣层逐渐升高，出水水质变坏。

d. 在正常温度下，清水区中出现大量气泡，可能是由于池内泥渣回流不畅，沉积池底日久腐化发酵，形成大块松散腐殖物，并夹带气泡上漂水面。

4）清水区中颗粒明显上升，甚至引起翻池，可能由于以下原因：

a. 进水水温高于澄清池内水温1℃以上，降低了混凝效果，同时局部的上升流速比设计的上升流速大为增加。

b. 进水流量超过设计流量过多或三角配水槽堵塞，使配水不均而偏流。

c. 投药中断，排泥不及时，泥渣层过高、泥流浓度过大或其他因素。

d. 澄清池提高出力时调整幅度过大，泥渣层容易被冲散，使出水水质恶化。

e. 建在室外的澄清池在夏季由于阳光直射一部分池面而翻池；冬季池内水温高于环境温度、进水温度高，池面和靠近池壁处也容易引起翻池。

5. 澄清池的运行管理

（1）运行要点。澄清池的运行效果受多方面因素的影响，有化学的、物理的、水力的以及运行工况等。化学条件主要是混凝剂种类及最佳剂量；物理条件主要是水温及水温变化；水力条件是指流量及流量变化。综合起来运行中应注意以下六方面：

1）正确选取所用的混凝剂，确定最佳剂量，并根据原水水质和澄清池出力的变动情况及时地改变加药量。在空池投运时，为了加快形成所需的泥渣浓度，除了降低负荷（1/3～1/2）外，尚需加大投药量（约为正常时的2倍），或引入活性泥渣；正常运行期间应根据进出水浊度调整加药量。

2）提高水温可以改善处理效果和降低药品的用量。澄清池中水温的波动对出水水质有较大的影响，水温如果变动过快，或者澄清池半壁受到强烈的阳光照射，则可能因高温和低温之间的密度差而引起异重流（翻池），此时因局部水流过快而使出水水流中夹带絮凝体。

3）泥渣循环式澄清池的泥渣循环量或悬浮泥渣层厚度是影响其效果的一个重要因素。

但是，最优循环量不能估算，条件不同最优量也不一样，因此应通过调试或运行经验来确定。

4）为保证出水水质，澄清池内的泥渣浓度应控制在一个合适的水平上。泥渣浓度可通过连续排泥调节，如排泥量不够，出现的现象为泥渣层升高，第二反应室中泥渣浓度增大，出水变浑等；如排泥量过多，则反应室中泥渣浓度过低，影响澄清效果。泥渣浓度还可以通过调整泥渣回流量进行调节。

5）澄清池的出力应稳定，当需要变动时应逐渐进行。如出力剧增，则会破坏悬浮泥渣层和排泥系统的动态平衡，以致影响到出水水质。一般情况下，每次提升的幅度不超出满荷的 20%。

6）由运行经验得知，澄清池在 3h 以内的短期停运无须采取任何措施。例如，停运时间稍长，则会发生泥渣被压实和腐败现象，在此种情况下投运时，应该先排出部分池底泥渣，然后采用增大混凝剂加入量和减小进水量的方式运行，等出水水质稳定后，逐渐调整至正常状态。如停运时间很长，则应将池内泥渣排空。

（2）运行监督。为了使澄清池能够始终在良好的条件下工作，对其出水水质和澄清池各部分的工作情况都应进行监督。出水水质的监督项目，除了悬浮物含量或浊度以外，其他项目应根据澄清池的用途拟定。

运行工况的监督项目为清水区高度以及反应室、泥渣浓缩室的泥渣浓度。泥渣浓度可用沉降比表示，所谓沉降比，是指在规定时间（如 2、5、20、60min）内，沉降下来的泥渣体积占总体积的百分率。澄清池正常运行期间，第二反应室泥渣浓度一般控制在 5min 沉降为 10%～20%，超过 20%～25% 时应排泥。

**四、污泥浓缩池**

设置浓缩池的目的是为了减少污泥的体积，使污泥浓缩。

在污泥处理过程中，利用重力浓缩的方法，让污泥从池上部进入中心稳流筒，经稳流筒向下均匀流向四周，随着流速的降低，污泥下沉至池的底部，经中心传动的刮泥机将沉淀于池底的污泥刮至中央泥斗内。刮泥机刮臂上的纵向栅条起着搅拌的作用，为水提供从污泥中分离出来的通道，这样就加速了污泥的下沉，提高了污泥浓缩的效果，脱泥后的水流逐步向上澄清，最后通过集水装置溢出。

机加池排泥水流入集泥坑，经排泥升压泵打到污泥浓缩池后，通过分离区斜管填料的拦截，污泥沉降至池底经排泥泵排走，上层清水溢流排至下水道。污泥浓缩池实行自动控制，污泥浓缩池排泥与排泥泵联锁，当泥位达到泥位值 1.30m（暂定该值，现场可调），联锁启动一台排泥泵进行排泥；泥位持续升至泥位值 2.30m（暂定该值，现场可调），联锁再启动一台排泥泵。反之，泥位降至泥位值 2.30m（暂定该值，现场可调）联锁停一台排泥泵，低泥位值 0.80m（暂定）联锁再停一台排泥泵。污泥浓缩池排泥泵与污泥脱水机联锁（脱水机布置在污、废水提升泵房）：当一台排泥泵运行同时联锁启动一台污泥脱水机运行，当第二台排泥泵运行同时联锁启动第二台污泥脱水机运行。

## 第三节 水 的 过 滤

原水经混凝、澄清处理之后、水中大部分悬浮物和胶体已被除去，但残留的少量细小的悬浮颗粒在后续进行的反渗透或离子交换处理时，会造成反渗透膜的污堵或离子交换树脂的污染、影响正常运行。为满足后续除盐系统的进水水质要求，需要较彻底地去除水中残留的悬浮物。通常采用过滤的方式进一步降低浊度，满足后续处理要求。

水通过滤料层除去其中悬浮物的工艺称为过滤。用于过滤的多孔材料称为滤料或过滤介质。石英砂是最常用的粒状过滤材料。过滤设备中堆积的滤料层称为滤层或滤床。装填粒状滤料的钢筋混凝土构筑物称为滤池。装填粒状滤料的钢制设备称为过滤器。

过滤材料多种多样，可以采用颗粒状过滤材料，常见的如石英砂；可以采用线状过滤材料，如高效纤维素；也可以采用膜状过滤材料，如超滤膜。本节主要介绍颗粒状过滤材料。

## 一、过滤机理

过滤是使含有少量悬浮物的水通过装有滤料的设备，使清水流出，水中悬浮物被截留下来的工艺过程。过滤设备比较简单，当滤料失去截污能力（称为失效）后用反洗的方法恢复其过滤能力。"过滤"和"反洗"是过滤设备两个最基本的操作。过滤设备的运行实际上是"过滤→反洗→过滤→反洗……"周而复始的过程。

过滤设备中装填有一定数量的粒状滤料，在水力筛分的作用下滤层分层排列，即大颗粒的滤料在下部，小颗粒的在上部。水从上而下流过滤层时，由于上层滤料颗粒小排列较密，所以水中悬浮物首先被截留，并在滤料表面发生重叠和架桥过程，在滤层表面形成一层滤膜，在以后的过滤中，这层薄膜起主要过滤作用，这种过滤过程称为薄膜过滤（或表面过滤）。但是粒状滤料过滤并不完全是依靠滤膜作用，深层滤料也起过滤作用，因细小悬浮物进入排列紧密的滤层内部时，水在弯曲的通道内流动，有更多的机会与滤料碰撞，水中凝絮、悬浮物与滤料表面相互黏合被滤料吸附和截留，在滤床内部被截留的过滤称为渗透过滤（或深层过滤）。

## 二、运行监督

过滤设备在运行中效果的好坏，可以用测定出水的浊度和水通过滤层时的压力降来监督。水通过滤层时的水头损失达到一定程度或出水浊度超标时，表明滤层中已污脏严重，可进行反洗。但运行中出水浊度变化的规律性不强，到出水浊度明显增大时，滤层污染严重，以致不易反洗干净。因而在运行中实际控制的指标是水流过滤层的水头损失，这是由于运行中压力损失的变化较明显，压力的测量也比较简单，便于运行控制。

过滤设备清洗后刚开始工作时，即使滤层的孔眼和表面一点也没有被污染物堵塞，但由于过滤介质本身对水流的阻力也会形成一定的水头损失，这种水头损失，一般只是 $3\sim4kPa$，随着被滤出的悬浮物在滤料颗粒间的空隙中和滤料表面渐渐堆积，滤层的水流阻力逐渐增大，过滤设备的水头损失也随之加大，表现为过滤设备进、出口水的压差上升。

如果过滤设备进、出口压差保持不变，则在过滤设备工作中滤速会逐渐减小，从而出力就会逐渐降低。如果要保证出水量恒定，则必须随着滤层污染程度的加深，不断调节阀门的开度，或用其他办法（如增大进水压力）来实现。

当过滤设备运行到水头损失达到一定数值时，就应停用，进行清洗。滤池不能运行到水头损失过大的原因是：水头损失太大，破坏了过滤作用，从而影响出水水质。在实际运行中，一般是将压差控制在比造成滤层破裂的压差低得多的情况下，这是因为如果运行到滤层污染较严重时，虽然一时还不会影响出水水质，但会使反洗时不易洗净，造成滤料结块等不良后果，另外，设备各部分是按一定压力设计的，也不能承受过高的压力。

### 三、滤料和滤层

滤料是过滤装置的基本组成之一，滤料的性质和滤层厚度影响到过滤器的正常运行。根据具体水质条件选取滤料，确定滤料颗粒的级配和滤层高度，对保证过滤效果有很重要的意义。过滤效果的好坏，除了与混凝效果有关外，还与滤料的特性有关。理想的滤料应具有容纳悬浮物的能力大、除浊能力强和沉积物在反冲洗时容易洗脱的优点。作为滤料应具备以下条件：化学性能稳定、截污容量大、机械强度高、粒度适中等特性。水处理中常用的粒状滤料有石英砂、无烟煤、活性炭、大理石、石榴石、磁铁矿和瓷球等。

1. 滤料的化学稳定性

滤料应具有是够的化学稳定性，水与滤料的化学反应是造成水质恶化的原因之一。例如，当水的 pH＞9 时，若选用石英砂作为过滤材料，则由于石英砂的溶解，使水中 $SiO_2$ 含量增大。

为了验证滤料的化学稳定性，可在一定条件下用中性水（含 0.5mg/LNaCl、pH＝6.7 溶液）、酸性水（盐酸溶液、pH＝2.1）、碱性水（NaOH 溶液、pH＝11.8）来浸泡以预处理（洗涤和 60℃干燥）的样品，浸泡 24h，观察水被污染的情况。一般溶解固形物增加不超过 20mg/L、耗氧增加不超过 10mg/L、硅酸增加不超过 10mg/L，表明其化学稳定性达到要求。

一般情况下，在中性水和酸性水中可用石英砂做滤料，碱性水因 $SiO_2$ 的溶解不能用石英砂。例如当过滤经石灰处理后的碱性水时，不宜采用石英砂，可采用无烟煤。无烟煤在酸、中、碱性水中都比较稳定。大理石在中性、碱性水中比较稳定，但不宜用于酸性水。

2. 截污能力

所谓滤料层的截污能力（泥渣容量）是指一个过滤周期内单位体积滤料所截留的悬浮物杂质质量，单位为 $kg/m^3$ 或 $g/cm^3$。截污能力大，表明整个滤料层所发挥的作用大。

滤料粒径大，形成的滤孔通道体积大，截污能力也大。同时滤料粒径大，悬浮物也易于渗透到滤层深处，使截污能力相应增大。不过，如果滤料粒径过大，水中的悬浮物颗粒易产生穿透，从而影响出水浊度。

3. 机械强度

滤料应有足够的机械强度，因为在反洗过程中，滤料处于流化状态，滤料颗粒间不断碰撞和摩擦。若其机械强度低，会造成大量滤料破损，颗粒变小，使运行阻力增大、周期缩短、水头损失上升加快。

在水处理中，常用磨损率和破碎率两个指标来判断机械强度。磨损率是指反洗时滤料颗粒间相互摩擦所造成的滤料磨损程度。破碎率是指反洗时颗粒碰撞引起的破裂程度。

磨损率的估算方法：用孔径为 0.5 和 1mm 的筛子来筛分 100g 滤料，然后将通过 1mm 筛子的滤料和残留在 0.5mm 筛子上的滤料放入装有 150mL 水的容器内，置于实验室振荡 20h。取出振荡后的滤料用 0.5mm 和 0.25mm 的筛子进行筛分，通过 0.25mm 筛子的总量占样品质量的百分数称为磨损率。通过 0.5mm 筛子残留在 0.25mm 筛子上的滤料质量与样品质量比称为破碎率。

4. 粒度

滤料是由许多大小不一的颗粒组成的，常用"粒径"和"不均匀系数"这两个指标表示其组成情况。粒径表示滤料颗粒大小的概况；不均匀系数表示滤料中不同粒径滤料的分布情况。

将滤料假想为球体，粒径通常是指假想的球体直径，通常滤料粒径范围是 $0.5 \sim 1.2mm$。滤料粒度通常用筛分的方法求得，方法是：首先称取一定量在 $105℃$ 下烘干恒重的滤料，用不同筛号的筛子进行筛分，然后对通过筛子的样品进行称重，作筛分曲线，利用筛分曲线可以求滤料的粒径和不均匀系数。

（1）粒径。粒径有两种表示方法：平均粒径 $d_{50}$ 和有效粒径 $d_{10}$。平均粒径 $d_{50}$ 是指有 $50\%$（按质量计）滤料能通过的筛孔直径（以 mm 表示）；有效粒径 $d_{10}$ 表示有 $10\%$ 滤料（按质量计）能通过的筛孔直径（以 mm 表示），它反映滤料中较细颗粒的尺寸。

滤料粒径的选择不宜太大，也不宜太小。粒径过大，由于滤料孔隙增大，在过滤过程中细小的悬浮颗粒会穿过滤层，影响出水水质，而在反洗时，一般反洗强度不能使滤层充分松动，从而影响反洗效果。不彻底的反洗会使沉淀物残留在滤层中，严重时沉淀物和滤料会结成硬块，使运行中滤层水流不均匀，导致水头损失快速增加或出水水质很快恶化。粒径过小，会使通过滤层的水流阻力加大，过滤时水头损失上升过快。

（2）不均匀系数。不均匀系数 $K_{80}$ 表示 $80\%$ 滤料通过的筛孔孔径 $d_{80}$ 与 $10\%$ 滤料通过的筛孔孔径 $d_{10}$ 之比，即 $K_{80} = d_{80}/d_{10}$，不均匀系数越大，表示滤料中颗粒尺寸的大小相差大。

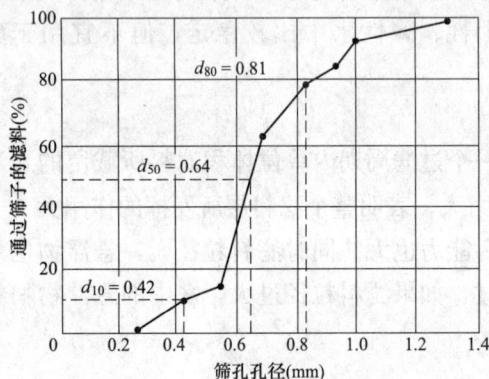

图 1-8 滤料的筛分曲线

滤料不均匀性大，反洗不易控制。因为如果反洗强度大，细小的滤料会被反洗水带走；反洗强度小，则不能松动滤层底部的大颗粒滤料，致使反洗不彻底。反洗后，滤料颗粒是按上小下大的顺序排列，滤料不均匀系数大，加剧了这种上小下大的状况，致使在运行过程中，由于表层滤料颗粒太细，水头损失上升快、过滤周期缩短。

滤料的粒径和不均匀系数，可以通过筛分曲线求得。如图 1-8 所示的筛分曲线，$d_{80} = 0.81mm$，有效粒径 $d_{10} = 0.42mm$，则不均匀系数为 $K_{80} = d_{80}/d_{10} = 0.81/0.42 = 1.93$。

5. 颗粒形状

过滤设备常用的滤料不是球形的，粒径相同而形状不同的颗粒具有不同的表面积。颗粒表面积对过滤效果和水头损失有一定的影响，因此在选择滤料时一定要考虑滤料的形状。但目前还难以估计到不规则形状颗粒的表面积，所以在计算和实际使用中，有时引入球状度的概念。球状度表示与颗粒具有相同体积的球体表面积与颗粒实际表面积之比，其值一般小于或等于1。也有的采用形状系数 $\alpha$，$\alpha$ 定义为颗粒表面积与同体积球体表面积之比，与球状度互为倒数，$\alpha \geqslant 1$。

6. 滤层孔隙率

滤层孔隙率为滤层中颗粒与颗粒之间的空间体积占滤层总体积的百分数。运行表明，滤层孔隙率大，滤层所能截留的悬浮颗粒量也大。孔隙率的大小与颗粒大小、形状及排列方式有关。不规则形状滤料的孔隙率大于球形颗粒，带有棱角的滤料孔隙率最大可达 0.6以上。均一球形滤料按其排列状态不同，其孔隙率在 0.26～0.48 之间。孔隙率一般是通过实验求得的，按式（1-9）计算

$$\varepsilon = 1 - \frac{m}{\rho V} \tag{1-9}$$

式中　$m$——滤层中滤料总质量，mg；

　　　$\rho$——滤料颗粒的真密度，$kg/m^3$；

　　　$V$——滤料层体积，$m^3$。

滤层的孔隙率与过滤效率有着密切的关系，孔隙率越大，过滤水头损失增加越缓慢，过滤周期就越长，滤层的截污能力得以提高，但穿透厚度也随之增大。

7. 滤层厚度

滤层厚度是指滤料在过滤设备中的堆积高度。过滤时，达到某规定水质所需要的滤层厚度称为悬浮杂质的穿透厚度，穿透厚度加上一定安全因素的厚度即为滤层的设计厚度。研究结果表明，穿透厚度与滤速的 1.56 次方和滤料有效粒径的 2.46 次方的乘积成正比，因此滤料粒径和流速太大，细小悬浮物容易穿透滤层，出水水质差，过滤周期短。对于下向流过滤器，在同样的平均粒径条件下，不均匀系数越接近于 1，穿透深度就越小；对于上向流过滤器，情况则不相同，滤层的截污容量随不均匀系数增大而递增。

8. 滤层的排列方式

过滤设备中装填的滤料可以是单层滤料，也可以是多层滤料。单层滤料颗粒的密度是一样的，所以在反洗之后其沉降速度仅与颗粒大小有关。颗粒大的，沉降速度快，沉在底部；颗粒小的，沉降速度慢，落于滤层上部。这样就形成"上细下粗"的排列方式，这种排列方式会使滤层表面形成一层滤膜，在以后的过滤作用中，这层滤膜起了主要的过滤作用，也就是通常所说的"薄膜过滤"，使水流阻力迅速增大，而下部滤层的截污容量没有被充分利用，所以运行周期短，截留的泥渣容量低。

生产实践表明："薄膜过滤"的设备运行周期短，制水量少。由于过滤仅在表面滤层进行，下面大量的床层滤砂并未发生吸附和截留作用，因而经济性也差。但是单层滤料级配简单，滤料可以采用无烟煤，也可以采用石英砂，铺筑简单，检修维护容易，反洗强度也好掌握。

为了改变这种状况，通常的办法是采用多层滤料，选取双层或三层滤料。双层滤料通常是由两种密度不同的滤料组成的。一种密度大，但颗粒小，另一种密度小，但颗粒大，例如双层滤料可以选用无烟煤和石英砂，无烟煤的密度为 1.5～1.8g/cm³，而石英砂的密度为 2.65g/cm³ 左右，无烟煤颗粒要比石英砂大一些。这样在反洗后，颗粒较大而密度较小的无烟煤在上层，而颗粒较小密度较大的石英砂在下层，于是滤料形成"上大下小"的排列方式。由于滤层上部颗粒较大，所以在滤层表面形成滤膜可能性减少。底部滤料较细，仍可以发挥对水中悬浮物的截留作用，因此这种过滤设备的出水质量高，而且压力损失增长较慢，截污能力较大，工作周期长，滤速也可适当提高。

采用双层滤料过滤设备的关键是选择滤料，主要是指两种滤料的密度和粒度，因为这是决定两者分层的关键指标。如果两者分层不好，小颗粒石英砂混入大颗粒无烟煤颗粒中，就有可能使滤料孔隙率比单层滤料还小，不利于过滤。但是要两种滤料完全不混合也是不可能的，一般要求混杂层厚度不超过 5~10cm。有研究指出，当无烟煤的密度为 1.5g/cm$^3$ 时，为使滤料不混合，最大无烟煤粒径与最小石英砂粒径之比不应大于 3.2。在实际应用中，滤料的粒度和反洗强度可通过试验确定。

三层滤料的原理和双层滤料相同，它只是在双层滤料下面再加上一层密度更大的滤料，当然其颗粒也更小。通常采用的是石榴石和磁铁矿石，这种三层滤料过滤设备的滤速可达 80m/h。

不论是双层滤料过滤设备还是三层滤料过滤设备，虽然截污能力大，运行周期长，但运行终点时水头损失一般应控制在 3m(30kPa) 左右，不宜太大。若运行控制水头损失太大，运行周期太长，易使滤层反洗不净，造成滤料结块。

滤料级配的经验数据见表 1-2。

**表 1-2** 滤料级配的经验数据

| 类型 | 滤层排布方式 | 滤料的组成 | | | 不均匀系数 $K_{80}$ |
| --- | --- | --- | --- | --- | --- |
| | | 种类 | 粒径（mm） | 滤层厚度（mm） | |
| 过滤器 | 单层滤料 | 无烟煤 | 0.5~1.2 | 1200 | <2 |
| | | 石英砂 | 0.5~1.2 | 1200 | <2 |
| | 双层滤料 | 无烟煤 | 0.8~1.8 | 400 | <2 |
| | | 石英砂 | 0.5~1.2 | 800 | <2 |
| | 三层滤料 | 无烟煤 | 0.8~1.6 | 450~600 | <1.7 |
| | | 石英砂 | 0.5~0.8 | 230 | <1.5 |
| | | 重质矿石 | 0.25~0.5 | 70 | <1.7 |
| | 细砂过滤 | 石英砂 | 0.3~0.5 | 600~800 | |
| 滤池 | 单层滤料 | 无烟煤 | 0.8~1.5 | 700 | |
| | | 石英砂 | 0.5~1.2 | 700 | |
| | 双层滤料 | 无烟煤 | 0.8~1.8 | 400~500 | |
| | | 石英砂 | 0.5~1.2 | 400~500 | |
| | 三层滤料 | 无烟煤 | 0.8~1.6 | 450~600 | |
| | | 石英砂 | 0.5~0.8 | 230 | |
| | | 重质矿石 | 0.25~0.5 | 70 | |

### 四、过滤工艺

各种滤池、过滤器的基本工作过程是相同的，即过滤和反洗交错进行。

1. 过滤过程

从过滤开始到反冲洗结束的一段时间称为滤池（或过滤器）的工作周期，从过滤开始到过滤结束称过滤周期。过滤初期，杂质被截留主要发生在最上层滤料中，而大部分下层滤料没有发挥过滤的作用，随着过滤的进行，上层选料的杂质不断增多、空隙减少、水流通道变窄，使水阻力增加。当截留带前沿接近最底部滤层时继续过滤，则出水浊度增大。

为保证出水水质,过滤设备通常运行到出水浊度达到规定值或进出口压差达到规定值时停止运行,然后进行反冲洗,这时称为过滤设备失效。

2. 过滤失效点判断

过滤设备的失效点是由滤层特性和操作条件决定的。从出水水质来看,失效点是过滤后期出水合格与不合格的分界点。但人为规定的允许压差或允许浊度不同,失效点就不一样,过滤周期也不一样。

过滤过程中水头损失 $h$ 和出水浊度 $C$ 的变化如图1-9所示,其中$C_0$表示进水平均浊度。图中曲线上滤层失效对应的状态点称为失效点,$C_R$为失效点时的出水浊度。

过滤终点是过滤器运行的停止点,它与失效点是两个不同但又密切相关的概念。终点是以失效点为依据

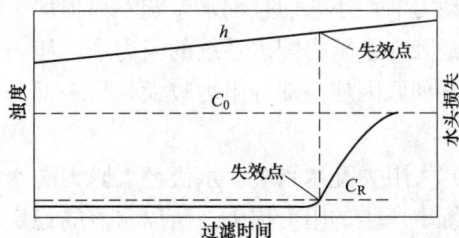

图1-9 水头损失和出水水质与过滤时间的关系

的,但它可能比失效点提前,也可能滞后,往往不会正好停止在失效点上。生产实际中,为了保证水质,多在失效点之前结束过滤。

由于与失效点对应存在着唯一的水头损失、出水浊度和过滤时间,过滤器是否失效,可以从出水浊度、进出口压力差和过滤时间是否超过允许值这三个方面的任一项指标来判断。

3. 过滤速度

过滤速度是指单位时间、单位面积上的过滤水量,简称滤速,即

$$v = \frac{Q}{A} \tag{1-10}$$

式中　$v$——滤速,m/h;

$Q$——过滤设备出力,$m^2/h$;

$A$——过滤设备过滤截面积,$m^2$。

由式(1-10)可知,滤速不易过快或过慢,滤速太快会使出水水质下降,而且运行时会因水头损失增加,使出水浊度升高、过滤周期缩短。滤速慢意味着单位过滤面积的出力小,为了达到一定的出力,必须增大过滤面积,这不仅要增加投资而且使设备变得庞大。滤池的滤速与滤层中的滤料结构有关,过滤设备不同滤料结构时常用的滤速见表1-3。

表 1-3　　　　　　　　　　　过滤设备不同滤料结构时常用的滤速

| 过滤设备滤料形式 | 滤速（m/h） | |
| --- | --- | --- |
| | 正常滤速 | 强制滤速 |
| 细砂过滤 | 6~8 | |
| 单层过滤 | 8~10 | 10~14 |
| 双层过滤 | 10~14 | 14~18 |
| 三层过滤 | 18~20 | 20~25 |

4. 水流均匀性

过滤设备在过滤或反洗过程中,要求通过过滤截面各部分的水流分布均匀,才能保证

过滤和反洗的效果。这就必须保证进入滤池的过滤水和反冲洗水流经各个部分时水头损失基本相同。为保证水流的均匀性，可在进水管口上配制进水装置。

在过滤设备中，对水流均匀性影响最大的是配水装置。配水装置（排水装置）是安装在滤层下面，过滤时收集过滤后的出水，反洗时用来送反洗水的装置。配水系统可分为两类：一类称为小阻力配水系统；另一类称为大阻力配水系统。

（1）小阻力配水系统。优点是阻力比较小，各部位的压力损失差别小，水流分布比较均匀，动力消耗小，而且配水系统不易损坏。缺点是滤层中出现不均匀时，可引起偏流现象，这是因为小阻力配水系统的阻力小，压力损失较小，但是滤层的阻力较大，所以在运行时因某种原因使一部分阻力较大，另一部分阻力较小时，就会使水流不均匀，故稳定条件较差。

（2）大阻力配水系统。水流经大阻力配水系统产生的阻力损失远大于承托层、滤层和管路系统中产生的阻力损失。所以水流的稳定性较好。即滤层出现阻力不匀时，与此孔隙的阻力相比还是较小的，即对过滤过程的总阻力影响不大。

一般的重力式滤池都是小阻力配水系统，要求其配水的不均匀性不大于5％。

5. 反冲洗

在过滤的开始阶段，滤层是清洁的。水流过清洁滤层时，由于滤层本身对水流的阻力会形成一定的压力降，即水头损失。随着过滤的进行，滤层中的悬浮颗粒截留量增大，致使滤层空隙尺寸减小，滤层的阻力增大，过滤过程中的水头损失也相应增大。若过滤器进口压力保持不变，则由于滤层阻力增大，流速会降低，过滤器的出力下降。

随着过滤的进行，水头损失达到某一允许值时，过滤器就应停运，进行反冲洗以除去滤层中的杂质，使滤层恢复到原有的截污能力。所以，反冲洗的目的是除去滤层中截留的质，恢复滤料的截污能力。

（1）反冲洗方法。目前采用的反冲洗方法主要包括水反冲洗、辅以空气擦洗的水反冲洗、带表面冲洗的水反冲洗。

水反冲洗，即水自下向上流动，把滤料冲成悬浮状态，借助滤料颗粒间水流产生的剪切力和相互摩擦力，把截留的杂质剥离下来，用冲洗水带出。这种冲洗方式必须要有一定的冲洗流速，使滤层的膨胀率至少达到15％，最佳膨胀率为45％左右。

辅以空气擦洗的水反冲洗，即水和空气交替从滤层底部进入，空气泡在滤料间隙穿过上升，使空隙发生胀缩，滤料颗粒升落、旋转和碰撞使吸附在滤料上的杂质脱落，并随反洗水排掉。也有将水和空气同时从滤层底部进入，称为水气合洗。带有空气的反冲洗效果比水反冲洗的好。

带表面冲洗的水反冲洗是一种利用高速水流对表层滤料进行强烈搅拌来提高反冲洗效果的冲洗方式。在下列情况下一般可采用表面冲洗。

1）多层滤料滤池和截污能力强、杂质穿透深，只用水冲洗不易冲洗干净时；

2）水源受有机物污染，滤层结块或形成纵向沟道，滤池不能正常工作时；

3）采用高分子物质作为助凝剂、助滤剂时；

4）为提高滤池工作效率、延长过滤周期、减少冲洗水量时也可采用表面辅助冲洗。

（2）反冲洗条件控制。反冲洗效果的关键指标有：反洗强度和反洗时间。为了达到清除污物的目的，水由下向上流动时，滤料颗粒被水冲起发生膨胀，滤料膨胀后所增加的高度与膨胀前高度之比称为滤料膨胀率，是用来衡量反洗强度的指标。

为保证反洗效果，反洗水上升流速和反洗时间要足够。上升流速的大小可用反洗强度来表示，即在每秒钟内每平方米过滤设备的过滤面积上需要多少升的反洗水量，单位为$L/(m^2 \cdot s)$。反洗强度的大小与许多因素有关，例如滤料越粗、水温越低（此时水的黏度大）、滤料的密度越大，则需要的反洗强度也越大，否则达不到一定的膨胀率。例如石英砂的反洗强度通常为$15 \sim 18 L/(m^2 \cdot s)$；而相对密度较轻的无烟煤反洗强度为$10 \sim 12 L/(m^2 \cdot s)$。反洗时，滤层的膨胀率一般取$20\% \sim 50\%$，反洗时间一般取$5 \sim 6 min$，反洗时间实际上决定反洗水量的大小，如反洗水量不足则反洗时间必然会短，达不到反洗的要求。

每次反洗时应将滤层中的污泥清除干净，否则，积累在滤层中的污泥会使滤料颗粒黏在一起，发生滤料结块现象，从而破坏滤池的正常工作。

为了提高反洗效果，还可以采用空气擦洗的方法。一般在反洗$5 \sim 10$个周期之后，通入压缩空气进行擦洗，充分搅动滤层，使滤料颗粒间发生较强烈的摩擦，以提高清洗效果。空气擦洗时，滤池中水位一般仅在滤层之上$200mm$的地方，这样可以增加擦洗效果。压缩空气擦洗完毕，就可以进行水反洗，用水反冲掉擦洗下来的污物。空气擦洗强度与滤料的种类和粒径有关，一般在$10 \sim 20 L/(m^2 \cdot s)$，时间$3 \sim 5 min$。

滤池（器）的反冲洗条件见表1-4。

表 1-4　　　　　　　　　　　滤池（器）的反冲洗条件

| 滤层 | 反洗强度[$L/(m^2 \cdot s)$] | 膨胀率（%） | 反洗时间（min） |
| --- | --- | --- | --- |
| 单层（石英砂） | 12～15 | 45 | 5～7 |
| 双层（无烟煤、石英砂） | 13～16 | 50 | 6～8 |
| 三层（无烟煤、石英砂、磁铁矿） | 16～18 | 55 | 5～7 |

6. 滤池滤料的结块

由于反洗不彻底，经过较长一段时间的运行，会发生过滤效果恶化，过滤周期缩短的现象，在滤料中积累了一定数量的污泥，甚至发生污泥与滤料结成块状，反冲洗冲洗不动。这样一来，运行情况更加恶化。

根据滤层中滤料结块的原因，可以分为污泥结块、油泥结块和微生物及其排泄物的黏泥结块。针对不同的结块类型有不同的处理方法，一般常用的消除结块的方法有如下5种：

（1）加强反洗。可以增加反洗强度和延长反洗时间，也可以辅以压缩空气清洗，这对轻度污泥结块有效。

（2）卸出滤料，人工清洗。在结块严重时，将滤料卸出进行人工清洗，消除结块。

（3）碱洗。适用于油泥结块，常用的药品有$NaOH$、$Na_2CO_3$等，可以将其配成一定浓度的溶液注入过滤设备对滤料进行浸泡或循环冲洗。

（4）酸洗。适用于在滤料上积有重金属沉淀，一般使用盐酸，使用时要注意设备的防腐（可通过加缓蚀剂来实现）和滤料对盐酸的稳定性。

（5）氯清洗。对滤料中有机物生长形成大量黏泥而引起的结块，可向滤层中加入漂白粉或次氯酸钠，使水中活性氯含量达到$40 \sim 50 mg/L$，通过滤层，待排水中有氯臭味时，停止排水并进行浸泡 1～2 天，可将微生物杀死，再通过反洗洗去。

上述几种消除结块的方法可以单独进行也可以互相结合进行，以提高清洗效果。

## 第四节　常见过滤设备及运行

过滤设备是水处理中应用广泛、种类繁多、技术成熟的一类水处理设备。按不同的滤料，主要有以下 4 种类型：

（1）粒状滤料过滤器。粒状滤料过滤器是目前使用最为广泛，它是以石英砂、无烟煤、活性炭、锰砂、瓷砂等颗粒状物质作为过滤材料的设备。

（2）纤维过滤器。高效纤维过滤器是一种性能先进的压力式纤维过滤器，它采用了一种新型的束状软填料（纤维）作为过滤器的滤元，可有效去除水中的悬浮物，并对水中的有机物、胶体、铁、锰等有明显的去除作用。

（3）叠片式过滤器。叠片式过滤器是将刻有细微沟纹的过滤叠片表面，按不同的走向、角度叠加在一起，彼此形成许多沟纹交叉点产生过滤通道。

（4）膜过滤器。这类过滤器是以滤膜为过滤材料，在火力发电厂中多用于反渗透的预处理系统，包含微滤和超滤。

火力发电厂中常用的过滤设备按承压情况分为压力式和重力式两大类，前者一般称为机械过滤器，后者称为滤池。本节主要讲述火力发电厂水处理系统常见的过滤设备。

### 一、压力式过滤器

压力式过滤器又称机械过滤器。过滤器的本体是一钢制承压容器，体内上部设有进水装置，下部设有出水（兼作反洗配水）装置。滤料可以是单层、双层或三层；过滤器类型可以是单流式、双流式或双室过滤器。压力式过滤器的进水经泵升压后，通过滤层，使水的浊度进一步降低，达到使用要求的浊度。过滤器是在压力下运行的，它的特点是占地面积小，管理方便，出水水质稳定，在火力发电厂水处理中应用较为广泛。

（一）单流压力式过滤器

1. 单流压力式过滤器的结构

单流压力式过滤器是一种最简单、常用的过滤器，如图 1-10 所示。它的适用范围广，主要用于除去用沉淀方法不能除去的悬浮固形物、胶体物和未沉淀下来的沉积物，以避免其后处理步骤中所用的活性炭或离子交换树脂受污染。

运行时，进水自进水管进入过滤器后经进水挡板均匀配水，自上而下通过过滤层。清水经过水帽进入下部配水空间，然后由出水管引出。当过滤阻力达到极限值时，停止运行进行冲洗。冲洗方式可根据需要采用水冲洗或辅助空气擦洗。冲洗时一般是先将过滤器内的垫层水放到滤层边缘，然后从底部送入压缩空气冲洗滤层，再用气、水同时冲洗，最后单用水冲洗。待滤料洗净后停止冲洗进行正洗，待正洗水质合格后进入下一周期运行。

其进水装置有向上布置的漏斗式、挡板式或环形布置的水管等形式，出水配水系统装置有穹形板石英砂垫层式，还有水帽式、支管开缝式或小孔式等形式，装有压缩空气装置，容器外设有必要的管道和阀门等。

根据内部装填滤料的不同，单流压力式过滤器又可分为以下 5 种形式。

（1）单层滤料过滤器。滤料为单一品种，根据要过滤的水质特点及取一种选料的要

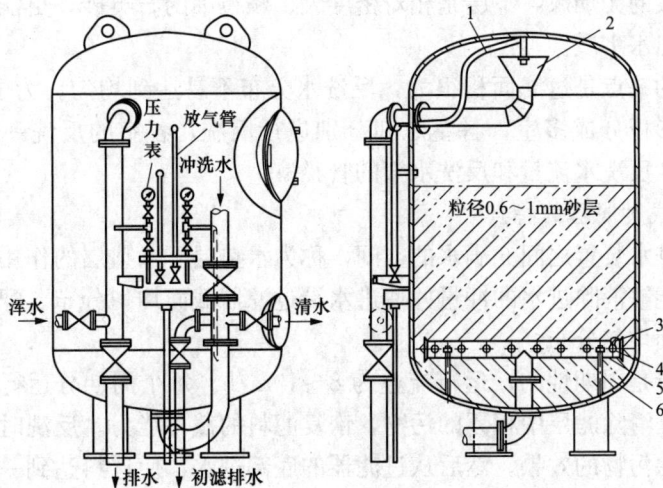

图 1-10　单流式过滤器的结构

1—放气管；2—进水漏斗；3—缝式滤头；4—配水支管；5—配水干管；6—混凝土

求，一般常用无烟煤或石英砂，按一定的粒径配置装填。截污能力较小，滤速较低。

（2）双层滤料过滤器。双层滤料单流过滤器的滤料分两部分，滤层上部放置相对密度小、粒径大的无烟煤，下部放置相对密度大、粒径小的石英砂。上部的进水可深入无烟煤的滤层中，发生渗透过滤作用；下层石英砂也能截留部分泥渣，起保证出水水质的作用。双层滤料与单层滤料相比，其截污能力较大，压力损失增加比较缓慢，滤速较高，工作周期相对较长。

（3）三层滤料过滤器。三层滤料过滤器的滤层上部是无烟煤，中间是石英砂，下层是石榴石、磁铁矿或钛铁矿等。此种过滤器的优点为滤速高，截污能力大，对于流量突然变动的适应性好，出水水质较好。其水流阻力与单流式过滤器相当。

（4）细砂（精密）过滤器。细砂（精密）过滤器在水处理过程中有精密过滤的作用，细砂过滤器多用于反渗透给水预处理系统中，安装在多介质过滤设备之后，能有效地去除被漏过的微小颗粒悬浮物和胶体，使反渗透给水淤泥密度指数（silt density index，SDI）达到合格的要求。

细砂过滤器的结构与单层石英砂滤层过滤器相似，仅仅是滤层的粒径更细、更小，由 $0.5\sim1.2mm$ 减小到 $0.3\sim0.5mm$，在运行流速上也由 $8\sim14m/h$ 下降到 $5\sim7m/h$，具有表面过滤的性质。细砂过滤器是为满足反渗透给水的特殊需要而设置的。

（5）卧式单流过滤器。卧式过滤器与一般立式压力过滤器相比，最大的优点是设备大小不变时出力增大，因为立式过滤器的过滤面积只是圆的横截面，而卧式过滤器的过滤面积是纵向切面，可使过滤面积大大增加。另外，若按相同出力比较，其占地面积也比立式过滤器小，可节省过滤设备的投资费用，性价比较高。

卧式过滤器的另一个优点是，过滤时随过滤滤层的加深，过滤速度加大，是变速过滤。这种情况符合过滤的规律，因为在滤层表面容易形成一层滤膜，这层滤膜压降很大，此处减少滤速，可以减少运行中的水头损失，而下层滤料不易堵塞，可以适当加大滤速。

采用双层滤料可提高设备的截污能力，减缓水头损失，提高滤速并延长工作周期，滤层上层为颗粒较大的无烟煤,下层是相对密度大、颗粒细的石英砂,更能充分利用滤层的截污能力,提高出水水质。

卧式过滤器的缺点是过滤面积很大,反洗水分布不易达到均匀。为了改善这种情况,卧式过滤器用弧形板分成多室,各室之间分别进行反洗,各室的反洗一般不安排同时进行,这是为了减少反洗水流量和反洗水管的管径。

2. 单流压力式过滤器的特点

滤层表面至进水装置之间充满水的空间,称为水垫层。水垫层的作用是:反洗时滤料能有膨胀空间;能够消除进水的冲量并使进水沿过滤器截面均匀分布。配水系统可以使排水时水流沿横截面均匀分布。

过滤器的运行是周期性的,运行流速为 8~10m/h。每个周期分运行、反洗和正洗三步。反洗的目的是清除滤层中积累的污物,恢复滤料的截污能力。反洗时首先用压缩空气搅拌,以提高清除污物的效果。然后从过滤器的底部进水,使滤料达到一定的膨胀率,将过滤器内的污物随反洗水排出。之后,停气加大反洗水量,使滤料进一步膨胀,使过滤器内污物彻底地随反洗水排出。最后,从上面进水、底部排水对滤料进行冲洗(称为正洗),清除送料内残余污物,直至出水合格为止。

机械过滤器运行一般比较可靠,维护量很小。运行中要严格按出水浊度、进出口压力差和过滤时间的规定值进行控制,注意投运时的流速流量,反洗应彻底。设备方面可能发生故障是:水帽破裂以及水帽松动引起滤料的泄漏;滤料经过频繁的反洗、摩擦而破碎,有一定的损失,使过滤器运行周期缩短;与设备配套的阀门、表计会发生缺陷、故障。

3. 单流压力式过滤器的运行

(1) 滤料装填。装填滤料前,应仔细检查滤料的品种、规格、数量是否符合设计要求。按设计要求的滤料高度和滤料视密度,估算装填数量。对多层滤料过滤器,应先装入比重较大的滤料,后装入比重较小的滤料。装填前,设备应充水至水帽上方 500~800mm处,以免滤料下落时损坏水帽。装填完毕,观察滤层表面是否平整,如不平整,应打开上人孔盖板,平整后紧固人孔盖板。

(2) 滤料清洗。过滤器在装料后应进行反冲洗。按流速 5~8m/h 水流由下往上冲洗,脏水由上部排污口排出,以除去滤料中的赃物和形成合理分布的滤层,至出水澄清即算合格。

(3) 过滤。正洗排水,查看排水是否澄清。如已澄清,即可投入正常过滤,每小时观察出水一次,发现水质达不到要求时,立即停止,进行反洗或根据进出口压差来决定反洗(一般压差不超过 0.15MPa)。

(4) 反洗。关闭进水阀,缓慢地打开反洗进水阀,水从底部进入,当空气阀向外溢水时,应立刻关闭空气阀,打开排水阀,水从上部排出,流量逐渐增加,最后保持一定的反洗强度 [三层滤料:10~12L/(m² · s)],以出水中不含有正常颗粒的过滤介质为宜,直至反洗出水水质完全无色透明为止,一般需 5~10min,然后关闭反洗进水阀及上排水阀。

(5) 正洗。正洗时先打开进水阀及下排水阀,水由上往下清洗,正洗流速为 5m/h,正洗至出水透明时即关闭排水阀,打开出水阀,投入正常运行。

(6) 过滤器反冲洗时注意:反洗时不应有跑滤料现象。遇到反洗时出水仍然不清的异常情况,应停止反洗,找出原因,必要时打开人孔,检查设备内部构件是否损坏,而不应加大反洗强度，以免损坏设备及多孔板上的排水帽。

以某厂出力为120t/h的双层滤料机械过滤器的运行为例，具体操作如下：

（1）投运。

1）正洗。开启过滤器进水门、空气门，待空气门出水后，关闭空气门，开启正洗排水门。

2）运行。正洗至排水浊度小于2FTU时，关闭正洗排水门，开出水门，过滤器投运。

（2）停运。关过滤器进水门、出水门，开启空气门泄压后关闭。

（3）反洗。当过滤器出入口压差大于0.1MPa或出水浊度大于2mg/L时，停止过滤器运行，进行反洗。反洗操作如下：

1）排水。开启排气阀、正洗排水阀，排水至滤层上方200mm，关闭正洗排水门。

2）空气擦洗。开启反洗排水门，启动罗茨鼓风机，开过滤器进气阀，进行空气擦洗。擦洗强度10~15L/(m²·s)，时间5~10min。

3）反洗。关闭进气阀、排气门，启动反洗水泵，开反洗水泵出口门、过滤器反洗进水门。对过滤器进行反洗，反洗水量300m/h，时间为15min。

4）正洗。关反洗进水门、反洗排水门，开启进水阀、空气阀。待过滤器满水后，开正洗排水门，关闭空气门，保持正洗流速10m/h，时间5~10min。

5）备用/投运。正洗至排水浊度小于2mg/L时，正洗合格，关闭各阀门，备用；或开出水门，关正洗排水门，投入运行。

4. 双介质过滤器的常见故障

双介质过滤器的常见故障见表1-5。

表1-5　　　　　　　　　　　双介质过滤器的常见故障

| 序号 | 现象 | 可能原因 | 处理方式 |
|---|---|---|---|
| 1 | 出水浊度达不到要求 | 1. 滤速过高；<br>2. 滤层未清洗干净；<br>3. 滤层高度达不到 | 1. 降低滤速；<br>2. 加强滤层的清洗；<br>3. 增加滤层高度 |
| 2 | 滤层压差大 | 1. 运行流速偏高；<br>2. 滤料颗粒偏小 | 1. 增加反洗次数；<br>2. 调整滤料的配级 |
| 3 | 反洗时间长 | 1. 滤层太脏或结块；<br>2. 配水不均匀，反洗偏流；<br>3. 反洗强度不够 | 1. 增加反洗次数；<br>2. 检查配水装置，清除偏流；<br>3. 增大反洗强度 |
| 4 | 滤料介质混杂 | 级配不合理 | 调整滤料的配级 |

（二）双流压力式过滤器

双流压力式过滤器兼有薄膜过滤和接触凝絮两种作用。其结构与单流式过滤器基本相同，只是出水装置设在容器中部。进水分两路：一路从上部进水，发挥表面滤料的截污能力；另一路从下部进水，水先遇颗粒大的滤料，然后遇到颗粒逐渐变小的滤料，起接触混凝作用。出水从中间排出。

过滤器的滤层分布：配水系统以上滤层高0.6~0.7m，配水系统以下滤层高1.5~1.7m。用石英砂作滤料时，粒径为0.4~1.5mm，平均粒径0.8~0.9mm，不均匀系数

$K_{80}$ 为 2.5~3。

过滤器的运行：开始时，上、下进水量各为 50%，运行一段时间后，随上部滤料截污量增多阻力增大，上部进水量减少，下部进水量增大，到过滤后期，下部进水量约占总出水量的 80%。当过滤器压力损失达允许值或出水达失效点，设备停运。过滤器的反洗：先用压缩空气吹洗，从中间进水上部排水，对上层滤料进行反洗；然后停气，同时从中间和底部进水上部排水，进行整体反洗一定时间；最后，上部进水底部排水进行正洗至出水合格止。

双流式过滤器的运行流速按出水量计为 12~18m/h。

## 二、重力式无阀滤池

### 1. 结构

无阀滤池是不设阀门的过滤装置，其结构如图 1-11 所示，由滤池本体、进水装置和虹吸装置三个部分所组成。无阀滤池的本体包括冲洗水箱、过滤室和集水室。进水装置由进水槽和 U 形进水管组成，其作用是为了防止空气进入滤池，从而保证在滤池的运行后期能顺利地形成虹吸。虹吸装置是由虹吸上升管、虹吸下降管、虹吸辅助管、水封槽和虹吸破坏管等组成，虹吸装置的作用是使过滤末期能形成虹吸，使反冲洗得以进行和反冲洗结束时破坏虹吸终止反洗。此滤池在进水悬浮物量不大于 100mg/L 时，可保证出水悬浮物量小于 5mg/L。

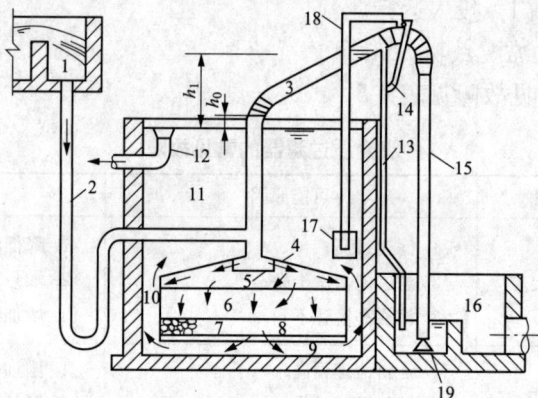

图 1-11　重力式无阀滤池

1—水箱；2—进水管；3—虹吸上升管；4—顶盖；5—挡板；6—滤层；7—承托层；
8—配水系统；9—集水室；10—连通渠；11—冲洗水箱；12—出水管；13—虹吸辅助管；14—抽气管；
15—虹吸下降管；16—水封井；17—虹吸破坏斗；18—虹吸破坏管；19—反洗强度调节器

### 2. 无阀滤池的运行过程

无阀滤池的过滤和反冲洗都是依靠水力自动进行的。澄清处理后的水，经滤池的进水槽、U 形进水管送至虹吸上升管。上升管中的水经进水挡板加以缓冲后，均匀地通过滤层，进入下部集水室，经连通渠流至上部冲洗水箱中。当冲洗水箱的水位达到出水管处时，便开始向外送水。

开始过滤时，虹吸上升管中水位高度应足以保证水能通过滤层流入冲洗水箱。此时，虹吸上升管与冲洗水箱的水位差就是该滤池的水头损失，初始水头损失一般约为

2kPa。随着过滤时间的延长，滤层中的水流阻力逐渐增大，虹吸上升管内的水位也相应升高。当水位上升到虹吸辅助管管口时，水流即由此管中快速流下，于是借助快速水流的抽气作用，通过抽气管将虹吸管中的空气抽走。因而在虹吸管中产生负压，使虹吸上升管和下降管中水位很快上升，当两上升水流汇合后，便形成虹吸。这时过滤室内的水被虹吸管迅速抽走，滤层上部压力急剧下降，促使冲洗水箱中的水倒流至过滤室，经虹吸管排走，这便是滤层的反冲洗。

在反冲洗过程中，冲洗水箱中的水位逐渐下降，当水位降到虹吸破坏管以下时，管口与大气相通，大量空气进入虹吸管内将虹吸破坏，冲洗结束，过滤过程立即重新开始。从开始抽气到虹吸形成，一般需 2～3min，反冲洗时间为 4～5min。无阀滤池从开始出水到虹吸上升管中水位升至虹吸辅助管口之间的时间，即为无阀滤池的过滤周期。因此，虹吸辅助管口至冲洗水箱初始水位差：实际上反映了过滤周期终止时的允许水头损失，它的大小决定了滤池的过滤周期，允许水头损失值一般控制在 15～20kPa 范围内。在整个冲洗过程中，进水是不停的。无阀滤池的冲洗强度随冲洗水箱水位下降而不断降低，这对冲洗效果颇为有利。冲洗强度的大小可用调节锥形挡板的高低来改变。无阀滤池反洗后，不能进行正洗排水，而是把这些水积累在冲洗水箱中，这对初期的出水水质有一些影响。

无阀滤池的自动反冲洗只有在滤池的水头损失达到周期终止时的允许水头损失值时才能进行。如果滤池水头损失还未达到允许值，而由于某些原因需提前反冲洗时，则必须采用强制反冲洗。为此，在无阀滤池的虹吸辅助管上，常设有强制反洗装置，用一个压力水管以 150°夹角通入虹吸辅助管。需强制反冲洗时，打开压力水管上的进水阀门，高压水流便很快地将虹吸管中空气抽走，使虹吸形成。

3. 无阀滤池的特点

(1) 过滤和反冲洗是自动形成和停止的。

(2) 变水头等速过滤。在过滤过程中，虹吸上升管中的水位随着过滤时间的延续，滤层中悬浮杂质的增加和滤层阻力的增大而升高，水位的增加抵消了滤层阻力的增大，因此呈变水头等速过滤状态，直至反冲洗开始。

(3) 变强度反冲洗。反冲洗过程中，随着冲洗水箱水位的下降，冲洗强度逐渐减小。反冲洗开始时，滤层中悬浮质较多，需要的反洗强度大，随着滤料冲洗逐渐清洁，反洗强度也逐渐减小，这对冲洗效果颇为有利。

(4) 虹吸辅助管管口的高度，即为滤池过滤终止时的允许水头损失；虹吸破坏管插入深度决定了反冲洗时间或反冲洗水量。

这种滤池的结构简单、造价低、运行管理方便，缺点是：虹吸管很高，造成设备所需空间高度很高，滤层无法进行空气擦洗。

也有采用单阀滤池的，其工作原理与无阀滤池相同，不同点在于：单阀滤池的虹吸管从滤池的顶盖上接出后即向下弯，虹吸管上装有一个阀门，顶盖上装有一个玻璃管水位计，用来观察滤层的压力损失，当水位计上水位达一定高度（即压力损失达到预定值）时，打开虹吸管上阀门，冲洗开始。当水箱水位下降至预定位置（或根据冲洗时排出污水浊度而定）时，关闭阀门结束冲洗。现在的设备大多采用双阀滤池，即在进水管和排水管上各装一个阀门。此种滤池既降低了设备高度，又使滤池的运行与反洗更加灵活。

### 三、重力式空气擦洗双阀滤池

重力式空气擦洗双阀滤池是一种将无阀滤池与机械过滤器的空气擦洗功能相结合的新型滤池，内部装置分为进水装置、过滤层、集水装置及进出水管、进压缩空气装置。进水装置可采用十字形多孔管，下部的集水装置可采用平板水帽式，进压缩空气装置可采用母直管叠片式。

双阀滤池的运行是过滤和反洗交替进行的，一般情况是：正常运行时进水阀开启，反洗排水阀关闭，水进入滤室后，均匀通过滤层进入下部集水室，经连通管流至上部冲洗水箱，再由出水口排出。随着运行时间的延长，滤层阻力慢慢增加，水头损失计中的水位随之上升。当水位上升到高水位处，水位高触点接通，反洗排水阀开启，进水阀关闭，由于排水导致滤层上部压力急剧下降，促使冲洗水箱中的已过滤的水靠自身重力经连通管从滤层下部进入滤层，反洗开始。当冲洗水箱中水位下降到低水位点处，水位低触点接通，反洗排水阀自动关闭，进水阀开启，进入下一个制水周期。反洗时还可辅以压缩空气，增加反洗效果。如此周期循环运行下去。空气擦洗滤池结构如图1-12所示。

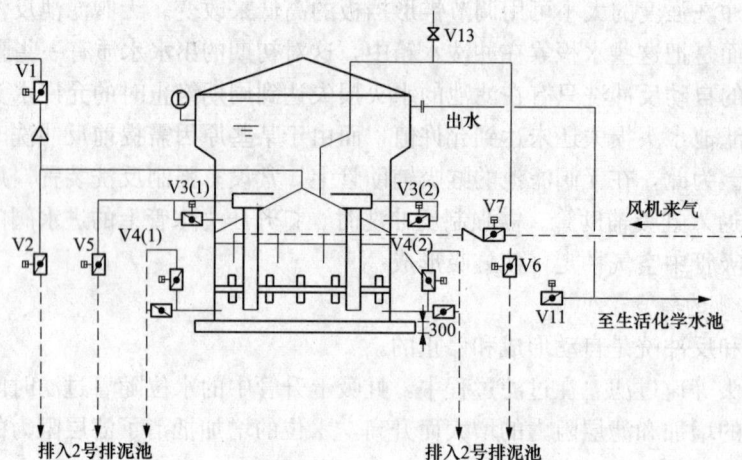

图1-12　空气擦洗滤池结构

当运行滤池需要进行反洗时投入备用滤池运行。空气擦洗滤池与清水池水位联锁，当水位低时空气擦洗滤池自动投入运行，当水位高时滤池自动停运。运行滤池出水控制指标为 $ZD \leqslant 2mg/L$。

重力式空气擦洗滤池的反洗设置为累计滤池水头损失或累计时间控制（具体反洗周期根据调试结果而定），当上述任一条件满足时可通过PLC指令控制各电动阀门进行反洗。反洗时流量可以使滤池的床层高度膨胀30%。

该滤池的结构与无阀滤池的主要不同点有：

（1）吸管的高度比无阀滤池低很多，它从滤池顶盖上接出后即行下弯，并在虹吸下降管上装反洗排水门。

（2）顶盖上装有一水位管作为水头损失计，用以显示滤层的水头损失情况。

（3）连通管移至池体外，并增加反洗连通门。

（4）增加必要的阀门。双阀过滤器的整个过滤过程和反洗过程均为重力自流，所以稳定性好，并且不用水泵，可靠性好，安装维修方便，比无阀或单阀滤池节约水。高水位信号点至冲洗水箱初始水位的高度即为滤池过滤终止时的允许水头损失，低水位信号点在水箱中的深度决定了反冲洗时间和反冲洗水量。

### 四、高效纤维束过滤器

高效纤维过滤器是一种结构先进、性能优良的过滤设备。它采用先进的技术，成功地解决了纤维滤料在过滤和清洗过程中存在的问题。更好地发挥了纤维滤料的特长，实现了深层过滤效应。高效纤维过滤技术，它成功地解决了粒状滤料存在的各种问题，是石英砂等粒状滤料过滤器的更新换代产品。

高效纤维过滤器可有效去除水中的悬浮物，并对水中的有机物、胶体、铁、锰等有明显的去除作用，与石英砂等粒状滤料过滤器相比，高效纤维过滤器具有过滤速度快、精度高、截污容量大、吨水造价低、自耗水量低和占地面积小等优点。主要特点如下：

（1）过滤精度高：水中悬浮物的去除率接近100%；经混凝处理的地表水，进水浊度不大于20NTU时，出水浊度可控制在零度。

（2）过滤速度快。设计流速为30m/h，为传统过滤器的3～5倍。

（3）截污容量大。一般为5～10kg/m³，是传统过滤器的2～4倍。

（4）占地面积小：相同出力，占地仅为传统过滤器的1/3～1/2。

（5）自耗水率低。为周期制水量的1%，传统过滤器为周期制水量3%以上。

（6）可调性强。过滤精度、截污容量、过滤阻力等参数可根据需要随意调节。

（7）不需要更换滤元。滤元被污染后可方便地进行清洗，恢复过滤性能。

1. 性能规范

高效纤维过滤器主要性能及规范见表1-6。

表1-6　　　　　　　　　　　　高效纤维过滤器主要性能及规范

| 性能 | 规格（cm） | | | | | | | |
|---|---|---|---|---|---|---|---|---|
| | 30 | 50 | 80 | 100 | 150 | 200 | 250 | 300 |
| 滤层厚度（mm） | 1300 | | | | | | | |
| 过滤速度（m/h） | 30 | | | | | | | |
| 滤水量（m³/h） | 2.1 | 6.0 | 15 | 24 | 53 | 94 | 147 | 210 |
| 水头损失 | 运行初始水头损失0.02～0.04MPa，失效时水头损失≤0.01MPa，最大水头损失≤0.02MPa | | | | | | | |
| 进水浊度 | ≤20mg/L（≤20FTU） | | | | ≤50mg/L（≤50FTU） | | | |
| 出水浊度 | ≤1.0mg/L（≤1.0FTU） | | | | ≤5.0mg/L（≤5.0FTU） | | | |
| 上向洗强度 | 3～5L/（m²·s）相应上向洗流速15m/h | | | | | | | |
| 下向洗强度 | 6～10L/（m²·s）相应下向洗流速30m/h | | | | | | | |
| 清洗空气压力 | 0.05MPa，最大不得超过0.10MPa | | | | | | | |
| 最大操作压力 | 0.60MPa | | | 截污容量 | 5～10kg/m³（滤料） | | | |
| 清洗操作压力 | 0.05MPa | | | 清洗空气强度 | 约60L/（m²·s） | | | |
| 清洗时间 | 20～60min | | | | | | | |

2. 高效纤维过滤器工作原理和结构特点

高效纤维过滤器是一种性能先进的压力式纤维过滤器，它采用了一种新型的束状软填料（纤维）作为过滤器的滤元，其滤料直径可达几十微米甚至几微米，并具有比表面积大、过滤阻力小等优点，解决了粒状滤料的过滤精度受滤料粒径限制等问题。微小的滤料直径，极大地增加了滤料的比表面积和表面自由能，增加了水中杂质颗粒与滤料的接触机会和滤料的吸附能力，从而提高了过滤效率和截污容量。

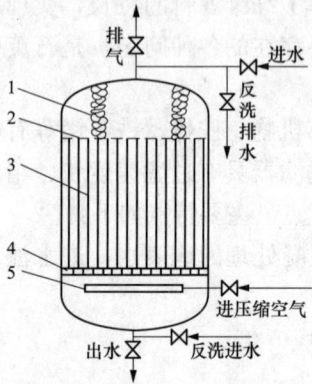

图1-13　高效纤维过滤器的结构
1—可调节限位索；2—活动孔板；
3—纤维束；4—固定孔板；
5—布气板

为充分发挥束装纤维滤料的特长，在过滤器的滤层内设有加压室，通过加压对纤维进行挤压，使滤层沿水流动方向的截面积逐渐缩小，密度逐渐加大，相应滤层空隙直径和空隙逐渐减小，实现了理想的深层过滤。当滤层被污染需要清洗再生时，可将加压室的水排出，使纤维束处于放松状态，即可用水方便地进行清洗。高效纤维过滤器的结构如图1-13所示。

3. 操作规程

（1）准备工作。设备运行前应检查各阀门及配套设备是否能正常工作，加压室的各支管阀门是否处于开启状态。检查管道泵、风机等电器元件的接线是否正确，匹配。

（2）滤床充水。打开排气阀和下向洗入口阀，调整下向洗流速至30m/h、压力0.05MPa，待水充满滤床后，打开下向洗出口阀。

（3）下向洗。打开空气入口阀，向滤床内送入空气。调节过滤器入、出口阀门的开度，使滤床在下向洗过程中保持满水状态（以排气阀有微量出水为标准）。

（4）上向洗。打开上向洗排水阀门，再打开上向洗入口阀门，调节上向洗入口阀门的开度，将上向洗流速控制在15m/h左右。上向洗时，过滤器入、出口压力仍应保持在0.05MPa左右。如果上向洗水流太急或压力过大，同样会造成纤维堆积，影响设备运行。

（5）排气。上向洗结束前，打开风机排空阀，先关闭空气入口阀门和风机，继续上向洗3～5min，将过滤器内残留的空气排出后，上向洗结束。

（6）加压室充水。加压室充水前设备内部应处于常压满水状态。检查并记录加压充水表的数值，计算加压室充水后应达到的数值，即可进行加压室充水。

打开加压室充水阀门，开管道泵向加压室充水。应注意在加压室充水时，充水速度要适当。充水速度过快、过慢都会影响水表计量精度。观察水表，监测加压室水量和充水压力，当充水量达到计算数值、压力到0.03～0.05MPa之间时，关闭充水阀门、关闭管道泵，加压室充水结束。

（7）预投运。充水结束后，关闭充水阀门、管道泵。开原水进口阀门、上向洗排水阀门并调节阀门的开度，使运行流速、流量适当（一般流速为30m/h）。

（8）投运。取样化验予投出水水质，当出水水质达到使用要求时，设备即可投入运行，向用户送水。设备投运后，滤速应控制在30m/h。这时初始过滤阻力（即初始设备入、出口压力差）一般为0.02～0.04MPa。运行时应定期监测入、出口压差和滤速。滤速不宜长时间超过30m/h，最大不得超过50m/h。入、出口压力差一般不得超过0.1MPa。

注意：加压室充水阀门、排水阀门和下向洗进水阀门必须关闭严，否则会影响出水水质。若加压室损坏或加压室系统有泄漏时应及时更换修理，否则会导致出水水质不合格。

（9）滤床失效、加压室排水。设备运行一段时间后，出水水质逐渐恶化至不能达到用水标准时，滤床即进入失效状态。有时因滤前水质和出水水质要求的不同，失效时的入、出口压差也不相同。一般滤床失效时设备的入、出口压差约 0.10MPa（参考值）。当滤床失效后，即可停止运行，进行加压室排水。此时，打开加压室排水阀门和下向洗进水阀门，使滤床内升压至 0.06～0.1MPa，将加压室内部的水全部挤出之后，关闭加压室排水阀门和下向洗进水阀门。

4. 设备维护和注意事项

（1）纤维滤料及加压室的性能和更换周期。高效纤维过滤器所选用的滤料是一种高分子化学纤维材料，过滤吸附水中的悬浮物以表面物理吸附为主，吸附泥渣后，可用水和空气擦洗的物理方法进行清洗。这种材料耐热温度为 106～127℃，并对各种碱及非氧化性酸有很强的耐腐蚀性，连续使用寿命不少于 10 年。

加压室是一种特殊加工的专利产品，其工件温度为 80℃，工件压力为 0.33～0.05MPa，爆破压力为 0.2MPa，可耐稀盐酸和各种碱。破坏性充水疲劳试验 1460 次，使用寿命可达 5 年以上。

（2）检查加压室系统漏水的方法和加压室的更换。

1）可能造成加压室系统漏水的原因。设备运行时入、出口压差减小，加压室排水时水排不净都预示加压室或加压室充、排水系统有漏水现象。这时应及时查出漏水原因并及时解决。

2）可能造成加压室系统漏水的故障。加压室破裂；充、排水系统管路连接处密封不严或密封垫损坏；充、排水管路破裂；阀门关闭不严、漏水或损坏。

3）设备有多个加压室时，检查加压室漏水的方法。断开每个加压室支管法兰，打开进水阀门向设备内充水，不断有水排出的即是漏水的加压室；打开一个加压室的支管阀门，关闭其他加压室支管阀门，进行加压室排水。观察排水和排水时间，能排净的为完好的加压室，反之为漏水的加压室。按上述方法检查每个加压室，即可查出漏水的加压室。

4）加压室的更换。将设备内部的水排净。打开上入孔，进入设备内；拆掉连接胶管和加压室法兰与孔板连接螺栓；抽出加压室并将其更换；将更换好的加压室重新装入滤层并装好连接胶管；向加压室充水，检查加压室及管路是否漏水，确认无漏水现象后，将设备恢复到运行状态即完成了加压室的更换。

**五、活性炭过滤器**

当水源是受到有机物污染的地表水时，由于有机物含量过高，使离子交换树脂受到污染，特别是阴离子交换树脂。采用有吸附功能的活性炭过滤器除去水中的有机物是一种行之有效的方法。

由于过滤器的结构与特点已经在前面介绍过，所以下面主要介绍活性炭的吸附原理。

1. 吸附原理与类型

（1）吸附处理。当气体或液体的流动相与多孔的固体颗粒相接触时，流动相中的一种或几种组分选择性地吸附在固体颗粒相内部，或从固体颗粒相内部解析出来的一种物质。所以，吸附可以发生在气—固和液—固之间，也可发生在气—液之间。但在水处理领域中，只讨论液—固两相之间的物质转移过程。液相中被吸附的物质称为吸附质，固体颗粒称为吸附剂。

例如，将活性炭放入含有苯酚或 ABS（烷基苯磺酸盐）的水中，连续搅拌一会儿后，水中苯酚或 ABS 的浓度就会慢慢降低，最后达到某一平衡浓度。说明苯酚或 ABS 两种吸附质富集在活性炭的固体颗粒上，这种现象就称为吸附。产生这种吸附现象是因为固体颗粒界面上的分子受力不平衡，因而产生一种表面张力，并具有表面能。根据热力学第二定律，当液相中的吸附质被吸附到固体颗粒表面上后，固体颗粒界面上的表面张力和表面能就会降低，从而发生液固两相之间的物质转移过程。

（2）吸附类型。根据吸附剂表面上吸附力的性质，吸附过程又可分为三种类型：物理吸附、化学吸附和离子交换吸附。

物理吸附指吸附剂与吸附质之间的吸附力是由于分子引力（范德华力）产生的，所以物理吸附也称范德华吸附。其吸附力大小与分子间距离的 7 次方成反比。

化学吸附指吸附剂与吸附质之间发生化学反应，即吸附力是由化学键力产生的，吸附后化学性质变化。

当利用活性炭吸附水中有机物时，通常是物理吸附和化学吸附同时发生，但活性炭与各种有机物的结合力是不相同的。有的有机物（如安息香酸）与活性炭结合后在水中很容易脱附，而另外一些有机物（如 ABS），即使使用辅助药剂也难以脱附。

离子交换吸附指吸附质的离子依靠静电引力吸附到吸附剂表面的带电质点上，与此同时吸附剂也放出一个等电荷量的离子。有关离子交换吸附的原理与特征，将在离子交换处理中详细介绍，下面只对物理吸附做此介绍。

2. 活性炭的吸附性质与影响因素

目前使用的吸附剂有天然矿物和人工合成材料两种类型。天然矿物类的有活性白土、硅藻土和漂白土等。因为它们价廉易得，吸附能力小，所以一般都是一次性应用后就废弃，人工合成类的有硅胶、活性氧化铝、合成沸石分子筛和活性炭等。因为它们价格贵、吸附能力大，所以一般都是重复利用。在水处理领域中，大都是应用活性炭。

（1）活性炭的吸附性质。炭有两种：一种是像金刚石、石墨等具有整齐晶体结构的炭；另一种是无定形炭，即活性炭。活性炭一般以木材、果壳、煤炭为原料，经过粉碎、混合、碳化、活化和筛分等工艺制造而成。按活性炭形状可分为粉状炭和粒状炭（包括无定形炭、粒炭、球形炭）；按原料可分为木质炭和煤质炭；按制造方法可分为药剂活性炭和气体活性炭。

在制造活性炭过程中，碳化和活化对它的吸附性能起关键作用。碳化也称热解，是在隔绝空气的条件下对原材料进行加热，加热温度一般在 600℃ 以下。碳化过程中，可将原材料中的水分、$CO_2$、CO 和 $H_2$ 等气体赶出，并使原材料分解成片状，形成一种多孔结构。活化是在有氧化剂（如空气、蒸汽或 $CO_2$）的条件下进行加热，加热温度一般为 600～900℃。活化过程中一方面是将一些闭塞的细孔打通，使相邻的孔道相连；另一方面是扩大了孔径，使活化后的活性炭比表面积从 200～400$m^2$/g 扩大到 1000～130$m^2$/g，孔的结构与分布也更加稳定和完善，从而使活性炭具有以下特征：外观呈暗黑色、具有良好的吸附性能、化学性能非常稳定、可耐酸耐碱、能承受水浸和高温、密度比水大，属于多孔疏水性吸附剂。

活性炭除含有碳元素以外，还含有少量的氧、氢、硫等元素。这些元素的数量主要与活性炭的原材料有关。现代仪器测定表明，活性炭的结构是一种杂乱无序的层状石墨微晶层的集合体,虽然微晶层是以碳六圆环为基体,但在微晶层周圆有很多非结晶部分。这些非结晶部分由于碳原子之间的共价键断裂变得不饱和,从而使这些部位的化学性能比较活泼,容易与氧、氮、硫等元素进行化学反应,形成各种氧化物和其他化合物。活性炭的吸附能力强与结构中存在的非结晶部分有关。

活性炭不仅吸附能力强,而且吸附容量大,其主要原因就是它的多孔结构,其比表面积高达 $500 \sim 1700 m^2/g$。这是由于活性炭在制造过程中,一些挥发性有机物去除以后,在微晶层晶格之间形成许多形状和大小不同的细孔。这些细孔的构造和分布与活性炭的原料、活化方法和活化条件等因素有关。一般根据细孔半径的大小分为三种:大微孔(大孔)为 $100 \sim 10\ 000 mm$;过渡孔(中孔)为 $10 \sim 100 mm$;小微孔(细孔)为 $1 \sim 10 mm$。活性炭大微孔的容积为 $0.2 \sim 0.5 mL/g$,表面积只有 $0.5 \sim 2.0 m^2/g$;过渡孔的容积为 $0.02 \sim 0.1 mL/g$,表面积一般不超过总表面积的 $5\%$;小微孔的容积为 $0.15 \sim 0.9 mL/g$,表面积占活性炭总表面积的 $95\%$。

(2)活性炭的影响因素。活性炭的吸附性能不仅与细孔的结构和分布有关,而且还受其表面化学性质的影响。在组成活性炭的元素中,碳元素占 $70\% \sim 95\%$,另外还有氧和氢等元素,灰分一般在 $3\%$(椰壳类)和 $20\% \sim 30\%$(煤质炭)左右。灰分在吸附过程中起催化作用。另外,活性炭在高温碳化和活化过程中,由于氢和氧两种元素与碳元素的化学键结合,使其在活性炭表面上形成各种带有羧基、酚羟基、醚、酯、环状过氧化物等官能团的氧化物及碳氢化合物。这些氧化物使活性炭与吸附质分子发生化学作用,表现出一定的选择性吸附特征。

活性炭表面上的氧化物成分与活化过程的温度有关。一般在 $300 \sim 500℃$ 以下用湿空气活化时,酸性氧化物占优势;在 $800 \sim 900℃$ 以下用空气、水蒸气或 $CO_2$ 活化时,碱性氧化物占优势;在 $500 \sim 800℃$ 下活化时,两种氧化物都存在。因为酸性氧化物使活性炭带有极性,因此这些极性基团容易吸附极性分子水,使水中非极性的吸附质难以被吸附,所以活化温度宜控制在 $900℃$ 左右。当水中吸附质的极性非常强时,这时酸性基团与它们之间形成氢键的能力比和水分子之间形成氢键的能力还大,可将水分子置换下来被吸附。

使用过的、并被有机物饱和了的活性炭细孔直径为 $2 \sim 10 nm$ 范围,比新鲜的活性炭小得多,说明这个范围内的细孔对吸附水中有机物有很大作用。

在水处理的实际应用中,通常把活性炭等吸附剂作为一种过滤材料,让水以过滤的方式通过活性炭吸附层。在此过程中,水中的吸附质从液相转移到固相活性炭的表面上。这个过程可看作是由液膜扩散、细孔内扩散和细孔内表面的吸附反应三个过程组成的。而吸附速度的快慢主要是由液膜扩散和细孔内扩散决定的,因为吸附反应速度是很快的。

由于活性炭具有发达的细孔结构和巨大的比表面积,因此对水中溶解性的各种有机物如苯类化合物、酚类化合物等具有很强的吸附能力,而且对用生物法或其他化学法难以去除的有机污染物如色度、异臭、表面活性剂、合成洗涤剂和染料等都有较好的除去效果。另外,粒状活性炭对水中 $Ag^+$、$Cd^{2+}$、$CrO_4^{2-}$ 等的除去率也可达到 $85\%$ 以上。

活性炭对 $Cl_2$ 的吸附不仅是一种物理吸附,而且对余氯的水解和产生新生态氧也起一定的催化作用,从而提高了对余氯的除去效果。当水中有氯胺时,一部分氯胺会被活性炭分解成氨、氯离子和氢气,但分解速度比较慢。

# 第二章　预脱盐系统

商洛发电 2×660MW 机组锅炉补给水预脱盐处理系统，设计采用全膜法处理工艺，即浸没式超滤＋两级反渗透，流程为：工业消防蓄水池来再生水→生水加热装置→自清洗过滤器→浸没式超滤单元→清水箱→一级反渗透单元→一级淡水箱→二级反渗透单元→二级淡水箱。

工业消防蓄水池来再生水，经升压泵输送至原水箱后经生水加热器，提高水温后进入自清洗过滤器，进行预过滤后出水进入超滤系统，通过超滤处理，使出水的浊度 ≤0.2NTU，SDI≤2，保证反渗透进水要求。超滤产水进入超滤水箱后通过反渗透供水泵输送至保安过滤器，通过保安过滤器的预过滤可防止较大颗粒物进入反渗透设备，保安过滤器出水经高压泵增压后进入反渗透设备进行预脱盐，产水进入淡水箱，由淡水泵输送至 EDI 系统进行深度除盐，出水进入除盐水箱，最终由除盐水泵输送至主厂房热力系统。某厂预脱盐流程图如图 2-1 所示。

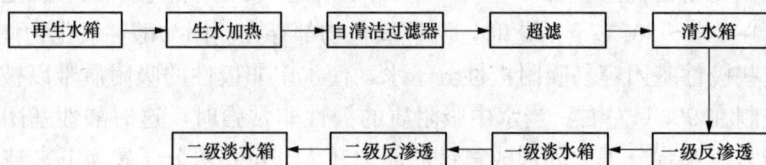

再生水箱 → 生水加热 → 自清洁过滤器 → 超滤 → 清水箱

二级淡水箱 ← 二级反渗透 ← 一级淡水箱 ← 一级反渗透 ← 清水箱

图 2-1　某厂预脱盐流程图

## 第一节　微　滤

微孔过滤（简称微滤 MF）和超滤（UF）都是依托材料技术的发展而发展起来的先进膜过滤技术。超滤和微滤广泛应用于反渗透预处理系统，并取得了较好的效果。

微滤膜和超滤膜的明显差异是两者的孔径不同，其次是推动压力也不相同。微滤膜的孔径一般在 $0.02\sim1.0\mu m$，过滤的推动压力为 $0.01\sim0.3MPa$。超滤膜孔径近似 $0.002\sim0.2\mu m$，过滤的推动压力为 $0.2\sim1.0MPa$。

为了满足超滤装置对进水水质的要求，在超滤装置前设有微滤装置。

**一、微滤概述**

微滤（MF）又称精密过滤。是以压力为推动力，以微滤膜作为过滤介质的一种固液分离的过滤工艺。其过滤原理与普通过滤相类似。微滤膜允许大分子有机物和溶解固形物（无机盐）等通过，但能阻挡悬浮物、细菌、部分病毒及大颗粒胶体通过，微滤膜两侧的运行压差一般为 0.07MPa。

### 1. 微滤膜

微滤膜通常为对称结构（近来也发展有非对称膜），孔径均匀，孔隙率高。孔径一般在 $0.1 \sim 10 \mu m$ 之间，有的孔隙率可高达 $80\%$，厚度约 $150 \mu m$。最常见的微孔是曲孔，结构类似于内有相连孔隙的网状海绵；还有一种毛细孔，膜孔呈圆筒状垂直贯通膜面，这种膜的孔隙率低。微滤膜按材料可分为聚合物膜和无机膜两大类。

微滤膜截留的颗粒大多数限于膜表面，因而易被水中与膜孔径大小相近的微粒所堵塞，所以截污容量小，为此微滤前需采取预过滤。

微滤的过滤精度介于粒状滤料过滤和超滤之间。主要截留物是粒状杂质，如砂砾、黏土、淤泥等微粒，以及藻类和一些细菌等。以满足超滤装置的进水浊度要求，防止划伤、污堵超滤膜元件。

### 2. 微滤原理

微孔过滤是基于在 $0.05 \sim 0.3$MPa 的压力推动下，水中微粒在多孔过滤介质中的截留作用。截留可分为表面截留和内部截留，如图 2-2 所示。

（1）筛分截留。指膜拦截比其孔径大或与孔径相当的微粒，也称机械截留。

（2）吸附截留。微粒通过物理化学吸附而被膜截获。因此，即使微粒尺寸小于孔径，也能因吸附而被截留。

（3）架桥截留。微粒相互推挤导致都不能进入微孔或卡在孔中不能动弹。

筛分和架桥主要发生在过滤介质表面，吸附既可以发生在其表面，也可发生在其内部。

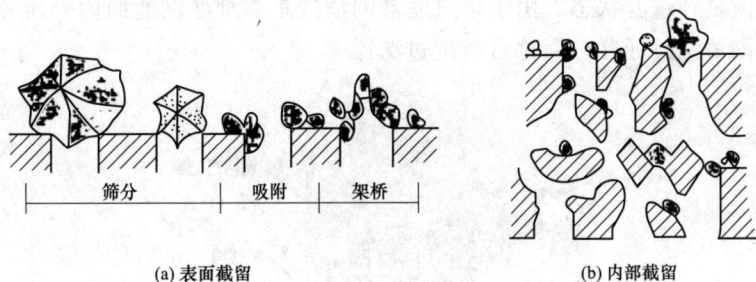

图 2-2 微粒截留位置示意图

### 3. 微滤膜材料

常用的微滤膜材料有金属微孔滤膜（如不锈钢）、无机微孔滤膜（如氧化铝、玻璃、二氧化硅等）、有机高分子微孔滤膜（如聚乙烯、聚砜等）。

在电厂水处理中，用于微滤的多孔过滤介质通常做成微孔管状滤元形式或滤网形式，一般用 $100 \mu m$ 的网式或盘式自清洗过滤器作为超滤的前置过滤。

### 二、常见的微滤设备

#### 1. 网式自清洗过滤器

网式自清洗过滤器是超滤前置过滤器中最常用的一种过滤设备，自清洗过滤器的形式有多种，国外自清洗过滤器的产品主要有：以色列的 FILTOMAT、美国的 TECLEEN 和西班牙的 AZUD 等品牌。

（1）基本结构。自清洗过滤器为机电一体化设备，主要由以下几部分组成：壳体、滤筒、反洗驱动装置、进水管、出水管、排污阀、冲洗阀及自动控制装置等。过滤器滤网及滤网支架材质均为不锈钢。

网式自清洗过滤器的基本点是以网状滤筒为过滤介质，以过滤器进出口压差清洗或定时自动清洗。滤层做成滤网形式，有单网滤筒式，有同时设有粗滤网滤筒和细滤网滤筒形式。清洗方式有单一水冲洗，刷洗＋底部排污，刷洗＋吸嘴负压抽吸、集污管排放，吸嘴螺旋式移动负压抽吸、集污管排放等。

这类过滤器用于超滤前时，其主要参数：过滤精度为 $100\mu m$；设计压力 0.6MPa；进出口正常压差 0.05MPa，最大压差 0.07MPa。

（2）TECLEEN 自清洗过滤器。该过滤器的结构如图 2-3 所示，这是一种同时具有粗滤网滤筒和细滤网滤筒以及集污管的过滤器。工作过程是这样的：被处理水进入过滤器后，首先通过粗滤网滤筒，然后进入细滤网滤筒内腔，径向由内向外过滤，从细滤网滤筒外四周收集过滤后的清水。随着过滤过程的进行，细滤网滤筒内壁截留的污物逐渐增多，过滤阻力随之增加，导致细滤网滤筒内外压力差增大。当压差（或时间）达到预设值时，压差传感器将信号传至冲洗控制器，指令冲洗阀打开，因为排污管口与大气相通，所以，排污使集污管上的吸嘴口压力明显低于细滤网滤筒外侧压力，形成反冲洗，即吸嘴处的细滤网滤筒外清水被吸入集污管，此反向水流将附着在细滤网滤筒内壁上的污物剥落下来，污物经吸嘴、集污管、冲洗阀，从排污管排出。与此同时，反洗水流驱动液压马达，带动污物收集器旋转，这样吸嘴可以将滤网内腔的污物吸走。当滤网内壁上的杂质被冲洗掉排出后，滤网内外侧压差下降至规定值时，差压传感器又发出信号给冲洗控制器，指令冲洗阀关闭，设备恢复到过滤状态。由于该过滤器的清洗是靠细滤网滤筒内外压差而自动进行的，所以称自动清洗过滤器，简称自清洗过滤器。

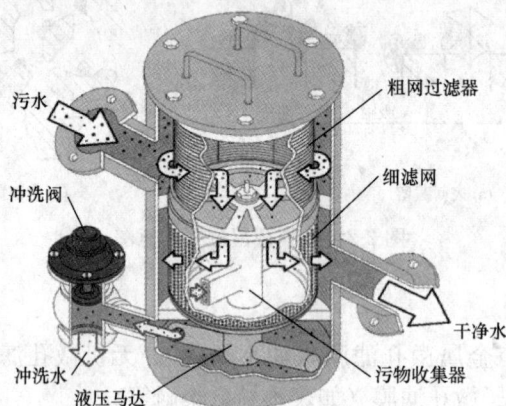

图 2-3　TECLEEN 自清洗过滤器结构

除根据差压外，还可根据时间手动控制反冲洗过程。

（3）FILTOMAT 型自清洗过滤器。这是一种配备有活塞的，同时具有粗滤网滤筒和细滤网滤筒的自清洗过滤器，并在集污管上设置多个吸嘴，其结构如图 2-4 所示。

配备活塞的作用是，利用活塞往复运动带动吸嘴将滤网上轴向不同部位的污物吸走。此外，为了提高清洗效果，保证整个滤筒内壁都能得到清洗，自清洗过滤器还可采取以下

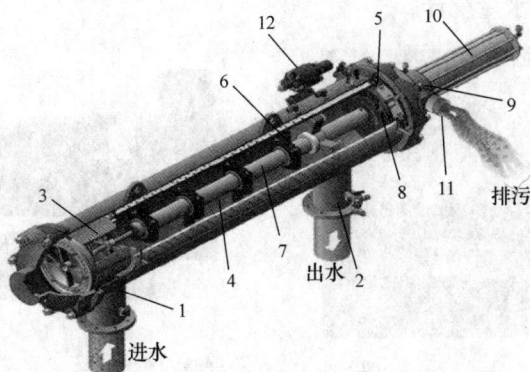

图 2-4　M100P 系列活塞型自动清洗过滤器结构

1—进水管；2—出水管；3—粗滤网；4—细滤网；5—转子组件；6—吸嘴；7—集污管；
8—液动转子；9—冲洗阀；10—活塞；11—排污管；12—冲洗控制器

措施：①安装反洗电动机，差压传感器启动电动机运行，带动吸嘴旋转，同时冲洗阀联动，腔内泄压，吸嘴口形成负压，将污物吸走。②配置增压泵，将出水管中的一小部分清水增压，对滤网反冲洗，以增强清洗效果。③采用 V 形断面滤网，其开口面向滤筒外侧，反洗水进入 V 形断面后，过水口截面快速由大变小，形成高速水流，可将楔入网眼缝隙的污物冲出来。

该过滤器工作过程与上述 TECLEEN 自清洗过滤器基本相同，不同之处是反洗时，在活塞的轴向运动以及液动转子驱动集污管旋转的共同作用下，吸嘴对着滤筒内壁沿轴向螺旋方式移动，从而保证整个滤筒内壁都能得到清洗。因为反洗时，主要是与吸嘴相接触的小部分滤网处清水反向流动，而其他大部分滤网仍处于正常过滤状态，所以可以连续供水。

本期工程超滤系统设置两台西班牙 AZUD 网式自清洗过滤器，作为超滤装置的前置过滤，滤网刷式自动清洗。过滤器滤筒材质为 304 不锈钢，本体管道材质为碳钢衬塑，滤网材料为不锈钢，设计压力 0.6MPa。

过滤器不仅设差压清洗（进出水压差设定值为 0.05MPa），还设有定时清洗功能（设定时间 4h 并可调）及连续清洗功能，确保清洗效果。

基本参数：单台过滤器最大出力 130m³/h，正常出力 115m³/h，共 2 台，过滤精度 100μm，过滤通流面积 9.8cm²。

自清洗过滤器由筒体、过滤网、过滤网支撑结构、过滤器清洗装置、控制系统、压差开关、排污阀等组成。产品制造符合设计要求，出厂前进行组装、调试及性能试验。

2. 盘式过滤器

盘式过滤器又称叠片过滤器。

（1）过滤器结构。该过滤器为机电一体化设备，如图 2-5 所示。主要由壳体、叠片（又称盘片）及支撑装置、弹簧活塞式压紧部件、进出水管口等部件构成。叠片及其支撑装置安装在圆筒形壳体内，压紧装置可以在弹簧力和进水压力作用下将叠片压紧。过滤单元内有一组弹簧、一个活塞和四组反冲喷嘴，它们配合控制系统共同作用达到高效过滤和完全反冲洗的功能。每台过滤器进、出口设差压变送器，过滤器进口设有远传的流量计，用于流量指示和产水量统计。

图 2-5　叠片式过滤器

过滤叠片由一组双面带不同方向沟槽的聚丙烯片构成，表面刻有细微沟纹，相邻叠片沟纹走向的角度不同，因而彼此形成许多沟纹交叉点。不同规格叠片其沟纹交叉点的个数也不相同，从 12～32 各不等，这取决于叠片的过滤精度。这些交叉点构成大量的空腔和不规则的通路，从而导致紊流颗粒间的碰撞凝聚，使其更容易在下一个交叉点被拦截，因此即使一些颗粒从最初的交叉点漏过，最终仍会被后面的交叉点拦截。

这种水流通道由外圈向内圈不断缩小，所以水流通过时，杂质由大到小被逐级拦截。一个过滤单元内装有 100 多片滤盘，数个过滤单元并联构成一个全自动叠片式过滤器，过滤单元轮流清洗，全组连续供水。

叠片式过滤器的过滤精度取决于沟槽大小，通常有 20、50、100、200、400$\mu m$ 多种规格。

（2）工作过程。

1）过滤阶段。水流通过过滤进水口进入过滤器内，通过过滤叠片时过滤叠片在弹簧力和水力的作用下被紧紧地压在一起，当原水从压紧的叠片四周向内圈流动时，大尺寸的颗粒被拦截在外缘沟槽中，这就是表面过滤，而比较小的颗粒则可以随水流沿沟槽进入到盘片内部，由于水流通道逐渐变窄，从而各种粒径的颗粒由大到小被拦截在沿途沟槽中，这就是深层过滤。经过过滤的水从过滤器主通道中流出，此时单向膈膜阀处于开启状态。

2）反冲洗阶段原理。过滤器的反洗是由压差或时间控制的，当沟槽累积了大量杂质达到规定的压差或过滤器累积工作到规定的时间时，控制系统发出指令，三通阀状态切换，水流方向改变，出水口改为进水，进水口关闭，排污口打开，过滤器自动进入反洗状态。

当达到一定的压差时，或设定的时间内系统自动进入反冲洗状态，控制器控制阀门改变水流方向，过滤器底部单向隔膜关闭主通道，反冲洗进入四组喷嘴通道，和喷嘴通道连接的活塞腔内的水压上升，活塞向上运动克服弹簧对叠片的压力，并在叠片组顶部释放活塞空间，同时反冲洗水从四组喷嘴沿叠片切线的方向高速喷射，使叠片旋转并均匀分开，喷洗水喷洗叠片表面，将截留在叠片上的杂质喷洗甩出。当反冲洗结束时，水流方向再次改变，叠片再次被压紧，系统重新进入过滤状态。

当叠片之间的沟纹累积大量杂质后，过滤器装置通过改变进出水流方向，自动打开压紧的叠片，并喷射压力水驱动叠片高速旋转，通过压力水的冲刷和旋转的离心力使叠片得到清洗。然后再改变进出水流向，恢复初始的过滤状态。叠片式过滤器的工作过程如图2-6 所示。

叠片式过滤器的工作压力一般为 0.28～0.8MPa，过滤时压力损失一般为 0.001～0.08MPa。反洗时间约为 20s，反洗水耗约为 0.5%。

（3）操作系统。叠片过滤系统一般根据系统出力大小，由一个或多个叠片过滤单元组合而成，每个单元都能单独运行或反洗，也可同时运行，采用并联运行的方式。

盘式过滤器滤芯上有一个弹簧、一组叠片、一个活塞、一个单向隔膜阀和四组反冲喷嘴，配合控制系统达到自动过滤和反洗。清洗介质分别来源于自身滤出水、外系统水源和辅助空气的盘片过滤系统，依次称之为内源清洗过滤系统、外源清洗过滤系统和空气辅助清洗过滤系统。

内源清洗过滤系统如图 2-7 所示。过滤时，原水从进水母管通过进口三通阀流入每个过滤单元，过滤后的清水通过出口三通阀汇流到出水母管。当某个单元需要反洗时，则将该单元的出水三通阀和进口三通阀同时切换至反洗位置、反洗排水阀打开，出水母管的清水利用自身压力反流至该单元，实现反洗，反洗排水经反洗阀流入排水母管。

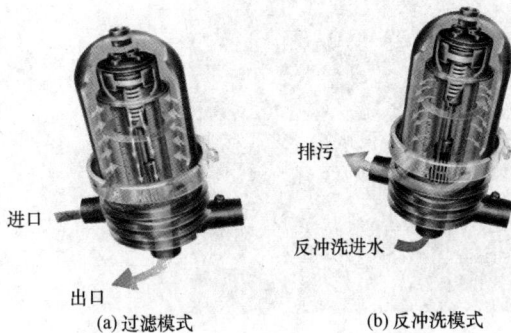

图 2-6　叠片式过滤器的工作过程

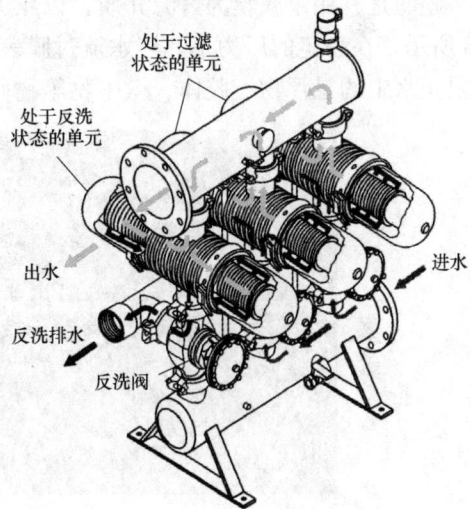

图 2-7　内源清洗过滤系统

当压差或过滤时间达到规定值时，控制器则向第一单元发出启动反洗的指令，第一单元的进口三通阀改变方向，切断进水，反洗阀打开，形成反洗通道：出水母管→出水三通阀→盘片→反洗阀→排水母管。此时，出水在自身压力作用下进入第一单元进行反冲洗，而其他单元照常过滤。当第一单元反洗至预定时间后，控制器撤销该单元的反洗指令，反洗阀关闭，出水三通阀和进口三通阀同时回位到过滤位置，过滤重新开始。

类似第一单元反洗程序，依次反洗第二单元、第三单元，循环往复。两单元之间反洗的间隔时间可事先设置，一般为几秒钟。

盘式过滤器外壳要求过滤器确保每个滤芯均匀过滤，反洗时单个过滤单元各片滤芯可同时高效反冲洗，并且反冲洗的排污水也可以均匀迅速地排出。

盘式过滤器装置的配置确保预处理的水量与水质，其出水水质应满足超滤装置进水的要求。

主要指标如下：进水水质、进水流量、运行压力、水反洗流量、水反洗时间、水反洗强度、反洗水压力、自用水率等。

盘式过滤器采用叠片式自动反冲洗过滤技术，过滤精度100μm，出水水质：浊度<3NTU。

## 第二节 超 滤

### 一、概述

超滤（UF）是以孔径为 $0.005\sim0.1\mu m$ 的不对称多孔性膜作为过滤介质，在 $0.1\sim1.0MPa$ 的压力推动下，溶液中的溶解盐类和水分子透过膜，各种悬浮颗粒、胶体、细菌、微生物和大分子有机物等被截留，从而达到净化水的一种膜分离技术，在补给水处理中常作为反渗透、离子交换的预处理。

1. 超滤原理

超滤是利用超滤膜为过滤介质，以压力差为驱动力的一种膜分离过程。过滤原理如图2-8所示。在一定的压力下，当水流过膜表面时，只允许水、无机盐及小分子物质透过膜，而阻止水中的悬浮物、胶体、微生物等物质透过，以达到水质净化的目的。

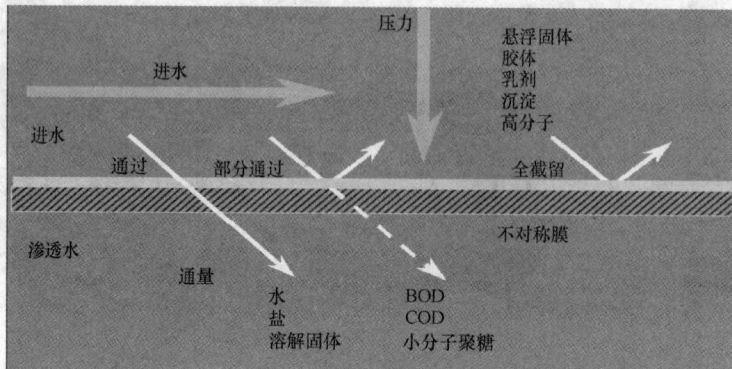

图 2-8 超滤原理示意图

2. 膜结构

超滤膜一般为双层结构：表皮层（又称活化层）和支撑层（又称多孔层）。表皮层薄孔小，厚度大约为 $0.1\sim1\mu m$，孔径一般为 $0.005\sim0.1\mu m$，表皮层的作用是截留杂质；支撑层厚孔大，厚度大约为 $125\mu m$，孔径一般大于 $0.1\mu m$，主要作用是增强机械强度。根据材料的不同，超滤膜可分如下种类：纤维素酯类、聚砜类、聚烯烃类、含氟聚合物类等，材料主要有聚丙烯（PP）、聚氯乙烯（PVC）、聚丙烯腈（PAN）、聚砜（PS）、聚醚砜（PES）、聚偏氟乙烯（PVDF）等。

超滤膜的结构形式有板式、管式、卷式和中空纤维式。每种形式的膜组件都有其特点。水处理对膜组件的基本要求是：①尽可能高的填充密度，填充密度是指单位体积分离装置中膜的面积（$m^2/m^3$）；②不易浓差极化，这需要选择合理的流速和膜表面搅动方式；③清洗和换模方便；④价格便宜。

超滤膜主要形式是中空纤维膜。从表 2-1 各种膜组件的比较可以看出，中空纤维膜的填充密度大，一个组件内装几十万到上百万根中空纤维管，因此填充密度可达 16 000～30 000m²/m³，水通量大；由于纤维管的管径很小，一般外径 0.5～2.0mm，内径 0.3～1.4mm，呈毛细管状，具有很强的耐压能力，无需支撑。但是，中空纤维膜由于管径小，操作压力低，水从非常细的纤维管中引出时，压力损失大；中空纤维管清洗困难，只能采用化学清洗，而不能用机械方式清洗。因此，对进水预处理要求严格。

表 2-1　　　　　　　　　　　　　　各种膜组件比较

| 序号 | 项目 | 板式 | 管式 | 卷式 | 中空纤维 |
|---|---|---|---|---|---|
| 1 | 结构 | 复杂 | 简单 | 复杂 | 复杂 |
| 2 | 膜填充密度（m²/m³） | 160～500 | 33～330 | 650～1600 | 16 000～30 000 |
| 3 | 支撑体结构 | 复杂 | 简单 | 简单 | 不需要 |
| 4 | 膜清洗 | 容易 | 较容易 | 困难 | 困难 |
| 5 | 换膜难易 | 尚可 | 较容易 | 容易 | 容易 |
| 6 | 换膜成本 | 中 | 低 | 较高 | 较高 |
| 7 | 对进水的要求 | 较低 | 低 | 较高 | 高 |

图 2-9 所示为某不对称中空纤维膜的断面结构，这种超滤膜有如下特点：即与进水接触的一侧膜结构致密，而与透过液接触侧结构疏松，呈现槭型（倒喇叭口）形状，这种结构在与水质较差的进水相接触时膜表面不易堵塞，可实现最低的膜深层污染和最大的膜清洗恢复效率；而对称多孔海绵状结构的超滤膜易藏污纳垢，通量衰减快，清洗恢复困难，膜抗污染能力弱。

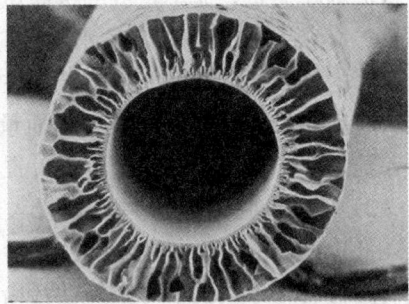

图 2-9　不对称中空纤维膜的断面结构

3. 超滤膜的分离性能

（1）超滤膜通量。超滤膜通量是指单位时间内通过单位超滤膜面积的产品水体积，单位 LMH［即 L/(m²·h)］。

在初始设计时，需要合理选择一个超滤膜通量，即设计超滤膜通量。如果设计时选择膜通量偏大，虽然可以减少超滤膜元件的用量，但势必造成较高的透膜压差，膜的性能将快速衰减。因此，在实际运行时，膜通量应当低于设计值。

在筛选超滤膜时，经常用纯水透过率来反映膜的特性，使得不同膜之间有更好的可比性。

（2）截留率。一定分子量的溶质被超滤膜所截留的百分数称截留率。

（3）截留分子量。是指能被超滤膜截留住 90% 的溶质最小分子量，单位道尔顿（Dalton，简记为 Da）。截留分子量是衡量超滤膜过滤精度（孔大小）的性能指标，截留分子量小，表明膜孔径小。同一张膜，其孔径不可能完全相同，而是分布在一定范围内，截留分子量范围越窄，表明膜孔径均匀性越好，膜性能越好。

（4）平均水回收率。是指超滤装置平均净产水流量和平均进水流量之比。净产水量不包括反洗用水等。实际计算中可根据超滤的工艺参数估算。

（5）透膜压差（TMP）。透膜压差指超滤膜进水侧与产品水侧之间的压力差，又称过膜压差。透膜压差是衡量超滤膜性能的一个重要指标，它能够反映膜表面的污染程度。

对于压力式超滤用式（2-1）计算，对全量过滤可以视进水压力和浓水压力相等。浸没式超滤在计算透膜压差时可按全量过滤考虑，供应商一般提供相应的计算公式。

$$透膜压差 = \frac{进水压力 + 浓水压力}{2} - 产水压力 \tag{2-1}$$

膜的膜通量和截留率的大小与作用于膜两侧的压力差有关，膜通量与压力差在一定范围内呈正比例关系，但压力差增大到一定程度后，对膜通量的增加作用急剧减弱；膜对截留物的截留率与压力差呈反比例关系，随压力差的增大膜的截留率逐渐降低。同时，膜两侧压力差太大，会造成中空纤维丝受压失稳变形，发生不可逆损坏。最大允许压力差，视膜种类而有差别。

超滤膜的膜通量和截留率的大小与水温有关，超滤系统的水通量通常是在25℃水温条件下设计的。若水温升高或降低，水通量也随之增加或减少，但截留率则是随水温升高而降低。水通量和截留率与膜的污染程度有关，膜污染将导致其膜通量和截留率下降。

根据积累的经验以及研究结果，对透膜压差有如下3个概念：

1）透膜压差实际是与膜通量联系在一起的。从某种程度上讲，减轻膜的污堵要通过维持低的膜通量，而不是低的过膜压差。

2）对特定的膜和特定的水质，应当有一个特定的膜通量（或者过膜压差）。高于此通量，膜的长期抗污堵性能就可能存在问题。此时如错流速度是相对次要因素。因此，实际运行时膜通量应不大于"最大膜通量"，而这个"最大膜通量"不只是查阅膜供应商的资料，建议由中试确定，为工程设计提供依据。

3）"慢启动"概念。膜开始投入运行时，要小心控制操作参数，使得透膜压差及膜通量在低于设计值下运行数小时，然后再逐渐提高到设计值。据研究表明，启动时短时间超负荷运行会导致膜的不可恢复性污堵；而"慢启动"与"快启动"相比，可以使得膜长期通量增加13%~26%。

**二、超滤系统**

1. 超滤膜元件

超滤膜元件是超滤装置的最主要基本单元。超滤膜元件是指具有端部密封的中空纤维式的膜丝束与外壳组成的元件，有时包括两端连接器和接头，视需要而定，有的可以像反渗透一样将若干个组件水平串接在一个膜壳中，如图2-10（a）所示。有时不包含两端连接器和接头，如ZENON公司和我国一些超滤组件则制作为浸没式，也就是通常说的帘式膜，如图2-10（b）所示。

通常要求超滤膜材料要具有很好的分离（过滤）能力、亲水性、强的抗污染能力，以及水在膜表面的接触角要小、附着力强，水容易透过。这样的膜才具有低能耗、大通量、抗污染的性能。

2. 膜组件

超滤膜组件是按一定技术要求将超滤膜与外壳、连接器等其他部件组装在一起的组合构件，一般还应包括产水取样或用于检测完整性的透明管等。组件一般至少包含一个膜元件，有时包含多个膜元件。

超滤产品按照膜分离的推动力可分为压力式和浸没式两种。压力式膜分离的推动力由泵在进水侧加压提供，膜组件在正压下工作；浸没式膜分离的推动力依靠产水侧抽真空提供，膜组件在负压下工作。

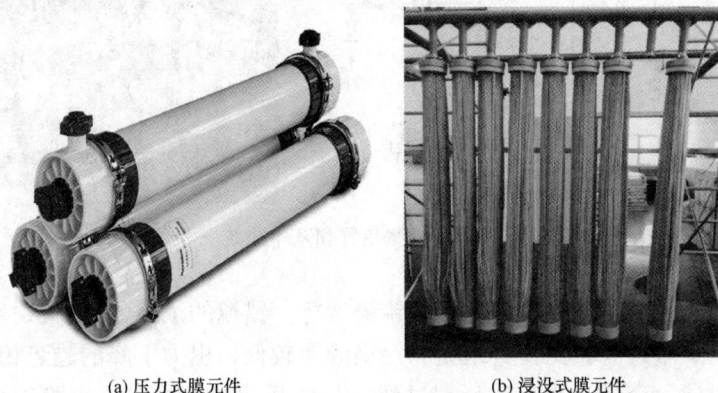

(a) 压力式膜元件　　　　　　　　　　(b) 浸没式膜元件

图 2-10　超滤膜元件

3. 超滤膜组件的操作方式

以压力式某产品为例，超滤膜组件的操作方式（过滤和反洗）如图 2-11 所示。

4. 超滤装置

超滤装置如图 2-12 所示，是指将若干个超滤膜组件并联组合在一起，并配备相应的水泵、自动阀门、检测仪表、支撑框架和连接管路等附件，能够独立进行正常过滤、反洗、化学清洗等工作的水处理装置。通常根据用户的需要，设计出的超滤装置特点各异，如具备在线检测和完整性测试的功能；有些超滤膜组件需要气洗系统；有单独的局部控制 PLC 和操作界面等。

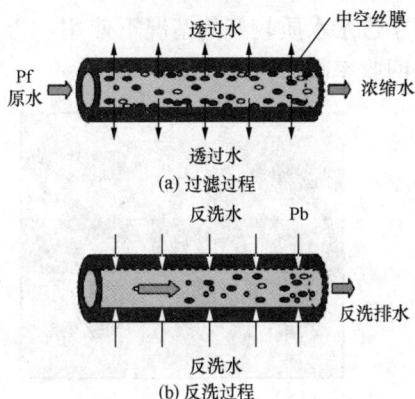

图 2-11　压力式膜组件的过滤和反洗

许多超滤装置以单套装置为基本单元，当其中一套进行反洗或化学清洗时，其他装置仍可正常制水，从工艺上实现连续产水。

### 三、中空纤维超滤装置的运行方式

1. 过滤

过滤是截留水中颗粒状杂质、胶体、微生物及大分子物质的过程。过滤时，进水沿膜表面流动，比膜孔径大的颗粒被截留在膜的表面和膜孔内；而滤液，以及滤液中的离子和小于膜孔径的颗粒物垂直通过膜表面，并被收集到中心集水管中。过滤的水通量一般为 $50\sim100L/(m^2 \cdot h)$，过滤周期一般为 $30\sim60min$。过滤有错流过滤和全量过滤的运行方式。

（1）错流过滤。错流过滤是指超滤的进水以平行膜表面的流动方式流过膜的一侧，当给流体加压后，产水以垂直进水的方向透过膜，从膜的另一侧流出，形成产品水，如图 2-13 所示。错流过滤的特点是，进水为一股水，产品水和浓水分两股水流出，从而实现膜

71

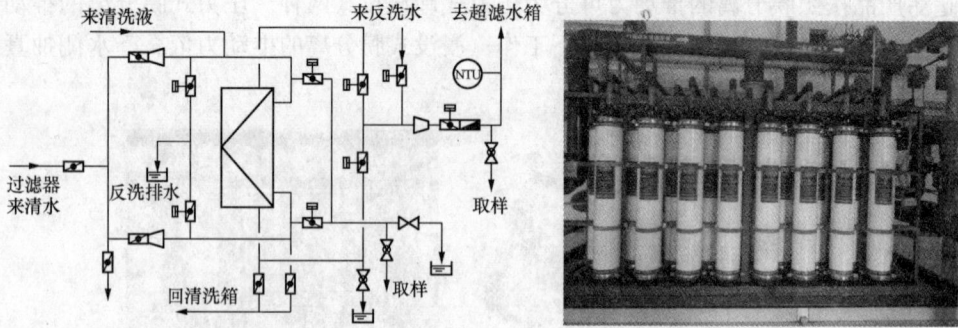

图 2-12　超滤装置和基本系统图

表面的自清洗。当水质较差时，超滤可以错流运行。错流的浓水如果排放掉则会使系统水回收率降低。与全量过滤相比，其结垢和污染倾向较低，出力下降的趋势相对小。

（2）全量过滤。全量过滤又称死端过滤，是指超滤的进水以垂直膜表面的方式流动，产水以平行进水的方向透过膜，从膜的另一侧流出，形成产品水，如图 2-14 所示。过滤过程中，杂质全部被截留在膜表面，只能通过定期的冲洗才能将其排出。这种过滤方式适用于进水水质较好的情况下使用，否则膜易受污染。因为没有浓水排放，所以能耗较低，水回收率高。

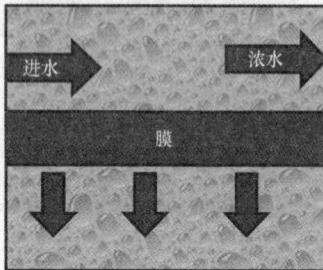

图 2-13　超滤的错流过滤

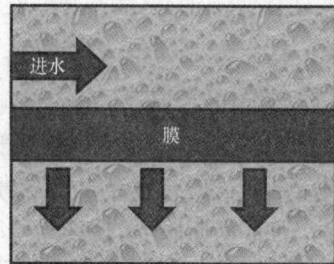

图 2-14　超滤的全量过滤

通常认为，错流过滤时由于流体在膜表面产生剪切力，从而可以减少浓差极化，对提高通量、减轻膜的污堵很有帮助。一些公司的超滤产品手册中提到，当原水浊度高时，系统需从全量过滤改为错流过滤。

通常，当原水浊度小于 20NTU，$COD_{Mn} < 5$ 时，可采用全量过滤；当进水浊度较高时，为了减轻膜表面污染，宜采用错流过滤的运行方式。错流过滤可视进水水质情况，选择不同回流比（浓水排放流量与产水流量的比值），有资料认为，对于相对好些的水质可选择 1:5 的回流比，对于相对差的水质甚至可选择 1:1 的回流比。

过滤前，先进行正向水冲洗，即正冲，用以冲掉反洗后还残留在膜面上的杂质，然后关闭超滤装置的浓水排放阀。

2. 反洗

超滤装置在运行一段时间后，由于水中无机物、有机物及微生物的污染，超滤的跨膜压差会上升。随着污染物在膜表面的积累，跨膜压差随之增大。跨膜压差（或时间）达到设定值时，就需要对超滤膜进行反洗。

反洗是指反向进水洗去过滤过程中截留在膜表面的杂质的过程，反洗的水通量一般为 $200\sim300L/(m^2\cdot h)$，反冲洗时间一般为 $20\sim50s$。反洗方式有水反洗、水气合洗以及化学加强反洗。

（1）水反洗。即与超滤运行时的水流方向相反，进水沿产品水侧膜表面流动，透过膜后由浓水排放口排出，由于透过水流向与正常过滤相反，故可将膜面及膜孔内部截留的污染物冲出至膜外。

（2）水气合洗。水反洗时通以罗茨风机的来风或减压阀后的压缩空气，称水气合洗。外压式超滤膜反洗时，在水反洗的同时，在膜外侧通入压缩空气进行空气擦洗，松动膜表面在过滤过程中截留的污物，以强化反洗效果。

（3）化学加强反洗。在超滤反洗水泵的出口母管上设置一个管道混合器，用于化学加强反洗时药剂与水的混合。即在反洗水中加入化学药剂对膜进行的反洗，利用化学药剂与膜面污染物发生化学反应来清除污染物。

超滤装置运行中在膜表面积累的污染物，尽管进行了周期性的反洗，但仍不能彻底恢复超滤膜组件的性能，因此还需要对超滤膜进行化学加强反洗。即用加有化学药剂的水对超滤膜进行的反洗，以强化反洗效果，这样不仅可以获得更好的反洗效果，而且可以适当延长超滤膜组件化学清洗的周期。

超滤装置的化学加强反洗，它是在常规反洗系统中增设加酸装置、加碱装置和加氧化剂装置，在反洗水泵出口母管上设置加药点，根据污染物类别，将需要的化学药剂投加到反洗水中，对膜组件进行反洗。其中加盐酸反洗时，pH 值一般控制在 2 左右；加碱反洗时，pH 值一般控制在 12 左右；加氧化剂反洗时，一般控制 NaClO 浓度为 $15\sim20mg/L$。

化学加强反洗一般在运行反洗 50 个周期左右或超滤运行压差超过 0.05MPa 进行。

### 3. 正常操作程序

超滤装置的进水一般应经过预处理，压力式超滤水处理装置一般应设计预过滤器；浸没式超滤水处理装置应保证进水中不含有易划伤超滤膜的颗粒物质和易缠绕膜丝的丝、带状物。

一般正常操作程序为：产水—正洗—反洗—正洗—产水—……。各个操作模式的进出水方向说明见表 2-2，组件外形及接口方位示意图如图 2-15 所示（以某超滤产品为例）。

超滤膜的清洗包括正洗、反洗、化学加强反洗和化学清洗几个程序，这些程序的选用及组合可根据水质、膜的材料和操作条件等选择。

正冲方向由 A 向 B，此种操作通过使膜表面产生切向加速度来冲刷使膜受污染的沉积物，以增加反洗的效果，使透量完全恢复。

反洗水流方向与产水方向相反，此操作是中空纤维膜组件特有的操作方式，可以有效地减小污染。一般反洗程序分为两个过程，上反洗（C 至 A）和下反洗（D 至 B）。

表 2-2                    各个操作模式的进出水方向说明

| 序号 | 模式 | 流向 | 时间 |
|------|------|------|------|
| 1 | 产水 | | 15~90min |
| | 错流操作 | A 至 B、C | |
| | 死端过滤 | A 至 C | |
| 2 | 正洗 | A 至 B | 5~15s |
| | 反洗 | | 40~120s |
| 3 | 上反洗 | C 至 A | 20~60s |
| | 下反洗 | D 至 B | 20~60s |
| 4 | 化学反洗 | C 至 A | 1~10min |
| 5 | 化学清洗 | A 至 B、C | >60min |
| 6 | 完整性检测 | D 至 B | |

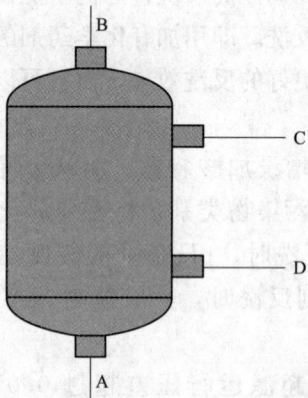

图 2-15  组件外形及接口方位示意图

为避免在产水侧对膜产生污染和杂质对膜孔堵塞，一般采用超滤产水作为反洗水，或除去颗粒的纯净水为反洗水，要考虑到不要给后续的操作带来影响。

化学加强反洗水流向与反洗一样，也是分为两个程序，但化学反洗的时间较长，一般为1~10min，化学反洗频率为每天1~4次，化学药剂可根据不同的情况选用，其目的是为了防止细菌的生长和污染物的过快累积。

化学清洗采用正冲化学清洗药剂循环回清洗水箱的方式进行，所选用的化学药剂要根据污染物的种类进行选择。化学清洗的时间要根据膜间压差（TMP）的上升数值来确定，比如 TMP 为 0.07MPa 时，系统要进行化学清洗。

4. 影响超滤装置运行的因素

影响超滤装置运行的主要因素是超滤装置的透过通量，如何保证合适的透过通量，有以下6点：

（1）料液流速：提高料液流速对防止浓差极化、提高设备处理能力有利。但增大压力使工艺工程耗能增加，结果导致费用增大。

（2）操作压力：超滤膜透过通量与操作压力的关系取决于膜和边界层的性质。

（3）温度：操作温度主要取决于所处理料液的化学性质、物理性质和生物稳定性，应在膜设备和处理物质允许的最高温度下进行操作，因为高温可以减少料液的黏度，从而增加传质效率，提高透过通量。

（4）操作时间：随着超滤工程的进行，浓差极化在膜表面上形成了浓缩的凝胶层，使超滤透过通量下降。其透过通量随时间的衰减情况，与膜组件的水力特性、料液的性质和膜的特性有关。当超滤运行一段时间后，就需要化学清洗，这段时间称为一个运行周期，运行周期的变化还与清洗情况有关。

（5）进料浓度：随着超滤过程的进行，料液的浓度在增高，此时黏度变小，边界层厚度扩大，这对超滤来说无论从技术上还是经济上都是不利的，因此对超滤过程主体液流的浓度应有一个限制，即最高允许浓度。

（6）料液的预处理：为了提高膜的透过通量，保证超滤膜的正常稳定运行，在超滤前需要对料液进行预处理。通常采用的方法有过滤、化学絮凝、pH调节、消毒等。

**5. 中空纤维超滤膜在使用中应注意事项**

（1）过滤系统要定期灭菌。超滤膜可以截留细菌，但不可以杀死细菌，截留率再好的超滤膜也不能长期保证干净区不长一个细菌，有细菌就可能大量繁殖。直接影响到透过水质，譬如有的矿泉水成品中出现半透明丝状白色絮状的霉菌团，主要是过滤系统被霉菌污染所致。因此，必须定期对周转环境及过滤系统进行定期灭菌，灭菌的操作周期因供给原水的水质情况而定，对于城市普通自来水而言，夏季7~10天，冬季30~40天，春秋季20~30天。地表水作为供给水源时，灭菌周期更短。灭菌药品可用500~1000mg/L次氯酸钠溶液或1%过氧化氢水溶液循环流或浸泡约半小时即可。

（2）由于每根超滤组件在出厂前加入保护液，使用前要彻底冲洗组件中的保护液，先用低压（0.1MPa）给水冲洗1h，然后再用高压（0.2MPa）给水冲洗1h，无论低压还是高压冲洗时，系统的产水排放阀均应全部打开。在使用产水时，应检查并确认产品水中不含有任何杀菌剂。

（3）超滤组件要轻拿轻放，并注意保护，由于超滤组件是精密器材，所以在使用安装时要小心，要轻拿轻放，更不能甩坏。组件若停用，要先用清水冲洗干净后，加0.5%甲醛水溶液进行消毒灭菌，并密封好。冬天组件还要进行防冻处理，否则组件可能报废。

**6. 超滤膜组件停用及保护**

超滤装置停用一段时间，为了保护膜组件，其内部应浸泡在保护液中，以防止细菌滋生。系统停用在3天以内，每天应以超滤透过液冲洗系统半小时以上，超过3天应使用保护液。

注意：为了防止系统生菌，建议每周对系统进行杀菌，具体方法如下：

（1）用透过液在清洗水箱内配置0.5%NaClO溶液。

（2）启动化学清洗程序。

（3）排放系统内的清洗液。

（4）启动正洗程序直至系统满足用水要求。

**四、超滤膜的污染和浓差极化及控制对策**

超滤过程中，随着工作时间的延长，膜通量逐渐减少，甚至可降低到初始膜通量的5%。造成这种现象的主要原因是膜污染和浓差极化，这也是超滤过程中存在的主要问题。

**1. 超滤膜的污染**

超滤膜的污染是指由于物理化学作用或机械作用使超滤膜表面或膜孔内吸附杂质和沉积造成膜孔径变小或孔堵塞，使膜通量及膜的分离特性产生不可逆变化的现象。也就是说，水中的微粒、胶体或大分子物质改变了膜性能。膜一接触到被处理的水，污染就开始发生。

一般用膜阻力增大系数来表征膜污染程度。其测定的步骤是先测定膜的初始纯水通

量，再测定膜污染后仅用自来水漂洗后的纯水通量，它们之间的比值 $m$ 为

$$m = \frac{J_{vo} - J_v}{J_v} \tag{2-2}$$

式中 $m$——膜阻力增大系数，$m$ 越大，膜通量衰减就越严重，即膜污染越严重；

$\quad\quad J_{vo}$——膜的初始纯水通量；

$\quad\quad J_v$——膜污染后用自来水漂洗后的纯水通量。

2. 浓差极化

超滤运行时，由于筛分作用，水中的部分大分子溶质会被膜截留，溶剂及小分子溶质则能自由地透过膜，从而表现出超滤膜的选择性。被截留的溶质在膜表面处积聚，其浓度会逐渐升高，在浓度梯度的作用下，靠近膜面的溶质又以相反方向向被处理水的主体扩散，平衡状态时膜表面形成溶质浓度分布边界层，对溶剂等小分子物质的运动起阻碍作用，这种现象称为膜的浓差极化，是一个可逆过程。界面上溶质的浓度比主体溶液浓度高的区域就是浓差极化层。

因为超滤膜截留的大多是大分子溶质或胶体，当膜面溶质浓度极高，达到大分子或胶体的凝胶化浓度时，这些物质会在膜面形成凝胶层。如果溶质是颗粒物，如活性污泥，则会形成一层滤饼。这个过程几乎是不可逆的。膜面的凝胶层或滤饼非常致密，相当于第二层膜。此时溶质可能会被完全截留。

3. 膜污染和浓差极化的控制方法

从前面的分析可以看出影响超滤膜污染和浓差极化的因素很多，但归纳起来无外乎就是料液性质，膜及膜组件性质（膜结构、膜的物化性质、组件形式等）和操作条件三种类型。只有抓住了造成膜污染和浓差极化的主要因素，才能有效地控制超滤的运行，从而减少清洗频率，延长膜的有效工作时间，提高生产能力和产水效率。

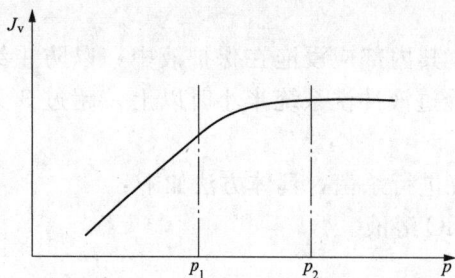

图 2-16 膜通量与工作压力曲线的关系

在超滤运行时，从膜通量随压力变化的曲线可以分析在不同的工作压力下过滤总阻力的主要形式。根据图 2-16，工作压力对膜通量的影响可分为 3 个区域，即低压区、中压区和高压区。每个区域影响膜通量的主导阻力各不相同，所以相应的控制方法也不相同。

（1）低压区。当 $p < p_1$ 时，$R_m + R_f \gg R_c$，膜自身的机械阻力 $R_m$ 和膜污染阻力 $R_f$ 占主导地位，$J_v$ 与 $\Delta p$ 呈正比例关系。在工作压力不变的情况下，要保证较高的膜通量只有尽量减小 $R_f$ 和 $R_m$。$R_m$ 与膜材料和膜结构有关，当膜选定后其大小几乎不变，而影响 $R_f$ 的主要因素如下：

1）膜材料。膜的亲疏水性和荷电性会影响膜与溶质之间作用力的大小，所以在设计膜装置之前应根据料液性质，在不同条件下对膜材料进行筛选。一般来说，强亲水性和强疏水性且表面电荷与溶质电荷相同的膜较耐污染。

2）膜孔径。从理论上讲，在保证膜的截留率的前提下，应尽量选择孔径大一些的膜，以获得较高的膜通量。但实验结果显示，当选用更大孔径的膜后，因有更高的膜污染速率，膜通量反而下降得更快。一般选孔径比被截留粒子尺寸小一个数量级的膜。

3）溶液 pH 值。溶液 pH 值对蛋白质在水中的溶解性、电荷性及分子构型有很大的影响。一般来说，蛋白质在等电点时溶解度最低，偏离等电点时溶解度增加，并带一定量的电荷。Fane 等人用 PM30 聚砜膜超滤牛血清蛋白，发现等电点时的蛋白吸附量最高，膜通量最低。因此在用膜分离、浓缩蛋白质和酶时，一般把 pH 值调至远离等电点（以不使蛋白质或酶变性失活为限），可以减少膜污染。

4）盐。无机盐有两条途径对膜污染产生重大影响。一是有些无机盐类会在膜表面或膜孔内直接沉积，或使膜对蛋白质的吸附量增大而污染膜；二是无机盐改变了溶液的离子强度，影响到蛋白质的溶解性、构型与悬浮状态，使其形成的沉积层疏密程度发生改变，从而影响膜的过滤阻力，最终导致膜通量的改变。但无机盐对膜污染的影响与膜的化学特性、待分离蛋白质的特性及料液 pH 值有关，需进行综合考虑。

5）温度。一般来说，温度的升高会使料液黏度降低，从而增大膜通量。但对某些蛋白质来说，温度升高会造成膜对这些蛋白质的吸附量增大，反而使膜通量降低。对基因工程产品来说，温度过高会导致产品失活，一般应在 10℃ 以下分离浓缩。另外，膜本身也有一个适宜的工作温度范围，过高的温度会破坏膜的化学结构，而改变膜性能。

（2）中压区。当 $p_1 < p < p_2$ 时，$R_c = R_{cl} \gg R_m + R_f$，浓差极化阻力占主导地位，$J_v$ 与 $\Delta p$ 呈曲线关系。此时应着重减少 $R_c$。浓差极化公式后发现减弱浓差极化就是要增大物质传质系数 $k$，减小膜通量 $J_v$，其中增大 $k$ 的主要措施包括如下：

1）增大料液流速。增大料液流速就增大了溶质与溶剂的扩散速度，$\delta$ 减小，从而提高了膜通量。但料液流速的升高会增加系统的能耗。另外，升高料液流速会增大流体剪切力，此时应考虑某些生物产品对剪切力的敏感性。

2）升高料液温度。温度升高，溶质和溶剂的扩散系数要增大，即 $D$ 增大，浓差极化会减弱。

3）选择合适的膜组件结构。当料液的固含量较低，且产品是透过液时，组件结构的选择余地较大。如浓缩液是产品时，选择组件结构时要慎重。一般来说应尽量选择流道较窄的膜组件形式，如中空纤维式和薄流道式就比较好，料液流速高，剪切力大，能减弱浓差极化和防止凝胶层形成。流道中有隔网的组件一般不宜采用，因为会造成固体在膜面沉积且清洗困难。

（3）高压区。当 $p > p_2$ 时，$R_g \gg R_m + R_f + R_{cl}$，膜面形成了凝胶层，凝胶层阻力占主导地位，$J_v$ 与 $\Delta p$ 无关。实际应用中应尽量避免凝胶层的形成。因为凝胶层是浓差极化造成的，所以防止凝胶层形成的方法与控制浓差极化的方法一样。

实际应用中，超滤膜的工作压力都应选择在中压区，这样既能保证较高的膜通量，又能防止凝胶层的形成，过滤总阻力不致太高。所以控制浓差极化对超滤来说尤其重要。

尽管通过上述的各种方法能在一定程度上减少膜污染和浓差极化，但并不能完全防止，所以还要对膜进行定期的物理和化学清洗。

## 第三节　电　厂　实　例

### 一、简介

本期工程选用浸没式超滤装置，系日本旭化成产品，设置有两套，来水经膜的过滤将浊度降至不大于 0.2NTU、SDI≤3.0 供反渗透装置进行预脱盐处理。超滤系统两列布置，采用并联运行的方式，每套超滤配置 74 根膜组件，额定出力 $2\times110m^3/h$。每套超滤装置的出水管道上设置供 SDI 取样的接口和取样阀门。主要设备及规格型号见表 2-3。

表 2-3　　　　　　　　　　　超滤系统主要设备及规格型号

| 序号 | 项　目 | 规格型号 | 单位 | 数量 |
|---|---|---|---|---|
| 1 | 生水加热器 | $Q=115m^3/h$ | 台 | 2 |
| 2 | 自清洗过滤器 | $Q=115m^3/h$，精度 $100\mu m$ | 台 | 2 |
| 3 | 浸没式超滤膜 | 膜通量 $30L/(m^2\cdot h)$，内外径 0.8/1.9（日本旭化成 PVDF） | 个 | 148 |
| 4 | 膜池 | 容积约 $15m^3$ | 台 | 2 |
| 5 | 超滤装置 | $Q=115m^3/h$ | 套 | 2 |
| 6 | 超滤水泵 | $Q=110m^3/h$，$p=0.25MPa$ | 台 | 2 |
| 7 | 反洗罗茨风机 | $Q=3.5Nm^3/min$，$p=0.04MPa$ | 台 | 2 |
| 8 | 超滤水箱 | $V=300m^3$ | 个 | 1 |
| 9 | 超滤反洗水泵 | $Q=150m^3/h$，$p=0.12MPa$ | 台 | 2 |
| 10 | 超滤清洗溶液箱 | 容积约 $10m^3$ | 台 | 1 |
| 11 | 清洗保安过滤器 | $Q=75m^3/h$ | 台 | 1 |
| 12 | 过滤器滤芯 | $\phi152.4/125$，精度 $100\mu m$ | 个 | 3 |
| 13 | 清洗水泵 | $Q=75m^3/h$，$p=0.30MPa$ | 台 | 1 |
| 14 | 清洗加热器 | 30kW | 个 | 1 |

附属系统包括自清洗过滤器、反洗装置、加药装置和清洗装置。自清洗过滤器为滤网式全自动过滤器，过滤精度为 $200\mu m$，其作用是去除水中较大颗粒，以满足超滤膜进水要求。

超滤装置滤元材料选用耐氧化性能好的材料。滤元安装在组合架上，组合架上配备全部管道及接头，还包括所有的支架、紧固件、夹具及其他附件。管道、法兰、阀门均采用 316 不锈钢材质，或部分采用耐压等级相当的软管。在出厂前采取保护措施，超滤组合架的设计满足其厂址的抗震烈度要求和组件的膨胀要求。浸没式超滤结构图和实物图如图 2-17 所示。

浸没式超滤装置膜池采用钢制，容积约 $15m^3$，每套浸没式超滤的膜池设置就地液位计并同时带有远传功能。膜池要设置平台，平台设置需满足相关规范，平台支架采用钢 20，平台采用钢格栅。

超滤膜的设计通量不超过旭化成厂家规定最大值的 1/2，同时满足上述有关膜通量的要求，保证膜元件正常运行和合理的清洗周期。超滤滤元孔径能满足除胶体硅的要求，并保证超滤膜的使用寿命不少于 3 年。

浸没式超滤装置出水母管上设有在线表浊度计、余氯仪，均选用进口产品。

每套浸没式系统配备足够的自动阀门，包括进水、出水、排水、反洗进气、反洗进水、进清洗液等接口，能够自动完成投运→反洗→投运过程，并为此配套完整的辅助设施。浸没式超滤系统本体所配自动阀门采用德国 GEMU 品牌。

超滤装置给水及出水管等设有足够的接口及阀门，以便运行以及清洗时与相应的接口

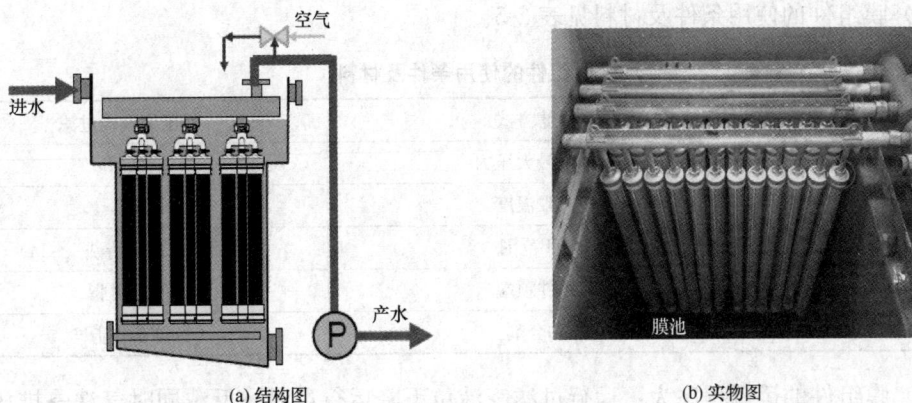

(a) 结构图　　　　　　　　　　　　　(b) 实物图

图 2-17　浸没式超滤

相连。超滤出水管路上设置超滤装置反洗水接口，并配置进口气动衬胶蝶阀，能够完成超滤反洗以及超滤产水的自动切换。

超滤系统的结构设计有利于膜元件的更换。系统能够进行膜的完整性在线测试，任何时间均能保证出水水质合格。

**二、膜组件的过滤运行**

浸没式超滤不同于外压式、内压式超滤，它是将膜组件浸入到所需要处理的水体（膜池）中，采用水泵抽吸实现负压，将水及溶解性水分子透过膜组件从膜池水体中过滤出来，而各种悬浮颗粒、胶体、细菌、微生物和大分子有机物等过滤吸附在膜组件得以去除。浸没式超滤运行示意图如图 2-18 所示，浸没式超滤气水同洗示意图如图 2-19 所示。

随着运行时间的延长，超滤膜组件抽吸压力的绝对值就会变小，超滤系统就进行自动反冲洗。常规反洗一段时间后，超滤膜组件的最大抽吸压力大于 $-80\sim-60\text{kPa}$ 时，超滤膜组件进行化学清洗，根据具体情况分别投加盐酸、次氯酸钠及氢氧化钠或其他有针对性的药品，使用超滤清洗装置将清洗药品送往超滤膜池，对膜组件浸泡一定时间后，启动 UF 罗茨风机曝气，再用 UF 反洗水泵冲洗，排空膜池的清洗废液，可有效恢复超滤膜组件的正常工作能力。

（1）膜组件的性能参数见表 2-4。

表 2-4　　　　　　　　　　　　　膜组件的性能参数

| 型号 | UHS-620A | 分类 | 浸没式 |
|---|---|---|---|
| 膜材质 | PVDF | 公称直径 | $0.08\mu\text{m}$ |
| 膜丝内外径 | 0.7/1.2mm | 组件尺寸 | $\phi167\times2164\text{mm}$ |
| 药液 pH 范围 | 1~14 | 膜面积 | $50\text{m}^2$ |
| 重量 | 21kg | | |
| 进水条件 | 浊度<900NTU<br>CODcr<150mg/L | 产水水质 | 浊度小于 0.1NTU<br>SDI<3 |

（2）膜组件的使用条件及材料见表 2-5。

表 2-5 膜组件的使用条件及材料

| | | |
|---|---|---|
| 使用条件 | 过滤方式 | 外压抽吸式过滤 |
| | 抽吸最大压力 | −80kPa |
| | 上限温度 | 40℃ |
| | pH 范围 | 常用 1~10（清洗 1~14） |
| 使用材料 | 组件顶端 | ABS 树脂 |
| | 黏合剂 | 聚亚胺脂 |

（3）膜组件的运行程序为：运行过滤→液位下降运行过滤→反洗同时气洗→排放→填充原水→运行过滤。膜组件的运行条件见表 2-6。

表 2-6 膜组件的运行条件

| | | |
|---|---|---|
| 过滤运行 | 时间 | 27min |
| | 原水供给 | 高（H）~低（L）液位之间 |
| | 液位下降过滤 | 过滤至低低液位（LL） |
| 气水合洗<br>（下降至 LL 液位后） | 时间 | 60s |
| | 反洗流量 | 过滤流量×0.5~1.5（单支膜最大 8m³/hr） |
| | 空气流量 | 单支膜 5Nm³/hr |
| 周期数 $n$ | 根据系统回收率变更 | 在 90%~99%范围内 |
| 排放 | 时间 | — |
| | 排放量 | 将浸没槽内的浓缩排水全部排空 |
| 填充原水 | 时间 | — |
| | 进水量 | 进水至低（L）液位以上 |

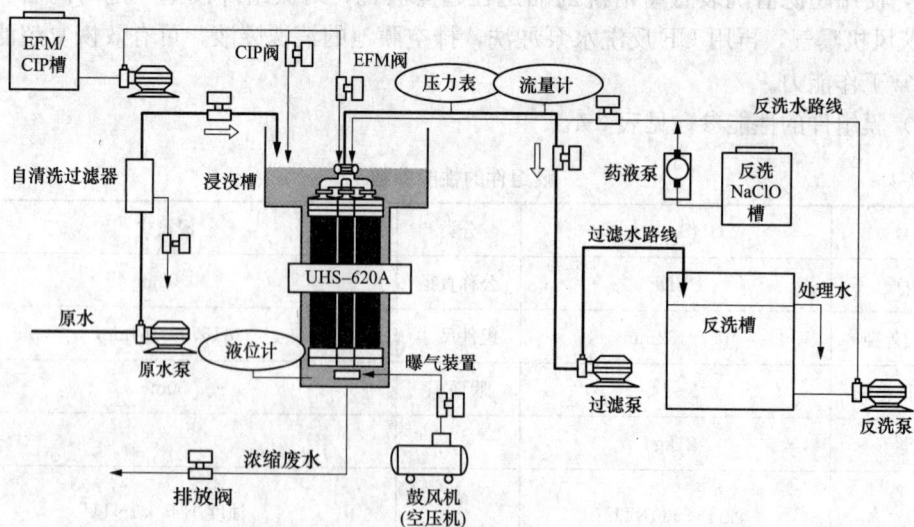

图 2-18 浸没式超滤运行示意图

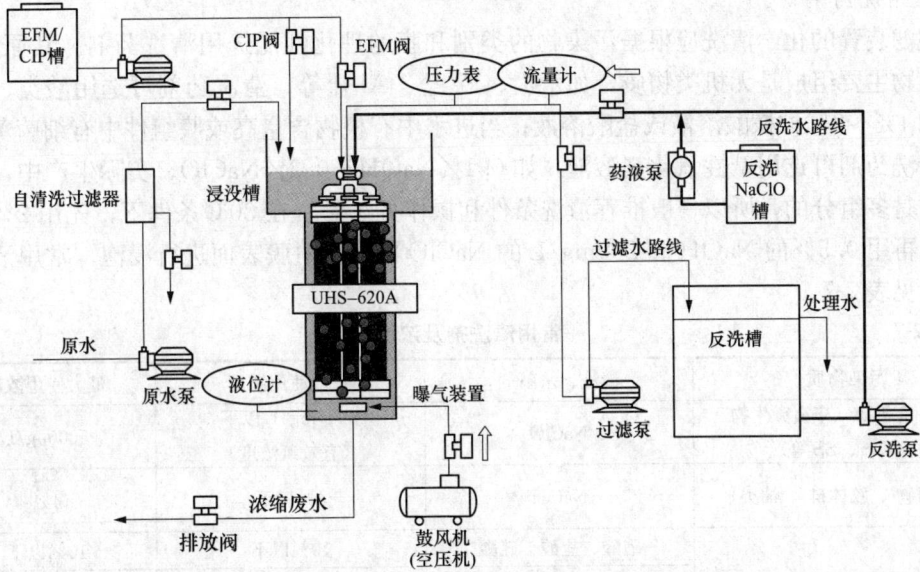

图 2-19　浸没式超滤气水同洗示意图

### 三、超滤装置的化学清洗

超滤装置通过正常的反洗和化学加强反洗不能彻底恢复超滤膜组件的性能时，需要对超滤装置进行化学清洗，化学清洗是指用加有化学药剂的水对超滤装置进行循环清洗。

超滤装置视污染情况，选择清洗周期，一般每隔 3～6 个月清洗一次，或相同条件下跨膜压差比初始大于 0.05MPa 且通过上述反洗不能恢复时，应对膜组件进行化学清洗，以恢复膜的水通量和截留率。

1. 化学清洗系统

化学清洗系统如图 2-20 所示，包括清洗水箱（带电加热器、搅拌器等附件）、清洗水泵及过滤器等，两套超滤装置共一套清洗系统。

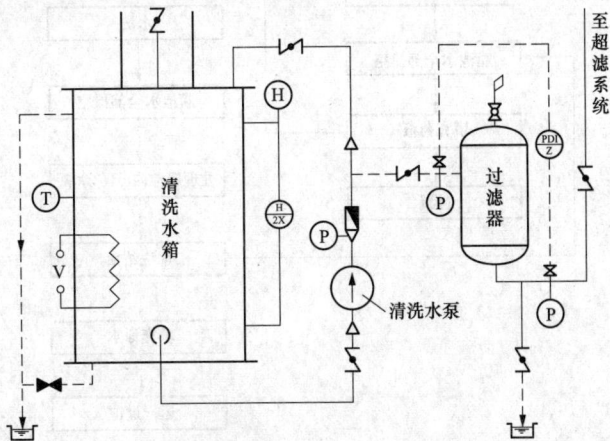

图 2-20　化学清洗系统图

## 2. 清洗药剂

超滤装置的化学清洗应根据污染物的类别和膜的理化性能选用清洗药剂。其原则为：当污染物主要组成是无机类物质，如水垢、$Fe$ 盐、$Al$ 盐等，清洗药剂可选用酸类、螯合剂，如 $1\%\sim2\%$ 柠檬酸溶液或盐酸溶液；当进水中有机物含量高或膜组件中有细菌藻类产生，清洗药剂可选用碱性氧化剂溶液，如 $0.1\%NaOH+0.2\%NaClO$。实际生产中，污染物往往是多组分的，所以一般推荐清洗条件和操作方法是：在 30℃ 条件下，先用 $2\%$ 的柠檬酸，再用 $0.5\%$ 的 $NaOH$ 和 $200mg/L$ 的 $NaClO$ 的溶液对膜表面进行浸泡。常用清洗剂及浓度见表 2-7。

表 2-7 常用清洗剂及浓度

| 污染物质 | 清洗、杀菌剂 | 一般使用浓度 | 最大使用浓度 |
|---|---|---|---|
| 菌类、有机物（来自微生物、$COD_{cr}$、$SS$ 等） | $NaClO$ | $5000mg/L$ 以下（有效氯浓度） | $5000\mu g/L$ |
| 有机物、胶体硅、油类 | $NaOH$ | $4\%$ 以下 | $4\%$ |
| 无机胶体结垢（$Ca$、$Fe$、$Mn$ 等结垢） | 硝酸、盐酸、硫酸 | $10\%$ 以下 | $10\%$ 以下 |
| | 草酸 | $2\%$ 以下 | $10\%$ 以下 |
| | 柠檬酸 | $10\%$ 以下 | $10\%$ 以下 |
| | EDTA | $0.4\%$ 以下 | $0.4\%$ 以下 |
| 杀菌 | $NaClO$ | $10\sim100mg/L$ | $5000\mu g/L$ |
| | 双氧水 | $1\%$ 以下 | |

## 3. 浸没式超滤化学清洗流程

浸没式超滤化学清洗流程如图 2-21 所示。

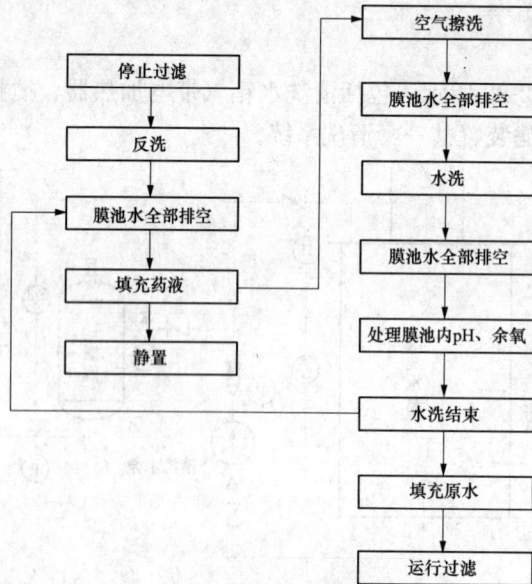

图 2-21 浸没式超滤化学清洗流程图

## 四、超滤装置运行中异常情况的原因及处理办法

超滤装置运行中异常情况的原因及处理办法见表 2-8。

表 2-8　　　　　　　　　　　超滤装置运行中异常情况的原因及处理办法

| 现　象 | 原　因 | 处　理　方　法 |
|---|---|---|
| 仪用气压力<br>小于 0.3MPa | 用气管路大量漏气；运行的仪用气公用系统故障，出力达不到 | 1. 查出泄漏点，并联系检修处理；<br>2. 联系辅网主值，调整仪用空压机的运行 |
| 出水 SDI 不合格 | 超滤膜被损伤；进水水质差断丝 | 1. 逐级检查超滤膜，更换损坏的超滤膜元件；<br>2. 提高进水水质；检测断丝情况，进行封堵 |
| 进、出水差压<br>大于 0.08MPa | 进水水质超标，膜被污染或结垢 | 进行清洗 |
| 压差增加过快 | 1. 原水加药量不合格；<br>2. 加药量小或频率小；<br>3. 运行周期过长 | 1. 调整加药量；<br>2. 调整化学加强洗强度或药量；<br>3. 调整运行时间 |
| 高或低 pH 报警 | 1. pH 仪表故障；<br>2. 化学清洗后超滤单元未充分冲洗 | 1. 校准仪表；<br>2. 重新冲洗至水质合格 |

**五、超滤的运行注意事项**

（1）必须在超滤装置投运后，再投运生水加热器，严格监督生水加热器出水温度，防止超滤装置进水温度超过 40℃；停运时，必须先停运生水加热器，再停运超滤装置。两台超滤装置均停运时，必须关闭混合式生水加热器进蒸汽调整门的手动隔离门。

（2）当两套超滤装置反洗冲突时，应优先对运行时间长（或累积运行流量多）的一套进行反洗。

（3）超滤装置停运时，要使膜池液位在低液位 2.1m 以上。

（4）检查自清洗过滤器反洗后的运行情况，根据出水水质和反洗频率及时调整反洗时间。

（5）当超滤膜组件抽吸压力大于 $-80$kPa 时，应立即停止运行，检查超滤进水是否合格，严格控制进水水质，同时进行化学清洗工作，化学清洗后手动试运行，压差恢复正常方可投入自动运行，否则应再次进行化学清洗直至运行压差合格为止。

（6）初次启动或长期停运再次启动前必须排空膜池内部的保护液并冲洗干净才能投入运行。

## 第四节　反渗透水处理

反渗透水处理（RO）是采用膜分离的水处理技术，越来越广泛的应用于锅炉补给水处理、饮用水处理和工业废水处理等领域。反渗透技术既具有物理处理的优势，又兼具化学水处理的特点，与传统的水处理方法相比具有明显优势。反渗透水处理依靠水的压力为推动力，所以能耗很低；反渗透膜无需进行再生，因此不会消耗大量酸碱，同时也不会产生大量的废酸废碱，污染环境；反渗透系统简单，操作方便，产品水质稳定；反渗透系统占地面积小，运行维护和设备维修工作量极小。

高参数锅炉对锅炉补给水水质要求越来越高，反渗透系统作为锅炉补给水处理的预脱盐作用，其优势也越来越明显。如：

（1）脱除水中的二氧化硅效果好，除去率可达 99.5%，有效地避免了高参数发电机组随压力升高对二氧化硅选择性携带所引起的硅垢，避免了天然水中硅对离子交换树脂所带来的再生困难、运行周期短的影响。

（2）脱除水中有机物等胶体物质，除去率达 95%，避免了由于有机物分解所形成的有机酸对汽轮机尾部叶片的酸性腐蚀。

（3）反渗透水处理系统可连续产水，无周期性再生操作，其产品水质不会发生波动，对保证电厂发电机组安全、经济、稳定运行起到不可估量的作用。

因而，反渗透在电厂锅炉补给水处理中的应用日益广泛。电厂锅炉补给水处理中应用最多的反渗透膜是卷式膜。

**一、反渗透水处理基本原理**

反渗透除盐是指在外加压力作用下，利用半透膜的选择透过性，实现水和盐类物质的分离，这种半透膜称反渗透膜。

当将两种不同浓度的溶液（如盐水和淡水）分别置于半透膜的两侧时，淡水将自发地透过半透膜向盐水侧流过，这种现象称为渗透，如图 2-22（a）所示。由于渗透，淡水侧的水流入盐水侧，盐水的液位上升，当上升到两侧出现一定压力差（$\Delta\pi$）后，水通过膜的净流量等于零，此时该过程达到平衡，称渗透平衡，如图 2-22（b）所示。如果在膜的盐水侧施加一个大于 $\Delta\pi$ 的外加压力（$\Delta p$）时，水的流向就会逆转，此时盐水中的水将流入淡水侧，这种现象称作反渗透，如图 2-22（c）所示。

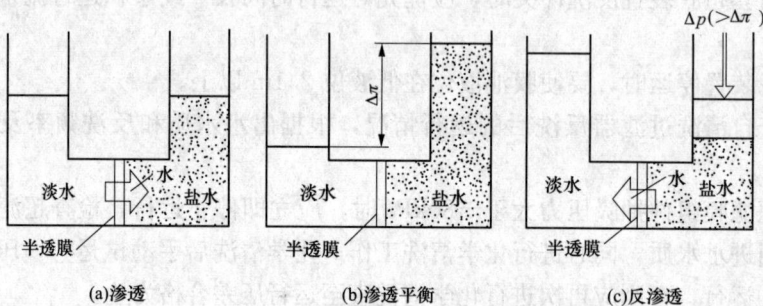

(a)渗透　　　　(b)渗透平衡　　　　(c)反渗透

图 2-22　渗透与反渗透过程

从理论上讲，当外加压力高于渗透压时就可以进行反渗透，但实际上一般加压均为渗透压的 2 倍以上。由于水分子的移动是以半透膜两侧的压力差为推动力的，因此，外加压力与渗透压的差值越大，推动力也越大，水移动也越容易。此外，溶液中溶质浓度越高，渗透压越大，则所需施加的外力也越大。在稀溶液中，渗透压（$\pi$）与溶液浓度（$c$）的关系可由式（2-3）表示

$$\pi = RT\sum c_i \qquad (2-3)$$

式中　$R$——理想气体常数，$0.008\text{MPa} \cdot \text{L}/(\text{mol} \cdot \text{K})$；

$\quad\ \ T$——水温，K；

$\sum c_i$——各种离子摩尔浓度的总和，包括阴、阳离子和未电离的分子，mol/L。

式（2-3）只对稀薄溶液才是准确的。由式（2-3）可知，渗透压的大小取决于溶液的种类、浓度和温度，与半透膜本身无关。

设淡水和盐水的渗透压分别为 $\pi_1$ 和 $\pi_2$，则渗透压差 $\Delta\pi = \pi_2 - \pi_1$。通常，$\pi_2$ 远大于 $\pi_1$，故可用盐水的渗透压（$\pi_z$）近似代替渗透压差（$\Delta\pi$）。反渗透装置运行时，盐水的进口与出口浓度变不同，一般用盐水平均浓度计算平均渗透压。

反渗透的推动力是外加压力，习惯称操作压力，它是指反渗透装置的实际运行压力。操作压力为溶液的渗透压、反渗透装置的水流阻力及维持膜足够的透水速度所需的推动力之和。通常，实际操作压力大致是渗透压的几倍至数十倍。

**二、反渗透膜**

反渗透膜是一种化学高分子材料合成的具有半透性的薄膜，它能在外加压力作用下使水溶液中的某一些组分选择透过从而达到淡化、净化或浓缩分离的目的。

反渗透膜是反渗透水处理的核心，为适应高参数火电机组锅炉水处理应用的需求，反渗透膜必须能满足以下基本要求：

（1）透水性好，脱盐率高。

（2）耐酸、耐碱、耐氧化能力强，以及抗微生物、细菌侵蚀的能力强。

（3）具有一定的机械强度，不会因水的压力和拉力而变形、破裂。膜的被压实性尽可能最小，水通量衰减小保证稳定的产水量。

（4）使用寿命长，制作成本低，经济性好。

1. 反渗透膜种类及膜结构

反渗透膜从材料上分为醋酸纤维素膜（CA）、芳香族聚酰胺膜（PA）和复合膜等；按膜结构特点分为均相膜、非均相膜（又称非对称膜），非均相膜的特征是在垂直于膜表面的截面上孔隙分布不均匀，由表向里孔隙渐增，是目前应用最为广泛的；此外，还可按膜形状分为板式膜、管式膜、卷式膜、中空纤维膜。

（1）醋酸纤维素膜。以含纤维素的棉花、木柴等为原料，经过酯化和水解反应制成醋酸纤维素，再加工成反渗透膜，是非对称膜。醋酸纤维素膜中的乙酰基含量越高，脱盐性能越好，但透水量越低。为了平衡脱盐性能和透水性能，一般选择乙酰基含量为 37%～40% 的醋酸纤维。醋酸纤维素膜是一种酯类，会发生水解，水解的结果将降低乙酰基的含量，膜的使用性能受到损害。

（2）芳香族聚酰胺膜。是非对称膜，膜材料为聚酰胺、聚酰胺－酰阱以及一些含氮芳香聚合物。芳香族聚酰胺膜的铸膜液由成膜材料、溶剂和盐类添加剂组成，其中盐类添加剂的作用是提高芳香聚酰胺成膜材料在溶液中的溶解度和透水性能。这种膜通常用溶液纺丝法做成中空纤维式膜。

（3）复合膜。复合膜是针对非对称反渗透膜使用过程中，存在明显压密现象及难以平衡的透水量与脱盐率之间的矛盾而发展起来的。复合膜是由很薄而且致密的起脱盐作用的表皮层（脱盐层）与高孔隙率的多孔层复合而成，并增加了起增强机械强度作用的聚酯支撑层，断面呈三层结构，其断面结构如图 2-23（b）所示。这种膜通常是先制造多孔层，然后再在其表面形成一层非常薄的致密表皮层，这两层是由不同材料制成的。脱盐层可选用适当的材质以有效地提高膜的分离率和抗污染性；支撑层和多孔层可以做到孔隙率高，结构可随意调节，因而可以有效地提高膜的水通量以及机械性能、稳定性等。复合膜表皮

层的厚度为 $0.2\mu m$，因此它对水的流过阻力很小，从而增加了水的透过率。

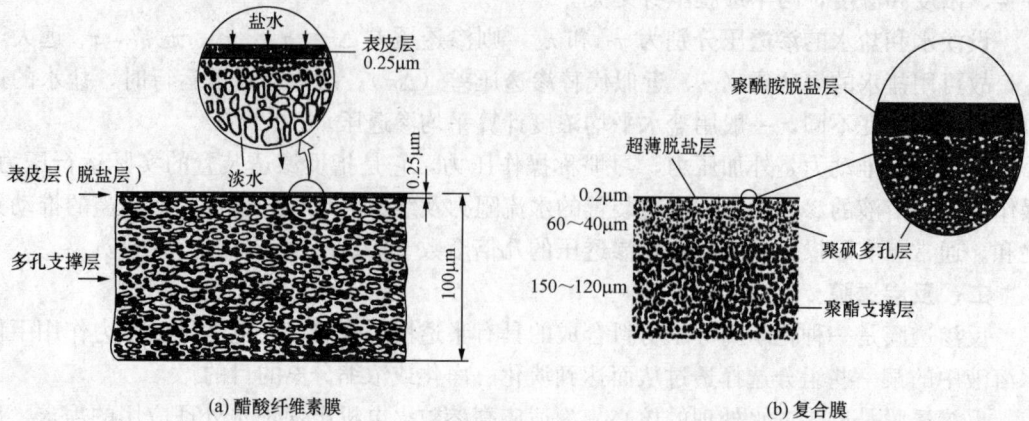

图 2-23　反渗透膜的断面结构

膜的非对称结构决定了膜的方向性。当致密层面向高压侧时，可获得预期的除盐效果；反之，致密层就会在反向压力作用下破裂而丧失除盐能力。

目前反渗透膜组件尚无统一命名格式，各厂商有各自的商品牌号，但其牌号一般应能反映出膜元件类型、功能特性、膜元件直径、长度和有效膜面积等。

2. 反渗透膜的性能

(1) 膜分离的方向性和分离特性。目前应用广泛的反渗透膜多为非对称膜，由表皮层和支撑层构成，具有明显的方向性和选择性。所谓方向性就是将膜的表皮层置于高压盐水中进行脱盐，压力升高，膜的透水量、脱盐率也增高；如将膜的支撑层置于高压盐水中，压力升高，脱盐率几乎等于 0，透水量却急剧增加。由于膜具有这种方向性，应用时不能反向使用。

反渗透膜对水中离子和有机物的分离特性不尽相同，归纳起来有以下 9 点：

1) 有机物比无机物易于分离。

2) 孔径小的膜对离子除去率高，但膜透水能力降低。

3) 降低膜的介电常数或增加溶液的介电常数，可提高离子除去率。

4) 电介质比非电介质易于分离；高价电介质比低价电介质易于分离；非电介质，分子量越大越易分离。除去顺序如下：

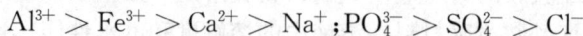

$$Al^{3+} > Fe^{3+} > Ca^{2+} > Na^+ ; PO_4^{3-} > SO_4^{2-} > Cl^-$$

$HCO_3^-$ 的去除率与 pH 值有很大关系，如醋酸纤维素膜在 pH>7 时，$HCO_3^-$ 的去除率可达 90%；当 pH=6 时去除率降至 50%；再低则直线下降，pH=5.5 时，$HCO_3^-$ 几乎全部透过。

5) 无机离子的去除率与离子水合状态下的水合数及水合离子半径有关。水合离子半径越大，越容易被除去，除去顺序如下：

$$Ca^{2+} > Mg^{2+} > Li^+ > Na^+ > K^+ ; F^- > Cl^- > Br^- > NO_3^-$$

一般离子的去除率可达 90% 以上，$Ca^{2+}$、$Mg^{2+}$ 和 $SO_4^{2-}$ 的去除率在 98%。

6) 气体容易透过膜。氨、氯、二氧化碳、硫化氢、氧等气体的去除率很低。用于气体分离的膜与用于液体分离的膜不同，前者对气体有选择透过性，可用于分离气体。

7) 弱酸的去除率较低，如硼酸、有机酸。

8) 有机物的去除率顺序一般如下：

$$柠檬酸 > 酒石酸 > 乙酸；乙醛 > 乙醇 > 胺酸$$

在异构体中，叔位＞仲位＞伯位；在同系列中，分子量大的容易去除，有机酸的钠盐也容易去除。

9) 温度升高，离子进入膜孔中的量增加，但是由于溶剂透过速度更快，故透过液中离子浓度减小，离子去除率升高。

提高给水温度而其他运行参数不变时，产品水通量和盐透过量均增加。温度每升高 1℃，膜的透水量增加 2%～3%。因温度升高，溶液的黏度降低，有利于水的透过。一般还认为，膜透水量与温度的相关性，与膜的铸膜方法、热处理温度等制膜工艺参数有关。

（2）膜的分离透过特性指标。膜的分离透过性能的主要指标有：脱盐率（或盐透过率）、产水率（或回收率）、水通量及流量衰减系数（或膜通量保留系数）等。这几项指标是用特定的膜在特定的工艺条件下测得的性能，所以也称膜的工艺性能。

1) 脱盐率。脱盐率（salt rejection）是指进水中的总溶解固形物（TDS）未透过膜部分的百分数。

$$脱盐率(SR) = \frac{1 - 产品水中总溶解固形物}{进水中总溶解固形物} \times 100\% \tag{2-4}$$

2) 产水率。产水率即渗透水流的比率（permeat flow rate），也可表示为回收率（recovery），是指产品水流量与进水流量之比，以百分数表示

$$产水率 = \frac{产品水流量}{进水流量} \times 100\% \tag{2-5}$$

3) 水通量。水通量（flux）又称透水量，是指单位面积膜的产品水流量，是设计和运行都要加以控制的重要指标，它取决于膜和原水的性质、工作压力、温度。

给水压力升高使膜的水通量增大，压力升高并不影响盐透过量。在盐透过量不变的情况下，水通量增大时产品水含盐量下降，脱盐率提高了。

给水的含盐量增加影响盐透过量和产品水通量，使产品水通量和脱盐量均下降。脱盐率和水通量在一定的 pH 值范围内较为恒定。

4) 流量衰减系数。流量衰减系数（flux decline coefficient）是指运行 $t$ 时间后水通量与初始水通量的比值。

流量衰减系数是指膜因受压密而引起的膜透水速度随时间衰减的程度。压密是指膜在压力长期作用下，随着运行时间的延长，膜被压实，孔隙率逐渐减少，导致水通量下降的现象。研究发现，压密主要发生在脱盐层和支撑层之间的过渡区域内，膜压密属非弹性变形，一旦发生了压密化，即使泄去压力，透过性能也难以恢复。提高操作压力固然可以增加水通量，但会加重膜的压密，所以生产中应将操作压力控制在允许范围内。

（3）压力与膜的透过性。膜的透过性与膜所存在的溶液渗透压有关，渗透压则与溶液中溶质种类、含量以及温度等有关。当施加的压力超过该溶液的渗透压时，水可透过膜表面经膜内侧流出，透过水量与推动力有关，其关系见式（2-6）。

$$J_v = A(\Delta p - \Delta \pi) \tag{2-6}$$

$$A = \frac{\omega}{MS3600p} \tag{2-7}$$

式（2-6）和式（2-7）中　$J_v$——水的通过量，$mol/(cm^2 \cdot s)$

$\qquad A$——膜特有常数，又称纯水透过系数，$mol/(cm^2 \cdot MPa \cdot s)$；

$\qquad \Delta p$——膜两侧的压力差，$MPa$；

$\qquad \Delta \pi$——膜两侧溶液的渗透压差，$MPa$；

$\qquad \omega$——纯水透过速度，$g/h$；

$\qquad M$——水的摩尔质量，$18g/mol$；

$\qquad S$——元件有效膜面积，$cm^2$；

$\qquad p$——操作压力，$MPa$。

溶质透过量$J_s$与膜两侧浓度差有关，即

$$J_s = B\Delta c / 1000 \tag{2-8}$$

式中　$J_s$——水的通过量，$g \cdot mol/(cm^2 \cdot s)$；

$\qquad B$——膜特有的盐通过系数，$cm/s$；

$\qquad \Delta c$——膜两侧的浓度差，$g \cdot mol/L$。

提高压力会使膜的透水量和除盐率上升，但膜在压力长期作用下，还会发生高分子链错位，引发不可逆变形，使水通量下降。除压力外，膜表面物质的沉积、膜的水解、水中有机物长期与膜接触而使膜溶解、膜表面微生物繁殖或细菌侵蚀、膜被氧化和水温季节性下降等原因也会引起膜透水速度下降。

目前常用的超薄型复合膜的抗压密性能强，压密系数都很小；醋酸纤维素膜压密系数相对较大。

（4）膜的化学稳定性。膜的化学稳定性主要指膜本身的抗水解性和抗氧化性能。膜化学稳定性越好，使用寿命越长。膜本身的水解一般与 pH 值、温度有关。醋酸纤维素膜在 pH=45~5.2 时，水解速度最低。对于不同的膜，其情况也不完全一样。

温度升高，膜的水解速度也加快，一般运行温度在 25℃左右，最高在 30℃左右，不宜在更高温度下长期使用。

氧化剂和还原剂会对膜造成不可逆的损坏。芳香族聚酰胺膜的化学稳定性较好，但耐氯性能较差。乙醇、酮、乙醛、酰胺等制膜用有机溶剂对膜有一定影响，必须防止此类有机物与膜接触。

此外，微生物可以通过酶的作用分解膜的成分，防止微生物的侵蚀对延长膜的寿命是十分重要的。

（5）浓差极化对膜透过性的影响。反渗透过程中，水分子透过以后，膜界面中含盐量增大，形成较高的浓水层，此层与给水水流的浓度形成很大的浓度梯度，这种现象称为膜的浓差极化。浓差极化会对运行产生极为有害的影响。

1）浓差极化的危害。

a. 由于膜表面的界面层中的浓度很高，相应地会使渗透压升高，当渗透压升高后，势必会使原来运行条件下的产水量下降。为了达到原来的产水量，就要提高给水压力，因此使产品水的能耗增大。

b. 由于界面层中盐的浓度升高，膜两侧的浓度差增大，使产品水盐透过量增大。

c. 由于界面层的浓度升高，易结垢的物质增加了沉淀的倾向，从而导致膜表面结垢污染。为了恢复性能，要频繁地清洗垢物，由此可能造成不可恢复的膜性能下降。

d. 所形成的浓度梯度，虽可采取一定的措施使盐分扩散离开膜表面，但边界层中的胶体物质的扩散要比盐分的扩散速度小数百倍至数千倍，因此浓差极化也是促成膜表面胶体污染的重要原因。

2）消除浓差极化的措施。

a. 严格控制膜的水通量。膜生产厂家对水通量的规定，考虑了膜表面浓缩后的盐分浓度避免达到临界浓度。

b. 严格控制回收率。制造厂家对回收率的要求考虑了膜表面冲洗的流速（横向流速），卷式膜流速一般不低于 0.1m/s。膜与膜之间设计隔网是为了增加浓水流动的稳流态，防止边界层的形成。

c. 严格按照膜生产厂家的设计导则设计系统的运行及控制指标。

最大给水流量、最大压降、最低浓水流量。根据反渗透设计导则，对于不同的给水水源，压力容器中膜元件的最大给水流量和最低浓水流量不同。设定最大给水流量用来保护容器中的第一根反渗透元件，使其给水与浓水压力将不超过其耐压值。压降过大就可能会使膜组件变形，端部窜出并且使给水隔网变形，以致损坏膜元件。设定最小的浓水流量以保证在容器末端的膜元件有足够的横向流速，从而减少了胶体和污物在膜表面上的沉淀，并且减少浓差极化对膜表面的影响。

**三、影响膜寿命的因素**

影响膜寿命的因素很多，首先膜材料及加工工艺决定了这种膜固有的寿命。其次，运行条件对膜寿命有很大的影响，运行条件控制不当，反渗透组件会在几个月内完全被损坏。pH 值、水温、压力、水中污染物、侵蚀物是影响膜寿命的主要因素。pH 值、水温不合适会加速膜的水解，压力过高则会加剧膜的压密化，膜面受侵蚀或被污染也会直接影响膜的寿命。

## 第五节　反渗透装置及设备

反渗透膜必须组装成膜组件，并与泵、过滤器、阀、仪表及管路等组成系统才能进行水处理，具有进出水功能的脱盐单元称为膜元件。通常按水处理工艺需要，将多个膜元件组合起来形成一个较大的脱盐单元，这种单元称为膜组件。多个膜组件又可进一步组合成更大的脱盐单元，称为反渗透装置。

**一、膜组件形式**

一个或多个膜元件组合起来，放置在压力容器（简称 PV 组件）内，构成一个脱盐单元，称为膜组件。膜组件是反渗透脱盐的基本单元。

膜组件应能满足以下基本要求：即有高的膜装填密度，清洗和更换膜方便，抗污染能力强以及价格便宜等。

目前使用的反渗透膜组件其形式主要有板框式、管式、螺旋卷式和中空纤维式。

1. 板框式反渗透膜组件

板框式膜组件是由一定的数量的承压板和膜元件按一定的形式组装而成的。承压板两侧覆盖有平板状反渗透膜和微孔支撑板。将这些反渗透单元用螺杆固定后，装入承压容器中，就构成了一个板框式反渗透膜组件。

反渗透工作时，进水在高压下以紊流状态进入反渗透膜元件的上部，沿膜与膜之间的间隙流过，淡水由承压板中流至周边的环形集水槽，然后从侧面引出，而浓水从底部排出。

该膜组件工艺简单，但水流状态不良。适用小容量、小规模、高污染、黏度大的液体，目前主要用于食品和环境行业。

2. 管式反渗透膜组件

在管式反渗透膜组件中，膜的形状为管状。根据水在管中的流动线路，可分为内压式和外压式。内压式指的是水在压力推动下，由管内经内部衬有膜的微孔管向外渗出，如图2-24所示；而外压式则反之，即水在压力推动下，从外壁衬有膜的微孔管的外部向内透过膜面渗出，如图2-25所示。

管式膜组件是由一定数量的管状膜元件按串联或并联方式连接成管束而构成的。管状膜元件是由内壁衬有管状膜的或外壁衬有管状膜的单根耐压微孔管组成的。

这种膜组件的压力损失小，水流动性好，膜不易受污染，清洗也容易；但管口密封困难，相对价格较高。适用于食品和环境行业。

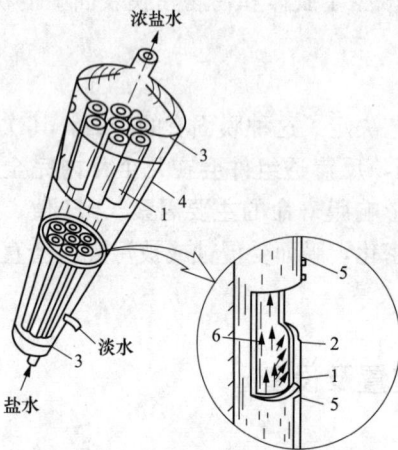

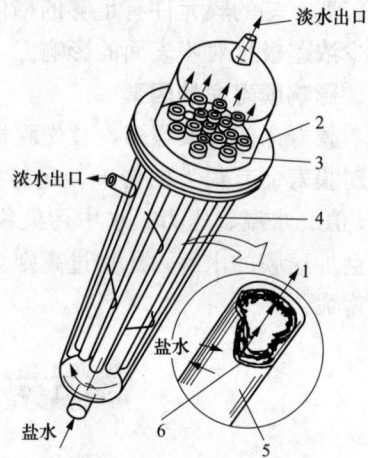

| 图 2-24　内压式管式膜组件 | 图 2-25　外压式管式膜组件 |
|---|---|
| 1—多空耐压管；2—膜；3—配件；<br>4—承压容器；5—淡水；6—盐水 | 1—淡水；2—法兰；3—多孔板；<br>4—承压膜；5—膜；6—多空支撑管 |

3. 卷式（螺旋卷式）膜组件

这种形式的膜组件是将一层淡水导网（又称多孔支撑板）夹在两层反渗透膜中间，然后将膜的三个边缘密封，使之成为袋状，将多个膜口袋卷绕到同一个产品水中心管上，使给水水流从膜的外侧流过，构成一个卷式反渗透膜组件。将若干支膜组件装入圆周柱形压力容器内，就构成一个卷式反渗透膜组件，如图2-26（a）所示。

在给水压力下，使淡水通过膜进入膜口袋后产品水管汇流入产品水中心管内。为了便于产品水在膜袋内的流动，在信封状的膜袋内夹有一层聚酯织物，作为产品水的导流支撑层。为了使给水均匀流过膜袋表面并使水流产生扰动，在膜袋与膜袋之间的给水通道中夹有隔网层。隔网的作用一是做给水通道，二是起加强给水通道水流紊动作用，降低浓差极化。

卷式反渗透膜元件给水流动与传统的过滤流动方向不同，给水是从膜元件端部引入，给水沿着与膜表面平行的方向流动，被分离的产品水是垂直于膜表面流动的，透过膜进入产品水膜袋，进入中心管流出。如此，形成了一个垂直、横向相互交叉的流向。水中的颗粒物质仍留在给水中（逐步地形成浓水），并被横向水流带走，如图 2-26（b）所示。如果膜元件的水通量过大，或回收率过高，盐分和胶体滞留在膜表面上的可能性就越大。浓度过高会形成浓差极化，胶体颗粒会污染膜表面。

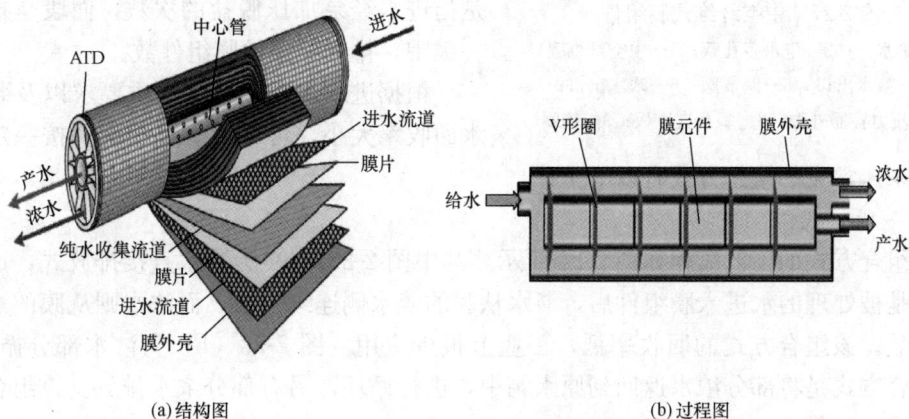

(a)结构图　　　　　　　　　　　　(b)过程图

图 2-26　螺旋卷式膜组件

卷式膜反渗透装置的工艺特点如下：

1）结构紧凑，单位体积内膜的有效膜面积较大；

2）制作工艺相对简单；

3）安装、制作比较方便；

4）适合在低流速、低压力下操作；

5）在使用过程中，膜一旦被污染，不易清洗，因而对原水的前处理要求较高。

无论何种膜元件，都必须装入压力容器中方可使用，在每一个压力容器内，既可以只安装一个膜元件，也可以串联安装几个膜元件，通常在每个压力容器中可以安装 1～7 个膜元件，构成膜组件。在膜元件与膜元件之间采用内连接件连接，膜元件与压力容器端口采用支承板、密封板、锁环等支撑密封，每一个膜元件的一端均有一个防膜卷伸出装置。

水流入组件，依次流经各个元件。原水全部进第一个元件，第一个元件的出水作为第二个元件的进水，直至最后浓水排出组件。在众多的组件中，各元件的产水管（中心管）由连接套筒连成联通的内管道，所以将两端元件的任一元件的中心管引出，即是组件的产水管，而组件的浓水侧作为下个组件的进水或被排放。

4. 中空纤维式反渗透膜组件

将有数十万根很细的中空纤维管弯成 U 形、组成管束装入承压容器中，纤维管开口端固定在圆板上，并密封固定，这样就构成了中空纤维式膜组件，如图 2-27 所示。

运行时，水在高压下流经中空纤维管束，淡水透过纤维管壁后，进入管的空心部位，然后由 U 形管的开口端引出，而浓水从容器侧面排出。

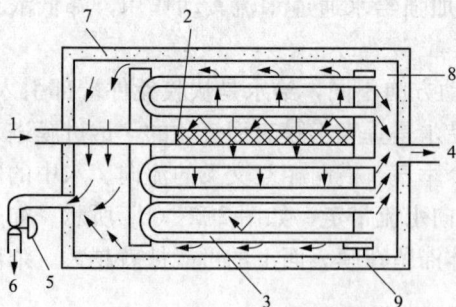

图 2-27 中空纤维式膜组件

1—进水口；2—进水多孔管；3—中空纤维膜；
4—淡水出口；5—调节阀；6—浓水出口；
7—压力容器外壳；8—多孔支撑板；9—垫圈

该类膜组件结构紧凑，填充密度大；但清洗困难，因此对给水预处理要求严格。适用于大容量、大规模的场合，目前主要应用于海水淡化。

上述四个类型的反渗透膜组件各有其自己的特点，应根据原水的水质条件选用。

**二、反渗透膜组件的组合方式**

在反渗透膜组件的组合方式中，所谓的级是指进水经泵加压脱盐的次数，而段是指在同一级中，排列相同的膜组件数。

根据进水水质、淡水水质要求以及装置的水回收率大小，可将反渗透膜组件按一定方式组合起来。常见的组合方式有以下 4 种。

1. 一级一段式

该组合方式的工艺流程如图 2-28 所示，其中图 2-28（a）为浓水直接排放式，这种组合方式是被处理的水进入膜组件后，淡水从膜的淡水侧连续引出，而浓水则从膜的浓水侧直接排放。该组合方式的回收率低，工业上很少应用。图 2-28（b）为浓水部分循环式，这种组合方式是将部分浓水返回到原水箱中，进行循环，另有部分浓水排放。该组合方式的回收率高，但淡水质量有所下降。

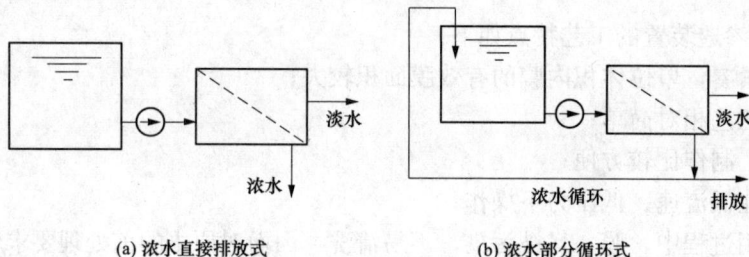

(a) 浓水直接排放式

(b) 浓水部分循环式

图 2-28 一级一段组合方式工艺流程

2. 一级多段式

在这种组合方式中，第一段的浓水作为第二段的给水，第二段的浓水又作为下一段的给水……依次排列，图 2-29 所示为一级三段式。各段的淡水都直接引出，因此随着段数的增多，回收率增加。由于浓水作为后续段的给水，所以其浓度逐段增加，渗透压也随之增大，因此将导致：①后续段产水率降低，产水水质逐段变差；②后续段可能有难溶物析出。

该组合方式适用于进水含盐量不太高，而回收率要求较高。

3. 多级串联式

图 2-30 所示为两级串联的组合方式。在这种组合方式中，第一级的产水作为第二级的给水，进一步脱盐。第一级的浓水直接排放，而第二级的浓水返回到原水箱中，进行循环（因为第二级浓水的浓度仍低于第一级给水的）。水经第二级反渗透处理，淡水质量得

到进一步提高。

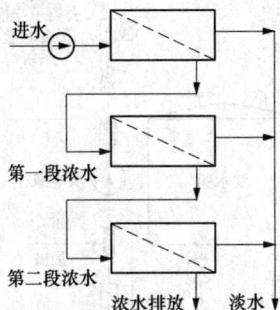

图 2-29　一级三段式

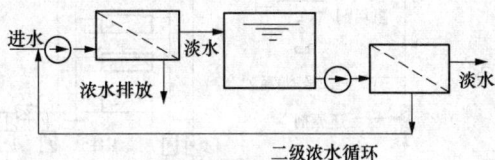

图 2-30　两级串联的组合方式

该组合方式适用于进水含盐量高，淡水质量要求也高。

4. 一级多段锥形排列

在上述一级多段中，浓水流量随段数的增加而降低，为了保持各段膜表面的流速相同，可逐渐减少各段并联的膜组件个数，使进入各组件的流量相等，这就是目前电厂水处理中常见的一级多段锥形排列方式，如图 2-31 所示。

**三、反渗透预脱盐系统**

1. 反渗透除盐系统的工艺流程

为了满足机组对除盐水的要求，反渗透之后还需进行后期处理，例如，对于除

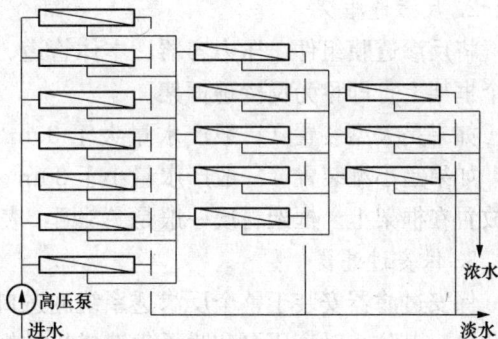

图 2-31　一级多段锥形排列方式

盐水纯度要求很高时，其后期处理为深度除盐，此时反渗透除盐常称预脱盐。它们连同预处理一起组成了反渗透除盐系统的如下工艺流程，如图 2-32 所示。

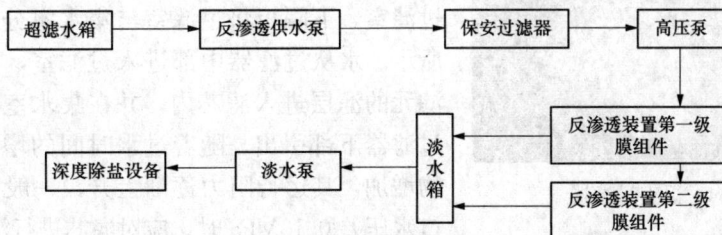

图 2-32　反渗透预脱盐系统工艺流程

在上述工艺流程中，反渗透预脱盐装置是由反渗透膜组件、保安过滤器、高压泵以及相关的阀门、管路及监测仪表等组成的，如图 2-33 所示。反渗透膜组件是反渗透除盐的核心装置，高压泵提供了反渗透脱盐得以进行的推动力，而保安过滤器的作用是截留来自预处理系统产水中大于 $5\mu m$ 的颗粒进入反渗透系统，以保护高压泵的叶轮不受磨损和防止这种颗粒经高压泵加速后可能击穿反渗透膜组件，造成大量漏盐情况的发生。

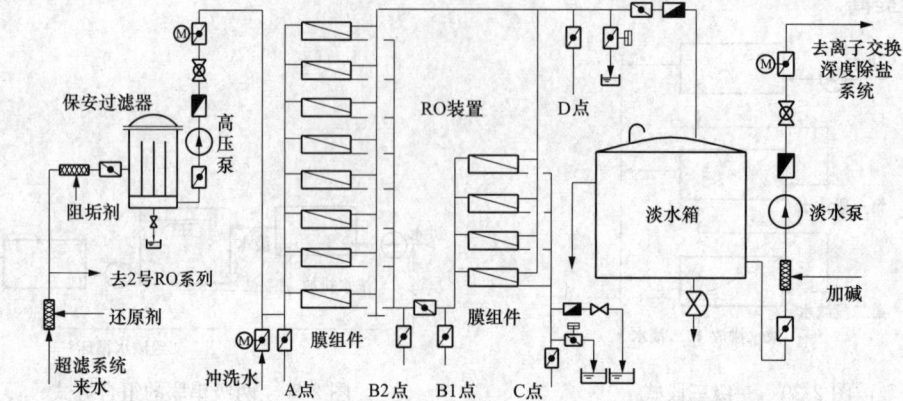

图 2-33 反渗透装置系统图

2. 反渗透框架

将反渗透膜组件、压力容器、本体管道、阀门、就地操作盘和检测仪表等设备组装在一个框架上，即称为反渗透框架。

如果是大型装置（一般产水量大于 30m³/h），则保安过滤器和高压泵不放置在框架上，如果是小型装置（一般产水量小于 30m³/h），则保安过滤器、高压泵、计量泵等设备均放置在框架上。框架材质一般是 A3 钢，表面喷涂防锈漆，小型装置也可采用不锈钢。

3. 保安过滤器

保安过滤器安装于整个反渗透系统的进口，其目的是为了过滤来水中可能携带的颗粒性杂质，以防止对高压泵和膜元件造成机械损坏。对反渗透组件起安全保障作用，故又称保安过滤器。

图 2-34 保安过滤器

保安过滤器是微滤器的一种，又称精密过滤器，反渗透除盐装置中常用的是 5μm 的微孔管式过滤器。这种过滤器根据所需流量，内部可安装几只至十几只滤元，滤元固定在隔板上，上、下隔板之间形成过滤室，下隔板将过滤室与集水室分开，如图 2-34 所示。水从过滤器中部进入过滤室，以外压式通过滤元的滤层进入滤芯内，并在集水室汇集，然后从过滤器下部引出。随着过水时间的增长，滤芯截留物增加，其运行阻力逐渐上升，一般当运行至进出口水压差 0.10MPa 时，应对滤芯进行清洗或拆换。

4. 高压泵

将预处理后的水加压，并打入反渗透装置。反渗透膜分离推动力是压力差，而这种压力是由高压泵来提供的，因此高压泵的设置是为了使反渗透的进水达到一定的压力，让反渗透过程得以进行。本系统高压泵配备变频器，保证反渗透进水压力。

反渗透高压泵是 RO 系统的核心设备之一，为 RO 系统提供压力进行脱盐。

反渗透高压泵采用变频控制，以防膜组件受高压水的冲击，保证反渗透进水压力。高压泵过流部分材料均采用 316SS 不锈钢。密封方式采用机械密封。

高压泵进口装压力开关，压力低时报警及停泵；高压泵出口装压力开关，压力高时报警及停泵。

反渗透的给水都是高压泵，给水的压力与进水含盐量的大小有关。通常高压泵都留有25%的富裕量，以克服随运行时间增长可能出现的膜出力下降的问题。

高压泵出口装有电动慢开门，是防止高压泵启动时，高压水直接冲击膜元件，特别是在系统内存在空气时产生"水锤"现象，造成膜破裂。为了防止上述现象发生，在启动高压泵后缓慢打开电动慢开门，逐渐向系统的反渗透膜上加载压力。

反渗透高压泵有两种泵型，即活塞泵和多级离心泵，活塞泵常用于中、小型反渗透系统，多级离心泵多用于大、中型反渗透系统。活塞泵的特点是效率比离心泵的高，而离心泵结构比活塞泵简单。

5. 反渗透系统的仪表监测和控制系统

反渗透系统运行中为评价反渗透系统运行状态，需要进行运行监督。

（1）温度表。淡水产量与温度有关，加之膜使用温度的限制，故进水应安装温度表。若反渗透进水有加热设备，应安装水温超温报警、超温水自动排放和自动停运反渗透装置的设备。

（2）压力。反渗透装置淡水水质、水量和膜的压密都与运行压力有关，所以应安装进水压力表、各段出水压力表和排水压力表。监测保安过滤器进、出口的压力，以便了解滤芯堵塞情况；监测高压泵进、出口的压力，以便了解高压泵的运行状况；监测并记录反渗透膜元件各段之间的压力或压降，以便了解膜元件是否污染或结垢，并可判断膜元件异常时的位置。

（3）流量表。监测并记录反渗透产品水和浓水的流量，从而获得装置的回收率。必须将回收率保持为设定值，回收率过高会加速膜元件的污染，回收率过低则会造成产水量不足或造成资源浪费、高压泵能耗增加。

每段应安装淡水流量表，监督运行中淡水流量变化。还装有给水流量表，可根据输出的给水流量自动调节加药计量泵按比例加药。

（4）电导率表。反渗透装置的进水和淡水应安装电导率表，反应反渗透装置的脱盐率。

（5）pH 表。当进水需加酸调 pH 值时，加酸后的进水管上需安装 pH 表。

（6）余氯表。为了监督反渗透装置进水余氯量，保证膜不被氧化，反渗透进水管上需要安装余氯表。

（7）氧化还原电位表（ORP）。氧化还原电位值反映反渗透装置给水中氧化性杀菌剂的残存量。因为反渗透膜元件不耐受氧化剂，所以必须将给水中的氧化性杀菌剂完全消除。消除氧化性杀菌剂可以通过活性炭过滤器或加入还原剂，氧化还原电位值显示反应结果。

温度、压力、流量是相互关联的三个参数，与 pH 值、电导率相结合，通过标准转化后，可以判断反渗透系统是否运行正常，是否污染、结垢，是否需要清洗等。反渗透系统一般采用 PLC（可编辑逻辑控制器）程序自动控制方式。

## 第六节 反渗透给水的水质条件及给水加药处理

为了保护反渗透膜、保障反渗透装置的安全稳定运行，通常对反渗透装置的给水要进行预处理，使其达到反渗透装置对进水水质的质量要求，这种位于反渗透装置之前的处理工序称为前处理或预处理。有了满足反渗透进水水质要求的预处理，就可以确保反渗透装置出水流量稳定，脱盐率可以较长时间维持在某一值上，回收率保持不变，运行费用做到最低，膜使用寿命较长等。具体来说，预处理应做到：防止膜表面被污染，即防止悬浮物、微生物、胶体物质等附着在膜表面上或污堵膜元件水流通道；防止膜表面上结垢；确保膜免受机械和化学损伤，以使膜有良好的性能和足够长的使用寿命。

### 一、反渗透装置对进水的质量要求

为了保持膜组件良好的设计性能，减轻反渗透膜在使用过程中可能发生的污染、浓差极化、结垢、微生物侵蚀、水解氧化、压密以及高温变质等，保证反渗透装置长期安全稳定运行，根据不同的生产厂家、不同的膜材料和膜元件以及运行经验，对反渗透装置的进水质量做了较为严格的规定。表 2-9 分别列出了卷式醋酸纤维素膜、中空纤维式聚酰胺膜、常规卷式复合膜、超低压卷式复合膜对进水水质的要求，当原水水质达不到表中所列要求时，则必须对原水进行预处理。

表 2-9  反渗透膜进水水质

| 项目 | 卷式醋酸纤维素膜 | | 中空纤维式聚酰胺膜 | | 常规卷式复合膜 | | 超低压卷式复合膜 | |
|---|---|---|---|---|---|---|---|---|
| | 建议值 | 最大值 | 建议值 | 最大值 | 建议值 | 最大值 | 建议值 | 最大值 |
| 污染指数（SDI） | <4 | 4 | <3 | 3 | <4 | 5 | <4 | 5 |
| 浊度（FTU） | <0.2 | 1 | <0.2 | 0.5 | <0.2 | 1 | <0.2 | 1 |
| 含铁量（mg/L） | <0.1 | 0.1 | <0.1 | 0.1 | <0.1 | 0.1 | <0.1 | 0.1 |
| 游离氯（mg/L） | 0.2~1 | 1 | 0 | 0.1 | 0 | 0.1 | 0 | 0.1 |
| 水温（℃） | 25 | 40 | 25 | 40 | 25 | 45 | 25 | 45 |
| 水压（MPa） | 2.5~3.0 | 4.1 | 2.4~2.8 | 2.8 | 1.0~1.6 | 4.1 | 1.05 | 4.1 |
| pH 值 | 5~6 | 6.5 | 4~11 | 11 | 2~11 | 11 | 3~10 | 10 |

（1）水温。水温影响反渗透器的脱盐率、水通量，也影响反渗透膜的使用寿命。反渗透适宜的水温范围通常是 5~40℃，膜材料不同，最高允许使用温度也不同。

（2）pH 值。反渗透膜必须在允许的 pH 值范围内使用，否则可能造成膜的永久性破坏。对于醋酸纤维膜为了防止其水解，需要控制进水 pH 值。此外，pH 值反映了水中碳酸化合物存在的形式，决定了透过水中 $CO_2$ 的量。

（3）浊度。浊度反映了水中分散的悬浮颗粒和胶体物质的多少。应防止这类杂质进入高压泵和反渗透膜组件，以免运行中划伤高压泵叶片，以及这些颗粒击破反渗透膜。对含盐量很高的水（如苦咸水），水中胶体在高离子强度的水质条件下，由于减少了胶体颗粒以及胶体颗粒与膜表面之间的相互排斥力，因此可能会在垂直于膜表面的渗透力驱动下，将胶体颗粒和有机大分子沉积在膜表面界面层而形成污染。因此，对进水浊度应加以限制。

（4）游离氯。游离氯是一种强氧化剂，限制进水余氯含量的目的是防止膜被氧化分解。水中余氯一般是在水的前期处理过程中为了杀灭微生物而加入的氯化物的残留量。

（5）铁（Fe）。胶态铁、锰（如氢氧化铁、氧化锰）可引起膜堵塞；铁、锰有时会成为氧化反应的催化剂，它们会加快膜的氧化和衰老。反渗透进水铁的允许含量随 pH 值及溶解氧含量的不同而有差异，通常为 $0.1\sim0.05mg/L$。对于地表水，经加氯、混凝澄清处理后，水中铁、锰含量一般是合格的；对于地下水，应采取除铁、锰措施，例如原水曝气，然后利用接触氧化过滤法加以去除。

（6）污染指数（SDI）。又称淤塞指数，它是表示水中微量固体颗粒、胶体物质和细菌多少的水质指标。水中悬浮颗粒和胶体通常用浊度指标来表示，其测定方法为光学法，这对于很低浊度水的测定误差较大，所以在反渗透水处理中提出了新的能反映水中微量颗粒杂质的这一指标，即污染指数（SDI）。

污染指数是过滤法测定的，即在一定压力下，被测水通过 $0.45\mu m$ 的微孔滤膜，根据膜的淤塞速度进行测定。测定装置如图 2-35 所示，具体测定方法为：用直径为 47mm、平均孔径为 $0.45\mu m$ 的微孔滤膜，在 0.21MPa 的压力下过滤水样，记录最初滤过 500mL 水样所花费的时间 $t_1$；继续过滤 15min 后，再记录滤过 500mL 水样所花费的时间 $t_2$，用式（2-9）算 $SDI_{15}$

$$SDI_{15} = \frac{1 - t_1/t_2}{15} \times 100 \qquad (2-9)$$

通常，$SDI_{15}$ 简记为 SDI。

从理论上讲，在上述过滤过程中，凡是粒径大于 $0.45\mu m$ 的微粒、胶体和细菌大都被截留在膜面上，引起透水速度下降，过滤同等体积水所需时间延长，所以 $t_1/t_2<1$。水中悬浮固体越多，$t_1/t_2$ 值越小，SDI 就越大；当水污染很严重时，SDI 趋近极限值 6.7。

图 2-35　SDI 测定装置

## 二、悬浮物和胶体颗粒污染的去除

悬浮物和胶体颗粒的危害直接影响反渗透膜元件的运行性能，表现在产品水流量降低，膜系统的压差增大，有时也影响脱盐率。悬浮物、胶体污染的初期标志是反渗透系统的给水与浓水压差增大。

给水中的悬浮物和淤泥胶体来源通常有：①细菌、黏土、大分子有机物、胶体硅；②不溶解的金属铁的腐蚀产物；③给水预处理使用的混凝剂，如铝盐、铁盐或带正电荷的聚电解质在澄清和过滤中未能有效地除去的物质；④预处理所加入的带正电荷聚合物的凝聚剂与加入的带负电荷的阻垢剂产生的沉淀颗粒。

去除天然水中悬浮颗粒及胶体的常规处理方法有混凝澄清、直流凝聚过滤、介质过滤、滤芯过滤、氧化（除铁、锰）过滤的深度过滤。近年来，微滤、超滤的膜分离方法也已进入反渗透给水预处理领域，并被多家电厂采用，逐渐成为代替常规处理方法的新技术。

多层滤料过滤器又称多介质过滤器，是常用无烟煤和石英砂所组成的双层滤料过滤器；细砂过滤器常用粒径为 $0.3\sim0.5mm$ 石英砂，层高为 $800\sim1000mm$，滤速约为 5m/h；微滤器又称精密过滤器，孔径范围 $0.01\sim350\mu m$，在此范围内有 30 余种孔径规格，以满

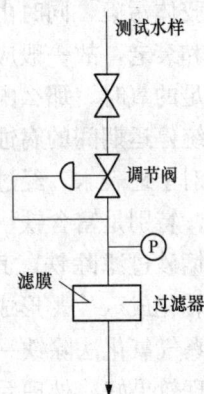

足不同过滤精度的需要；超滤器的过滤精度用截留分子量表示，其值一般在 $500D\sim$ $500\,000D$，相应孔径近似为 $0.002\sim0.1\mu m$。

一般反渗透系统设计中，常用孔径 $5\mu m$ 微滤器（俗称 $5\mu$ 过滤器）作为预处理系统中的最后一道处理工序，对反渗透装置起安全保障作用，故又称保安过滤器。随着超滤技术的兴起和应用，预处理系统中的最后一道处理工序倾向用超滤，其出水水质优于微滤器。反渗透系统中一般在两处设置精密过滤器：一是高压泵进水管；二是清洗泵出水管。为了区分，前者称为保安过滤器，后者称为清洗过滤器。若预处理系统中使用了超滤技术，则保安过滤器可布置在超滤之前，主要作用是除去水中粒径大于 $20\mu m$ 的杂质。

### 三、铁、锰的去除

我国地下水含铁量一般多在 $5\sim15mg/L$，有的高达 $20\sim30mg/L$，超过 $30mg/L$ 的极少。含锰量多在 $0.5\sim2.0mg/L$。反渗透给水含铁、锰 $0.1mg/L$ 以上就有可能对反渗透膜造成胶体污染，同时由于铁、锰等过渡金属有时会成为氧化反应的催化剂，从而加快膜的氧化和衰老，故一般应尽量除去这些物质。如果配水管使用了易腐蚀的钢管且进水中又有较充足的氧时，那么配水管铁的溶出会影响反渗透装置运行，这时应考虑管道防腐。反渗透系统停运期间的腐蚀会造成启动时进水含铁量增加，应在反渗透装置启动前排放掉。

对于地表水，经过加氯、澄清、过滤处理后，水中铁、锰含量一般是合格的；对于地下水，特别是富含铁、锰的地下水，应采取除去铁、锰的措施。常用的除铁方法有曝气除铁和锰砂过滤除铁，其原理是利用氧气、氯气将地下水中以 $Fe(HCO_3)_2$ 的形式存在的 $Fe^{2+}$ 转化成 $Fe^{3+}$，形成红棕色的沉淀物 $Fe(OH)_3$，然后过滤除去。

曝气氧化法除铁一般适用于含铁量在 $5\sim10mg/L$，pH 值在 $6.5\sim7.0$ 的水体，pH 值高处理效果好，处理后的水中含铁量可降至 $0.3mg/L$ 以下，在反渗透给水中经 pH 值调节即可达到给水允许值。

常用的曝气装置有喷头或跌水的方式。喷头一般置于重力式滤池的上部或水箱的上部，使喷淋水量与出水量保持平衡。当原水 $Fe^{2+}$ 含量小于 $5mg/L$ 时，喷头距水面高约 $1.5m$，当 $Fe^{2+}$ 含量大于 $10mg/L$ 时，高度约为 $2.5m$，喷头直径为 $105\sim300mm$，孔眼为 $3\sim6mm$。跌水方式的跌水高度一般为 $0.5\sim1m$，即可满足 $5\sim10mg/L$ $Fe^{2+}$ 的脱除需要。

锰砂过滤除铁是把天然锰砂中含有的 $MnO_2$ 成分，作为将 $Fe^{2+}$ 氧化成 $Fe^{3+}$ 的催化剂，形成红棕色的沉淀物 $Fe(OH)_3$ 除去，适合含铁量小于 $20mg/L$ 的原水除铁。$Fe(OH)_3$ 沉淀经锰砂滤层除去，锰砂既是催化剂又是滤料。

锰砂过滤除铁反应中，同样要求水中有足够的溶解氧，往往是把曝气和锰砂过滤结合在一起。补入空气的方法是在原水进入锰砂过滤器前设一个气水混合器，使水先充氧，再经过锰砂催化后净化。气水混合器可采用水射器吸入空气。

当原水中含铁和含锰量较低时，铁、锰可在同一滤料中去除。

水的 pH 值越高，就越有利于铁、锰的去除，接触氧化除铁时，水的 pH 值应在 $6.0$ 以上，除锰时至少应在 $7.0$ 以上，最好为 $7.3\sim7.5$ 以上，原水碱度低于 $2.0mol/L$ 将明显影响铁、锰的去除效果。

地下水都含有不同程度的溶解性硅酸，我国地下水 $SiO_2$ 含量为 $30mg/L$ 以下，也有的达到 $30\sim60mg/L$，水中的硅酸将明显影响铁在空气中的氧化，进而影响除铁效果。当硅酸含量多的水曝气后，pH 值可达到 $7.0$ 以上，$Fe^{2+}$ 氧化成 $Fe^{3+}$ 时，形成三价铁的硅酸化合物的细小胶体能够穿过滤层而使含铁量不合格。

**四、防止结垢的方法**

反渗透装置运行时，水中绝大部分盐类保留在浓水中，导致浓水含盐量上升，如水的回收率为75%，即进水经反渗透浓缩后体积减至原来的25%时，浓水中盐的浓度也大致增加至进水的4倍（忽略透过反渗透膜的部分盐类）。盐类的这种浓缩是反渗透装置结垢的主要原因。反渗透装置结垢的物质主要是难溶盐。对于苦咸水或海水作为水源的反渗透系统，有可能产生结垢的物质一般为 $CaCO_3$、$CaSO_4$、$BaSO_4$、$SrSO_4$、$SiO_2$ 和 $CaF_2$ 等。对于特定的水质和系统，这些物质是否结垢，应根据浓水中其离子积是否超过了该条件下它的溶度积来判定，如果超过其溶度积而又没有采取任何防垢措施，则有可能结垢。

**（一）防止碳酸钙垢的生成**

由于反渗透膜对水中 $CO_2$ 的透过率几乎为100%，同时由于盐类物质的浓缩和 pH 值的升高，会导致 $Ca^{2+}$ 离子浓度升高，而 pH 值的升高会引起水中 $HCO_3^-$ 转化成 $CO_3^{2-}$，这样就极容易导致碳酸钙在反渗透膜上析出，损坏膜元件，造成反渗透膜透水率和脱盐率的下降。确定是否要控制碳酸盐垢的标准是浓水的朗格利尔（Langelier）饱和指数（记作LSI），该指数由给水的水质分析、反渗透系统的回收率和各种离子的脱除率来估计。生产实际中，为了预防反渗透装置的碳酸盐垢，对 LSI 的一般要求是：进水不加任何阻垢剂时小于 $-0.2$，进水用六偏磷酸钠（简记为 SHMP）阻垢时小于 $+0.5$，进水用有机阻垢剂阻垢时小于 $+1.8$。

对于碳酸钙垢的预防，可通过降低回收率、加酸调节水的 pH 值或投加阻垢剂等措施来实现。

**1. 加酸调节水的 pH 值防垢**

加入的酸与 $CO_3^{2-}$ 作用生成 $CO_2$，从而使结垢阴离子 $CO_3^{2-}$ 的浓度降低，防止结垢产生。酸的选择，一般选择 $H_2SO_4$ 或 HCl。$H_2SO_4$ 价格便宜且反渗透膜对 $SO_4^{2-}$ 除去率比对 $Cl^-$ 的高，因此更可取。但是，若水中 $Ca^{2+}$、$Ba^{2+}$ 和 $Sr^{2+}$ 含量高，则存在生成硫酸盐垢的危险，则应该选择 HCl。

**2. 投加阻垢剂防垢**

阻垢剂是通过络合、分散、干扰结晶过程等综合作用，阻止微溶盐结晶，削弱垢物附着力，防止结垢。与加酸防垢法相比，阻垢剂防垢法的特点如下：

（1）药效较广。目前加酸仅限于防止 $CaCO_3$ 垢，而对其他结垢物质几乎无效；阻垢剂防垢法只要选择的药剂配方合适，就可以预防 $CaCO_3$、$CaSO_4$、$BaSO_4$ 和 $SrSO_4$ 等多种垢物。

（2）使用条件较严。理论上只要加入酸量足够，预防 $CaCO_3$ 垢的效果几乎不受其他条件限制；用阻垢剂预防结垢时，一般要求在合适条件下使用，才不致失效，如水中铁铝含量应小于 $0.1mg/L$，pH 值不宜超过8.5。

（3）选择阻垢剂应注意的事项：①使用条件是否恰当；②是否滋生生物黏泥；③与膜材料、混凝剂、助凝剂有无兼容性；④是否无毒。

（4）阻垢剂用量。按进水水量计一般为 $2\sim4mg/L$。比较准确的加药量应根据水质条件通过模拟试验确定。

常用阻垢剂为六偏磷酸钠 $Na_3(PO_4)_6$（简记为 SHMP）。对于一般水质，浓水中 SHMP 浓度宜不低于 $20mg/L$，例如对于回收率为 $75\%$ 的反渗透系统，进水中 SHMP 投加量约为 $5mg/L$。

（二）防止硫酸盐垢的生成

在海水反渗透处理中，通常不会出现硫酸盐结垢问题。但在苦咸水反渗透系统中，则应对此加以重视。一般情况下，需要对反渗透浓水中 $CaSO_4$ 结垢倾向进行计算，特殊情况下，还需做 $BaSO_4$ 和 $SrSO_4$ 结垢倾向的计算。通过分析某难溶硫酸盐的溶度积和浓度积，根据沉淀生成与溶解理论，可以预测：当浓度积大于溶度积时，则有可能生成硫酸盐垢；当浓度积小于溶度积时，没有生成硫酸盐垢的可能。生产实际中，多数膜供应商都会给出推荐的控制硫酸盐垢生成的标准。

防止硫酸盐垢的方法，通常是在给水中加入阻垢剂，如 SHMP。

运行操作上防止反渗透膜结垢的方法主要有：降低水的回收率；避免浓缩倍数过大；严格按照规定的参数指标运行。

**五、反渗透出水 $CO_2$ 的脱除**

反渗透出水中含有较多的 $CO_2$，这是由于反渗透能脱除 $HCO_3^-$、$CO_3^{2-}$ 等离子态杂质，但不能脱除溶解气体（如 $CO_2$、$O_2$），$CO_2$ 几乎全部透过膜进入出水中，所以出水中含有较多的的 $CO_2$。根据碳酸化合物平衡 $CO_2 + H_2O \rightleftharpoons HCO_3^- + H^+$，因此出水的 pH 值低，一般低于进水的 $1\sim2$ 个 pH 值，出水呈酸性。假若在系统中设置二级反渗透，或者设置离子交换或 EDI 进行深度除盐，那么宜在二级反渗透之前设置除碳器，或在其进水中添加 NaOH 溶液，中和水中的 $CO_2$，提高水的 pH 值，以提高后续设备的除盐效果。通常，若 $CO_2$ 含量高时，宜设除碳器；若 $CO_2$ 含量较低时，宜加碱，但 pH 值不能超过 8.5，以防有残余硬度时生成水垢。二级反渗透装置前采用加碱（NaOH）工艺，加碱点位于二级高压泵的进水管道上。

**六、杀菌处理**

1. 杀菌的必要性

水中有机物一般是微生物的饵料，因此含有微生物和有机物的水进入反渗透装置后，由于水的浓缩，膜的浓水侧表面上的溶解有机物和微生物浓度同时增加，从而微生物繁殖趋快，黏附在反渗透膜及部件表面，形成微生物污染黏膜，造成膜的生物污染。生物污染会严重影响膜的性能，其表现特征主要是运行初期反渗透装置第一段的压差升高，慢慢第二段及整个后续段压差升高，严重时还可导致膜元件变形并发生机械损伤，同时通水量下降。由于生物膜的黏度和附着力较大，因此若反渗透装置中发生了生物污染，一般很难彻底有效地除去，故在设计反渗透的预处理系统时应高度重视微生物的去除问题。对于醋酸纤维素膜，微生物（如细菌）的侵蚀会使醋酸纤维素高分子中的乙酰基破坏，引起膜的脱盐率下降，因而要求对进水彻底杀菌。对于复合膜，虽然其不受细菌侵蚀，但细菌黏泥会造成膜元件的污堵损坏。

对于用地表水、再生水和循环冷却水作为水源的反渗透系统，因其生物活性较高，尤其要重视杀菌处理。

2. 杀菌方法

防止微生物侵蚀的通用方法是对原水进行杀菌处理。常用的杀菌剂是具有氧化能力的氯化物，如$Cl_2$、$NaClO$、$ClO_2$；强氧化剂，如$H_2O_2$、$KMnO_4$和$O_2$；此外还有非氧化物杀菌剂，如异噻唑啉酮等，异噻唑啉酮这种非氧化性杀菌剂，具有广谱、高效、低毒、安全等优点。一般很少用紫外线和臭氧杀菌，因为它们没有残余消毒能力。加氯点尽可能安排在靠前工序中，以便有足够接触时间，使水在进入膜装置之前完成消毒过程。膜装置允许进水中余氯量视膜材料有所不同，当膜材料为醋酸纤维素时，要求有$0.2\sim1mg/L$的余氯量；当膜材料为复合膜时，加氯消毒后应除去残余氯，使余氯量为零。消除余氯的方法主要有两种：

（1）还原法。将$Na_2SO_3$（或$NaHSO_3$）投加到原水中，进行脱氯。工业上常采用焦亚硫酸钠（$Na_2S_2O_5$）作为还原剂脱氯。$Na_2S_2O_5$要求无杂质，且为食品级的，配制的溶液中加入后要与含$Cl_2$的给水经过固定的混合器混合均匀，加入点最好在保安过滤器后，以便水中氯仍能对保安过滤器起到消毒作用，但必须在加入前使溶液先经另一个$5\mu m$的过滤器过滤。

（2）吸附法。采用活性炭吸附过滤除去残余氯。

3. 杀菌系统

杀菌系统一般包括杀菌剂投加装置和杀菌剂脱除装置。杀菌剂投加装置一般包括带有搅拌装置的溶药箱、药液过滤装置和加药计量泵。加药过程：用淡水在配制箱中配制一定浓度的杀菌剂溶液，经管式过滤器除去杂质，由加药计量泵加入保安过滤器前的清水箱进水管中，与清水汇合后流入清水箱，利用水在清水箱中的停留时间杀菌。

杀菌剂脱除装置一般包括带有搅拌装置的还原剂配制箱、计量泵和药液过滤装置。还原剂的投加过程：用淡水在配制箱中配制成一定浓度的还原剂溶液；药液流出后经管式过滤器除去杂质，由还原剂计量泵加入保安过滤器的进水管中，与保安过滤器进水汇合，利用水在保安过滤器至反渗透装置之间的停留时间除去残余杀菌剂。

**七、pH 值调整**

反渗透膜必须在允许的 pH 值范围内使用，否则可能造成膜的永久性破坏。例如醋酸纤维素（CA）膜在碱性和酸性溶液中都会发生水解，而丧失选择性透过能力。醋酸纤维素膜可使用的 pH 值范围一般为$5\sim6$，聚酰胺（PA）膜可使用的 pH 范围一般为$3\sim10$，但不同的厂商规定其产品使用的 pH 值范围存在一些差异。生产实际中，为了防止$CaCO_3$的析出，也需要往原水中加酸，以降低水的 pH 值。醋酸纤维素膜加酸后 pH 值一般控制在$5.5\sim6.2$。天然水的 pH 值大多在$6\sim8$之间，处于 PA 膜所要求的范围内，而高于 CA 所要求的值，故对于 PA 膜，原水加酸的目的是为了防止碳酸盐垢的生成，而对于 CA 膜，原水加酸的目的不仅是为了防止碳酸盐垢，还为了防止膜的水解。

**八、温度调整**

反渗透膜适宜的工作温度范围一般为$5\sim40℃$。适当地提高水温，有利于降低水的黏度，增加膜的透过速度。通常在膜的允许使用温度范围内，水温每增加$1℃$，水的透过速度约增加$2\%\sim3\%$；在高于膜的最高允许温度下使用，膜不仅变软后易压密，还会加快 CA 膜的水解和降低碳酸钙的溶解度促其结垢。有时为了防止$SiO_2$析出，也可以提高水温，增加其溶解度。膜材料不同，最高允许使用温度不同。一般，醋酸纤维素膜最高允许使用温度为$40℃$，芳香聚酰胺膜和复合膜的最高允许使用温度为$45℃$。若水温超过最高允许温度时，应采取降温措施，如设置冷却装置。当水的温度太低时，应采取加热措施，如蒸汽加热、电加热等。

### 九、硅酸化合物控制

大多数天然水中含 $1 \sim 50mg/L$ 的溶解性硅酸化合物（以 $SiO_2$ 形式表示）。当硅酸化合物在反渗透装置中浓缩至过饱和状态时，就会聚合成不溶性胶态硅酸沉积在膜表面。浓水中允许的 $SiO_2$ 含量取决于 $SiO_2$ 的溶解度。$SiO_2$ 的溶解度随水温递增，在 $pH=7$ 的条件下，水温 $25℃$ 和 $40℃$ 时 $SiO_2$ 的溶解度分别约为 $120mg/L$ 和 $160mg/L$；$pH$ 值高的水，$SiO_2$ 溶解度也高；水中共存金属氢氧化物会促进硅酸化合物沉积。为了避免硅酸化合物的沉积，一般要求浓水中 $SiO_2$ 浓度小于其所在条件下的溶解度。浓水中 $SiO_2$ 的浓度近似等于进水中 $SiO_2$ 浓度与浓缩倍数的积。增加水的回收率，浓缩倍数随之增加，因而浓水中 $SiO_2$ 浓度也增加。因为在温度和 $pH$ 值一定的条件下，$SiO_2$ 的溶解度基本为一定值，所以为了保证浓水中 $SiO_2$ 不沉积，允许的水回收率与进水 $SiO_2$ 浓度存在着一定的制约关系。

对于 $pH$ 值近似中性的水源，反渗透装置允许的进水 $SiO_2$ 浓度与回收率和温度的关系如图 2-36 所示。由图 2-36 可查得：对于回收率为 $75\%$ 的反渗透系统，水温 $20℃$ 和 $40℃$ 时允许的进水 $SiO_2$ 浓度分别约为 $18mg/L$ 和 $42mg/L$。如果进水 $SiO_2$ 浓度超过允许值，则应在预处理系统中考虑防止 $SiO_2$ 沉积的措施，如提高水温、提高 $pH$ 值、超滤除去胶体硅、石灰软化原水和降低水的回收率等。

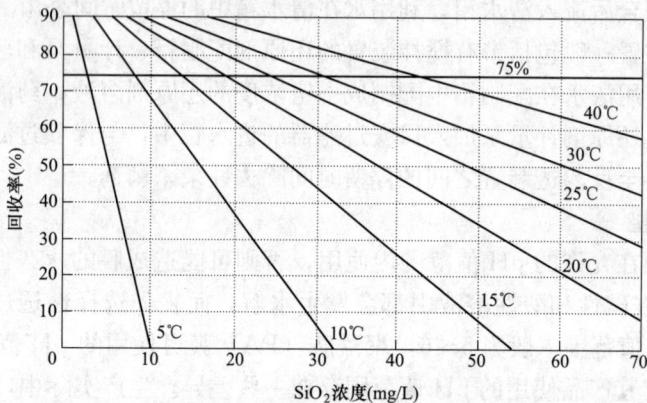

图 2-36　允许的进水 $SiO_2$ 浓度与回收率和温度的关系

### 十、除去溶解性有机物

有机物不仅是微生物赖以生存的食物，而且当其浓缩到一定程度后，可以溶解有机膜材料，使膜性能劣化。水中有机物种类繁多，不同的有机物对反渗透膜的危害也不一样，因而在反渗透预处理系统设计时，很难给出一个定量指标，但如果水中总有机碳（TOC）的含量超过 $2mg/L$ 时，则应引起足够的重视。另外，通过反渗透系统各个环节的水中细菌总数（TBC）的测定（TBC指 $1mL$ 水样在培养基中经一定温度和时间的培养所生长的细菌菌落的总数），可以估计生物膜污染的程度。当原水受到污染，或地下水中达到 $1.0 \times 10^4 CFU/mL$ 时，应引起重视，采取杀菌措施以避免在膜上发展为生物黏膜。目前细菌总数（TBC）的检测方法是：将过滤后的水样经叮啶橙（orange）染色后，直接在显微镜下观察，计算在滤膜上的微生物数目。

有机物的去除方法：①氧化法，投加氧化剂，如用$Cl_2$、$NaClO$、$ClO_2$、$H_2O_2$、$O_2$和$KMnO_4$等氧化有机物；②吸附法，如用活性炭或吸附树脂除去有机物；③生化法，如用膜生物反应器除去有机物。

## 第七节 工 程 实 例

### 一、概述

本期工程反渗透预脱盐系统按两级设置，每级均按两段方式排列。一、二级反渗透装置各有两列共四套设备，单元制运行。反渗透膜组件采用美国 GE 公司制作的涡卷式芳香族聚酰胺复合膜，反渗透预脱盐系统主要用于除去水中的溶解固形物、胶体及有机物。一级反渗透 2 套出力 85m³/h 的复合膜装置，其排列方式是一级二段（16：8），共 144（根/套）膜元件，回收率为 75%；二级反渗透为 2 套出力 80m³/h 的复合膜装置，其排列方式是一级二段（8：4），共 72（根/套）膜元件，回收率为 90%。

附属系统设备包括两个一级保安过滤器，两个各 30m³ 的一、二级淡水箱，一级反渗透冲洗水泵，反渗透清洗系统以及 RO 加药系统。反渗透加药系统主要有一级反渗透加阻垢剂、还原剂、酸，二级反渗透加碱加药设备；其中阻垢剂及碱计量泵各有三台，两用一备；两台还原剂计量泵，另设两台盐酸计量泵作为备用。反渗透预脱盐系统主要设备及规范见表 2-10。

系统工艺流程如下：

还原剂 酸液 阻垢剂 　　　　　　　　　　碱液
　↓　↓　↓　　　　　　　　　　　　　　　↓

超滤水箱→清水泵→RO 保安过滤器→一级高压泵→一级 RO→一级淡水箱→二级高压泵→二级 RO→二级淡水箱

表 2-10　　　　　　　　　反渗透预脱盐系统主要设备及规范

| 序号 | 名　称 | 型号及规范 | 单位 | 数量 | 备注 |
|---|---|---|---|---|---|
| 1 | 清水泵 | $Q=130m^3/h$, $p=0.3MPa$ | 台 | 2 | |
| 2 | 一级 RO 保安过滤器 | $Q=125m^3/h$, $5\mu m$ | 台 | 2 | |
| 3 | 一级 RO 高压泵 | $Q=125m^3/h$, $p=1.2MPa$ | 台 | 2 | |
| 4 | 一级 RO 膜元件 | AG8040F-400 | 支 | 288 | |
| 5 | 一级 RO 装置 | $Q=85m^3/h$ | 套 | 2 | |
| 6 | 一级淡水箱 | $V=30m^3$ | 个 | 1 | |
| 7 | RO 冲洗水泵 | $Q=96m^3/h$, $p=0.3MPa$ | 台 | 1 | |
| 8 | 压力容器 | 300PSI-8 | 根 | 96 | |
| 9 | 二级 RO 高压泵 | $Q=85m^3/h$, $p=1.4MPa$ | 台 | 2 | |
| 10 | 二级 RO 装置 | $Q=80m^3/h$ | 套 | 2 | |
| 11 | 二级 RO 膜元件 | AK8040F-400 | 支 | 144 | |

| 序号 | 名　称 | 型号及规范 | 单位 | 数量 | 备注 |
|---|---|---|---|---|---|
| 12 | 二级淡水箱 | $V=30m^3$ | 个 | 1 | |
| 13 | 清洗溶液箱 | $V=5m^3$ | 个 | 1 | 和EDI共用 |
| 14 | 清洗水泵 | $Q=120m^3/h$, $p=0.3MPa$ | 台 | 1 | |
| 15 | 清洗保安过滤器 | $Q=120m^3/h$ | 台 | 1 | |
| 16 | 清洗过滤器滤芯 | $100\mu m$ | 支 | 4 | |
| 17 | 盐酸加药装置 | | 套 | 1 | |
| 18 | 还原剂加药装置 | | 套 | 1 | |
| 19 | 阻垢剂加药装置 | | 套 | 1 | |
| 20 | 碱加药装置 | | 套 | 1 | |

本期工程设计要求，一级反渗透装置进水的水质条件：SDI≤4、浊度≤0.2NTU、游离余氯不大于0.1mg/L、$COD_{Mn}$＜2mg/L、Fe＜0.05mg/L、pH值为6～9。

## 二、反渗透装置的运行

1. 投运

投运前，首先必须做好前期的各项准备检查工作，并确认保安过滤器、超滤和各药剂投加装置备用正常，各个手动阀门的开关位置正确。

2. 投运过程参数控制

（1）压力增加速度一般小于0.1MPa/s。

（2）进水流量增加一般小于终端流量的5%/s。

（3）产水压力低于浓水压力，特别是在投运过程中的冲洗阶段。

3. 运行中监测

反渗透装置投入运行后，及时监测有关指标，如余氯量、SDI、氧化还原电位、pH值、硬度等，进水的电导率、压力、水温等，产水的电导率、流量等，浓水流量、压力以及各段的进水压力等。

4. 运行中参数控制

（1）操作压力应在满足产水量和水质的前提下，尽量调节在低的压力值。

（2）合理的回收率既能满足产水量，又有利于防止结垢和膜污染，因此应控制一级反渗透回收率在75%左右，二级反渗透回收率在90%左右。

（3）盐透过量与膜两侧的浓度差和水温有关，因此除控制合理的回收率外，水温最好保持在20～25℃。

（4）浓水排放量与淡水产量之比，一级反渗透控制在1∶3，二级控制在1∶9。

5. 停机

遇到下列情况之一时，应停止运行反渗透装置：①反渗透进水水质不合格；②自清洗过滤器、浸没式超滤装置、一级RO保安过滤器不能正常运行；③反渗透预处理系统发生了在短时间内不能排除的故障；④后续电脱盐设备不能正常运行或淡水箱过高需要停运。

## 三、停机后的注意事项

（1）立即冲洗。停机后应立即用进水或淡水将反渗透装置中残留的浓水冲洗出来，用进水冲洗过程中，应停止投加阻垢剂。停机低压冲洗有两个目的：①防止浓水侧过饱和溶液的结晶沉积；②防止淡水回吸。停机冲洗一般压力较低（如 0.3MPa 左右）。

（2）防止背压。膜产水侧高于浓水侧的压力差称背压。由于反渗透耐压的方向性，即膜脱盐层面对高压水时，耐压强度高；反之支撑层面对高压水时，产水从支撑层向脱盐层方向回流，回流水可导致脱盐层从支撑层剥离，甚至破裂。所以，一般要求反渗透膜在任何情况下所承受的背压不得高于 0.07MPa。通常，设计时在产水管线上设置爆破膜，以便及时对产水隔离或泄压。

（3）防止脱水。停机低压冲洗结束后，应关严反渗透装置所有进、出口阀门，防止漏水漏气，以免膜脱水变形和空气中的细菌入侵。

（4）防回吸。反渗透装置停止运行后，淡水从膜的透过水侧向浓水侧的渗透现象称淡水回吸。淡水回吸的原因是浓水侧的盐浓度高于淡水侧的盐浓度，其危害是回吸水流可导致脱盐层破裂。

**四、化学清洗**

反渗透装置在运行过程中，其膜元件会受到诸如胶体、微生物、结垢、金属氢氧化物等的污染。当膜受到污染后，会引起脱盐率、产水量下降和跨膜压差上升。为了恢复膜元件的初始性能，需要对膜元件进行定期化学清洗。根据经验，正常情况下，化学清洗一般在 3～6 个月进行一次；如果 1～3 个月清洗一次，则需要改进运行工况，提高预处理效果；如果不到 1 个月就得清洗 1 次，则需要增加预处理措施。

1. 需要清洗的条件

首先应排除诸如操作压力下降、进水温度降低、进水含盐量升高、预处理异常以及设备缺陷而发生浓水渗入淡水中等造成反渗透装置的产水量和透盐率下降的可能性，因为反渗透装置的产水量和透盐率与水温、压力、含盐量、回收率和膜的使用时间等条件有关。在此前提下，一般当反渗透装置出现下列情况之一时，则需要考虑对反渗透装置进行清洗，以恢复其正常工作能力：

（1）膜的透水量下降 10％以上。

（2）膜的脱盐率降低 10％以上。

（3）在维持正常的淡水流量的情况下，进水压力增加了 10％以上或进水与浓水间的压降增加了 10％以上。

（4）已证实装置内部有严重污染物或结垢物。

（5）反渗透装置长期停用前。

上述各指标的变化应是在标准化的基准点基础上相比较的，标准化的基准点可以是设计的启动条件，一般以反渗透系统投产正常后的 24～48h 之内的温度和压力作为以后产水量和透盐率的基准条件。

2. 清洗系统

反渗透装置设计有一套专用清洗系统。清洗系统一般由清洗溶液箱、清洗水泵、保安过滤器、加热器、相关管道阀门和控制仪表等组成。

（1）清洗溶液箱。提高清洗温度可增加清洗效果，一般温度不低于 15℃，但由于反渗透膜耐热性的限制，清洗温度也不宜高于 40℃，因此，药剂配制箱应设电加热装置和温度调节装置。

（2）清洗水泵。清洗泵应为耐腐蚀泵，其扬程应能克服过滤器、反渗透装置和管道等的阻力，一般为 $0.2\sim0.5\mathrm{MPa}$。流量一般按照第一段膜组件数量×每根膜组件的最大清洗流量来选型。

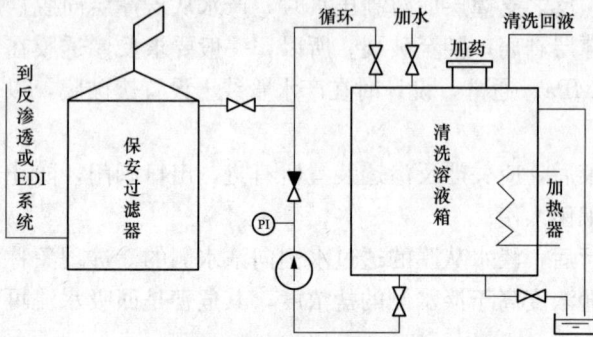

图 2-37 反渗透清洗装置

（3）保安过滤器。设置过滤器的目的是滤去清洗液中的杂质。

本期工程反渗透装置和 EDI 装置共用一套清洗系统，如图 2-37 所示，主要设备规范见表 2-11。其中：①清洗溶液箱：直径 DN1810，有效容积 $5\mathrm{m}^3$，本体材料碳钢橡胶衬里，侧装式磁翻板液位计，溶液箱带电加热器和搅拌器，电加热器功率 60kW；②清洗保安过滤器：型号 CEEP_MF_500，直径 DN510，设计压力 0.6MPa，工作温度 40℃，设计额定出力 $120\mathrm{m}^3/\mathrm{h}$，最大出力 $140\mathrm{m}^3/\mathrm{h}$，额定出力压差 0.05MPa，最大出力压差 0.10MPa。壳体材料 S31603，滤芯 4 支，单根过滤流量 $30\sim40\mathrm{m}^3/\mathrm{h}$，材料 PP。滤芯外径/内径 152/125mm，长度 1016mm，过滤精度 $5\mu\mathrm{m}$。

表 2-11 化学清洗系统主要设备规范

| 序号 | 项目 | 规格型号及参数 | 单位 | 数量 | 备注 |
|---|---|---|---|---|---|
| 1 | 清洗溶液箱 | DN1810，$V=5\mathrm{m}^3$ 带电加热器 60kW | 台 | 1 | 碳钢衬胶 |
| 2 | 清洗水泵 | $Q=120\mathrm{m}^3/\mathrm{h}$，$p=0.3\mathrm{MPa}$ | 台 | 1 | $W=18.5\mathrm{kW}$ |
| 3 | 清洗保安过滤器 | DN510，$Q=120\mathrm{m}^3/\mathrm{h}$，$p=0.6\mathrm{MPa}$ | 台 | 1 | S31603 |

**3. 清洗药剂**

表 2-12 所列为常见污染物的清洗液配方。

表 2-12 常见污染物的清洗液配方

| 配方 | 无机盐垢 ($CaCO_3$) | 硫酸盐垢 ($CaSO_4$、$BaSO_4$) | 金属氧化物（如铁） | 无机胶体 | 硅 | 微生物 | 有机物 |
|---|---|---|---|---|---|---|---|
| 0.1%NaOH 或 0.1%$Na_4$EDTA | | 最好 | | 可以 | 可以 | | 作第一步清洗可以 |
| 0.1%NaOH 或 0.025 0%Na-SDS | | 可以 | | 最好 | 最好 | 最好 | 作第一步清洗最好 |
| 0.2%HCl | 最好 | | | | | | 作第二部清洗最好 |
| 1.0%$NaHSO_3$ | 可以 | | 最好 | | | | |
| 0.5%$H_3PO_4$ | 可以 | | 可以 | | | | |
| 1.0%$NH_4HSO_3$ | | | 可以 | | | | |
| 2.0%柠檬酸 | 可以 | | 可以 | | | | |

注 1. %表示重量百分含量。

2. $Na_4$EDTA 为乙二胺四乙酸四钠盐，Na-SDS 为十二烷基磺酸钠盐，$NaHSO_3$ 表示亚硫酸氢钠；$NH_4HSO_3$ 表示亚硫酸氢铵。

反渗透膜元件中的污染物成分比较复杂，常见的污染物主要有$CaCO_3$、$CaSO_4$、$BaSO_4$、$SrSO_4$、无机胶体、金属氧化物、硅沉积物、有机物和生物黏泥。不同的污染物应该用不同的清洗液。表2-12列出了推荐的复合膜常见污染物的清洗液配方，对于聚酰胺膜，配制清洗剂的水应不含游离氯。

4. 清洗压力和流量

进水压力与膜元件数量有关，越多则所需压力越大，一般为$0.14 \sim 0.41MPa$。表2-13为商家建议的清洗流量。

表 2-13 高流量循环清洗的流量

| 压力容器直径<br>（英寸） | 单根压力容器的进水流量<br>（$m^3/h$） | 压力容器直径<br>（英寸） | 单根压力容器的进水流量<br>（$m^3/h$） |
|---|---|---|---|
| 2.5 | 0.7~1.2 | 8 | 6.0~9.1 |
| 4 | 1.8~2.3 | 11 | 13.7~18.2 |
| 6 | 3.6~4.5 | | |

5. 清洗步骤

化学清洗工艺包括冲洗、浸泡和循环三个过程：

（1）冲洗。开始时的冲洗能有效地刷洗膜表面的污物；清洗完成后的冲洗能有效地去除化学清洗液。

（2）浸泡。浸泡是系统清洗的关键，它既能使清洗液与污染物发生相应的化学反应，又能让污染物从膜表面脱落，溶于化学清洗液中达到化学清洗的目的。

（3）循环。循环是清洗的主要过程，该过程中清洗液与膜内部污染物发生物理的动力接触，进一步发生渗透、摩擦、剪切等作用，从而达到化学清洗的目的。

化学清洗一般按下述六个步骤进行：

（1）配制清洗液。根据污染物类别，按表2-12配制清洗液。

（2）低流量输入清洗液。用清洗泵回流混合清洗液，并将清洗液预热。然后，按表2-13所列流量值的一半低流速和低压力用清洗液置换膜元件内的原水。低压进水能够最大限度地减低污垢（污染后的生成物）再次沉积到膜表面。

（3）清洗液循环。当原水被置换完后，就可以让清洗液循环返回清洗水箱。循环清洗15min或至清洗液颜色不变为止。如果颜色仍在变化，则放掉原来的清洗液，再重新按（1）、（2）、（3）步进行。

（4）浸泡。停止清洗泵的运行，让膜元件完全浸泡在清洗液中$1 \sim 15h$，浸泡时间随污染的严重程度而定。

（5）高流量水泵循环。按表2-13所列流量循环$30 \sim 60min$，以高流速冲洗掉被清洗下来的污染物。

（6）冲洗。用预处理合格的水将清洗系统内的清洗水冲洗干净。

**五、反渗透装置的故障与对策**

反渗透装置的故障集中表现在淡水水质、产水量或跨膜压差的异常，具有代表性的现象是淡水电导率上升、产水量减少或跨膜压差增加。

（一）故障原因

膜组件故障主要是由膜机械损伤、脱盐层磨损、氧化变质、污染、膜压密等原因引起的。

1. 膜组件机械损伤

膜组件机械损伤的形式主要有以下几种：①由于装配位置不当、老化、水锤冲击造成元件移位等原因引起密封圈泄漏；②由于串联膜元件之间间隙较大，在压力和温差作用下造成膜卷窜动，使膜黏结线甚至膜的破裂；③背压过高，引起脱盐层与支撑层分离，而发生破裂；④连接件损坏。

2. 脱盐层磨损

主要是悬浮颗粒和难溶盐晶体与脱盐层相互摩擦的结果。前者是随进水带入的外形不规则的颗粒，损伤的主要部位是最前端膜元件；后者则是由于浓缩过程新生的难溶盐，损伤的主要部位是最后端膜元件。

3. 膜氧化变质

膜被给水中 $Cl_2$、$O_3$ 或其他氧化剂氧化后，其性能发生了变化，导致盐通量升高。

4. 污染

预处理效果不好的系统，膜容易发生污染。反渗透装置的污染物主要有以下几种：胶体、金属氧化物、微生物、有机物、药剂不兼容生成物、水垢。

5. 膜压密

一般是由于压力和温度过高、水锤冲击力而引起的。膜压密后，产品水流量下降。

（二）故障诊断

对故障的诊断可按下述顺序进行：

1. 查阅运行操作记录

检查反渗透装置的启停、运行记录等，对系统运行状况、运行条件进行分析确认，调查是否有异常情况。

2. 检查测试数据

查阅水质记录，分析异常数据是否有偶然性，复核必要的测试数据。

3. 校验仪表

为了排除因仪表故障所显示、记录的失真数据，应检验压力表、流量计、pH 表、电导率仪、温度计等，保证数据准确。对于已记录的异常数据，应查明原因。失真数据不得作为故障诊断依据。

4. 排查机械故障

重点调查膜组件的密封圈、盐水密封环、泵、管道和阀门是否损坏，反渗透装置振动是否较大，消除背压装置是否失灵，加热器工作是否正常等。对于膜组件进行检查，以判断有无机械损伤。

（三）故障分析与对策

反渗透装置运行中常见故障及对策见表 2-14。表中"↗"表示增加，"↘"表示减小，"↓"表示下降，"→"表示不变。

表 2-14　　　　　　　　　　　　反渗透装置的故障及对策

| 现象 | | | 原　因 | 对　策 |
|---|---|---|---|---|
| 脱盐率 | 水通量 | 压差 | | |
| ↓ | ↗ | → | 膜氧化损伤：氯、臭氧 | 调节还原剂加入量，换膜 |
| ↓ | ↗ | → | 膜元件破损：背压，水锤，磨损 | 消除背压，缓慢升压，换膜 |
| ↓ | ↗ | → | 连接件密封不严 | 重新组装，更换密封圈 |
| ↘ | ↓ | ↗ | 胶体吸附污染 | 改善预处理，清洗 |
| ↘ | ↓ | ↗ | 有 $CaCO_3$，$SiO_2$ 垢等生成 | 调节阻垢剂加入量，pH 值，清洗 |
| → | ↓ | ↗ | 微生物污染 | 加强杀菌处理，清洗 |
| ↘ | ↓ | ↗ | 吸附：表面活性剂、油 | 避免原水中混有该类物质 |
| ↘ | ↘ | ↗ | 膜压密：温度高，压力高 | 调整运行工况，更换膜元件 |
| → | ↓ | → | 水源污染，药剂不兼容 | 清洗，更换药剂 |

## 第八节　反渗透装置停用保护和储存

### 一、反渗透装置的停用保护

膜元件必须采取正确的处理和保存，以防止系统停运和长期保存期间微生物滋生和膜性能发生变化。

1. 短期停用保护

短期停机是指 RO 装置停机时间在 15 天以内，此时按下述进行保护：

(1) 用进水冲洗 RO 装置，同时排除系统中的空气。

(2) 当系统都灌满水后，关闭阀门。

(3) 每 1～3 天重复上述 (1)、(2) 过程。

2. 长期停用保护

反渗透装置长期（一般大于 15～30 天）停运时，应将保护液充满反渗透装置，抑制微生物生长。操作步骤如下：

(1) 用进水或淡水冲洗反渗透系统。

(2) 在清洗溶液箱配制好保护液，启动清洗水泵，将保护液打入要停运的反渗透系统。

(3) 当保护液充满反渗透系统后，停运清洗水泵，关闭相关阀门，确认不漏。

(4) 如果水温较低时（如低于 25℃），应每隔约 30 天更换一次保护液；反之，则应每隔约 15 天更换一次保护液。

(5) 在反渗透系统重新投入使用前，用进水低压冲洗系统 1h，然后用进水高压冲洗系统 5～10min。无论是低压冲洗或高压冲洗时，淡水排放阀应打开。如果排放的淡水中含有保护剂，则应延长冲洗时间。

当膜已经存在污染时，应先清洗后杀菌，再进行保护。经过使用之后的膜元件若不慎失水干燥，应在使用前将其再润湿。

**二、膜的储存和运送**

（1）新膜元件的保存和运送一般均储存于保护液中，保护液为 1％NaHSO$_3$ 与 20％的甘油。如采取干式出厂和运送，则在每个元件经质量检验后浸泡于保护液中 1h，控干后装入双层塑料包装袋内，内袋是由隔绝氧气的特殊材质制造的，运送时要小心勿将塑料袋弄破。有些干式出厂的产品，未经对元件逐个检验，仅以单层塑料袋包装，但也要保证其密封至使用时才可打开。

（2）膜元件失水的再湿润。膜元件若在使用后不慎被弄干，就会永远失去渗透水特性，可以用下述方法再湿润：

1）浸泡于 50％乙醇水溶液中或 50％丙醇水溶液中 15min。

2）在装入系统后注以 1MPa 压力的水，在排除压力容器内的空气后关闭产品水出口阀，经 30min，注意要在注水压力释放（压力下降）前，先打开产品水出口阀，以防膜口袋破裂。

3）浸泡元件于 1％HCl 中数小时或数天。

# 第三章　除　盐　系　统

反渗透预脱盐的出水水质尚不能满足高参数机组补给水的水质要求，因此还需进一步进行深度除盐处理。用于反渗透之后进行深度除盐的处理工艺有离子交换除盐和连续电脱盐除盐（EDI），本期工程锅炉补给水的深度除盐采用 EDI 技术。

## 第一节　离子交换概论

用离子交换法除去水中溶解盐类称离子交换除盐，离子交换法是指某些材料遇水时，能将本身具有的离子与水中带同类电荷的离子进行交换反应的方法，这类材料称交换剂，目前普遍应用于水处理中的离子交换剂是合成的离子交换树脂。

### 一、离子交换树脂

（一）离子交换树脂的分子结构

离子交换树脂是一类带有活性基团的网状结构的高分子化合物。离子交换树脂的分子结构中，可以人为地分为两个部分：一部分称为离子交换树脂的骨架，它是高分子化合物的基体，具有庞大的空间结构，支撑着整个化合物；另一部分是带有可交换离子的活性基团，它化合在高分子骨架上，起提供可交换离子的作用。活性基团也是由两部分组成：一是固定部分，与骨架牢固结合，不能自由移动，称为固定离子；二是活动部分，遇水可以电离，并能在一定范围内自由移动，可与周围水中的其他带同类电荷的离子进行交换反应，称为可交换离子。例如，$R-SO_3H$ 树脂的分子结构可示意如下：

离子交换树脂外观为白色、黄色或棕色的小球，直径在 $0.3 \sim 1.2mm$。内部为网状的结构骨架。骨架内有许多孔隙和离子交换基团，树脂网状结构孔隙里充满着水，它和可交换离子共同组成一个高浓度的溶液，使其有可能与外部水中的离子发生离子交换作用。离子交换树脂结构如图 3-1 所示。

组成树脂母体（骨架）的单体有苯乙烯系、丙烯酸系、酚醛系等。其中应用广泛的是苯乙烯系，它是由苯乙烯做单体原料，以二乙烯苯为交联剂，经悬浮缩合反应而生成共聚物。然后引入不同的交换基团，分别制得阳离子交换树脂和阴离子交换树脂。

交换基团由两部分组成，固定部分与母体牢固结合，不能自由移动，称为固定离子；活动部分遇水可以电离，并与水中的同种离子进行交换，称为可交换离子。通常将树脂母体和固定离子用 R 表示。

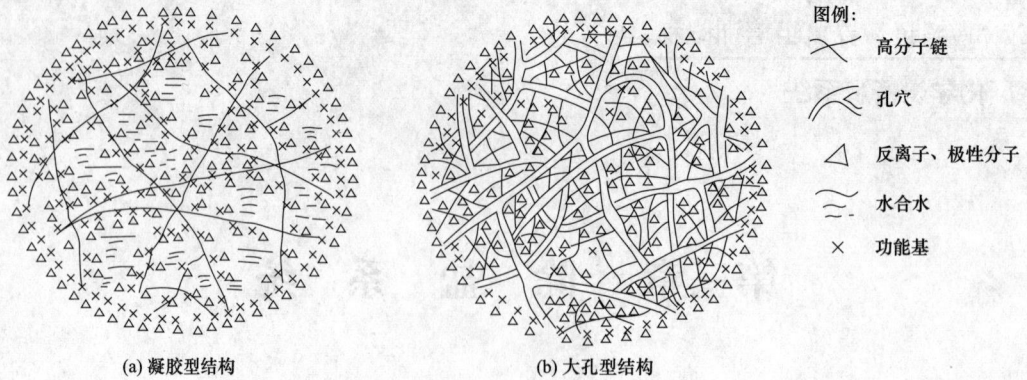

(a) 凝胶型结构　　　　　　　(b) 大孔型结构

图 3-1　离子交换树脂结构

**（二）离子交换树脂的分类**

**1. 按活性基团的性质分类**

离子交换树脂根据其所带活性基团的性质，可分为阳离子交换树脂和阴离子交换树脂。带有酸性活性基团，能与水中阳离子进行交换的称阳离子交换树脂；带有碱性活性基团，能与水中阴离子进行交换的称阴离子交换树脂。按活性基团上 $H^+$ 或 $OH^-$ 电离的强弱程度，又可分为强酸性阳离子交换树脂和弱酸性阳离子交换树脂，强碱性阴离子交换树脂和弱碱性阴离子交换树脂。常见离子交换树脂按其所带活性基团分类如下：

离子交换树脂
- 阳离子交换树脂
  - 强酸性阳离子交换树脂　$R—SO_3H$
  - 强酸性阳离子交换树脂　$R—COOH$
- 阴离子交换树脂
  - 弱酸性阳离子交换树脂
    - Ⅰ型（季胺型）　$R—N(CH_3)_3OH$
    - Ⅱ型（季胺型）　$R—N(CH_3)_2(C_2H_5OH)OH$
  - 强碱性阴离子交换树脂
    - 伯胺型　$R—NH_3OH$
    - 仲胺型　$R—NH_2(CH_3)OH$
    - 叔胺型　$R—NH(CH_3)_2OH$

此外，按活性基团的性质还可分为螯合性、两性以及氧化还原性树脂等。

**2. 按离子交换树脂的孔型分类**

按孔型的不同，离子交换树脂可分为凝胶型和大孔型两大类。

（1）凝胶型树脂。这种树脂是由苯乙烯和二乙烯苯混合物在引发剂存在下进行悬浮聚合得到的具有交联网状结构的聚合物，因这种聚合物呈透明或半透明状态的凝胶结构，所以称凝胶型树脂。

凝胶型树脂的孔径较小，不利用离子运动，直径较大的分子通过时，容易堵塞网孔，再生时也不易洗脱下来，所以凝胶型树脂易受有机物污染。凝胶型树脂的机械强度较差。

（2）大孔型树脂。这类树脂的制备方法和凝胶型树脂的不同主要是高分子聚合物骨架的制备。

大孔型树脂的特点是在整个树脂内部无论干或湿、收缩或溶胀都存在着比凝胶型树脂更多、更大的孔（孔径一般在 20～100nm），因此比表面积大（几百到数百平方米每克）。所以，大孔树脂的抗氧化性能比较好。它的交联度较大，大分子不易降解，大孔型树脂具有抗有机物污染的能力，被截留在网孔中的有机物容易在再生过程中被洗脱下来。

大孔树脂的缺点为离子交换的容量较低，因为它的交联度较大，在分子结构中可以引入活性基团的部位较少。同时，大孔树脂的孔眼大，孔眼中离子量多，大孔的直接吸附力强，对无机离子结合牢固，在进行再生时再生剂的消耗量较大；而且价格较高。

3. 按合成离子交换树脂的单体种类分类

按合成树脂的单体种类的不同，离子交换树脂还可分为苯乙烯系、丙烯酸系。此外，还有酚醛系、环氧系、乙烯吡啶系和脲醛系等，但它们未在水处理领域中应用。

**二、离子交换树脂的命名**

离子交换树脂的全名称由分类名称、骨架（或基团）名称、基本名称三部分按顺序依次排列组成。

因氧化还原树脂与离子交换树脂的特性不同，故在命名的排列上也有不同。其命名原则由基团名称、骨架名称、分类名称和树脂两字排列组成。凡分类属酸性的，应在基本名称前加一"阳"字；分类属碱性的，在基本名称前加"阴"字。

离子交换树脂产品的型号主要以三位阿拉伯数字组成，第一位数字代表产品的分类即活性基团代号（见表 3-1），第二位数字代表骨架的差异（见表 3-2），第三位数字为顺序号，作为区别基团、交联剂等的差异。

表 3-1　　　　　　　　　　　　　　　　活性基团分类代号

| 代号 | 1 | 2 | 3 | 4 | 5 | 6 | 7 |
|---|---|---|---|---|---|---|---|
| 活性基团 | 强酸性 | 弱酸性 | 强碱性 | 弱碱性 | 螯合性 | 两性 | 氧化还原性 |

表 3-2　　　　　　　　　　　　　　　　　　骨架代号

| 代号 | 1 | 2 | 3 | 4 | 5 | 6 | 7 |
|---|---|---|---|---|---|---|---|
| 骨架类别 | 苯乙烯系 | 丙烯酸系 | 酚醛系 | 环氧系 | 乙烯吡啶系 | 脲醛系 | 氧化烯系 |

二聚合或交联度不清楚时，可采用近似值表示或不予表示。

凡大孔型离子交换树脂，在型号前加"大"字的汉字拼音的首位字母"D"表示。凝胶型离子交换树脂的交联度值，可在型号后用"×"号连接阿拉伯数字表示。如遇到二聚合或交联度不清楚时，可采用近似值表示或不予表示。

离子交换树脂型号（如图 3-2 所示）图解如下：

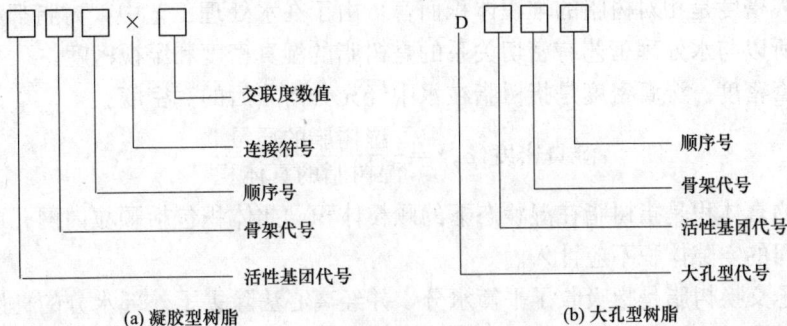

(a) 凝胶型树脂　　　　　　　　　　(b) 大孔型树脂

图 3-2　离子交换树脂型号图

根据以上原则，水处理中常用的国产离子交换树脂全名称及型号分别为：凝胶型强酸性苯乙烯系阳离子交换树脂，型号例如 001×7；凝胶型强碱性苯乙烯系阴离子交换树脂，型号例如 201×7；大孔型强酸性苯乙烯系阳离子交换树脂，型号例如 D001；大孔型强碱性苯乙烯系阴离子交换树脂，型号例如 D201；大孔型弱酸性丙烯酸系阳离子交换树脂，型号例如 D111、D113；大孔型弱碱性苯乙烯系阴离子交换树脂，型号例如 D301、D302。

**三、离子交换树脂的性质**

离子交换树脂的物理性质主要有外观、粒度、密度、含水率、转型膨胀率、耐磨性等。

离子交换树脂为不透明的球体，颜色有白、黄至棕褐色。使用过的树脂颜色变深，树脂中球状颗粒占总颗粒的百分率，称为圆球率。圆球率越大越好，一般应达 99% 以上。

（一）离子交换树脂的物理性能指标

1. 粒度

粒度是表示离子交换树脂颗粒大小和均匀程度的一个综合指标。目前有关粒度的标准，除规定树脂粒径和均一系数外，还规定了树脂粒径范围和限定大于粒径范围上限或小于粒径范围下限的百分数。粒径是表示树脂颗粒大小的指标，均一系数是表示树脂大小颗粒均匀程度的指标。

树脂的粒径有平均粒径和有效粒径。平均粒径是指筛上保留 50% 体积树脂的相应试验筛筛孔孔径（mm），用符号 $d_{50}$ 表示；有效粒径是指筛上保留 90% 体积树脂的相应试验筛筛孔孔径（mm），用符号 $d_{90}$ 表示。

树脂粒度对水处理工艺有较大的影响。颗粒大，交换速度慢；颗粒小，水流过树脂层的压降大。颗粒大小不均匀时，反洗流速难以控制。

均一系数是指筛上保留 40% 体积树脂的相应试验筛筛孔孔径（用 $d_{40}$ 表示）与保留 90% 体积树脂的相应试验筛筛孔孔径（用 $d_{90}$ 表示）的比值，用符号 $K_{40}$ 表示，即

$$K_{40} = \frac{d_{40}}{d_{90}} \tag{3-1}$$

显然，均一系数是一个大于 1 的数，越趋近于 1，树脂的颗粒也越均匀。

2. 密度

离子交换树脂的密度是指单位体积树脂所具有的质量，单位常用 g/mL 表示。因为离子交换树脂是多孔的粒状物质，所以有真密度和视密度之分。所谓真密度是相对树脂的真体积而言，视密度是相对树脂的堆积体积而言。由于在水处理工艺中，树脂都是在湿状态下使用的，所以与水处理工艺有密切关系的是树脂的湿真密度和湿视密度。

（1）湿真密度。湿真密度是指树脂在水中经充分溶胀后的真密度。

$$湿真密度(\rho_Z) = \frac{湿树脂的质量}{湿树脂的真体积}$$

湿树脂的真体积是指树脂在湿状态下的颗粒体积，此体积包括颗粒内网孔的体积，但颗粒和颗粒间的空隙体积不应计入。

湿态离子交换树脂是指吸收了平衡水分，并经离心法除去了外部水分的树脂。湿真密度直接影响树脂在水中的沉降速度和反洗膨胀率，此数值一般在 1.04～1.36g/mL 之间。阳离子交换树脂通常比阴离子交换树脂的湿真密度大。

（2）湿视密度。湿视密度是指树脂在水中充分溶胀后的堆积密度。

$$湿视密度(\rho_S) = \frac{湿树脂质量}{湿树脂的堆积体积}$$

湿树脂的堆积体积除树脂的真体积外，还包括颗粒和颗粒间的空隙体积。树脂的湿视密度不仅与其离子型有关，还与树脂的堆积状态有关，即与大小颗粒混合的程度以及堆积密实程度有关，此值一般为 $0.60 \sim 0.85 g/mL$ 之间。

树脂的湿视密度与湿真密度有如下关系

$$\rho_S = (1 - P)\rho_Z \tag{3-2}$$

式中　$P$——树脂层空隙率。

在已知湿真密度和湿视密度的条件下，可根据式（3-2）计算相应条件下树脂层的空隙率。空隙率越大，说明树脂颗粒均匀性越好。

树脂的密度与其交联度有关，交联度高，由于树脂的结构紧密，所以密度也越大。

通常阳树脂的密度大于阴树脂，强型树脂的密度大于弱型树脂。阴树脂较轻，偏于下限；阳树脂较重，偏于上限。

3. 含水率

含水率是离子交换树脂固有的性质。树脂颗粒内必须含有一定的水分，树脂的含水率是指单位质量的湿树脂所含水分的百分数，树脂的含水率一般在 $50\%$ 左右。

树脂含水率是指在水中充分膨胀的湿树脂中所含水分的百分数。

$$含水率 = \frac{湿树脂质量 - 干树脂质量}{湿树脂质量} \times 100\%$$

含水率和树脂的类别、结构、酸碱性、交联度、交换容量、离子形态等有关。它可以反应离子交换树脂的交联度和网眼中的孔隙率。树脂含水率大则表示它的孔隙率大和交联度低。测定树脂含水率的关键是如何除去表面水分，而又能保持内部水分不损失。除去颗粒表面水分的方法有吸干法、抽滤法和离心法。

4. 溶胀性和转型膨胀率

将干的离子交换树脂浸入水中时，其体积会膨胀变大，这种现象称为溶胀。造成离子交换树脂溶胀现象的基本原因是活性基团上可交换离子的溶剂化作用。离子交换树脂颗粒内部存在着很多极性活性基团，与外围水溶液之间，由于离子浓度的差别，产生渗透压，这种渗透压可使颗粒从外围水溶液中吸取水分来降低其离子浓度。因为树脂颗粒是不溶的，所以这种渗透压力被树脂骨架网络弹性张力抵消而达到平衡，表现出溶胀现象。树脂的溶胀性决定于以下因素：

（1）树脂的交联度。交联度越大，溶胀性就越小。

（2）活性基团。活性基团越易电离，树脂的溶胀性就越强；活性基团越多，或吸水性越强，溶胀性也越大。

（3）溶液中离子浓度。溶液中离子浓度越大，则树脂颗粒内部与外围水溶液之间的渗透压差越小，树脂的溶胀性就越小。

（4）可交换离子。可交换离子价数越高，溶胀性越小；对于同价离子，水合能力越强，溶胀性就越大。

（5）溶剂。树脂在极性溶剂中的溶胀性通常比在非极性溶剂中的强。

(6) 交换容量。离子交换树脂的交换容量越高，则溶胀性也越大。

转型膨胀率指离子交换树脂从一种单一离子型转为另一种单一离子型时体积变化的百分数。

强酸性阳树脂对于不同的交换离子其溶胀性大小顺序为：$H^+ > Mg^{2+} > Na^+ > NH_4^+ > K^+ > Ca^{2+} > Ag^+$。$001 \times 7$ 阳树脂由 Na 型转为 H 型时，体积大约增大 $5\% \sim 8\%$；由 Ca 型转为 H 型时，体积增大 $12\% \sim 13\%$。

强碱性阴树脂对于不同的交换离子其溶胀性大小顺序为：$OH^- > HCO_3^- \approx CO_3^{2-} > SO_4^{2-} > Cl^-$。$201 \times 7$ 阴树脂由 Cl 型转为 OH 型时，体积增大 $15\% \sim 20\%$。

弱型树脂转型体积变化很明显，尤其是弱酸性阳树脂，由 H 型转为 Na 型时，体积一般可增大 $65\% \sim 70\%$；由 H 型转为 Ca、Mg 型时，可增大 $5\% \sim 20\%$。弱碱性阴树脂由游离碱型转为 Cl 型时，体积一般增大 $15\% \sim 20\%$。

离子交换树脂的溶胀性对它的使用工艺有很大影响。例如，干树脂直接浸泡于纯水中时，由于颗粒的强烈溶胀，而会发生颗粒破裂的现象；又如，在交换器运行的制水和再生过程中，由于树脂离子型的反复变化，会引起颗粒的不断膨胀和收缩，反复的膨胀和收缩会促使颗粒破裂、发生裂纹和机械强度降低。

5. 机械强度

树脂的机械强度是指树脂在各种机械力作用下，抵抗破坏的能力，包括耐磨性、抗渗透冲击性等。树脂在实际应用中，由于摩擦、挤压以及周期性转型使其体积胀缩等，都有可能造成树脂颗粒的破裂，而影响树脂的使用寿命。一般情况下，其机械强度应能保证每年的树脂耗损量不超过 $3\% \sim 7\%$。

国标规定采用磨后圆球率和渗磨圆球率来判断树脂的机械强度。此法是按规定称取一定量的湿树脂，放入装有瓷球的滚筒中滚磨，磨后的树脂圆球颗粒占样品总量的百分数即为树脂磨后圆球率；若将树脂用酸、碱反复转型，然后用前述方法测得树脂的磨后圆球率，称为树脂的渗磨圆球率，该指标表示树脂的耐渗透压能力，目前一般用来评价大孔型树脂的机械强度。

影响树脂机械强度的因素很多，如树脂的交联度、溶胀性、压力、水温及水中氧化剂等。在生产实践中，上述因素的出现和影响往往是错综复杂的，所以磨后圆球率的测定结果也有相对性。

电厂锅炉补给水除盐处理中常用的树脂是国产强酸性苯乙烯系阳离子交换树脂（$001 \times 7$、$001 \times 7MB$）、强碱性苯乙烯系阴离子交换树脂（$201 \times 7$、$201 \times 7MB$），以及大孔型弱碱性苯乙烯系阴离子交换树脂（D301）、大孔弱酸性丙烯酸系阳离子交换树脂（D113）。其技术要求和验收标准可参照 DL/T 519—2014《发电厂水处理用离子交换树脂验收标准》。

6. 溶解性

离子交换树脂产品中免不了会含有少量低聚物，这些低聚物在其应用的最初阶段会逐渐溶解。离子交换树脂使用中，有时聚合物也会发生转变，变成胶体渐渐溶入水中，即所谓胶溶。以上两种情况均会使出水呈现微黄色。

7. 耐温性

阳树脂可耐 100℃ 或更高的温度，而对阴树脂来说，强碱性树脂可耐 60℃，弱碱性树脂可耐 80℃ 以上，树脂长期使用的温度应以不超过 40℃ 为宜。树脂置于 0℃ 以下时，会由于脂内部结冰而胀碎。

8. 抗氧化性

交联度与树脂抗氧化性能有很大的关系，即交联度越高，树脂的抗氧化性越好。

水中的铁、铜离子和重金属离子是氧化降解的催化剂。强酸性阳离子交换树脂氧化产生的低分子有机磺酸（水溶性的）可以从树脂中溶出，随水进入后续强碱性 OH 型离子交换器（阴床），污染阴树脂。在水处理系统中，最容易遭受氧化的是第一级阳离子交换树脂，因此对进入除盐系统的水中含氯量有所规定。强碱性阴树脂也易遭受氧化，但进水中游离氯主要在第一级阳树脂交换器中被吸收，因而受氧化的现象较小。

（二）离子交换树脂的化学性能

离子交换树脂的化学性质主要有酸碱性、选择性和交换容量等。

离子交换树脂在酸、碱等化学物质的反复作用下，应保持必要的稳定性，不产生破裂、降解等现象，使树脂保持使用效果。一般阳树脂的稳定性优于阴树脂；高交联度的优于低交联度的；阳树脂中 Na 型优于 H 型，阴树脂中 Cl 型优于 OH 型。

1. 离子交换反应的可逆性

离子交换反应是可逆的，但这种可逆反应并不是在均相溶液中进行的，而是在非均相的固-液相中进行的。例如，用含 $Ca^{2+}$ 的水通过 Na 型树脂时，其交换反应为

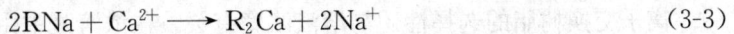

$$2RNa + Ca^{2+} \longrightarrow R_2Ca + 2Na^+ \tag{3-3}$$

当此反应进行到离子交换树脂大都转化为 Ca 型，以致它不能再继续将水中 $Ca^{2+}$ 交换成 $Na^+$ 时，可以用 NaCl 溶液通过此 Ca 型树脂，利用式（3-3）的逆反应，使树脂重新恢复成 Na 型，其交换反应为

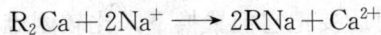

$$R_2Ca + 2Na^+ \longrightarrow 2RNa + Ca^{2+}$$

因此，当水中 $Ca^{2+}$ 浓度大，且树脂中 Na 型较多时，上述反应向右进行；反之，溶液中 $Na^+$ 浓度大，且树脂中 Ca 型较多时，上述反应向左进行。

离子交换反应的可逆性是离子交换树脂可以反复使用的重要性质。

2. 酸、碱性和中性盐分解能力

H 型阳离子交换树脂和 OH 型阴离子交换树脂，如同酸、碱那样，在水中可以电离出 $H^+$ 中和 $OH^-$，这种性质称为树脂的酸、碱性。根据电离能力的大小，离子交换树脂的酸、碱性具有强、弱之分。水处理工艺中，常用的强型、弱型树脂有以下 4 种：

（1）磺酸型强酸性阳离子交换树脂 $R-SO_3H$，适用范围：$pH = 0 \sim 14$。

（2）羧酸型弱酸性阳离子交换树脂 $R-COOH$，适用范围：$pH > 6$。

（3）季胺型强碱性阴离子交换树脂 $R≡NOH$，适用范围：$pH = 0 \sim 12$。

（4）叔、仲、伯胺型弱碱性阴离子交换树脂 $R≡NHOH$、$R=NH-OH$、$R-NHOH$，适用范围：$pH < 6$。

强酸性 H 型阳树脂在水中电离出 $H^+$ 的能力较大，它很容易与水的其他阳离子进行交换反应；弱酸性 H 型阳树脂在水中电离出 $H^+$ 的能力小，故当水中存在一定量 $H^+$ 时，交换反应就难以进行。例如，强酸性 H 型阳树脂在与中性盐如 NaCl、$CaCl_2$ 等交换时，反应容易进行

$$RSO_3H + NaCl \Longleftrightarrow RSO_3Na + HCl$$

$$R(SO_3H)_2 + CaCl_2 \rightleftharpoons R(SO_3)_2Ca + 2HCl$$

而弱酸性 H 型阳树脂在与中性盐交换时，情况则相反，正向反应较难进行，而逆向反应较容易进行

$$RCOOH + NaCl \rightleftharpoons RCOONa + HCl$$

$$R(COOH)_2 + CaCl_2 \rightleftharpoons R(COO)_2Ca + 2HCl$$

强碱性 OH 型和弱碱性 OH 型阴树脂与中性盐（如 NaCl、$Na_2SO_4$ 等）交换 $Cl^-$ 或 $SO_4^{2-}$ 并向溶液中释放出 $OH^-$ 的能力也有很大差别，$R \equiv NHOH + NaCl \rightleftharpoons R \equiv NHCl + NaOH$ 反应较易进行，而 $RNH_3OH + NaCl \rightleftharpoons RNH_3Cl + NaOH$ 的反应则难以进行。

这种离子交换树脂与中性盐进行离子交换反应，同时在溶液中生成游离酸或碱的能力，称为树脂的中性盐分解能力。显然，强酸性阳树脂和强碱性阴树脂具有中性盐分解能力，而弱酸性阳树脂和弱碱性阴树脂基本上无中性盐分解能力。

3. 离子交换树脂的选择性

离子交换树脂的选择性主要取决于被交换离子的结构。这有两个规律：一是离子带的电荷越多，则越易被树脂吸附；二是对于带有相同电荷的离子，原子序数大者较易被吸附。

树脂的交联度对树脂的选择性也有重要影响。交联度越大，树脂对不同离子之间选择性差异也越大；交联度越小，选择性差别也越小。

离子交换树脂的选择性还与溶液浓度有关。在浓溶液中由于离子间的干扰较大，且水合半径的大小顺序与在稀溶液中有些差别，其结果使得在浓溶液中各离子间的选择性差别较小，有时甚至出现有相反的顺序。

在离子交换水处理中，离子交换树脂对不同离子的亲和力有一定的差别，亲和力大的离子容易被树脂吸附，但吸附后要把它们置换下来比较困难，亲和力小的离子很难被吸附，但置换下来却比较容易，这种性能称为离子交换的选择性。

选择性顺序关系到各种离子在树脂层中的排列情况，根据这个顺序，可以判断水通过交换器时何种离子最容易泄漏于出水中。

强酸性阳树脂，在稀溶液中对常见阳离子的选择性顺序为

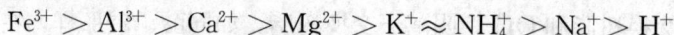

$$Fe^{3+} > Al^{3+} > Ca^{2+} > Mg^{2+} > K^+ \approx NH_4^+ > Na^+ > H^+$$

而对于弱酸性阳树脂，例如羧酸型阳树脂，对 $H^+$ 有特别强的亲和力，对 $H^+$ 的选择性比 $Fe^{3+}$ 还强，其选择性顺序为

$$H^+ > Fe^{3+} > Al^{3+} > Ca^{2+} > Mg^{2+} > K^+ \approx NH_4^+ > Na^+$$

强碱性阴树脂在稀溶液中，对常见阴离子的选择性顺序为

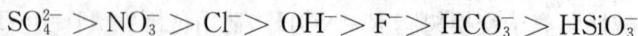

$$SO_4^{2-} > NO_3^- > Cl^- > OH^- > F^- > HCO_3^- > HSiO_3^-$$

而弱碱性阴树脂的选择性顺序为

$$OH^- > SO_4^{2-} > NO_3^- > Cl^- \gg HCO_3^-$$

对 $HCO_3^-$ 交换能力很差，对 $HSiO_3^-$ 甚至不交换。

4. 交换容量

交换容量是表示离子交换树脂交换能力大小的一项性能指标。

按树脂计量方式的不同，其单位有两种表示方法：一是质量表示方法，即单位质量离子交换树脂中可交换的离子量，通常用 mmol/g 表示，这里的质量可以用湿态质量；另一

种是体积表示法，即单位体积离子交换树脂中可交换的离子量，通常用 mmol/L 表示，这里的体积是指湿状态下树脂的堆积体积。

（1）全交换容量。离子交换树脂中所有活性基团的总量，即指单位质量或体积的离子交换树脂中所有可交换离子的总量。对于同一种离子交换树脂而言，全交换容量基本为一定值。此指标主要用于离子交换树脂的研究。

（2）工作交换容量。在给定的工作条件下，离子交换树脂发挥的交换能力。不同树脂的工作交换容量不同，同种树脂的工作交换容量随运行水质、树脂层高、水流速度、运行温度、再生条件以及失效控制指标的不同而不同。

根据工作交换容量的定义，生产实际中，工作交换容量可用式（3-4）表示

$$q = (c_j - c_c)V/V_R \tag{3-4}$$

式中　$q$——树脂的工作交换容量，$mol/m^3$；

　　　$c_j$——交换器进水中离子的平均浓度，$mmol/L$；

　　　$c_c$——交换器出水中残留离子的平均浓度，$mmol/L$；

　　　$V$——产水体积，$m^3$；

　　　$V_R$——交换器中树脂的堆积体积，$m^3$。

## 第二节　离子交换树脂的交换原理

### 一、离子交换原理

离子交换树脂中的可交换离子在水分子作用下，有向水中扩散的倾向，从而使树脂活性基团上留有与可交换离子相反的电荷，形成正的或负的电场，由于异性电荷的吸引力而抑制了可交换离子的进一步扩散。其结果是，在浓差扩散和静电引力两种相反力的作用下，形成了双电层式的结构，即固定离子层和可动离子层（反离子层）。由于树脂是多孔结构，所以双电层存在于网孔的任何部位，图 3-3 所示为 $R—SO_3H$ 树脂的双电层结构。

磺酸型阳离子交换树脂（$R—SO_3H$）与含 NaCl 的稀溶液接触时，连接在树脂骨架上的活性基团能离解出可交换离子（如 $H^+$），并向溶液中扩散，同时溶液中 $Na^+$ 也能扩散到整个树脂多孔结构的内部，由于树脂上 $H^+$ 浓度大，而且磺酸基对 $Na^+$ 的亲和力比对 $H^+$ 大，所以树脂上的 $H^+$ 就与溶液中的 $Na^+$ 发生交换，使树脂活性基团上原来所带的 $H^+$ 进入溶液，而溶液中的 $Na^+$ 则交换到树脂上，而溶液中带相反电荷的离子（如 $Cl^-$），由于受到树脂的双电层结构活性基团负电场的排斥而不交换。

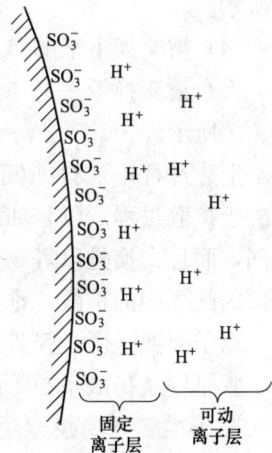

图 3-3　$R—SO_3H$ 树脂的
双电层结构

$$RSO_3H + NaCl \rightleftharpoons RSO_3Na + HCl$$

### 二、离子交换速度

在离子交换实际应用中，水总是以一定速度在流过树脂层的过程中进行离子交换的。为此，研究离子交换速度有重要的实际意义。

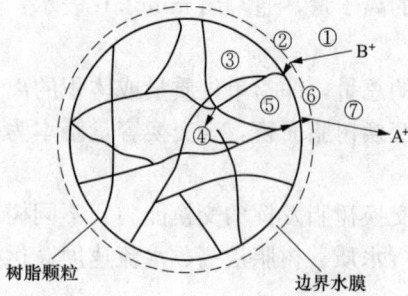

图 3-4 离子交换动力学过程示意

**1. 离子交换动力学过程**

离子交换过程，是在水中离子与离子交换树脂的可交换基团间进行的。树脂的可交换基团不仅处于树脂颗粒的表面，而且大量的是处在树脂颗粒的内部，当树脂与水接触时，会在树脂颗粒表面形成一层很薄的不流动的边界水膜，如图 3-4 所示。因此，离子交换过程是比较复杂的，它不单是离子间交换位置，还有离子在水中和树脂颗粒内部的扩散过程。离子交换速度实质上是表示水溶液中离子浓度改变的速度，是一种动力学过程。

**2. 离子交换速度的控制步骤**

由于离子交换必须相继地通过几个步骤才能完成，所以其中如有某一步骤的速度特别慢，则进行离子交换反应的大部分时间就消耗在这一步骤上，这个步骤称为速度控制步骤。

离子交换的动力学过程分为五步：

(1) 水中的 $B^+$ 首先在水中扩散，到达树脂颗粒表面的边界水膜，逐渐扩散通过水膜，如图 3-4 中①所示。

(2) $B^+$ 进入树脂颗粒内部的网孔，并进行扩散，如图 3-4 中②、③所示。

(3) $B^+$ 与树脂内交换基团接触，并与交换基团上可交换的 $A^+$ 进行交换，如图 3-4 中④所示。

(4) 被交换下来的 $A^+$ 在树脂颗粒内部网孔中向树脂表面扩散，如图 3-4 中⑤所示。

(5) 被交换下来的 $A^+$ 扩散通过树脂颗粒表面的边界水膜进入水溶液中，如图 3-4 中⑥、⑦所示。

上述过程中 (3) 属于离子间的化学反应，速度很快，因此，整个离子交换过程主要取决于扩散过程。(1) 和 (5) 是离子在水溶液中的扩散（主要是在水膜中的扩散），性质相同，而且交换是以等物质的量进行的，称为膜扩散。同理，(2) 和 (4) 都是树脂颗粒内部的网孔中的扩散，称为内扩散。离子交换的速度控制步骤是膜扩散或内扩散。

离子交换速度是膜扩散控制还是内扩散控制，取决于交换离子的浓度、树脂颗粒大小、膜厚度及扩散系数等。

**3. 影响离子交换速度的工艺条件**

离子交换速度受许多工艺条件的影响，若速度控制步骤不同，则各条件对交换速度的影响也不同。

(1) 水中离子浓度。水中离子浓度是影响扩散速度的重要因素，离子浓度越大，扩散速度就越快。

(2) 树脂的交联度。树脂交联度对离子交换速度的影响是交联度越大，交换速度越慢。大孔型树脂由于网孔较大，内扩散速度大于凝胶型树脂的内扩散速度。

(3) 树脂颗粒大小。当树脂颗粒减小时，不论是膜扩散还是内扩散都会加快。颗粒越小，它的比表面积越大，水膜的比表面积也就越大，所以膜扩散速度相应增加。内扩散速度受颗粒大小的影响更大，因为颗粒越小，离子在颗粒内的扩散距离越短。但颗粒也不宜太小，否则会增大水流通过树脂层的阻力。

（4）流速与搅拌速度。树脂颗粒表面的水膜厚度，与水的搅动或流动状况有关，水搅动越激烈，水膜就越薄。因此，交换过程中提高水的流速或加强搅拌，可以加快膜扩散速度，但不影响内扩散。在离子交换器运行中，提高水的流速不仅可以提高设备出力，还可以加快离子交换速度。但是，水的流速也不是越高越好，流速太大时，水流阻力也会迅速增加。

（5）水温。提高水温能提高离子的热运动速度和降低水的黏度，同时加快膜扩散速度和内扩散速度，因此提高水温对提高离子交换速度是有利的。但水温也不宜过高，因为水温过高会影响树脂的热稳定性，尤其是强碱性阴树脂。

### 三、动态离子交换的层内过程

生产实际中，水的离子交换处理是在离子交换器中连续进行的，即水在流动的情况下完成交换过程。这不但可以连续制水，而且由于交换反应的生成物不断被排除，因此离子交换反应进行得较为完全。

（一）树脂形态的转变和水质变化

1. 含一种离子的水通过单一树脂层

以 NaCl 稀溶液通过强酸性 H 型树脂为例，溶液通过树脂层初期，水中 $Na^+$ 首先与表层树脂中 $H^+$ 进行交换，水中一部分 $Na^+$ 转入树脂中，树脂中一部分 $H^+$ 转入水中。当水继续向下流动时，这种交换继续进行，水中 $Na^+$ 不断减少，$H^+$ 不断增加。在流经一定距离后，水中原有的 $Na^+$ 全部交换成 $H^+$。之后，继续向下流的水及其流过的树脂的组成都不再发生变化，交换器出水中全为 $H^+$，而 $Na^+$ 含量等于零，如图 3-5（a）所示。

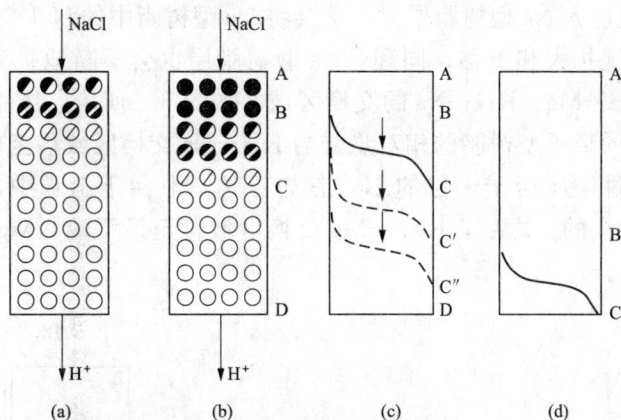

图 3-5　离子交换过程中树脂层态的变化
●—RNa；◐、◑、⊘—RNa+RH；○—RH

随着水不断地流过，因上部进水端的树脂全部转为 RNa，故失去了继续交换的能力，交换进入下一层。这时在树脂层中形成三个层区，如图 3-5（b）所示：上部 AB 层区为失效层，树脂全为 Na 型，水流经这一层区时，$Na^+$ 含量不变；中部 BC 层区为工作层，在这一层区中，从 B 到 C，Na 型树脂逐渐减少至零，H 型树脂则逐渐增加到 100%，交换反应在这一层区中进行，水流过工作层以后，其中 $Na^+$ 全部被交换除去；下部 CD 层区为未工作层，树脂仍全为 H 型，水通过这一层区时，水质不再发生任何变化。

（1）树脂层态。树脂层态是指各离子在树脂层中的分布状态。如果以纵向表示树脂层的高度，以横向表示树脂层中 $H^+$、$Na^+$ 的浓度分率，那么就可以将图 3-5（b）换成图 3-5（c）所示的各离子型树脂沿树脂层高度分布的树脂层态。

随着流过水量的增加，树脂层中 H 型树脂不断减少，Na 型树脂不断增加。在树脂层态上表现为失效层逐渐加厚，工作层下移，未工作层逐渐缩小，如图 3-5（c）中逐渐下移的虚线所示。当未工作层最终消失，即工作层移至最下部出水端〔如图 3-5（d）〕时，出水中便开始有 $Na^+$，之后出水中 $Na^+$ 上升。当出水中 $Na^+$ 浓度达到规定的值时，即运行终点，停止通水。图 3-5（c）为运行中的树脂层态，图 3-5（d）为运行终点时的树脂层态。

假如运行终点后继续通水，则出水中 $Na^+$ 迅速上升，直至与进水中 $Na^+$ 含量相等，且不再变化。此时树脂全部呈 Na 型，不再具有与水中 $Na^+$ 交换的能力。

（2）出水水质。随着交换器中树脂层态的变化，其出水水质也相应变化，如图 3-6 所示。图中 *ABC* 曲线表示交换器出水中漏出的 $Na^+$ 含量与相应出水量之间的关系，称为出水水质变化曲线，图中 *B* 点为失效点。当出水中 $Na^+$ 含量升至与进水 $Na^+$ 含量完全相等时，交换达到平衡，如图中 *C* 点。

2. 含多种离子的水通过单一树脂层

强酸性 H 型树脂与一般水体相接触时，通水初期，水中各种阳离子都与树脂中 $H^+$ 进行交换，依据它们被树脂吸附能力的大小，最上层以最易被吸附的 $Ca^{2+}$ 为主，自上而下依次排列的顺序大致为 $Ca^{2+}$、$Mg^{2+}$、$Na^+$。随着通过水量的增加，进水中的 $Ca^{2+}$ 也与生成的 Mg 型树脂进行交换，使 Ca 型树脂层不断扩大；当被交换下来的 $Mg^{2+}$ 连同进水中的 $Mg^{2+}$ 一起进入 Na 型树脂层时，又会将 Na 型树脂中的 $Na^+$ 交换出来，结果 Mg 型树脂层也会不断地扩大和下移；同理，Na 型树脂层也会不断地扩大和下移，逐渐形成 $R_2Mg$—Ca、RNa—Mg、RH—Na 的交换区域，如图 3-7 所示。图中纵向代表树脂层高度，横向代表不同离子型树脂的相对量。当 RH—Na 交换区域移至最下端再继续通水时，则进水中选择性顺序居于末位的 $Na^+$ 首先穿透，泄漏于出水中，但树脂对 $Ca^{2+}$、$Mg^{2+}$ 的交换仍是完全的。之后，RNa—Mg 交换区域移至最下端，$Mg^{2+}$ 泄漏于出水中，最后泄漏的是 $Ca^{2+}$。

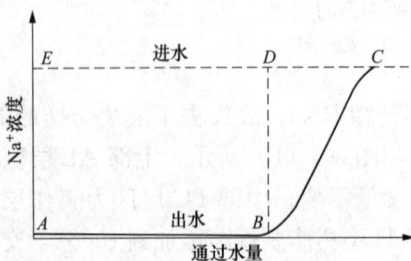

图 3-6 出水水质变化

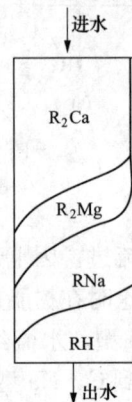

图 3-7 Ca、Mg、Na 在树脂层中的分布

出水水质的变化如图 3-8 所示。通水初期阶段，进水中所有阳离子均被交换成 $H^+$，其中一部分 $H^+$ 与进水中的 $HCO_3^-$ 反应生成 $CO_2$ 和 $H_2O$，其余以强酸酸度形式存在于水中，其值与进水中强酸阴离子总浓度相等。运行至 $Na^+$ 穿透时（$a$ 点），出水中强酸酸度开始下降，之后随 $Na^+$ 泄漏量的增加，出水强酸酸度相应等量降低；当出水 $Na^+$ 浓度增加到与进水中强酸阴离子总浓度相等时（$b$ 点），出水中既无强酸酸度，也无碱度，再之后开始出现碱度；当 $Na^+$ 增加到与进水阳离子总浓度相等时（$c$ 点），碱度也增加到与进水碱度相等，至此，H 离子交换结束，相继开始进行 Na 离子交换；当运行至硬度穿透时（$d$ 点），出水 $Na^+$ 浓度又开始下降，最后进出水 $Na^+$ 浓度相等（$e$ 点），硬度也相等，树脂的交换能力消耗殆尽。

由图 3-8 可知，在 H 离子交换阶段出水呈酸性；在 Na 离子交换阶段水中的碱度不变。

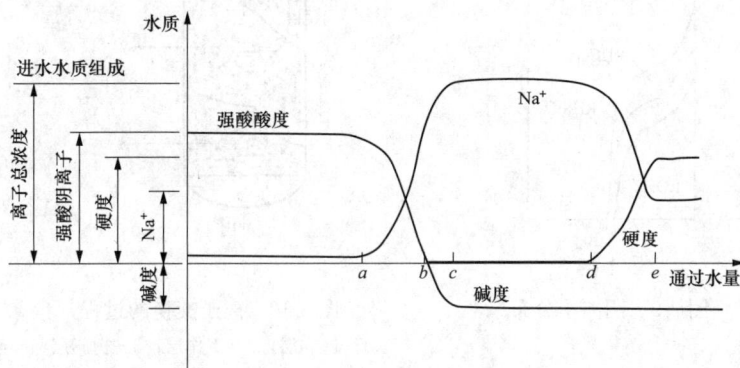

图 3-8　RH 树脂与水中阳离子交换时的出水水质的变化

3. 含多种离子的水通过非单一树脂层

由于工业再生剂不可能绝对纯，如工业盐酸中含有的 NaCl，况且生产实际中再生剂用量也不是无限度的，所以树脂的再生度不可能达到 100%。因此，图 3-8 中 a 点前的出水中仍含有微量的 $Na^+$，出水强酸酸度小于强酸阴离子总浓度，其差值与出水 $Na^+$ 浓度相等。

4. 水中阴离子与树脂的交换

生产实践中，OH 交换器总是设置在 H 交换器之后，所以 OH 交换器进水中有强酸，如 HCl、$H_2SO_4$；也有弱酸，如 $H_2CO_3$、$H_2SiO_3$。含有上述多种阴离子的水与 ROH 阴树脂的交换也是按它们被树脂吸附能力的大小在树脂层中依次分布，尽管通水初期在上部树脂层中阴离子都参与交换，但之后的交换仍是依次迭代分步进行的。在最上面进行的交换主要是 $SO_4^{2-}$ 及少量的 $HSO_4^-$，其中以 $HSO_4^-$ 进行交换的一般占进水 $H_2SO_4$ 的 5% 以下。下面树脂层中进行的 OH 交换是一个多组分参与的复杂交换过程，既有 $Cl^-$ 的交换，也有 $HCO_3^-$、$HSiO_3^-$ 的交换，如图 3-9 所示。在这一层区中，除了离子交换外，无论在水相或是树脂相，还存在着上述两种弱酸电离平衡的转移。

（二）树脂层中的离子交换过程

离子交换水处理是在离子交换器中进行的，在交换器内装有一定高度的树脂层，假定交换器中装的是 H 型树脂，当水自上而下通过树脂层时，水中的阳离子首先与树脂表层

中的 $H^+$ 进行交换，所以这一层树脂很快就失效了，此后水再通过时，阳离子和下一层中的 $H^+$ 进行交换。这样整个树脂层可分为三个区：最上面是饱和层（又称失效层），下面是工作层（也称交换带），最下部为未参加交换的树脂层（称为保护层），交换器的运行，实际上是其中有效树脂层自上而下不断移动的过程，离子交换的过程如图 3-10 所示。当工作层的下缘移动到和离子交换器中的树脂下缘重合时，出水中的 $Na^+$ 浓度会迅速增加。

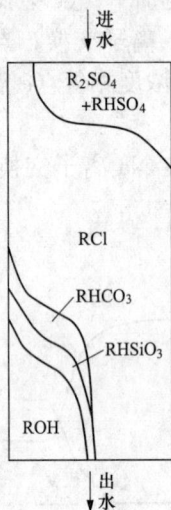

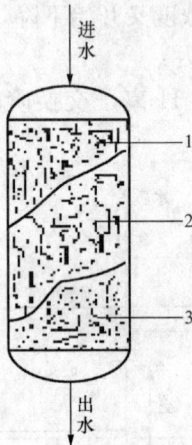

图 3-9　阴离子分布　　　　图 3-10　离子交换的过程
1—饱和层；2—工作层；3—树脂层

工作层是指进行离子交换的树脂层区。由前面可知，交换器运行过程中，工作层不断向水流方向推移。当移至出水端时，欲除去的离子便开始穿透到出水中，为了保证出水水质，此时交换器应停止运行。因此，工作层越厚，穿透点出现越早。

影响工作层厚度的因素很多，这些因素大致可分为两个方面：一方面是影响离子交换速度的因素，若能使离子交换速度加快，则离子交换越容易达到平衡，工作层越薄；另一方面是影响水流沿交换柱过水断面均匀分布的因素，若能使水流均匀，则可降低工作层的厚度。归纳起来，这些因素有树脂种类、树脂颗粒的大小、空隙率、进水离子浓度、出水水质控制指标、水通过树脂层的流速以及水温等。

实际运行中，为保证出水水质，出水端总有一部分树脂未能完全发挥其交换容量，它只是不让欲除去的离子穿透到出水中，这部分交换剂层称为保护层。在运行中，交换剂保护层厚度是一个对运行有影响的数据。如果保护层厚度大，交换剂的工作交换容量就小；反之，保护层薄，工作交换容量就大。

影响保护层厚度的因素如下：

（1）水通过离子交换剂层的速度越大，保护层越厚；

（2）进水中要除去的离子浓度和其在交换后水中残留浓度的比值越大，保护层越厚；

（3）离子交换剂的颗粒越大，保护层越厚；

（4）保护层的厚度还与交换剂的空隙率和温度等因素有关。

## 第三节　　离子交换除盐

### 一、离子交换除盐原理

离子交换除盐是利用阳、阴树脂分别除去水中的阳离子和阴离子。其原理是：当水依次通过 H 型阳树脂（RH）和 OH 型阴树脂（ROH）时，水中所含的阳离子和阴离子会分别与阳树脂的 $H^+$ 和阴树脂的 $OH^-$ 发生离子交换，交换的结果是水中的阳离子和阴离子分别转移到阳树脂和阴树脂上，而同时有等量的 $H^+$ 和 $OH^-$ 分别由阳树脂和阴树脂上进入水中，水中只剩下 $H^+$ 和 $OH^-$ 两种离子。$H^+$ 和 $OH^-$ 互相结合而生成水，从而除去了水中的盐类物质。

上述原理可用下列反应式表示

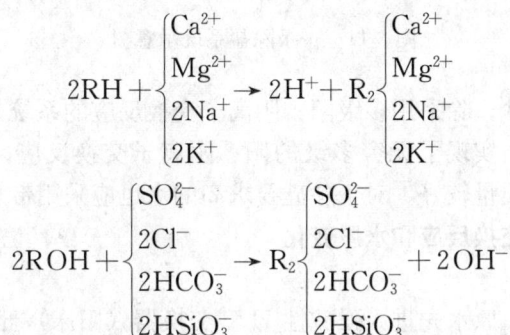

$$2RH + \begin{cases} Ca^{2+} \\ Mg^{2+} \\ 2Na^+ \\ 2K^+ \end{cases} \rightarrow 2H^+ + R_2 \begin{cases} Ca^{2+} \\ Mg^{2+} \\ 2Na^+ \\ 2K^+ \end{cases}$$

$$2ROH + \begin{cases} SO_4^{2-} \\ 2Cl^- \\ 2HCO_3^- \\ 2HSiO_3^- \end{cases} \rightarrow R_2 \begin{cases} SO_4^{2-} \\ 2Cl^- \\ 2HCO_3^- \\ 2HSiO_3^- \end{cases} + 2OH^-$$

离子交换器在运行的末期，离子交换剂超出了其交换容量，阳离子交换器开始漏钠，阴离子交换器开始漏硅，导电度随之上升，出水水质达不到要求，故必须对离子交换剂进行再生处理，还原其交换容量。

树脂再生是离子交换水处理中很重要的一环，影响再生效果的因素很多，如再生方式，再生剂的种类、纯度、用量，再生液的浓度、流速、温度等。要取得好的再生效果，必须进行调整试验，确定最优的再生条件。

再生原理可用下列反应式表示

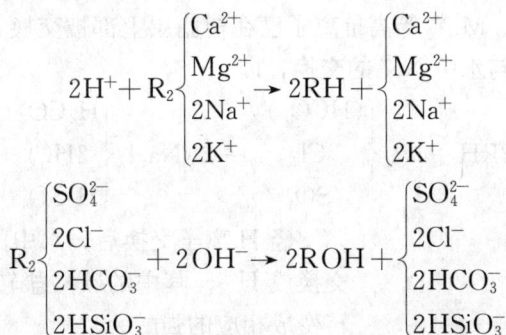

$$2H^+ + R_2 \begin{cases} Ca^{2+} \\ Mg^{2+} \\ 2Na^+ \\ 2K^+ \end{cases} \rightarrow 2RH + \begin{cases} Ca^{2+} \\ Mg^{2+} \\ 2Na^+ \\ 2K^+ \end{cases}$$

$$R_2 \begin{cases} SO_4^{2-} \\ 2Cl^- \\ 2HCO_3^- \\ 2HSiO_3^- \end{cases} + 2OH^- \rightarrow 2ROH + \begin{cases} SO_4^{2-} \\ 2Cl^- \\ 2HCO_3^- \\ 2HSiO_3^- \end{cases}$$

### 二、除盐系统

水依次通过 H 型和 OH 型离子交换器进行除盐，称为一级除盐，典型的一级除盐系统包括强酸性 H 离子交换器（阳床），除碳器和强碱性 OH 型离子交换器（阴床）。

典型的一级除盐系统如图 3-11 所示。它有一个强酸性 H 型交换器、一个除碳器和一个强碱性 OH 型交换器串联而成。经过一级化学除盐后，水中几乎不游离 $CO_2$ 或 $HCO_3^-$，因此在二级除盐系统中不再设置除碳器。

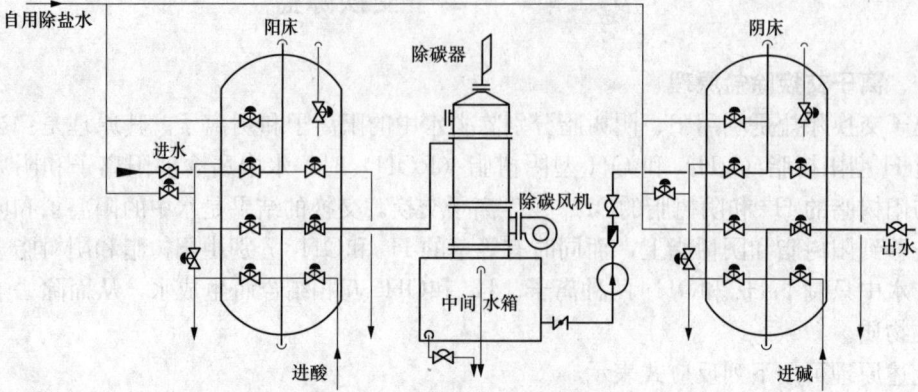

图 3-11　一级除盐系统示意图

为实现水的深度除盐，除采用多级阳、阴离子交换反应的系统外，还可采用一级除盐系统加混床。在混床内，实现了无穷多级的阳、阴离子交换反应，由于反离子的作用极小，故反应彻底，出水质量较好。对于除硅要求高的水也应采用带混床的除盐系统。

### 三、运行中的离子交换反应和水质变化

1. 阳床工作特性

在化学除盐系统中，原水先进入强酸性 H 型交换器（阳床），阳床的工作特性是除去水中 H$^+$ 以外的所有阳离子。其交换反应既有离子交换反应，也有中和反应，显然水中碱度的存在对 H 离子交换反应是有利的。反应如下：

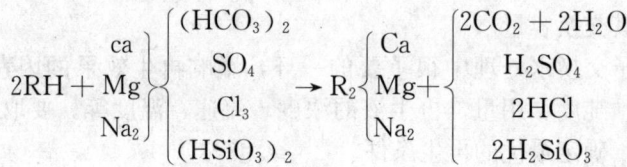

$$2RH + \begin{matrix} ca \\ Mg \\ Na_2 \end{matrix}\left\{\begin{matrix} (HCO_3)_2 \\ SO_4 \\ Cl_3 \\ (HSiO_3)_2 \end{matrix}\right. \rightarrow R_2\left\{\begin{matrix} Ca \\ Mg \\ Na_2 \end{matrix}\right. + \left\{\begin{matrix} 2CO_2 + 2H_2O \\ H_2SO_4 \\ 2HCl \\ 2H_2SiO_3 \end{matrix}\right.$$

含有多种离子的水通过强酸性 H 型树脂层时，尽管通水初期水中所有阳离子都参与交换，但之后由于 Ca$^{2+}$、Mg$^{2+}$ 等高价离子已在树脂层上部被交换并等量转换为 Na$^+$，在树脂层下部是 H 型树脂与水中 Na$^+$ 的交换，即

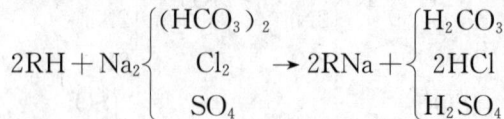

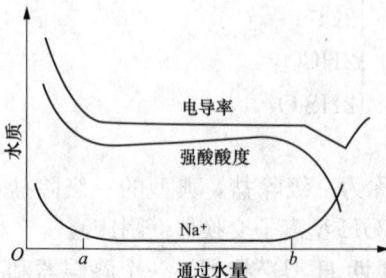

$$2RH + Na_2\left\{\begin{matrix} (HCO_3)_2 \\ Cl_2 \\ SO_4 \end{matrix}\right. \rightarrow 2RNa + \left\{\begin{matrix} H_2CO_3 \\ 2HCl \\ H_2SO_4 \end{matrix}\right.$$

经 H 离子交换后，水中的各种金属阳离子都被交换成 H$^+$，其中的碳酸盐转变成 H$_2$CO$_3$，中性盐转变成相应的强酸。

在实际运行中，树脂并未完全被再生为 H 型，因此，运行时的出水中还残留有少量的阳离子。由于树脂对 Na$^+$ 的选择性最小，所以出水中残留的主要是 Na$^+$。强酸性 H 型交换器出水水质曲线如图 3-12 所示。

图 3-12　强酸性 H 型交换器出水水质

阳床运行时，水由上而下通过强酸性 H 型树脂层，因树脂对各种阳离子的选择性不同，被吸附的离子在树脂中产生分层，其分布状况大致是 $Ca^{2+}$ 为上层，$Mg^{2+}$ 为次层，$Na^+$ 为最低层。实际上各层的界面并不是很明显的，有程度不同的混层现象发生。在运行过程中，$Ca^{2+}$、$Mg^{2+}$、$Na^+$ 三层树脂层的高度均会向下不断扩展。

在稳定工况下，制水阶段出水水质稳定，$Na^+$ 穿透（b 点）后，随着出水 $Na^+$ 浓度的升高，强酸酸度相应降低，电导率先略下降之后又上升。电导率的这种变化是因为尽管 $Na^+$ 的升高，$H^+$ 等量下降，但由于 $Na^+$ 的电导能力低于 $H^+$，所以共同作用的结果是水的电导率下降，因此，为了除去水中 $H^+$ 以外的所有阳离子，除盐系统中强酸性 H 型交换器必须在 $Na^+$ 穿透达到一定值时停止运行，然后用酸溶液再生。

2. 除碳器

脱除水中溶解气体的处理工艺称为水的脱气处理。水处理中常需脱除的气体是 $CO_2$ 和 $O_2$，它们的存在会对金属造成腐蚀性破坏，在离子交换除盐系统中，$CO_2$ 的存在还会消耗阴离子交换树脂的交换容量。

H 型离子交换器出水中的游离 $CO_2$ 通常使用除二氧化碳器将其除去，除二氧化碳器简称除碳器。

（1）脱除 $CO_2$ 的原理。水中碳酸化合物有以下平衡关系

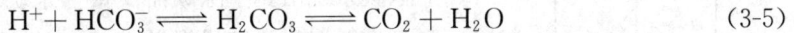

$$H^+ + HCO_3^- \rightleftharpoons H_2CO_3 \rightleftharpoons CO_2 + H_2O \tag{3-5}$$

由式（3-5）可知，水中 $H^+$ 浓度越大，平衡越易向右移动。经 H 离子交换后的水呈强酸性，水中碳酸化合物几乎全部以游离 $CO_2$ 形式存在。

$CO_2$ 气体在水中的溶解度符合亨利定律，即在一定温度下气体在溶液中的溶解度与液面上该气体的分压成正比。所以，只要降低与水相接触的气体中 $CO_2$ 的分压，溶解于水中的游离 $CO_2$ 便会从水中解吸出来，从而将水中游离 $CO_2$ 除去。除碳器就是根据这一原理设计的。

降低 $CO_2$ 气体分压的办法：一是在除碳器中鼓入空气，即通常说的大气式除碳；另一办法是从除碳器的上部抽真空，即通常说的真空式除碳。前者应用较为广泛。

（2）除碳设备。

1）大气式除碳器。大气式除碳器的结构如图 3-13 所示。本体是一个圆柱形的常压容器，用钢板衬胶或塑料制成；上部有配水装置，下部有进风装置；器内装有填料层。除碳器工作时，水从上部进入，经配水装置淋下，通过填料层后，从下部排入水箱。用来除 $CO_2$ 的空气是由风机从除碳器底部送入，由于空气中 $CO_2$ 的量很少，它的分压约为大气压的 $0.03\%$，所以当空气和水接触时，水中 $CO_2$ 便会析出并被空气带走，一起由顶部排出。

当处理水量、原水中碳酸化合物含量和对出水中 $CO_2$ 的要求一定时，影响除 $CO_2$ 效果的工艺条件有：

a. 水温。除 $CO_2$ 效果与水温有关，水温越高，$CO_2$ 在水中的溶解度越小，因此除去的效果也就越好。

b. 水和空气的流动工况和接触面积。水和空气的逆向

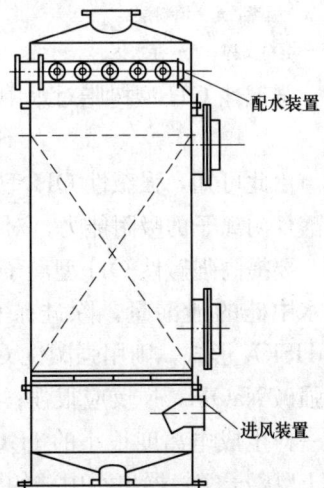

图 3-13　大气式除碳器

流动以及比表面积大的填料能有效地将水分散成线状、膜状或水滴状，从而增大了水和空气的接触面积，也缩短了 $CO_2$ 从水中析出的路程并降低了阻力。

c. 风量和风压。为了有效脱除 $CO_2$ 应有足够的风量，一般每处理 $1m^3$ 的水需空气量为 $15\sim30Nm^3$。风机的风压与风管、填料支架的阻力以及填料种类、填料高度有关，合适的风压是既能将解析出的 $CO_2$ 吹脱，又不使水散失。

2）真空式除碳器。真空式除碳器是从除碳器上部抽真空，使水达到沸点而除去溶于水中的气体，所以也称除气器。这种方式不仅能除去水中的 $CO_2$，而且能除去溶于水中的 $O_2$ 和其他气体，因此对防止后面的阴树脂氧化和管道腐蚀也是有利的。通过真空除碳器后，水中 $CO_2$ 可降至 $3mg/L$ 以下，残余 $O_2$ 低于 $0.03mg/L$。

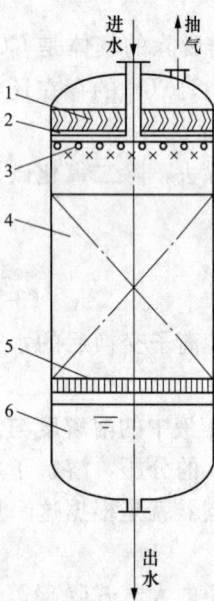

图 3-14　真空式除碳器
1—收水管；2—布水管；
3—喷嘴；4—填料层；
5—填料支撑；6—存水区

真空除碳器的基本构造如图 3-14 所示。由于除碳器是在负压下工作的，所以外壳要求具有密闭性和足够的强度。壳体下部设存水区，其容积应根据处理水量及停留时间决定，也可在下方另设卧式水箱以增加存水的容积。布水装置上的喷嘴用以将水喷淋成雾状，并在填料表面形成水膜，增大 $CO_2$ 的析出面积。

真空式除碳器所用的填料及其高度与大气式除碳器的相同。

真空除碳系统由真空除碳器及真空系统组成。真空状态可用水射器、蒸汽喷射器或真空机组形成。

3. 阴床的工作特性

在一级复床除盐系统中，强碱性 OH 型离子交换器是用来除去水中 OH⁻ 离子以外所有阴离子的。强碱性 OH 型离子交换器总是设置在 H 型离子交换器和除碳器之后，此时，水中阴离子以酸的形式存在，因此强碱性 OH 型离子交换实质上是 OH 型树脂与水中无机酸酸根离子的交换，其交换反应式为

$$2ROH + H_2SO_4 \longrightarrow R_2SO_4 + 2H_2O$$
$$ROH + HCl \longrightarrow RCl + H_2O$$
$$ROH + H_2CO_3 \longrightarrow RHCO_3 + H_2O$$
$$ROH + H_2SiO_3 \longrightarrow RHSiO_3 + H_2O$$

强碱性 OH 型树脂对水中常见阴离子的选择性顺序为：

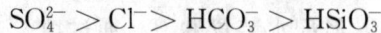

$$SO_4^{2-} > Cl^- > HCO_3^- > HSiO_3^-$$

由此可知，强碱性 OH 型树脂对水中强酸性阴离子（$SO_4^{2-}$、$Cl^-$）的吸附能力强于对弱酸性阴离子的吸附能力，对 $HSiO_3^-$ 的吸附能力最差。

要提高强碱性 OH 型离子交换器的出水水质，就必须创造条件提高除硅效果，以减少出水中硅的泄漏量，除硅条件包括水质方面的和再生方面的。如果水中硅化合物呈 $NaHSiO_3$ 形式，则用强碱性 OH 型树脂是不能将其完全去除的，因为交换反应的生成物是强碱 $NaOH$，逆反应很强；如果进水中阳离子只有 $H^+$，那么交换反应就与酸碱中和反应一样生成电离度很小的 $H_2O$，故除硅完全。随着 H 型离子交换器 $Na^+$ 泄漏量的增加，OH 型离子交换器出水中硅的含量也升高。因此，控制好强酸性 H 型离子交换器的运行，减少出水中 $Na^+$ 的泄漏量，即减少强碱性 OH 型离子交换器进水 $Na^+$ 量，就可以提高除

硅效果。另外，强碱性 Ⅰ 型树脂碱性比 Ⅱ 型树脂强，所以其除硅能力也强。

4. 一级复床除盐系统出水水质变化

在一级复床除盐系统中，强碱性 OH 型离子交换器运行周期中出水水质变化有两种不同的情况，一是 H 型离子交换器先失效，另一种是 OH 型离子交换器先失效。这两种情况都可以在强碱性 OH 型离子交换器出水水质变化曲线表示，如图 3-15 所示。

当 H 型离子交换器先失效时，相当于 OH 型离子交换器进水中 $Na^+$ 含量增大，于是 OH 型离子交换器的出水中 NaOH 含量上升，其结果是出水的 pH 值、电导率、$SiO_2$ 和 $Na^+$ 含量均增大。图 3-15（b）所示。

当 OH 型离子交换器先失效时，表现出的现象通常是出水中 $SiO_2$ 含量增大，因 $H_2SiO_3$ 是很弱的酸，所以在失效初期对出水 pH 值的影响并不很明显，但紧接着，随着 $H_2CO_3$ 或 HCl 漏出，pH 值就会明显下降。至于出水的电导率，往往会在失效点处先呈微小的下降，然后上升，这是因为 OH 型离子交换器未失效时，其出水中通常含有微量 NaOH，而在失效点，这部分 NaOH 被 $Na_2SiO_3$ 所代替，所以电导率先有微小下降。当 $OH^-$ 减小到与进水中 $H^+$ 正好等量时，电导率最低，这相当于酸碱滴定的终点。之后，出水中 $H^+$ 增加，电导率急剧增大。如图 3-15（a）所示。

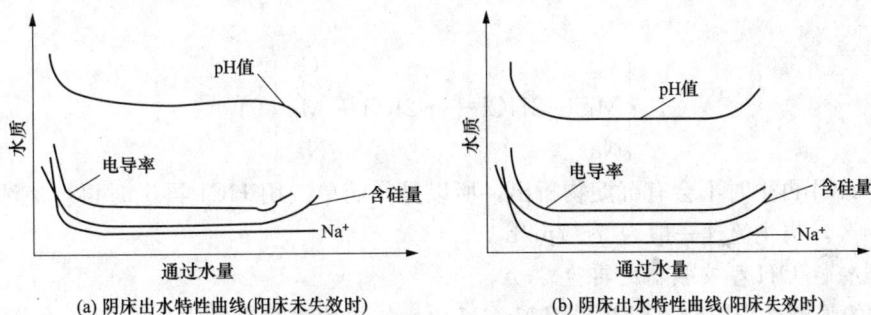

(a) 阴床出水特性曲线(阳床未失效时)　　　　(b) 阴床出水特性曲线(阳床失效时)

图 3-15　阴床出水特性曲线

对于单元式的一级复床除盐系统，在设计时阴床中树脂的装填量有 10% 的富余量，因此在正常情况下是阳床先失效。阳床失效即认为是系统失效，需进行再生。

四、运行监督

运行监督的项目主要有流量、交换器进出口压力差、进水水质和出水水质等。

1. 流量和进出口压力差

交换器应在规定的流速范围内运行，流量大意味着流速高。交换器进出口压力差主要是由水通过树脂层的压力损失决定的，流速越高、水温越低或树脂层越厚，水通过树脂层的压力损失越大。在正常情况下，进出口压力差是有一定规律的。当进出口压力差有不正常升高时，往往是由于树脂层积污过多、进气或析出沉淀（如硫酸再生时析出 $CaSO_4$）等不正常情况发生。

2. 进水水质

为保证化学除盐系统的安全、经济运行，进入化学除盐系统的进水水质应达到表 3-3 的要求。

表 3-3                                                化学除盐系统进水水质参考指标

| 项目 | 要求值 | 项目 | 要求值 |
|------|--------|------|--------|
| 浊度 | 顺流再生设备：＜5FTU | 铁 | 一级除盐设备：＜0.3mg/L |
| | 对流再生设备：＜2FTU | | 混合床：＜0.1mg/L |
| 游离氯 | ＜0.1mg/L | 化学耗氧量 | $COD_{Mn}$＜2mg/L |

**3. 出水水质**

经过化学除盐系统后的出水水质参考表 3-4。

表 3-4                                                化学除盐系统出水水质参考指标

| 项目 | 一级除盐水 | 混床除盐出水 |
|------|-----------|-------------|
| 电导率（$\mu S/cm$，25℃） | ＜10 | ＜0.2 |
| 二氧化硅（$\mu g/L$） | ＜100 | ＜20 |

### 五、交换器的再生

**1. 强酸性 H 型交换器的再生**

强酸性 H 型交换器失效后，必须用强酸进行再生，可以用 HCl。再生时的交换反应为

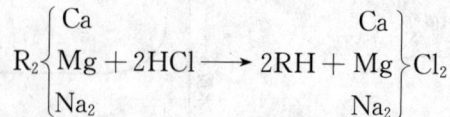

$$R_2 \begin{Bmatrix} Ca \\ Mg \\ Na_2 \end{Bmatrix} + 2HCl \longrightarrow 2RH + \begin{Bmatrix} Ca \\ Mg \\ Na_2 \end{Bmatrix} Cl_2$$

采用 HCl 再生时不会有沉淀物析出，所以操作简单。用 HCl 再生时再生液浓度一般为 2%～4%，再生流速一般为 5～7m/h。

**2. 强碱性 OH 型交换器的再生**

失效的强碱性阴树脂一般都采用 NaOH 再生，再生时交换反应为

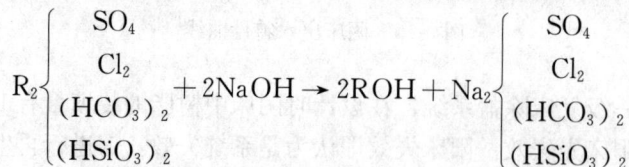

$$R_2 \begin{Bmatrix} SO_4 \\ Cl_2 \\ (HCO_3)_2 \\ (HSiO_3)_2 \end{Bmatrix} + 2NaOH \rightarrow 2ROH + Na_2 \begin{Bmatrix} SO_4 \\ Cl_2 \\ (HCO_3)_2 \\ (HSiO_3)_2 \end{Bmatrix}$$

为了有效除硅，强碱性 OH 型交换制除了再生剂必须用强碱外，还必须满足以下条件：再生剂用量应充足，提高再生液温度，增加接触时间。

试验表明，当再生剂用量达到某一定值后，硅的洗脱效果才明显，因此增加再生剂用量，不仅能提高除硅效果，而且能提高树脂的交换容量；提高再生液温度，可以改善对硅的置换效果，并缩短再生时间，但由于树脂热稳定性的限制，故再生温度也不宜过高，通常对于强碱性 I 型树脂再生温度为 40℃左右，II 型为（35±3）℃；提高再生接触时间是保证硅酸型树脂得到良好再生的一个重要条件，一般不得低于 40min，而且随硅酸型树脂含量增加，再生接触时间应越长。

此外，再生剂纯度对强碱性阴树脂的再生效果影响很大。工业碱中的杂质主要是 NaCl 和铁的化合物，强碱性阴树脂对 $Cl^-$ 有较大的亲和力，$Cl^-$ 不仅易被树脂吸附，而且吸附后不易被洗脱下来。所以当用含 NaCl 较高的工业碱再生时，会大大降低树脂的再生度，

导致工作交换容量下降，出水质量下降。

### 六、经济技术指标

交换器的出水水质、工作交换容量以及再生剂比耗是离子交换树脂的主要工艺性能，又是水处理时的主要经济技术指标。

1. 工作交换容量

工作交换容量是指在工作状态下，单位体积的离子交换树脂所能交换的离子总量，单位为 $mol/m^3$。

（1）强酸性 H 型离子交换器的工作交换容量。强酸性 H 型交换器中的阳树脂，其工作交换容量可根据式（3-6）计算。

$$q = (B+A)V/V_R \tag{3-6}$$

式中　$q$——工作交换容量，$mol/m^3$；

　　　$B$——进水平均碱度，$mmol/L$；

　　　$A$——出水平均酸度，$mmol/L$；

　　　$V$——一个周期的制水量，$m^3$；

　　　$V_R$——交换器内的树脂体积，$m^3$。

强酸性 H 型交换器的工作交换容量一般在 $800 \sim 1000 mol/m^3$ 范围内，视条件不同而异。

（2）强碱性 OH 型交换器的工作交换容量。强碱性 OH 型交换器中的阴树脂，其工作交换容量可根据式（3-7）计算。

$$q = \frac{\left(A + \frac{[Na^+]}{23} \times 10^{-3} + \frac{[CO_2]}{44} + \frac{[SiO_2]}{60} - \frac{[SiO_2]_c}{60} \times 10^{-3}\right)V}{V_R} \tag{3-7}$$

式中　$q$——工作交换容量，$mol/m^3$；

　　　$A$——进水平均强酸酸度，表示 OH 型交换器进水中以强酸形式存在的阴离子量 $mmol/L$；

　　$[Na^+]$——进水平均 $Na^+$ 含量，表示 OH 型交换器进水中以 Na 盐形式存在的阴离子量 $\mu g/L$；

　　$[CO_2]$——进水平均 $CO_2$ 含量，$mg/L$；

　　$[SiO_2]$——进水平均 $SiO_2$ 含量，$mg/L$；

　$[SiO_2]_c$——出水平均 $SiO_2$ 含量，$\mu g/L$；

　　　$V_R$——交换器内的树脂体积，$m^3$。

正常工作情况下，强碱性 OH 型交换器进水中 $Na^+$ 和出水中 $SiO_2$ 已经非常少，在计算工作交换容量时可忽略不计，此时工作交换容量的计算式可近似表示为

$$q = \frac{\left(A + \frac{[CO_2]}{44} + \frac{[SiO_2]}{60}\right)V}{V_R} \tag{3-8}$$

2. 再生剂用量（再生水平）

再生剂用量是影响再生效果最直接的因素，它是指再生单位体积树脂所用的纯再生剂的量，通常用符号 $L$ 表示，单位为 $g/L$ 或 $kg/m^3$。

$$L = \frac{G}{V_{\mathrm{j}}} \tag{3-9}$$

式中 $L$——再生剂用量，$g/L$ 或 $kg/m^3$；

　　$G$——再生一次所用的酸或碱量，$g$ 或 $kg$；

　　$V_{\mathrm{j}}$——交换剂的体积，$L$ 或 $m^3$。

因离子交换反应是可逆的，故失效树脂在运行时所吸附的离子完全有可能由再生剂中带同类电荷的离子所取代。但实际上，再生反应只能进行到平衡状态，只用理论再生剂是不能使树脂的交换容量完全恢复的。因此，再生产上，再生剂用量总会超出理论用量。

增加再生剂用量可以提高树脂的再生度，但当再生剂用量增加到一定程度后，再继续增加再生剂用量，树脂的再生度增加得却不多。从经济角度考虑，再生剂用量不宜过高，最高再生剂用量应通过试验确定。实际生产中，树脂并不能彻底再生。

3. 再生剂耗量和比耗

如前所示，再生剂用量过高时，虽然树脂的再生度提高，工作交换容量增大，但再生剂的利用率却降低，从而导致经济性降低。生产上有一些表示再生剂利用率的指标，如再生剂耗量 $W$（盐耗 $W_{\mathrm{Y}}$、酸耗 $W_{\mathrm{S}}$、碱耗 $W_{\mathrm{J}}$）和再生剂比耗 $R$ 等。

再生剂耗量 $W$ 可按式（3-10）计算。

$$W = \frac{G}{(c_{\mathrm{j}} - c_{\mathrm{c}})V} \tag{3-10}$$

式中 $W$——恢复 $1\mathrm{mol}$ 树脂的交换容量所需的纯再生剂的克数，$g/mol$；

　　$G$——再生一次所用再生剂的质量，$g$；

　　$c_{\mathrm{j}}$——进水总离子含量，$mol/m^3$；

　　$c_{\mathrm{c}}$——出水总离子含量，$mol/m^3$；

　　$V$——离子交换器一次周期中处理的水量，$m^3$。

式（3-10）还可做如下变换，即

$$W = \frac{G/V_{\mathrm{R}}}{(c_{\mathrm{j}} - c_{\mathrm{c}})V/V_{\mathrm{R}}} = \frac{L}{q} \tag{3-11}$$

式中 $L$——再生剂用量，$kg/m^3$；

　　$q$——树脂的工作交换容量，$mol/m^3$；

　　$V_{\mathrm{R}}$——交换器内的树脂体积（不包含压脂层树脂），$m^3$。

酸耗可用式（3-12）计算

$$W_{\mathrm{S}} = \frac{G}{(B+A)V} \tag{3-12}$$

式中 $W_{\mathrm{S}}$——酸耗，$g/mol$；

　　$G$——一次再生所用的纯酸量，$g$；

$(B+A)V$——用 $G$ 酸量再生后的制水阶段中所交换的离子总量，$mol$。

再生剂的比耗为

$$R_{\mathrm{HCl}} = W_{\mathrm{HCl}}/36.5 \tag{3-13}$$

$$R_{\mathrm{H_2SO_4}} = W_{\mathrm{H_2SO_4}}/49 \tag{3-14}$$

生产上对流再生设备的比耗一般在 1.1~1.5，顺流再生设备的比耗一般在 1.5~2.5 之间，$H_2SO_4$ 再生的比耗高于 HCl 的。比耗的倒数以百分率表示，就是再生剂利用率。

碱耗可用式（3-15）计算

$$W_j = \frac{G}{\left(A + \frac{[CO_2]}{44} + \frac{[SiO_2]}{60}\right)V} \tag{3-15}$$

式中　　　　　　　　$W_j$——碱耗，g/mol；

　　　　　　　　　　$G$——一次再生所用的纯碱量，g；

$\left(A + \frac{[CO_2]}{44} + \frac{[SiO_2]}{60}\right)V$——用 $G$ 酸量再生后的制水阶段中所交换的离子总量，mol。

再生剂比耗为

$$R_{NaOH} = W_{NaOH}/40 \tag{3-16}$$

生产上对流再生强碱性 OH 型交换器的比耗一般为 1.3~1.8，顺流再生强碱性 OH 型交换器的比耗一般为 1.8~3.0。

工作交换容量和再生剂比耗是两个重要的技术经济指标。在进水水质和运行条件不变的情况下，工作交换容量越大，周期制水量也越多；比耗越高，再生剂的利用率就越低，经济性越差。

下面举一实例，介绍一级复床除盐系统中工作交换容量及再生剂比耗的计算方法。

**【例 3-1】** 某单元制一级复床除盐系统由强酸性 H 型交换器、除碳器和强碱性 OH 型交换器组成。已知 H 型交换器直径 2.0m，树脂层高 1.6m；OH 型交换器直径 2.0m，树脂层高 2.0m。又知，H 型交换器进水碱度 2.4mmol/L，出水的强酸酸度 1.1mmol/L，$Na^+$ 浓度 23$\mu$g/L；除碳器出水残留 $CO_2$ 5mg/L；OH 型交换器进、出水中 $HSiO_3^-$（以 $SiO_2$ 表示）分别为 15mg/L 和 60$\mu$g/L。若 H 型交换器一次再生用溶液浓度 $c$ 为 30% 的工业 HCl（密度 $\rho = 1.149$g/cm³）0.8m³，OH 型交换器一次再生用 30% 工业 NaOH（$\rho = 1.328$g/cm³）0.38m³，该复床系统一个运行周期产水量为 1436m³。试分别计算该一级复床的 H 型交换器、OH 型交换器中树脂的工作交换容量、酸耗和碱耗以及再生剂比耗各为多少？

**解：**1. H 型交换器

（1）工作交换容量。

$$q = Q/V_R = \frac{(B+A)V}{(1/4\pi d^2 h)} = \frac{(2.4+1.1)\times 1436}{1/4 \times 3.14 \times 2^2 \times 1.6} = 1000(\text{mol/m}^3)$$

（2）酸耗。

$$W_S = \frac{G}{(B+A)V} = \frac{V_{HCl}\rho c}{(B+A)V} = \frac{0.8 \times 1.149 \times 30\% \times 10^6}{(2.4+1.1)\times 1436} = 54.87(\text{g/mol})$$

（3）HCl 比耗。

$$R_{HCl} = \frac{W_{HCl}}{36.5} = \frac{54.87}{36.5} = 1.50$$

2. OH 型交换器

（1）工作交换容量。

$$q = \frac{\left(A + \frac{[Na^+]}{23} \times 10^{-3} + \frac{[CO_2]}{44} + \frac{[SiO_2]}{60} - \frac{[SiO_2]_c}{60} \times 10^{-3}\right)V}{V_R}$$

$$= \frac{\left(1.1 + \frac{23}{23} \times 10^{-3} + \frac{5}{44} + \frac{15}{60} + \frac{60}{60} \times 10^{-3}\right)}{\frac{1}{4} \times 3.14 \times 2^2 \times 2}$$

$$= 335(mol/m^3)$$

（2）碱耗

$$W_j = \frac{G}{\left(A + \frac{[CO_2]}{44} + \frac{[SiO_2]}{60}\right)V} = \frac{V_{NaOH}\rho c}{\left(A + \frac{[CO_2]}{44} + \frac{[SiO_2]}{60}\right)V}$$

$$= \frac{0.38 \times 1.328 \times 30\% \times 10^6}{\left(1.1 + \frac{5}{44} + \frac{15}{60}\right) \times 1436} = 72(g/mol)$$

（3）NaOH 比耗

$$R_{NaOH} = \frac{W_{NaOH}}{40} = \frac{72}{40} = 1.8$$

## 第四节　离子交换设备及运行

离子交换设备的种类很多。目前，火力发电厂水处理常用的是固定床离子交换装置。所谓固定床是指交换剂在交换器内固定不动、水流动，并在一个设备中先后完成制水、再生等过程的装置。此外，还有移动床、流动床等连续床离子交换器。

固定床离子交换器按水流和再生液流动方向分为顺流再生离子交换器、逆流再生离子交换器；按交换器内树脂的状态又分为单层床、双层床、双层双室床、双层双室浮动床和混合床；按设备的功能又分为阳离子交换器（阳床）、阴离子交换器（阴床）和混合离子交换器（混床）。

本节主要介绍常用离子交换器的结构、工作过程和工艺特点，混合离子交换器在第五节中介绍。

**一、顺流再生离子交换器**

顺流式离子交换器是离子交换装置中应用最早的床型。交换器本体是由碳钢制成的圆柱形承压容器，筒体上开有人孔、树脂装卸孔以及用于观察交换器内部树脂状态的窥视孔。一般筒体及封头的内表面采用两层衬胶防腐，衬胶厚度约5mm，体内附件及接管贴衬一层厚度约3mm的衬胶层。

顺流式离子交换器运行时，水自上而下通过树脂层；再生时，再生液也是自上而下通过树脂层，即水和再生液的流向是相同的。

1.顺流再生交换器的结构

交换器体内基本装置有上部进水装置、下部排水（集水、配水）装置、进再生液装置，有的还有中间排液装置、进压缩空气装置等。交换器的结构如图3-16所示。

（1）进水装置。进水装置的作用是将进水均匀分布于交换器内的树脂层面上，所以也称布水装置，它的另一个作用是均匀收集反洗排水。由于树脂层上方有较厚的水垫层，能将进水均匀地分布于树脂层面上，因此对进水装置的进度要求不高。

漏斗式及穹形孔板式进水装置结构简单，但反洗时应注意树脂的膨胀高度，以防树脂流失。漏斗、孔板的材料多为碳钢衬胶。

十字管式进水装置是在十字管上开有许多小孔，管外包滤网或不锈钢丝，也有在管上开缝隙的。常用材料为不锈钢。

（2）排水装置。排水装置的作用是均匀收集处理过的水，也称集水装置，同时也起均匀分配反洗水的作用，所以也称配水装置。穹形孔板石英砂垫层式排水装置因装置结构简单，出水均匀、耐用，得到广泛应用，如图3-17所示。在穹形孔板石英砂垫层式的排水装置中，穹形孔板起支撑石英砂垫层的作用，常用材料有碳钢衬胶、不锈钢等。

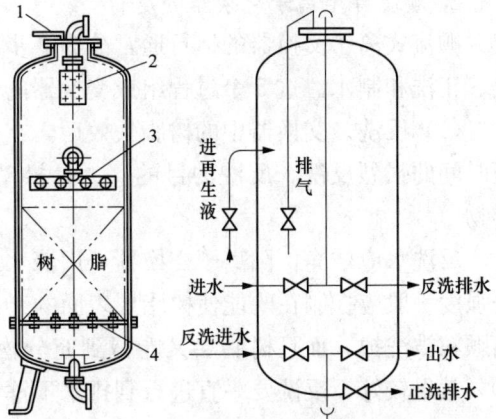

图 3-16　交换器的结构

1—放空气管；2—进水装置；
3—进再生液装置；4—排水装置

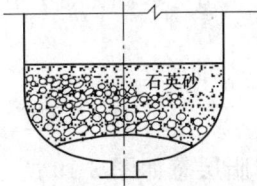

图 3-17　穹形孔板石英砂垫层式排水装置

石英砂的质量要求 $SiO_2$ 的百分比不小于 99%，使用前应用 5%～10% 的 HCl 浸泡 8～12h，以除去其中的可溶性杂质。

（3）进再生液装置。进再生液装置应能保证再生液均匀地分布在树脂层面上，常用的进再生液装置有辐射式、圆环式和母管支管式等，如图3-18所示。

大直径交换器一般采用母管支管式，在支管的两侧下方 45° 开孔，孔径一般为 $\phi 6$～8mm，支管外包 20 目和 60 目的网各一层。再生液分配装置距树脂层面 200～300mm。

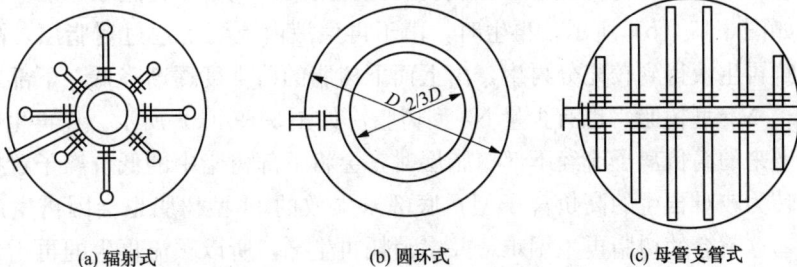

(a) 辐射式　　　　　(b) 圆环式　　　　　(c) 母管支管式

图 3-18　再生液分配装置

交换器中装有一定高度的树脂，树脂层上面留有一定的反洗空间。树脂层上方的空间是为了适应在反洗时树脂层膨胀，并防止树脂颗粒被反洗水带走，其高度一般相当于树脂层高度的 80%～100%。当这一空间充满水时，称为水垫层，水垫层在一定程度上可以防止进水直冲树脂层面造成凸凹不平，从而使水流在交换器板断面上均匀分布。

2. 顺流再生离子交换器的运行

顺流式离子交换器的运行通常分为5步，从交换器失效后算起为反洗、进再生液、置换、正洗和制水。这5个过程组成交换器的一个运行循环，称运行周期。

（1）反洗。交换器中的树脂失效后，在进再生液之前，先用水自下而上对树脂层进行短时间的强烈反洗。反洗的目的：一是松动树脂层，二是清除树脂层中运行时截留的悬浮物。

反洗水应洁净，阳离子交换器可用清水，阴离子交换器则用阳离子交换器的出水。反洗强度一般应控制在既能使树脂层表面的杂质和树脂碎屑被反洗水带走，又不使完好的树脂颗粒被洗掉，而且树脂层又能得到充分松动。经验表明，反洗时使树脂层膨胀 $50\%\sim60\%$ 效果较好，反洗要一直进行到排水不浑为止，一般需 $10\sim15min$。

（2）进再生液。将一定浓度的再生液以一定流速自上而下流过树脂层。再生是离子交换器运行操作中很重要的一环。再生剂的种类、纯度、用量、浓度、流速、温度等因素都直接影响再生效果。

（3）置换。当全部再生液送完后，树脂层中仍有正在反应的再生液，树脂层面至计量箱之间的再生液则尚未进入树脂层。为了使这些再生液全部通过树脂层，须用水按再生液流过树脂层的流程及流速通过交换器，这一过程称为置换，它实际上是再生过程的继续。

置换水一般用配制再生液的水，置换水量约为树脂层体积的 $1.5\sim2$ 倍，以排出液离子总浓度下降到再生液浓度的 $10\%\sim20\%$ 为宜。

（4）正洗。置换结束后，为了清除交换器内残留的再生产物，应用进水自上而下清洗树脂层，流速为 $10\sim15m/h$。正洗一直进行到出水水质合格为止。

（5）制水。正洗合格后即可投入运行制水，运行流速为 $20\sim30m/h$。

3. 顺流再生的工艺特点

顺流再生 H 型离子交换器运行失效后、再生前和再生后的树脂层态如图 3-19 所示。分析图 3-19（a）可知，当运行失效时，进水中离子依据树脂的选择顺序依次沿水流方向分布，最下部树脂的交换容量未能得到充分利用，尚存在一部分 H 型树脂。顺流再生离子交换器再生前树脂需进行反洗，试验表明，经反洗后各离子型树脂在床层中基本呈均匀分布状态，如图 3-19（b）所示。再生时，由于再生液由上而下通过树脂层，故上部树脂首先接触新鲜再生液得到较充分再生，由上而下树脂的再生度逐渐降低，下部未得到再生的主要是 Ca、Mg 型树脂，也有少量 Na 型树脂，如图 3-19（c）所示。在再生的初期，一部分被再生下来的高价离子流经下部树脂层时，会将下部树脂中的低价离子置换出来，使这部分树脂转为较难再生的高价离子型，底部未失效的 H 型树脂也会因再生产物通过而转成失效态，这就会使树脂再生困难，并多消耗再生剂，所以顺流再生的再生效果差。若再生前树脂未经反洗，即仍为失效后的层态，则上述情况更为突出。

前面已经讲过，交换器中树脂的再生通常是不彻底的，必然是再生液进口端再生得较完全，出口端再生不完全。在顺流再生工艺中，由于水的流向和再生液的流向相同，所以与出水相接触的正好是再生最不完全的部分。因此，即使在进水端水质已经处理得很好，而当它流至出水端时，又与再生不完全的树脂进行反交换重新使水质变差。随运行时间的延续，底部树脂层的再生度逐渐略有提高，出水会略有变好，直至穿透。图 3-20 所示为

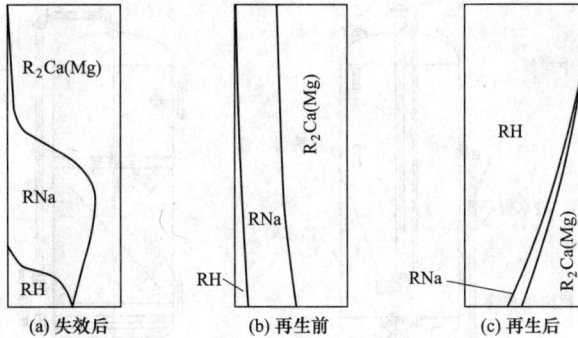

图 3-19　顺流再生 H 离子交换器树脂层态

顺流再生 H 型离子交换器出水、$Na^+$ 浓度变化曲线。

　　由于树脂对 $Ca^{2+}$、$Mg^{2+}$ 的选择性比 $Na^+$ 强得多，以及离子交换平衡的浓度效应，一般来说，在出水端 Ca、Mg 型树脂含量小于 $60\%$ 情况下，出水硬度近于零。

　　顺流再生离子交换器设备结构简单，运行操作方便，工艺控制容易，对进水悬浮物含量要求不是很严格（浊度不大于 $5mg/L$），但出水水质不理想，再生剂比耗高。顺流离子交换器适用于

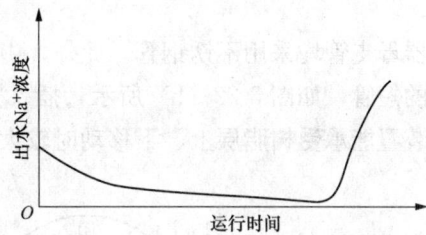

图 3-20　顺流再生 H 型离子交换器
出水、$Na^+$ 浓度变化曲线

原水水质较好，以及 $Na^+$ 较低的水质，或者采用弱酸树脂和弱碱树脂时。

**二、逆流再生离子交换器**

　　为了克服顺流再生工艺出水端树脂再生度低而导致出水水质差的缺点，现在广泛采用对流再生工艺，即运行时水流方向和再生时再生液流动方向相反的水处理工艺。习惯上将运行时水向下流动、再生时再生液向上流动的对流水处理工艺称为逆流再生工艺，采用逆流再生工艺的离子交换器称为逆流再生离子交换器。

　　1. 逆流再生交换器的结构

　　逆流再生离子交换器的结构及外部管系如图 3-21 所示。与顺流再生离子交换器结构不同的地方是，在树脂层表面处设有中间排液装置，以及在树脂层上面加有高度为 200mm 的压脂层。

　　（1）中间排液装置。该装置的作用主要是使向上流动的再生液和清洗水能及时地从此装置排走，不会因为有水流流向树脂层上面的空间而扰动树脂层，其次还兼作小反洗的进水和小正洗的排水。中间排液装置对逆流再生离子交换器的再生效果有较大的影响，对其要求除了能及时排出再生废液，防止树脂乱层、流失外，还应有足够的强度，安装时应保持水平状态。

　　目前常用的形式是母管支管式，其结交状构如图 3-22（a）所示。支管用法兰与母管连接，支管距离一般为 150~250mm。目前普遍采用在支管上加装梯形绕丝，梯形绕丝的缝隙为 0.25mm。对于大直径的交换器，常采用碳钢衬胶母管和不锈钢支管，小直径的交

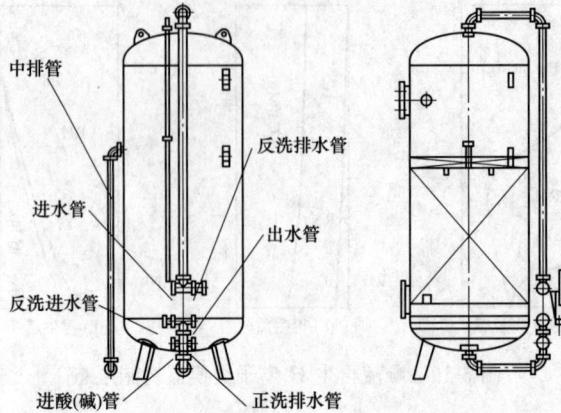

图 3-21　逆流再生离子交换器及外部管系

换器母支管均采用不锈钢管。此外，中间排液装置还有插入管式，即在支管上加装垂直向下的短管，如图 3-22（b）所示，插入树脂层的管段长度一般与压脂层厚度相同，这种中排装置能承受树脂层上、下移动时较大的推力，不易弯曲、断裂。

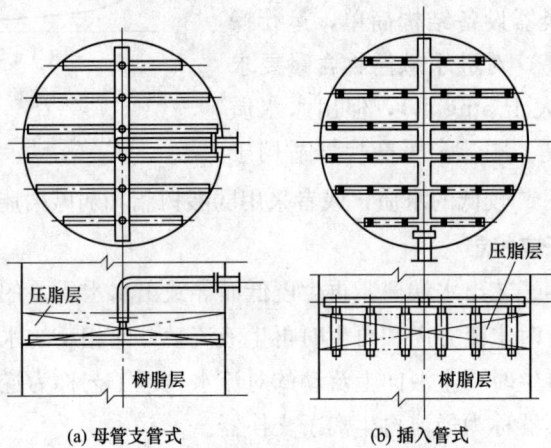

图 3-22　中间排液装置

（2）压脂层。设置压脂层的原意是为了在再生液向上流时，树脂不乱层，但实际上压脂层所产生的压力很小，并不能靠自身起到压脂作用。压脂层真正的作用：一是过滤掉水中的悬浮物，使它不进入下部树脂中，这样便于将其洗去而又不影响下部的树脂层态；二是可以使顶压空气或水通过压脂层均匀地作用于整个树脂层表面，从而起到防止树脂向上窜动的作用。

压脂层的材料目前一般都用树脂，即与下面树脂层相同的材料，其厚度为 150～200mm。压脂层厚度应是在树脂失效后的压实状态下，能维持在中间排液管以上的厚度。

2. 逆流再生交换器的运行

在逆流再生离子交换器的运行操作中，制水过程和顺流式没有区别。再生操作随防止乱层措施的不同而异，下面介绍的是采用空气顶压进行再生操作的方法，如图 3-23 所示。

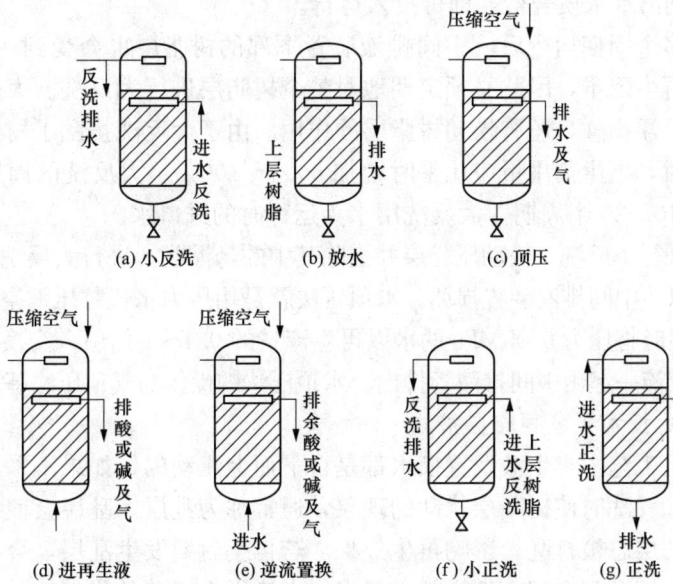

图 3-23　空气顶压进行再生操作步骤

（1）小反洗如图 3-23（a）所示。小反洗是对中间排液管以上的压脂层进行反洗。为了保持有利于再生的失效树脂层不乱，不能像顺流再生那样每次再生前都对整个树脂层进行反洗。小反洗的作用是洗掉运行时积聚在压脂层中的污物。小反洗用水为该级交换器的进口水，由中间排液装置进水，顶部排水，反洗流速以不跑树脂为准，反洗一直到排水清澈为止。系统中的第一个交换器，小反洗历时一般为 15～20min，串联其后的交换器一般为 5～10min。

（2）放水如图 3-23（b）所示。小反洗后，待树脂沉降下来以后，打开中排放水门，放掉中间排液装置以上的水，使压脂层处于无水状态。

（3）顶压如图 3-23（c）所示。从交换器顶部送入压缩空气，使气压维持在 0.03～0.05MPa，用来顶压的空气应经除油净化。

（4）进再生液如图 3-23（d）所示。在顶压的情况下，将再生液由底部集水装置送入交换器内，控制再生液浓度和再生流速，进行再生。由于中排装置能及时排出再生废液，压脂层又处于无水状态，所以可避免树脂向上窜动。

（5）逆流置换如图 3-23（e）所示。当再生液进完后，关闭再生计量箱出口门，按再生液的流速和流程继续用稀释再生剂的水进行置换。置换时间一般为 30～40min，置换水量为树脂体积的 1.5～2 倍。

逆流置换结束后，应先关闭进水门停止进水，然后再停止顶压，防止乱层。在逆流置换过程中气压应保持稳定。

（6）小正洗如图 3-23（f）所示。再生后压脂层中往往有部分残留的再生废液，如不清洗干净，将影响运行时的出水水质。小正洗时，水从上部进入，从中间排液管排出，流速一般阳树脂为 10～15m/h，阴树脂为 7～10m/h，时间约 5～10min。小正洗用水为运行时的入口水。小正洗也可以用小反洗的方式进行。

（7）正洗如图 3-23（g）所示。最后按一般运行方式用进水自上而下进行正洗，流速

$10\sim15m/h$，直到出水水质合格，即可投入运行。

交换器经过多个周期运行后，中间排液装置下部的树脂层也会受到一定程度的污染，运行压差增大，再生困难，因此必须定期地对整个树脂层进行大反洗。大反洗的目的除了清除树脂层中的悬浮物外，还有松动树脂层的作用。由于大反洗扰乱了树脂层，所以大反洗后第一次再生时，再生剂用量应比平时增加$50\%\sim100\%$。大反洗的周期应视进水的浊度而定，一般为$10\sim20$个周期。大反洗用水为运行时的进口水。

大反洗前应进行小反洗，松动压脂层并去除其中的悬浮物。进行大反洗的流量应由小到大，逐步增加，以防中间排液装置损坏。水顶压法就是用压力水代替压缩空气，使树脂层处于压实状态。再生时将压力0.05MPa的水以再生流量的$0.4\sim1$倍引入交换器顶部，通过压脂层后，与再生废液一起由中间排液管排出。水顶压法的操作与气顶压法基本相同。

3. 逆流再生的技术要求和相应措施

由于逆流再生工艺中再生液及置换水都是自下而上流动的，如果不采取措施，流速稍大时，就会发生如反洗时使树脂层扰动的现象，通常称为乱层。乱层会使树脂层松动，并导致有利于再生的层态被打乱，影响再生效果。若再生后期发生乱层，会将上层再生不彻底的树脂或多或少地翻到底部，这样就必然失去逆流再生工艺的优点。为此，在采用逆流再生工艺时，必须采取措施，以防止再生液向上流动时发生树脂乱层。

防止再生时树脂乱层可采取的措施是：在交换器内增设中间排液装置和压脂层。此外，再生时采用上部进气（或水）进行顶压，即顶压逆流再生；或者增大中间排液装置上的开孔面积，减小排液阻力而无须顶压，这就是无顶压逆流再生。

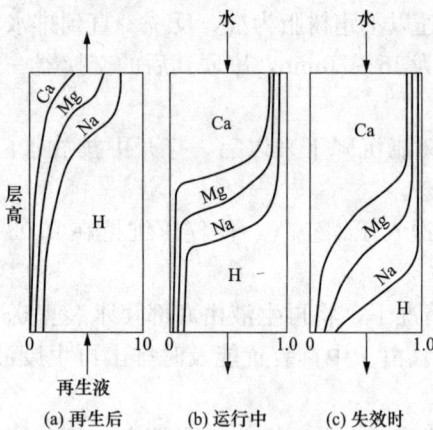

图3-24 逆流再生离子交换器再生层态

4. 逆流再生的工艺特点

逆流再生交换器再生前的树脂层态及再生后的树脂层态与顺流再生交换器是不相同的。由于逆流再生离子交换器再生前仅对压脂层进行小反洗，所以树脂层仍保持着运行失效时的层态，如图3-24（c）所示。这种层态对再生液由下而上通过树脂层的再生极为有利，例如对于强酸性H型离子交换器来说，新鲜的酸液首先接触底部未失效的H型树脂，酸中$H^+$未被消耗，进一步向上流动进入Na型树脂层区，将Na型树脂再生为H型树脂，再生液中尚未被消耗的$H^+$以及被置换出的$Na^+$继续向上流动与Mg型树脂接触，将树脂转为H型和Na型，含有$H^+$、$Na^+$的再生液和被置换下来的$Mg^{2+}$再继续通过Ca型树脂，使Ca型树脂得到再生。由于再生液中的$H^+$不是直接接触最难再生的Ca型树脂，而是先接触容易再生的Na型树脂并依次进行排代，这样就大大提高了H型树脂的转换率，所以相同条件下，再生效果比顺流式好。由于出水端树脂的再生度最高如图3-24（a）所示，所以运行时可获得很好的出水水质。

与顺流再生相比，逆流再生工艺具有以下优点：

（1）对水质适应性强。当进水含盐量较高或$Na^+$比值较大而顺流工艺出水达不到水质要求时，可采用逆流再生工艺。

（2）出水水质好。由逆流再生离子交换器组成的复床除盐系统，强酸性 H 型交换器出水 $Na^+$ 含量低于 $100\mu g/L$，一般在 $20\sim30\mu g/L$；强碱性 OH 型交换器出水 $SiO_2$ 低于 $100\mu g/L$，一般在 $10\sim20\mu g/L$，电导率通常低于 $2\mu S/cm$。

（3）再生剂比耗低。一般不大于 1.5，视水质条件的不同，再生剂用量比顺流再生节约 $50\%\sim100\%$，因而排废酸、废碱量也少。

（4）自用水率低。一般比顺流再生工艺低 $30\%\sim40\%$，主要表现在正洗水量比顺流低。但逆流再生设备和运行操作更复杂一些，对进水浊度要求较严，应不大于 $2mg/L$，以减少大反洗次数。

## 第五节　混合床除盐

经过一级复床除盐系统后的水，仍然不能满足高参数、大容量机组对水质的要求。其主要原因是位于 H 型离子交换器的出水中有强酸，离子交换的逆反应倾向比较显著，以致出水中会残留少量 $Na^+$，而 H 型离子交换器出水中的 $Na^+$ 会影响串联其后的 OH 型离子交换器的出水水质。当对水质要求更高时，采用混床除盐。

所谓混合床就是将阴、阳离子交换树脂按一定比例均匀混合装在同一个交换器中，水通过时同时完成阴、阳离子交换过程的床型。对水质要求很高时，混合床中所用树脂都必须是强型的。

混合床按再生方式分体内再生和体外再生两种，体外再生混合床将在凝结水精处理部分介绍。本节介绍由强酸树脂和强碱树脂组成的体内再生混合床。

**一、混合床除盐原理**

混合床可以看作是由许许多多阴、阳树脂交错排列而组成的多级式复床。

在混合床中，由于运行时阴、阳树脂是相互混匀的，所以阴、阳离子的交换反应几乎是同时进行的，或者说水中阳离子交换和阴离子交换是多次交错进行的。因此，经阳离子交换所产生的 $H^+$ 和经阴离子交换所产生的 $OH^-$ 都不会累积起来，而是马上互相中和生成 $H_2O$，这就使交换反应进行得十分彻底，出水水质很好，其交换反应可用式（3-17）表示。

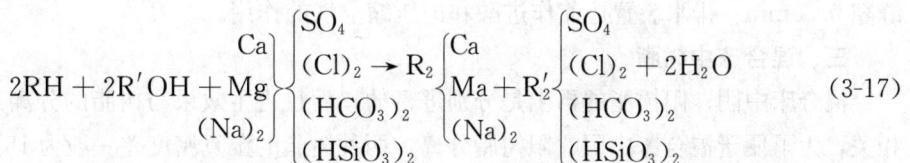

$$2RH + 2R'OH + \begin{Bmatrix} Ca \\ Mg \\ (Na)_2 \end{Bmatrix} \begin{Bmatrix} SO_4 \\ (Cl)_2 \\ (HCO_3)_2 \\ (HSiO_3)_2 \end{Bmatrix} \rightarrow R_2 \begin{Bmatrix} Ca \\ Ma \\ (Na)_2 \end{Bmatrix} + R'_2 \begin{Bmatrix} SO_4 \\ (Cl)_2 \\ (HCO_3)_2 \\ (HSiO_3)_2 \end{Bmatrix} + 2H_2O \tag{3-17}$$

为了区分阳树脂和阴树脂的骨架，式中将阳树脂的骨架用 R、阴树脂的骨架用 R' 表示以示区别。

混合床中树脂失效后，应先将两种树脂分离，分别进行再生和清洗。然后再将两种树脂混合均匀，又投入运行。

在高参数、大容量机组的发电厂中，由于锅炉补给水的用量较大，如单独使用混合床处理原水，再生将过于频繁，所以混合床都是串联在反渗透预脱盐或一级复床除盐系统之后使用的。只有在处理凝结水时，由于被处理水的离子浓度低，才单独使用混合床。

## 二、混合床结构

体内再生混床运行前需将阴、阳两种树脂混合，而再生时又需将两种树脂分开，因此，交换器结构应能满足上述工艺要求。

混合床即混合离子交换器，器体为柱形压力容器，碳钢衬胶。交换器内的主要装置有：上部进水装置、下部排水装置、碱液分配装置、进酸装置及压缩空气装置，在阴、阳树脂分界处设有中间排液装置，其结构如图 3-25（a）所示，图 3-25（b）所示为交换器的管路系统。

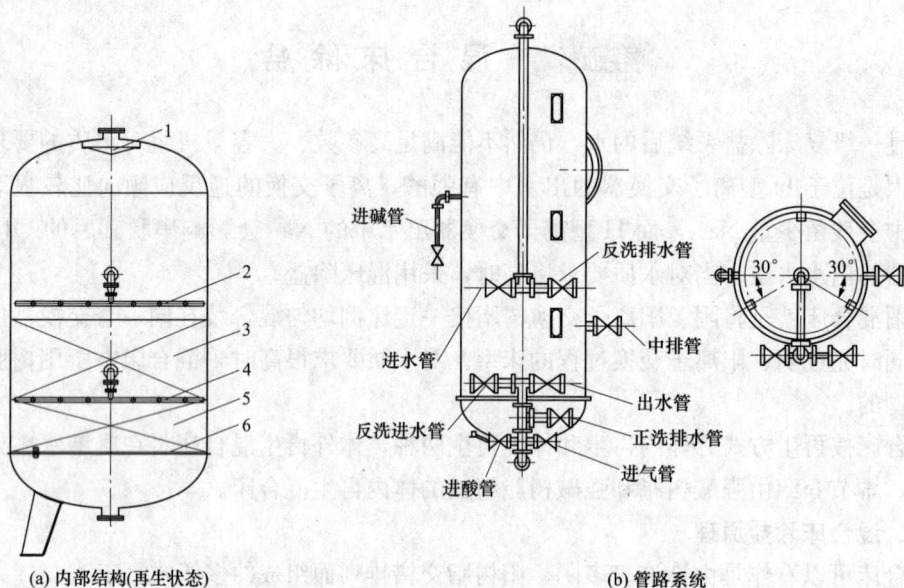

图 3-25　混合床结构
1—进水装置；2—碱液分配装置；3—阴树脂层；4—中间排液装置；5—阳树脂层；6—下部排水/进酸装置

其中上部进水配水装置为穹形多孔板，钢衬胶；下部出水装置为多孔板加水帽，碱液分配装置、中间排液装置均为支母管式，支管为不锈钢多孔管梯形绕丝结构，不锈钢绕丝缝隙 0.25mm。排水装置还兼作进酸和进压缩空气的作用。

## 三、混合床中树脂

混合床中阴、阳树脂的再生是分别进行的，而且再生效果与树脂的分离是否彻底密切相关，为了便于混合床中阴、阳树脂分离，两种树脂的湿真密度差一般为 15%～20%；树脂的分离效果不仅与树脂的湿真密度有关，还与树脂的颗粒大小有关，若树脂颗粒大小不均匀，会增大树脂的分层难度，为了适应高流速运行的需要，混合床使用的树脂应该机械强度高、颗粒大小均匀。

确定混合床中阴、阳树脂比例的原则是使两种树脂同时失效，以获得树脂交换容量的最大利用率。由于不同树脂的工作交换容量不同、进水水质和出水水质的不同，混床中的阴、阳树脂比例应根据实际情况确定。

混床树脂的性能指标见表 3-5。

**表 3-5** 混床树脂的性能指标

| 性能指标 | 单位 | 树脂型号 | |
|---|---|---|---|
| | | 001×7MB | 201×7MB |
| 质量全交换容量 | mmol/g | ≥4.5 | ≥3.8 |
| 体积全交换容量 | mmol/mL | ≥1.8 | ≥1.35 |
| 工作交换容量 | mmol/L-R(湿) | 800 | 250 |
| 含水量 | % | 45～50 | 42～48 |
| 湿视密度 | g/mL | 0.77～0.87 | 0.67～0.73 |
| 湿真密度 | g/mL | 1.25～1.29 | 1.070～1.100 |
| 转型膨胀（Na+→H+） | % | ≤10 | — |
| 转型膨胀（Cl⁻→OH⁻） | % | — | ≤25 |
| 范围粒度 | % | (0.500～1.250)mm≥95 | (0.4～0.90)mm≥95 |
| 有效粒径 | mm | 0.550～0.900 | 0.500～0.800 |
| 均一系数 | | ≤1.40 | ≤1.40 |
| 磨后圆球率 | % | ≥60 | ≥60 |

从表 3-5 可以看出，混合床中阳树脂的工作交换容量是阴树脂的 2～3 倍。因此，如果采用单独混床除盐，则阴、阳树脂的体积比为（2～3）∶1；若是位于一级复床除盐系统之后的混床除盐，通常采用的强碱性阴树脂与强酸性阳树脂的体积比为 2∶1。

**四、混合床离子交换器的运行操作**

混合床离子交换器的阴、阳树脂的再生是在同一个交换器内完成的，再生前需将两种树脂进行分离，分别进行再生；再重新投入运行前将两种树脂进行混合。因此，混合床离子交换器的运行周期包括：反洗分层→体内再生→树脂混合→正洗→制水。

**1. 反洗分层**

在火力发电厂水处理中，目前都是用水力筛分法对阴、阳树脂进行反洗分层。这种方法就是借反洗的水力将树脂悬浮起来，使树脂层达到一定的膨胀高度，维持一段时间，然后停止进反洗水，树脂靠重力沉降。由于阴、阳树脂的湿真密度不同，所以沉降速度不等，从而达到分层的目的。由于阴树脂的湿真密度小于阳树脂的湿真密度，分层后阴树脂在上，阳树脂在下。

反洗开始时，流速宜小，待树脂层松动后，逐渐加大流速到 10m/h 左右，使整个树脂层的膨胀率在 50%～70%，维持 10～15min，一般即可达到较好的分层效果。

新树脂运行初期，阳树脂和阴树脂有时会出现抱团（即相互黏结成团），可先通入 NaOH 溶液以破坏抱团现象，使阳树脂转变为 Na 型，将阴树脂再生成 OH 型，从而加大阳、阴树脂的湿真密度差。

**2. 体内再生**

体内再生法就是树脂在交换器内进行再生的方法。根据进酸、进碱和清洗步骤的不同，又可分为两步法和同时进行法。

混床一般采用的是同步进酸碱再生液。即再生前，先将树脂层上面的水排至适当位置；再生时，由混合床上、下同时分别进入碱液和酸液，并接着进清洗水，对阴、阳树脂

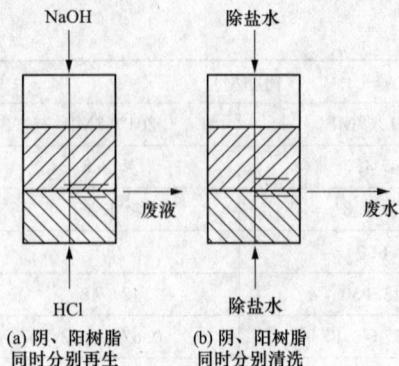

图 3-26　混合床同时再生示意

分别进行再生和清洗，由中排管同时排出。同步再生法的操作过程如图 3-26 所示。

混合床中再生剂的比耗，一般阳树脂为 2～4，阴树脂为 3～5。

**3. 阴、阳树脂的混合**

树脂再生和清洗后，在投入运行前必须将分层的阴、阳树脂重新混合均匀。通常采用从底部通入压缩空气的办法搅拌混合。为了获得较好的混合效果，混合前应把交换器中的水面下降到树脂层表面上 100～150mm 处。

**4. 正洗**

混合后的树脂层，还要用除盐水以进行正洗，直至出水水质合格后，方可投运。

**5. 制水**

混合床的运行终点，通常是按规定的失效水质标准控制的。要求：电导率（25℃）≤0.15$\mu$S/cm，SiO$_2$＜10$\mu$g/L。

混床的出水母管上串有一台树脂捕捉器，其作用是截留混床运行中可能泄漏的树脂。

**五、混合床运行的特点**

混合床的优点：出水水质优良、出水水质稳定；间断运行对出水水质影响较小；混床在交换末期失效时，出水导电率上升很快，终点明显，也有利于实现自动控制。缺点是：树脂交换容量的利用率低、再生剂比耗高、再生操作复杂。

**六、除盐再生系统**

离子交换除盐装置的再生剂是酸和碱，因此，在用离子交换法除盐时，必须设置一套用来储存、配制、输送和投加酸、碱的再生液系统。常用的酸有工业盐酸和工业硫酸，常用的碱是工业氢氧化钠。酸和碱对设备和人身有侵蚀性，因此必须采取相应的防腐措施并在运行中注意防止灼伤。

**1. 储存**

桶装固体碱一般干式储存，液态的酸、碱常用储存罐储存。当高位布置时槽车中酸（或碱）是用酸泵（或碱泵）送入储存罐中的；储存罐有高位布置和低位半地下布置，当低位布置时运输槽车中的酸（或碱）靠其自身的重动卸入储存罐中。

**2. 计量**

酸、碱的计量采用计量箱。计量箱壳体采用碳钢，内衬防腐胶，计量箱设有液位计，以实现自动化控制与高低液位报警。

**3. 再生液的配制和输送**

液态再生剂的输送常用方法有压力法、负压法和泵输送法。压力法是利用压缩空气挤压酸、碱的输送方法，这种方式一旦设备发生泄漏故障就有溢出酸、碱的危险；负压输送法就是利用抽负压使酸、碱在大气压力下自动流入，此法因受大气压的限制，输送高度不能太高，用泵输送比较简单易行。

将浓的酸、碱稀释成所需浓度的再生液，常用的配制方法有容积法、比例流量法和水射器输送配制法。容积法是在再生剂计量箱（槽、池）内先放入定量的稀释水，再放入定量的再生剂，搅拌成所需浓度；比例流量法是通过计量泵或借助流量计按比例控制稀释水和再生剂的流量，在管道内混合成所需浓度的再生液；水射器输送配制法是通过用压力使流量稳定的稀释水通过水射器，在抽吸和输送过程中配制成所需浓度的再生液，这种方法大都直接用在再生液投加的时候，即在配制的同时，将再生液投加至交换器中。

具体的几种酸、碱再生液系统介绍如下：

（1）盐酸再生液系统。如图 3-27（a）所示为储存罐高位布置，再生剂靠储存罐与计量箱的位差，将一次的用量卸入计量箱。再生时，首先打开水射器进水门，调节流量，然后再开计量箱出口门，调节再生液浓度，与此同时将再生液送入交换器中。图 3-27（b）所示为储存罐低位布置，利用负压输送法将酸送入计量箱中，也可以采用泵输送的办法。

为防止酸雾，盐酸再生系统中储存罐、计量箱的排气口应设酸雾吸收器。

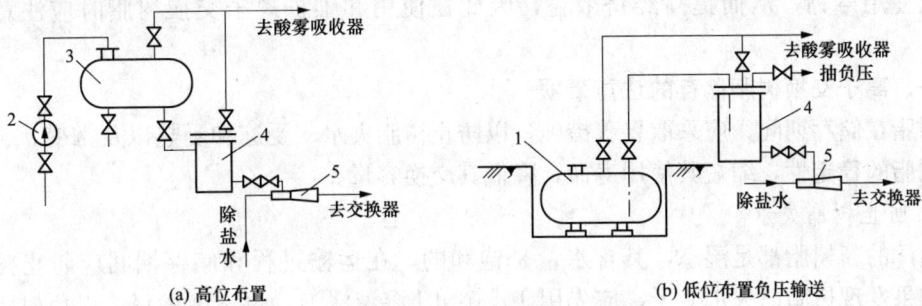

(a) 高位布置　　　　　　　　　　　(b) 低位布置负压输送

图 3-27　盐酸再生系统
1—低位储存罐；2—酸泵；3—高位储存罐；4—计量箱；5—水射器

（2）硫酸再生液系统。浓硫酸在稀释过程中会放出大量的热量，所以硫酸一般采用二级配制方法，即先在稀释箱中配成 20% 左右的硫酸，再用水射器稀释成所需浓度并送入交换器中，图 3-28 所示为负压输送的硫酸再生系统。

（3）碱再生液系统。用于再生阴离子交换树脂的碱有液体的，也可用固体的。液体碱浓度一般为 30%～42%，其配制、输送与盐酸再生系统相同。

固体碱通常含有 95% 以上的 NaOH，使用时一般先将固体碱在溶解槽内溶解成 30%～40% 的浓碱液，利用碱泵存入碱储存罐，使用时再配制成所需浓度的再生液，如图 3-29 所示。

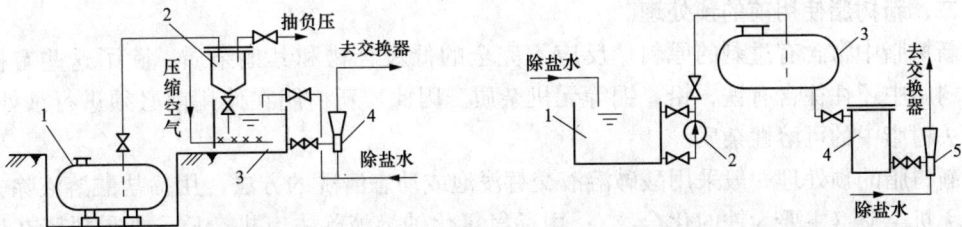

图 3-28　硫酸再生系统
1—储存罐；2—计量箱；
3—稀释箱；4—水射器

图 3-29　固体碱配制系统
1—溶解箱；2—泵；3—高位储存罐；
4—计量箱；5—水射器

为加快固体碱的溶解过程，溶解槽需设搅拌装置。由于固体碱在溶解过程中放出大量热量，溶液温度升高，为此溶解槽及其附设管路、阀门一般采用不锈钢材料。

碱再生液的加热有两种方式，一种是加热再生液，它是在水射器后增设蒸汽喷射器，用蒸汽直接加热再生液；另一种是加热配制再生液的水，它是在水射器前增设热水箱，用电或蒸汽将水加热。

碱再生液系统中，储存罐及计量箱的排气口宜设 $CO_2$ 吸收器，防止空气中 $CO_2$ 进入储存罐和计量箱。

## 第六节　离子交换树脂的使用和维护

为了充分发挥离子交换树脂的性能，获得良好的水处理效果，同时尽量延长离子交换树脂的使用寿命，从而提高经济效益，因此在使用和维护离子交换树脂时应注意以下几点。

### 一、离子交换树脂储存的注意事项

树脂在储存期间，应采取妥善措施，以防止树脂失水、受冻和受热以及霉变，否则会影响树脂的稳定性，缩短其使用寿命，降低其交换容量。

1. 防止树脂失水

出厂的新树脂都是湿态，其含水量是饱和的，在运输过程和储存期间应防止树脂失水，如果发现树脂已失水变干，应先用 10％NaCl 溶液浸泡，再逐渐稀释，以免树脂因急剧膨胀而破裂。

2. 防止树脂受热、受冻

树脂储存过程中温度不易过高或过低，储存环境温度一般宜在 5～40℃。温度过高，则容易引起树脂变质、交换基团分解和滋长微生物；若在 0℃ 以下，会因树脂网孔中水分冰冻使树脂体积膨大，造成树脂胀裂。如果温度低于 5℃，又无保温条件，这时可将树脂浸泡在一定浓度的食盐水中，降低冰点温度以达到防冻的目的。

3. 防止霉变

使用过的树脂长期在水中存放时，其表面容易滋长微生物，发生霉变，尤其是在温度较高的环境中。为此，必须定期换水或用水反冲洗，必要时也可用 1.5％的甲醛溶液浸泡。此外，树脂存放时，要避免直接接触铁容器、氧化剂和油脂类物质，以防树脂被污染或氧化降解，而造成树脂劣化。

### 二、新树脂使用前的预处理

新树脂中常含有过剩的原料、反应不完全的低聚合物和其他杂质。除了这些有机物外，树脂中还往往含有铁、铅、铜等无机杂质。因此，新树脂在使用前必须进行预处理，以除去树脂中的可溶性杂质。

新树脂的预处理一般采用酸碱溶液交替浸泡或动态清洗的方法，用稀盐酸溶液除去其中的无机杂质（主要为铁的化合物）；用稀氢氧化钠溶液除去有机杂质。如果树脂在运输途中或储存期间失了水，则不能将其直接放入水中，以防止因急剧溶胀而破裂，应先把树脂放入浓食盐水中浸泡一定时间后，再用水稀释使树脂缓慢溶胀到最大体积。对于阴离子交换脂，由于它在过浓的食盐水中会上浮，不能很好浸湿，故用 10％食盐水浸泡较为合适。

由于水处理中树脂用量都比较大，所以新树脂的预处理一般在离子交换器中进行。通常的处理方法如下：

1. 水洗

将树脂装入交换器中，用清水反洗，以除去混在树脂中的机械杂质、细碎树脂粉末，及溶解于水的物质。反洗时控制树脂层膨胀率 50% 左右，直至排水不呈黄色为止。阳树脂和阴树脂在酸、碱处理前都需先进行水洗。

2. 阳树脂的预处理

将水洗后的阳树脂用约为树脂体积两倍的 2%～4%NaOH 溶液，浸泡 4～8h 后排出，或采用 2%～4% 的 NaOH 溶液小流量动态清洗，然后用清水洗至排出液近中性为止。再通入约树脂体积两倍的 5% 的 HCl 溶液，浸泡 4～8h 后排掉，或采用 5% 的 HCl 溶液流量动态清洗，然后再用清水洗至近中性。

3. 阴树脂的预处理

将水洗后的阴树脂用约树脂体积两倍的 5% 的 HCl 溶液，浸泡 4～8h 后排出，或采用 5% 的 HCl 溶液小流量动态清洗，然后再用清水洗至排出液近中性。

再通入约树脂体积两倍的 2%～4%NaOH 溶液，浸泡 4～8h 排出，或采用 2%～4% NaOH 溶液小流量动态清洗，然后再用清水洗至近中性。

树脂经上述处理后，阳树脂转为 H 型，阴树脂转为 OH 型。

预处理后的新树脂，经过一个周期运行失效后，第一次再生时，酸碱用量应为正常再生时的 1.5～2 倍。

### 三、离子交换树脂的氧化变质与防止

树脂在应用中变质的主要原因是受氧化剂的氧化作用，如水中的游离氯、硝酸根以及溶于水中的氧。当温度高时，树脂受氧化剂的作用更为严重，若水中有重金属离子，因其能起氧化作用致使树脂氧化加剧。氧化结果是使树脂交换基团降解和交联骨架断裂。总的来说，阴树脂的稳定性比阳树脂差，所以它对氧化剂和高温的抵抗能力也差，但由于阴树脂与阳树脂在除盐系统中位置不同，所以受氧化的程度也不同。

1. 阳离子交换树脂的氧化

在除盐系统中，预处理后的水首先经过阳离子交换器，所以阳离子交换树脂受氧化剂侵害的程度最为严重。阳树脂氧化后，颜色变淡、含水量增加、树脂体积变大，易碎和体积交换容量降低。

阳树脂被氧化的结果使苯环间的碳链断裂，断裂产物由树脂上脱落下来以后，变为可溶性物质。这些可溶性物质中有弱酸基，因此当它随水进入阴离子交换器时，首先被阴树脂吸附，吸附不完全时，就留在阴离子交换器的出水中，使水的质量降低。树脂氧化变质后其性能不能恢复。为了防止氧化，在以自来水为阳离子交换器进水，或预处理加氯时，应设法控制阳离子交换器进水游离氯低于 0.1mg/L。除去水中游离氯常采用的方法是在阳离子交换器之前设置活性炭过滤器，另外还可在水中投加一定量还原剂（如 $Na_2SO_4$）进行脱氯。

2. 阴离子交换树脂的氧化

阴离子交换器在除盐系统中布置在阳离子交换器之后，水中强氧化剂都消耗在氧化阳树脂上了，所以一般只是溶于水中的氧对阴树脂起氧化作用。此外，再生过程中碱中所含

的氧化剂（如$ClO_3^-$、$FeO_4^{2-}$）也会对阴树脂起氧化作用。

阴树脂的氧化常发生在氨基上，而不是像阳树脂那样在碳链上，最易遭受侵害的部位是其分子中的氮。强碱阴树脂被氧化剂氧化的结果是季铵基团逐渐降解、树脂的碱性减弱，甚至降为非碱性物质，所以对中性盐分解能力，特别是除硅效果下降。

运行水温过高会使树脂的氧化速度加快，Ⅱ型强碱性阴树脂比Ⅰ型易受氧化。

防止强碱性阴树脂氧化的方法有：在阴离子交换器前设置除气器，减少阴离子交换器进水中的氧含量；选用纯度高的碱，降低碱液中 Fe 和 $NaClO_3$ 的含量。

**四、离子交换树脂的污染与防止**

由运行经验得知，离子交换树脂受水中杂质污染是影响其长期可靠运行的主要问题。树脂的污染主要有如下几种：

1. 悬浮物污染

水中的悬浮物会堵塞在树脂颗粒间的空隙中，因而增大了床层水流阻力，也会覆盖在树脂颗粒的表面上，会阻塞颗粒中微孔的通道，因而降低了树脂的工作交换容量。

防止这种污染，主要是加强原水的预处理，以减少水中悬浮物含量。交换器进水中的悬浮物含量越少越好，特别是对于对流式再生的设备。离子交换除盐系统要求进水悬浮物应不大于 5mg/L（顺流再生交换器）和不大于 2mg/L（逆流再生交换器）。此外，为了清除树脂层中的悬浮物还必须做好交换器的反洗工作，必要时，采用空气擦洗。

2. 铁化合物的污染

铁化合物污染在阳离子交换器和阴离子交换器中都可能发生。在阳离子交换器中，易于发生离子性污染，这是由于阳树脂对 $Fe^{3+}$ 的亲和力强，所以它吸附了 $Fe^{3+}$ 后就不易再生下来，变成不可逆交换。当原水的预处理不当，而有胶态 $Fe(OH)_3$ 混入阳离子交换器时，在酸性溶液的作用下，$Fe(OH)_3$ 溶解生成 $Fe^{3+}$ 从而造成阳树脂的离子性污染。

在阴床中，易于发生胶态和悬浮态 $Fe(OH)_3$ 的污染，这是因为再生阴树脂用的碱中常含有铁的化合物，特别是工业液碱，因此在阴床再生时易形成 $Fe(OH)_3$ 沉淀物。

铁化合物在树脂层中积累，会降低其交换容量，也会污染出水水质。树脂被铁污染通常用目视检查就可以发现，被污染后的树脂颜色变深，有时树脂中水分含量在短期内迅速增加，也说明存在着金属污染物，因为它促进氧化，加速链解。

为防止树脂铁污染，应尽量减少进水中铁化合物的含量，离子交换除盐系统的进水 Fe 含量应小于 0.3mg/L。如采用含铁较高的地下水时，应采用曝气处理和锰砂过滤除铁；用铁盐作混凝剂时，应提高混凝沉淀效果，防止铁离子进入除盐系统。

清除铁化合物的方法，通常采用加有抑制剂的高浓度盐酸（例如 10%～15%）长时间（如 5～12h）与树脂接触，也可配用柠檬酸、氨基三乙酸、EDTA（乙二胺四乙酸）等络合剂进行综合处理。一般认为，每 10g 树脂中含铁量超过 150mg 时就要进行清洗。

由于工业盐酸含铁量较高，当酸洗被铁污染的阴树脂时，不仅不能清洗出树脂中的铁，相反还会以 $FeCl_4^-$ 型式交换到该树脂上去，因此，酸洗被铁污染的阴树脂宜用化学纯的盐酸。

如果阴树脂既被有机物污染，又被铁离子及其氧化物污染，则应首先除去铁离子及其氧化物，而后再除去有机物。

3. 胶态硅的污染

胶态硅污染发生在强碱性阴树脂交换器中。其现象是，树脂中硅含量增大，用碱液再生时硅不易洗脱下来，导致阴离子交换器的除硅效率下降。

正常情况下，硅酸化合物通常不会污染强碱阴树脂，发生胶态硅污染的原因是再生不充分，或树脂失效后没有及时再生。若再生用的碱量不足，再生液流经树脂层时先发生硅化合物被再生下来的过程，随后当再生液继续流过时，因其$OH^-$减少 pH 值下降，甚至出现酸性，再生下来的硅化合物会因水解而转化成硅酸，如果硅酸浓度较大，就会形成胶态硅酸。反应式如下

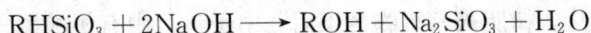

$$RHSiO_3 + 2NaOH \longrightarrow ROH + Na_2SiO_3 + H_2O$$
$$Na_2SiO_3 + 2H_2O \longrightarrow H_2SiO_3 + 2NaOH$$

这种污染在对流式离子交换器中较容易发生，因为硅化合物常集中在树脂层的出水端。而在对流式设备的再生过程中这些硅化合物必须流经整个树脂层，所以以易于在再生液的流出端形成胶态硅化合物。当这些硅化合物积累量较多时，便会出现污染现象。

失效后的强碱性阴离子交换器若不及时再生，停放久了就会由于硅化合物的聚合作用而发生结块现象。所以，强碱性阴离子交换器不宜在失效状态下存放。一旦发现析出胶态硅，可用稀的温碱液浸泡溶解。

**五、阴树脂的有机物污染及复苏处理**

有机物对强碱性阴树脂的污染是应用离子交换树脂以来所发生的严重问题之一。

1. 天然水中的有机物

天然水中的有机物种类很多，它们有两种不同的来源，一种是自然界生态循环中形成的，另一种是人类生产活动中造成的。

来自生态循环的有机物主要是以腐殖酸和富维酸为主的腐殖质。腐殖质来自土壤中，是因动植物腐烂而分解出的一些产物。腐殖质的分子结构较复杂，相对分子质量很大，且不同来源的腐殖质会有不同的分子结构。在腐殖质的分子结构中有许多苯环，带有羧酸基（—COOH）、羟基（—OH）等许多官能团。

2. 污染机理

有机物污染是指离子交换树脂吸附了有机物之后，在再生和清洗时不能将它们解吸下来，以致树脂中的有机物量越积越多的现象。

凝胶型强碱性阴树脂之所以易受有机物污染，是由于其高分子骨架属于苯乙烯系，是憎水性的，而腐殖酸和富维酸也是憎水性的，因此两者之间的分子吸引力很强，难以在用碱液再生树脂时解吸出来。由于腐殖酸或富维酸的分子很大，以及凝胶型树脂网孔的不均匀性，因此一旦大分子有机物进入树脂中后，容易卡在凝胶树脂结构的许多缠结部位。这些有机物一方面占据了阴树脂的交换位置，另一方面有机物分子上带负电荷的酸根离子与强碱性阴树脂之间发生离子交换作用。

3. 污染后的症状

（1）清洗水量增大。在强碱性阴树脂被有机物污染的过程中，会发生再生后清洗用水逐渐增大的现象。这是因为吸附的有机物上有羧酸基（—COOH），所以这些截留下来的有机物，就好像在阴树脂上增添了弱酸基团，起到阳离子交换树脂的作用。于是当用 NaOH 再生时，这些阳离子交换基团能转变成羧酸钠。

$$R'COOH + NaOH \longrightarrow R'COONa + H_2O$$

而在清洗时，$R'COONa$ 又慢慢地水解，发生可逆反应

$$R'COONa + H_2O \longrightarrow R'COOH + NaOH$$

这样就会有 $NaOH$ 不断地漏出，要使全部—COONa 因水解而恢复至—COOH 则需大量清洗水。

（2）工作交换容量降低。被有机物污染的另一症状是树脂的工作交换容量降低。这有两种可能的原因：一是功能基被有机物遮盖，二是因正洗水量加大，正洗水中阴离子消耗了一部分交换容量。

（3）出水水质恶化。树脂被有机物污染后，由于运行中有机酸漏入水中，会造成出水的电导率逐渐上升和 pH 值逐渐降低（可降至 $5.4 \sim 5.7$）。也会因碱性基团受有机物污染而使除硅能力下降，以致在运行中提前漏硅。

（4）被有机物污染的树脂常常颜色变暗，由淡黄色到棕色甚至到褐色，原先透明的珠体变成不透明。若将此树脂浸泡在碱性食盐水中，这些溶液会变成黄色。

4. 污染的判断

目前尚无关于强碱阴树脂被有机物污染程度的确切判断标准。有资料提出这样一个简易判别方法：将 50mL 被污染的树脂装入锥形瓶中，用除盐水摇动洗涤 $3 \sim 4$ 次，以去除树脂表面污物，然后加 10% 的 NaCl 溶液，剧烈摇动 $5 \sim 10min$ 后，按溶液色泽判别污染程度。其大致关系见表 3-6。

表 3-6　　　　　　　　　溶液色泽与树脂污染程度的大致关系

| 色泽 | 无色透明 | 淡草黄色 | 琥珀色 | 棕色 | 深棕或褐色 |
|---|---|---|---|---|---|
| 污染程度 | 不污染 | 轻度污染 | 中等污染 | 重度污染 | 严重污染 |

5. 污染的防止

防止有机物污染的根本措施是在除盐系统之前将水中有机物除去，例如进入离子交换除盐系统的进水限定 $COD_{Mn} < 2mg/L$。但因有机物的种类繁多，所以现在还没有彻底除去有机物的方法。目前，只能合理地选择树脂，并在运行中采取适当的防止措施。

（1）加强水的预处理。胶态有机物可用混凝、沉淀的办法除去，也可以用超滤法滤去，或加氯破坏有机物，然后再用活性炭吸附去除残留的氯和有机物。

（2）采用抗有机物污染的树脂。丙烯酸系强碱性阴树脂的高分子骨架是亲水性的，所以它和有机物之间的分子引力比较弱，进入树脂中的有机物在用碱再生时，能较顺利地被解吸出来。它能更有效地克服有机物被树脂吸附的不可逆倾向，提高了有机物在树脂中的扩散性，因此具有良好的抗有机物污染能力。

（3）设弱碱阴离子交换器。弱碱性阴树脂对有机物的亲和力比强碱阴树脂小，而且大孔弱碱性阴树脂在运行时吸附的有机物在再生时容易被洗脱下来。所以，为了防止有机物污染，可以在除盐系统中的强碱性阴树脂前设大孔型弱碱阴树脂交换器，也可将它与强碱性阴树脂做成双层床或双室床。

6. 有机物污染的复苏处理

离子交换树脂被有机物污染后，采用适当的处理方法，使它恢复原有的性能，称为复苏处理。

研究发现，复苏液可使树脂收缩程度大，复苏效果好。这是因为当树脂体积缩小时，降低了树脂颗粒周围溶液中反离子向树脂颗粒内的渗透压，使依赖分子吸引力结合在树脂骨架上的有机物分子容易在复苏液的作用下"剥离"出来。同时还发现，在酸性条件下，有机物中腐殖质以极难电离的有机酸存在，分子引力大；而在碱性条件下，有机物以钠盐形式存在，增大了有机物的溶解性。

由此可见，树脂的收缩度和复苏液的酸碱性是影响阴树脂复苏效果的两个主要因素，所以阴树脂的复苏以采用碱性氯化钠溶液为好。对于不同水质污染的阴树脂，复苏液的配比不同，常用两倍以上树脂体积的 5%～12% NaCl 和 1%～2% NaOH 混合溶液，浸泡16～48h 复苏被污染的树脂，对于 I 型强碱性阴树脂，溶液温度可取 40～50℃，Ⅱ型强碱性阴树脂应不超过 40℃。最适宜的复苏条件应通过试验确定，采用动态循环法复苏效果更好。

**六、树脂的报废**

离子交换树脂是水处理中应用广泛、投资大的材料之一，树脂性能的好坏直接影响着除盐设备出水的水质、水量和运行的经济性。

1. 离子交换树脂报废技术指标和经济指标

DL/T 673—2015《火力发电厂水处理用 001×7 强酸性阳离子交换树脂报废标准》明确规定了 001×7 树脂的更换与报废的技术与经济指标；DL/T 807—2019《火力发电厂水处理用 201×7 强碱性阴离子交换树脂报废技术导则》明确规定了 201×7 树脂的更换与报废的技术与经济指标。相关技术指标见表 3-7 和表 3-8。

表 3-7　　　　　　　　　　强酸性阳离子交换树脂 001×7 报废技术指标

| 项目 | 报废指标 | 项目 | 报废指标 |
|---|---|---|---|
| 含水量［钠型（%）］ | ≥60 | 含铁量［μg/g（湿）］ | ≥9500 |
| 体积交换容量下降（%） | ≥25 | 圆球率（原样）（%） | ≥80 |

表 3-8　　　　　　　　　　强碱性阴离子交换树脂 201×7 报废技术指标

| 项目 | 报废指标 | 项目 | 报废指标 |
|---|---|---|---|
| 工作交换容量下降（%） | ≥16 | 含铁量（mg/kg） | ≥6000 |
| 强碱基团容量下降（%） | ≥50 | 圆球率（%） | ≤80 |
| 含水率（%） | ≤40 | 有机物含量（$COD_{Mn}$）（$mg/L_R$） | ≥2500 |

2. 树脂报废规则

（1）当含水量、体积交换容量其中任一项超过表 3-7、表 3-8 所列指标值时，离子交换器继续运行将影响水处理系统的安全，可以判定该树脂应当报废。

（2）通过现场除铁处理后，如果树脂中的铁含量仍大于表 3-7、表 3-8 所列指标值时，即可判定该树脂遭受严重铁污染，应当报废。

（3）圆球率是反映运行树脂破碎程度的一项重要指标，尽管它并不直接影响树脂的工作交换容量，但却直接影响树脂床层的运行压降或床层阻力，从而间接影响到系统的出力。另一方面，破碎树脂又可通过反洗来除去一部分，再通过补充新树脂的方法来消除对树脂床层压降和系统出力的影响。但是，反洗只能除去细小的树脂碎片，大的碎片无法通过反洗除去，而除去这些大的碎片后补充新树脂就能恢复系统出力，即可将破碎树脂部分报废。其方法为：现场通过反洗后，从上至下逐层取样分析圆球率（每层取样高度10～20cm），若该层树脂的圆球率低于80%的指标值，即可报废该层及该层以上各层的树脂，直到取样层树脂的圆球率大于表3-7、表3-8所列指标值为止。

3. 树脂更换规则

有时树脂性能并没有下降到可以直接报废的程度，但其运行经济性不一定合理。通常，可根据测定其理化性能参数或工艺性能的变化，通过比较计算购买新树脂的经济合理性，确定回收年限，根据表3-8确定是否更换新树脂。其具体步骤如下：

（1）必须了解离子交换器调试后设定的各种参数。若进水水质、运行工艺有较大的变动，应以变动后的调试结果为准。

（2）应尽可能实际测定离子交换器内树脂的工作交换容量，并根据调试后设定的工作交换容量计算工作交换容量的下降百分率。若有困难，也可根据理化性能的测定结果计算其工作交换容量的下降百分率，取最大值。

（3）计算购买新树脂所需的回收年限值。回收年限是指更换新的树脂所需的费用与更换后一年内减少的运行费用的比值，在经济比较计算中，应预测下一年度的酸、碱、树脂的价格，并考虑到排废处理方式可能的变动。

（4）若回收年限值不大于3，则可判断该树脂应当更换。

（5）若回收年限值处于3～4，应根据以后可能发生的水处理系统的改造、新型离子交换树脂的出现、水处理系统的负荷变动等各种因素酌情处理。

**七、离子交换树脂的分离**

依靠两种树脂粒度和密度差通过反洗实现离子交换树脂的分离。如果两种树脂的粒度和密度发生某种程度变化，则反洗分层不能达到满意的效果，此时可用浮选分离法。浮选法只依靠两种树脂的密度差来实现分层，和粒度无关。

当两种树脂的密度有较明显的差别时，可选择密度介于这两者之间的溶液作介质，将混合树脂逐渐地通入溶液中部，使较轻的树脂浮起，较重的树脂沉下，实现分离。

根据不同树脂可以采用各种浓度的酸、碱或盐溶液作为浮选介质，使分离后的树脂易于再生，特别要注意，被铁严重污染的强碱阴树脂也可能沉于饱和氯化钠溶液的底部，此时应先用浓盐酸（加温）处理后再用饱和盐水使之与阳树脂分离。动态连续分离效果比静态分离效果好得多。

## 第七节 EDI 除 盐

连续电除盐（electro deodorization，EDI）是一种集离子交换技术和电迁移技术为一体的水处理技术。电除盐技术的核心是以离子交换树脂作为离子迁移的载体，以阳膜和阴膜作为控制阳离子和阴离子通过的关卡，在直流电场推动下，实现盐与水的分离。该技术利用电迁移极化而发生水电离产生 $H^+$ 和$OH^-$实现树脂再生，又利用离子交换深度除盐来克服电迁移由于极化而导致除盐不彻底的缺点。

EDI 去离子机理如下（以 $Na^+$ 代表阳离子，以$Cl^-$ 代表阴离子）：

$$R-H+Na^+ \longrightarrow R-Na+H^+$$

$$R-OH+Cl^- \longrightarrow R-Cl+OH^-$$

相较于传统的离子交换除盐，树脂进行除盐反应达到饱和后，需进行再生才可以重复使用，而 EDI 利用电流通过膜块连续再生离子交换树脂，因此可以源源不断的产生高品质纯水，而无需进行阶段性停机再生。

EDI 除盐装置的结构类似于电渗析器，所不同的是在淡水室中填充有阴树脂和阳树脂。

EDI 除盐具有以下特点：

（1）适用于电导率低于 $50\mu S/cm$ 的水的深度除盐。

（2）除盐非常彻底，除盐率与离子交换法基本相同。

（3）水与盐分离的推动力为直流电场。

（4）生产除盐水只需电能，不用酸碱。

（5）必须不断排放极水和部分浓水，水的利用率一般为 $80\%\sim95\%$。

（6）EDI 装置采用模块化设计，便于维修和扩容。

在火力发电厂水处理中，EDI 装置一般多与反渗透联合使用，作为锅炉补给水的深度除盐，组成"预处理——RO——EDI"的高纯水处理系统。

**一、EDI 除盐原理**

一般水源中存在钠、钙、镁、氯化物、硝酸盐、碳酸氢盐等溶解盐类，这些化合物由带负电荷的阴离子和带正电荷的阳离子组成。通过反渗透的预脱盐后，98% 以上的离子可以被去除。反渗透纯水（EDI 进水）电阻率的一般范围是 $0.05\sim1.0M\Omega \cdot cm$，及电导率的范围在 $20\sim1\mu s/cm$。根据应用的情况，去离子水电阻率的范围一般为 $1\sim18.2M\Omega \cdot cm$；另外，原水中也可能包含其他微量元素、溶解气体（如 $CO_2$）和一些弱电解质（如 $SiO_2$），这些杂质在除盐水中必须被除去，但是反渗透过程对这些杂质的去除效果较差。

EDI 除盐是电场作用下离子的定向迁移过程和化学位差作用下的离子交换（离子传递和再生）过程相结合。所以，EDI 除盐过程中同时存在着以下三个过程：

（1）在直流电场的作用下，水中阳、阴离子通过离子交换膜发生选择性迁移；

（2）离子交换树脂进行离子交换，并构成"离子通道"；

（3）离子交换树脂界面水发生极化所产生的 $H^+$ 和 $OH^-$ 和对树脂进行电化学再生。

除盐原理可用图 3-30 来说明。EDI 装置有淡水室（D 室）和浓水室（C 室）构成，有的还有极水室（E 室）。离子交换膜与离子交换树脂的工作原理相近，可以使特定的离子迁移。阴离子交换膜只允许阴离子透过，不允许阳离子透过，而阳离子交换膜只允许阳离子透过，不允许阴离子透过。在一对阴阳离子交换膜之间填充混合离子交换树脂就形成了一个 EDI 单元。阴阳离子交换膜之间由混合离子交换树脂占据的空间称为淡水室（D 室）。将一定数量的 EDI 单元罗列在一起，使阴离子交换膜和阳离子交换膜交替排列，并用网状物将每个 EDI 单元分隔开，形成浓水室（C 室）。在给定的直流电压推动下，在淡水室中，离子交换树脂中阴阳离子分别在电场作用下向正负极迁移，并透过阴阳离子交换膜进入浓水室。水在直流电的作用下分解成 $H^+$ 和 $OH^-$，使淡水室中的混合离子交换树脂经常处于再生状态，始终存有交换容量，而浓水室中的浓水不断被排走。EDI 装置在通电状态下，可以不断制出纯水，内部填充的离子交换树脂不需要使用酸碱再生。

由于离子在树脂和膜中的迁移速度比在水中大得多（$100\sim1000$ 倍），所以在树脂和

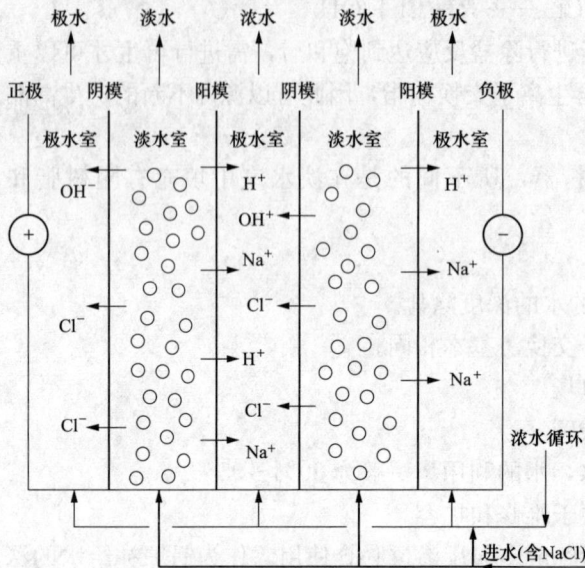

图3-30　EDI除盐原理图

膜的表面处，离子浓度降至接近于零，即产生浓差极化（这时的电流密度称极限电流密度）。若进一步增大电流密度，淡水室水中原有的离子已不能完全满足传导电流的需要，这必将导致上述表面处的水被电离成 $H^+$ 和 $OH^-$，以负载部分电流，并在迁移过程中对树脂进行连续地再生，使树脂转为 RH 和 ROH 型，这一过程称"电再生"。

所以，上述过程中，保证了离子迁移（电位差促使离子选择性迁移，起清除掉水中杂质离子的作用）、离子交换（阴、阳树脂与进水中阴、阳离子进行置换，构成离子传递通道）、电再生（阴、阳树脂的交换界面处的 $H_2O$，在电场力的作用下发生极化，并电解成 $H^+$ 和 $OH^-$，随时对阴、阳树脂进行再生）三个过程的连续性。

由上述分析可知，EDI除盐的推动力既有电位差又有化学位差。

**二、离子交换膜**

离子交换膜是粉状离子交换树脂制成的薄状膜，离子交换膜具有选择透过性，阳离子交换膜只允许阳离子透过，阴离子交换膜只允许阴离子透过。

1. 离子交换膜的物理结构

膜的物理结构包括微孔结构、交联结构、接枝结构和缠绕结构等，它们因制造工艺的不同有较大差异。

（1）微孔结构。与离子交换树脂类似，离子交换膜内有许多微孔，这些微孔相互贯通形成离子迁移的通道。

（2）交联结构。与离子交换树脂相同，交联结构是指交联剂与单体共聚反应而形成的体型网状结构。

（3）接枝结构。接枝结构是指在引发剂的作用下，单体与基膜通过接枝反应而生成的交联共聚体。

（4）缠绕结构。是指离子交换树脂的高分子链与黏合剂、增强材料等以不规则方式相互交织在一起而形成的结构。

2. 离子交换膜的分类

离子交换膜按不同的分类方法有多种类别。

（1）按活性基团分。

1）阳离子交换膜。该膜是用阳离子交换树脂制作的膜，简称阳膜。阳膜只允许阳离子透过而不允许阴离子透过。

2）阴离子交换膜，该膜是用阴离子交换树脂制作的膜，简称阴膜。阴膜只允许阴离子透过而不允许阳离子透过。

（2）按结构分。

1）均相膜。该膜是用离子交换树脂直接制成的膜，或者在高分子膜上直接接上活性基团而制成的膜。因膜中活性基团分布均匀，各组分之间不存在相界面，故称均相膜。

2）异相膜。异相膜是用粉末离子交换树脂和黏合剂等材料按一定比例混合均匀制成的膜。因粉状树脂颗粒与黏合剂等其他组分之间存在相界面，故称异相膜或非均相膜。

3）半均相膜。这种膜的成膜高分子材料与离子交换基团结合得十分均匀，但它们之间并没有形成化学结合，其外观结构和性能介于异相膜和均相膜之间。

（3）按有或无增强材料分。按有或无增强材料分为有网膜、无网膜和衬底膜。其中，衬底膜是以聚烯烃或其衍生物的薄膜为底材，通过化学反应与浸渍的单体接枝聚合，再引入活性基团而制成的离了交换膜。

3. 离子交换膜的性能

（1）物理性能。主要指膜厚度、爆破强度、抗拉强度、耐折强度、线性溶胀率等。目前常用的异相膜和均相膜干态时的厚度分别为 0.4mm 和 0.3mm。

（2）化学稳定性和交换性能。化学稳定性是指膜对介质（酸、碱、盐、氧化剂）的稳定性；交换性能是指类似于离子交换树脂的交换容量和交换速度。

（3）电化学性能。主要指的是膜的选择透过性和膜电阻。

膜的选择透过性是指阳离子交换膜只允许阳离子透过、阴离子交换膜只允许阴离子透过的性能；膜电阻表示湿态膜导电性能的强弱，其大小与相接触溶液的浓度、温度及膜的活性基团中可交换离子的种类和数量有关。

4. 膜的离子选择透过机理

膜在水溶液中，其活性基团电离，形成双电层结构。对于阳膜，在其表面和网孔内产生负电场，在直流电场作用下，水中只有阳离子能进入并透过，而阴离子则被排斥；对于阴膜则反之，只有阴离子能进入并透过，而阳离子则被排斥。

离子交换膜的透过现象，分为选择吸附、交换解吸和传递转移三个阶段，它们构成了膜内离子迁移的全过程。选择吸附依赖于孔道电场的正负，交换解吸依赖于树脂活性基团的特性，传递转移则依赖于外加电场力的作用。这种吸附——解吸——转移交替的一个传一个，直到把离子从膜的一侧传到另一侧。

**三、EDI 工作过程中伴随的其他物理化学过程**

EDI 装置工作过程中，除发生的反离子迁移这一主要过程外，还伴随有电极反应以及出现的极化现象，此外还有同名离子迁移、浓差扩散、水的电渗等次要过程。

1. 电极反应

要使 EDI 装置连续工作，就必须有电流不断地通过。因此，在 EDI 装置的极室中必然会发生电极反应。

阳极反应为　$H_2O \longrightarrow H^+ + OH^-$

$4OH^- - 4e \longrightarrow 2H_2O + O_2 \uparrow$

$2Cl^- - 2e \longrightarrow Cl_2 \uparrow$（若水溶液的主要成分是氯化钠）

阴极反应为　$H_2O \longrightarrow H^+ + OH^-$

$2H^+ + 2e \longrightarrow H_2 \uparrow$

阳极反应的结果，使阳极水 pH 下降，产生氯气和氧气，氯气和氧气溶于水生成 HCl 和初生态氧 [O]，所以应注意阳极和靠近阳极的膜的氧化腐蚀和酸腐蚀问题；阴极反应的结果，产生氢气，使阴极水 $H^+$ 减少而呈碱性，pH 值上升，$CaCO_3$ 和 $Mg(OH)_2$ 等可能在阴极表面上形成水垢。

由于 EDI 运行过程中会使极水产生酸、碱、气体、沉积物等电极反应产物，还有发热。所以，为了保证 EDI 正常运行，应及时排放极水和电极反应释放出的氢气和氧气，带走电极反应产物和热量。因为阳极室水呈酸性，阴极室水呈碱性，所以常将两者混合后排放。

**2. 极化**

极化是指在一定温度和浓度以及水流速度下，当电流密度上升到某一定值时离子交换膜两侧出现浓度差的现象，所以又称浓差极化。这一浓度差是由于离子交换膜对水中离子的选择透过性导致离子在水中和膜中迁移速度的不同，造成淡水室阳膜表面滞流层的离子浓度比主体水中的小，浓水室阴膜表面滞流层的离子浓度比主体水中的大。

EDI 发生极化的原因可归纳为：①外加电流密度超过了极限电流密度；②膜存在对阳离子与阴离子的选择性透过差异；③膜表面存在滞流层，使膜表面处离子得不到及时补充。

**四、EDI 装置**

EDI 装置采用模块化，若干个 EDI 模块组成一套 EDI 装置，EDI 模块是 EDI 装置的核心部件。

**1. EDI 模块的组成**

EDI 模块是由阳/阴离子交换膜、浓/淡水隔板、阳/阴离子交换树脂、正/负电极和端压板等构成的除盐设备。

各部件的作用如下：

（1）阳/阴离子交换膜。选择性透过阳离子或阴离子，作为控制阳离子和阴离子通过的关卡。

（2）阳/阴离子交换树脂。树脂颗粒构成了"离子传递通道"，从而降低淡水室溶液电阻，减少电能消耗。

（3）浓/淡水隔板。是由隔板框和隔网组成的薄片，分淡水隔板和浓水隔板。隔板夹在阴、阳膜之间，中间填充树脂，并构成水流通道。

淡水隔板（框状）位于 EDI 模块的淡水室中，作用：① 构成淡水室的水流通道；② 支撑离子交换膜和离子交换填充材料；③ 改善淡水流态，降低离子迁移阻力。浓水隔板（网状，填充树脂时为框状）位于 EDI 模块的浓水室中，作用：① 构成浓水室的水流通道；② 强化水流紊乱，减薄层流底层，降低浓差极化程度，防止结垢。

（4）正/负电极。接通直流电源后形成电场，提供 EDI 所需的除盐推动力，促使正、负离子定向迁移。

（5）端压板。用来锁紧 EDI 各部件，防止 EDI 装置内漏外泄。

**2. EDI 模块的分类**

（1）按结构形式分。按离子交换膜组装在模块中的形状分类，分为板框式和螺旋卷式两类。

1）板框式。它是将其各部件按一定的顺序平行排列组装而成，它的内部部件为板框式结构，设备的外形一般为方形或圆形，如图 3-31（a）和图 3-31（b）所示。

2）螺旋卷式。它是将其各部件按一定的顺序叠放后，以浓水配集管为中心卷制成型，其中浓水配集管兼作 EDI 的负极，膜卷包覆的一层外壳作为阳极。它的内部部件为卷式结构，设备的外形一般为柱形，如图 3-31（c）所示。

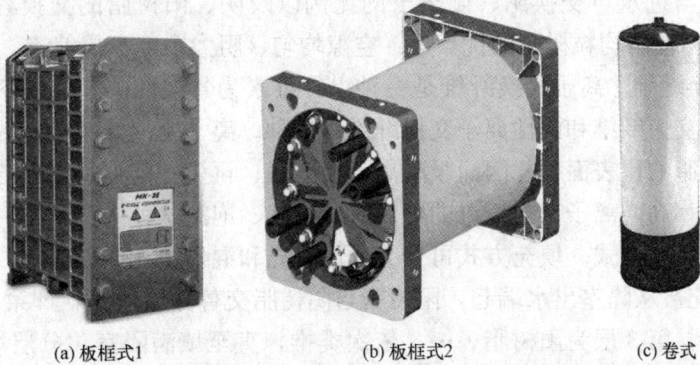

(a) 板框式1　　　　　(b) 板框式2　　　　　(c) 卷式

图 3-31　EDI 模块

（2）按运行方式分。根据浓水处理方式，可将 EDI 模块分为浓水循环式和浓水直排式。

1）浓水循环式。浓水循环式 EDI 如图 3-32 所示，进水分两路：大部分进入淡水室脱盐，小部分作为浓水循环回路的补充水。从模块浓水室出来的浓水经浓水循环泵升压后送入模块下部，并分两路：大部分参于浓水循环，小部分送入极水室作为电解液，电解后携带电极反应的产物和热量排放。为了防止因浓水的浓缩倍数过高而发生结垢，运行中将不断地排出一部分浓水。

2）浓水直排式。浓水直排式 EDI 如图 3-33 所示，在此系统中不设浓水循环，浓水室和淡水室均填充树脂。

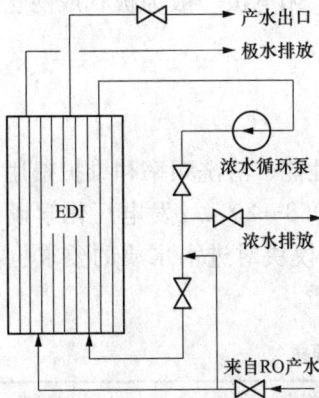

图 3-32　浓水循环式 EDI

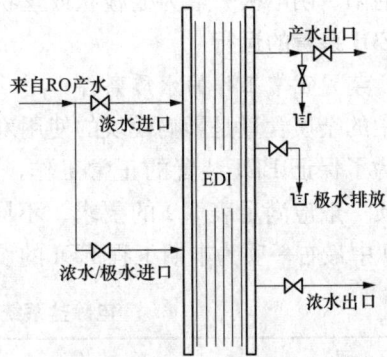

图 3-33　浓水直排式 EDI

3. 填充树脂

EDI 模块淡水室中填充的树脂对其工作性能有着重要的影响。这是因为树脂的导电能力远大于水溶液的导电能力,这样一来淡水室的树脂便构成了"离子通道",树脂成为转运离子的中间体,从而淡水室电阻大大降低,导电能力加强。其结果降低了 EDI 的电能消耗,减轻了浓差极化,提高了极限电流,进而提高了除盐率。

(1)填充材料的种类。填充材料可以是离子交换树脂,也可以是离子交换纤维。

1)离子交换树脂。一般选择均粒径的强型树脂作为填充物,填充的强酸阳树脂和强碱阴树脂比例应与进水可交换阴、阳离子的比例以及阴、阳树脂的交换容量相适应,如 1:2 或 2:3 等。使用均粒树脂的优点是:空隙均匀、阻力小、不易偏流。

2)离子交换纤维。离子交换纤维是一种以纤维素为骨架的离子交换剂,有阳离子交换纤维、阴离子交换纤维和两性离子交换纤维等三种。离子交换纤维的比表面积明显高于粒状离子交换树脂的比表面积,因而吸附离子能力强、再生性能好、离子迁移速度快、交换容量大、脱盐率高。离子交换纤维的外观有织物状、泡沫状、中空状等。

(2)树脂的填充方式。填充方式可分为分层填充和混匀填充。

1)分层填充。从隔室出水端起,阳树脂与阴树脂交替分层填充,即第 1 层为阳树脂,第 2 层为阴树脂,第 3 层为阳树脂……,依次类推,直至填满隔室。分层填充的 EDI 中,每层树脂中的反离子迁移得到加强,同名离子迁移受到削弱。例如,在阴树脂层中,阴离子迁移速率比阳离子的快,流过树脂层中水溶液的 pH 值升高,从而促进 $H_2CO_3$、$H_2SiO_3$ 等弱酸性物质的解离,提高了 $HCO_3^-$ 和 $HSiO_3^-$ 的去除效果。同理,在阳树脂层中,由于流过树脂层中水溶液的 pH 值降低,有助于弱碱性离子的去除。

2)混匀填充。就是将阳树脂与阴树脂混合均匀后,再填充到 EDI 中。混匀填充的 EDI 中,充分地利用了树脂层中各处水分子极化电离出的 $H^+$ 及 $OH^-$,以保持树脂的高再生度,这对去除弱酸弱碱性物质如 $SiO_2$、$CO_2$ 有利。

**4. EDI 电极**

EDI 模块的电极结构应保证电流分布均匀、电流密度低,电极材料应耐酸碱、耐腐蚀、抗氧化和抗极化。

目前,常用钛涂钌或涂铱作阳极,用不锈钢材料作阴剂。电极有多种形式,卷式 EDI 模块的阴电极为管式,同时还兼作模块的中心配集管,阳电极一般为板状或网状;板框式 EDI 模块的阳、阴电极一般为栅板状或丝状。

**五、EDI 装置的运行**

**1. EDI 装置正常工作的水质条件**

进水中的杂质含量是影响模块的使用寿命、运行性能、清洗频率和维护费用的主要因素之一。为了保证 EDI 装置的正常工作,根据 DL 5068—2014《发电厂化学设计规范》,其进水水质一般应满足表 3-9 的要求。不同规格 EDI 模块对进水水质的要求也不完全相同,表 3-9 中最右一项为本期工程 EDI 的设计进水水质。

表 3-9　　　　　　　　　　　　电除盐系统的进水水质要求

| 项　　　目 | 单　　位 | 规定值 | 本工程设计水质 |
| --- | --- | --- | --- |
| 水温 | ℃ | 5～45 | 20～30 |
| pH 值 | | 6.5～8.5 | 6.0～9.0 |
| 二氧化硅（$SiO_2$） | mg/L | ≤0.5 | <0.5 |

| 项　目 | 单　位 | 规定值 | 本工程设计水质 |
|---|---|---|---|
| 游离余氯（$Cl_2$） | mg/L | ≤0.05 | — |
| 铁（Fe） | mg/L | ≤0.01 | 检测不出 |
| 锰（Mn） | mg/L | ≤0.01 | 同上 |
| 硬度 | mg/L（以 $CaCO_3$ 计） | ≤1 | <1.0 |
| 总有机碳（TOC） | mg/L | ≤0.5 | <0.5 |
| 电导率 | $\mu$S/cm | <40 | <50 |
| 油及油脂 | — | — | 检测不出 |
| 二氧化碳（$CO_2$） | mg/L | — | <5 |

由于 EDI 装置迁移杂质离子的能力有限（离子迁移消耗的电流小于总电流的 30%），所以 EDI 只能用于处理低含盐量水（如电导率<50$\mu$S/cm）。目前，EDI 装置的进水一般为 RO 的产水。

2. EDI 装置的操作参数

本期工程膜组件的操作参数见表 3-10。

表 3-10　　EDI 膜组件的操作参数

| 参　数 | 范　围 | 参　数 | 范　围 |
|---|---|---|---|
| 淡水流量（每个模块） | 5.0m³/h | 水的回收率 | 90%~95% |
| 进水温度 | <30℃ | 输入电压（每个模块） | 400V DC |
| 进水压力 | 0.4~0.69MPa | 输入电流（每个模块） | 2.0A |
| 进水与产水压差 | <0.25MPa | | |

（1）温度。提高温度，可以加快离子迁移、促进离子交换和再生，因而可提高产水电阻率。但有资料介绍，当水温高于 40℃时，由于杂质离子不容易被树脂吸附，离子泄漏量增大，

产品水质量下降。所以，EDI 运行温度一般控制在 10~40℃。另外，由于 $CO_2$、$SiO_2$ 等弱酸性分子的水解速度随水温升高而增加，因此提高温度，它们的去除率也相应提高。

（2）压力。由于内部密封条件的限制，EDI 运行压力不能太高，一般为 0.4~0.69MPa。EDI 运行过程中，应保持淡水压力略高于浓水压力，以防止浓水内漏到产品水中。

（3）流量。进水流量低，则水在 EDI 装置中的停留时间长，离子有足够的时间迁出淡水室，故产水电阻率高。但是，流量太低时，膜及树脂表面的滞流层变厚，传质效果差。提高进水流量，有利于增强传质，防止浓差极化，但某些离子既来不及发生交换反应，又没有足够的时间迁出淡水室，结果是产水电阻率下降。通常淡水流量为 1.5~3.0m³/h。

其中，极水流量应能保证冷却电极和及时地将电极反应产物带走，一般为进水流量的 1%~3%。浓水流量既要防止因过低而结垢，又要避免因过高而增大水耗。因此，通常在

EDI除盐系统中采取了浓水循环或加盐的措施。

（4）电压。电压过低，离子迁移驱动力小，产水中残留的盐类多；相反，电压过高，水分解太快，耗电过大。过高的电压也会造成极室产生大量气体。所以，工作电压应控制在一定的范围内。

（5）电流。工作电流与水中离子浓度、水的回收率、水分解量和水温等有关。具体为：进水浓度越高，运行电流越大；回收率越高，则浓水室的电阻越小，运行电流也越高；工作电压越高，水分解出 $H^+$ 和 $OH^-$ 量越多，所需要的运行电流也越高；水温升高，膜堆电阻小，离子迁移速度快，电流则大。

（6）回收率。回收率是指产水流量占进水流量（包括产水流量、浓水流量、极水流量）的百分数。增加回收率，浓水排放量降低。因为在EDI模块的运行过程中，淡水中的盐分几乎全部迁移至浓水中，所以，浓水中盐分浓度随回收率增加而递增，浓水结垢倾向增加。为了保证浓水室的结垢量不因回收率增加而增加，所以回收率越高，要求进水硬度越小。

3. EDI装置运行中极水、浓水排放的控制

（1）极水排放的控制。在EDI模块内，电极室存在着电解反应，会产生 $O_2$、$H_2$、$Cl_2$ 等气体，并导致阳极室水呈酸性，阴极室水呈碱性。为此，必须随时用极水排放的方式将电极表面产生的气体及产物带走。因为阳极室水呈酸性，阴极室水呈碱性，所以两者须混合后排放。一般极水排放量按浓水排放量的50%控制。

（2）浓水排放的控制。在EDI模块内，淡水室内的盐类不断进入浓水室，其含量不断增多，当达到一定浓度时，会发生浓差极化，产生水垢。所以必须随时排掉一部分浓水，维持浓水室一定的浓度。浓水排放流量的大小取决于所选定系统的回收率，而系统回收率的大小取决于EDI进水硬度值，回收率的大小通过调节浓水排放流量来调整。但如果浓水排放量过大，则产水回收率低。因浓水水质比原水质量好，故可将浓水排放至超滤水箱。

4. EDI装置的运行操作

（1）启动前再生。下列情况下，需对模块进行电再生：① 化学清洗后的模块；② 较长时间停运的模块；③新换或新安装的模块。

电再生的目的就是将交换到树脂上的杂质离子迁移出去，使阳树脂呈 H 型和阴树脂呈 OH 型的份额恢复到正常水平。电再生的实质就是水电离出的 $H^+$ 和 $OH^-$ 与树脂上杂质离子的交换反应。在对EDI模块进行再生时，可以按正常的操作程序启动 EDI 系统。当模块进入再生过程时，初始运行电流较高，产水水质较差，此时应将产水进行排放或循环至供水泵前。当产水的电阻率逐步升高到合格值时，将装置按正常的程序投入运行。新换或新安装的模块，在一开始运行时浓水电导率很高（可达 $1000\mu S/cm$ 以上），这是因为组件出厂时，内部装有食盐水的原因。投运时要大电流（正常电流的 $1.2\sim1.3$ 倍）再生24h后再转入运行。

（2）运行。首先检查二级反渗透装置、EDI给水泵备用正常，EDI整流器的加电装置已送电，各个手动阀门开关位置正确，确认产水手动门已开启，二级淡水箱在高水位。

启动操作：开启EDI装置进水门，启动EDI给水泵，缓慢开启出口门，缓慢升高频率至所需流量，检查进水、产水、浓水流量不低于规定值，进水电导率小于 $50\mu S/cm$、 pH值在 $6.5\sim8.5$ 的合格范围，进水压力小于 $0.4MPa$，无其他异常及报警后启动整流器加电装置，此时 EDI 装置在控制画面上由"绿色"变为"红色"，表明 EDI 装置加电成功，当产水电导率低于 $0.15\mu S/cm$、二氧化硅小于 $10\mu g/L$，关闭产水排放门，EDI 装置即投入运行。

在 EDI 系统的运行过程中，应对运行参数（如流量、进水压力、进出水压差、电压、电流等）进行监督。

EDI 装置设有进水压力、电导率、流量以及产水、浓水流量等保护，运行中如发现 EDI 在控制画面上由"红色"变为"绿色"，即为保护动作，EDI 整流器加电装置跳掉，需要及时检查，找出异常原因，排除后再启动 EDI 整流器加电装置。

（3）停机及保护。

1）停运操作：停运时应先关闭出口门再停运 EDI 给水泵，EDI 装置即停止运行。

2）停机后，应采取措施，防止脱水进气和防止微生物繁殖。

**六、EDI 装置的化学清洗**

随着运行时间的延长或偏离最佳工况运行，EDI 膜堆和管路可能会有沉积物、微生物、有机物、金属氧化物，引起污染或结垢。原因包括以下几个方面：

（1）运行的积累。即使在正常运行条件下，EDI 系统也会慢慢结垢，长时间可积累较多垢物。EDI 模块结垢主要集中在浓水室阴膜表面和阴极室。

（2）进水水质不符合要求。如果进水中的 $Ca^{2+}$、$Mg^{2+}$ 的浓度超过规定值，就会引起 EDI 模块结垢。另外，进水中 $SiO_2$ 含量过高，也会在模块内生成很难清除的硅垢。

（3）回收率太高。浓水中盐分浓度随回收率增加而递增，浓水结垢倾向增加。

（4）微生物滋生。EDI 运行过程中，在模块内部形成一部分区域 pH 值升高，另一部分局部区域 pH 降低，偏离中性的水有利于抑制微生物繁殖。所以，运行中的 EDI 装置不易发生微生物故障。但是，EDI 装置停运后，抑菌作用消失，模块内的细菌及微生物就会很快繁殖。

1. 清洗时间

EDI 装置的清洗应根据 EDI 装置的运行状况做出清洗判断，确定合适的清洗时间。

EDI 模块中若有污染或结垢，必然造成过水断面缩小，引起流量下降和压降上升。因此，可根据流量（$Q$）和压降（$\Delta p$）的变化决定是否要定清洗。一般情况下，每半年应对 EDI 膜组件进行一次清洗。

2. 清洗方法

清洗前，应根据模块的运行状况取出污垢进行分析，以确定污垢化学成分，然后用针对性强的清洗液，进行浸泡或动态循环清洗。根据污垢的主要成分，可将常见的污垢类型分为如下五种：

（1）钙镁垢。通常是由于进水水质未达到要求或回收率控制过高而造成。易发部位为浓水室和阴极室。

（2）硅垢。是由进水硅酸浓度较高引起的。易发部位为浓水室和阴极室。

（3）有机物污染。如果进水中有机物含量过高，则树脂和膜就会发生有机物污染。易发部位为淡水室。

（4）铁锰污染。当进水铁锰含量过高时，则引起树脂和膜的中毒。易发部位为淡水室。

（5）微生物污染。当进水生物活性较高，或停用时间较长，气温较高时，可引起微生物污染。

对于钙镁垢，可以用有机酸（如柠檬酸）、无机酸或螯合剂清洗；对于有机物污染，可用碱性食盐水或非离子型表面活性剂清洗；对于铁锰污垢可用螯合剂清洗。

# 第四章　凝结水精处理系统

凝结水一般是指锅炉产生的蒸汽在汽轮机做功后，经循环冷却水冷却凝结的水。实际上凝汽器热井的凝结水还包括高压加热器、低压加热器等疏水。发电厂锅炉给水由凝结水和锅炉补给水组成，凝结水占锅炉给水总量的90％以上，且是给水中水质最优良的组成部分，给水的品质很大程度上取决于凝结水的水质。

随着热力机组参数的提高，对锅炉给水水质的要求更为严格。除了锅炉补给水需进行净化处理外，凝结水也需进行净化处理。由于这是对含杂质很低的水进行深度处理，因此又称凝结水精处理。

## 第一节　概　述

### 一、高参数机组凝结水处理的必要性

1. 超临界及以上压力直流炉机组对水质的要求

在火力发电的生产过程中，作为发电机组工作介质的水在热力系统中是循环利用的，高品质的水汽是热力设备安全经济运行的重要条件之一。

超临界及超超临界机组由于参数本身的特点决定了其锅炉只能采用直流炉，直流炉没有汽包，不存在炉水的循环蒸发过程，不能像汽包炉那样可以进行炉水加药处理和排污处理。因此，给水若带入盐类或其他杂质，要么会在锅炉炉管内形成沉积物，要么会随蒸汽带入汽轮机沉积在蒸汽通道部位，还有少部分会返回到凝结水中。因此，随着机组参数的提高，给水质量对机组安全、经济运行越来越重要，所要求的给水质量也越高。

直流炉机组多为高参数大容量机组，盐分在蒸汽中的溶解度随蒸汽参数的提高而增大，所以机组参数越高，蒸汽溶解携带盐分的能力越强，这些被携带的盐分会在蒸汽通流部位沉积，有的盐分被蒸汽带入汽轮机中。蒸汽进入汽轮机后，随着能量的转换，蒸汽压力逐渐降低，蒸汽中的盐分则会在汽轮机中沉积，还有少部分会返回到凝结水中。

随着机组参数的提高，给水质量对机组安全、经济运行越来越重要，所要求的给水质量也越来越高。表4-1根据GB/T 12145—2016《火力发电机组及蒸汽动力设备水汽质量》中的规定，列出了超临界火力发电机组的给水质量标准。

表 4-1　　　　　　　　　　　超临界火力发电机组的给水质量标准

| 项目 | 氢电导率(25℃)($\mu S/cm$) | 溶解氧（$\mu g/L$） | | 二氧化硅($\mu g/L$) | 铁($\mu g/L$) | 铜($\mu g/L$) | 钠($\mu g/L$) | TOC($\mu g/L$) | 氯离子($\mu g/L$) |
|---|---|---|---|---|---|---|---|---|---|
| | | AVT（R） | AVT（O） | | | | | | |
| 标准值 | ≤0.1 | ≤77 | — | ≤10 | ≤5 | ≤2 | ≤2 | ≤200 | ≤1 |
| 期待值 | ≤0.08 | — | ≤10 | ≤5 | ≤3 | ≤1 | ≤1 | — | — |

**2. 凝结水的污染原因**

凝结水污染是指在凝结水形成的过程中混入了杂质，降低了凝结水的质量。凝结水污染主要来自以下四个方面：

(1) 凝汽器泄漏。凝汽器泄漏是指冷却水从汽轮机凝汽器的不严密部位漏至凝结水中的现象，它是水冷机组凝结水含有杂质的主要原因之一。凝汽器不严密部位通常是在凝汽器管与管板的连接处，因为在汽轮机的长期运行过程中，由于工况的变动会使凝汽器内产生机械应力，从而导致凝汽器管子与管板连接处的严密性降低，冷却水漏入凝结水中。

当凝汽器的管子因制造缺陷或腐蚀而出现裂纹、穿孔或破损时，或者当管子与管板的固接不良或遭到破坏时，则冷却水漏到凝结水中的量会显著的增大，这种现象称为泄漏。

微量的泄漏也称渗漏，即使制造和安装质量很好的凝汽器，也会因长期运行和负荷变化等因素而导致凝汽器管与管板结合处的严密性降低，造成一定程度的渗漏。

目前，凝汽器的泄漏率（凝汽器泄漏的冷却水量占汽轮机额定负荷时凝结水量的百分数）一般都小于0.02%，严密性较好的凝汽器泄漏率可以达到0.005%，即使如此，凝结水因泄漏而带入的盐量也是不可忽视的。

当冷却水漏入凝结水中时，该冷却水中各种杂质都将随之混入凝结水中。凝结水含盐量因冷却水的漏入而增加，如图4-1所示。

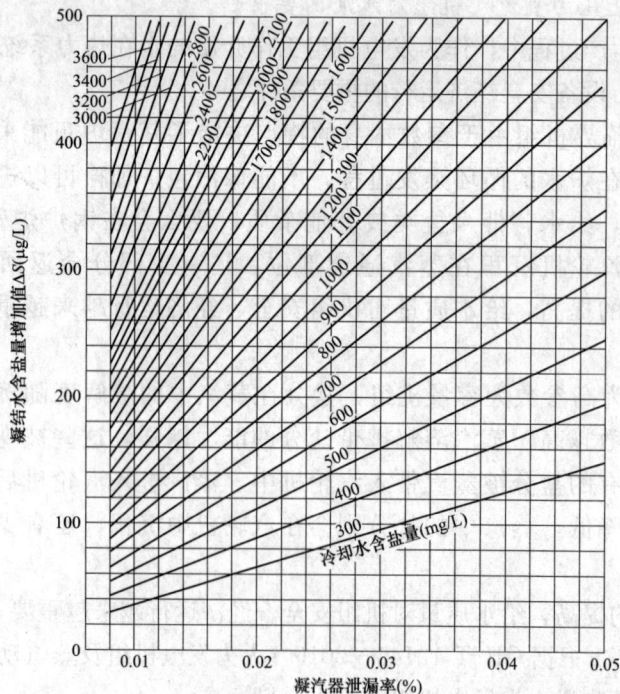

图 4-1　凝结水含盐量增加值与凝汽器泄漏率及冷却水含盐量的关系

凝结水因冷却水泄漏而引起的污染程度还与汽轮机的负荷有关。因为汽轮机的负荷很低时，凝结水量大为减少，但漏入的冷却水并不因负荷的改变而有多大变化，所以这时凝结水污染更严重。

（2）金属腐蚀产物带入。火力发电厂中的热力设备及管道，在运行和停运过程中，难免会受到各种形式的腐蚀，使凝结水中含有一定数量的金属腐蚀产物，其中主要是铁的氧化物，其次还有铜的氧化物。这些腐蚀产物的数量与许多因素有关，如：给水中的溶解氧及 $CO_2$ 含量、热力设备停用保护效果、凝结水的 pH 值及机组的运行工况等。凝结水中铁铜含量受机组负荷变化的影响最为敏感，因为负荷的变化会促进设备及管壁上腐蚀产物脱落，导致凝结水铁铜含量明显升高。机组启动过程中凝结水铁铜含量比正常运行值要高十几倍甚至上百倍，有时会持续 $1\sim2$ 天才能达到凝结水回收标准（$Fe\leqslant80\mu g/L$）。图4-2 所示某机组启动过程中凝结水中铁、铜含量的变化。

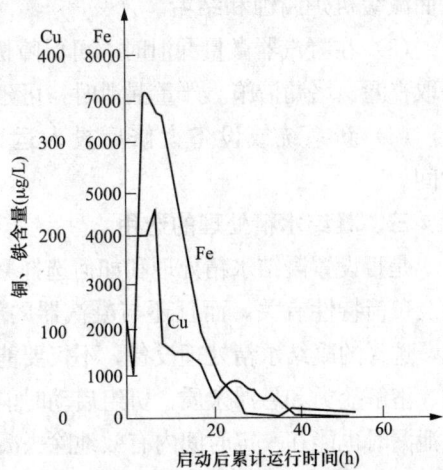

图 4-2　某机组启动过程中凝结水中
铁、铜含量的变化

含有金属腐蚀产物的给水进入锅炉本体后，就会在水、汽流通部位沉积，并进一步引起腐蚀。

（3）蒸汽中溶解的盐类进入凝结水中。蒸汽对很多盐类有一定的溶解能力，并且随压力的提高，溶解度增大，当蒸汽凝结成水时，这些盐类也随之进入凝结水中。

（4）空气漏入和补给水带入。在汽轮机的密封系统和给水泵的密封处，都有可能漏入空气。空气中的 $CO_2$ 与水中的 $NH_3$ 形成 $NH_4HCO_3$ 或 $(NH_4)_2CO_3$，从而增加了水中的碳酸化合物含量，降低了凝结水的 pH 值；空气的漏入还会增加凝结水中的溶解氧含量。

目前大型机组一般都采用将补给水补入凝汽器系统，因此当补给水处理系统运行不良或设备故障时，有可能将补给水中的各种杂质带入凝结水中。即使水处理设备正常运行，补给水的电导率小于 $0.2\mu S/cm$ 的情况下，也会带入微量的盐类杂质。另外，除盐水在流过除盐水箱、除盐水泵和管道系统时，也会携带少量的机械杂质和溶解气体进入热力系统。

综上所述，在机组运行的过程中，凝结水会受到一定程度的污染，导致凝结水中含有一些杂质。这些杂质的类别概括起来有金属腐蚀产物、溶解盐类、悬浮物以及有机物，它们以离子态、分子态、胶体物质和固体微粒的形态存在于凝结水中。

消除污染源虽然是防止凝结水污染的根本办法，但完全消除是不可能的，为此凝结水精处理就成为高参数火力发电机组水处理的一项重要任务。

**二、凝结水精处理的作用**

凝结水精处理系统具有如下作用：

（1）机组启动时，缩短机组启动时间，降低水耗。

（2）机组正常运行或机组异常运行期间，除去凝结水中微量的硅、铁、铜、金属氧化物颗粒和溶解盐类，提供超临界压力直流锅炉正常和非正常运行所必需的高纯度凝结水，从而减缓机炉腐蚀和结垢。

（3）在凝汽器微量漏泄时，可保障机组安全连续运行，同时，使运行人员有足够的时间采取查漏、堵漏措施。严重漏泄时，可延缓水汽品质恶化，可保证机组按预定程序停机。

（4）新系统或设备大修后投入运行时，对凝结水进行处理，减少水气系统的冲洗时间。

### 三、凝结水精处理的选用

是否设置凝结水精处理和如何选择凝结水精处理设备，不仅与锅炉炉型、机组参数、容量及负荷特性有关，而且还与凝汽器的管材、冷却水水质以及锅炉的水化学工况有关。因此，选择的凝结水精处理设备，不仅要能在机组正常运行时除去凝结水中的微量金属腐蚀产物、溶解盐类和悬浮杂质，机组启动时能有效地除去凝结水中的腐蚀产物，而且即使在冷却水泄漏时也能在一定时间内有效地除去凝结水中的各种杂质，保证机组能按正常程序停机。

关于是否设置凝结水精处理，目前国内较一致的看法是：

（1）由直流炉供汽的汽轮机组，全部凝结水进行除盐处理，同时应设置除铁设施。

（2）由亚临界压力汽包锅炉供汽的汽轮机组，全部凝结水宜进行除盐处理。

（3）由超高压汽包锅炉供汽的汽轮机组，通常不设凝结水除盐处理；但当冷却水为海水或苦咸水，且凝汽器采用铜管时，则宜设凝结水除盐处理。

（4）承担调峰负荷的超高压汽包锅炉供汽的汽轮机组，若无除盐装置，可设置供机组启动用的除铁装置。

（5）空冷机组的精处理系统可选择粉末树脂覆盖过滤器、前置过滤器＋混床、阳阴分床等处理系统。

出于对机组安全经济性的考虑，在火力发电厂亚临界压力及以上参数的汽包炉机组及直流炉机组中，设置凝结水精处理已成为必需的措施。

### 四、凝结水精处理方式及特点

精处理的任务主要是去除凝结水中的腐蚀产物、悬浮物等粒状杂质和溶解盐类。通常，去除粒状杂质的方法是过滤，去除溶解盐类的方法是除盐。因此，凝结水精处理系统一般由三部分组成：前置过滤—除盐—后置过滤。其中，后置过滤主要用于截留高速混床可能漏出的碎树脂，目前已用树脂捕捉器代替。具有代表性的处理方式见表4-2。

表 4-2　　　　　　　　　凝结水的处理方式及适用范围

| 凝结水处理方式 | 特　点 |
| --- | --- |
| A 凝结水→过滤→锅炉 | 自备电厂汽包锅炉使用 |
| B 凝结水→前置过滤→离子交换→锅炉 | 火电厂所使用的标准方式 |
| C 凝结水→离子交换→锅炉 | 火电厂用，省略前置过滤器 |
| D 凝结水→粉末树脂过滤器→锅炉 | 火电厂用 |

1. 精处理装置在热力系统中的位置

凝结水精处理系统与锅炉补给水处理系统不同之处，就是凝结水精处理是串联于热力系统中，成为水汽系统的一个组成部分。由于树脂使用温度的限制，凝结水精处理装置在热力系统中一般都是设置在凝结水泵之后、低压加热器之前，这里水温一般不超过70℃，能满足树脂正常工作的基本要求。因此凝结水精处理系统必须考虑以下特点：

（1）凝结水精处理系统的工况受机组运行工况的制约；

（2）凝结水精处理系统的出水水质必须达到锅炉给水的质量要求；

（3）凝结水精处理必须具备截留破碎树脂的功能；

（4）离子交换树脂对温度的承受能力。

2. 精处理装置在热力系统中的连接方式

精处理装置在热力系统中主要有两种连接方式，即低压系统方式和中压系统方式。

低压系统是指混床连接在凝结水泵与凝结水升压泵之间，如图4-3所示。在这种系统中，由于凝结水泵在1～1.3MPa压力下运行，压力比较低，无法克服低压加热器以及管道、阀门的阻力，为此需在精处理装置之后设置凝结水升压泵（简称凝升泵）。就要求凝结水泵和凝结水升压泵同步同流量运行，操作麻烦，安全性差。

为了解决由于凝结水泵压力较低而出现的问题，可采用提高凝结水泵出口压力的办法，即将该泵的压力升至4MPa，从而取消凝结水升压泵。这时的凝结水泵将水送入精处理装置处理后，借助剩余水头再将水经低压加热器送至后续设备。在该系统中，凝结水精处理装置在较高压力（3.0～3.5MPa）下运行，故称中压凝结水精处理装置，在热力系统中的连接方式如图4-4所示。

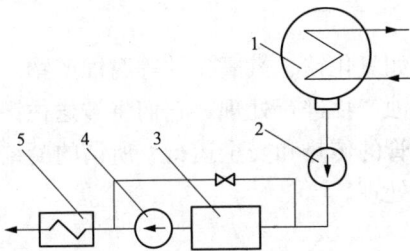

图 4-3 低压连接方式

1—凝汽器；2—凝结水泵；3—凝结水精处理装置；
4—凝结水升压泵；5—低压加热器

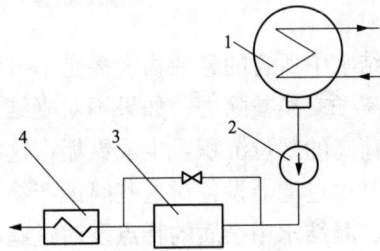

图 4-4 中压连接方式

1—凝汽器；2—凝结水泵；
3—凝结水精处理装置；4—低压加热器

**五、凝结水精处理的工艺系统**

在凝结水精处理系统中，凝结水的进、出口设置有旁路系统。当凝结水混床水温超过设计值、旁路压差超过设计值或机组冷态启动时，旁路门打开，保证树脂和系统设备的安全、经济运行。凝结水精处理大体可分为以下六种工艺系统。

1. 凝结水→高速混床→树脂捕捉器

该工艺系统中的高速混床起过滤和除盐两种作用，过滤时截留在树脂层中的金属腐蚀产物必须借助压缩空气擦洗才能除去，所以这种混床也称空气擦洗高速混床。相对于分床式的阳、阴床系统而言，增加了阴阳树脂的分离、混合等操作。

2. 凝结水→微孔管式过滤器（或电磁过滤器）→高速混床→树脂捕捉器

该工艺系统是在混床前面单独设置了一个过滤设备，使过滤和除盐分开，也称前置过

167

滤器。早期曾用过以纸粉为滤料的覆盖过滤器，后来也用过电磁过滤器，目前一般用微孔管式过滤器。这种设有前置过滤器的凝结水精处理系统，虽然系统复杂了一些，但减轻了树脂的污染，延长了混床的运行周期，保证了出水质量。

3. 凝结水→阳床→高速混床→树脂捕捉器

该工艺系统在高速混床之前设置了一个氢型阳床，起前置过滤作用，同时可交换水中的氨，降低混床进水的 pH 值，从而减小混床出水的 Cl 离子含量。

4. 凝结水→（过滤器）→阳床→阴床→树脂捕捉器

该工艺系统彻底解决了阴、阳树脂分离、混合带来的问题，但运行时系统压力损失较大。

5. 凝结水→粉末树脂覆盖过滤器→树脂捕捉器

该工艺系统中的粉末树脂覆盖过滤器起过滤和除盐作用。其优点是简化了工艺系统，并认为当泄漏率很低时是比较经济的。但除盐能力有限，泄漏率较高时，由于粉末树脂更换过于频繁，而导致运行费用过高。

6. 凝结水→粉末树脂覆盖过滤器→高速混床→树脂捕捉器

该工艺系统在粉末树脂过滤器之后又加了一个高速混床，虽然增加了动力消耗，但提高了除盐能力，保证了出水的质量。该系统水温超过 70℃ 时，高速混床必须走旁路。

在上述几种工艺流程中，最后都设置了一个树脂捕捉器，用于截留、捕捉混床出水中可能带有的破碎树脂。

## 第二节　凝结水的过滤处理

凝结水中所含的悬浮物大多是不可溶解的，如氧化铁、氢氧化铁等腐蚀产物。它们不能通过离子交换被除去。如果不对凝结水中的腐蚀产物进行处理，它们将被送往锅炉，并在热负荷高的部位沉积，生成铁垢，这将影响炉管的传热和安全运行。所谓的凝结水过滤处理就是用过滤器设备对这些腐蚀产物进行过滤处理。

**一、凝结水中杂质的特点及对过滤的要求**

凝结水中的粒状杂质与天然水中的不同，主要是金属腐蚀产物，而悬浮物含量低。金属腐蚀产物来源主要是水汽系统中因设备、管道腐蚀而带入的，其中主要是以固体形态存在的铁和铜的氧化物。这些腐蚀产物在凝结水中的含量与机组运行工况有关，在机组启动时含量很高，比正常运行时高出几十倍，运行中负荷的波动也会使其含量增大。进入凝结水中的铁、铜氧化物，是以微粒形式存在于凝结水中，真正呈溶解状态的很少。有资料介绍，这些固体颗粒中铁的氧化物几乎都大于 $0.45\mu m$，其中大于 $10\mu m$ 的微粒占 $60\%$ 以上。但也有资料认为，凝结水中铁化合物的粒径很小，$80\%$ 小于 $0.45\mu m$，有些氢氧化铁甚至以胶体形态存在于水中。

防止铁、铜氧化物进入水汽系统的办法是凝结水过滤处理。根据凝结水处理的水量大、水温较高及水中杂质的特点，对过滤的要求是：

（1）滤料的热稳定性和化学稳定性好，不污染水质；

（2）过滤面积大，以适应大流量的要求；

（3）滤料层的水流阻力小，以便高流速运行；

（4）滤料对除铁、铜腐蚀产物的选择性高。

用于凝结水过滤处理的设备有覆盖过滤器（含树脂粉末过滤器）、前置阳床、电磁过滤器、中空纤维过滤器、滤芯式过滤器等。

一般在下列情况下设置前置过滤器：

（1）因为机组调峰需要，要经常启停的直流锅炉或亚临界汽包锅炉。

（2）需要回收大量的疏水或凝结水。

（3）需要除掉悬浮物以避免阴树脂污染。

（4）为了延长混床的运行周期，对高 pH 值的凝结水进行除氨。

（5）在进行阴离子交换以前必须除掉凝结水中的阳离子，以避免阴树脂表面生成不溶解的氢氧化物。

（6）锅炉的补给水含有较大量的胶体硅或不能保证不发生凝汽器泄漏而冷却水中含有大量的胶体硅。

（7）凝结水混床所用的树脂机械强度差，且设计的流速过高。

**二、凝结水过滤设备**

目前常用的过滤设备有电磁过滤器、微孔管式过滤器、阳床过滤器、覆盖式过滤器等。

1. 电磁过滤器

电磁过滤器是利用电磁力的作用除去水中磁性氧化物的一种过滤设备。

（1）除铁原理。物质在外来磁场的作用下会显示磁性，这种现象称为物质的磁化。根据物质被磁化的程度不同，可将物质分为铁磁性物质、顺磁性物质和抗磁性物质。铁磁性物质即使在较弱的磁场中也能被强烈磁化而具有较大的磁性，而且能较大程度地加强外来磁场，当取消外来磁场时，被磁化物质仍保留一定程度的磁性。顺磁性物质即使在强磁场中也只能被较弱的磁化，也能加强外来磁场，但一旦取消外来磁场，该物质的磁性就会消失。抗磁性物质在外来磁场中不但不会被磁化，反而会削弱外来磁场。

凝结水中铁的腐蚀产物主要有 $Fe_3O_4$ 和 $\alpha\text{-}Fe_2O_3$，$\gamma\text{-}Fe_2O_3$，$Fe_3O_4$ 和 $\gamma\text{-}Fe_2O_3$ 是铁磁性物质，$\alpha\text{-}Fe_2O_3$ 是顺磁性物质。因此可以利用磁性吸引的方法从水中去除这些腐蚀产物。

（2）电磁过滤器的结构。它的外壳是由非磁性材料制成的承压圆筒体，筒体外面环绕励磁线圈，在筒体内填充磁性材料。

电磁过滤器由早期的钢球型电磁过滤器，到后来的钢毛型电磁过滤器，目前使用的为涡卷钢毛复合基体作填料的高梯度电磁过滤器，如图 4-5 所示。

这种电磁过滤器使用一种空隙率达 95% 的 30～200$\mu m$ 钢毛与空隙率小的涡卷合起来作填料层，填料层高度为 800～1000mm，运行流速为 400～800m/h。所以当励磁线圈中通以直流电后，填料很快被磁化，并在磁性填料的空隙内形成极高的磁场梯度，这样不仅能除

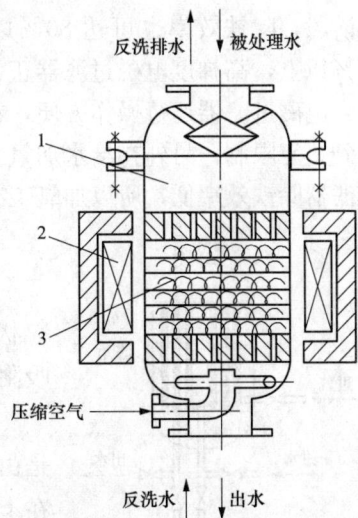

图 4-5　高梯度电磁过滤器
1—筒体；2—励磁线圈；3—填料

去水中铁磁性微粒，而且除去水中顺磁性微粒的能力也大大增加。

（3）电磁过滤器的工作过程。励磁线圈中通以直流电流以产生定向磁场，填料被磁化，当被处理的凝结水从上向下通过被磁化了的填料层时，水中铁磁性的金属腐蚀产物微粒被填料吸住而除去。

运行终点通常以额定流量下的阻力上升值来确定，一般采用比初投运时阻力上升0.05～0.1MPa作为运行终点，也有用进、出口水的铁铜含量或按产水量来决定运行终点的。

电磁过滤器停止运行后，为了除去填料上吸附的金属腐蚀产物，可在励磁线圈内通以逐渐减弱的交流电，使填料磁性尽快消失，然后从下向上通水反冲洗，反冲洗水流速为运行流速的80%。也可先用压缩空气擦洗，气压为0.2～0.4MPa，擦洗强度为1500Nm³/(m² · h)，擦洗时间为4～6s；然后再用水进行反冲洗，水反冲洗强度为800m³/(m² · h)，反冲洗时间为10～12s。上述空气擦洗—水反冲洗操作可重复2～4次。电磁过滤器运行和再生操作过程如图4-6所示。

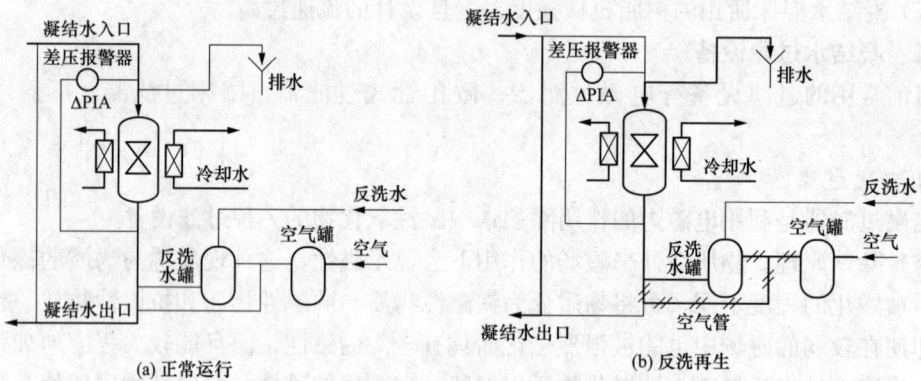

图4-6 电磁过滤器运行和再生操作过程

（4）除铁效果。电磁过滤器在机组启动时除铁效果比较明显，即使机组在运行冷态清洗阶段，除铁效率也可达80%以上，从机组启动到负荷正常并网总的除铁效果可达到90%以上，高梯度电磁过滤器正常运行时出水中的含铁量小于$10\mu g/L$。

电磁过滤器运行操作方便，在机组启动时除铁效果明显。但投资费用较高，因此应用受到一定限制。另外在给水加氧工况时，由于铁的腐蚀产物多以$\alpha\text{-}Fe_2O_3$形态存在，电磁过滤器除铁效率低，所以以加氧工况机组的凝结水不宜采用电磁过滤器除铁。

### 2. 微孔管式过滤器

微孔过滤是利用过滤材料的微孔筛分、架桥和吸附水中粒状杂质的一种过滤工艺。筛分和架桥主要发生在滤料表面，吸附即可发生在滤料表面，也可发生在滤料内部。

（1）结构。微孔管式过滤器的结构，如图4-7所示。它是由一个承压外壳和壳体内装有若干根滤元组成，滤元固定在上下的多孔板上，器内设有进水装置、出水装置和布气装置，四个方向设进气口，过滤器顶部和下部各设有人孔。

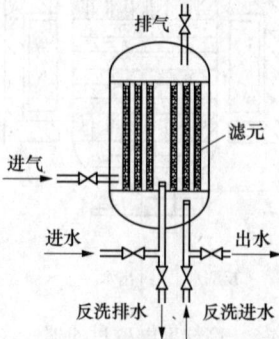

图4-7 微孔管式过滤器

（2）滤元。一根滤元就是一个过滤单元，滤元的数量不同，处理水量就不同，可按设计要求设置。

过滤器滤元一般做成管状，表面设有滤层。用于凝结水除铁的管状滤元按其制造工艺有绕线滤元、喷熔滤元和折叠滤元之分，其外观如图 4-8 所示。绕线滤元是各种具有良好过滤性能的纺织纤维线，按一定规律缠绕在多孔管骨架上制成，内细外粗和内紧外松的绕线方式可使滤元微孔内小外大，从而实现深层过滤，滤线有聚丙烯纤维线、丙纶纤维线和脱脂棉纱线等。喷熔滤元是由聚丙烯粒子经加热熔融、喷丝、牵引成型而制成的管状滤元，纤维在空间随机形成三维微孔结构，微孔孔径沿滤液流向呈梯度分布，集表面、深层过滤于一体。折叠滤元是用微孔滤膜折叠制作的管状过滤器件，由芯柱、折叠滤膜和外壳构成，在折叠滤膜两侧有折叠支撑层，滤元端盖密封及整体结构连接均采用热熔黏接。

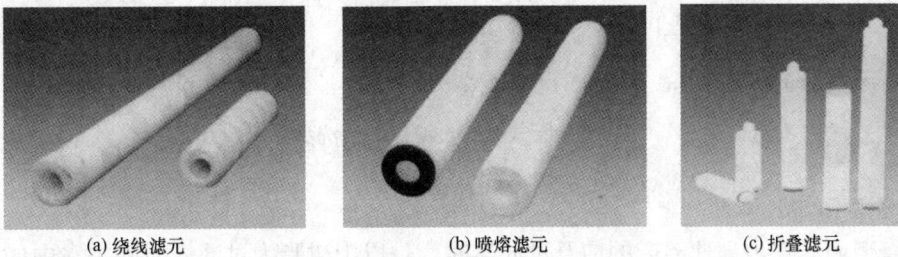

(a) 绕线滤元　　　　　　　(b) 喷熔滤元　　　　　　　(c) 折叠滤元

图 4-8　微孔滤元

滤元的规格以微孔大小、外径和长度表示，滤元有多种规格。用于凝结水除铁时可选用 $5\sim10\mu m$ 的滤元，滤元的外径有 2 英寸、2.5 英寸、3 英寸，长度有 60 英寸、70 英寸等规格。绕线滤元和喷熔滤元流量一般为 $8\sim10m^3/(m^2\cdot h)$，机组正常运行时选用 $5\mu m$ 滤元，启动时选用 $10\mu m$ 滤元；折叠滤元流量一般为 $0.7\sim1.0m^3/(m^2\cdot h)$，机组正常运行时选用 $1\sim4\mu m$ 滤元。

绕线滤元、喷熔滤元和折叠滤元的性能相对差别见表 4-3。

表 4-3　　　　　　　　　　　　　　滤元性能的差别

| 性　　能 | 滤　元 | | |
| --- | --- | --- | --- |
| | 绕线滤元 | 喷熔滤元 | 折叠滤元 |
| 结构 | 简单 | 简单 | 略复杂 |
| 强度 | 强 | 差 | 略差 |
| 膜面积 | 小些 | 小些 | 大 |
| 单位膜面积的流量 | 大 | 大 | 小 |
| 运行压力 | 高 | 高 | 较低 |
| 压力损失 | 小 | 略大 | 小 |
| 清洗难易 | 易 | 较易 | 一般 |

（3）工作过程。微孔管式过滤器运行时，被处理水进入筒体内的滤元之间后，从滤元外侧进入滤芯管内，向筒体底部汇集后引出，被处理水中的各种微粒杂质被滤层截留，完成过滤作用。当运行至进出口压差为 $0.08\sim0.1MPa$ 时作为运行终点，进行清洗，除去污

物后重新投入运行，清洗步骤如图 4-9 所示。其中，水冲洗强度约 $30m^3/(m^2 \cdot h)$，反洗用气强度约 $170 \, Nm^3/(m^2 \cdot h)$。当多次运行、清洗后，水流阻力不能恢复到设计要求时，应更换滤元。

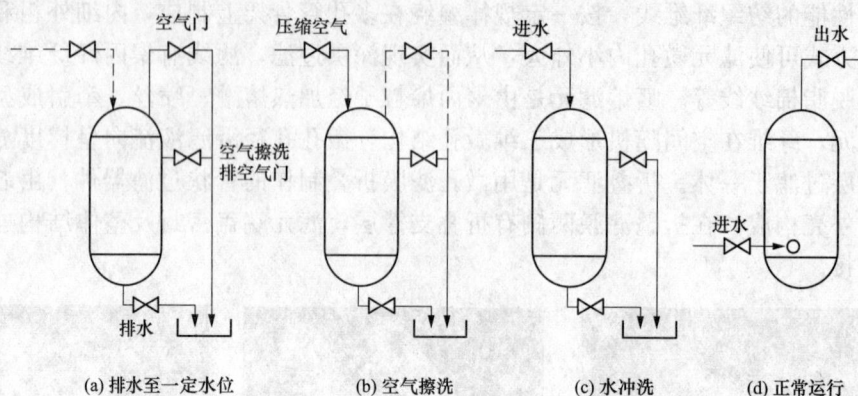

图 4-9　管式微孔过滤器的清洗步骤

### 3. 氢型阳床过滤器

用氢型阳床作为高速混床的前置过滤器时，是以阳树脂为过滤介质除去水中的金属腐蚀产物。阳树脂层高度一般为 $600 \sim 1200mm$，运行流速为 $90 \sim 120m/h$。运行经验表明，当机组启动时，进水含铁量为 $40 \sim 1000 \mu g/L$，出水含铁量可降至 $5 \sim 40 \mu g/L$，平均除铁效率达到 $82\%$。机组正常运行时，出水含铁量小于 $5 \mu g/L$。氢型阳床作为前置过滤器时，不仅除铁效率高，而且可交换水中的氨，降低混床进水的 pH 值，从而延长混床的工作周期和减小混床出水的 $Cl^-$ 含量。

氢型阳床运行至漏氨时即可停止运行，用酸进行再生，使树脂重新恢复为氢型。再生罐须单独设置，不能与混床的再生设备和系统混用，以免污染混床的树脂。对树脂层清洗时，可用压缩空气擦洗和水冲洗，反复操作可将树脂层中的金属腐蚀产物基本清除干净。

氢型阳床的结构与普通阳离子交换器基本相同，只是体内没有再生液的分配装置。因它的运行流速高，要求内部装置的强度比普通阳离子交换器高，但对阳树脂没有严格要求。

所谓"阳层混床"，实际上是"氢型阳床—混床"系统的变革，它是在凝结水混床树脂上面加一层厚约 $300 \sim 600mm$ 的氢型阳树脂，起前置氢型阳床的作用。即运行中，阳树脂既可滤去 $90\%$ 以上的固体颗粒起过滤作用，又可交换水中的氨，降低混床进水的 pH 值，从而改善混床的水质条件，提高出水的水质，增大混床的周期产水量。

### 4. 粉末树脂覆盖过滤器

粉末树脂覆盖过滤器起过滤和除盐两种作用，不仅能有效地除去金属腐蚀产物、细小悬浮颗粒及胶体，而且还能除去水中部分溶解盐类。粉末树脂覆盖过滤器主要用于空冷机组的凝结水处理。

（1）过滤器结构。粉末树脂覆盖过滤器的结构与微孔滤元过滤器相似，也是由一个承压外壳和内装若干根滤元组成。器内设置有进水装置、出水装置和布气装置，外部四个方向对称设置进气口。图 4-10 所示为某电厂空冷机组凝结水精处理采用的一种粉末树脂覆盖过滤器。

滤元的滤芯是以不锈钢管或聚丙烯管作为骨架，在管外沿纵向刻有齿槽，齿槽壁上开有许多小孔，外绕聚丙烯纤维，精度为 $5\mu m$。滤元的覆盖层为粉末树脂，这种粉末树脂是用高纯度、大剂量的再生剂彻底再生和完全转型的强酸阳树脂和强碱阴树脂，粉碎至一定细度（树脂粉粒径 $40\sim60\mu m$）后再混合制成的。

滤元直立吊装在器内，上端固定在条形压板上，条形压板之间由三角形压板连成一个具有很多网格的整体［如图 4-10（b）所示］，滤元下端被固定在多孔板的孔内。这样，多孔板就将过滤器内腔分隔成两个区域：多孔板上部为过滤区，下部为集水区。过滤时，水由管外通过滤元覆盖层和管孔进入管内，在筒体下部汇集后流出，水中的颗粒杂质和盐类被覆盖层截留和交换。

（2）过滤器系统。粉末树脂覆盖过滤器系统主要由铺膜单元，爆膜、反洗单元组成，有的还设置有先进铺膜单元。

铺膜单元的功能是配置粉末树脂与纤维粉的混合浆料，对滤元进行铺膜；爆膜、反洗单元的作用是将过滤器失效的覆盖层连同截留的杂质从滤元上吹脱下来，并用水冲洗滤元至干净；先进铺膜单元的作用是修补或加厚运行中过滤器滤元上的滤膜。

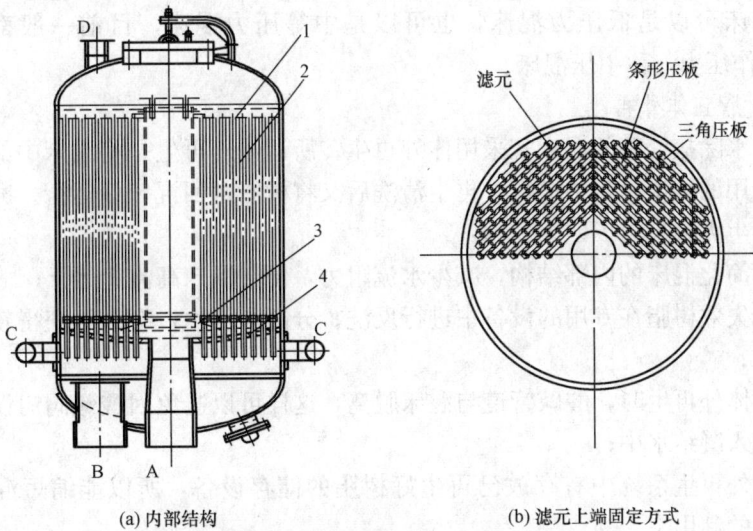

(a) 内部结构　　　　　　　　　　　　　　(b) 滤元上端固定方式

图 4-10　粉末树脂覆盖过滤器结构

1—条形压板；2—滤元；3—进水分配罩；4—多孔板；A—进水；B—出水；C—进压缩空气；D—排气

（3）工作过程。粉末覆盖过滤器的工作过程分铺膜—运行—爆膜。铺膜就是将树脂粉的浆液均匀地铺在滤元表面，形成滤膜。在铺膜前先配制浆液，即将粉末树脂按一定的比例在纯水中混合均匀，并高速搅拌，使树脂粉发生溶胀。由于阴、阳树脂正、负电场的互相吸引作用而凝聚、黏结，产生抱团现象，并形成不带电荷的具有过滤和交换性能的絮凝体，然后进行铺膜。运行就是过滤器除铁除盐的制水过程。爆膜就是用泄压爆气的方法将失效的覆盖膜及其截留的杂质从滤元上吹脱下来，为重新铺膜做准备。

## 第三节 凝结水精处理混床

在大多数凝结水处理系统中，混床是凝结水处理的主要设备，其作用是在除去凝结水中悬浮物的同时，还能去除水中的盐分。凝结水含盐量低，适合直接采用强酸树脂和强碱树脂组成的 H/OH 混床除盐。采用分床式的阳、阴床系统，虽然彻底解决了阳、阴树脂的分离和混合问题，但运行压差大，而采用高速混床既简化了系统又节省了投资。

**一、凝结水混床的工作特点**

凝结水精处理的高速混床与补给水处理的混床（称普通混床）相比，虽然床内填充的都是强酸阳树脂和强碱阴树脂，但由于凝结水精处理的特定条件，所以凝结水混床又有其自己的工作特点。与普通混床相比，凝结水混床主要有如下一些工作特点：

1. 处理水量大、运行流速高

汽轮机凝结水的水量大，约为锅炉额定蒸发量的 70% 左右。由于凝结水水量大和含盐量低，所以混床可采用高流速运行，运行流速一般在 $100\sim120\text{m/h}$，所以常称高速混床。但运行流速也不可能无限提高，因为过高的运行流速会使工作层变厚、水流阻力增加、树脂受压破碎等，所以目前凝结水混床的最高运行流速为 $150\text{m/h}$。

2. 工作压力较高

凝结水混床可以是低压力混床，也可以是中等压力混床，目前一般都采用 $3.0\sim3.5\text{MPa}$ 的工作压力，称中压混床。

3. 失效树脂宜体外再生

用于凝结水除盐处理的混床宜采用体外再生。所谓体外再生是将混床中的失效树脂外移到另一套专用的再生设备中进行，再生清洗后又将树脂送回混床中运行。凝结水混床之所以用体外再生大致有以下四个原因：

（1）可以简化混床的内部结构，减少水流阻力，便于混床高流速运行；

（2）混床失效树脂在专用的设备中进行反洗、分离和再生，有利于获得较好的分离效果和再生效果；

（3）采用体外再生时，酸碱管道与混床脱离，这样可以避免因酸碱阀门误动作或关闭不严使酸碱漏入凝结水中；

（4）在体外再生系统中有存放已再生好树脂的储存设备，所以能缩短混床的停运时间，提高混床的利用率。

4. 混床树脂的比例

混床中阳、阴树脂的比例取决于两种树脂各自的工作交换容量和进水中欲除去的阴、阳离子浓度。对于给水加氨的水汽系统来说，其特点是凝结水的 pH 较高，含有大量的 $NH_4OH$，会消耗 RH 阳树脂的交换容量，而不消耗 ROH 阴树脂的交换容量，即欲除去的阳离子浓度远大于欲除去的阴离子浓度，故凝结水混床与普通混床相比，应适当地增加阳树脂的体积。

此外，阳、阴树脂的比例还与混床运行方式有关。不同情况下，阳、阴树脂的比例通常是氢型混床时宜为 2∶1 或 1∶1，当给水采用加氧工况时宜为 1∶1；铵型混床时宜为 1∶2 或 2∶3；有前置氢床时宜为 1∶2 或 2∶3。本期工程高速混床阳、阴树脂的比例为 3∶2。

## 二、凝结水混床对树脂性能的要求

凝结水混床特定的运行环境，对树脂性能有如下特殊要求。

### 1. 机械强度

凝结水混床在高流速下运行，树脂颗粒要承受较大的水流压力，当树脂的机械强度不足以抵抗这样大的压力时，就会发生机械性破碎。树脂的碎粒不但会增大水流过树脂层时的压降，而且还会影响混床树脂的分离效果。选用高强度树脂的另一个原因是，由于树脂再生时的来回输送以及树脂的分离转移等原因造成树脂磨损。此外，在中压凝结水处理系统中，混床从停运状态到投入运行压力变化速度快。因此，用于凝结水高速混床的树脂应具有较高的机械强度。

常规凝胶型树脂的网孔小、交联度低，抵抗树脂"再生—失效"反复转型膨胀和收缩而产生的渗透应力较差，所以容易破裂。大孔型树脂的交联度较高，抗膨胀和收缩性能较好，因而不易破碎。凝结水混床的实际运行结果也表明，选用大孔型树脂或高强度凝胶型树脂，树脂破损率大大降低，混床压降可控制在 0.2MPa 以下。

### 2. 粒径

凝结水混床要求采用均粒树脂。所谓均粒树脂是指 90% 以上重量的树脂颗粒集中在粒径偏差 ±0.1mm 这一狭窄范围内颗粒几乎相同的树脂，或树脂的均一系数小于 1.2。传统树脂的粒度范围较宽，一般在 0.3～1.2mm 之间，最大粒径与最小粒径之比约为 3∶1～4∶1，而均粒树脂的粒度范围较窄，最大粒径与最小粒径之比约为 1.35∶1。凝结水混床之所以采用均粒树脂，是因为：

（1）便于树脂分离。阴、阳树脂的分离是靠水力反洗膨胀后，停止进水时沉降速度不同来实现的。沉降速度与树脂的密度和颗粒大小有关，阳树脂的密度比阴树脂的大，这是树脂分层的首要条件，但若树脂颗粒大小不均匀，导致密度大但粒径小的阳树脂沉降速度减小，密度小但粒径大的阴树脂沉降速度增大，则分层难度增加。当这些阳、阴树脂沉降速度相等时，则形成小颗粒阳树脂和大颗粒阴树脂互相掺杂的混脂区。

（2）树脂层压降小，便于混床高流速运行。水流过树脂层时的压降与树脂层的空隙率有关，而空隙率又与树脂的堆积状态有关，普通粒度树脂的粒径分布范围宽，小颗粒会填充在大颗粒的空隙之间，减少了树脂颗粒间的空隙，因此水流阻力大、压降大。均粒树脂无小颗粒树脂填充空隙，床层断面空隙率较大，所以水流阻力小、压降小。

（3）水耗低。再生后残留在树脂中的再生液和再生产物，在清洗期间必须从树脂颗粒内部扩散出来，清洗所需时间将由树脂层中最大的树脂颗粒所控制。由于均粒树脂颗粒均匀性好，有着较小且均匀地扩散距离，清洗时无大颗粒树脂拖长时间，所以清洗时间短，清洗水耗低。

### 3. 耐热性

凝结水混床的进水温度较高，特别是空冷机组，进水温度一般高于环境温度 30～40℃。因此，用于凝结水混床的树脂要求具有较高温度的承受能力，这主要是对阴树脂而言。

凝结水混床树脂应满足电力行业标准 DL 5068—2014《发电厂化学设计规范》推荐的表 4-4 的技术要求。

表 4-4 凝结水混床树脂的技术要求

| 树脂类型 | 凝 胶 型 | | 大 孔 型 | |
|---|---|---|---|---|
| | 阳树脂（钠型） | 阴树脂（氯型） | 阳树脂（钠型） | 阴树脂（氯型） |
| 湿视密度（g/mL） | 0.77～0.87 | 0.67～0.73 | 0.77～0.85 | 0.65～0.73 |
| 湿真密度（g/mL） | 1.25～1.29 | 1.07～1.10 | 1.25～1.28 | 1.06～1.10 |
| 有效粒径（mm） | 0.65～0.80 | 0.50～0.71 | 0.55～0.80 | 0.50～0.71 |
| 均一系数 | ≤1.30 | | | |
| 范围粒度（%） | （0.50～1.25mm）≥95.0 | （0.40～0.80mm）≥95.0 | （0.50～1.25mm）≥95.0 | （0.40～0.80mm）≥95.0 |
| 粒度上限（%） | — | （>0.80mm）≤1.0 | — | （>0.80mm）≤1.0 |
| 粒度下限（%） | （0.50mm）≤1.0 | — | （<0.50mm）≤1.0 | — |
| 渗磨圆球率（%） | ≥90.0 | | | |

注 混床阴阳树脂的有效粒径之差的绝对值不大于 0.10mm。

### 三、凝结水混床的结构

在凝结水精处理系统中，用于除去水中溶解盐类的离子交换设备大都采用高速混床。高速混床外形壳体有柱型和球型两种，球型混床为垂直压力容器，承压能力强。低压精处理装置常采用柱型混床，中压装置多采用球型混床，对于超临界及以上机组更倾向于球型混床。

凝结水混床的内部结构虽有不同，但基本要求是相同的，即除要求进、出水的水流分布均匀外，还要保证树脂层面平整，尤其是排树脂应彻底。

图 4-11 所示为目前应用较多的一种中压球型混床，其上部进水分配装置为二级布水形式，由挡水裙圈和多孔板＋水帽组成。进水首先经挡水板和进水裙圈反溅至交换器的顶部，再反溅至多孔板，通过多孔板上的水帽，使水流均匀地流入树脂层，从而保证了良好的进水分配效果。混床底部的集水装置采用双盘碟形设计，上盘安装有双流速水帽，出水经水帽流入位于下部碟形盘上的出水管。在上部碟形盘中心处设置有排脂管，双速水帽反向进水可清扫底部残留的树脂，使树脂输送彻底，无死角，树脂排出率可达 99.9% 以上。

双流速水帽的结构和工作过程如图 4-12 所示。在水帽的腔内安装一顶部开孔的环形罩，罩内设一可沿垂直轴上下移动的倒三角

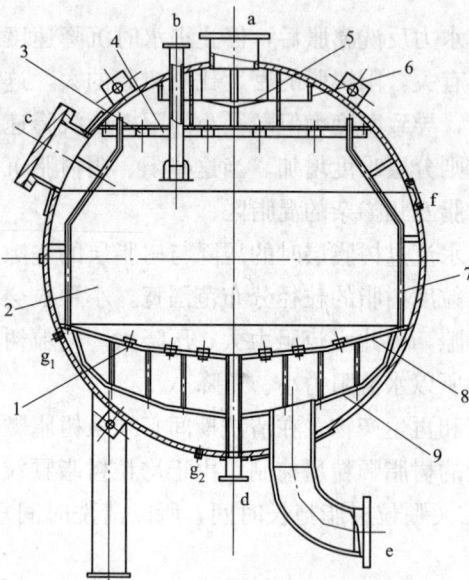

图 4-11 中压球型混床的内部结构
1—集水双流速水帽；2—树脂层；3—布水水帽；
4—多孔板；5—挡水板；6—进水裙圈；7—平衡管；
8—蝶形多孔板；9—蝶形板；a—进水口；
b—进脂口；c—人孔；d—出脂口；
e—出水口；f—视镜；g—底部排污口

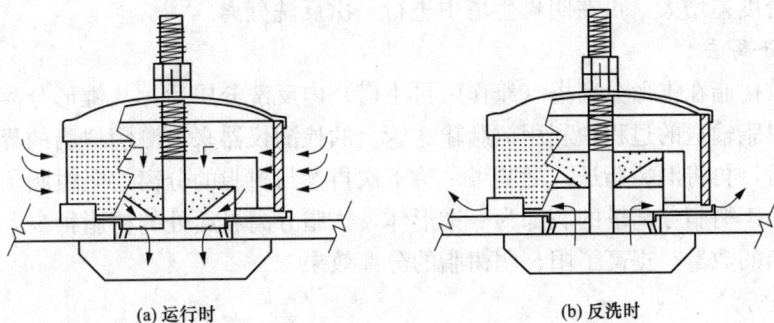

(a) 运行时　　　　　　　　　　　　(b) 反洗时

图 4-12　双流速水帽的结构和工作过程

锥体。混床运行时，锥体落下，环形罩的孔打开，通过水帽绕丝缝隙的大量水由此送出；反向进水时，锥体被水流推向上部，孔被堵住，此时水只能沿水帽与孔板的缝隙处高流速喷出，对底部残留的树脂进行清扫。

另外，混床内上、下多孔板间还设置有压力平衡管，可平衡床内的压差。

### 四、高速混床的体外再生

提高混床树脂再生度的前提之一就是再生前将失效的阴、阳树脂完全分离，这也是混床能否在运行中由 H—OH 型转为 $NH_4$—OH 型运行的关键。为此，设计要求阴阳树脂的分离率应达到：阴树脂在阳树脂层内的含量（体积比）小于 0.1，阳树脂在阴树脂层内的含量（体积比）小于 0.07 %。

混床树脂的分离是基于阴、阳树脂的湿真密度不同而实现的。可以用自下而上的水流将它们分开，即水力筛分法；也可以将其浸泡在密度介于它们之间的一种溶液中，利用它们浮、沉性能的不同而分开；或者用一种密度介于它们之间的惰性树脂将它们隔离开。在火力发电厂生产实践中，目前都是用水力筛分法对阴、阳树脂进行反洗分层。

凝结水混床常采用体外再生方式，体外再生系统有三个主要功能：①分离阴、阳树脂；②空气擦洗树脂除去金属腐蚀产物；③对失效树脂进行再生和清洗。

体外再生系统中包括下述子系统：

（1）用于树脂分离、再生、储存的系统；

（2）用于酸碱储存、计量、投加的酸、碱系统；

（3）用于树脂反洗、清洗、输送及稀释再生剂的自用水系统；

（4）用于擦洗树脂、混合树脂的压缩空气系统。

下面简要介绍目前较为常见的四种树脂分离技术。

1. 中间抽出法

当失效的混合树脂在分离塔中反洗分层后，在阳、阴树脂的分界面处会有一层混脂层，将混脂层上部的阴树脂送出至阴再生塔后，再将中间的混脂层（约占混床树脂总体积的 15%～20%）从分离塔中抽出，送入混脂塔内，在下一次的再生中参与树脂的分离，阳树脂送入阳再生塔留在分离塔中进行再生。

2. 二次分离法

混床失效树脂在阳再生塔反洗再生分层后，将上部的混脂和阴树脂层一起送入阴再生塔中。当阴再生塔进碱再生后，混杂在阴树脂层中的阳树脂会转变为钠型，从而使阳树脂

177

与阴树脂的密度差增大，可在阴再生塔中进行一次反洗分离。

3. 锥形分离法

混床失效树脂在锥形分离塔（兼作阳再生塔）内反洗分层后，从锥形分离塔底部送出阳树脂，在树脂输送的过程中利用树脂输送管上的检测仪器来检测阴树脂的界面，当阳树脂输送完毕后，再将混树脂送入混脂罐，待下次再参与树脂的分离。阴树脂留在分离塔中进行再生。由于树脂分离塔的底部为一锥形体，树脂分离界面处的树脂很少，从而减少了中间混合树脂的数量，提高了阳、阴树脂的分离效果。

4. 完全分离法

完全分离法又称高塔分离法。该塔的特点是塔的下部为一个直径较小的长筒体，上部为直径扩大的锥体，其独特的结构符合阳、阴树脂分离的水力学要求，从而保证了在失效树脂的分离过程中阳树脂层可充分膨胀，而阴树脂也不会从分离塔的上部被冲出，这样可以使阳、阴树脂得到完全的分离。本期工程凝结水混床体外再生系统中采用的就是这种分离工艺。

但由于再生剂的不纯以及树脂分离不彻底或混合不均匀等方面的原因，而影响混床的出水水质。根据凝结水混床的工作特点，这里主要讨论以下 4 个方面：

（1）再生前阴、阳树脂的分离程度。混床树脂的彻底分离是提高树脂再生度的重要前提之一。树脂分离一般是采用水力筛分来完成的，体外再生混床都设有完善的树脂分离装置，但要做到彻底分离是不可能的，而且随树脂使用时间增长，树脂会有破碎，还会由于树脂的损失和比例失调，造成分离装置中阴、阳树脂界面的变动，这都会降低树脂的分离效果。

对于混杂的树脂，在阴、阳树脂分别再生后，则以失效型存在于再生好的树脂中，从而降低了树脂的再生度。比如，混入阳树脂中的少量阴树脂，在阳树脂用 HCl 再生时，会转为 RCl 型；混入阴树脂中的少量阳树脂，在阴树脂用 NaOH 再生时，会转为 RNa 型。当两种树脂混合后其中必有失效型的 RNa 阳树脂和 RCl 阴树脂，从而导致混床运行时出水中 $Na^+$、$Cl^-$ 含量高。

（2）运行前阴、阳树脂的混合程度。运行制水时，混床中阴、阳树脂应是混合均匀的，混合通常是借助压缩空气对水中树脂搅动而实现的。增大阴、阳树脂的湿真密度差对树脂分离固然是有益的，但又会给运行前树脂的混合带来困难。

阴、阳树脂混合不均匀通常表现为上部阴树脂多，阳树脂少。运行时上部 RH 树脂很快被$NH_4OH$消耗而失效，于是树脂在碱性条件下工作，使交换反应 $ROH + Cl^- \rightarrow RCl + OH^-$ 逆向进行，使先吸附的$Cl^-$又释放到水中（通常称混床放氯）。

混床树脂混合不均匀会使混床出水 pH 偏低，带微酸性。这是因为当混床下部阳树脂较多时，有足够能力将水中阳离子交换成 $H^+$，在混床树脂放氯的情况下，混床出水中便有可能有极微量 HCl，由于水质很纯，故微量的酸会导致出水 pH 显著降低。

（3）再生剂的纯度。再生剂不纯直接影响着再生效果，再生剂不纯主要是指再生用酸中的 $Na^+$ 含量和再生用碱中的 $Cl^-$ 含量。目前再生用的酸多数为电解 NaCl 产生的氢气和氯气用水吸收而制得工业合成盐酸，其中 $Na^+$ 含量很低；而工业液碱中 NaCl 含量较高，不同生产工艺制得的工业液碱中 NaCl 含量差别也较大，例如苛化法 42％的碱中规定 NaCl 不大于 1.0％，45％的碱中规定 NaCl 不大于 0.8％；隔膜法 30％的碱中规定 NaCl 不大于

5%，42%的碱中规定 NaCl 不大于 2%。

碱的不纯引起混床出水 $Cl^-$ 含量增大，甚至比进水还大，这可用离子交换平衡来解释：$Cl^-$ 与 $OH^-$ 在离子交换过程中的选择性系数 $K_{OH}^{Cl}=10\sim20$，即 $Cl^-$ 对树脂的亲和力比 $OH^-$ 约大 $10\sim20$ 倍，所以在再生时碱液中的 $Cl^-$ 极容易被阴树脂吸附，当纯度很高的凝结水通过树脂时，阴树脂中的 $Cl^-$ 与凝结水中 $Cl^-$ 会达到一个新的平衡。假如树脂中 $Cl^-$ 含量高，则凝结水中的离子不但不能被交换，反而树脂中的 $Cl^-$ 会释放到水中，使凝结水中 $Cl^-$ 含量增高。因此，提高再生用碱的质量，是解决混床放氯的根本措施。

（4）混床进水 pH 值。当混床中阴树脂再生度不高时，高 pH 的混床进水会导致混床出水 $Cl^-$ 比进水高。高 pH 凝结水是为防止腐蚀给水加 $NH_3$ 所致，由于混床进水水质很好，所以高 pH 使水中 $OH^-$ 的浓度分率增大，例如，当凝结水 pH 在 8.8 以上时，水中 $OH^-$ 在水中的浓度分率已超过 95%，这样的水通过混床阴树脂时，将建立下述平衡：

$$ROH + Cl^- \rightleftharpoons RCl + OH^-$$

当树脂再生度不足，RCl 分率较大时，高 pH 水将促使平衡向左进行，从而使出水中 $Cl^-$ 增加。混床放氯在运行初期较少，越接近失效放 $Cl^-$ 越多，这主要是因为运行初期上层树脂释放的 $Cl^-$ 进入下层时又被树脂吸附，增大了下层树脂中 RCl 分率所致。

## 第四节 电 厂 实 例

本期工程凝结水精处理系统采用中压凝结水精处理系统。凝结水精处理的主要系统如下：

凝汽器热井 → 凝结水泵 → 前置过滤器 → 高速混床 → 轴封加热器

每台机组凝结水精处理系统由 2×50% 凝结水量的前置过滤器、3×50% 中压高速混床组成、2 套 100% 容量的旁路系统、1 套共用体外再生系统和全部辅助系统等组成。凝结水精处理系统中的前置除铁过滤器、混床各设 100% 和 50% 旁路，均可通过 100% 的凝结水量。旁路系统的阀门可根据水温、压差进行自动操作，也可在就地盘上进行手动操作。同时，系统旁路阀门前后设压差变送器及手动隔离阀。

**一、凝结水过滤系统**

1. 凝结水过滤系统的组成

本期工程每台机组设一套精处理系统，每套精处理系统中设有两台微孔管式过滤器作为混床的前置过滤（如图 4-13 所示），过滤器单台出力为凝结水全流量的 50%。两台过滤器共用一组（2 台）压缩空气储罐和一组（2 台）反洗水泵，分别用于过滤器滤元的空气吹洗和水反洗。其中，压缩空气罐直径 1820mm，设计压力 1.0MPa，有效容积 $10m^3$；反洗水泵出力 $100m^3/h$，扬程 0.45MPa，配用电机功率 22kW。过滤系统中设有一个过滤旁路单元，旁路单元由一个自动开闭的旁路和一个手动旁路组成。自动旁路阀有 0～50%～100% 容量的开启状态，手动旁路阀为事故人工旁路阀。自动旁路上包括一个带电动操作装置的蝶阀和两个手动蝶阀，手动旁路上装一个手动蝶阀。过滤器进、出水管上各装有一个压差变送器，具有压差显示和报警功能，过滤器设有进水升压旁路门，用于投运时小流量进水升压。凝结水过滤系统如图 4-13 所示。

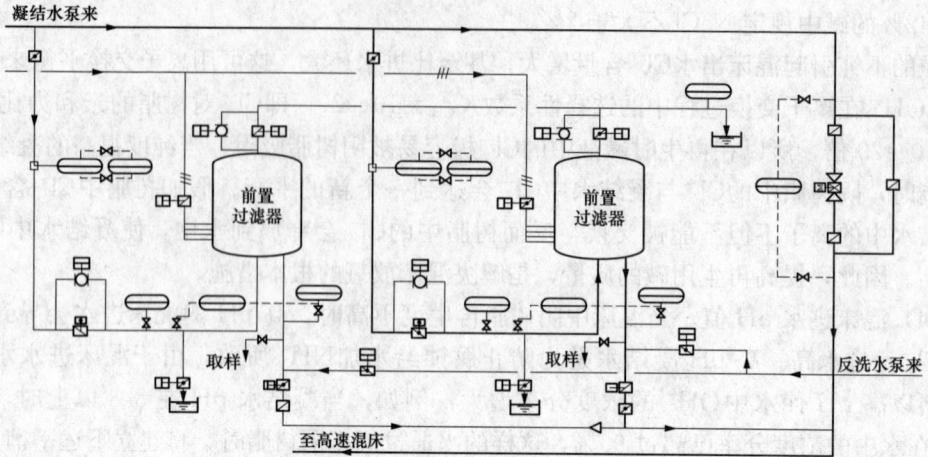

图 4-13 凝结水前置过滤器系统

2. 过滤器参数

(1) 前置过滤器本体参数：

直径　　　　　DN1756

出力　　　　　正常 645m³/h，最大 743m³/h

设计压力　　　4.5MPa

设计温度　　　70℃

运行压差　　　清洁时小于 0.02 MPa，最大时 0.12 MPa

本体材质　　　16MnR，橡胶衬里二层，厚 10mm

(2) 滤元：

形式　　　　　折叠式

长度/外径　　　1775mm/65mm

数量　　　　　192 支/台

滤芯出力　　　正常 3.9m³/(h·支)，最大 4.5m³/(h·支)

滤芯材质　　　聚丙烯

骨架材料　　　优质聚丙烯

精度　　　　　1μm（正常运行时），10μm（启动时）

(3) 外部管道流速：正常 2.0m/s，最大 2.5m/s。

3. 过滤器的运行

前置过滤器的投入、停运、清洗等步骤的操作均按程序控制自动进行。

(1) 过滤器的运行方式。过滤器按下述方式运行：

1) 机组启动初期，凝结水 100% 通过旁路系统，直接排放，待凝结水进水 Fe≤1000μg/L 时，再投运前置过滤器。

2) 正常工况时两台过滤器运行，凝结水 100% 处理。

3) 一台过滤器运行失效（进出口压差达到设定值或周期制水量达到设定值）时，过滤旁路单元自动开启，通水量为凝结水量的 50%，失效过滤器解列并自动进行反洗。

4) 下列情况时，凝结水 100% 通过旁路单元：

a. 当凝结水入口母管水温超过 70℃ 时；

b. 当凝结水入口母管压力超过 4.0MPa 时；

c. 当过滤器系统旁路压差大于 0.12MPa 时。

机组投运初期选用过滤精度为 $10\mu m$ 的启动滤芯，正常运行时选用过滤精度为 $1\sim4\mu m$ 的运行滤芯。

失效的过滤器用水和压缩空气进行反洗，待反洗合格后重新投入运行或备用。设计规定，当过滤器运行至进、出口压差达到设定值 0.04MPa 时，应对滤元进行反洗。过滤器反洗前应先开启电动旁路门开度 50%，再停运后卸压。

（2）前置过滤器的反洗步序。微孔滤元过滤器的管路系统如图 4-14 所示。

滤元的反洗方式包括压缩空气擦洗和水力冲洗，反洗按以下步骤进行：

1）排水。开排空气门、反洗进水门和底部排水门，排水至前置过滤器筒体 2/3 水位。

2）曝气。开启进压缩空气门，对滤元进行曝气 $8\sim15s$，关闭压缩空气门。

3）排水。排空气门、反洗进水门和底部排水门开启，排水至前置过滤器筒体 1/3 水位。

4）曝气。开启进压缩空气门，对滤元进行曝气 $8\sim15s$，关闭压缩空气门。

5）排水。排空气门、反洗进水门和底部排水门开启，排水至前置过滤器筒体底部。

6）曝气。开启进压缩空气门，对滤元进行曝气 $8\sim15s$，关闭压缩空气门。

7）充水。关闭底部排水门，充水至前置过滤器筒体 1/3 水位。

8）曝气。开启进压缩空气门，对滤元进行曝气 $8\sim15s$，关闭压缩空气门。

9）充水。排空气门、反洗进水门开启，充水至前置过滤器筒体 2/3 水位。

10）曝气。开启进压缩空气门，对滤元进行曝气 $8\sim15s$，关闭压缩空气门。

11）充水。排空气门、反洗进水门开启，充水至前置过滤器筒体满水。

再重复 1）～11）反洗步骤一次，前置过滤器满水后升压，筒体压力和凝结水进水母管压力一致后，投运前置过滤器，关闭电动旁路门开度 50%。

上述反洗过程通过控制系统自动进行，过滤器运行步骤和阀门状态见表 4-5。

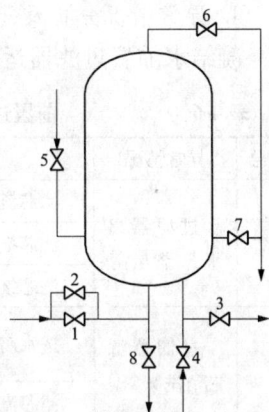

图 4-14 微孔滤元过滤器管路系统

1—进水门；2—升压门；
3—出水门；4—反洗进水门；
5—压缩空气门；6—排空气门；
7—中排水门；8—底部排水门

表 4-5　　　　　　　　　　　过滤器运行步骤和阀门状态

| 阀门名称 | 步　骤 | | | | | | | |
|---|---|---|---|---|---|---|---|---|
| | 运行 | 卸压 | 排水 | 曝气 | 充水 | 曝气 | 充水 | 升压 |
| 过滤器进水门 | ✓ | | | | | | | |
| 过滤器升压门 | | | | | | | | ✓ |
| 过滤器出水门 | | | | | | | | |
| 反洗进水门 | ✓ | | ✓ | ✓ | ✓ | ✓ | ✓ | |
| 底部排水门 | | | ✓ | ✓ | | | | |

| 阀门名称 | 步 骤 | | | | | | | |
|---|---|---|---|---|---|---|---|---|
| | 运行 | 卸压 | 排水 | 曝气 | 充水 | 曝气 | 充水 | 升压 |
| 进压缩空气门 | | | | √ | | √ | | |
| 卸压门 | | √ | | | | | | |
| 排空气门 | | | √ | √ | √ | √ | √ | |

4. 异常情况分析及处理

凝结水前置过滤器运行过程中的异常情况、原因分析及处理方法见表4-6。

**表 4-6**　　　　　　前置过滤器运行过程中的异常情况、原因分析及处理方法

| 序号 | 异常情况 | 原因分析 | 处 理 方 法 |
|---|---|---|---|
| 1 | 过滤器出水 Fe 含量高 | 滤芯流速太快 | 降低滤芯流速 |
| | | 滤芯损坏 | 更换滤芯 |
| | | 滤芯接合处泄漏 | 重新安装 |
| 2 | 过滤器滤芯清洗频繁 | 进水腐蚀产物或悬浮物含量过高 | 检查凝汽器是否泄漏冷却水；当凝结水 Fe 含量大于 2000mg/L 时，直接排放 |
| | | 滤芯流速太快 | 降低滤芯流速 |
| 3 | 过滤器压差上升太快 | 进水腐蚀产物或悬浮物含量过高 | 加强滤芯反冲洗，当凝结水 Fe 含量大于 2000mg/L 时，直接排放 |
| | | 滤芯流速太快 | 降低滤芯流速 |
| | | 滤芯微孔被污堵 | 加强滤芯反冲洗和空气吹洗，或酸洗 |

## 二、凝结水精处理混床系统

本期工程设计要求，高速混床内装填的均粒径阳、阴树脂应具有良好的物理、化学性能以及离子交换动力学特性，选用的离子交换树脂其性能指标应能满足表4-7的要求。

**表 4-7**　　　　　　　　　设计要求的树脂性能指标

| 序号 | 项 目 | 单位 | 标准或技术数据 | |
|---|---|---|---|---|
| | | | 强酸阳树脂 | 强碱阴树脂 |
| 1 | 体积全交换容量 | mmol/mL | 1.9 | 1.35 |
| 2 | 含水率 | % | 46~51 | 55~65 |
| 3 | 湿真密度 | g/mL | 1.22 | 1.08 |
| 4 | 湿视密度 | g/mL | 0.785 | 0.64 |
| 5 | 粒径范围 | $\mu$m | 650±50，95% | 550±50，95% |
| 6 | 粒径>800$\mu$m（最大） | | 5% | 5% |
| 7 | 粒径<500$\mu$m（最大） | | 0.5% | 0.5% |
| 8 | 均一系数 | | ≤1.1 | ≤1.1 |
| 9 | 颗粒完整率 | % | ≥95 | ≥95 |
| 10 | 渗磨圆球率 | % | ≥90 | ≥90 |
| 11 | 稳定性（温度） | ℃ | ≤130 | ≤65 |
| 12 | 总膨胀率 | % | 7 | 25 |

1. 凝结水混床除盐系统

本期工程凝结水精处理系统布置于 1、2 号汽机房最东侧零米层，精处理再生装置布置在汽机房中间楼梯旁零米层，再生用酸碱储存设备布置于机组排水槽零米层，冲洗及反洗水泵布置于锅炉补给水系统的水泵房内。

凝结水精处理系统的工艺流程为：过滤后的凝结水→高速混床→树脂捕捉器→轴封加热器。精处理系统还配有树脂分离及体外再生系统，以及自用水系统、压缩空气系统等。每台机组设一套混床系统，凝结水 100％处理，两台机组的高速混床共用一套树脂分离及体外再生系统。

图 4-15 为凝结水精处理系统。每台机组设 3 台高速混床，每台混床出力按凝结水额定负荷的 50％处理量设计，高速混床后都装有树脂捕捉器。高速混床系统设有旁路单元、再循环单元。高速混床进、出水管上各装有一个压差变送器，具有压差显示和报警功能，混床设有进水升压旁路门，用于投运时小流量进水升压。本期工程凝结水精处理系统主要设备规范见表 4-8。

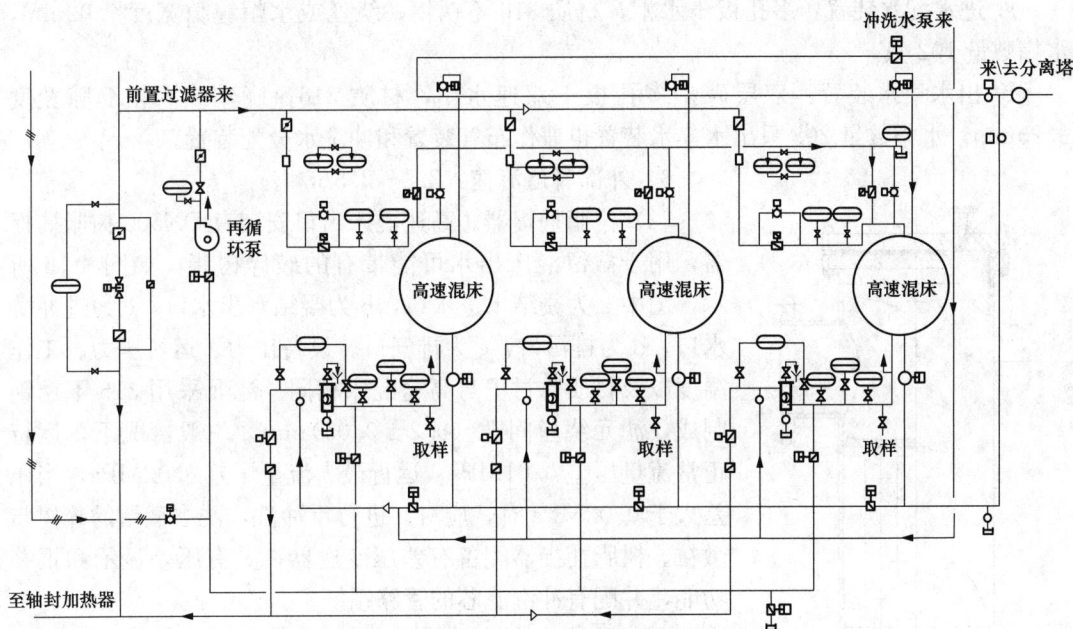

图 4-15　凝结水精处理系统

表 4-8　　　　　　　　　　　　精处理系统主要设备名称及规范

| 序号 | 名　称 | 型号及规范 | 数量 | 备　注 |
|---|---|---|---|---|
| 1 | 高速混床 | DN3256，PN4.0MPa | 6 | 球形 Q345R |
| 2 | 树脂捕捉器 | DN628，PN4.0MPa | 6 | Q345R |
| 3 | 再循环泵 | $Q=450 m^3/h$，$P=0.30MPa$ | 2 | $N=55kW$ |
| 4 | 冲洗水泵 | $Q=100 m^3/h$，$P=0.50MPa$ | 2 | $N=22kW$ |
| 5 | 压缩空气储存罐 | DN1820，$V=10 m^3$，$P=1.0MPa$ | 2 | 16MnR |

183

2. 主要设备的技术参数

(1) 高速混床。

1) 设备参数：

a. 直径：DN2300（球形）。

b. 出力：正常 645m³/h，最大 743m³/h。

c. 运行流速：正常 100m/h，最大 120m/h。

d. 设计压力：4.0MPa。

e. 设计水温：<70℃。

f. 树脂层高度：1000mm。

g. 阳、阴树脂体积比：3：2。

h. 运行压差：正常出力时 0.17MPa，最大出力时 0.35MPa。

i. 本体材质：Q345R，无硅天然软橡胶及半硬橡胶各一层，厚度 5.0mm。

2) 内部装置。

a. 进水配水装置：多孔板＋水帽，材质 316 不锈钢；绕丝或水帽缝隙宽度 1.02mm，水帽数量 102 只。

b. 出水集水装置：双层碟型多孔板＋双速水帽，材质 316；绕丝或水帽缝隙宽度 0.25mm，水帽数量 208 只出水集水装置也兼作布气装置和冲洗水分配装置。

3) 外部管道流速：2.0～2.5m/s。

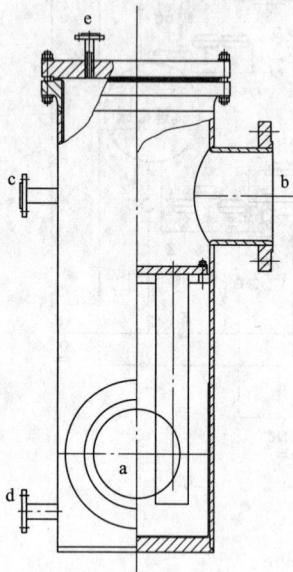

图 4-16 树脂捕捉器结构

(2) 树脂捕捉器。高速混床出口安装有 DN500 树脂捕捉器，用于截留混床出水可能带有的破碎树脂，如图 4-16 所示，图中 a 为凝结水进水口，b 为凝结水出水口，c 为进冲洗水口，d 为排污口，e 为排气口。设备出力、运行压力、工作温度以及材质、衬里与高速混床相同。滤元采用 316 不锈钢制成，滤元绕丝间隙（0.2±0.05）mm。一般情况下，运行正常流量压差 0.01MPa，运行最大流量压差 0.02MPa，当压差大于 0.02MPa 时，应对其进行反冲洗，洗去截留的碎树脂微粒。树脂捕捉器配备有差压变送器，具有压差显示和报警功能，并配有冲洗滤芯的管路系统。

(3) 再循环单元。高速混床系统中设有再循环单元，以供混床投运初期对树脂进行循环正洗，其流量为一台混床流量的 70%。再循环单元由再循环管路、自动再循环泵进水阀、再循环泵、再循环泵出口手动阀和止回阀组成。再循环泵流量 450m³/h，扬程 0.30MPa，配用电动机功率 55kW。

(4) 旁路单元。高速混床系统进、出水母管间设有混床旁路单元，当混床停止运行时，待处理的凝结水经该旁路去热力系统。

高速混床旁路单元由一个自动开闭的旁路和一个手动旁路组成。自动旁路阀有 0—50%—100% 容量的开启状态，手动旁路阀为事故人工旁路阀。自动旁路上包括一个带电动操作装置的蝶阀和两个手动蝶阀，手动旁路上装一个手动蝶阀。

高速混床设有进水升压旁路门，用于投运时小流量进水升压。

（5）冲洗水泵和压缩空气储存罐。系统中设有 2 台冲洗水泵和 1 台机组工艺用压缩空气储存罐（与过滤器共用）。冲洗水泵用于混床树脂的输送，流量 $100m^3/h$，扬程 0.50MPa，配用电动机功率 22kW。压缩空气储存罐用于提供高速混床工艺用气，压缩空气罐直径 1820mm，有效容 $10m^3$，设计压力 1.0MPa，工作压力 0.6MPa，本体材质为 16MnR。

此外，中压混床系统与低压再生系统之间的树脂输送管道上装有带滤网的安全泄压阀，以防止再生系统超压时损坏设备，同时防止树脂流失；输送树脂的管道上设有管道窥视窗，用以观测树脂的流动情况；在混床进水母管上装有温度表、压力表和电导率表，出水母管上装有在线钠表、硅表、电导率表。

**三、凝结水混床系统的运行**

混床系统的投入、停运、树脂输送、再生等操作均按程序控制自动进行。

**1. 高速混床的形式**

目前高速混床有两种形式：H—OH 型混床和 $NH_4$—OH 型混床（氨化混床）。

（1）H—OH 型混床。由于凝结水采用加氨处理，致使水中的$NH_4^+$ 和$OH^-$含量增大。当含有浓度较高的$NH_4^+$ 和$OH^-$的凝结水通过 H—OH 型混床时，水中的$NH_4^+$ 就和 H 型阳离子交换树脂进行了交换反应。而凝结水中$NH_4^+$ 的量往往比其他杂质大，H—OH 混床的交换容量大都被 $NH4^+$ 消耗掉了，致使混床中 H 型阳离子交换树脂较快地被$NH_4^+$ 所饱和，此时混床将发生氨漏过现象，使混床出口水的电导率升高，$Na^+$ 含量也会有所增加。因此 H—OH 型混床运行周期短，再生次数频繁，酸、碱耗也大。此外，H—OH 型混床除了为减轻热力设备的腐蚀而加入的$NH_4^+$，不利于热力设备的防腐保护。而且随后在给水系统中又需补充氨水，很不经济。

H—OH 型混床的出水水质很高，电导率可在 $0.1\mu S/cm$ 以下，$Na^+$ 浓度小于 $2\mu g/L$，$SiO_2$ 浓度小于 $5\mu g/L$。

尽管 H—OH 型混床的出水水质很好，但它除去了凝结水精处理中不需除去的$NH4^+$。那么，是否可在 H—OH 型混床运行到有$NH_4^+$ 泄漏时，当作$NH_4$—OH 混床而继续运行呢？

事实证明，当混床中由$NH_4^+$ 穿透时，$Na^+$ 也跟着漏出来。所以这种设想对于通常的 H—OH 型混床是行不通的。

（2）$NH_4$—OH 型混床。$NH_4$—OH 型混床与 H—OH 型混床相比，在化学平衡方面有较大的差异。下面以净化 NaCl 为例来说明。

当采用 H—OH 型混床时，离子交换反应可表示成：

$$RH + ROH + NaCl \longrightarrow RNa + RCl + H_2O$$

此反应的产物中有很弱的电解质 $H_2O$，所以容易进行得很彻底，而且强酸性 H 型树脂对水中 $Na^+$、$NH_4^+$、$Fe^{3+}$ 和 $Cu^{2+}$ 有较大的吸附力，这些有利于反应的完成。

当采用$NH_4$—OH 型混床时，离子交换反应可表示成：

$$RNH_4 + ROH + NaCl \longrightarrow RNa + RCl + NH_4OH$$

此反应不像上反应式那样容易完成。因为$NH_4OH$ 的稳定性比 $H_2O$ 要差得多，容易发生电离。所以逆向反应倾向比较大，容易有 $Na^+$ 和$Cl^-$漏过。

解决$NH_4$—OH 型混床泄漏量不超过某一数值的措施是提高混床中阳、阴树脂的再生度，即尽量地减少再生后残余的 Na 型阳树脂和 Cl 型阴树脂。实践证明，当阳树脂的再生度在 99.5％以上，阴树脂的再生度在 95％以上时，$NH_4$—OH 型混床可以在氨漏过时继续运行而钠含量不超标。这样可以延长其运行周期，但增大了酸、碱耗。

本期工程凝结水除盐混床按 H/OH 床运行。机组在正常运行情况下，两台混床处于连续运行状态，凝结水经混床处理后进入热力系统。当一台混床出水电导率、$SiO_2$ 或 $Na^+$ 超标，或混床进出口压差大于设定值（如 0.20MPa）时，启动另一台备用混床并进行循环正洗直至出水合格并入系统。同时将失效混床退出运行，并将失效树脂送至分离、再生系统进行分离和再生，然后将储存塔中已再生清洗并经混合后的树脂送入该混床备用。

在混床投运初期，如果出水水质不能满足要求，则通过再循环单元，将出水送回混床，对混床树脂进行循环正洗，直至出水水质合格并入凝结水系统。

当凝结水温度高于设定值（如 70℃）或混床系统进出水母管压差大于设定值（如 0.35 MPa）时，混床旁路自动打开，混床进、出口门关闭，凝结水 100％通过旁路系统。

**2. 凝结水混床运行操作步骤**

高速混床的管路系统如图 4-17 所示。

混床运行操作由十个步序构成一个循环，这十个步骤是：①升压；②循环正洗；③运行；④卸压；⑤树脂送出；⑥树脂送入；⑦排水；⑧树脂混合；⑨沉降；⑩充水。下面依次介绍每个步序的操作及作用。

（1）升压。混床由备用状态表压力为零升到凝结水压力的过程称升压。为使混床压力平稳逐渐上升，专设小管径升压进水旁路，以保证小流量进水。若直接从进水主管进水，因流量大进水太快，会造成压力骤增，可能引起设备机械损坏。所以升压阶段禁止从主管道进水升压。当床内压力升至与凝结水压力相等时，再切换至主管道进水。

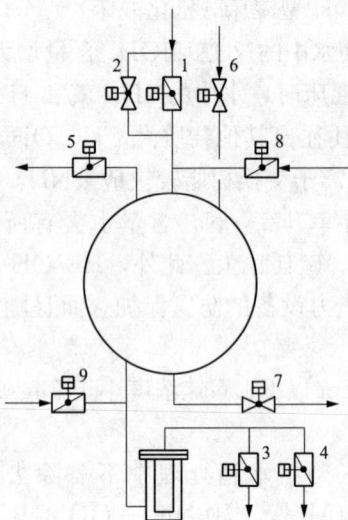

图 4-17　高速混床的管路系统
1—进水门；2—进水升压门；3—出水门；
4—再循环门；5—排气门；6—进脂门；
7—出脂门；8—进冲洗水门；
9—进压缩空气门

（2）循环正洗。同补给水混床一样，凝结水混床再生混合好的树脂在投入运行前，需经过正洗出水水质才能合格。不同之处是，凝结水混床正洗出水不直接排放，而是经过专用的再循环单元送回混床对树脂进行循环清洗，直至出水水质合格。正洗水循环使用，可节省大量凝结水，减少水耗。

（3）运行。运行是指混床除盐制水的阶段，合格的混床出水经加氨调节 pH 值和加联氨除氧后送入热力系统。

运行过程中应注意监测各种运行参数，当出现下列情况之一者，则停止混床运行：

1）出水水质超过规定的值或混床进、出水压力差大于设定值；

2）凝结水水温高于设定值或混床系统压力差大于设定值；

3）进入混床的凝结水铁含量大于 $1000\mu g/L$。

第 1）种情况是混床正常失效停运，出水水质不合格表明混床需要再生；其他为混床非正常停运，遇这些情况时，混床只需停运但不需再生，等情况恢复正常后又继续启动运行。

混床失效停运须经下述（4）～（10）步操作，才能重新回到备用状态。

（4）卸压。混床必须将压力降至零后，才能解列退出运行。卸压是用排水或排气的方法将床内压力降下来，直至与大气压平衡。

（5）树脂送出。是指将混床失效树脂外移至体外再生系统。其方法是启动冲洗水泵利用冲洗水将混床中失效树脂送到体外再生系统的分离塔中，树脂送出后再用压缩空气将混床及管道内残留的树脂吹洗到分离塔。

（6）树脂送入。混床中失效树脂全部移至分离塔以后，再将阳再生塔中经再生清洗并混合好的树脂送入混床。

（7）排水，调整水位。树脂在送入混床过程中会产生一定程度的分层，为保证混床出水水质，需要在混床内通入压缩空气进行第二次混合。但是水送树脂完成后，混床中树脂表面以上有较多的积水，若不排除，则会影响混合效果，故必须先将这部分积水放至树脂层面以上约100～200mm处，实际运行中以高速混床上窥视窗下部水面为基准。

（8）树脂混合。用压缩空气搅动树脂层，打乱阳、阴树脂的分层排列状态，达到阳树脂与阴树脂的均匀混合。气量一般为 2.3～2.4Nm³/（m² · min），气压一般为 0.1～0.15MPa，时间 5～10min。

（9）树脂沉降。被搅动均匀的树脂自然沉降。

（10）充水。充水就是将床内充满水。因为树脂沉降后，树脂层以上只有 100～200mm 厚的水层，如果不将上部空间充满水，运行启动过程中树脂层中有可能脱水而进入空气。

至此，混床进入备用状态。混床的运行步骤及阀门状态见表 4-9。

表 4-9　　　　混床的运行步骤及阀门状态

| 阀门名称 | 升压 | 循环正洗 | 混床运行 | 停运卸压 | 松动树脂 | 树脂送出1 | 树脂送出2 | 树脂送入 | 充水 | 调整水位 | 树脂混合 | 树脂沉降 | 充水 |
|---|---|---|---|---|---|---|---|---|---|---|---|---|---|
| 进水门 | | √ | √ | | | | | | | | | | |
| 出水门 | | | √ | | | | | | | | | | |
| 进压缩空气门 | | | | √ | √ | | | | | | √ | | |
| 排气门 | | | | √ | √ | | | √ | √ | √ | √ | √ | √ |
| 进冲洗水门 | | | | | √ | | | | √ | | | | √ |
| 再循环门 | | √ | | | | | | √ | | √ | | | |
| 升压门 | √ | | | | | | | | | | | | |
| 进脂门 | | | | | | | | √ | | | | | |
| 出脂门 | | | | | | √ | √ | | | | | | |
| 混合树脂进气门 | | | | | √ | | | | | | √ | | |
| 输送树脂进气门 | | | | | | | √ | | | | | | |
| 总排水门 | | | | | | | | √ | | √ | | √ | |
| 再循环泵出口门 | | √ | | | | | | | | | | | |

### 四、凝结水混床的出水水质

经凝结水混床处理后的出水水质，应能满足相应参数机组凝结水的质量标准，GB/T 12145—2016《火力发电机组及蒸汽动力设备水汽质量》规定的凝结水经除盐后的水质见表 4-10。

表 4-10　　　　　　　　　凝结水经除盐后的水质（GB/T 12145—2016）

| 项　　目 | 标准值 | 期望值 |
|---|---|---|
| 氢电导率（25℃，μS/cm） | ≤0.10 | ≤0.08 |
| 二氧化硅（μg/L） | ≤10 | ≤5 |
| 铁（μg/L） | ≤5 | ≤3 |
| 氯离子（μg/L） | ≤1 | — |
| 钠（μg/L） | ≤2 | ≤1 |

### 五、高速混床的体外再生系统

1. 高塔分离系统

本期工程凝结水精处理系统的两台机组的混床共用一套再生系统，系统采用高塔法再生技术。高塔分离系统通常由树脂分离塔、阴再生塔、阳再生塔（兼储存）以及罗茨风机等组成，图 4-18 为本期工程 660MW 机组的高塔分离系统。

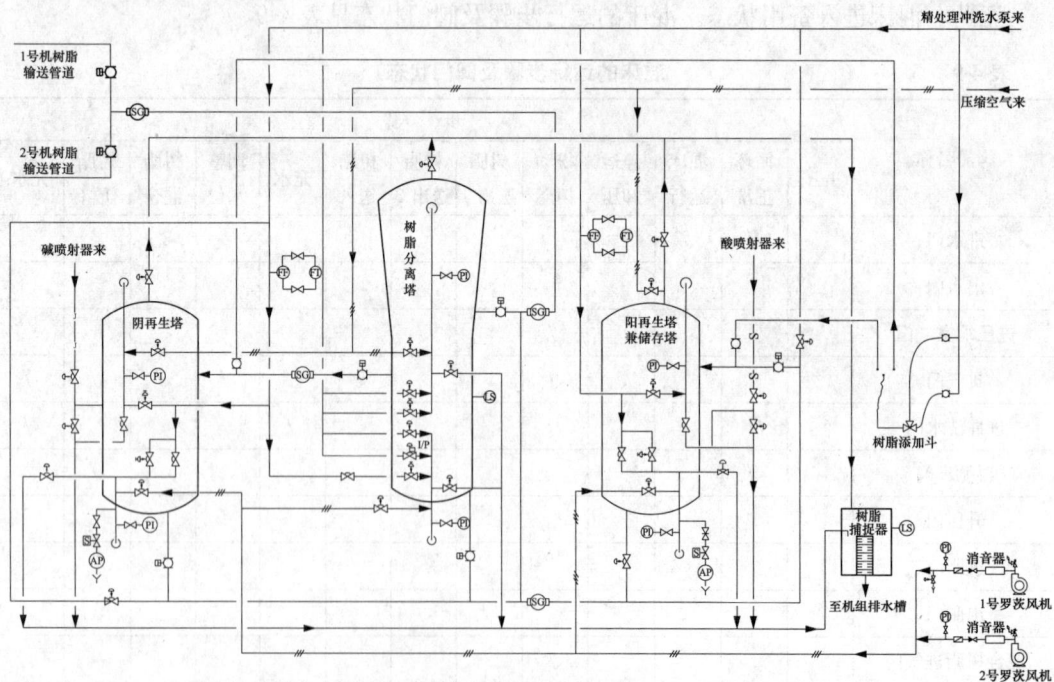

图 4-18　高塔分离系统

高塔分离系统设备的型号及规范见表 4-11。

表 4-11 高塔分离系统设备的型号及规范

| 序号 | 名称 | 型号及规范 | 数量 | 备注 |
|---|---|---|---|---|
| 1 | 树脂分离塔 | DN1820/2628，PN0.6MPa | 1 | Q235B 衬胶 |
| 2 | 阴树脂再生塔 | DN1516，PN0.6MPa | 1 | Q235B 衬胶 |
| 3 | 阳树脂再生/储存塔 | DN1820，PN0.6MPa | 1 | Q235B 衬胶 |
| 4 | 树脂添加斗 | $V=0.15\text{m}^3$ | 1 | 304 |
| 5 | 罗茨风机 | $Q=9.22\text{Nm}^3/\text{min}$，$P=0.08\text{MPa}$ | 2 | 百事德 |
| 6 | 冲洗水泵 | $Q=100\text{m}^3/\text{h}$，$P=0.5\text{MPa}$ | 2 | Q235B 衬胶 |
| 7 | 废水树脂捕捉器 | DN1212，PN0.6MPa 滤元缝隙 0.2mm | 1 | Q235B 衬胶 |

2. 设备介绍

(1) 分离塔结构。分离塔的作用是空气擦洗树脂除去腐蚀产物；通过水反洗使阴、阳树脂分离；暂时储存未完全分开的"界面树脂"，以待下次分离。

该塔的下部为一个直径较小的长筒体，上部为直径逐渐扩大的锥体，分离塔上、下段直径分别为 DN2628 和 DN1820。塔体材质为 Q235-B，无硅天然半硬橡胶衬里，各一层，总厚度 5mm。设计压力 0.6MPa，工作温度小于 60℃。

塔体上设有失效树脂进脂口和阳、阴树脂出脂口，及必要数量的窥视窗。塔内上部有布水装置，底部有配/排水装置。上部布水装置为支母管，支管绕丝形式，材质 316 不锈钢；底部配/排水装置为蝶形多孔板＋双速水帽，材质 316 不锈钢，水帽缝隙宽度为0.25mm，数量 48 只。分离塔结构如图 4-19 所示。

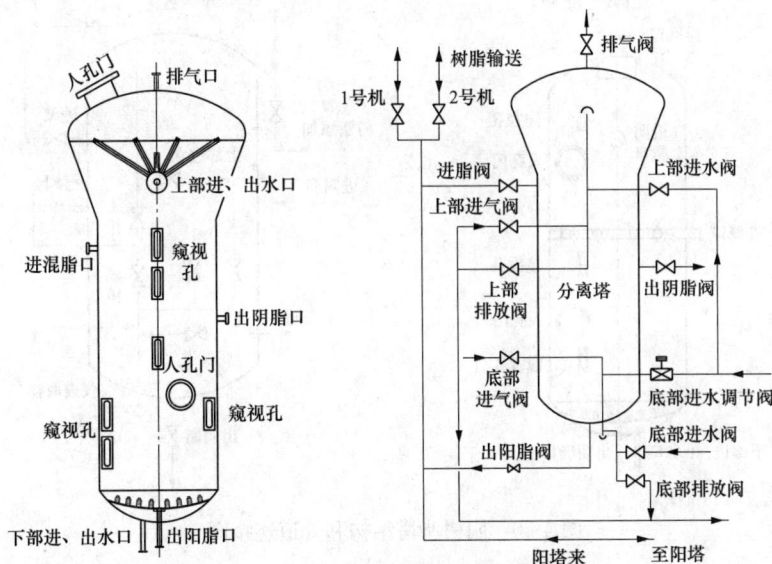

图 4-19 分离塔结构图和管道连接图

在塔内设定一过渡区，即混脂区，高度为约 1m，在此区内阴、阳树脂比例约 25∶75，即在阴、阳树脂的理论界面上 250mm 设阴树脂出脂口。分离塔的反洗膨胀高度大于树脂层高度的 100%，以保证阴阳树脂彻底分离。

分离塔的结构特点：

1）上部倒锥体的树脂收集区，提供了树脂充分膨胀的空间；下部直径相对较小且直段较长的柱体提供了树脂稳定的沉降区。沉降区的断面小，减少了树脂混脂区的容积。

2）自下向上的水流速度在轴线方向上不断递减，树脂逐渐松散，有利于树脂筛分，阴、阳树脂利用在不同截面上不同的临界沉降流速而得到彻底分层。

3）塔内没有会引起搅动及影响树脂分离的中间集管装置，所以反洗、沉降及输送树脂时能将内部搅动减到最小。

4）分离后阴、阳树脂界面处有 800～1000mm 高度的隔离树脂层保留在分离塔中，从而保证了阴、阳树脂的彻底分离。

（2）阴树脂再生塔结构。经分离塔分离后的阴树脂送进阴塔后，通过底部进气擦洗和底部进水反洗阴树脂，直至出水清澈。然后从树脂上部进碱再生、置换、漂洗后，阴塔树脂再生合格。

1）基本参数。阴再生塔直径为 DN1516，塔体材质为 Q235-B，无硅天然橡胶衬里，两层，厚度 5mm。设计压力 0.6MPa，工作温度 5～60℃。

2）内部装置。上部配水装置型式：挡水板，材质为钢衬胶；底部配水装置型式：多孔板＋水帽，材质 316，水帽缝隙宽度 0.25mm，水帽数量 24 只；进碱分配装置型式：母支管，支管绕丝，缝隙宽度 0.25mm，材质 316。阴树脂塔的结构和管路连接如图 4-20 所示。

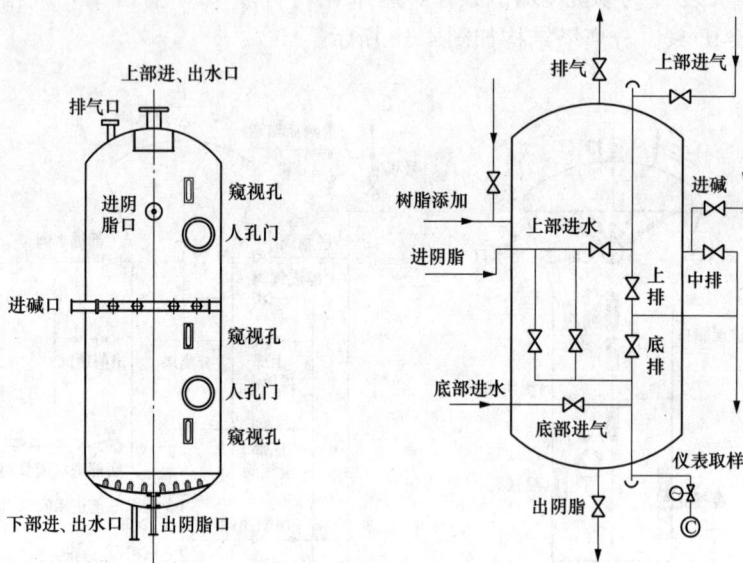

图 4-20　阴树脂塔结构和管道连接图

（3）阳树脂再生塔结构。经分离塔分离后的阳树脂送进阳塔后，通过底部进气擦洗和底部进水反洗阳树脂，直至出水清澈。然后从树脂上部进酸再生、置换、漂洗后，阳塔树脂再生合格后，阴树脂送入阳塔中与阳树脂混合，成为备用树脂。

1）基本参数。再生塔直径为 DN1820，塔体材质、设计压力、工作温度与阴再生塔相同。

2）内部装置。上部配水装置型式：挡水板，材质为 316L；底部配水装置型式：多孔板＋水帽，材质哈氏 C 合金，水帽缝隙宽度 0.25mm，水帽数量 40 只；进酸分配装置型式：母支管，支管绕丝，缝隙宽度 0.25mm，材质哈氏 C 合金。阳树脂塔的结构和管路连接如图 4-21 所示。

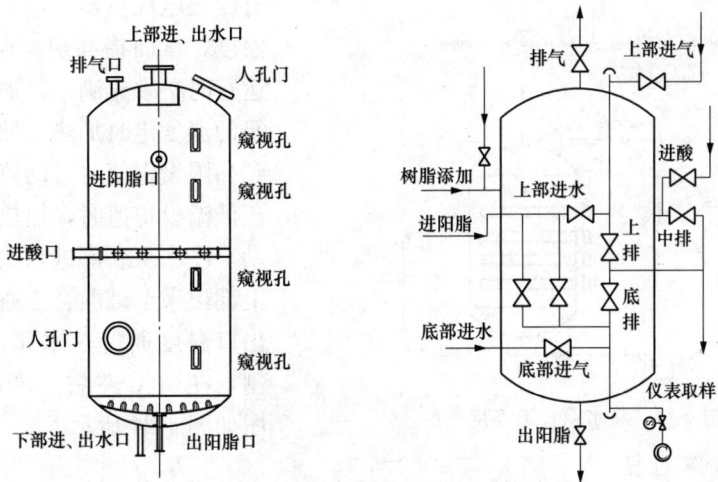

图 4-21　阳树脂塔结构和管道连接图

（4）再生辅助系统。

1）精处理储酸（碱）罐。材质为玻璃钢，酸、碱罐各一个，用来储存酸碱，树脂再生时使用酸（碱）计量泵。化工厂酸（碱）运输车运来酸（碱）后，经卸酸（碱）泵送入储酸（碱）罐。图 4-22 为凝结水精处理酸系统图，图 4-23 为凝结水精处理碱系统图。

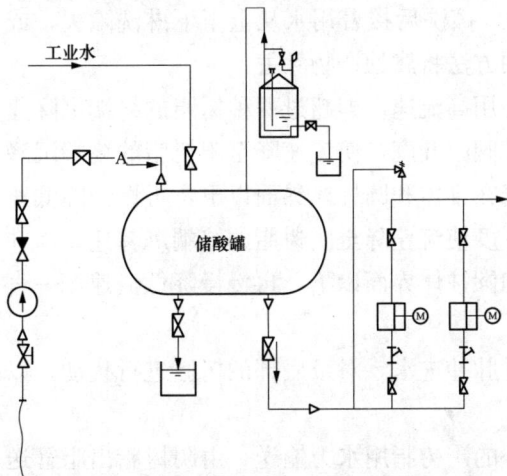

图 4-22　凝结水精处理酸系统图

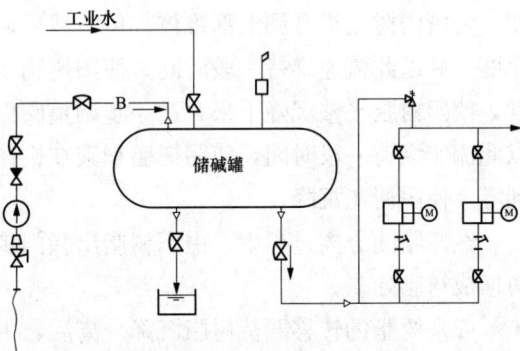

图 4-23　凝结水精处理碱系统图

2）精处理酸（碱）计量泵。内衬耐酸、碱橡胶，酸、碱计量泵各两个（一用一备），其出力分别为 2435.28L/h、2099L/h，用来计量再生酸碱用量。

3）精处理酸雾吸收器。由于浓盐酸是挥发性酸，为了防止酸雾对设备、建筑物产生腐蚀以及危害人体健康，设置酸雾吸收器将储酸罐的酸雾引入，通过水喷淋填料后将酸雾吸收。吸收酸雾后的酸性水排入精处理废液池。

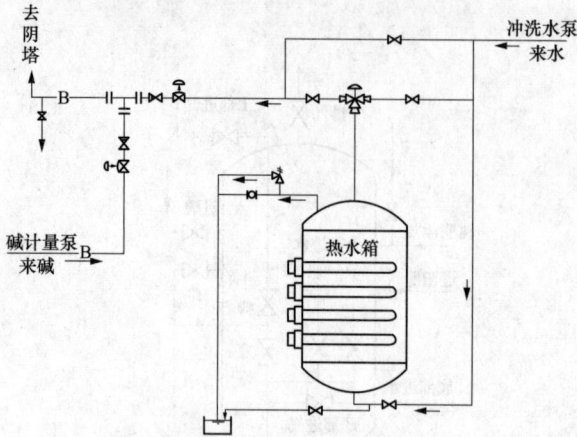

图 4-24　热水箱管道连接图

4）精处理热水箱。热水箱内部有四根电加热器，它是为了提高碱液温度，从而提高阴树脂的再生效果。运行时必须充满水，加热器根据热水箱的温度定时加热。加热器启动加热到高限设定值时自动停止，当水温低于低温设定值时，加热器自动重新启动。冷水从底部进入热水箱，热水从上部出来至碱混合三通。碱混合三通出口温度通过热水箱出口三通阀控制，在 40℃ 左右。热水箱管道连接图如图 4-24 所示。

**3. 树脂的分离过程**

凝结水精处理体外再生系统树脂流程：

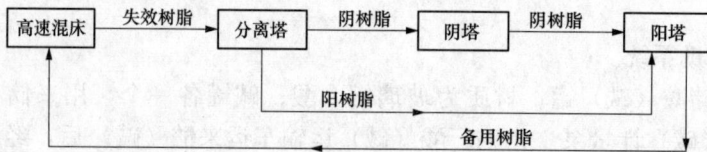

失效混床中的树脂送至分离塔后，按下述步骤进行分离：

（1）进行一次空气擦洗使较重的腐蚀产物从树脂层中分离出来，以便分离树脂。擦洗前先将分离塔水位降至树脂层上面约 200mm 处，擦洗后接着用水从上至下淋洗除去，或先进水，然后用从上部进压缩空气，下部排水的方法将腐蚀产物除去。

（2）水反洗使阴、阳树脂分层。反洗初期，用高流速，即超过两种树脂的终端沉降速度，将塔内树脂提升到上部锥体部位，然后调节阀门开度，使流速降至阳树脂的终端沉降速度，并以此流速维持一段时间，使阳树脂积聚在锥体和圆柱体界面以下，再慢慢降低速度，使阳树脂平整沉降下来；进一步调整阀门开度使流速降至阴树脂的终端沉降速度，并以此流速维持一段时间，使阴树脂积聚在锥体和圆柱体界面以下，再慢慢降低流速，一直到零，使阴树脂沉降。

在树脂的分离过程中，由阳树脂出脂门少量脉冲进水，对最底部的树脂进行扰动，以防形成树脂死角。

（3）树脂的转移。待树脂沉降分离后，上部的阴树脂用水力输送，由阴树脂出脂管送至阴树脂再生塔，直至阴树脂出脂口底线界面以上的树脂已完全送出。分离塔中剩下的混脂及阳树脂经第二次分离后，再将下部的阳树脂用水力通过位于分离塔底部的阳树脂出脂管送至阳树脂再生塔。阳树脂的送脂量由位于分离塔内侧壁上适当位置的树脂位开关控制，当树脂面降至树脂位开关处时，即停止输送阳树脂。中部的"界面树脂"（即混脂）

留在分离塔内参与下次分离。

在树脂从分离塔送出过程中，除从上部进水将树脂送出外，仍有部分水从底部进入，以维持树脂不乱层，并均匀稳定地送出。

应用高塔分离后，可达到阳树脂中的阴树脂（体积比）＜0.1%，阴树脂中的阳树脂（体积比）＜0.07%。

4. 树脂的再生过程

（1）擦洗。在阴阳树脂再生塔内，分别对阴阳树脂用罗茨风机进风擦洗，擦洗6～10次，直至阴阳再生塔排水清澈。

（2）进酸碱再生。开启阴阳再生塔底部排放门、进酸碱门、酸碱喷射器进水门，调整好再生液流量，碱再生液需加热至35℃左右（擦洗前投入碱再生电加热器），调整酸再生液浓度在3%～5%，碱再生液浓度4%～5%，阴阳树脂可同步进行再生，也可以先再生阴树脂，后再生阳树脂，进酸碱量约为2t。

（3）置换。关闭酸碱喷射器进酸碱门，保持预喷射时的流量不变，置换30～60min。

（4）冲洗。关闭酸碱喷射器进水门、阴阳再生塔进酸碱门，开启阴阳再生塔上部进水门，对再生塔进行冲洗，冲洗至再生塔排水电导率小于5μS/cm，冲洗结束，关闭各开启阀门。

（5）移脂。开启阳再生塔底部排放门、上部进树脂门，开启阴再生塔下部出脂门、进压缩空气门，待阴塔内水面低至下视窗，开启阴塔进水门，已将塔内阴树脂移送彻底，移脂后关闭各开启阀门。

（6）混合。先给阳塔上满水，然后排水至树脂层以上约200mm位置，开启阳塔排空气门、进压缩空气门，混合5min左右，以使阴阳树脂混合均匀。

（7）充水。并正洗至阳塔出水电导率小于0.15μS/cm，达到混床水质标准后备用。

当正洗出水电导率达不到混床水质标准时，需将树脂再送回分离塔，重新进行树脂的分离、擦洗和再生操作。

**六、混床运行中的故障及处理**

混床运行中出现的故障、可能原因及处理方法见表4-12。

表4-12　　　　　　　混床运行中出现的故障、可能原因及处理方法

| 现　象 | 原　因 | 处理方法 |
|---|---|---|
| 高速混床上部树脂强烈翻滚 | 高速混床投运时上部空气未排除干净或运行中上部空气积累 | 停运混床，打开混床顶部放空门排出空气 |
| 高速混床出水水质不合格 | 1. 树脂失效；<br>2. 树脂混合不均；<br>3. 凝结水质劣化；<br>4. 再生不良 | 1. 停运再生；<br>2. 重新混合；<br>3. 查明原因及时与有关方面联系；<br>4. 检查再生剂用量、浓度等方面的原因 |
| 高速混床压差大 | 1. 运行流速太高；<br>2. 树脂污染；<br>3. 碎树脂过多；<br>4. 树脂层压实 | 1. 降低运行流速；<br>2. 清洗或更换；<br>3. 利用再生反洗清除碎树脂；<br>4. 清洗 |

续表

| 现　象 | 原　因 | 处理方法 |
|---|---|---|
| 凝结水温度高 | 1. 凝汽器冷却效果差；<br>2. 机组负荷高或真空差；<br>3. 疏水直接排入凝汽器 | 1. 联系主控检查处理；<br>2. 汇报值长调整；<br>3. 联系主控处理 |
| 化学动力电源中断，凝结水有流量，控制台失电 | 厂用电失压 | 1. 立即汇报值长，要求尽快恢复电源；<br>2. 检查运行高速混床，确保高速混床正常运行；<br>3. 打开高速混床事故旁路门，待系统恢复正常后关闭 |
| 混床周期制水量少 | 1. 凝汽器泄漏，水质变差；<br>2. 给水加氨过多；<br>3. 再生不好；<br>4. 树脂量少或阴阳树脂比例不当；<br>5. 树脂混合不好；<br>6. 树脂老化变质；<br>7. 树脂被污染；<br>8. 进水装置坏或树脂面不平，发生偏流 | 1. 查漏、堵漏；<br>2. 调整给水加氨量；<br>3. 严格按再生程序进行再生；<br>4. 加装树脂或调整树脂比例；<br>5. 重新混合树脂；<br>6. 更换树脂；<br>7. 复苏或更换树脂；<br>8. 停运检修或使树脂面平整 |
| 树脂混合不均匀 | 1. 阀门状态不正确；<br>2. 罗茨风机工作不正常 | 1. 检查阀门状态并更正；<br>2. 检查罗茨风机风量，确认故障并联系检修 |
| 空气混合时树脂流失 | 1. 设备内液位太高；<br>2. 空气流量大 | 1. 设备排水至合适液位；<br>2. 调整罗茨风机空气量至合适风量 |
| 碱液温度高或低 | 1. 稀释水流量异常；<br>2. 温度控制器异常 | 1. 检查稀释水流量，处理至正常；<br>2. 手动测量温度，确认异常联系检修 |
| 再生后出水水质不合格 | 1. 树脂分层不彻底；<br>2. 再生液不足或浓度低；<br>3. 树脂污染；<br>4. 树脂混合不均匀；<br>5. 床层偏流 | 1. 按要求重新反洗分层再生，确保阴阳树脂混杂层树脂送隔离罐；<br>2. 调整再生液计量或浓度至合适范围；<br>3. 复苏树脂，复苏后仍不合格可更换树脂；<br>4. 重新混合树脂；<br>5. 联系检修，消除偏流 |
| 再生剂浓度小 | 1. 再生水泵故障；<br>2. 再生剂管路阀门故障；<br>3. 稀释水流量高；<br>4. 计量箱无酸碱或阀门关闭；<br>5. 浓度指示器故障；<br>6. 酸、碱管路泄漏 | 1. 检查泵的运行状况及入口门和排出门是否开；<br>2. 检查泵安全门是否误动作；<br>3. 检查酸、碱截流阀是否开启，检查稀释水流量，根据需要调节好；<br>4. 保持酸、碱数量足够再生使用，出口门及泵入口门打开；<br>5. 滴定法测定再生剂浓度并联系仪表人员处理；<br>6. 更换酸、碱管路 |
| 程控死机 | 1. 程序故障；<br>2. 失电 | 1. 打开高速混床事故旁路门，待系统恢复正常后关闭；<br>2. 汇报值长，联系维护人员检修 |
| 混床压力升高，流量变小但压差不大 | 1. 树脂捕捉器堵塞；<br>2. 出水门未开到位 | 1. 冲洗树脂捕捉器；<br>2. 检查出水门，并全部打开 |

| 现　象 | 原　因 | 处理方法 |
|---|---|---|
| 混床出水电导率高 | 1. 凝结水水质劣化；<br>2. 电导率表指示不准 | 1. 联系主控查找原因；<br>2. 联系仪表检修人员查找原因并处理 |
| 树脂非正常损失 | 1. 底部出水装置泄漏；<br>2. 反洗，擦洗强度过大；<br>3. 输送过程损失 | 1. 联系检修处理；<br>2. 严格控制流量及反洗强度；<br>3. 查找原因 |
| 树脂分层不完全 | 1. 反洗流量控制不当；<br>2. 反洗分层时间短 | 1. 调整适当流量；<br>2. 延长分层时间 |

# 第五章 循环冷却水系统

在火力发电厂中，许多设备都需要用水冷却。冷却水主要用于凝汽器中冷却在汽轮机内做完功的乏汽，一般来说，凝汽器冷却水用量占工业用水量的 70％～90％。

火力发电机组冷却水采用带自然通风冷却塔的二次循环供水系统，冷却水在使用过程中，不仅水温升高，而且还因水质变化而产生一些影响安全运行的问题，比如：有污垢、水垢的生成，腐蚀和微生物滋长，因此对循环冷却水进行处理是必要的。

本工程循环水分间冷循环水和辅机循环水，其中间冷水源为除盐水，冷却方式为闭式循环冷却，该系统由循环水泵、间冷塔、加氨设备等组成。辅机循环冷却水源为工业水，冷却方式为敞开式循环，该系统由循环水泵、机力通风冷却塔、加稳定剂系统等构成。

## 第一节 火电厂冷却水系统

### 一、冷却水系统及设备

1. 冷却水系统

用水作为冷却介质的系统称为冷却水系统。冷却水系统通常有三种：直流式冷却水系统、密闭式循环冷却水系统和敞开式循环冷却水系统。

（1）直流式冷却水系统。直流式冷却水系统通常是以江、河、海洋作为水源，一次通过凝汽器出来的温度升高后的水排入天然水体，冷却水只一次使用，不循环使用。此系统

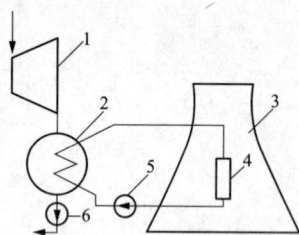

图 5-1 闭式循环冷却水系统
（哈蒙间接空冷系统）

1—汽轮机；2—凝汽器；
3—冷却塔；4—空冷元件；
5—循环水泵；6—凝结水泵

的特点是：用水量大；水质没有明显的变化。以海水作冷却水的海滨电厂，采用的是直流式冷却水系统。直流式冷却水系统一般不对冷却水进行处理，有时，为了防止水中的漂浮物及水生生物堵塞热交换器管子，只进行一些简单处理。

（2）密闭式循环冷却水系统。在此系统中冷却水在密闭系统中循环流动，在火电厂有三种应用场合。一是空冷系统冷却汽轮机的乏汽，如在严重缺水地区建设的空冷机组，多采用此系统，如图 5-1 所示；二是有些电厂将轴瓦冷却水等组成一个专门的闭式循环冷却系统（也称二次冷却系统）；三是装有水内冷发电机的电厂。此系统的特点是：冷却水不与大气接触，没有蒸发而引起的浓缩，补充水量少，但对冷却水的水质要求高，一般都使用除盐水作为补充水。

（3）敞开式循环冷却水系统。敞开式循环冷却水系统如图 5-2 所示，冷却水由循环水泵送入凝汽器内进行热交换，升温后的冷却水经冷却塔降温后，再由循环水泵送入凝汽器循环利用。由于冷却水重复循环使用，大大节约了用水。在敞开式循环冷却水系统中，冷却水循环流动，循环流动过程中水与大气接触，在散发热量的同时，冷却水有少量损失，$CO_2$ 析出，水中盐类发生浓缩，此外，还会混入大气中的灰尘等。由于冷却水反复流过冷却塔，水质不断变差，往往会导致系统结垢、腐蚀和微生物滋长。

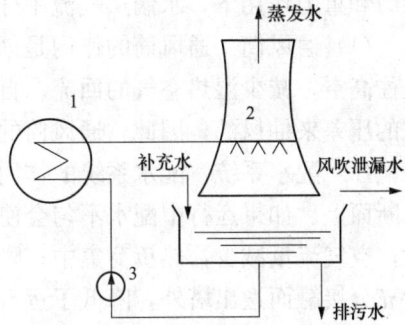

图 5-2　敞开式循环冷却水系统
1—凝汽器；2—冷却塔；3—循环水泵

2. 冷却设备

在循环冷却水系统中，用来降低循环水水温的设备称冷却设备。按其所使用的冷却设备的不同，有喷淋冷却水池、机力通风冷却塔、自然通风冷却塔三种。机力通风冷却塔多在辅机冷却系统中使用。大容量火力发电机组大都是采用双曲线型逆流式自然通风冷却塔对循环水进行冷却处理。

喷淋冷却水池由水池和在冷却水池上面加装的喷水设备（喷水管道和喷嘴）组成，增加喷水设备的目的是为了增加水与空气的接触面积，便于散热。喷淋冷却水池的缺点是占地面积大，冷却效果差，水损失大，且增加了水中悬浮物的含量。此外由于良好的日照，会促进细菌和藻类的繁殖。

机力通风冷却塔，由于在塔内加装了风扇，进行强力通风，因而可以降低冷却塔的面积和高度，但由于要另外消耗动力，且风扇的维护工作量较大，所以限制了它的使用。

自然通风冷却塔一般为双曲线型。闭式循环冷却水系统中的自然通风冷却塔是由通风筒、配水系统、空冷散热器等组成。当采用表面式凝汽器间接空冷系统时，循环水进入表面式凝汽器的水侧通过表面换热，冷却凝汽器汽侧的汽轮机排汽，受热后的循环水由循环水泵送至空冷塔，通过空冷散热器与空气进行表面换热，循环水被空气冷却后再返回凝汽器去冷却汽轮机排汽，构成了密闭循环。

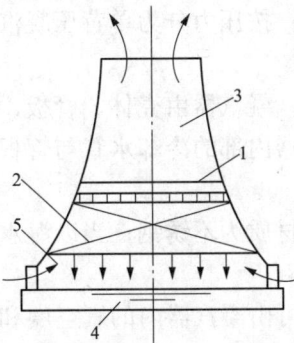

图 5-3　自然通风冷却塔
1—配水系统；2—淋水填料；
3—通风筒；4—集水池；
5—空气分配区

敞开式循环冷却水系统中的自然通风冷却塔是由通风筒、配水系统、淋水填料，集水池组成，如图 5-3 所示。自然通风冷却塔是依靠塔内外的空气温度差所形成的压差来抽风的，因此通风筒的外形和高度对气流的影响很大，风筒高度可达 100m 以上，直径可达 60～80m。热的循环水送至冷却塔腰部，通过配水系统将水均匀地分布在塔的横截面上，然后进入填料层，以增加水与空气的接触面积和延长接触时间，从而增加水与空气的热交换。被冷却的水，收集在冷却水池中，经沟道，重新引至循环水泵吸水井。

为了降低吹散损失，目前多数冷却塔都装有捕水器，捕水器设置在配水系统上面，它是由弧形除水片组成，当塔内气流夹带细小水滴上升时，撞击到捕水器的弧形片上，在惯性力和重力作用下，水滴从气流中分离出来而被回收。

（1）通风筒。通风筒的作用是创造良好的空气动力条件，并将排出冷却塔的湿热空气送往高空，减少湿热空气的回流。自然通风双曲线冷却塔是依靠塔内外的空气温度差所形成的压差来抽风的，因此，通风筒的外形和高度对气流的影响很大。

（2）配水系统。配水系统的作用是将来自凝汽器的热水均匀地分配到冷却塔的整个淋水断面上。如果运行中配水不匀会使淋水装置内部水流分布不均，水流密集部分通风阻力大，空气流量减少，热负荷集中，降低传热效果；水流稀疏部分会使大量空气未能与水进行充分接触而逸出塔外，降低了运行的经济性。

配水系统按配水方式分为管式、池式和槽式。

（3）淋水填料。淋水填料的作用是将配水系统溅落的水滴，再经多次溅散，成为更小的水滴或很薄的水膜，以增大水与空气的接触面积和延长接触时间，从而增强水与空气的热交换。

水的冷却过程主要是在淋水填料中进行的。淋水填料应具备以下特点：单位体积填料的表面积要大，对空气的阻力要小；水流经填料时有较长的流程，而且润湿性要好，容易使水形成均匀且很薄的水膜；材质要轻，化学稳定性要好，而且有一定的机械强度。目前，火力发电厂的冷却塔中多采用高效低阻薄膜式淋水填料。

（4）捕水器。在配水系统的上面设置捕水器的作用是减少冷却塔中的水量损失。从冷却塔上部排出的湿热空气中往往带有一些水分，其中一部分是混合于空气中的水蒸气，另一部分是随气流带出的雾状小水滴，后者可用收水器分离回收。大中型冷却塔多采用弧形除水片组成的单元模块捕水器，其工作原理是当塔内气流挟带细小水滴上升时，拦击到收水器的弧形片上，在惯性力和重力作用下，水滴从气流中分离出来，回收利用。

（5）通风设备。在敞开式湿式冷却塔中，水冷却所需的空气由冷却塔周围的空气流所提供。

（6）集水池。集水池的作用是储存和调节水量。

3. 凝汽器

（1）凝汽器结构。在循环冷却水系统中，凝汽器是换热设备，它的作用是将汽轮机的排汽冷却成为凝结水，送回热力系统继续循环使用。按蒸汽凝结的方式分为混合式凝汽器和表面式凝汽器；按冷却介质又分为水冷凝汽器和空冷凝汽器；按压力分为单背压凝汽器和多背压凝汽器。

在火电厂使用的主要是管式表面式凝汽器，如图5-4所示。凝汽器由壳体、管板、管子等组成，冷却水在管内流动，蒸汽在管外被凝结成水。凝汽器内部的冷却水管与管板的连接为胀接后再焊接，以保证严密性。

目前，大容量机组，当以淡水作为冷却水时，凝汽器管的材质为不锈钢；当以海水作为冷却水时，凝汽器管的材质为钛合金。

（2）凝汽器的真空度和传热端差。凝汽器的传热性能好坏可由凝汽器内的真空度和凝汽器传热端差来反映。

1）凝汽器的真空度。在单位时间内当汽轮机的排汽量与凝结水量相等，以及空气的漏入量与抽气量相等时，凝汽器内处于平衡状态，压力保持不变，即在凝汽器内形成一定的真空度。正常运行条件下，凝汽器的真空度（压力）一般为 0.005MPa。

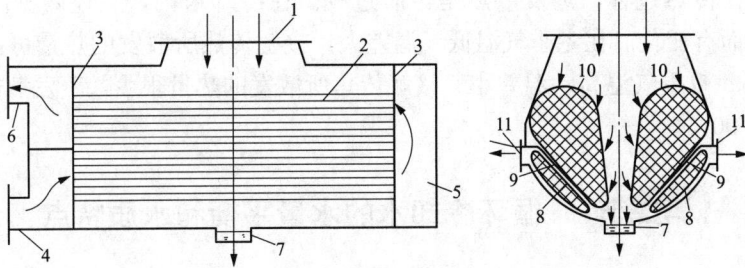

图 5-4 管式表面式凝汽器结构简图

1—蒸汽入口；2—冷却水管；3—管板；4—冷却水进水管；5—冷却水回流水室；6—冷却水出水管；

7—凝结水集水箱（热井），8—空气冷却区；9—气气冷却区挡板；10—主凝结区；11—空气抽出口

2）凝汽器传热端差。汽轮机的排汽温度与凝汽器冷却水的出口温度之差称为凝汽器端差，用 $\delta_t$ 表示。正常运行条件下，端差一般为 3~5℃。如管内结垢或附着黏泥，端差甚至可上长升到20℃以上。此外，汽轮机排汽量的增加和凝汽器中抽汽量的减小，冷却水流量的减少，都会使凝结水温度升高、端差上升或凝汽器内压力升高、真空度降低，影响机组的热经济性。本机组凝汽器传热端差设计值为不小于 2.8℃。

**二、水的冷却原理**

循环水的冷却介质是湿空气。闭式循环冷却水系统中，热的循环水在冷却塔内通过空冷散热器与湿空气进行换热，热量通过金属器壁传递给空气，空气温度上升。传热过程的热阻增大，传热效果差，热效率低。但此系统中冷却水不与空气接触，不受阳光照射，进行密闭循环，基本上不需补充水，且水质较稳定。

在敞开式循环冷却水系统中，当热的循环水在冷却塔中以小水滴或水膜形式从上向下降落时，与从冷却塔下面由下而上流动的湿空气进行热量传递，其传热方式主要有接触传热和蒸发散热。

1. 水的接触传热

在冷却塔内热水与湿空气接触时，如果水的温度与空气的温度不同，那么在水—气界面上会产生传热过程。根据热力学第二定律，热量总是自发地从高温传向低温，如果水温高于空气温度，水将热量传递给空气，空气温度上升，一直到水面温度与空气温度相等为止。反之，空气将热量传递给水，水的温度上升。

接触传热主要取决于水与气的温度差和接触面积，温度差越大，接触传热量就越大。所以，接触传热的推动力是水—气界面上水的温度与气的温度之差。

2. 水的蒸发散热

水分子在常温下逸出水面，成为自由蒸汽分子的现象称为水的蒸发。水的蒸发是由水分子的热运动引起的，当水体表面某些水分子的动能足以克服水体内部对它的内聚力时，这些水分子便逸出水面进入空气中，成为自由蒸汽分子。由于逸出水面的水分子的动能较大，使剩下的水分子的平均动能减小，则水温降低得到冷却。

从水面逸出的水分子之间以及与空气中水分子之间相互碰撞中，又有一部分水分子回到水面，这称为凝结。若单位时间内逸出的水分子多于返回水面的水分子，水就不断蒸发，水温也就不断下降。

接触传热是传热过程，蒸发散热是传质过程。在冷却塔内，上述两种散热方式都存在，但随季节而有变化。在冬季气温低、温差大，接触传热所散发的热量可占总散发热量的50%～70%；夏季气温高、温差小，接触传热所散发的热量很少，蒸发散热可占总散发热量的80%～90%。

## 第二节  循环冷却水的水量平衡和水质特点

本工程循环水分间冷循环水和辅机循环水，其中间冷水源为除盐水，冷却方式为闭式循环冷却，该系统由循环水泵、间冷塔、加氨设备等组成。由于闭式循环冷却过程中除盐水和空气不接触，污染概率很小，所以在运行时对闭式循环冷却水质定期进行监督，当pH值不合格时，调整氨加药泵加药量或联系主控值班员进行补水；为防止系统的氧腐蚀，联氨浓度控制为80～120mg/L，联氨不足时及时补加。

辅机循环冷却水源为工业水，冷却方式为敞开式循环，在敞开循环冷却水系统中，水不断蒸发而损失，因而水中各种物质不断浓缩，水质随着浓缩倍率的增加而变差。导致系统的结垢、腐蚀和微生物繁殖。为防止水质恶化，必须排放一部分浓缩了的水，补充一部分新鲜水。

当循环冷却水系统的运行达到稳定状态时，系统内的热量、水量、水中离子浓度等也都达到了一个平衡状态。

### 一、水量平衡

循环冷却水系统中，冷却水的损失包括以下方面：蒸发损失、风吹泄漏损失和排污损失。为了冷却水系统正常运行，必须补充一定水量，以维持循环冷却水系统的水量平衡。当循环水系统中损失的水量和补充水的水量相等时，循环水系统进入水量的动态平衡状态。

设循环冷却水量为$Q_X$，$P_Z$为蒸发水量占循环水量的百分数（称蒸发损失率），$P_F$为风吹泄漏水量占循环水量的百分数（称风吹泄漏损失率），$P_P$为排污水量占循环水量的百分数（称排污损失率），$P_B$为补充水量占循环水量的百分数（称补充水率），达到动态平衡时则有

$$Q_X \cdot P_B = Q_X \cdot P_Z + Q_X \cdot P_F + Q_X \cdot P_P$$

或
$$P_B = P_Z + P_F + P_P \qquad (5\text{-}1)$$

*1. 浓缩倍率*

在敞开式循环水冷却系统中，水在冷却塔中不断蒸发，由于蒸发损失的水中基本上不含盐分，所以随着蒸发过程的进行，循环水中的溶解盐类不断被浓缩，含盐量会越来越高。为使循环冷却水中的含盐量维持在一定的浓度以及维持循环水总水量不变，必须排放一部分浓水，补充一部分含盐量低的新鲜水。

浓缩倍率是指循环冷却水中的含盐量或某种离子的浓度与补充水中的含盐量或某种离子的浓度的比值，所以浓缩倍率是表示循环水中盐类的浓缩程度。因为水中$Cl^-$一般不会生成沉淀和氧化还原，也不会蒸发，所以通常采用循环水中的氯离子浓度$[Cl^-]_X$与补充水中氯离子浓度$[Cl^-]_B$的比值，表示循环水中盐量的浓缩倍率，记作$\varphi$。

$$\varphi = \frac{[Cl^-]_X}{[Cl^-]_B} \tag{5-2}$$

当循环水以含氯氧化剂为杀菌剂时，由于引入了氯离子，故在此情况下通常选用 $SiO_2$ 或 $K^+$ 来计算浓缩倍率。

2. 蒸发损失率的估算

蒸发损失率由热平衡按式（5-3）计算。

$$P_z = \frac{4.184(t_2 - t_1)x}{i - 4.184t_P} \times 100\% \tag{5-3}$$

式中　$t_2$、$t_1$——冷却塔进、出口的水温，℃；

　　　　$x$——冷却塔中蒸发热量损失与全部散热量的比值，设计时夏季取 1.0，冬季取 0.5，春秋两季取 0.75；

　　　　$i$——水温 $t_P$ 时的蒸发潜热，kJ/kg；

　　　　$t_P$——循环冷却水的平均水温，℃。

蒸发损失率一般为 1.0%～1.5%。

3. 风吹泄漏损失率的估算

风吹泄漏损失率除与当地风速有关外，还与冷却塔的形式和结构有关，可取经验数据，对于双曲线自然通风冷却塔 $P_F$ 值通常在 0.1% 左右，好者可达 0.05%。

4. 排污损失率的估计

排污损失率可由盐量平衡按式（5-4）估计，由

$$P_B[Cl]_B = (P_F + P_P)[Cl]_X$$

或

$$\varphi = \frac{[Cl^-]_X}{[Cl^-]_B} = \frac{P_B}{P_F + P_P} = \frac{P_Z + P_F + P_P}{P_B - P_Z}$$

因此

$$P_P = \frac{P_Z + P_F - \varphi \cdot P_F}{\varphi - 1} \tag{5-4}$$

由公式计算出的补充水率、排污损失率与浓缩倍率的关系如图 5-5 所示。由图可知，提高循环水的浓缩倍率，可大幅度减少排污损失率，补充水率也明显降低。但当浓缩倍率提高到 4 或更高时，补充水率的减少已不明显，排污损失率已很小。而且此时水中的含盐量已很高，若无其他措施，带来的问题是系统内可能出现结垢、腐蚀。

$\varphi$ 值大小反映了循环水因蒸发作用而导致的浓缩程度，它与补充水水质、处理方法及运行工况等因素有关，控制 $\varphi$ 值也就控制了循环水的水质。

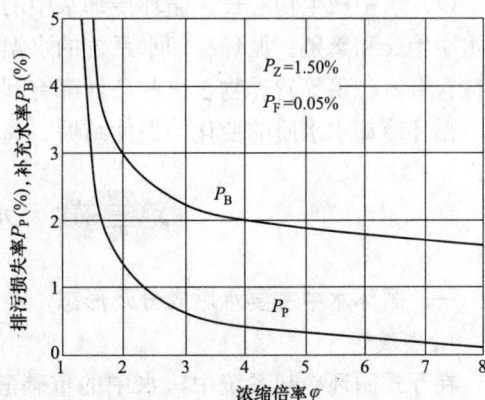

图 5-5　浓缩倍率与补充水率和排污损失率的关系

## 二、循环冷却水的水质特点

由于冷却水的蒸发浓缩以及与空气的直接接触，补充水进入循环冷却水系统后，水质将发生如下变化：

（1）含盐量增加。由于蒸发作用，导致水分散失，水中的无机盐等非挥发性物质仍留在循环水中，导致盐分浓缩。变换式（5-5）可得

$$\varphi = 1 + \frac{P_Z}{P_B - P_Z} \qquad (5-5)$$

式（5-5）说明，只要有蒸发损失存在，$\varphi$ 就大于 1，即循环水存在浓缩作用，其含盐量为补充水的 $\varphi$ 倍。

（2）水中 $CO_2$ 散失。根据水质概念，循环水中钙的重碳酸盐和游离 $CO_2$ 存在以下平衡：

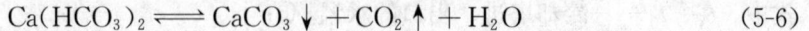

$$Ca(HCO_3)_2 \rightleftharpoons CaCO_3 \downarrow + CO_2 \uparrow + H_2O \qquad (5-6)$$

当循环水在冷却塔中与空气接触时，水中的 $CO_2$ 就会逸出，促使平衡式（6-6）向右移动，可能导致 $CaCO_3$ 垢的产生。

（3）水的 pH 值增加。补充水进入循环冷却水系统后，由于水中 $CO_2$ 在曝气过程中逸入大气而散失，使水中酸性物质减少，故导致循环冷却水的 pH 值逐渐上升（一般在 8.5~9.3），碱度也相应增加。

（4）溶解氧浓度增大。循环水在冷却塔内喷淋曝气过程中，空气中的氧大量进入循环水中，从而增加了冷却水对金属构件的腐蚀性。

（5）水中悬浮物增加。除了由补充水带入的外，主要是因为冷却塔中水和空气反复接触，空气中尘埃进入循环水中。此外，由塔体、填料受侵蚀剥落下来的杂物以及微生物滋长产生的产物等，它们大部分沉积于冷却塔底部，少量悬浮于水中。

（6）水温上升。循环水的温度在凝汽器内上升后，一方面降低了碳酸钙的溶解度，另一方面使碳酸盐平衡向右移动，提高了平衡 $CO_2$ 的需要量，从而使产生水垢的趋势增强。相反，循环水在冷却塔内散热降温后，平衡 $CO_2$ 的需要量降低，当需要量低于水中实际的 $CO_2$ 含量时，水就具有侵蚀性和腐蚀性。此外，水温上升还为细菌繁殖、微生物滋长提供了条件。

（7）水中微生物滋长。循环冷却水中的微生物主要是由空气和补充水带入的，并在循环水中生长和繁殖。循环冷却水系统的水温通常在 32~42℃，水中含有充足的溶解氧，又往往含有氮、磷等营养物，这些条件都有利于微生物的生长。

循环冷却水水质的变化，促使结垢、腐蚀和微生物滋长的倾向增强。

## 第三节　水垢析出的判断

### 一、循环水中主要水垢成分及形态

1. 碳酸钙

在开式循环冷却系统中，水中的重碳酸钙由于受热分解及二氧化碳在冷却塔中的散失，使式（5-6）平衡破坏，而析出碳酸钙。

$$Ca(HCO_3)_2 \rightleftharpoons CaCO_3 \downarrow + CO_2 \uparrow + H_2O$$

水在冷却塔中冷却时，由于水是以水滴及水膜的形式与大量空气接触，水中二氧化碳散失，造成碳酸钙析出。水中残留二氧化碳取决于水温，如图 5-6 所示。

碳酸钙为难溶盐类，它在蒸馏水中的溶解度如图 5-7 所示。

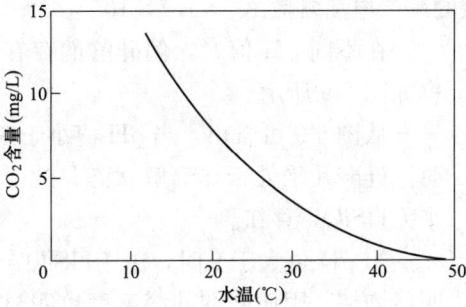

图 5-6　水中残留 $CO_2$ 与水温的关系

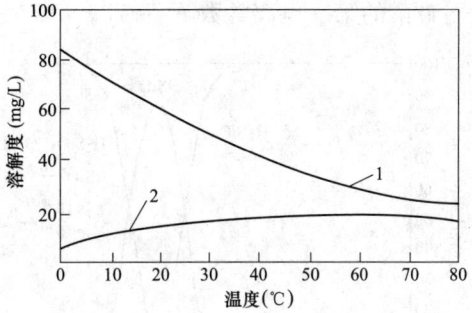

图 5-7　蒸馏水中碳酸钙的溶解度
1—大气压下；2—完全除去 $CO_2$ 后

随着水在开式循环冷却系统中的浓缩，各种离子浓度不断升高，碳酸钙因达到其溶度积而成为过饱和溶液。不同温度下，碳酸钙的溶度积列于表 5-1 中。

表 5-1　　　　　　　　　　　不同温度下，碳酸钙的溶度积

| 温度（℃） | 碳酸钙的溶度积 $K_{sp}$ | 温度（℃） | 碳酸钙的溶度积 $K_{sp}$ |
|---|---|---|---|
| 0 | $9.55 \times 10^{-9}$ | 25 | $4.57 \times 10^{-9}$ |
| 5 | $8.13 \times 10^{-9}$ | 30 | $3.98 \times 10^{-9}$ |
| 10 | $7.08 \times 10^{-9}$ | 40 | $3.02 \times 10^{-9}$ |
| 15 | $6.03 \times 10^{-9}$ | 50 | $2.34 \times 10^{-9}$ |
| 20 | $5.25 \times 10^{-9}$ | | |

### 2. 硫酸钙

当温度升高，pH 降低时，硫酸钙的溶解度降低，硫酸钙在普通水中的溶解度如图 5-8 所示。从图 5-8 中可见，它的溶解度约为碳酸钙的 40 倍以上。这也就是凝汽器很少发生硫酸钙水垢的原因。

只有在高浓缩倍率下运行的换热设备，硫酸钙才可能在水温高部位析出。

### 3. 磷酸钙和磷酸锌

为了缓蚀、阻垢，往往向冷却水系统中加入聚磷酸盐和有机磷，随着温度的升高及药剂在冷却传统中停留时间的增长，它们会部分水解为正磷酸盐，正磷酸盐与钙离子反应，生成非晶体的磷酸钙。

目前在很多复合配方中，为了缓蚀，都添加了锌，而一般复合配方中都含有机磷，因此有可能形成磷酸锌的沉积。

图 5-8　硫酸钙和碳酸钙的溶解度

### 4. 二氧化硅

水中所含硅酸浓度，与地质环境有关，如火山地区，水中硅酸浓度就高。硅酸的离解按下式进行：

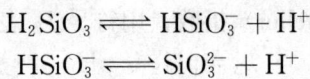

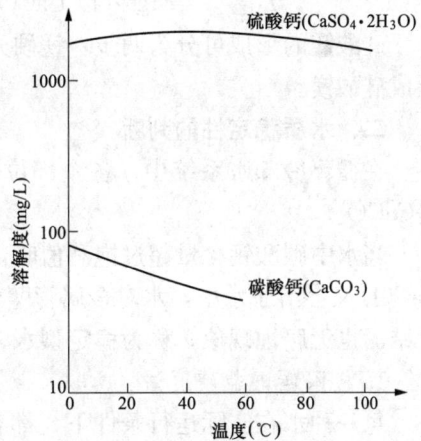

$$H_2SiO_3 \rightleftharpoons HSiO_3^- + H^+$$
$$HSiO_3^- \rightleftharpoons SiO_3^{2-} + H^+$$

硅酸的第一电离常数 $K_1 = 7.9 \times 10^{-10}$；硅酸的第二电离常数 $K_2 = 1.7 \times 10^{-2}$。

在不同 pH 值时，偏硅酸的存在比率如图 5-9 所示。

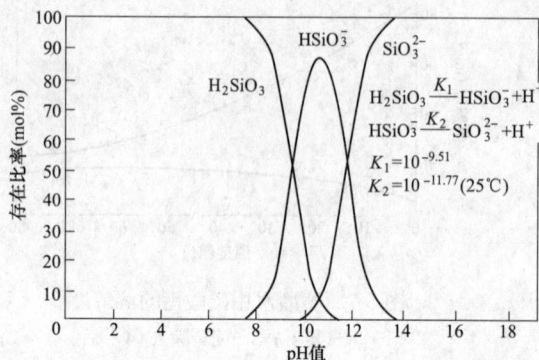

$$H_2SiO_3 \xrightarrow{K_1} HSiO_3^- + H^+$$
$$HSiO_3^- \xrightarrow{K_2} SiO_3^{2-} + H^+$$
$$K_1 = 10^{-9.51}$$
$$K_2 = 10^{-11.77}(25℃)$$

图 5-9　不同 pH 值与偏硅酸存在比率的关系

从图 5-9 可看出，当 pH 值小于 8.0 时，硅酸几乎处于非离解状态，此时几乎无 $HSiO_3^-$ 存在。

当 pH 值大于 9 时，由于 $HSiO_3^-$ 量明显增加，因而硅酸的溶解度也明显上升。当硅酸的含量超过其溶解度时，硅酸缩聚，以聚合体存在。随着聚合体分子量的增加，就会析出成为坚硬的硅垢。当循环冷却水中二氧化硅含量小于 150mg/L 时，一般不会析出沉淀。如循环水的 pH 值大于 8.5，二氧化硅含量达到 200mg/L，也不会析出沉淀。

5. 硅酸镁

硅酸镁有橄榄石（$Mg_2SiO_4$）、蛇纹石 $[Mg_3Si_2O_5(OH)_4]$ 和滑石 $[Mg_3Si_4O_{10}(OH)_2]$ 等，冷却水系统中，一般常见的硅酸镁垢是滑石。

温度对硅酸镁的沉淀影响很大，例如在 20℃ 时，放置一个月，硅酸镁也不会产生沉淀，而在 70℃ 时，则很快会产生。

关于硅酸镁指数，GB/T 50050—2017《工业循环冷却水处理设计规范》的规定如下：

$$I_{MgSiO_3} = Mg^{2+}(以 CaCO_3 计, Mg/L) \times SiO_2(mg/L) < 15\ 000 \tag{5-7}$$

硅酸镁的形成可分为两步，镁硬先以氢氧化镁沉淀，而后氢氧化物与溶硅和胶硅反应形成硅酸镁。

**二、水质稳定性的判断**

在循环冷却水系统中，各个部位都可能有水垢的析出。在凝汽器中，最常见的水垢是 $CaCO_3$。

当水中碳酸钙含量超过饱和值时，就会引起结垢现象。当低于饱和值时，原先析出的 $CaCO_3$ 又会溶于水中，水对金属管壁产生腐蚀。当水中碳酸钙含量正好处于饱和状态时，无结垢也无腐蚀现象，称为稳定型水。下面介绍一些常用的判断水质稳定性的方法。

1. 极限碳酸盐硬度法

每一种水在实际运行条件下，都有一个不结垢的碳酸盐硬度最大值（即极限值），这个值称为极限碳酸盐硬度，用 $H'_{TX}$ 表示。该方法的判断标准如下：

$$\varphi H_{TB} \leqslant H'_{TX} \quad 不结垢$$
$$\varphi H_{TB} > H'_{TX} \quad 结垢 \tag{5-8}$$

式中　$H_{TB}$——补充水碳酸盐硬度，mmol/L；

　　$\varphi H_{TB}$——补充水被浓缩 $\varphi$ 倍后应该达到的碳酸盐硬度，mmol/L。

2. 饱和指数法

饱和指数又称郎格尔（Langelier）指数，用符号 $I_B$ 表示。饱和指数定义为：

$$I_B = pH_Y - pH_B \tag{5-9}$$

式中　$pH_Y$——循环冷却水在运行条件下实际测得的 pH 值；

　　　　$pH_B$——循环冷却水在使用温度下被 $CaCO_3$ 饱和时的 pH 值。

所以，饱和指数是指循环水在运行温度下实测 pH 值与其饱和时的 pH 值的差值。该方法的判断标准如下：

$I_B < 0$，水中 $CaCO_3$ 未达到饱和状态，有溶解 $CaCO_3$ 的倾向，对金属管道有腐蚀性，称腐蚀型水。

$I_B = 0$，水中 $CaCO_3$ 正好达到饱和状态，既不结垢又不会产生腐蚀，称稳定型水。

$I_B > 0$，水中 $CaCO_3$ 达到过饱和状态，有生成 $CaCO_3$ 的倾向，称结垢型水。

一般情况下，$I_B$ 值在 $\pm (0.25 \sim 0.30)$ 范围内，可以认为水是稳定的。

在实际使用中，用饱和指数判断循环冷却水系统是否有 $CaCO_3$ 析出，偏差较大，常出现判断错误，其原因是：

（1）循环冷却水系统中各处的温度并不一致，特别是凝汽器的进、出口端，有时相差几度甚至十几度。

（2）饱和指数未能反映结晶过饱和度的影响。

（3）饱和指数没有考虑到动力学方面的影响，如水流速度、流态、管径、管壁光洁程度等对晶体析出过程的影响；也没有考虑其他离子对碳酸盐平衡的影响，例如循环水加入阻垢剂后，即使饱和指数达到 $0.5 \sim 2.5$，也不结垢。

3. 稳定指数法

在朗格里尔（Langelier）所做工作的基础上，雷兹纳（Ryznar）进行了一些实验室试验和现场校正试验，提出了雷兹纳稳定指数，又称 Ryznar 指数，用符号 $I_W$ 表示。稳定指数定义为：

$$I_W = 2pH_B - pH_Y \tag{5-10}$$
$$pH_Y = 1.465 \lg A + 7.03 \tag{5-11}$$

式中　$A$——水的全碱度，mmol/L。

稳定指数（$I_W$）和饱和指数（$I_B$）与结垢程度的关系见表 5-2。

表 5-2　　　　　　　　　　　　　　$I_B$、$I_W$ 与结垢程度的关系

| $I_B$ | $I_W$ | 结垢程度 | $I_B$ | $I_W$ | 结垢程度 |
|---|---|---|---|---|---|
| 3.0 | 3.0 | 非常严重 | $-0.2$ | 6.5 | 无垢 |
| 2.0 | 4.0 | 很严重 | $-0.5$ | 7.0 | 无垢，垢稍有溶解倾向 |
| 1.0 | 5.0 | 严重 | $-1.0$ | 8.0 | 无垢，垢有中等溶解倾向 |
| 0.5 | 5.5 | 中等 | $-2.0$ | 9.0 | 无垢，垢有明显溶解倾向 |
| 0.2 | 5.8 | 稍许 | $-3.0$ | 10.0 | 无垢，垢有非常明显的溶解倾向 |
| 0 | 6.0 | 稳定水 | | | |

4. 临界 pH 法

临界 pH 值法是根据晶体生长理论，微溶性盐类（如 $CaCO_3$）只有达到一定的过饱和浓度时，才开始有沉淀析出。用实验方法测出了 $CaCO_3$ 沉淀析出时真实的 pH 值，并把这个 pH 值称为临界 pH 值，以 $pH_L$ 表示。如果水的实际 pH 值超过它的 $pH_L$ 值，就会结垢；反之，则不会结垢。

$pH_L$ 值和 $pH_B$ 值之间有一定的区别，$pH_L$ 是实验测定值，而 $pH_B$ 是一种理论计算值。由于在计算 $pH_B$ 时许多因素无法考虑，所以 $pH_L$ 值比 $pH_B$ 值要高一些。一般情况

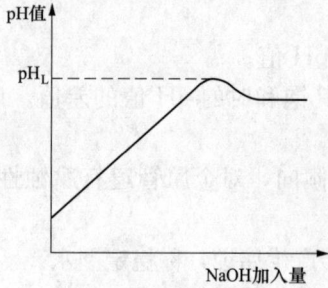

图 5-10　临界 pH 值

下，$pH_L = pH_B + (1.7\sim2.0)$。

临界 $pH_L$ 值的实验测定方法是将含有碳酸盐硬度的水首先加热到 40℃左右，然后边搅拌边加入 NaOH 溶液，并测定水的 pH 值，可得如图 5-10 所示的曲线。开始时，随着 NaOH 的加入，水的 pH 值呈直线上升，当 pH 值上升到某一极限值后突然下降，此转折处所对应的 pH 值就是临界 pH 值（$pH_L$）。pH 值的这种变化，是因为水中存在下述平衡，即

$$HCO_3^- \rightleftharpoons H^+ + CO_3^{2-} \tag{5-12}$$

随着 NaOH 的加入，中和了水中的 $H^+$，反应向右进行，使 $CO_3^{2-}$ 浓度上升，水中 $CaCO_3$ 由未饱和逐渐到过饱和。当有 $CaCO_3$ 晶体析出时，又使 $CO_3^{2-}$ 浓度下降，上述平衡被破坏，为了建立新的平衡，反应向右进行，产生更多的 $H^+$，于是 pH 值又下降。

临界 pH 值是该水结垢时的真正 pH 值，因为它包含许多对结垢有影响的因素，故更接近实际情况。

对于稳定剂处理的开式循环冷却系统，由于腐蚀和结垢问题不能只由碳酸钙的溶解平衡来决定，加之出现了一个很宽的介质稳定区，同时冷却水的腐蚀和结垢倾向已被其中的缓蚀剂和阻垢剂所抑制，因此难以用单一的饱和指数来判定。实际应用结果说明，在火电厂，对于不处理的直流式冷却系统及用酸和炉烟处理的开式循环冷却系统，一般可用饱和指数来判定水的结垢性。

## 第四节　防止碳酸钙垢的水质处理

### 一、循环冷却水防垢处理方法的选择

循环冷却水防垢处理方法，按处理场合，可分类为：

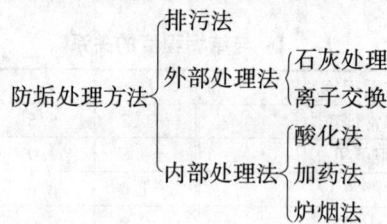

防垢处理方法
- 排污法
- 外部处理法
  - 石灰处理
  - 离子交换
- 内部处理法
  - 酸化法
  - 加药法
  - 炉烟法

也可按处理方法的作用分类为：

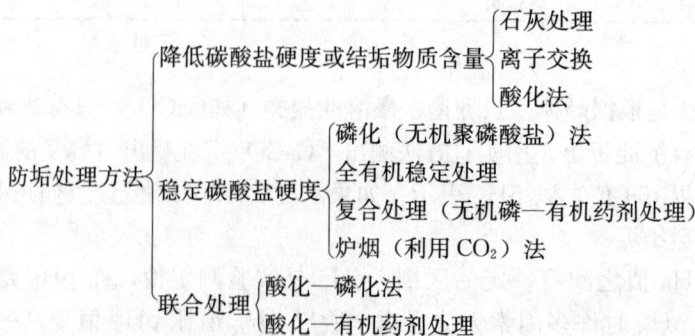

防垢处理方法
- 降低碳酸盐硬度或结垢物质含量
  - 石灰处理
  - 离子交换
  - 酸化法
- 稳定碳酸盐硬度
  - 磷化（无机聚磷酸盐）法
  - 全有机稳定处理
  - 复合处理（无机磷—有机药剂处理）
  - 炉烟（利用 $CO_2$）法
- 联合处理
  - 酸化—磷化法
  - 酸化—有机药剂处理

　　循环冷却水防垢处理方法有很多种，选用时应根据水质条件、循环冷却系统的水工况、环境保护的要求、水资源短缺情况及水价、药品供应情况等因素，因地制宜地选择有效、安全、经济、简单的方法。在选择处理方法时，应注意节约用水，同时要十分重视凝汽器钢管的腐蚀和防护。各种循环水处理方法的适用条件及优缺点列于表 5-3 中。

表 5-3　　　　　　　　　　　各种循环水处理方法的适用条件及优缺点

| 处理方法 | | 适用条件 | 优　点 | 缺　点 |
|---|---|---|---|---|
| 排污法 | | 1. 补充水碳酸盐硬度与浓缩倍率的乘积小于循环水的极限碳酸盐硬度；<br>2. 水源水量充足 | 1. 方法简单，不需任何处理设备和药品；<br>2. 运行维护工作量小 | 1. 适用水质范围窄；<br>2. 受水资源限制；<br>3. 排污水量大时，将造成接受水体的热污染 |
| 酸化法 | | 1. 可处理碳酸盐硬度较高的补充水；<br>2. 使用硫酸时，应注意防止硫酸钙沉淀及高含量 $SO_4^{2-}$ 对普通硅酸盐水泥的侵蚀 | 1. 设备简单；<br>2. 运行维护工作量小 | 1. 酸消耗量大，浓缩倍率低时，处理费用较高；<br>2. 硫酸是一种危险性较大的药剂，需采取完善的安全措施 |
| 炉烟处理法 | 炭化法 | 1. 适用于低浓缩倍率运行；<br>2. 燃煤中含硫量小于 2%；<br>3. 循环水中所需的平衡 $CO_2$，必须小于一定条件下水中所能溶解 $CO_2$ 量；<br>4. 不适于高负硬水 | 1. 综合利用烟气，有利于环保；<br>2. 适用于水质不稳定的直流式冷却系统的防垢 | 1. 基建投资高；<br>2. 目前的处理系统，易造成水塔严重结垢；<br>3. 维护工作量大 |
| | $SO_2$ 法 | 1. 燃煤可燃硫量大于 2%；<br>2. 适用于中、小容量电厂；<br>3. 其他同酸化法 | 1. 综合利用炉烟，有利于环保；<br>2. 运行费用较低 | 1. 适用范围受煤质含硫量限制；<br>2. 处理系统和设备要防腐；<br>3. 维护工作量大；<br>4. 铜管腐蚀问题较严重 |
| 阻垢剂处理法 | 三聚磷酸钠 | 1. 适用于低浓缩倍率，通常 $\varphi < 1.6$；<br>2. 循环水温度小于 50℃ | 1. 设备简单，运行维护方便；<br>2. 基建投资小；<br>3. 处理费用较低 | 1. 稳定的极限浓缩倍率较低；<br>2. 有利于循环冷却系统中菌、藻类的繁殖 |
| | 有机磷酸盐 | 在通常水质条件下，适用于较高浓缩倍率（$\varphi \approx 2.5$） | 1. 运行维护方便；<br>2. 加药设备简单 | 1. 在未加缓蚀剂时凝汽器铜管易腐蚀；<br>2. 药剂价格贵；<br>3. 需加强杀菌灭藻处理 |
| | 全有机复合药剂 | 在通常水质条件下，可在较高浓缩倍率（$\varphi < 3$）下运行 | 1. 加药设备简单；<br>2. 运行维护方便；<br>3. 兼有阻垢分散作用；<br>4. 可减缓铜管腐蚀 | 1. 药剂价格较高；<br>2. 药剂中含磷，仍需加强杀菌灭藻处理，如无磷、氮，有利于环保；<br>3. 目前有的药剂质量不稳定 |

| 处理方法 | 适用条件 | 优　点 | 缺　点 |
|---|---|---|---|
| 联合处理法（硫酸＋水质稳定剂） | 1. 适用于原水碳酸盐硬度较高的水；<br>2. 可在高浓缩倍率下运行 | 1. 设备简单，基建投资小；<br>2. 处理费用较低；<br>3. 循环水中的 $SO_4^{2-}$ 低于单一酸化处理 | 1. 运行控制较单一稳定处理复杂；<br>2. 需加强杀菌、灭藻处理；<br>3. 采用 $H_2SO_4^+$ 水质稳定剂时，缓蚀剂量不足时，铜管易腐蚀 |
| 石灰处理法 | 1. 原水碳酸盐硬度高；<br>2. 需在高浓缩倍率（$\varphi=4\sim6$）下运行 | 1. 适用的水质范围广；<br>2. 运行费用较低 | 1. 基建投资大；<br>2. 需进行辅助处理，以确保处理效果 |
| 离子交换法 | 适用于水源非常紧张条件下的高浓缩倍率（$\varphi>5$）运行 | 浓缩倍率高 | 1. 基建投资大；<br>2. 运行费用较高 |
| 反渗透处理法 | 适用于水源紧缺，含盐量高，高浓缩率下运行 | 浓缩倍率很高 | 基建投资大 |

### 二、循环水加酸处理

由前述知道，防止 $CaCO_3$ 垢生成的条件是

$$H_{TX} \leqslant H'_{TX} \text{ 或 } \varphi H_{TB} \leqslant H'_{TX}$$

因此，降低 $\varphi H_{TB}$、$H_{TX}$ 或提高 $H'_{TX}$ 都可以达到防止 $CaCO_3$ 垢的生成。降低循环水的浓缩倍率 $\varphi$，意味着增大排污量，对节水不利。降低补充水的碳酸盐硬度 $H_{TB}$、循环水的碳酸盐硬度 $H_{TX}$ 或增大循环水的极限碳酸盐硬度 $H'_{TX}$ 是通常采用的方法。具体方法有，循环水加酸处理、补充水石灰软化处理、弱酸树脂的离子交换处理以及阻垢处理等。本机组循环冷却水防垢采用加酸和加阻垢剂联合处理。

1. 加酸防垢原理

此法为向循环水中加酸，降低水的碳酸盐硬度，使碳酸盐硬度转变为溶解度较大的非碳酸盐硬度，其反应如下：

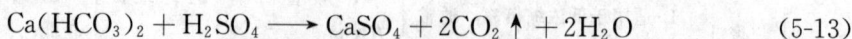

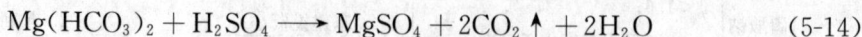

$$Ca(HCO_3)_2 + H_2SO_4 \longrightarrow CaSO_4 + 2CO_2\uparrow + 2H_2O \tag{5-13}$$

$$Mg(HCO_3)_2 + H_2SO_4 \longrightarrow MgSO_4 + 2CO_2\uparrow + 2H_2O \tag{5-14}$$

同时保持循环水的碳酸盐硬度在极限碳酸盐硬度之下，从而达到防止结垢的目的。常用于循环水处理的酸是硫酸，至于盐酸，因氯离子有促进金属腐蚀问题，所以不常用。

2. 加药量

加酸的量并不需要使循环水中的碳酸氢根全部中和，只要留下的碳酸氢钙在运行中不结垢就可以。所以加酸量是以维持循环水中的碳酸盐硬度不超过极限碳酸盐硬度为准。

在确定了极限碳酸盐硬度后，硫酸的加药量可按式（5-15）估算

$$D = \frac{49}{\varepsilon}\left(H_{TB} - \frac{1}{\varphi}H'_{TX}\right)Q_X\frac{P_B}{100} \tag{5-15}$$

式中　$D$——硫酸加药量，g/h；

$49$——$\frac{1}{2}H_2SO_4$ 的摩尔质量，g/mol；

$\varepsilon$——硫酸的纯度；

其他符号同前。

加酸地点没有严格限制，从防垢的目的说，将酸加在循环水泵前的补充水水流中是有利的，因为这样可以保留加酸时析出的 $CO_2$，使循环水的极限碳酸盐硬度提高；从减轻金属腐蚀方面考虑，宜将酸加在进入冷却塔的循环水中。

加酸处理应控制循环水碳酸盐硬度低于极限碳酸盐硬度，因为加酸使碳酸盐硬度降低的同时，碱度也降低，而碱度与 pH 值有一定关系，所以也可控制 pH 值，一般控制 pH 值在 7.4～7.8 之间。当酸加在补充水中时，一般控制水的残留碱度在 0.3～0.5mmol/L，以避免出现酸性。

### 三、石灰软化处理

石灰软化处理是向补充水中投加石灰，与 $Ca(HCO_3)_2$ 反应，生成 $CaCO_3$ 沉淀并从水中分离出去，减少随补充水进入循环水系统的碳酸盐的量。

石灰处理，可除去水中的重碳酸钙 $Ca(HCO_3)_2$，重碳酸镁 $Mg(HCO_3)_2$ 和游离二氧化碳 $CO_2$，对于水中的非碳酸盐硬度和过剩碱度，用石灰处理是不能消除的。

其反应式如下：

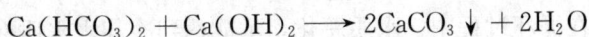

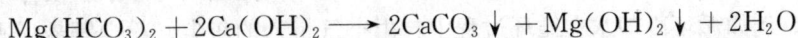

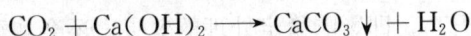

$$Ca(HCO_3)_2 + Ca(OH)_2 \longrightarrow 2CaCO_3 \downarrow + 2H_2O$$

$$Mg(HCO_3)_2 + 2Ca(OH)_2 \longrightarrow 2CaCO_3 \downarrow + Mg(OH)_2 \downarrow + 2H_2O$$

$$CO_2 + Ca(OH)_2 \longrightarrow CaCO_3 \downarrow + H_2O$$

石灰还可和水中镁的非碳酸盐硬度作用，生成 $Mg(OH)_2$ 沉淀，其反应式如下：

$$MgCl_2 + Ca(OH)_2 \longrightarrow Mg(OH)_2 \downarrow + CaCl_2$$

$$MgSO_4 + Ca(OH)_2 \longrightarrow Mg(OH)_2 \downarrow + CaSO_4$$

此外，石灰还可以除去水中部分铁和硅的化合物，其反应式如下：

$$4Fe(HCO_3)_2 + 8Ca(OH)_2 + O_2 \longrightarrow 4Fe(OH)_3 \downarrow + 8CaCO_3 \downarrow + 6H_2O$$

$$Fe_2(SO_4)_3 + 3Ca(OH)_2 \longrightarrow 4Fe(OH)_3 \downarrow + 3CaSO_4$$

$$H_2SiO_3 + Ca(OH)_2 \longrightarrow CaSiO_3 \downarrow + 2H_2O$$

$$mH_2SiO_3 + nMg(OH)_2 \longrightarrow nMg(OH)_2 \cdot mH_2SiO_3 \downarrow$$

经石灰软化处理后的水，由于碳酸盐硬度降低，故可以减轻它在循环水系统中的结垢倾向。但经此处理后的水是碳酸钙的饱和溶液，当它在循环水系统中受热、蒸发和停留的过程中仍有可能出现 $CaCO_3$ 沉淀。为了使石灰处理后的水更稳定，一般要进行辅助处理，如辅以加酸或添加阻垢剂。此外，运行中还要结合循环水系统排污，控制循环水的浓缩倍率。

石灰软化处理也可以对循环水进行旁流处理。

### 四、弱酸树脂的离子交换处理

在循环冷却水处理中，采用的离子交换剂一般为弱酸性阳离子交换树脂。这里采用弱酸性阳树脂而不宜用强酸性阳树脂的原因：前者的交换容量大和容易再生，尽管它只能交换水中的碳酸盐硬度，但这正是循环冷却水处理所需要的。

当循环冷却系统补充水通过弱酸氢离子交换器时，它与水中重碳酸盐硬度（暂硬）发生以下交换反应：

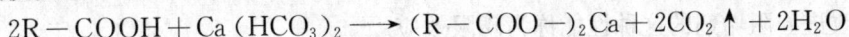

$$2R-COOH + Ca(HCO_3)_2 \longrightarrow (R-COO-)_2Ca + 2CO_2 \uparrow + 2H_2O$$

$$2R-COOH+Mg(HCO_3)_2 \longrightarrow (R-COO-)_2Mg+2CO_2\uparrow+2H_2O$$

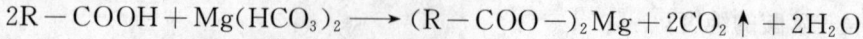

反应的结果，不仅去除了水中的碳酸盐硬度，也同时去除了水中的碱度。所以可以用出水碱度或硬度的变化作为运行的水质控制指标。

$H^+$型弱酸树脂的主要作用是交换暂硬。弱酸树脂对原水中几种主要盐类交换能力的顺序为：

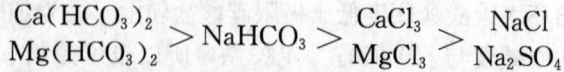

$$\frac{Ca(HCO_3)_2}{Mg(HCO_3)_2} > NaHCO_3 > \frac{CaCl_3}{MgCl_3} > \frac{NaCl}{Na_2SO_4}$$

树脂失效后必须用酸进行再生，以恢复其交换能力。由于弱酸树脂很容易再生，所以再生剂可以是 $HCl$、$H_2SO_4$，甚至是 $H_2CO_3$。

目前采用的弱酸 H 离子交换器有单流式和双流式两种，单流式一般采用顺流再生工艺，双流式采用对顺流再生工艺。循环水弱酸树脂处理可以是对其补充水处理，也可以是对循环水旁流处理。

**五、旁流处理**

旁流处理就是抽取部分循环水，按要求进行处理后，再反送回系统的处理方法。旁流处理的目的有以下两点：

（1）循环冷却水在循环过程中，水质恶化，不能达到冷却水水质标准，要求进行旁流处理。例如循环冷却水在循环过程中，由空气带入的灰尘、粉尘等悬浮固体物的污染，使水中悬浮物的含量不断升高，即影响稳定处理的效果，还会加重黏泥的附着，往往要求进行旁流过滤。

再如，使用三级处理后的废水，作为开式循环冷却系统的补充水时，由于水中的有机物含量很高，在循环过程中，会产生较多的黏泥，也要求进行旁流过滤。

（2）为了提高冷却系统的浓缩倍率。当循环水中的某一项或几项成分超出允许值时，也可考虑采用旁流处理。

如果要求降低循环水的硬度和碱度，则采用旁流软化，常用的方法为石灰—纯碱沉淀法。当然也可以采用钠离子交换和弱酸氢离子交换来进行旁流软化。

当要求循环冷却系统"零排放"时，甚至要求采用反渗透进行旁流处理。

对于火电厂，目前旁流处理还只能考虑旁流过滤。对于浓缩倍率大于 3 及用三级处理污水作补充水的敞开式循环冷却系统，应考虑设置旁滤处理设施。

总之，旁流处理可保持循环水水质，使循环水系统在较高的浓缩倍率下安全经济运行。

**六、阻垢处理**

本期工程辅冷水采用加阻垢剂处理，利用阻垢剂来提高极限碳酸盐硬度，限制循环水中的 $CaCO_3$ 析出。

向冷却水中添加少量化学药剂，就可以起到阻止生成水垢的作用，这称为阻垢处理或稳定处理，所用的药剂称阻垢剂或水质稳定剂。

1. 阻垢剂的阻垢性能

各种阻垢剂虽然具有不同的性能，但它们在阻垢方面有许多共性，这就是阻垢剂在其加药量很低时就可以稳定水中大量的 $Ca^{2+}$，但当它们的剂量增至很大时，其稳定作用不再明显的改进。阻垢剂的这种性能称为阈限效应。

阻垢剂的阻垢效果除与其用量有关外，还与水温和水质有关，随水温、碳酸盐硬度以及 pH 值的增加其阻垢效果下降。

任何阻垢剂都受到阻垢能力的限制，当冷却水浓缩倍率过大，以至水中碳酸盐硬度超过它的允许值时，仍然会有$CaCO_3$垢生成。所以通常要结合冷却水的排污控制辅冷水的浓缩倍率，以达到防止$CaCO_3$结垢的目的。

2. 阻垢原理

用以解释阻垢原理的有晶格畸变理论、分散理论和络合理论等。

(1) 晶格畸变理论。该理论认为阻垢剂干扰了成垢物质的结晶过程，从而抑制了水垢的形成。

微晶吸收阻垢剂的反应主要发生在其成长的活性点上。只要这些活性点被覆盖，结晶过程便被抑制。所以阻垢剂的用量不需很多，而且阻垢剂与成垢物质之间没有化学计量关系。

(2) 分散理论。有些阻垢剂在水中会电离，当它们吸附在某些小晶体的表面时，其表面形成新的双电层，从而它们像胶体那样稳定地分散在水体中。起这种作用的阻垢剂又称为分散剂。

分散剂不仅能吸附于颗粒上，而且也能吸附于换热设备的壁面上，因而阻止了颗粒在壁面上沉积；而且，即使发生沉积，沉积物与接触面附着力比较小，沉积物比较疏松。

(3) 络合理论。有些阻垢剂如有机磷酸在水中电离出 $H^+$，本身成为带负电荷的阴离子。这种阴离子能与水中成垢的金属阳离子 $Ca^{2+}$ 和$Mg^{2+}$ 等形成稳定络合物，使其不能参与结垢。

3. 阻垢剂

阻垢剂的品种很多，一些常用品种如下：

(1) 聚磷酸盐。常用三聚磷酸钠和六偏磷酸钠，它们的共同点就是分子长链带负电荷。三聚磷酸钠的分子式为 $Na_5P_3O_{10}$，六偏磷酸钠的分子式为$(NaPO_3)_6$。

链状聚磷酸钠阻垢原理为络合作用、晶格畸变作用。作为阻垢剂时的投加量为 $2\sim3mg/L$。

用聚磷酸钠作为阻垢剂的一个问题是，它在冷却水中会逐渐水解，水解结果是聚合度降低，最后形成正磷酸盐。虽然正磷酸盐也有阻垢作用，但效果不如聚磷酸盐，而且它会与 $Ca^{2+}$ 反应，形成磷酸钙垢。此外，正磷酸根是微生物的营养物质，会促进冷却水中微生物滋长。在常温条件下的中性水溶液中聚磷酸钠的水解速度很慢，水温升高时水解速度加快。

聚磷酸盐所能维持的极限碳酸盐硬度，应通过实验或运行调整来确定，目前有些厂的运行经验表明，此极限值为 $7.0\sim8.0mmol/L$。

(2) 有机磷酸。有机磷酸种类很多，但它们的分子结构中都有稳定的"碳—磷（C—P）"链，这种链比聚磷酸中"磷—氧—磷（P—O—P）"链牢固稳定。因此，有机磷酸具有良好的化学稳定性，不易水解和降解，在高温下不失效。

有机磷酸在低浓度（几个 mg/L）下使用，就能阻止几百倍的钙成垢。加药量一般为 $2\sim4mg/L$，其稳定的极限碳酸盐硬度为 $7.0\sim8.0mmol/L$。有机磷酸在高浓度（30mg/L以上）下使用，对铁有良好的缓蚀作用。

（3）聚丙烯酸。简称 PAA，分子式为 $(C_3H_4O_2)_n$，分子量小于 10 000。PAA 是丙烯酸单体的聚合物，为低分子聚电解质，具有优良的分散能力，也有一定的螯合能力。

（4）复合型阻垢剂。为了充分利用各种阻垢剂的优点，有时将各种阻垢剂进行复合配方使用，可以提高阻垢效果，这称为阻垢剂的协同效应。

4. 阻垢处理的加药装置

为了防止辅冷水系统的结垢，提高辅冷水的浓缩倍率，本期工程两台机组设一套辅冷水阻垢剂加药装置，该装置为组合式的设备。阻垢剂加药装置包括：

（1）2 台带有搅拌器的阻垢剂不锈钢溶解箱，$V = 2m^3$。

（2）2 台阻垢剂加药计量泵，1 台运行 1 台备用。计量泵的流量为 100L/h，压力为 0.5MPa，计量泵采用机械隔膜式计量泵。

（3）在计量泵入口处设置有 Y 型过滤器以防止由于杂质对计量泵运行的影响，在计量泵的出口处设置带手动隔离阀的压力表缓冲器。

阻垢缓蚀剂加药装置如图 5-11 所示，设备规格和型号见表 5-4，阻垢缓蚀剂加在辅冷水泵的进水口前池。

**表 5-4** 阻垢剂加药装置的设备规格和型号

| 序号 | 名称 | 规格和型号 | 单位 | 数量 | 备注 |
|---|---|---|---|---|---|
| 1 | 溶液箱（带搅拌机） | $V = 2.0m^3$ | 台 | 2 | |
| 2 | 计量泵 | $Q = 100l/h$, $P = 0.5MPa$ | 台 | 2 | |
| 3 | Y 型过滤器 | | 台 | 2 | |
| 4 | 加药桶 | | 个 | 1 | |

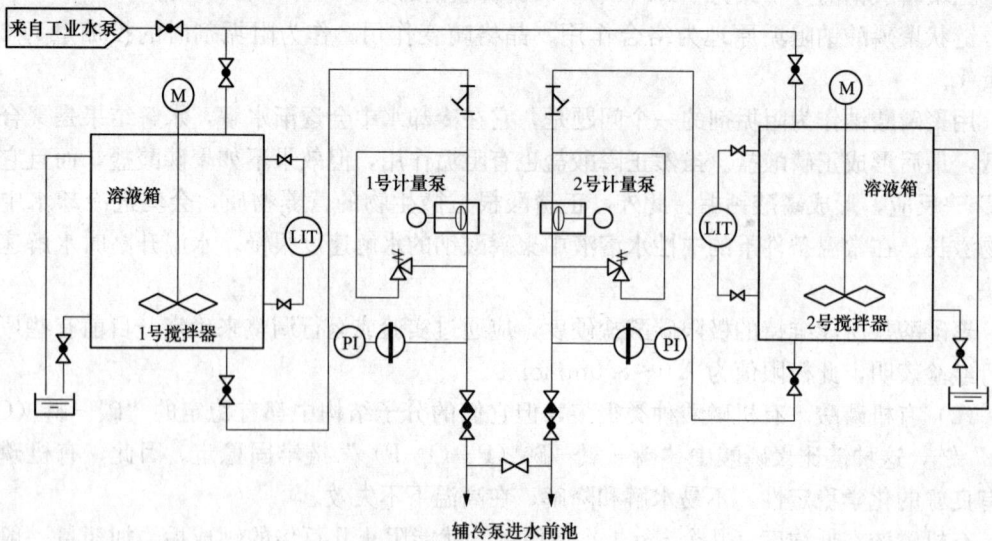

图 5-11 阻垢缓蚀剂加药装置

## 第五节　污垢的形成与防止

在冷却水系统中，以微生物（细菌、霉菌、藻类等微生物群）和其黏在一起的黏质物（多糖类、蛋白质等）为主体，混有泥砂、无机物等，形成软泥性的污物，称为黏泥。与水垢不同，污垢生长的区域可以遍布在所有和水接触的冷却水系统的表面上，特别容易在系统的滞流区域沉积。污垢的物理形态是表面光滑、质地松软的黏胶状物，能形成体积庞大湿而软的片状物。污垢不仅影响换热效果，脱落进入水中后堵塞管路；污垢还是引起沉积物下腐蚀的主要原因，也是厌氧细菌生存和繁殖的温床。为此，必须对污垢严格控制。

### 一、污泥的形成原因

黏泥可分为附着型黏泥和堆积型淤泥两种。一般地说，附着型黏泥，其灼烧减量超过25％，含有大量的有机物（以微生物为主体）。堆积型淤泥，其灼烧减量在25％以下，相对微生物含量较低，泥砂等无机成分较多。当然，在灼烧减量中，还包括微生物以外的有机物量，因此要准确判别，还应测定蛋白质量（仅微生物含有）。

冷却系统各部位黏泥的类型见表5-5。

表5-5　　　　　　　　　　　　　　冷却系统各部位黏泥的类型

| 发生部位 | | 黏泥类型 |
|---|---|---|
| 热交换器管内 | | 附着型黏泥 |
| 冷却塔 | 水池底部 | 堆积型淤泥 |
| | 池壁 | 附着型黏泥 |
| | 填料 | 附着型黏泥 |

在决定黏泥的处理方法时，必须了解构成黏泥的微生物种类、性质和特点，见表5-6。

在开式循环冷却系统中，由菌胶团状细菌引起的故障最多，其次是丝状真菌、丝状细菌、藻类引起的故障。

表5-6　　　　　　　　　　开式循环冷却系统中组成黏泥成分的微生物

| 微生物种类 | | 特　点 |
|---|---|---|
| 藻类 | 蓝藻类 | 细胞内含有叶绿素，利用光能进行碳酸同化作用，在冷却塔下部接触光的场所常见 |
| | 绿藻类 | |
| | 硅藻类 | |
| 细菌类 | 菌胶团状细菌 | 是块状琼脂，细菌分散于其中，在有机物污染的水系中常见 |
| | 丝状细菌 | 称作水棉，在有机物污染的水系中呈棉絮状集聚 |
| | 铁细菌 | 氧化水中的亚铁离子，使高铁化合物沉积在细胞周围 |
| | 硫细菌 | 污水中常见，一般在体内含有硫黄颗粒，使水中的硫化氢等氧化 |
| | 硝化细菌 | 将氨氧化成亚硝酸盐的细菌和使亚硝酸盐氧化成硝酸盐的细菌，在循环水系统中有氨的地区繁殖 |
| | 硫酸盐还原菌 | 使硫酸盐还原生成硫化氢 |
| 真菌类 | 藻菌类（水霉菌） | 在菌丝中没有隔膜，全部菌丝成为一个细胞 |
| | 不完全菌类（绿菌类） | 在菌丝中有隔膜 |

污垢一般是由颗粒细小的泥沙、尘土、腐蚀产物、油污、不溶性盐类的泥状物及胶态氢氧化物,特别是菌类尸体及黏性分泌物组成。由于这些泥垢质地疏松稀软,故又称软垢。污垢形成的主要原因是:

(1) 采用未经处理的地面水作为循环水的补充水,或澄清处理的效果不良,以至有泥沙、黏土、铁、铝氢氧化物等悬浮杂质进入循环水系统;

(2) 水通过冷却塔时,冷却水与空气接触,空气中的尘埃、微生物等杂质带至冷却水中,随着运行时间增长会不断增加,成为泥垢来源的主要途径之一;

(3) 微生物在冷却水中繁殖而产生大量生物黏泥。微生物进入冷却水水体后,随着水的循环进入到冷却水系统的各个部位。在沉积物积聚区域,由于冷却水的水温、光照条件和营养物质都适合微生物的生存需要,所以微生物在这些区域迅速生长繁殖,并不断产生生物黏泥。本来悬浮在水中的泥渣、灰尘、有机物和腐蚀产物这时都可能被这些生物黏泥黏结,从而加大了污垢的沉积,成为污垢的又一主要来源。

在以上这些来源中,微生物的生长是一个促使黏泥形成的主要原因,空气中杂质通过冷却塔带至冷却水中是常见的污染根源。

**二、影响污泥沉积的因素**

(1) 水质。水质是影响污垢沉积的最主要因素之一。循环水水质的各项控制指标,绝大部分是根据污垢控制的要求而制订的。除了成垢离子和浊度等外,水的 pH 值对污垢沉积也有较大影响。因为钙、镁垢和铁的氧化物在 pH 值大于 8 时几乎完全不溶解。有机胶体在碱性溶液中比在酸性溶液中更易混凝析出。微生物黏泥在碱性溶液中也更难以清除,氯的杀菌作用在碱性溶液中会明显下降。

(2) 流动状态。流动状态包括流体的流速、流体的湍流或层流程度和水流分布等几个方面。

流动状态对污垢的沉积与剥离有重要作用。在流动体系中,如由高流速突变为低流速的突变区域,容易产生污垢的沉积。

(3) 水温。各种微生物都有一个最佳的繁殖温度,此温度为 $30\sim40℃$。对于冷却系统,除考虑水温外,还要考虑传热管的表面温度。

(4) pH 值。一般来说,细菌宜在中性或碱性环境中繁殖。丝状菌(霉菌类)宜在酸性环境中繁殖。多数细菌群最佳繁殖的 pH 值在 $6\sim9$ 之间。一般循环水的 pH 值就在此范围内。

(5) 溶解氧。好氧性细菌和丝状菌(霉菌类)利用溶解氧,氧化分解有机物,吸收细菌繁殖所需的能量。在开式循环冷却系统中,冷却塔为微生物增值提供了充分的溶解氧。

(6) 光。在冷却水系统中,藻类的繁殖需利用光能,而其他微生物的繁殖无需光能。

(7) 细菌数。细菌数在 10 000 个/mL 以上,容易发生黏泥故障。

(8) 浊度。为防止黏泥附着、淤泥堆积,浊度应尽量控制低,但不能说浊度低,黏泥故障就一定不会发生。

(9) 黏泥体积。黏泥体积指 $1m^3$ 的冷却水通过浮游生物网所得到的取样量(mL)。黏泥体积在 $10mL/m^3$ 以上的冷却水系统中,黏泥故障的发生率高。GB/T 50050—2017《工业循环冷却水处理设计规范》规定:黏泥量小于 $4mL/m^3$(生物过滤网法)。

(10) 黏泥附着度。黏泥附着度是衡量冷却水中黏泥附着性的有效指标。把玻璃片浸渍在冷却水中一定时间，然后干燥，附着在玻璃表面上的黏泥，然后进行微生物染色，测定玻璃片的吸光度，通过换算可得出黏泥附着度。

（11）流速。流速对淤泥堆积有影响，当管内流速大于 0.5m/s 时，几乎不发生淤泥堆积，但当管子污堵后或流速极慢，此区域内污垢最易沉积。例如热交换器冷却水进口端，淤泥等污垢最容易积聚。再如热交换器管内流动的水往往是处于湍流状态的，但在管壁附近总有一层滞流层，在滞流层内水的流速较低，而水的温度将高于水的总体温度，因此，水垢将易于在管壁上生成。

（12）温度。在冷却水系统中，有两种温度影响，即主体水温和热交换管的壁温。火电厂冷却水的主体水温为 30~40℃时，最适宜于微生物繁殖，它的影响主要是促进微生物生长。热交换器管壁温度高，会明显加快污垢的沉积。这是因为：①温度高会使微溶盐类的溶解度下降，导致水垢析出；②温度高有利于解析过程，促使胶体脱稳如絮凝；③温度高加快了传质速度和粒子的碰撞，使沉降作用增加。

（13）表面状态。粗糙表面比光滑表面更容易造成污垢沉积。这是因为粗糙表面比原来光滑表面的面积要大很多倍，表面积的增大，增加了金属表面和污垢接触的机会和黏着力。此外，一个粗糙的表面好比有许多空腔，表面越粗糙，空腔的密度也越大。在这些空腔内的溶液是处在滞流区，如果这个表面是传热面，则还是高温滞流区。浓缩、结晶、沉降、聚合等各种作用都在这里发生，促进了污垢的沉积。

总之，微生物在冷却水系统中的大量繁殖，会使冷却水颜色变黑，发生恶臭，污染环境。同时会形成大量黏泥使冷却塔的冷却效率降低，木材变质腐烂。黏泥沉积在换热器内，使传热效率迅速降低和水头损失增加，沉积在金属表面的黏泥会引起严重的垢下腐蚀，同时它还隔绝了缓蚀阻垢剂对金属的作用，大大降低了缓蚀阻垢效能。

### 三、微生物的控制

为了防止冷却水中的微生物滋长，必须对冷却水进行抑制微生物的处理，此类处理常称为杀菌处理或杀菌处理或杀菌灭藻处理，抑制微生物的药剂称杀菌剂或杀菌灭藻剂。杀菌处理是目前控制冷却水系统中微生物滋长最有效和最常见的方法之一。

冷却水中投加的杀菌剂除应能有效地杀灭细菌、真菌和藻类外，还应满足以下要求：

（1）对生物黏泥有穿透性和分散性；

（2）对水质适应性好，与阻垢剂、缓蚀剂互不干扰；

（3）完成杀菌任务并排入环境后，应该容易生物降解而尽快消失，对环境污染小；

（4）低毒或无毒，且不会产生毒性积累；

（5）价格便宜、使用方便。

### 四、常用的杀菌剂

杀菌剂的种类很多，按杀菌机理可分为氧化性杀菌剂和非氧化性杀菌剂。

#### 1. 氧化性杀菌剂

氧化性杀菌剂是具有氧化性质的杀菌药剂，在冷却水系统中常用的有氯、次氯酸钠、次氯酸钙、二氧化氯、氯胺和臭氧等，它们通常都是很强的氧化剂。

（1）氯（$Cl_2$）。氯是一种强氧化性杀菌剂，易溶于水，并水解生成盐酸和次氯酸，

$$Cl_2 + H_2O \longrightarrow HCl + HClO$$

次氯酸是一种极强的氧化剂，它容易扩散通过微生物的细胞壁，与原生质反应，与细

胞的蛋白质生成稳定的 N—Cl 键而杀死微生物。

次氯酸在水中发生电离，生成 $H^+$ 和 $ClO^-$ 两种离子，

$$HClO \longrightarrow H^+ + ClO^-$$

作为微生物的杀菌剂，次氯酸（HClO）的杀菌效率比次氯酸根离子（$ClO^-$）要高得多（约 20 倍）。冷却水的 pH 值影响着次氯酸的电离平衡，低 pH 值对以次氯酸形式存在有利。在 pH 值小于 5.5 时，次氯酸的电离度很小，故杀菌效果好；在 pH 值等于 7.5，水中次氯酸的浓度和次氯酸根的浓度几乎相等；在 pH 值 $\geq 9.5$ 时，次氯酸几乎全部电离为次氯酸根离子，故杀菌效果差。一般来说以氯为主的微生物控制的 pH 值范围以 6.5～7.5 为最佳，pH 值小于 6.5 时，虽能提高氯的杀菌效果，但冷却水系统中金属的腐蚀速度将增加。

冷却水系统用氯进行微生物控制时，水中游离氯的浓度一般控制在 0.5～1.0mmg/L 范围内，这时水中绝大多数微生物的生长将得到控制；当与非氧化性杀菌剂联合使用时，水中游离氯的浓度则可控制在 0.2～0.5 mg/L 范围内。

（2）次氯酸钠（NaClO）。次氯酸钠也是一种强氧化剂，外观为淡黄色的透明液体。它在水溶液中生成次氯酸根离子，再通过水解反应生成次氯酸起杀菌作用。其反应为：

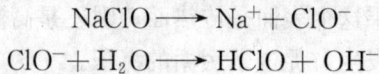

$$NaClO \longrightarrow Na^+ + ClO^-$$
$$ClO^- + H_2O \longrightarrow HClO + OH^-$$

由于次氯酸钠在冷却水中生成次氯酸（HClO），所以它的杀菌作用和使用性能与氯相似。

次氯酸钠的有效氯易受阳光、温度的影响而分解，所以一般利用次氯酸钠发生器现场制取，就地投加。

（3）二氧化氯（$ClO_2$）。二氧化氯是一种黄绿色到橙色的气体，有类似氯气的刺激气味，也是一种有效的氧化性杀菌剂。

二氧化氯能氧化微生物体内的酶而杀死微生物，与氯（$Cl_2$）相比，$ClO_2$ 的杀菌效果比氯强，杀菌作用也较快。而且可以分解菌类残骸，控制黏泥生长；用药量少，正常投药量为 0.1～5mg/L；杀菌能力在 pH 值 6～10 较宽范围内都有效；杀菌持续时间比较长。

（4）臭氧（$O_3$）。臭氧是一种氧化性很强但又不稳定的气体，在水中臭氧保持着很强的氧化性。作为杀菌剂的臭氧其作用机理是臭氧与蛋白质结合，破坏细胞呼吸不可缺少的还原酶的活性，使细胞失去维持生命的细胞质而被破坏。和氯化物不同的是，因为臭氧在光合作用下会分解转变成氧，所以用臭氧作杀菌剂不会增加水中的氯离子浓度，冷却水排放时不会污染环境、不会伤害水生生物。

臭氧会使有机多元磷酸分解生成正磷酸盐，因此应采用低浓度臭氧处理冷却水，以降低多元磷酸的分解率。在冷却水中，臭氧对碳钢和不锈钢没有不利的影响，但臭氧对铜和铜合金有腐蚀性。实践表明，只要加入极少量的铜缓蚀剂，就可抑制臭氧对铜的腐蚀。

2. 非氧化性杀菌剂

非氧化性杀菌剂不是以氧化作用杀死微生物，而是以致毒剂作用于微生物的某些特殊部位，杀伤或抑制微生物。非氧化性杀菌剂的杀菌作用不受水中还原性物质的影响，对 pH 值变化不敏感，对污垢的剥离作用强。其缺点主要是有一定毒性，价格贵。常用的非氧化性杀菌剂有氯酚类、季铵盐类、有机硫化物和异噻唑啉酮等。

（1）氯酚类。应用于冷却水系统中的氯酚类杀菌剂主要有双氯酚、三氯酚和五氯酚。这类杀菌剂的杀菌机理是氯酚借助吸附与扩散作用，通过微生物的细胞壁到达其内部与细胞质形成胶体溶液，并使蛋白质沉淀，破坏生物酶及新陈代谢过程而杀死微生物。如将氯酚与阴离子型表面活性剂混合使用，可明显提高杀菌效果，这是因为表面活性剂降低了细胞壁的表面张力，增加了杀菌剂穿过细胞壁的速率。

（2）季铵盐类。季铵盐杀菌剂中最常用的是洁尔灭（十二烷基二甲基苄基氯化铵）和新洁尔灭（十二烷基二甲基苄基溴化铵），它们具有杀菌力强、使用方便、毒性小和成本低的优点。这类杀菌剂还具有缓蚀作用、剥离黏泥和除去水中臭味的功能。

（3）有机硫化物。有机硫化物是一种广谱性杀菌剂，对藻类、细菌和原生动物都有较好的杀菌效果，此类杀菌剂中代表性的药剂是二硫氰基甲烷。

（4）异噻唑啉酮。异噻唑啉酮作为杀菌剂，即使在浓度很低时（如 0.5mg/L），仍能有效地抑制系统各处的细菌、真菌和藻类的生长。异噻唑啉酮在较宽的 pH 范围内都有优良的杀菌性能。作为杀菌剂，人们常使用其衍生物，例如 2-甲基-4-异噻唑啉-3-酮、5-氯-2-甲基-4-异噻唑啉-3-酮。

冷却水的杀菌剂一般以氧化性杀菌剂为主，辅助使用非氧化性杀菌剂。这是因为氧化性杀菌剂的杀菌力强、价格便宜。不足之处是水中还原性物质含量多时，其药剂消耗量大、效率降低。非氧化性杀菌剂价格高，故一般与氧化性杀菌剂配合使用，或在单独用氧化性杀菌剂有困难时辅助使用。

由于辅机循环水量相对较小，加之电厂环境温度较低，本期工程杀菌处理采用直接购买杀菌剂并根据运行实际情况直接投加的方式，氧化性杀菌剂和非氧化性杀菌剂交替使用，以杀死辅冷水中的浮游生物、微生物、细菌及真菌。

# 第六章 热力设备腐蚀与防护

热力设备的腐蚀、结垢和积盐是造成大型发电机组发生故障、停机检修的主要原因之一，随着炉外水处理技术的不断发展，炉外水处理系统已能提供品质优良的高纯水（电导率≤0.15μS/cm）作为补给水，而凝结水精处理系统也可保证给水的电导率≤0.10μS/cm，这样，因水的纯度不够带来的结垢和积盐问题得到了有效控制，而腐蚀问题则日益突出。

目前，防止热力设备的腐蚀是确保火力发电厂安全、经济运行的一项十分重要的工作。据有关资料统计，热力设备发生的事故中因腐蚀和结垢引起的事故占40%以上。此外，热力设备大多在高温、高压下运行，腐蚀和结垢直接威胁设备的安全运行，严重时被迫停机，造成巨大的经济损失，甚至会对设备附近的工作人员的生命安全造成威胁。

热力设备的腐蚀是一个发展过程，初期阶段不会对设备的安全运行造成很大危害，所以人们对热力设备的腐蚀往往不够重视，任其发展，以致造成严重后果。因此，作为火电厂的化学工作人员必须了解金属腐蚀的基本原理，掌握高参数、大容量机组可能发生的各种腐蚀的特征、发生条件及防止方法。

## 第一节 金属腐蚀基本原理

### 一、腐蚀的定义与分类

金属材料是广泛应用的一类工程材料，它们在使用过程中由于周围环境的影响可能遭到不同形式的破坏，其中最常见的破坏形式有断裂、磨损和腐蚀。断裂是指金属构件受力超过其弹性极限而发生的破坏。磨损是金属在其表面与相接触的物体或环境介质发生相对运动时，因摩擦而产生的损耗或破坏。腐蚀则定义为金属受环境介质的化学或电化学作用而引起的破坏或变质。

由于腐蚀领域涉及的范围极为广泛，发生腐蚀的金属材料和环境以及腐蚀的机理也是多种多样的，腐蚀的分类有多种不同方法。

1. 按腐蚀环境分类

根据腐蚀环境的不同，金属的腐蚀可分为下列几类：

（1）干腐蚀。干腐蚀是金属在干燥气体介质中发生的腐蚀，它主要是指金属与环境介质中的氧反应而生成金属氧化物，所以又称为金属的氧化。

（2）湿腐蚀。湿腐蚀主要指金属在潮湿环境和含水介质中的腐蚀。它又可分为：①自然环境中的腐蚀，如大气腐蚀、土壤腐蚀、海水腐蚀等；②工业介质（如酸、碱、盐溶液，工业水等）中的腐蚀。

（3）熔盐腐蚀。熔盐腐蚀是指金属在熔融盐中的腐蚀，如锅炉烟侧的高温腐蚀。

（4）有机介质中的腐蚀。有机介质中的腐蚀是指金属在无水的有机液体和气体（非电解质）中的腐蚀，如铝在四氯化碳、三氯甲烷等卤代烃中的腐蚀，以及铝在乙醇中、镁和钛在甲醇中的腐蚀等。

显然，按腐蚀环境分类的方法是不够严格的。但是，这种方法可帮助我们大体上按照金属材料所处的周围环境去认识其腐蚀规律。

2. 按腐蚀机理分类

（1）化学腐蚀是指金属表面与非电解质直接发生纯化学作用而引起的破坏。在化学腐蚀过程中，非电解质中的氧化剂直接与金属表面的原子发生氧化还原反应而形成腐蚀产物，电子的传递是在两者之间直接进行的，所以没有电流产生。实际上，单纯化学腐蚀的例子是较少见的。金属在有机介质中的腐蚀等皆属化学腐蚀。但这些介质往往因含有少量水分而使金属的腐蚀转变为电化学腐蚀。

（2）电化学腐蚀是指金属表面与电解质发生电化学作用而产生的破坏。任何一种按电化学机理进行的腐蚀反应至少包含有一个阳极反应和一个阴极反应，并以流过金属内部的电子流和介质中的离子流联系在一起。阳极反应是金属离子从金属转移到介质中和放出电子的过程，即阳极氧化过程。相对应的阴极反应便是介质中氧化剂吸收来自阳极的电子的还原过程。例如，碳钢在酸中腐蚀时，在阳极区铁被氧化为 $Fe^{2+}$，所放出的电子由阳极（Fe）流至钢中的阴极（$Fe_3C$）上被 $H^+$ 吸收而还原成氢气，腐蚀反应可表示如下：

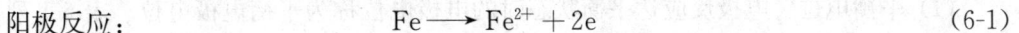

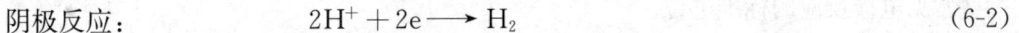

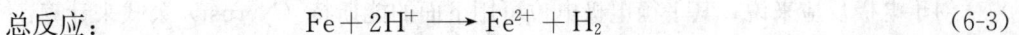

$$阳极反应：\qquad Fe \longrightarrow Fe^{2+} + 2e \qquad\qquad (6-1)$$

$$阴极反应：\qquad 2H^+ + 2e \longrightarrow H_2 \qquad\qquad (6-2)$$

$$总反应：\qquad Fe + 2H^+ \longrightarrow Fe^{2+} + H_2 \qquad\qquad (6-3)$$

电化学腐蚀是最普遍、最常见的腐蚀。湿腐蚀和熔盐腐蚀均属此类，热力设备的腐蚀也大都属于电化学腐蚀。

3. 按腐蚀形态分类

（1）全面腐蚀。金属发生全面腐蚀时，腐蚀分布在整个与介质接触的金属表面上，它可以是均匀腐蚀，也可以是不均匀的全面腐蚀。碳钢在非氧化性酸溶液中通常发生均匀腐蚀。全面腐蚀，尤其是均匀腐蚀的危险性相对而言比较小，因为我们若知道了金属材料的腐蚀速度和设备的使用寿命之后，便可更换设备或在设计时考虑此因素留出足够的富裕。

（2）局部腐蚀。金属发生局部腐蚀时，腐蚀主要集中于金属表面某些局部区域，而表面的其他部分则几乎未被破坏。局部腐蚀包括电偶腐蚀、点蚀、缝隙腐蚀、晶间腐蚀、选择性腐蚀、应力腐蚀、氢脆、磨损腐蚀等。其中，应力腐蚀又可分为应力腐蚀破裂和腐蚀疲劳，磨损腐蚀包括冲刷腐蚀、空泡腐蚀或空蚀等。

**二、腐蚀电池**

1. 电极与电极反应

在电化学中，电极可能有下面两种不同的含义。第一种含义是指电子导体（主要是金属）和离子导体（主要是电解质溶液）相接触而组成的体系，常用"金属│电解质溶液"来表示。如"$Cu│CuSO_4$"表示金属铜与 $CuSO_4$ 溶液接触所组成的电极体系，称为铜电极。第二种含义是仅指电子导体而言，此时铜电极仅指金属铜。

电极反应是在电极两相界面上发生的得失电子的电化学反应。一般情况下，它可表示为：

$$O + ne \underset{\text{氧化}}{\overset{\text{还原}}{\rightleftharpoons}} R \tag{6-4}$$

式中，O 表示可以得到电子、被还原的氧化态物质，称为氧化体；R 表示可以失去电子、被氧化的还原态物质，称为还原体；$n$ 是反应的得失电子数。该式表示一个电极反应有两个方向，其中反应物得到电子的反应称为还原反应，反应物失去电子的反应称为氧化反应。

很多情况下电极反应是金属的溶解（失去电子而变成金属离子溶解于电解质溶液中）及其逆反应，如 $Cu \mid CuSO_4$ 体系的电极反应可表示为：$Cu^{2+} + 2e \rightleftharpoons Cu$，这类电极称为金属电极。但有时电极材料（如惰性金属）并不参与电极反应，如果电极反应是电解质溶液中溶解氧的还原，则相应的电极体系称为氧电极；如果电极反应是电解质溶液中的 $H^+$ 或 $H_2O$ 被还原为 $H_2$，则相应的电极体系称为氢电极。

2. 电极电位与反应倾向

电极电位通常是指被测电极与参比电极组成的原电池的电动势，常用 $\varphi$ 来表示。参比电极是电极电位基本上保持恒定不变的一类电极，如标准氢电极（SHE）、饱和甘汞电极（SCE）等，我国目前常用的参比电极是 SCE，25℃时它相对于 SHE 的电极电位为0.241 2V。一般在给出电极电位时，都应注明测量时所用的参比电极；如不注明，则通常为 SHE。

（1）平衡电位。电极反应达平衡状态时的电极电位称为平衡电极电位。表 6-1 列出了一些常见电极反应的标准电位。

对于电极反应来说，其平衡电极电位可用下面的能斯特（Nernst）公式来计算：

$$\varphi_e = \varphi_e^O + \frac{RT}{nF} \ln \frac{a_O}{a_R} \tag{6-5}$$

式中　$\varphi_e$——平衡电极电位，V；

　　$a_O$——氧化态物质的活度；

　　$a_R$——还原态物质的活度，对于金属电极，还原态物质（金属）的活度为 1；

　　$\varphi_e^O$——标准电极电位，即 $a_O = a_R = 1$ 时的平衡电位，V；

　　$R$——气体常数，其数值为 8.314J/(K·mol)；

　　$T$——绝对温度，K；

　　$F$——法拉第常数，其数值为 96 485.3C/mol。

（2）非平衡电位。要在一个电极上建立平衡电位的必要条件是该电极上只有一个电极反应。而在发生腐蚀的金属电极表面上，即使是最简单的情况，也至少有两个反应同时进行。例如，对于碳钢在酸中腐蚀，如果溶液中除了氢离子之外，不存在溶解氧等其他氧化剂，则只有铁的阳极溶解反应和氢离子的还原反应同时在铁表面上进行。当这两个反应（得、失电子）的速度相等时，该腐蚀体系也可达到电荷平衡状态，从而建立一个稳定的电极电位。但是，根据总反应可知，腐蚀反应使溶液中 $Fe^{2+}$ 不断产生，而 $H^+$ 不断消耗，所以该腐蚀体系中不可能达到物质平衡。因此，该稳定电位为非平衡电位，其数值介于阳极和阴极反应的平衡电位值之间。由于电极反应导致电极金属材料发生腐蚀，该电极体系可称为腐蚀金属电极，其稳定电位又称为腐蚀电位。

3. 腐蚀电池的组成和工作原理

电化学腐蚀实际上是腐蚀原电池（简称为腐蚀电池）作用的结果。因此，要弄清电化学腐蚀过程，首先必须了解腐蚀电池的组成和工作原理。

表 6-1         298.15K(25℃)时常见电极反应的标准电极电位及温度系数

| 电极 | 电极反应 | $\varphi_e^0$(V) | 温度系数（mV/K） |
|---|---|---|---|
| $Au^{3+}$ \| Au | $Au^{3+} + 3e \Longrightarrow Au$ | $+1.498$ | — |
| $Cl^-$ \| $Cl_2$, Pt | $Cl_2 + 2e \Longrightarrow 2Cl^-$ | $+1.359$ | $-1.260$ |
| $H^+$ \| $O_2$, Pt | $O_2 + 4H^+ + 4e \Longrightarrow 2H_2O$ | $+1.229$ | |
| $Pt^{2+}$ \| Pt | $Pt^{2+} + 2e \Longrightarrow Pt$ | $+1.2$ | — |
| $Ag^+$ \| Ag | $Ag^+ + e \Longrightarrow Ag$ | $+0.799$ | $+1.000$ |
| $Fe^{3+}$, $Fe^{2+}$ \| Pt | $Fe^{3+} + e \Longrightarrow Fe^{2+}$ | $+0.771$ | $+1.188$ |
| $OH^-$ \| $O_2$, Pt | $O_2 + 2H_2O + 4e \Longrightarrow 4OH^-$ | $+0.401$ | $-0.44$ |
| $Cu^{2+}$ \| Cu | $Cu^{2+} + 2e \Longrightarrow Cu$ | $+0.337$ | $+0.008$ |
| $H^+$ \| $H_2$, Pt | $2H^+ + 2e \Longrightarrow H_2$ | $0.000$ | $+0.000$ |
| $Pb^{2+}$ \| Pb | $Pb^{2+} + 2e \Longrightarrow Pb$ | $-0.126$ | $-0.451$ |
| $Sn^{2+}$ \| Sn | $Sn^{2+} + 2e \Longrightarrow Sn$ | $-0.136$ | $-0.282$ |
| $Ni^{2+}$ \| Ni | $Ni^{2+} + 2e \Longrightarrow Ni$ | $-0.250$ | $+0.06$ |
| $Fe^{2+}$ \| Fe | $Fe^{2+} + 2e \Longrightarrow Fe$ | $-0.440$ | $+0.052$ |
| $Cr^{3+}$ \| Cr | $Cr^{3+} + 3e \Longrightarrow Cr$ | $-0.744$ | $+0.468$ |
| $Zn^{2+}$ \| Zn | $Zn^{2+} + 2e \Longrightarrow Zn$ | $-0.763$ | $+0.091$ |
| $OH^-$ \| $H_2$, Pt | $2H_2O + 2e \Longrightarrow H_2 + 2OH^-$ | $-0.828$ | — |
| $Ti^{2+}$ \| Ti | $Ti^{2+} + 2e \Longrightarrow Ti$ | $-1.628$ | — |
| $Al^{3+}$ \| Al | $Al^{3+} + 3e \Longrightarrow Al$ | $-1.662$ | $+0.504$ |
| $Mg^{2+}$ \| Mg | $Mg^{2+} + 2e \Longrightarrow Mg$ | $-2.363$ | $+0.103$ |

如图 6-1 所示，将一块纯铜片和一块纯锌片插入无氧稀硫酸溶液中，并用导线将两者短接，就构成了一个铜-锌电偶腐蚀电池。然后，我们会发现锌片逐渐地被溶解，同时有大量氢气泡不断从铜片上析出。这一现象说明，在锌片表面上发生着锌的溶解反应（氧化反应）：

$$Zn \longrightarrow Zn^{2+} + 2e \qquad (6-6)$$

同时，在铜片表面上发生着析氢反应（氢离子的还原反应）：

$$2H^+ + 2e \longrightarrow H_2 \qquad (6-7)$$

在原电池中，发生氧化反应的电极称为阳极，阳极上发生的反应称为阳极反应；发生还原反应的电极称为阴极，阴极上发生的反应称为阴极反应。因此，在上述腐蚀电池中锌为阳极，反应为阳极反应；铜为阴极，反应为阴极反应。

上述铜-锌电偶腐蚀电池是为了便于理解腐蚀电池的组成和工作原理而设计的一种特殊的腐蚀电池，其外电路是人为连接的导线，而在实际的腐蚀电池中外电路通常是被腐蚀金属的基体。但是，它们所起的作用都是使阴极和阳极短路。显然，这种差别并不会改变腐蚀电池中发生的过程。因此，将一块锌片单独浸入无氧稀硫酸溶液中，也将发生类似的变化。因为，实际上金属锌中不可避免地含有少量电极电位较高的阴极性杂质（如铜、铁等），它们可与锌形成很多微小的腐蚀电池，即微电池，如图 6-2 所示。

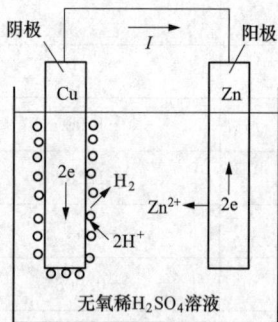

图 6-1 铜-锌电偶腐蚀电池

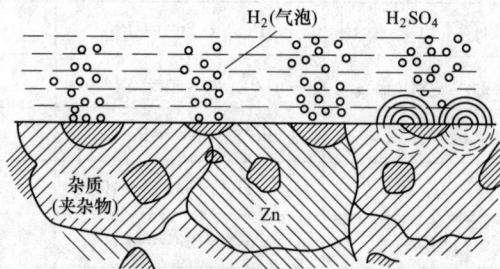

图 6-2 稀硫酸中锌自腐蚀过程示意图

4. 腐蚀电池的成因

当金属和电解质溶液相接触时，由于金属表面的化学成分、金相组织和物理状态（如变形和应力等）的不均匀性，面膜的不完整性，金属-溶液界面不同部位的物理化学性质存在差异，所以其电极电位不相等，即表现出所谓的"电化学不均匀性"，从而可形成微腐蚀电池（其阴极和阳极的尺寸极小、肉眼难以分辨）。另外，当不同金属相互接触，或金属表面不同部位所接触的溶液存在浓度差（如溶解氧浓度差）或温度差时，还可能形成宏腐蚀电池（其阴极和阳极的尺寸较大、肉眼可明显区分）。

腐蚀电池形成后，在与溶液接触的金属表面上，电极电位较低的部位作为腐蚀电池的局部阳极，金属失去电子，被腐蚀；而电位较高的部位作为腐蚀电池的局部阴极，金属主要起传递电子的导体作用，不发生腐蚀，或腐蚀不明显（由于阴极保护作用的结果）。

三、电位-pH 图

在腐蚀过程中，电极电位是金属阳极溶解过程的控制因素，而溶液 pH 值则是金属腐蚀产物稳定性的控制因素。应用这两个参数，以电极电位为纵坐标，以溶液的 pH 值为横坐标，可把金属与水溶液之间大量复杂的均相和非均相反应，在给定条件下的平衡关系，简单而直观地图示出来。这就是金属-水溶液体系的电位-pH 图。

1. 绘制和认识

电位-pH 图的绘制步骤如下：

（1）列出有关物质的各种存在状态及其 25℃下的标准电极电位和标准平衡常数。

（2）列出各类物质的相互反应，并通过 Nernst 公式和化学平衡关系式建立反应平衡关系式。这些反应可分成三类（见表 6-2），其平衡关系均可反映在电位-pH 图上。

（3）选定要考虑的平衡固相，在电位-pH 坐标系中画出相关反应的平衡线。

**表 6-2** 腐蚀过程中的反应类型及其平衡关系

| 反应类型 | 反应式 | 平衡条件及其电位-pH 图 | 偏离平衡状态时的变化趋势 |
|---|---|---|---|
| 有电子，无 $H^+$ 参加 | $Fe^{2+} + 2e \rightleftharpoons Fe$ | $\varphi_e = -0.440 + 0.029\ 6\lg a_{Fe^{2+}}$ 平行于 pH 轴的水平直线，如图 6-3 中直线①所示 | $\varphi \uparrow$，则 $a_{Fe^{2+}} \uparrow$，即铁溶解 |
| 有 $H^+$，无电子参加 | $Fe_2O_3 + 6H^+ \rightleftharpoons 2Fe^{3+} + 3H_2O$ | $\lg a_{Fe^{3+}} = -0.723 - 3pH$ 平行于 $\varphi$ 轴的垂直直线，如图 6-3 中直线②所示 | $pH \uparrow$，则 $a_{Fe^{3+}} \downarrow$，并生成 $Fe_2O_3$ |
| 电子和 $H^+$ 均参加 | $Fe_2O_3 + 6H^+ + 2e \rightleftharpoons 2Fe^{2+} + 6H_2O$ | $\varphi_e = 0.728 - 0.177\lg a_{Fe^{2+}} - 0.591pH$ 平行斜线，如图 6-3 中直线③所示 | $\varphi \uparrow$ 或 $pH \uparrow$，则 $a_{Fe^{2+}} \downarrow$，并生成 $Fe_2O_3$ |

图 6-3 为以铁氧化物为平衡固相时，$Fe-H_2O$ 体系的电位-pH 图。图中的ⓐ线和ⓑ线分别为氢气（$H_2$）和氧气（$O_2$）在一个标准压力（101.3kPa）时氢电极和氧电极反应的平衡线。

电位-pH 图中的任一条线都表示两种物质间的反应平衡关系（或反应平衡的电位和 pH 条件）。电位和 pH 值偏离平衡线，则平衡被破坏，反应将向一定方向进行直至达到新的平衡（参见表 6-2 的最后一列）。电位-pH 图中由若干条线（包括坐标轴）所包围的区域为某种物质能稳定存在的电位-pH 范围，即热力学稳定区。图 6-3 中，标示有 Fe、$Fe_3O_4$、$Fe_2O_3$、$Fe^{2+}$、$Fe^{3+}$ 和 $HFeO_2^-$ 的热力学稳定区。此外，a 线和 b 线之间为水（或 $H^+$ 和 $OH^-$）的热力学稳定区，a 线以下为氢气的热力学稳定区，b 线之上为氧气的热力学稳定区。

**2. 在腐蚀与防护中的应用**

（1）电位-pH 图中的腐蚀、免蚀、钝化区。假如金属在一个原来没有它的离子存在的溶液中发生溶解，通常规定溶解产生的金属可溶性离子的总浓度小于 $10^{-6}mol/L$，则认为金属实际上未腐蚀。反之，溶解产生的金属可溶性离子的总浓度大于 $10^{-6}mol/L$，则认为金属被腐蚀了。在绘制 $Fe-H_2O$ 体系的电位-pH 图时，离子浓度均取 $10^{-6}mol/L$，则得一种简化的 $Fe-H_2O$ 体系的电位-pH 图，如图 6-3 所示。

根据图 6-3 中不同区域内物质的稳定存在状态，可将 $Fe-H_2O$ 体系的电位-pH 图划分为下列三类不同的区域，如图 6-4 所示。

1）免蚀区，即图 6-3 中 Fe 的热力学稳定区。当 $Fe-H_2O$ 体系的电位和 pH 值处于该区域内时，即使铁暴露在溶液中，也不会发生腐蚀。

2）腐蚀区，即图 6-3 中 $Fe^{2+}$、$Fe^{3+}$ 和 $HFeO_2^-$ 的热力学稳定区。当 $Fe-H_2O$ 体系的电位和 pH 值处于这些区域内时，铁将被溶解并变成 $Fe^{2+}$、$Fe^{3+}$ 和 $HFeO_2^-$，从而发生腐蚀。其中，$Fe^{2+}$ 和 $Fe^{3+}$ 的稳定区合并为一个腐蚀区。

3）钝化区，即 $Fe_3O_4$ 和 $Fe_2O_3$ 的热力学稳定区。当 $Fe-H_2O$ 体系的电位和 pH 值处于这些区域内时，铁表面上可能形成完整、致密的氧化物保护膜，从而使铁的溶解受到有效的抑制，使铁的腐蚀速度降到极低的程度，即发生钝化。

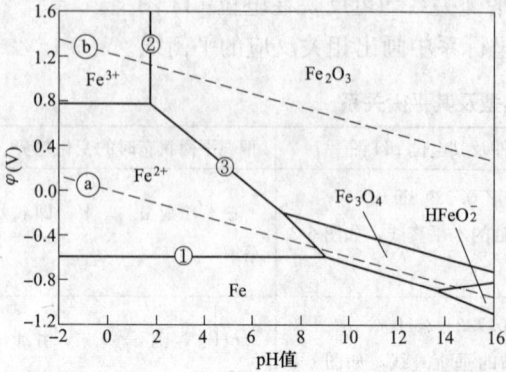

图 6-3　Fe-H$_2$O 体系的电位-pH 图
（平衡计算中有关离子的浓度均取 $10^{-6}$ mol/L）

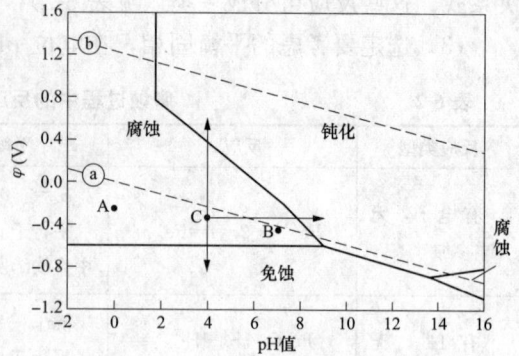

图 6-4　Fe-H$_2$O 体系的电位-pH
图中的腐蚀、免蚀、钝化区

（2）腐蚀反应的可能性。金属发生电化学腐蚀的必要条件是腐蚀介质中存在着某种氧化剂，其还原反应的平衡电极电位高于金属氧化反应的平衡电极电位。在实际的腐蚀介质中，可能导致金属腐蚀的氧化剂有 O$_2$、H$^+$（或 H$_2$O）、Fe$^{3+}$、Cu$^{2+}$ 等，但最常见的是前面的两种。

根据上述条件，当金属的平衡电极电位 $\varphi_{e,M} < \varphi_{e,O}$（氧电极反应的平衡电位）时，腐蚀电池的局部阴极上就会发生氧化还原反应。其反应式为：

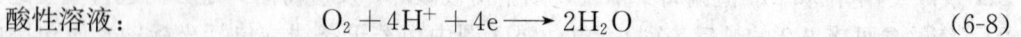

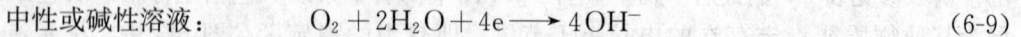

酸性溶液：　　　　　　　　　　O$_2$ + 4H$^+$ + 4e $\longrightarrow$ 2H$_2$O　　　　　　　　　　　　（6-8）

中性或碱性溶液：　　　　　　　O$_2$ + 2H$_2$O + 4e $\longrightarrow$ 4OH$^-$　　　　　　　　　　　　（6-9）

这种由于氧化还原反应导致的腐蚀称为耗氧腐蚀或氧腐蚀。

当 $\varphi_{e,M} < \varphi_{e,H}$ 时，腐蚀电池的局部阴极上就会发生析氢反应。反应式为：

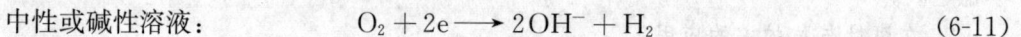

酸性溶液：　　　　　　　　　　2H$^+$ + 2e $\longrightarrow$ H$_2$　　　　　　　　　　　　　　　（6-10）

中性或碱性溶液：　　　　　　　O$_2$ + 2e $\longrightarrow$ 2OH$^-$ + H$_2$　　　　　　　　　　　（6-11）

由图 6-4 可见，铁的免蚀区在 a 线以下。因此，在整个 pH 值范围内，铁都可能发生析氢腐蚀和耗氧腐蚀；但是，在不同的电位和 pH 值条件下，其实际上发生的主要腐蚀反应和腐蚀产物不同。在不含其他氧化剂的酸溶液（如盐酸溶液）中，Fe-H$_2$O 体系的电位和 pH 值可能位于图 6-4 中的 A 点，此时铁主要发生析氢腐蚀，氧腐蚀的作用可忽略。在中性溶液（如冷却水）中，Fe-H$_2$O 体系的电位和 pH 值可能位于图 6-4 中的 B 点，此时铁主要发生氧腐蚀，析氢腐蚀的作用可忽略（在一定条件下，如在流动的水中，铁的腐蚀电位可能高于析氢反应的平衡电位，此时铁只发生氧腐蚀）。但是，在含氧的弱酸性溶液中，Fe-H$_2$O 体系的电位和 pH 值可能位于图 6-4 中的 C 点，此时这两种腐蚀作用都不能忽略。在酸性 pH 值范围内，腐蚀产物是 Fe$^{2+}$ 和 Fe$^{3+}$；在中性 pH 值范围内，腐蚀产物最初是 Fe$^{2+}$，但随着 Fe$^{2+}$ 浓度的提高，主要腐蚀产物可能是 Fe$_3$O$_4$。

（3）防止金属腐蚀的可能途径。如果要将铁从 C 点移出腐蚀区，从图 6-4 来看，可以采取下面三种措施：

1）使铁的电极电位负移（降低）到免蚀区，这可通过阴极保护的方法来实现。

2）使铁的电极电位正移（升高）到钝化区，这可通过阳极钝化（阳极保护）或化学钝化的方法来实现。化学钝化方法就是向溶液中添加钝化剂（如重铬酸钾、高锰酸钾、亚硝酸钠、氧气等强氧化剂），通过金属与钝化剂的自然作用使金属的电位正移到钝化区而钝化，如给水的加氧处理就是一种化学钝化方法。

3）提高溶液的 pH 值，也可使铁进入钝化区，如给水和炉水的 pH 值调节。

## 第二节　热力设备腐蚀概况

超超临界机组的防腐蚀工作的主要目的是防止水汽系统内部的金属腐蚀。为了了解超超临界机组水汽系统的热力设备可能发生的各种腐蚀，我们不仅要熟悉水汽系统的流程，了解该系统中的主要热力设备及其材质，更要熟悉水汽系统介质的特点。

### 一、超超临界机组的水汽系统流程

本期工程建设规模为 2×660MW 超超临界燃煤发电机组，三大主机均由东方电气股份有限公司制造。其中，锅炉为高效超超临界参数直流炉、单炉膛、一次再热、平衡通风、露天布置、固态排渣、全钢构架、全悬吊结构、对冲燃烧方式 II 型炉，同步上 SCR 脱硝装置；汽轮机为 YJK660-28/600/620 型高效超超临界、一次中间再热、三缸两排汽、单轴、表面式间接空冷式机组；发电机为 QFSN-660-2-22B 型水-氢-氢冷却、静态励磁发电机。

超超临界锅炉主要参数和汽轮机特性参数分别见表 6-3 和表 6-4。表中，BMCR 为锅炉最大连续出力工况，与汽轮机阀门全开工况（VWO）相匹配；BRL 为锅炉铭牌出力工况，与汽轮机铭牌出力（TRL）工况相匹配。压力单位中"g"表示表压，"a"表示绝对压。

该机组水汽系统示意如图 6-5 所示，其水汽流程如下：凝汽器补水泵→凝汽器（热井）→凝结水泵→凝结水精处理系统→轴封加热器→8 号～5 号低压加热器→除氧器→给水泵→3 号～1 号高压加热器→省煤器→水冷壁→启动分离器→过热器→汽轮机高压缸→低温再热器→高温再热器→汽轮机中压缸→汽轮机低压缸→凝汽器。

表 6-3　　　　　　　　　　　　　　　　锅炉主要参数

| 名　　称 | 单位 | BMCR 工况 | TBCR 工况 |
|---|---|---|---|
| 过热蒸汽流量 | t/h | 1950 | 1859.7 |
| 过热器出口蒸汽压力 | MPa(g) | 29.4 | 28.0 |
| 过热器出口蒸汽温度 | ℃ | 605 | 605 |
| 再热蒸汽流量 | t/h | 1650.93 | 1573 |
| 再热器进口蒸汽压力 | MPa(g) | 6.16 | 5.97 |
| 再热器出口蒸汽压力 | MPa(g) | 5.98 | 5.79 |
| 再热器进口蒸汽温度 | ℃ | 367 | 357 |
| 再热器出口蒸汽温度 | ℃ | 623 | 623 |
| 省煤器进口给水温度 | ℃ | 303 | 299 |

| 参数 | 工 况 | | | | |
|---|---|---|---|---|---|
| | TMC工况 | 夏季工况 | VW工况 | TH工况 | 阻塞背压工况 |
| 功率(kW) | 617 692 | 660 018 | 674 815 | 660 006 | 674 411 |
| 热耗率(kJ/kWh) | 8008 | 7493 | 7539 | 7512 | 7383 |
| 主蒸汽压力[MPa(a)] | 28 | 28 | 28 | 28 | 28 |
| 主蒸汽温度(℃) | 600 | 600 | 600 | 600 | 600 |
| 主蒸汽流量(kg/h) | 1 859 700 | 1 859 700 | 1 915 500 | 1 848 500 | 1 859 700 |
| 高压缸排汽压力[MPa(a)] | 6.09 | 6.1 | 6.29 | 6.08 | 6.12 |
| 高压缸排汽温度(℃) | 357.36 | 357.64 | 364.04 | 356.9 | 358.21 |
| 再热蒸汽压力[MPa(a)] | 5.6 | 5.61 | 5.79 | 5.6 | 5.63 |
| 再热蒸汽温度(℃) | 620 | 620 | 620 | 620 | 620 |
| 再热蒸汽流量(kg/h) | 1 573 002 | 1 573 539 | 1 623 324 | 1 568 814 | 1 578 096 |
| 中压缸排汽压力[Pa(a)] | 0.45 | 0.46 | 0.48 | 0.46 | 0.47 |
| 低压缸排汽压力[kPa(a)] | 27 | 10 | 10 | 10 | 5.47 |
| 低压缸排汽流量(kg/h) | 1 051 715 | 1 027 790 | 1 061 694 | 1 034 653 | 1 025 261 |
| 补给水率 | 1.5% | 1.5% | 0 | 0 | 0 |
| 最终给水温度(℃) | 300.93 | 300.92 | 303.07 | 300.58 | 301 |

表 6-4 汽轮机主要参数

## 二、超超临界机组水汽系统的介质

由图 6-5 水汽系统流程可知，在上述水汽系统中，热力设备接触的各种水和蒸汽包括未经处理的水（生水）、补给水（除盐水）、汽轮机凝结水、疏水、给水、炉水、饱和蒸汽、过热蒸汽等。这些水和蒸汽的腐蚀性与其 pH 值、所含离子的种类和数量、溶解氧含量、温度和压力等因素有关。

（1）补给水系统。该系统接触的介质有生水、除盐水等，介质温度一般低于 50℃，但溶氧含量高，EDI 装置在运行和再生过程中 pH 会发生一点变化，储存在除盐水箱的水时间长了会溶进二氧化碳，为了防止腐蚀和保证补给水水质，该系统管道内部表面常采取衬胶等措施进行保护。

（2）凝结水-给水系统。该系统包括从凝结水泵直到省煤器的设备及连接管道，其内壁接触的介质是凝结水或给水，高、低压加热器管外壁接触的介质是加热蒸汽。在该系统中，水温随流程逐渐升高，省煤器进口给水温度可达 280℃ 左右。凝结水和给水的含盐量都很低，但水中可能含有溶解氧和二氧化碳而引起氧腐蚀和二氧化碳腐蚀。

（3）水冷壁系统。水冷壁是锅炉中直接产生蒸汽的部位，给水进入蒸发区后将逐渐蒸发，使水和饱和蒸汽并存，甚至可能完全汽化。由于水冷壁炉管承受很高的热负荷，给水带入的杂质在蒸发区有被局部浓缩的可能，从而引起炉管内壁的结垢和腐蚀。另外，水冷壁外壁与高温烟气接触，可能发生高温腐蚀。

（4）过热器和再热器。超超临界直流锅炉的过热蒸汽和再热蒸汽的含盐量都很低，但温度很高。锅炉的过热蒸汽和再热蒸汽的温度分别可达 605℃ 和 623℃ 左右，过热蒸汽压力可达 29.4MPa，再热蒸汽压力为 5.98MPa。过热器和再热器管内壁与这样的高温蒸汽

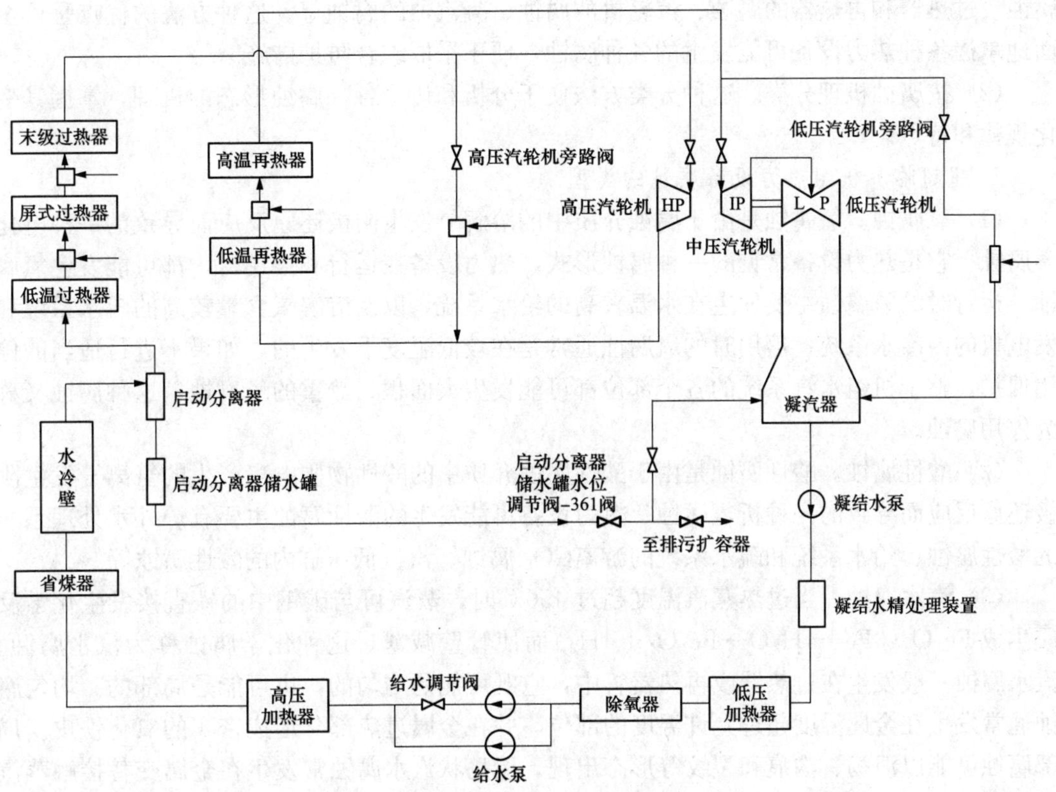

图 6-5 水汽系统示意图

接触，外壁则与高温烟气接触，管壁温度很高，所以其内壁可能发生汽水腐蚀，外壁可能发生高温腐蚀，并且管壁温度越高，腐蚀和氧化作用越强。

（5）汽轮机。过热蒸汽进入汽轮机后，随着做功、温度和压力逐渐降低，过热蒸汽中含有的杂质将逐步沉积到叶片等蒸汽流通部位的表面上，造成汽轮机的积盐。在汽轮机的高压、中压和低压缸中，蒸汽中的杂质种类和含量均不同。在汽轮机的尾部末级，蒸汽中出现湿分，变成饱和蒸汽，这时蒸汽中的酸性物质及盐类会溶入湿分而导致汽轮机的腐蚀。

（6）凝汽器。凝汽器汽侧是蒸汽和凝结水，其含盐量很低，但氨含量可能较高。凝汽器水侧是间接冷却水，补充的是除盐水，为防止凝汽器水侧溶解氧浓度和含盐量偏高，设计加入氨水、联氨，以减少凝汽器水侧的腐蚀和结垢。

（7）疏水系统。疏水的含盐量与凝结水相近，但如果系统不够严密，其溶解氧和二氧化碳含量将比凝结水高，从而使疏水系统的金属材料的腐蚀比凝结水系统严重，其含铁量比凝结水高。

**三、超超临界机组热力设备腐蚀的类型与特点**

1. 热力设备腐蚀的分类方法

热力设备腐蚀的分类可按下面两种方法：

（1）按设备分类。这种方法是根据水汽系统中介质的状态和特性将整个水汽系统划分为一些设备或子系统，并据此对热力设备的腐蚀进行分类，如给水系统的腐蚀、水冷壁的腐蚀、过热器和再热器的腐蚀、汽轮机的腐蚀、凝汽器的腐蚀等。这种方法的优点是可全面地掌握各种热力设备可能发生的各种腐蚀，便于采取综合防护措施。

（2）按腐蚀机理分类。这种分类方法便于分析和讨论各种腐蚀形态的机理，掌握其变化规律和特点。

2. 超超临界机组热力设备腐蚀的类型

（1）氧腐蚀。氧腐蚀是由于腐蚀介质中的溶解氧发生阴极还原反应而导致的一种电化学腐蚀。它是热力设备常见的一种腐蚀形式，热力设备在运行和停用时，都可能发生氧腐蚀。运行时的氧腐蚀主要发生在水温较高的给水系统，以及溶解氧含量较高的疏水系统和发电机的内冷水系统；停用时的氧腐蚀通常是在较低温度下发生的，如果不进行适当的停用保护，整个机组水汽系统的各个部位都可能发生大面积、严重的氧腐蚀，这种腐蚀又称为停用腐蚀。

（2）酸性腐蚀。酸性腐蚀是由于酸性腐蚀介质中的酸性物质电离产生的氢离子发生阴极还原反应而导致的一种析氢腐蚀。热力设备可能发生的酸性腐蚀主要有炉外水处理系统的酸性腐蚀、给水系统和疏水系统的游离$CO_2$腐蚀、汽机低压缸内的酸性腐蚀等。

（3）汽水腐蚀。当过热蒸汽温度超过450℃时，蒸汽可与碳钢中的铁直接发生化学反应生成$Fe_3O_4$（$3Fe+4H_2O \rightarrow Fe_3O_4+4H_2$）而使管壁减薄，这种化学腐蚀称为汽水腐蚀。汽水腐蚀一般发生在过热器或再热器管中，它既可能是均匀的，也可能是局部的。均匀腐蚀通常发生在金属温度超过允许温度的部位，并在金属过热部分形成密实的氧化铁皮。局部腐蚀可能以溃疡、沟痕和裂纹等形态出现。溃疡状汽水腐蚀常发生在金属交替接触蒸汽和水的部位，这些部位金属温度的变化经常不小于70℃，这样就加速了保护膜的局部破裂，使蒸汽得以反复地与裸露的局部金属表面接触，从而加快了局部的腐蚀速度，所形成的溃疡常为$Fe_3O_4$所覆盖。防止汽水腐蚀的主要措施就是选用适当的耐热钢和防止金属过热。

（4）应力腐蚀。金属构件在腐蚀介质和机械应力的共同作用下产生腐蚀裂纹，甚至发生断裂，这是一类极其危险的局部腐蚀，称为应力腐蚀。根据金属在应力腐蚀过程中所受的应力的不同，应力腐蚀又可分为应力腐蚀破裂和腐蚀疲劳。应力腐蚀破裂（SCC）是金属在特定腐蚀介质和拉应力的共同作用下导致的一种应力腐蚀。例如，奥氏作不锈钢在含离子的水溶液中、碳钢在浓碱溶液中、铜或铜合金在含氨的水溶液中都可能发生SCC。腐蚀疲劳不需要特定的腐蚀介质，只要存在交变应力的共同作用，大多数金属都可能发生腐蚀疲劳。应力腐蚀在热力设备水汽系统中广泛存在，如水冷壁炉管、过热器、再热器、高压除氧器、主蒸汽管道、给水管道、汽轮机叶片和叶轮，以及凝汽器管，在不同情况下都可能发生应力腐蚀破裂或腐蚀疲劳。

（5）氢脆。在使用过程中，可能有原子氢扩散进入钢和其他金属，使金属材料的塑性和断裂强度显著降低，并可能在应力的作用下发生脆性破裂或断裂。这种腐蚀破坏称为氢脆或氢损伤。在金属发生酸性腐蚀或进行酸洗时都可能有原子氢产生。在高温下，钢中的原子氢可与钢中的$Fe_3C$发生反应生成甲烷气体（$Fe_3C+4H \rightarrow 3Fe+CH_4\uparrow$），并使钢发生脱碳。对于热力设备，在锅炉酸洗或锅炉发生酸性腐蚀时，碳钢炉管都可能发生氢脆。

（6）磨损腐蚀。磨损腐蚀是在腐蚀性介质与金属表面间发生相对运动时，由介质的电化学作用和机械磨损作用共同引起的一种局部腐蚀。例如，凝汽器管水侧，特别是入口端，因受液体湍流或水中悬浮物的作用而发生的冲刷腐蚀就是一种典型的磨损腐蚀，其腐蚀部位常具有明显的流体冲刷痕迹特征。另外，在高速旋转的给水泵叶轮表面的液体中不断有蒸汽泡形成和破灭。汽泡破灭时产生的冲击波会破坏了金属表面的保护膜，从而加快了金属的腐蚀。这种磨损腐蚀称为空泡腐蚀或空蚀。

（7）点蚀。点蚀又可称为孔蚀，它是一种典型的局部腐蚀。其特点是腐蚀主要集中在金属表面某些活性点上，并向金属内部纵深发展，通常蚀孔深度显著地大于其孔径，严重时可使设备穿孔。不锈钢和铝合金在含有一定浓度氯离子的溶液中常呈现这种破坏形式。热力设备中的点蚀主要发生在不锈钢部件上。例如，凝汽器不锈钢管水侧管壁与含氯离子的冷却水接触，在一定条件下可能导致不锈钢管发生点蚀；汽轮机停运时保护不当，不锈钢叶片有可能发生点蚀，这些腐蚀点又可能在运行时诱发叶片发生腐蚀疲劳。

（8）缝隙腐蚀。金属表面上由于存在异物或结构上的原因形成缝隙而引起的缝隙内金属的局部腐蚀，称为缝隙腐蚀。一旦金属表面上形成缝隙，缝隙内外物质的交流将受到限制。首先，溶解氧只能通过缝口由缝隙外部向内部缓慢地扩散，这样缝隙内的溶解氧将很快被缝隙内的腐蚀反应耗尽。于是，在缝隙内外形成了一种氧浓差电池，其中缝隙内的金属表面由于氧浓度较低成为局部阳极，而缝隙外的金属表面由于氧浓度较高成为阴极。同样由于缝隙的限制，腐蚀电池的作用将导致缝隙内溶液 pH 值降低、氯离子浓度提高等变化，使缝隙内溶液的腐蚀性加强，进而诱发一个自催化的加速腐蚀过程。在热力设备中，金属构件采用胀接或螺栓连接的情况下，接合部的金属与金属（如凝汽器不锈钢管和管板）间形成的缝隙，金属与保护性表面覆盖层、法兰盘垫圈等非金属材料（如涂料、塑料、橡胶等）接触所形成的金属与非金属间的缝隙，以及腐蚀产物、泥沙、脏污物、生物等沉积或附着在金属（如凝汽器不锈钢管）表面上所形成的缝隙等，在含氯离子的腐蚀介质中都可能导致严重的缝隙腐蚀。

（9）晶间腐蚀。这种腐蚀首先在晶粒边界上发生，并沿着晶界向纵深处发展。这时，虽然从金属外观看不出有明显的变化，但其机械性能确已大为降低了。通常晶间腐蚀出现于奥氏体不锈钢和铁素体不锈钢。

（10）电偶腐蚀。当两种不同金属在腐蚀介质中互相接触时，将组成一种宏腐蚀电池——电偶腐蚀电池。其中，电极电位较正的金属作为阴极；而电极电位较负的金属作为阳极，并且由于腐蚀电池的作用而使腐蚀速度加快，这种腐蚀称为电偶腐蚀。例如，在凝汽器的碳钢管板与不锈钢管之间，由于在腐蚀介质中不锈钢的电极电位高于碳钢的电极电位，从而使电位较低的碳钢在电偶腐蚀电池的作用下加速腐蚀。

（11）选择性腐蚀。合金腐蚀时其各种成分不按合金的比例溶解，而是其中电位较低的成分的选择性溶解，从而造成另一组分富集于金属表面上。例如，黄铜的脱锌腐蚀就是一种典型的选择性腐蚀。

（12）锅炉烟侧的高温腐蚀。这主要是指锅炉水冷壁炉管、过热器管、再热器管的外表面，以及在锅炉炉膛中的悬吊件表面发生的一类腐蚀，主要是由钢材与锅炉燃料燃烧产物（熔盐）之间的电化学反应引起的，因此，也是一种电化学腐蚀。水冷壁炉管的高温腐蚀是由于硫化物或硫酸盐的作用；过热器及再热器管的腐蚀则是因 $K_3 Fe(SO_4)_3$ 和 $Na_3 Fe(SO_4)_3$ 等复盐在管表面积聚造成的。

防止锅炉烟侧的高温腐蚀应在合理选材的基础上，采取控制管壁温度（控制蒸汽温度）等措施。

（13）锅炉尾部受热面的低温腐蚀。由于烟气中的 $SO_3$ 和烟气中的水分反应生成 $H_2SO_4$，而使装在锅炉尾部烟道的空气预热器和省煤器烟侧表面发生腐蚀。防止锅炉尾部受热面的低温腐蚀应合理选材，如某电厂锅炉空气预热器高温和中温段传热元件的材料采用 SPCC（普通冷轧碳钢薄板），低温段传热元件的材料采用搪瓷材料。此外，还可采取提高受热面壁温、低氧燃烧等措施。

**3. 热力设备腐蚀的特点**

热力设备的腐蚀除具有金属腐蚀的一般特点外，还有一些特殊的地方。首先，热负荷在热力设备的腐蚀过程中具有重要作用。例如，水冷壁管、过热器管和省煤器管的腐蚀，大多集中在热负荷较高的部位，如炉管的向火侧。其次，机组的运行工况对热力设备腐蚀的影响较大。对于水汽测，生水水质和炉外水处理设备运行状态的变化、炉内水处理方式的改变、热力设备运行状况的变化等都将引起水、汽品质的改变。

**四、防止热力设备腐蚀的方法**

影响金属腐蚀的因素可分为金属材料和腐蚀介质两方面。因此，防止金属腐蚀主要是从提高材料的耐蚀性和减小介质的侵蚀性两方面来考虑。防止热力设备腐蚀的方法主要有合理选材与设计、表面保护技术、介质处理和电化学保护技术。

**1. 合理选材与设计**

为了保证设备的长期安全运行，必须将合理选材，正确设计，精心施工制造及良好的维护管理等几方面的工作密切结合起来。其中，合理选材和防腐蚀设计是首要环节。合理选材主要是根据材料所要接触的介质的性质和条件，材料的耐蚀性能，以及材料的价格，选择在这种介质中比较耐蚀、满足设计和经济性要求的材料。

这里，防腐蚀设计主要是防蚀结构设计和防蚀强度设计。防蚀结构设计的原则包括：结构件的形状应尽可能简单，防止残余水分和冷凝液的腐蚀，防止电偶腐蚀、缝隙腐蚀（如以焊接代替铆接）、应力腐蚀、环境差异（温差、浓差）引起的腐蚀、液体流动形式（湍流、涡流等）造成的腐蚀等。防蚀强度设计主要是对全面腐蚀的腐蚀裕量的选择，即根据材料在使用的腐蚀介质中的腐蚀速度、构件使用部位的重要性以及使用年限适当加大构件的尺寸，以保证原设计的寿命要求。

**2. 表面保护技术**

表面保护技术就是利用覆盖层尽量避免金属和腐蚀介质直接接触而使金属得到保护。金属表面的保护性覆盖层可分为金属镀层和非金属涂层。金属镀层的制造方法主要有热镀（如镀锌钢管）、渗镀（也称表面合金化）、电镀等；非金属涂层可分为无机涂层（包括搪瓷或玻璃涂层以及化学转化涂层，如金属表面的氧化膜和磷化膜等）和有机涂层（包括塑料、橡胶、涂料和防锈油等）。在发电厂中，表面保护技术常用于热力设备的外部防护。例如，用有机涂层和电镀层防止设备外表面的大气腐蚀、对水冷壁管外壁渗铝防止高温腐蚀等。另外，表面保护技术还常用于一些工作温度较低的热力设备的内部防护。例如，炉外水处理设备及管道内壁的衬胶保护等。

**3. 介质处理**

介质处理的目的是降低介质的腐蚀性，促使金属表面钝化。为此，通常可采用下列方法：

（1）控制介质中溶解氧等氧化剂的浓度。例如，为了控制直流机组水汽系统热力设备的氧腐蚀，不仅可采取给水除氧的方法，而且可采取给水加氧（钝化）的方法；锅炉酸洗过程中，为了抑制 $Fe^{3+}$ 的腐蚀作用，可向酸洗液中添加适量的还原剂以控制的 $Fe^{3+}$ 浓度。

（2）提高介质的 pH 值。提高介质的 pH 值（如给水的 pH 值调节）一方面可中和介质中的酸性物质，防止金属的酸性（如给水系统的游离二氧化碳腐蚀）；另一方面，可使溶液呈碱性，促进金属的钝化。

（3）降低气体介质中的湿分。例如，在热力设备停用干法保护过程中，使用干燥剂吸收空气中的湿分。

（4）向介质中添加缓蚀剂。在腐蚀介质中加入少量某种物质就能大大降低金属的腐蚀速度，这种物质称为缓蚀剂。例如，锅炉酸洗缓蚀剂和循环冷却水缓蚀剂等。

4. 电化学保护

电化学保护就是利用外部电流使金属的电极电位发生改变从而防止其腐蚀的一种方法。它又包括阴极保护和阳极保护两种方法。

总而言之，为了防止超超临界机组热力设备的腐蚀，首先应尽可能地选用在使用介质中耐蚀的金属材料，并按防腐蚀的要求合理地进行热力设备的设计、制造和安装。机组投运之前，必须进行化学清洗。机组投运之后，在运行中不仅要注意保持热力设备的正确的运行方式，而且采取合理的给水处理方式，并严格控制水汽品质；在机组停、备用期间，确保进行适当的保护；另外，还应安排适当的定期检修，并在必要时进行运行锅炉的化学清洗。

## 第三节　给水系统的腐蚀

超超临界机组的给水系统是指给水及其主要组成部分（如汽轮机凝结水、加热器疏水）的输送管道和加热设备，其中包括凝结水泵、轴封加热器、低压加热器、除氧器、高压加热器等。在给水系统中流动的水，一般比较纯净，不会发生盐类从水中析出而在管壁上形成沉积物；但是，由于水中存在一定量的溶解氧和游离二氧化碳，给水系统的金属可能发生氧腐蚀和二氧化碳腐蚀。

给水系统的腐蚀可能严重影响火力发电机组的安全、经济运行。给水系统金属的局部性腐蚀，如省煤器管因腐蚀而穿孔、给水泵的腐蚀损伤等，可导致给水系统设备受到严重的破坏，甚至可能造成事故停炉。给水系统金属的全面腐蚀虽然不致立即引起运行故障，但它不仅缩短了设备寿命，而且在系统内产生大量腐蚀产物。这些腐蚀产物被给水带入锅炉，不仅会在锅炉水冷壁炉管内壁上沉积而加剧锅炉结垢和腐蚀，而且可能被蒸汽携带到汽轮机中沉积，从而严重影响机组的安全、经济运行。因此，给水系统金属腐蚀的危害性很大，防止给水系统的金属腐蚀是火力发电厂的一项重要的工作。

给水系统的碳钢经常发生氧腐蚀和二氧化碳腐蚀。

### 一、氧腐蚀

1. 氧腐蚀机理

热力设备金属受水中溶解氧的腐蚀是一个电化学腐蚀过程。由于表面保护膜的缺陷、硫化物夹杂等原因，当碳钢与含氧水接触时，碳钢表面各部位的电极电位不相等，从而形成微腐蚀电池，电极电位较负的部位为阳极区，电极电位较正的部位为阴极区；另外，根据 $Fe-H_2O$ 体系的电位-pH图可知，在中性或碱性水中，碳钢主要发生氧腐蚀，铁作为阳极，被腐蚀，氧作为阴极，进行还原，这种腐蚀称为氧去极化腐蚀，简称氧腐蚀。

阴极区表面上主要发生溶解氧的阴极还原反应：$O_2 + 2H_2O + 4e \longrightarrow 4OH^-$。

阳极区表面上发生铁的阳极溶解反应：$Fe \longrightarrow Fe^{2+} + 2e$。

2. 氧腐蚀的特征

钢铁发生氧腐蚀时，钢铁表面形成许多小型鼓包或称瘤状小丘，形同"溃疡"，这些小丘的大小及表面颜色相差很大。小至一毫米，大到几十毫米。低温时铁的腐蚀产物表层颜色较浅，以黄褐色为主；温度较高时，腐蚀产物表层颜色较深，为砖红色或黑褐色。次层是黑色粉末状物，这些都使腐蚀产物。将这些腐蚀产物除去之后，便可看到一些大小不一的腐蚀坑。在实际运行中除氧不彻底时，在给水管道和省煤器中常见到。给水管道中的鼓包颜色由黄褐色到砖红色都有，在省煤器中大多是砖红色的鼓包。

铁受到溶解氧腐蚀后产生 $Fe^{2+}$，阳极反应产生的 $Fe^{2+}$ 在遇到水中的 $OH^-$ 和 $O_2$ 时发生下列次生反应：

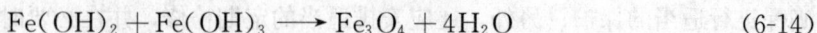

$$Fe^{2+} + 2OH^- \longrightarrow Fe(OH)_2 \tag{6-12}$$

$$4Fe(OH)_2 + O_2 + 2H_2O \longrightarrow 4Fe(OH)_3 \tag{6-13}$$

$$Fe(OH)_2 + Fe(OH)_3 \longrightarrow Fe_3O_4 + 4H_2O \tag{6-14}$$

在这些次生产物中，$Fe(OH)_2$ 是不稳定的，它很容易进一步发生式（6-13）和式（6-14）反应。其中，反应的产物 $Fe(OH)_3$ 表示三价铁的氢氧化物，但其化学组成实际上并非如此简单，常常是各种含水氧化铁（$Fe_2O_3 \cdot nH_2O$）或羟基氧化铁（$FeOOH$）的混合物。因此，最后的腐蚀产物主要是 $Fe_3O_4$ 和 $Fe_2O_3$ 或 $FeOOH$。

如果钢表面光洁，水流速度较快，这些次生产物难以在钢表面上沉积；但是，如果钢表面比较粗糙，水流速度较慢，特别是钢表面有水垢等沉积物，水处于静止状态，这些次生产物比较容易在微电池的阳极区表面上沉积。在一般条件下，这种次生产物的沉积物常常是疏松的，没有保护性，不能阻止腐蚀的继续进行。但是，它们会妨碍水中溶解氧向金属表面的扩散，使其下面的溶解氧浓度低于其周围钢表面的溶解氧浓度，从而形成氧浓差腐蚀电池。这样，次生产物下面的钢表面又成为氧浓差腐蚀电池的阳极区，溶液的 pH值降低，$Cl^-$ 浓度提高，溶解反应加快，从而形成腐蚀坑。与此同时，腐蚀产生的部分 $Fe^{2+}$ 会不断地通过疏松的次生产物层向外扩散，并在遇到水中的 $OH^-$ 和 $O_2$ 时发生上述次生反应，产生越来越多的次生产物。这样，次生产物逐渐在腐蚀坑上堆积，结果形成鼓包。

各层腐蚀产物的颜色不同，是因为它们是组成不同或晶态不同的物质，参见表 6-5。表层的腐蚀产物，在较低温度下主要是铁锈（即 $FeOOH$），其颜色较浅，以黄褐色为主；在较高温度下，主要是 $Fe_3O_4$ 和 $Fe_2O_3$，其颜色较深，为黑褐色或砖红色。因为沉积的腐蚀产物内部缺氧，所以由表及里腐蚀产物的价态降低。因此，次层的黑色粉末通常是 $Fe_3O_4$，而在紧靠金属表面处还可能有黑色的 $FeO$ 层。

表 6-5 铁的不同腐蚀产物的若干物理性质

| 组成 | 颜色 | 磁性 | 密度（g/cm³） | 热 稳 定 性 |
|---|---|---|---|---|
| $Fe(OH)_2$[①] | 白 | 顺磁性 | 3.40 | 在 100℃时分解为 $Fe_3O_4$ 和 $H_2$ |
| FeO | 黑 | 顺磁性 | 5.4～5.73 | 在 1371～1424℃时熔化，低于 570℃时分解为 Fe 和 $Fe_3O_4$ |
| $Fe_3O_4$ | 黑 | 铁磁性 | 5.20 | 在 1597℃时熔化 |
| $\alpha$-FeOOH | 黄 | 顺磁性 | 4.20 | 约 200℃时失水生成 $\alpha$-$Fe_2O_3$ |
| $\beta$-FeOOH | 淡褐 | — | — | 约 230℃时失水生成 $\alpha$-$Fe_2O_3$ |
| $\gamma$-FeOOH | 橙 | 顺磁性 | 3.9 | 约 200℃时转变为 $\alpha$-$Fe_2O_3$ |
| $\gamma$-$Fe_2O_3$ | 褐 | 铁磁性 | 4.88 | 在大于 250℃时转变为 $\alpha$-$Fe_2O_3$ |
| $\alpha$-$Fe_2O_3$ | 砖红 | 顺磁性 | 5.25 | 在 0.098MPa、1457℃时分解为 $Fe_3O_4$ |

[①] $Fe(OH)_2$ 在有氧的环境中是不稳定的，在室温下以不同条件转变为 $\gamma$-FeOOH、$\alpha$-FeOOH 或 $Fe_3O_4$。

3. 氧腐蚀影响因素

一般情况下，碳钢和低合金钢在中性和碱性水中的氧腐蚀速度可用式（6-15）表示

$$i_{corr} = 4FD\frac{c}{\delta} \tag{6-15}$$

式中 $i_{corr}$——氧腐蚀速度的氧腐蚀电流密度，$A/cm^2$；

 FD——氧在水中的扩散系数，$cm^2/s$；

 $c$——水中溶解氧的浓度，$mol/cm^3$；

 $\delta$——扩散层厚度，cm。

式（6-15）表明，碳钢和低合金钢在中性和碱性水中的氧腐蚀速度与水中溶解氧的浓度成正比，与扩散层厚度成反比。

（1）溶解氧浓度。水中的溶解氧对水中碳钢的腐蚀具有双重作用，它既可导致钢铁的腐蚀，又可使碳钢发生钝化。它所起的作用与水的纯度（电导率）、溶解氧浓度、pH 值、流速等因素有关。当水中杂质较多（如水的氢电导率＞0.3$\mu S/cm$）时，溶解氧主要起腐蚀作用，碳钢的腐蚀速度随溶解氧浓度的提高而增大。因此，当水质较差时，为了控制氧腐蚀，应尽可能除尽给水的溶解氧。但是，在高纯水中（氢电导率＜0.15$\mu S/cm$），溶解氧主要起钝化作用。此时，随溶解氧浓度的提高，碳钢表面氧化膜的保护性加强，所以碳钢腐蚀速度降低。实验结果表明，在流动的高温水中 [250℃，pH = 9.0（$NH_3$），0.5m/s]，当溶解氧的浓度提高到 25$\mu g/L$ 时，碳钢表面形成良好的双层保护膜，使氧腐蚀迅速降低。

（2）pH 值。图 6-6 示出了 pH 值对铁在室温、敞开的软水中腐蚀速率的影响。由图可见：

1）当水的 pH 值＜4 时，由于 $H^+$ 浓度较大，铁开始发生明显的酸性腐蚀（有氢气析出），并且随着 pH 值的降低，酸性腐蚀速度迅速增大，使氧腐蚀的影响迅速减小。

2）当 pH 值介于 4～9 之间时，水中 $H^+$ 浓度很低，所以析氢腐蚀的影响很小。铁的腐蚀主要取决于氧浓度，并随溶解氧浓度的增大而增大，而与水的 pH 值基本无关。

3）当 pH 值在 9～13 的范围内时，铁表面发生钝化，从而抑制了氧腐蚀，且 pH 值越

高，钝化膜越稳定，所以钢的腐蚀速率越低。

4) 当水的 pH 值＞13 时，钢的腐蚀产物为可溶性的铁的含氧酸盐，因而腐蚀速度急剧上升。而溶解氧含量的影响不显著。

图 6-7 是低碳钢在温度 232℃、含氧量低于 0.1mg/L 的高温水中的动态腐蚀试验结果。显然，它与图 6-6 中曲线的变化规律有所不同。它表明在 pH ＝ 7～11 的范围内，pH 值越低，低碳钢的腐蚀速度越高；特别是当 pH＜8 时，碳钢的腐蚀速度随 pH 值的降低而迅速上升。因此，为了控制低碳钢的腐蚀，至少应将给水的 pH 值提高到 8 以上，最好在9.5 以上。但应当注意是，当水的 pH 值大于 13 时，特别是在较高的温度和除氧的条件下，钢的腐蚀产物为可溶性的亚铁酸盐，因而腐蚀速度又将随 pH 值的提高而急剧上升。

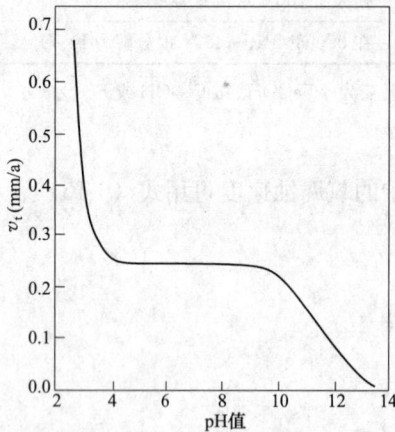

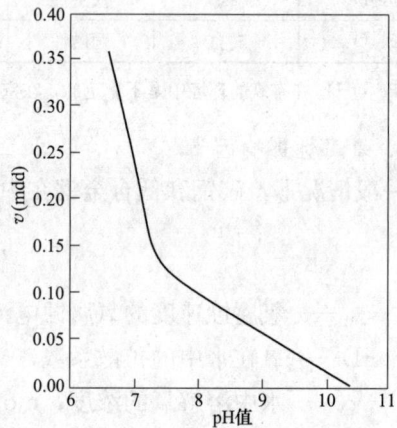

图 6-6 pH 值对铁在室温、敞开软水中腐蚀的影响　　图 6-7 pH 值对碳钢在高温水中腐蚀的影响

（3）温度。在密闭系统内，当溶解氧浓度一定时，水温升高，铁的溶解反应和氧的还原速度加快。因此，温度越高，氧腐蚀速度越快。

温度对腐蚀形态及腐蚀产物的特征也有影响。在敞口系统中，常温或温度较低的情况下，钢铁氧腐蚀的蚀坑面积较大，腐蚀产物松软，如在疏水箱里所见到的情况；而密闭系统中，温度较高时形成的氧腐蚀的蚀坑面积较小，腐蚀产物也较坚硬，如在给水系统中所见到的情况。

（4）离子成分。水中离子种类对腐蚀速率的影响很大。水中的 $H^+$、$Cl^-$、$SO_4^{2-}$ 等离子对钢铁表面的氧化物保护膜具有破坏作用，故随它们的浓度增加，氧腐蚀的速度也增大。特别是 $Cl^-$ 能破坏金属表面的钝化膜，所以具有促进金属点蚀的作用。因此，为了防止凝结水-给水系统的氧腐蚀，特别是在进行 OT 处理时，必须严格控制凝结水和给水的纯度。

（5）水流速。在一般情况下，水的流速增大，钢铁的氧腐蚀速度提高。因为随着水流速增大，扩散层厚度减小，由式（6-15）可知钢的腐蚀速度将因此而提高。但是，当水流速增大到一定程度时，可能会促使钢表面发生钝化，氧腐蚀速度又会下降。如果水流速度进一步增大，到一定程度后腐蚀速度又将开始迅速上升，这是因为水的冲刷作用破坏了钢表面的钝化膜，促使腐蚀加速，此时金属表面呈现出冲刷腐蚀的特征，如全挥发处理（AVT）下省煤器管道中发生的流动加速腐蚀（FAC）。

4. 运行中氧腐蚀的部位

金属发生氧腐蚀的根本原因是金属所接触的介质中含有溶解氧，所以凡有溶解氧的部位，都有可能发生氧腐蚀。但不同部位，水质条件（氧浓度、温度等）不同，腐蚀程度也就不同。在采用除氧水工况的情况下，氧腐蚀主要发生在温度较高的高压给水管道、省煤器等部位。另外，在疏水系统中，由于疏水箱一般不密闭，溶解氧浓度接近饱和值，并且水中溶解有较多的游离二氧化碳，因此氧腐蚀比较严重。凝结水系统也会遭受氧腐蚀，但腐蚀程度较轻，因为凝结水中正常含氧量低于 $30\mu g/L$，且水温较低。但当凝结水中含有游离 $CO_2$ 而导致 pH 值偏低时，钢表面难以形成保护膜，氧腐蚀与酸性腐蚀同时发生，因而可能使钢的腐蚀加剧。除氧器运行正常时，给水中的氧一般在省煤器就耗尽了，所以水冷壁系统不会遭受氧腐蚀；但当除氧器运行不正常或锅炉启动初期，溶解氧可能进入水冷壁系统，造成水冷壁管的氧腐蚀。锅炉运行时，省煤器入口段的腐蚀一般比较严重。

5. 防止运行中氧腐蚀的方法

根据上面对氧腐蚀影响因素的分析可知，防止运行中热力设备氧腐蚀应采取下列措施：

（1）严格控制凝结水和给水的纯度，这是超临界机组应用各种水化学工况的前提条件；

（2）依照不同水化学工况的要求，通过加氨适当地提高凝结水和给水的 pH 值，并通过除氧（包括热力除氧和联氨处理）或加氧控制水中溶解氧的浓度，促使钢表面形成良好的钝化膜。

**二、酸性腐蚀**

1. 水汽系统中酸性物质的来源

热力设备运行时，进入水汽系统的工质不可避免的含有少量的杂质。有些杂质进入水汽系统后，在高温高压条件下会发生热分解、降解或水解作用而产生二氧化碳、低分子有机酸，甚至无机强酸等酸性物质。下面对水汽系统中这些酸性物质的来源进行分析。

（1）二氧化碳。补给水中所含的碳酸化合物是水汽系统中二氧化碳的主要来源。其次，凝汽器发生泄漏时，漏入凝结水的冷却水也会带入碳酸化合物，其中主要是碳酸氢盐。另外，水汽系统中有些设备是在真空状态下运行的。当这些设备的结构不严密时，外界空气会漏入，这也会使系统中二氧化碳的含量有所增加。例如，从汽轮机低压缸接合面、汽轮机端部的汽封装置以及凝汽器汽侧漏入空气。尤其是在凝汽器汽侧负荷较低，冷却水的水温也较低，抽汽器的出力又不够时，凝结水中氧和二氧化碳的量就会增加。其他如凝结水泵、疏水泵泵体及吸入侧管道不严密处也会漏入空气，使凝水中二氧化碳和氧的含量增加。

碳酸化合物进入给水系统后，在高压除氧器中，碳酸氢盐会受热分解一部分，碳酸盐也会部分水解，放出二氧化碳，这两个反应可表示如下：

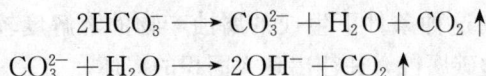

$$2HCO_3^- \longrightarrow CO_3^{2-} + H_2O + CO_2\uparrow$$

$$CO_3^{2-} + H_2O \longrightarrow 2OH^- + CO_2\uparrow$$

除氧工况下的运行经验表明，热力除氧器能除去水中的大部分二氧化碳。另外，碳酸氢盐和碳酸盐的分解需要较长的时间。因此，在除氧器后的给水中碳酸化合物主要是碳酸氢盐和碳酸盐。当它们进入锅炉后，随着温度和压力的提高，分解速度加快，几乎能完全分解成二氧化碳。生成的二氧化碳随着蒸汽进入汽轮机和凝汽器。在凝汽器中会有一部分二氧化碳被凝汽器抽汽器抽出，但仍有相当一部分二氧化碳溶入凝结水，使凝结水受到二氧化碳污染。但是，如果凝结水精处理系统的运行状况良好，可将凝结水中的二氧化碳除去。

(2) 低分子有机酸和无机强酸。火力发电厂使用的生水，如果是地下水，一般几乎不含有机物；若使用地表水，如江水、河水、湖水或水库水，则往往含较多的有机物。天然水中有机物总量约 1/10 来源于工矿企业的工业废水、城乡生活废水以及含农药的农田排水等，其余都来自植物的腐败分解。因此，天然水中的有机物的主要成分是腐植酸和富维酸，它们都是含羧基（—COOH）的高分子有机酸。在正常运行情况下，生水中这些有机物在补给水处理系统中，只能除去 80% 左右，所以仍有部分有机物进入给水系统。另外，由于凝汽器的泄漏，冷却水中类似的有机物也可能直接进入水汽系统。上述这些有机物，都来源于水汽系统的外部，所以不妨称之为给水有机物污染的"外部污染源"。另一方面，补给水和凝结水处理用的离子交换树脂保管、使用不当或者机械强度较差，都会使树脂在使用过程中容易产生碎末；离子交换设备进水温度过高或者水中含有较多的强氧化剂（如残余氯），则会造成树脂的降解或分解。此外，水处理设备中还会滋生一些细菌和微生物。这些有机物均在水处理系统内部产生，所以可称之为给水有机物污染的"内部污染源"。

腐殖酸类有机物在给水和炉水中受热分解后，可产生甲酸、乙酸、丙酸等低分子有机酸。被污染的水中的人造有机物在炉水中热分解，不仅可产生低分子有机酸，还可产生无机酸。一般阴离子交换树脂在温度超过 60℃ 时就开始降解，温度升高到 150℃ 时降解十分迅速；阳离子交换树脂在 150℃ 时开始降解，温度升高到 200℃ 时降解十分剧烈。在高温、高压下这些降解反应均释放出低分子有机酸，其中主要是乙酸，但也有甲酸、丙酸等。强酸阳离子交换树脂分解产生的低分子有机酸比强碱阴离子交换树脂所释放出的低分子有机酸多得多。离子交换树脂在高温下的降解过程中还释放出大量的无机阴离子，如氯离子。值得注意的是，强酸阳离子交换树脂上的磺酸基在高温高压下会从链上脱落，在水中生成硫酸。

综上所述，热力设备运行时，水汽系统中可能存在的酸性物质，主要是游离二氧化碳以及低分子有机酸和无机强酸。这些酸性物质随着水汽在系统中循环，在一定条件下可能引起水的 pH 值降低，并导致设备金属的酸性腐蚀。

2. 水汽系统中的二氧化碳腐蚀

(1) 部位和特征。水汽系统中的二氧化碳腐蚀是指溶解在水中的游离二氧化碳导致的析氢腐蚀。二氧化碳腐蚀比较严重的部位是在凝结水系统。因为凝结水中难免受到二氧化碳污染，并且其水质较纯，缓冲性很小，溶入少量二氧化碳，其 pH 值就会显著降低。例如，室温时，纯水中溶有 1mg/L 二氧化碳，其 pH 值即可由 7.0 降至 5.5。

碳钢和低合金钢在流动介质中受二氧化碳腐蚀时，在温度不太高的情况下，其特征是材料的均匀减薄。因为在这种条件下生成的腐蚀产物的溶解度较大，易被水流带走。因此，一旦设备发生二氧化碳腐蚀，往往出现大面积的损坏。

(2) 腐蚀过程。钢铁在无氧的二氧化碳水溶液中的腐蚀速度主要取决于钢表面上氢气的析出速度。氢气的析出速度越快，则钢的溶解（腐蚀）速度也就越快。研究发现，含二氧化碳的水溶液中析氢反应是通过下面两个途径同时进行的：一条途径是，水中二氧化碳分子与水分子结合成碳酸分子，它电离产生的氢离子迁移到金属表面上，得电子还原为氢气放出；另一条途径是，水中二氧化碳分子向钢铁表面扩散，被吸附在金属表面上，在金属表面上与水分子结合形成吸附碳酸分子，直接还原析出氢气。由于碳酸是弱酸，在水溶液中存在下面的弱酸电离平衡：

$$H_2CO_3 \rightleftharpoons H^+ + HCO_3^-$$

这样，在腐蚀过程中被消耗的氢离子，可由碳酸分子的继续电离而不断得以补充，在水中游离二氧化碳没有被消耗完之前，水溶液的 pH 值维持不变，钢的腐蚀速率基本保持不变。而在完全电离的强酸溶液中，随着腐蚀反应的进行，溶液 pH 不断地升高，钢的腐蚀速率也就逐渐减小。另一方面，水中游离二氧化碳又能通过吸附，在钢铁表面上直接得电子还原，从而加速了腐蚀反应的阴极过程，这样促使铁的阳极溶解（腐蚀）速度增大。因此，二氧化碳水溶液对钢铁的腐蚀性比相同 pH 值、完全电离的强酸溶液更强。

（3）影响二氧化碳腐蚀的因素。

1）金属材质。从金属材质方面看，容易受二氧化碳腐蚀的金属材料主要有铸铁、铸钢、碳钢和低合金钢。增加合金元素铬的含量，可以提高钢材耐二氧化碳腐蚀的性能，如果含铬量增加到 12.5％以上，则可耐二氧化碳腐蚀。例如，用化学除盐水作补给水时，给水泵的叶轮和导叶材料改用 1Cr13 不锈钢后，原先的腐蚀严重情况就得到了缓和。

2）游离二氧化碳的含量。水中游离二氧化碳的含量对腐蚀速度的影响很大。在密闭的热力系统中，压力随温度升高而增大，二氧化碳溶解量随其分压的上升而增大。钢铁的腐蚀速度也随溶解二氧化碳的量增多而增加。图 6-8 为 25℃时碳钢的腐蚀速率与水中二氧化碳含量的关系。

3）水中的溶解氧。如果水中除了含二氧化碳外，同时还有溶解氧，腐蚀将更加严重。这时，金属除发生二氧化碳腐蚀外，还发生氧腐蚀；并且，二氧化碳的存在使水呈酸性，容易破坏原来的保护膜，不易生成新的保护

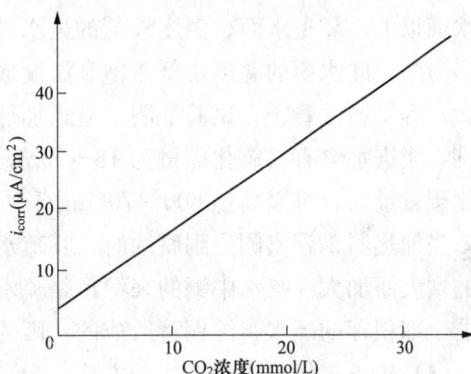

图 6-8　25℃时碳钢的腐蚀速率与
水中的 $CO_2$ 含量的关系

膜，因而使氧腐蚀更严重。这种腐蚀除了具有酸性腐蚀的一般特征，表面往往没有或很少有腐蚀产物外，还具有氧腐蚀的特征，腐蚀表面呈溃疡状，有腐蚀坑。这种情况常常出现在凝结水系统、给水系统及疏水系统。

4）水的温度。温度对二氧化碳腐蚀的影响较大，它不仅影响碳酸的电离程度和腐蚀速度，而且对腐蚀产物的性质有很大的影响。当温度较低时，碳钢、低合金钢的二氧化碳腐蚀速度随水温升高而增大。这是因为碳酸的一级电离常数随温度升高而增大，使水中 $H^+$ 浓度增加；另外，此时金属表面上只沉积了少量无黏附性的较软的腐蚀产物，难以形成保护膜。当温度升高到 100℃左右时，腐蚀速度达到最大值。此时，钢铁表面上形成的保护膜不致密，有较多空隙，不仅没有保护性，还使钢铁发生点蚀的可能性增大。温度更高时，钢铁表面上生成了致密且黏附性好的保护膜，腐蚀速度随着降低。

5）水流速度。二氧化碳腐蚀速度随着水流速度的增大而增大，但当流速增大到紊流状态时，腐蚀速度不随水流速变化而变化。

在凝结水系统、疏水系统和热网水系统中，都可能发生溶解氧和$CO_2$同时存在的腐蚀。对于给水泵，因其是除氧器后的第一个设备，所以当除氧不彻底时，更容易发生这类腐蚀，因为在这里还具备有两个促进腐蚀的条件：温度高；轴轮的快速转动使保护膜不易形成。在用除盐水作补给水时，由于给水的碱度低、缓冲性小，所以一旦有二氧化碳和氧气进入给水中，给水泵就会发生这种腐蚀。此时，在给水泵的叶轮和导轮上发生腐蚀，一般腐蚀是由泵的低级部分至高级部分逐渐增强的。

类似的腐蚀也会发生在给水中含氧的酸性水的情况下。例如，当水的离子交换除盐设备除氧器控制不好，以致有时给水呈酸性且含有氧时，腐蚀就会非常严重。

如果凝汽器、射汽式抽气器的冷却器和加热器等设备采用黄铜管制作传热管件时，当水含有游离二氧化碳和氧气时，则会引起铜管腐蚀。当温度高于$40\sim50℃$时，水中如含有游离二氧化碳，则会在没有氧气的情况下，会促使黄铜发生脱锌腐蚀，即黄铜中的锌组分发生溶解的现象。当水中同时有游离二氧化碳和氧气时，铜本身也会遭到腐蚀。

低压加热器采用铜管的汽侧，由于常常有游离二氧化碳和氧气，所以最易遭到腐蚀。这种情况下的腐蚀特征是管壁均匀变薄，并有密集的麻坑。这种麻坑的部位往往集中在疏水水面以上、靠近水面、温度较低的进水端、设有抽气管的地方。因为这些部位容易形成一层薄膜，此水膜的温度常低于饱和温度成为过冷水膜，所以这层水膜中的二氧化碳量特别大，容易腐蚀管子。试验证明，立式加热器汽侧不同部位汽水中的含二氧化碳量有很大差别，当进水含有二氧化碳量为$18\sim20mg/L$时，在靠近疏水水面上取得的抽汽样品含二氧化碳量最高，可以高达$600\sim700mg/L$。

当加热器钢管汽侧受到腐蚀时，其疏水中含铜量会增加。疏水中含铜量随着二氧化碳量的增大而加大。疏水中铜的来源，是疏水水滴在铜管上腐蚀铜材后带下来的，并不是加热器下部积存的疏水腐蚀铜管造成的，因为铜管并未浸泡在下部疏水中。

（4）防止二氧化碳的腐蚀的方法。为了防止或减轻水汽系统中游离二氧化碳对热力设备的腐蚀，除了选用不锈钢来制造某些部件外，首先应设法减少进入系统的碳酸化合物。为此，可采取下列措施：

1）减少补给水带入的碳酸化合物。为此，首先，应采用二级除盐水作补给水，并保证补给水水质。

2）防止凝汽器泄漏，提高凝结水质量。超超临界机组的凝结水应100%地进行精处理。

3）防止空气漏入水汽系统，在进行全挥发处理时应提高除氧器和凝汽器的除气效率。除氧器应维持正常运行压力和温度，以及加装再沸腾装置，以提高除去水中游离二氧化碳的效率。

尽管采取上述措施，可使水汽系统中的游离二氧化碳含量大幅度降低。但是，由于给水中仍有微量的碳酸盐，并且可能有空气漏入系统，所以免不了还会发生二氧化碳腐蚀。为了减轻系统中二氧化碳腐蚀的程度，一般除了采取上述措施外，还普遍采取向凝结水和给水中加氨的措施来中和水中的游离二氧化碳。

## 第四节　给水水质调节方法

### 一、超超临界机组水化学工况

超超临界机组的水化学工况就是指锅炉给水的处理方式及其所控制的水、汽质量标准。超超临界条件下水汽的理化特性决定了超超临界机组必须采用直流锅炉。

在直流锅炉中，给水依靠给水泵产生的压力，一次性地顺序流经省煤器、水冷壁、过热器等受热面，完成水的加热、蒸发和过热过程，全部变成过热蒸汽送出锅炉。在超超临界压力下运行时，当水被加热到相应压力下的相变点温度即全部汽化，不再出现汽水混合物的两相区。可见，直流锅炉的基本特点是没有汽包，水也无需反复循环多次才完成蒸发过程，即没有循环着的锅炉水。因此，直流锅炉不像汽包锅炉那样可以进行锅炉排污以排除炉水中杂质，不能进行炉水处理防止水中结垢物质沉积，并将其随锅炉排污排除掉。给水若带杂质进入直流锅炉，这些杂质或者在水冷壁炉管内沉积，或者被蒸汽带往汽轮机。

杂质在超超临界直流锅炉的炉管内沉积（结垢），除了会促进炉管的腐蚀以及严重时有引起超温爆管事故的危险外，有时还会引起直流锅炉水汽系统流动总阻力的增加，不仅会增大给水泵的耗电量，而且当流动阻力增大的数值超过给水泵的富裕压头时，还会迫使锅炉降负荷运行。这种情况最易发生在超超临界直流锅炉中。因为这种锅炉的水冷壁管的内径很小，即使管内有少量沉积物，也会明显地减小流通截面。

含有杂质的蒸汽进入汽轮机后，会在汽轮机的通流部分（如叶片上）形成沉积物（积盐），从而导致机组的效率和可靠性降低，严重时可能引起汽轮机内部零件的严重破坏。此外，覆盖在叶片上的沉积物还会引起和加速叶片的腐蚀。蒸汽中的腐蚀性杂质（如 $NaOH$、$NaCl$、$Na_2SO_4$、$HCl$ 和有机酸等）会在汽轮机，特别是低压缸中产生初凝水的部分引起全面腐蚀以及点蚀和应力腐蚀。如果蒸汽中含有固体微粒（其主要成分是过热器或在热器管内剥落的氧化铁），会造成超超临界汽轮机高中压缸蒸汽入口处部件的磨蚀。

由上述可知，无论杂质是沉积在炉管内，还是被蒸汽溶解带入汽轮机，对机组的安全、经济运行都有很大的危害。因此，超超临界机组对给水水质要求极高。

1. 直流锅炉水化学工况的基本要求

为了防止给水中杂质在锅炉内沉积和被蒸汽带往汽轮机，影响机组的安全、经济运行，超超临界机组的水化学工况应满足以下基本要求：

（1）尽量减少直流锅炉内的沉积物，延长清洗间隔时间。在超超临界直流锅炉内，特别是下辐射区水冷壁管内总是不可避免地会产生沉积物（主要是氧化铁的沉积物），为了清除这些沉积物以保证锅炉安全、经济运行，应定期进行化学清洗。超超临界机组水化学工况必须能使锅炉化学清洗的周期与机组大修周期相适应。应该注意到，从经济角度考虑，机组容量越大，越希望延长其大修周期，对水化学工况的要求也就越高。

（2）尽量减少汽轮机通流部分的杂质沉积物。直流锅炉，特别是超超临界及以上直流锅炉，蒸汽参数很高：蒸汽溶解物质的能力很大，给水中的盐类物质几乎全部被蒸汽溶解带到汽轮机中去。超临界压力蒸汽溶解铜化合物的能力也很大，铜化合物在压力超过24MPa 的蒸汽中的溶解度远远超过亚临界压力蒸汽中的溶解度。在汽轮机内，当蒸汽压力从 24MPa 降低到 20～17MPa 时，在汽轮机最前面的叶片和隔板上就可能产生铜的沉积物。为了彻底解决汽轮机内的铜沉积问题，目前超临界机组的热力系统一般都设计成无铜系统。但是，对有铜系统，如何使给水铜含量达到水质标准的要求、防止铜沉积也是超超临界机组水化学工况的基本要求之一。

（3）保证热力设备水汽侧不发生腐蚀。首先，超超临界机组的水化学工况应能很好地控制炉前系统的氧腐蚀、酸性腐蚀和FAC，以尽量减少给水带入锅炉和减温水带入蒸汽的腐蚀产物；第二，超超临界机组的水化学工况有利于防止水冷壁、过热器和再热器炉管及汽轮机通流部分金属的腐蚀，特别是不锈钢部件的应力腐蚀，以保证机组的安全运行。

2. 大型火力发电机组的水化学工况

大型火力发电机组锅炉特别是直流锅炉水冷壁和炉前系统的热力设备选用的金属材料主要是碳钢和低合金钢，它们在高温、高压的给水，特别是炉水中耐蚀性较差，必须采取适当的防护措施。但是，热力设备体积庞大、结构复杂，很多热力设备又是在高温、高压、高热负荷、高应力的条件下工作，并且电厂的安全、经济运行对水汽品质要求极高，几乎不允许有任何污染。因此，一般常温下的防腐蚀方法的应用受到限制。目前，最为经济、有效的防护措施就是采用适当的水化学工况使金属表面形成氧化物保护膜来防止高温介质的侵蚀。高参数、大容量机组的水化学工况就是指锅炉给水的处理方式及所控制的水质标准。

根据国家发改委发布的电力行业标准DL/T 805.4—2016《火电厂汽水化学导则 第4部分：锅炉给水处理》和国家标准GB/T 12145—2016《火力发电机组及蒸汽动力设备水汽质量》。常用的水化学工况主要有以下几种：

（1）全挥发性处理。是对给水进行热力除氧的同时向给水中加入联氨和氨的给水处理方法，目的是除尽给水中的溶解氧，并使之呈碱性，以使钢表面上形成较稳定的$Fe_3O_4$保护膜，这就是"联氨—氨"碱性水化学工况。因为它采用的药品都是挥发性的，所以常称为全挥发性处理（all volatile treatment，AVT）。

AVT水化学工况又分为两种：

1）还原性全挥发处理。锅炉给水加氨和还原剂的处理，简称AVT（R）。

2）弱氧化性全挥发处理。锅炉给水中只加氨的处理，简称AVT（O）。

（2）联合水处理。是向给水中加入氧气和氨的给水处理方法，使给水中含有微量溶解氧，并呈碱性，以使钢表面上形成更稳定、致密的$Fe_3O_4$-$Fe_2O_3$双层保护膜。这是加氧处理和加氨碱化处理的联合应用，所以称为联合水处理（combined water treatment，CWT）。

（3）中性水处理。就是利用溶解氧的钝化作用原理，在高纯度锅炉给水中加入适量的氧化剂（氧气或过氧化氢），以促进金属表面的钝化，从而达到进一步减少锅炉金属腐蚀的目的，即中性水处理（neutral water treatment，NWT）。

（4）给水加氧处理。是指向锅炉给水中加入氧气，可以加其他药剂调节pH值，也可以不再加任何药剂，称为锅炉给水加氧处理（oxygenated treatment，OT）。

目前，OT和AVT水化学工况是直流锅炉火力发电机组，特别是超超临界级机组常用的两种水化学工况。表6-6列出直流锅炉（无铜给水系统）的给水处理的三种方式定义、水质标准及效果比较。表中同时列出了 DL/T 805.4—2016《火电厂汽水化学导则 第1部分：锅炉给水加氧处理导则》规定的给水加氧处理时的质量标准。

**表 6-6** 无铜超超临界机组适用的给水处理方式和给水质量标准

| 处理方式名称 | | 还原性全挥发处理 | | 氧化性全挥发处理 | | 加氧处理（碱性） | |
|---|---|---|---|---|---|---|---|
| 处理方式定义 | | 给水加氨和还原剂（如联氨）的处理 | | 给水只加氨的处理 | | 给水加氧的处理 | |
| 处理方式英文缩写 | | AVT（R） | | AVT（O） | | OT | |
| 过热蒸汽压力（MPa） | | >18.3 | | >18.3 | | >18.3 | |
| | | 标准值 | 期待值 | 标准值 | 期待值 | 标准值 | 期待值 |
| 给水质量标准 | 氢电导率（$\mu$S/cm, 25℃） | ≤0.10 | ≤0.08 | ≤0.10 | ≤0.08 | ≤0.10 | ≤0.08 |
| | pH（25℃） | 9.2~9.6 | — | 9.2~9.6 | — | 8.5~9.3 | — |
| | 溶氧（$\mu$g/L） | ≤7 | — | ≤10 | — | 10~150 | — |
| | Fe（$\mu$g/L） | ≤5 | ≤3 | ≤5 | — | <5 | ≤3 |
| | Cu（$\mu$g/L） | ≤2 | ≤1 | ≤2 | ≤1 | ≤2 | ≤1 |
| | $Na^+$（$\mu$g/L） | ≤2 | ≤1 | ≤2 | ≤1 | ≤2 | ≤1 |
| | 氯离子（$\mu$g/L） | ≤1 | — | ≤1 | — | ≤1 | — |
| | 二氧化硅（$\mu$g/L） | ≤10 | ≤5 | ≤10 | ≤5 | <10 | ≤5 |
| | $N_2H_4$（$\mu$g/L） | <30 | — | — | — | — | — |
| | 硬度 H（$\mu$mol/L） | — | — | — | — | — | — |
| | TOC（$\mu$g/L） | ≤200 | — | ≤200 | — | <200 | — |
| 比较 | 给水和湿蒸汽系统 FAC | 容易发生 | | 有所减轻 | | 显著减轻或消除 | |
| | 给水含铁量及省煤器和水冷壁管结垢速率 | 相对较高 | | 有所降低 | | 显著降低 | |
| | 凝结水精处理混床运行周期 | 缩短（pH 值较高，加氨较多） | | | | 延长（pH 值较低） | |

**二、全挥发性给水处理**

对于亚临界和超临界参数以上的机组为了防止给水系统金属的腐蚀，通常采用的方法是除掉给水中的溶解氧，并且提高给水的 pH 值。采用这种方法时，常在给水中加入联氨和氨等化学药品，因为这些药品都有挥发性，所以这种给水处理方法又称除氧的碱性全挥发性处理，即 AVT 水化学工况。

AVT 是在对给水进行热力除氧的同时，向给水中加入氨和联氨，以维持一个除氧碱性水工况，从而达到抑制水汽系统金属腐蚀的目的。由于给水经过热力除氧和联氨的加入，从而使给水具有较强的还原性，所以 AVT 水工况是一种还原性水工况。直流锅炉水汽系统的工作特点要求直流锅炉给水水质调节处理宜采用适宜的挥发性药品，因此使 AVT 水化学工况应用更为广泛。

给水的除氧通常是采用热力除氧和化学除氧相结合的方法，即在给水系统设置热力除氧器作为除氧的主要措施，同时间给水中加入化学除氧剂联氨（$N_2H_4$）作为除氧的辅助措施。向给水中加氨不仅可中和水中的二氧化碳等酸性物质，防止酸性腐蚀，而且可提高给水的 pH 值，以增强金属表面钝化膜在水中的稳定性。

1. 给水的 pH 值调节

给水的 pH 值调节就是往给水中加一定量的碱性物质，使给水的 pH 值保持在适当的弱碱性范围内，从而将给水系统中钢和铜合金材料的腐蚀速度都控制在较低的范围，以保证给水中铁和铜的含量符合规定的标准。目前，火电厂中用来调节给水 pH 值的碱化剂一般采用氨（$NH_3$）。给水加氨处理的实质就是用氨中和给水中的游离二氧化碳，并把给水的 pH 值提高到水质标准规定的碱性范围。

（1）给水加氨处理的原理。在常温常压下，$NH_3$ 是一种有刺激性气味的无色气体，极易溶于水，其水溶液称为氨水。一般商品浓氨水的浓度约为 28%，密度为 $0.91g/cm^3$。在常温下加压，氨很容易液化成液氨，液氨的沸点为 $-33.4℃$。由于 $NH_3$ 在高温高压下不会分解、易挥发、无毒，因此可以在各种压力等级的机组及各种类型的电厂中使用。

给水加氨后，氨在水中按下式电离产生 $OH^-$：

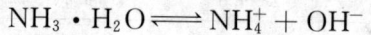

$$NH_3 \cdot H_2O \rightleftharpoons NH_4^+ + OH^-$$

因此，它可以中和游离二氧化碳产生的碳酸，并使水呈碱性。由于碳酸是二元弱酸，该中和反应有以下两步：

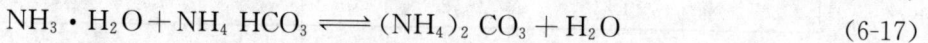

$$NH_3 \cdot H_2O + H_2CO_3 \rightleftharpoons NH_4HCO_3 + H_2O \qquad (6\text{-}16)$$
$$NH_3 \cdot H_2O + NH_4HCO_3 \rightleftharpoons (NH_4)_2CO_3 + H_2O \qquad (6\text{-}17)$$

根据上述两式，若氨恰好将 $H_2CO_3$ 中和成 $NH_4HCO_3$ 时，水的 pH 值约为 7.9；中和成 $(NH_4)_2CO_3$ 时，水的 pH 值约为 9.2。

当对给水进行氨处理时，$NH_3$ 随给水进入锅炉后会随蒸汽挥发出来，并随蒸汽通过汽轮机后排入凝汽器；在凝汽器中，一部分 $NH_3$ 被抽气器抽走，余下的 $NH_3$ 则溶入凝结水；当凝结水进入除氧器后，$NH_3$ 又会随除氧器排汽而损失一些，剩余的 $NH_3$ 则进入给水中继续在水汽系统中循环。试验结果表明，$NH_3$ 在凝汽器和除氧器中的损失率约为 20%～30%。如果机组设置有凝结水净化处理系统，则 $NH_3$ 将被该系统全部除去。因此，在加氨处理时，估计加氨量的多少，要考虑氨在水汽系统中的实际损失情况。一般通过加氨量调整试验来确定。

在水汽系统中，$NH_3$ 的流程和 $CO_2$ 基本相同，但这两种物质的分配系数相差很大。所谓分配系数是指某种物质在相互接触的汽水两相中含量的比值。显然，分配系数越大，则该物质在汽相中的含量越大，而在液相中的含量越小。分配系数除了决定于该物质的本性外，还与水汽温度有关。$NH_3$ 和 $CO_2$ 的分配系数都大于 1，但在相同的温度下 $CO_2$ 的分配系数远远大于 $NH_3$ 的分配系数。因此，当蒸汽凝结时，在最初形成的凝结水中 $NH_3$ 和 $CO_2$ 含量的比值要比蒸汽中的大；而当水蒸发时，在最初形成的蒸汽中 $NH_3$ 和 $CO_2$ 含量的比值要比水中的小。于是，在发生蒸发和凝结过程的热力设备中，水汽中 $NH_3$ 和 $CO_2$ 含量的比值和 pH 值就会发生变化，其大致情况如下：

1）在热力除氧器中，出水 pH 值大于进水 pH 值，因为排汽带出的 $CO_2$ 比 $NH_3$ 多；

2）在凝汽器中，凝结水 pH 值大于蒸汽 pH 值，因为抽气器抽走的 $CO_2$ 比 $NH_3$ 多；

3）在射汽式抽气器中，蒸汽凝结水 pH 值小于汽轮机凝结水 pH 值，因为抽气器内的蒸汽中 $NH_3$ 和 $CO_2$ 含量的比值要比汽轮机凝结水中的小；

4）在加热器中，汽相的 pH 值小于进汽的 pH 值小于疏水的 pH 值，因为疏水中 $NH_3$ 含量多，而蒸汽中 $CO_2$ 含量多。

这样，对给水进行氨处理时，会出现某些地方$NH_3$过多，另一些地方$NH_3$过少的矛盾。因此，不能用氨处理作为解决游离$CO_2$问题的唯一措施，而应该首先尽可能地降低给水中碳酸化合物的含量，这样加氨处理才会有良好的效果。

（2）给水pH值的控制范围。在确定给水pH值的控制范围时，首先要考虑水的pH值对金属表面保护稳定性的影响。图6-9为不同温度下$Fe-H_2O$体系的电位-pH图。可见，$Fe_3O_4$保护膜稳定的pH范围与温度有关。随温度的上升，$Fe_3O_4$的稳定区逐渐向酸性区移动，而$HFeO_2^-$的稳定区随之向酸性区扩展。另外，$Fe_3O_4$保护膜稳定性还明显与pH值有关。根据图6-9，从减缓碳钢的腐蚀考虑，应将给水的pH值调整到9.5以上为好。

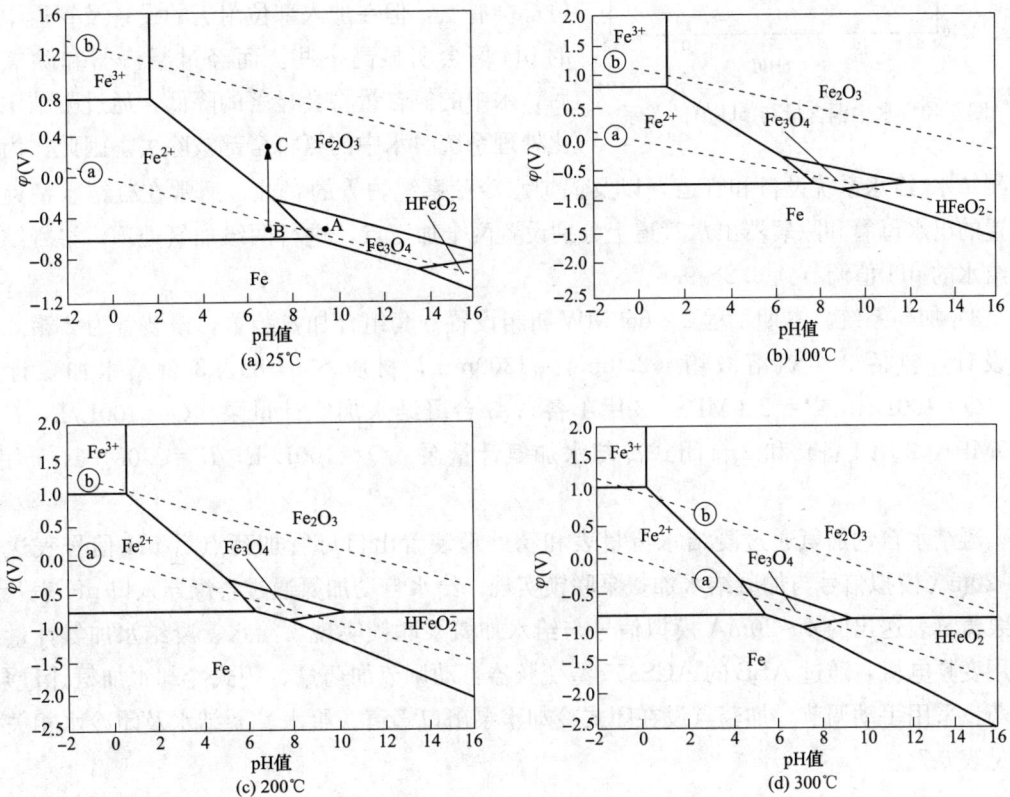

图 6-9 不同温度下 $Fe-H_2O$ 体系的电位-pH 图

但是，目前很多热力系统中的凝汽器、低压加热器等都使用了铜合金材料，所以还必须考虑到pH值对铜合金的腐蚀影响。图6-10是水温90℃时，用氨碱化的水中铜合金的腐蚀试验结果，图中水中铜含量间接表示铜材腐蚀速度。从图6-10中可以看出，当pH值在8.5~9.5之间，铜合金的腐蚀最小；pH值高于9.5，或低于8.5，尤其是低于7时，铜合金的腐蚀都会迅速增大。因此，目前在采用除氧处理时，对钢铁和铜合金混用的热力系统，为兼顾钢铁和铜合金的防腐蚀要求，一般将给水的pH值控制在8.8~9.3的范围内；如果仅凝汽器管为黄铜管的机组，应将给水的pH值调节到9.1~9.4；对无铜热力系统，一般是将给水的pH值控制在9.2~9.6的范围内。另一方面，控制给水pH值在这个范围，对发挥凝结水精处理系统中的离子交换设备的最佳效能是不利的，因为这将使精处理高速混床的运行周期缩短。

（3）给水加氨处理的方法。

1）化学药品。给水 pH 值调节所用化学药品通常为液体无水氨，它应符合中优等品的质量要求：$NH_3 \geqslant 99.9\%$、残留物 $\leqslant 0.1\%$、$H_2O \leqslant 0.1\%$、油 $\leqslant 5g/kg$（重量法）、铁含量 $\leqslant 1mg/kg$。

2）加药点。因为氨是挥发性很强的物质，不论在水汽系统的那个部位加入，整个系统的各个部位都会有氨，但在加入部位附近的设备及管道中水的 pH 值会明显高一些。而经过凝汽器和除氧器后，水中的氨含量将会显著的降低，通过凝结水净化处理系统时水中的氨将全部被除去。因此，为抑制凝结水-给水系统设备和管道，以及锅炉水冷壁系统炉管的腐蚀，通常在凝结水精处理装置的出水母管和除氧器出水管道上分别设置两个加氨点，进行两级加氨处理，将凝结水和给水的 pH 值调节到 9.2～9.6。

3）加药系统。本期工程 2×660MW 机组设置一套组合加氨装置，该装置为 2 箱 8 泵制设计，包括 2 个氨溶液箱（$2.0m^3$，$\phi 1300mm$，材质 S304-8），3 台给水加氨计量泵（$Q=100L/h$，$P=2.0MPa$，2 用 1 备）；3 台凝结水加氨计量泵（$Q=100L/h$，$P=6.0MPa$，2 用 1 备）和 2 台闭式冷却水加氨计量泵（$Q=100L/h$，$P=2.0MPa$，1 用 1 备）。

凝结水自动加氨通过凝结水流量表和精处理装置出口母管加药点后 pH 信号表送出 4～20mA 模拟信号与加凝结水加氨泵联锁实现；给水自动加氨通过省煤器入口 pH 表及给水泵流量表送出的 4～20mA 模拟信号与给水加氨泵联锁实现。给水、凝结水加氨计量泵采用变频电机，通过 ABB 的 ACS355 型变频器自动调节加药量。闭式冷却水加氨计量泵，加药量采用手动调节，加药点设在闭式冷却水泵出口管道。给水、凝结水及闭冷水相关参数见表 6-7。

**表 6-7**　　　　　　　　给水、凝结水及闭冷水加药点相关参数

| 加药点 | 压力（MPa） | 温度（℃） | pH（25℃） | 最大流量（m³/h） |
|---|---|---|---|---|
| 凝结水精处理混床出口 | <4.0 | <70 | 6.5～7.5 | 1290 |
| 给水泵进口 | 小于 1.45 | 184 | 9.2～9.6 | 1950 |
| 闭式循环冷却水泵出口 | <0.5 | <40 | >8.5 | |

在 25℃下，加氨的纯水中，水的 pH 值和水中氨的浓度（$A$，mg/L）与电导率（$\kappa$，$\mu$S/cm）之间的关系分别符合式（6-18）和式（6-19）。

$$pH = \lg\kappa + 8.57 \tag{6-18}$$

$$A = 0.001(13.1\kappa^2 + 62.5\kappa) \tag{6-19}$$

由于正常情况下，凝结水和给水中含有一定浓度的氨，而杂质很少，对水电导率值的

---

图左侧：

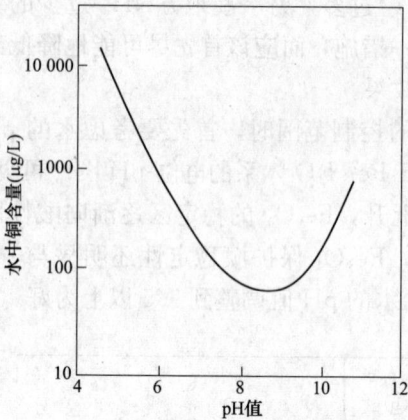

图 6-10　水中铜含量与 pH 值的关系

影响完全可以忽略，即凝结水和给水的 pH 值和氨浓度也分别符合上述式。这样，测量给水或凝结水的电导率，可计算 pH 值和氨浓度（见表6-8），从而达到间接测量这两个水质指标的目的；另外，在自动加氨时，经常采用与上述 pH 信号相应取样点的电导率作为自动控制信号。

**表 6-8**　　　　　　　　**25℃下加氨的纯水中的 pH 值、电导率、氨浓度对照表**

| pH | 8.00 | 8.20 | 8.40 | 8.60 | 8.80 | 9.00 | 9.20 | 9.40 | 9.60 | 9.80 | 10.00 |
|---|---|---|---|---|---|---|---|---|---|---|---|
| $\kappa(\mu S/cm)$ | 0.27 | 0.43 | 0.68 | 1.07 | 1.70 | 2.69 | 4.27 | 6.76 | 10.72 | 16.98 | 26.92 |
| $A(mg/L)$ | 0.018 | 0.029 | 0.048 | 0.082 | 0.144 | 0.263 | 0.505 | 1.021 | 2.174 | 4.839 | 11.172 |

（4）给水加氨处理存在的问题。给水加氨处理的防腐效果十分明显，但因氨本身的性质和热力系统的特点，它也存在不足之处。如前所述，由于 $NH_3$ 的分配系数较大，$NH_3$ 在水汽系统各部位的分布不均匀，对给水进行氨处理时，会出现某些地方 $NH_3$ 过多，另一些地方 $NH_3$ 过少的矛盾。另外，$NH_3$ 的电离平衡常数随水温的升高而显著降低，如温度从 25℃ 升高到 270℃，$NH_3$ 的电离平衡常数则从 $1.8 \times 10^{-5}$ 降到 $1.12 \times 10^{-6}$。这样，给水温度较低时比较合适的加氨量，在给水温度升高后就显得不够，不足以维持必要的给水 pH 值。这是造成高压加热器碳钢管束腐蚀加剧的原因之一，由此还造成高压加热器后给水含铁量增加的不良后果。为了维持高温给水中较高的 pH 值，则必须增加给水的含氨量，这就可能使水汽中氨浓度过高，从而缩短了精处理高速混床的运行周期。因此，防止二氧化碳腐蚀首先应尽量降低给水中的碳酸化合物的含量和防止空气漏入系统，加氨处理只能作为辅助性的措施。

2. 给水的热力除氧

（1）除氧原理。根据亨利定律，在敞口体系中，气体在水中溶解度随水温递减，当水温升高到沸点时，气体溶解度减小至零，即溶解的气体全部从水中逸出到大气中。

气体的逸出速度随水温升高和气水接触面积增加而加快，热力除氧器就是基于这一原理除氧的。在热力除氧器中，用蒸汽将给水加热到沸点，同时让给水分散成小水滴、小股水流或形成水膜，以形成很大的气水接触面积，加快除氧速度。

任何气体在水中的溶解度都遵循亨利定律，故热力除氧器还能除去二氧化碳等其他气体。二氧化碳的去除，又会促使碳酸氢盐的分解，所以热力除氧器不能间接地除去水中部分碳酸氢盐。

（2）除氧器的类型与结构。根据热力除氧原理可知，热力除氧器必须具备加热和分散水流两种功能。电厂的热力除氧器通常采用混合加热方式，这就是使给水在除氧器内与加热蒸汽直接接触受热，直到加热到除氧器工作压力下的沸点，这种除氧器又称混合式除氧器。混合式除氧器按水流分散装置的基本构造可分为淋水盘式、喷雾填料式和喷雾淋水盘式等。

按除氧器工作压力分类，混合式除氧器有真空式、大气式和高压式三种，其工作压力依次为低于大气压力（如具有真空除氧作用的凝汽器）、稍高于大气压力（≈0.12MPa）和明显高于大气压力（一般大于 0.5MPa）。大气式和高压式除氧器又分别称为低压除氧器和高压除氧器。高压除氧器的压力随机组参数的提高而增大，高压和超高压机组除氧器的工作压力约为 0.59MPa；亚临界机组除氧器的工作压力约为 0.78MPa；超超临界机组除氧器的工作压力常在 1MPa 以上。

本期工程采用 YYN2050 型内置卧式无头除氧器，其设计压力为 1.5MPa，设计温度为 385.9℃，运行参数见表 6-9。该除氧器主要由封头、筒体、支座及内部组件等组成。除氧器内部设有喷雾装置、主蒸汽装置和辅助蒸汽装置，在除氧器壳体内部设有挡板；同时，除氧器在运行排气口设有节流孔板。

表 6-9                                YYN2050 型内置式除氧器运行参数

| 总容积/有效容积（m³） | 345/235 | 进口处凝结水温度（℃） | 142.0（VWO） |
|---|---|---|---|
| 最大出力（t/h） | 2250 | 进口处凝结水温度（℃） | 186.2（VWO） |
| 设计压力［MPa（a）］ | 1.5 | 最高工作压力［MPa（a）］ | 1.214 |
| 设计温度（℃） | 385.9 | 最高工作温度（℃） | 370.9 |

辅助蒸汽装置用于除氧器启动运行工况，此时辅助蒸汽阀门打开，主蒸汽阀门关闭。当温度和压力达到电厂运行要求时，可切换用主蒸汽装置，此时关闭辅助蒸汽阀门，打开主蒸汽阀门。为防止除氧器内部给水回流入蒸汽供给管，在主、辅蒸汽供给管路上必须装设单向止回阀。汽平衡管和主辅蒸接管之间必须安装单向止回阀。当加热蒸汽的压力由于某种原因突然消失时，除氧器中的压力将维持一个较短的时间，单向止回阀将打开，此时相应地蒸汽管路中将会具有与除氧器中同样的压力值，产生这种压力补偿能防止水向相反的方向流动。这样能够有效地防止回水倒流入汽轮机造成事故。

在水箱内部设有三种挡板，可防止水箱内出现流量分层现象，喷嘴挡板设在喷嘴的附近，同时可增强雾化除氧效果，另外两种流量挡板分别设在水箱中部和出水管附近同时可起到分流作用。

除氧器是一个混合加热器。除氧器的运行采取物理除氧方式。分为两个阶段：初级除氧阶段和深度除氧阶段。初级除氧阶段，是由喷雾装置来完成的。在各种工况下，喷雾装置均能将凝结水充分雾化，并且和蒸汽进行充分的接触，加热到饱和温度。在饱和状态下氧气及不凝结气体从水中析出，进入蒸汽空间中，并聚集在喷雾装置附近，当离析出来的氧气积聚到一定浓度后，随同少量的蒸汽一起由运行排氧口排出。深度除氧阶段，是通过主蒸汽喷射入水箱下部来实现的。根据不同情况，蒸汽、加压热水和汽/水混合物均能够充当除氧介质。

（3）调试及运行。在投入运行前，应确保除氧器的连接管道都处于很好的工作状态，并且进行适当清洗。喷雾装置只有在冲洗干净整体系统之后，才允许组装。

在对除氧器预热前，应确认整个冷凝系统已经充满水，包括喷雾装置管路中及喷雾装置在内，都已没有空气，要严防由于水的冲击而损坏喷雾装置。

1）启动。除氧器启动根据实际情况分为冷启动和热启动。冷启动是指水温低于 90℃。冷启动除氧器一般有三个阶段：

a. 向除氧器充水至正常水位的 20%，温度约 20℃。此时可开始加热除氧器。

b. 提升除氧器的压力和温度，温度上升速度控制在 2℃/min 以内。

c. 当除氧器达到要求的温度与压力时，可以开始缓慢打开冷凝水供给阀进一步给除氧器充水至正常水位，要求取样化验给水含铁量，当给水中含铁量不大于 $50\mu g/L$ 时，即可正常向锅炉供水。

除氧器也适于热启动，除氧器水温高于 90℃，和冷态启动一样，但仍应注意以下要求：

a. 水位可在正常水位和启动水位之间任何位置。

b. 启动排汽在压力、温度正常后，方可关闭。

2）正常运行。由于任何原因除氧器临时不用，排汽阀应关闭，避免热量损失，使除氧器处于热保护，可在长时间内保持正常压力、温度。

3. 联氨处理

本期工程为了防止间冷水在运行过程中漏入氧气，特加入联氨溶液，以保证间冷水系统不受腐蚀。

（1）联氨的性质。化学除氧所使用的药品，一般是采用联氨。联氨（$N_2H_4$）又称肼，在常温下是一种无色液体，易溶于水，它和水结合成稳定的水合联氨（$N_2H_4 \cdot H_2O$），水合联氨在常温下也是一种无色液体。在 25℃时，联氨的密度为 1.004g/$cm^3$，100%的水合联氨的密度为 1.032g/$cm^3$，24%的水合联氨的密度为 1.01g/$cm^3$。在 101.3kPa 的大气压力下，联氨和水合联氨的沸点分别为 113.5℃ 和 119.5℃；凝固点分别为 2.0℃ 和 −51.7℃。

联氨容易挥发，但当溶液中联氨的浓度不超过 40% 时，常温下联氨的蒸发量不大。空气中联氨蒸汽对呼吸系统和皮肤有侵害作用，所以空气中的联氨蒸汽量不允许超过 1mg/L。联氨能在空气中燃烧，其蒸汽量达 4.7%（按体积计）时，遇火便发生爆炸。无水联氨的闪点为 52℃，85%的水合联氨溶液的闪点可达 90℃，水合联氨的浓度低于 24% 时则不会燃烧。

联氨水溶液呈弱碱性，因为它在水中会发生下面的电离反应而产生$OH^-$：

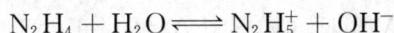

$$N_2H_4 + H_2O \Longleftrightarrow N_2H_5^+ + OH^-$$

25℃时联氨和氨的电离常数分别为$8.5×10^{-7}$和$1.8×10^{-5}$，可见联氨的碱性比氨的水溶液略弱。

联氨会热分解，其分解产物可能是$NH_3$、$H_2$ 和$N_2$，分解反应可能为：

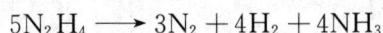

$$5N_2H_4 \longrightarrow 3N_2 + 4H_2 + 4NH_3$$

在没有催化剂的情况下，联氨的分解速度取决于温度和 pH 值。温度越高，分解速度越高；pH 值增高，分解速度降低。

联氨是还原剂，它可以和水中溶解氧直接反应，其反应式如下：

$$N_2H_4 + O_2 \longrightarrow N_2 + 2H_2O$$

另外，联氨还能将金属高价氧化物还原为低价氧化物，如将 $Fe_2O_3$ 还原为 $Fe_3O_4$，从而促进钢铁表面上生成 $Fe_3O_4$ 保护膜。

（2）化学除氧条件。联氨除氧反应速度受温度、pH 值和联氨过剩量的影响。为了保证除氧效果，应维持以下条件：

1）必须保持足够的水温。水的温度和联氨除氧的反应速度有密切的关系。温度越高，反应越快，故残留溶解氧越低；低于 50℃时，$N_2H_4$ 和 $O_2$ 的反应速度很慢，除氧效果很差；当水温超过 150℃时，反应速度很快。

2）必须将 pH 值维持在一定的碱性范围内。联氨在一定碱性范围才有较强的还原性，

pH 值超过这一范围，则还原性明显减弱；当 pH 值在 9～11 之间时，出现反应速度最大值。

3）必须保持足够的联氨过剩量。在 pH 值和温度相同的情况下，$N_2H_4$ 过剩量越大，除氧反应速度越快，除氧效果越好。但在实际运行中，$N_2H_4$ 过剩量应适当，不宜过多，因为过剩量太大不仅多消耗药品，而且可能有残留联氨带入系统中。

综上所述，联氨除氧的合理条件为：水温不小于 150℃，pH＝9～11，适当过剩量。

（3）加药方法。

1）化学药品。联氨处理所用药剂一般为水合联氨溶液，其质量要求：$N_2H_4 \cdot H_2O \geqslant 80\%$、$Cl^- \leqslant 0.001\%$、$SO_4^{2-} \leqslant 0.0005\%$、$Fe \leqslant 0.0005\%$、$Pb \leqslant 0.0005\%$。

2）加药点。设置在间冷循环水泵出水管道上。

3）加药系统。本期工程两台机组设一套组合加药装置，为机电控一体化装置，共设 1 台溶液搅拌箱（$2.0m^3$，$\phi 1300mm$），2 台美国胜瑞兰液压隔膜式计量泵（$Q＝200L/h$，$P＝2.0MPa$），泵头材质为 316，每台计量泵后配置一个胜瑞兰不锈钢缓冲器，联氨加药泵不设备用，加药均采用手动调节方式。

4）联氨使用注意事项。由于联氨有毒，易挥发，易燃烧，所以在保存、运输、使用时要特别注意。联氨浓溶液应密封保存，水合联氨应储存在露天仓库或易燃材料仓库，联氨储存处应严禁明火，操作或分析联氨的人员应戴眼镜和橡皮手套，严禁用嘴吸管移取联氨。药品溅入眼中应立即用大量水冲洗，若溅到皮肤上，可先用乙醇清洗受伤处，然后用水冲洗，也可以用肥皂清洗。在操作联氨的地方应当通风良好，冲洗水源充足。

**三、给水加氧处理**

1. 基本原理

从 Fe-$H_2O$ 体系电位-pH 图 6-9（a）可以看出，在给水除氧和 pH 值在 9.0～9.5 的条件下，铁的电极电位在 -0.5V 附近（如图中 A 点），正处于 $Fe_3O_4$ 钝化区，所以钢铁不会受到腐蚀；然而，当给水 pH 值下降到约为 7 时，Fe 的电极电位也在 -0.5V 左右（如图中 B 点），但处于腐蚀区，钢铁会被腐蚀。但是，如果向高纯水中加入氧或过氧化氢，使铁的电位由 B 点升高到 0.3～0.4V，则进入 $Fe_2O_3$ 钝化区（如图中 C 点），这样钢铁就得到了保护。

在水中含微量氧的情况下，碳钢腐蚀产生的 $Fe^{2+}$ 和水中的氧反应，形成 $Fe_3O_4$ 氧化膜：

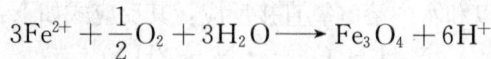

$$3Fe^{2+} + \frac{1}{2}O_2 + 3H_2O \longrightarrow Fe_3O_4 + 6H^+$$

但是，这样产生的氧化膜中 $Fe_3O_4$ 晶粒间的间隙较大，水可以通过这些晶粒间隙渗入到钢材表面而引起腐蚀，所以这样的 $Fe_3O_4$ 膜的保护效果较差，不能抑制 $Fe^{2+}$ 从钢材基体溶出。

如果向高纯水中加入了足量的氧化剂，如气态氧，不仅可加快上述反应的速度，而且可通过下列反应在 $Fe_3O_4$ 膜的孔隙和表面生成更加稳定的 -$Fe_2O_3$：

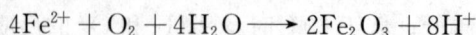

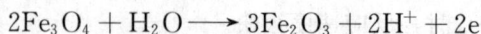

$$4Fe^{2+} + O_2 + 4H_2O \longrightarrow 2Fe_2O_3 + 8H^+$$

$$2Fe_3O_4 + H_2O \longrightarrow 3Fe_2O_3 + 2H^+ + 2e$$

这样，在加氧水工况下碳钢形成的表面膜具有双层结构，一层是紧贴在钢表面的磁性氧化铁（$Fe_3O_4$）内层，其外层是尖晶石型的三氧化二铁（$Fe_2O_3$）层。氧的存在不仅加快了 $Fe_3O_4$ 内伸层的形成速度，而且在 $Fe_3O_4$ 层和水相界面处又生成一层 $Fe_2O_3$，使 $Fe_3O_4$ 表面孔隙和沟槽被封闭，而且 $Fe_2O_3$ 的溶解度远比 $Fe_3O_4$ 低，所以形成的保护膜更致密、稳定。如果由于某些原因使保护膜损坏，水中的氧化剂能迅速地通过上述反应修复保护膜。因此，与除氧工况相比较，加氧工况可使钢表面上形成更稳定、更致密的 $Fe_3O_4$-$Fe_2O_3$ 双层保护膜。AVT 处理方式氧化膜结构如图 6-11（a）所示，OT 处理方式氧化膜结构如图 6-11（b）所示，这种膜表层呈红色，厚度一般小于 $10\mu m$，晶粒尺寸多数小于 $1\mu m$。

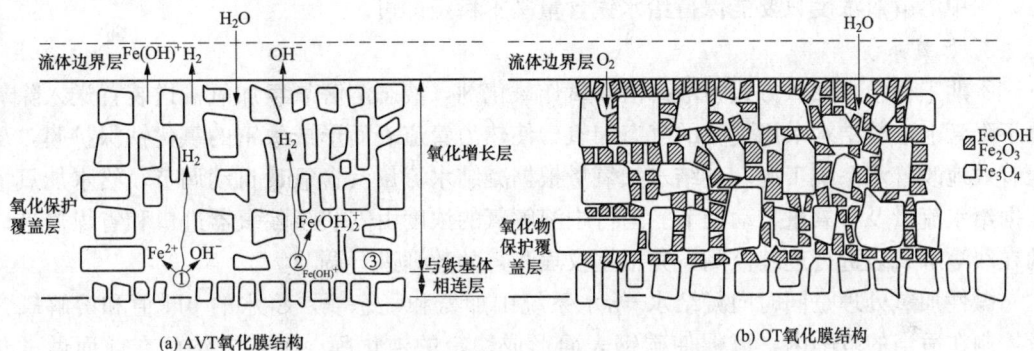

图 6-11　两种水处理工况氧化膜结构示意图

2. 水质要求

（1）电导率。根据离子含量对氧腐蚀的影响可以看出，只有在纯水中氧才可能起钝化作用，所以给水保持高纯度是实施加氧处理的首要前提条件。在氢电导率为 $0.1\mu S/cm$ 的纯水中，$O_2$ 浓度大于 $100\mu g/L$ 时，碳钢腐蚀速率极低；但在氢电导率高于 $0.3\mu S/cm$ 时，碳钢的腐蚀速率随 $O_2$ 浓度的增加显著加大。因此，加氧处理要求给水氢电导率不大于 $0.15\mu S/cm$。300MW 以上机组均设置有凝结水精处理系统，若对凝结水进行 100% 的精处理，则给水氢电导率小于 $0.15\mu S/cm$，并经常小于 $0.1\mu S/cm$，满足加氧处理的水质条件。

（2）pH 值。从原理上讲，加氧处理可在给水呈中性的条件下进行，即中性水处理。但是，中性给水的缓冲性差，pH 值难以控制，微量酸性杂质即可能使 pH 值小于 7.0，从而使碳钢会遭受强烈的腐蚀（如图 6-7 所示）。因此，目前国内外大都采用碱性加氧处理，通过加氨将给水的 pH 值控制在 8.0 以上（不超过 9.0），这就是加氧-加氨联合处理，又称为联合水处理（OT）。对于有铜机组，实际运行中 pH 值控制范围对给水中铜含量影响很大。我国有铜机组的加氧处理运行经验表明，控制给水中铜含量不超过除氧工况水平的关键在于 pH 值的控制范围，这个范围相当窄。例如，某 300MW 直流锅炉发电机组给水加氧处理的 pH 值控制在 8.7～8.9。对于不同机组，最佳的加氧处理给水 pH 值范围应该根据实际情况通过试验确定，不应机械地执行标准。

（3）溶解氧浓度。虽然不同国家，甚至不同机组，规定的直流锅炉给水加氧处理的给水氧浓度标准都可能不同，但大都在 $30\sim300\mu g/L$ 的范围内。对于运行时除氧器维持排气的机组，允许的氧浓度上限值要高些；而对于运行时除氧器关闭排气的机组允许的氧浓度上限值则低些。在对直流锅炉的给水进行加氧处理时，给水中的氧浓度不能太低，即不低于 $30\mu g/L$，否则难以形成稳定、致密的 $Fe_3O_4$ $Fe_2O_3$ 双层保护膜。但是，如果氧浓度过高，不仅钢铁在少量氯化物杂质的作用下容易发生点蚀，而且可能导致过热器或汽轮机低压缸不锈钢部件的应力腐蚀。研究发现，当水中氧浓度提高到 $100\mu g/L$ 后，奥氏体不锈钢部件的应力腐蚀开始加快。另外，氧浓度过高还可能加速过热器的氧化，导致大量氧化物在过热器管下弯头、蒸汽调节阀等部位沉积，严重时可引起过热器管堵塞、蒸汽调节阀卡涩等故障。因此，近些年来，允许的氧浓度上限值不断调低。目前，我国直流锅炉给水加氧处理的氧浓度标准为 $30\sim150\mu g/L$。为了避免氧浓度过高可能引起的腐蚀问题，在实际运行过程中，当钢表面已形成良好的钝化膜，给水中铁含量下降到期望值以下，且稳定后，水中溶解氧浓度只要能保持给水铁含量基本稳定即可。

3. 加氧系统

本期工程给水加氧方式为液态溶解氧作氧化剂，液态溶解氧经加氧输送装置送入除氧器下降管上，凝结水采用传统的气态加氧，使热力管道表面形成致密的氧化铁保护膜，从而有效地改善水系统工况。凝结水加氧量根据凝结水流量及含氧量自动调节，给水加氧量根据给水流量及含氧量自动调节。运行中溶解氧的浓度由安装于除氧器进口和省煤器进口的在线溶解氧表进行连续监测，并根据仪表测得的数据进行调节。

碱性加氧处理是同时向凝结水-给水系统中加氨和气态氧，将水的 pH 值和溶解氧含量控制在适当的范围内，以促使碳钢表面形成稳定的钝化膜。加氨方法已在前面做过介绍，下面主要介绍气态氧的加入方法，即加氧系统及其使用和维护方法。

为了保证凝结水和给水系统的溶解氧浓度，通常设置两个加氧点：一点设置在凝结水精处理装置出口的凝结水管道，另一点设置在除氧器出口的给水管道。凝结水及给水加氧自动调节由凝结水精处理系统出口母管和给水管路氧表或凝结水流量表、给水流量表送出的 $4\sim20mA$ 模拟信号与调节阀联锁实现。每台机组设一套加氧系统，如图 6-12 所示。

该系统采用汇流排，其主要作用是将多个氧气瓶并联，以便使这些气瓶输出的氧气汇集在一起，经过减压处理后集中提供给系统。为了提高系统的安全性和耐用性，将减压阀设在汇流排出口母管上，使后续输氧管道具有低、中压的耐压性即可，可防止氧气在高压状态下长距离输送而产生泄漏等事故。操作柜作为加氧装置的控制柜，布置于主厂房加药间内，可以方便地对加氧流量进行控制。

加氧系统的使用方法如下：

(1) 开始加氧。在氧气瓶阀全部关闭的情况下，将汇流排加氧母管上的高、低压截止阀打开；先微量开启该侧一个氧气瓶阀，使该侧减压阀入口的压力缓缓上升到不再上升时，再将该侧其他气瓶阀完全打开；然后，顺时转动减压阀调节螺杆，将其出口压力调至 3.6MPa 左右，开启凝结水或给水加氧二次门开始加氧。

(2) 加氧量的调节。加氧量可通过控制柜面板上给水或凝结水加氧流量计下的手动调节阀调节（为了实现自动控制，有些加氧系统设有氧气质量流量控制器，并在其旁路中设置一个手动调节阀，用于手动调节）。最终加氧量应通过加氧试验确定。注意：由于加氧量较小，有时加氧流量计无指示（加氧流量小于流量计的最低刻度），这是正常情况。

(3) 停止加氧。当正常加氧运行的机组遇到某些异常情况（如给水氢电导率不小于 $2.0\mu S/cm$）时，必须停止加氧。此时，应依次关闭凝结水和给水加氧的二次阀、减压阀和氧气瓶出口阀。有些加氧系统在凝结水和给水加氧母管上分别设置一个电动阀，它们分

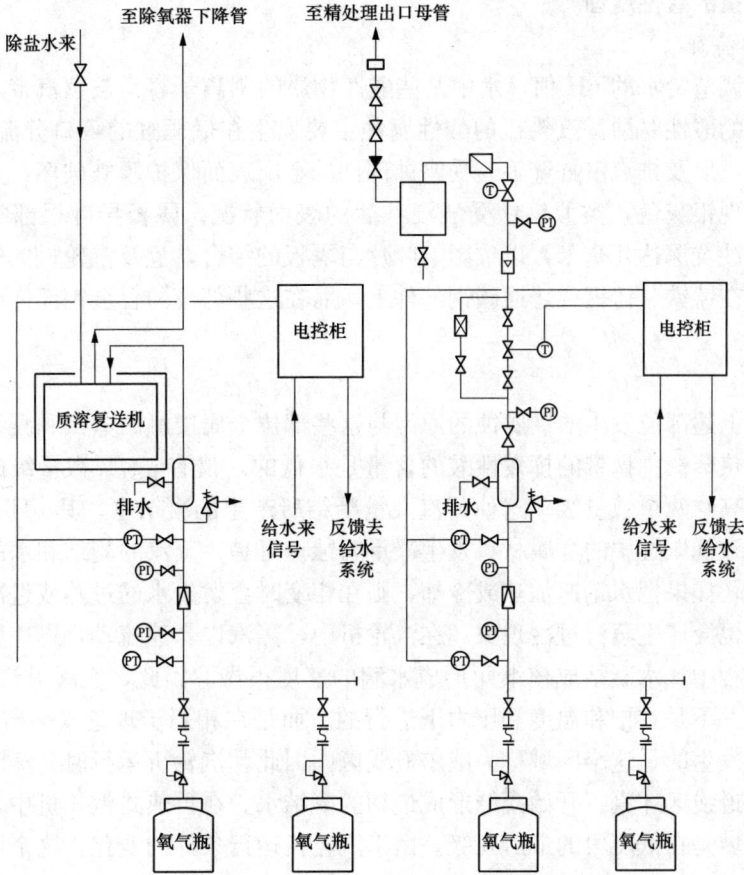

图 6-12　本期工程 1 号机组加氧系统

别与凝结水和给水的氢电导率信号联锁，当水质不满足要求时，电动阀自动关断，停止加氧。

加氧系统的安装、维护及安全注意事项如下：

（1）减压阀的高压腔和低压腔都装有安全阀，当压力超过允许值时，自动打开排气，压力降到许用值即自行关闭。平时切勿扳动安全阀。安装时，应注意连接部分的清洁，切忌杂物进入减压阀。连接部分漏气一般是由于螺纹扳紧力不够，或垫圈损坏。发现漏气时，应适当扳紧或更换密封垫圈。发现减压阀有损坏或漏气、低压表压力示值不断上升，或压力表不能回零等现象，应及时进行修理。

（2）汇流排应按规定使用一种介质，不得混用，以免发生危险。汇流排严禁接触油脂，以免发生火灾。汇流排不得安装在有腐蚀性介质的地方。不得通过汇流排逆向向气瓶内充气。汇流排投入使用后，应进行日常维护，严禁敲击管件。正常使用中，应每年对压力表进行计量检测。

（3）氧气瓶出口阀开启速度不得过快，防止有可燃物进入时，造成静电打火引起燃爆，在气体骤然膨胀时而炸管伤人。另外，气瓶出口高压软管安全使用期一般为 1.5～2 年，在安全使用期后应及时更换。氧气瓶出口高压软管不可过量弯曲，应尽量在自然状态下连接。

#### 四、汽轮机的酸性腐蚀

##### 1. 部位和特征

由于用氨调节给水的 pH 值，水中某些酸性物质的阴离子容易被蒸汽带入汽轮机，从而引发汽轮机的酸性腐蚀。汽轮机的酸性腐蚀主要发生在低压缸的入口分流装置、隔板、隔板套、叶轮，以及排汽室缸壁等。受腐蚀部件的金属表面保护膜被破坏，金属晶粒裸露完整，表面呈现银灰色，类似钢铁受酸浸洗后的表面状况。隔板导叶根部常形成腐蚀凹坑，严重时，蚀坑深达几毫米，以致影响叶片与隔板的结合，危及汽轮机的安全运行。这种腐蚀常发生在铸铁、铸钢或普通碳钢部件上，而在这些部位的合金钢部件则不发生酸性腐蚀。

##### 2. 原因

汽轮机中上述部位发生酸性腐蚀的原因与这些部位金属接触的蒸汽和凝结水的性质有关。通常，过热蒸汽中携带的挥发性酸的含量是很低的，仅有 $\mu g/L$ 数量级的浓度。而蒸汽的氨含量要高约两个数量级。这种蒸汽大量凝结所产生的凝结水，其 pH 值一般在 8.5 左右，不会导致低压缸中的金属材料发生严重腐蚀。可是，蒸汽的凝结和水的蒸发都不是瞬间就能完成。如果把水迅速加热或冷却，则在相变时会发生水的过热或过冷现象；蒸汽的迅速膨胀，也会产生蒸汽过冷现象。在汽轮机中，蒸汽以音速流动，迅速膨胀。在蒸汽凝结成水的过程中，水凝结成核继而形成水滴的速度很慢。因此，实际上汽轮机运行时，蒸汽凝结成水并不是在饱和温度和压力下进行的，而是在相当于理论（平衡）湿度 4％附近的湿蒸汽区发生的，这个区域称为威尔逊线区。因此，汽轮机运行时，蒸汽膨胀做功过程中，在威尔逊线区才真正开始凝结形成最初的凝结水。在再热式汽轮机中，产生最初凝结水的这个区域是在低压段的最后几级。由于汽轮机运行条件的变化，这个区域的位置也会有一些变动。

汽轮机酸性腐蚀发生部位恰好是在产生初凝水的部位，因而它与蒸汽初凝水的化学特性是密切相关的。过热蒸汽所携带的化学物质在蒸汽相和初凝水中的浓度取决于它们的分配系数的大小。若一个物质的分配系数小于 1，则蒸汽凝结形成初凝水时，该物质溶于初凝水的倾向大，导致该物质在初凝水中浓缩。过热蒸汽中携带的酸性物质的分配系数值通常都小于 1，例如，100℃时，盐酸、硫酸等的分配系数均在 $3 \times 10^{-4}$ 左右；甲酸、乙酸、丙酸的分配系数值分别为 0.20、0.44 和 0.92。因此，当蒸汽中形成初凝水时，它们将被初凝水"洗出"，造成酸性物质在初凝水中富集和浓缩。试验数据表明，初凝水中乙酸的浓缩倍率在 10 以上，氯离子的浓缩倍率达 20 以上；而对增大初凝水的缓冲性、平衡酸性物质阴离子有利的钠离子的浓缩倍率却不大，初凝水中钠离子浓度只比过热蒸汽中的钠离子浓度略高一点。这样，初凝水中浓缩的酸性物质如果没有被碱性物质所中和，将使初凝水呈酸性，它们只有在初凝水被带到流程中温度更低的区域时才会稀释。高参数机组采用化学除盐水作补给水后，一般采用氨作碱化剂来提高水汽系统介质的 pH。但由于氨的分配系数大，因而在汽轮机尾部汽、液两相共存的湿蒸汽区，氨大部分留在蒸汽相中。因此，即使在给水中所含的氨量是足够的，在这些部位的液相中，氨的含量也仍可能不够。氨本身又是弱碱，它只能部分地中和初凝水中的酸性物质，这将导致初凝水的 pH 值低于蒸汽的 pH 值。实测结果表明，初凝水的 pH 值可能降到中性，甚至酸性 pH 值范围。这种性质的初凝水对形成部位的铸钢、铸铁和碳钢部件具有侵蚀性。当有空气漏入热力设备水汽系统中使蒸汽中氧含量增大时，也使蒸汽初凝水中的溶解氧含量增大，从而大大增加了初凝水对低压缸金属材料的侵蚀性。

3. 防止方法

为解决汽轮机蒸汽初凝区的酸性腐蚀问题，最根本的措施是严格控制给水的纯度，确保给水的电导率（氢离子交换后，25℃）小于 $0.2\mu S/cm$。为此，必须认真地做好补给水处理工作，对全部凝结水进行净化处理，并且要特别注意防止给水被有机物污染。另一方面，也可从改变受酸性腐蚀区域的汽轮机部件表面的性能方面考虑，如采用等离子喷镀或电涂镀措施，在金属材料表面镀上一层耐蚀材料，来防止酸性腐蚀。

# 第七章 大型火力发电厂机组水汽化学监督

火力发电厂水汽监督的目的是通过对热力系统进行定期的水汽质量化验、测定及调整处理工作，及时反映炉内和热力系统内水质处理情况，掌握运行规律，确保水汽质量合格，防止热力设备水汽系统腐蚀、结垢、积盐，保证机组的安全、经济运行。水汽监督应坚持"预防为主"的方针，及时发现问题，消除隐患。要确保化验监督的准确性，发现异常情况，应及时进行分析，查明原因，并和有关专业密切协调，使水汽质量调整控制在合格范围内。

## 第一节 机组正常运行时水汽质量的监督

直流锅炉机组正常运行时主蒸汽、给水和精处理后凝结水的纯度应符合表 7-1 中相应标准；按照 AVT (R) 或 OT 水化学工况运行时，给水的 pH、DO、$N_2H_4$ 和 TOC 应符合表 7-2 中的 GB/T 12145—2016《火力发电机组及蒸汽动力设备水汽质量》或 DL/T 805.1—2011《火电厂汽水化学导则 第 1 部分：锅炉给水加氧处理导则》的标准。

根据离子交换除盐特性可知，当给水和凝结水的氢电导率小于 $0.15\mu S/cm$ 时，水中肯定没有硬度。因此，正常运行时给水和凝结水质量标准中都没有规定硬度项目，直流锅炉机组水汽的纯度可用氢电导率、Fe、Cu、$SiO_2$ 和 Na 来表示。

直流锅炉补给水的质量应以不影响给水水质为标准，可参考表 7-3 的规定控制。由于补给水是补加到凝汽器热井中，与汽轮机凝结水汇合后一同进行精处理，所以允许补给水质量稍低于给水质量。

表 7-1  直流锅炉给水纯度标准及蒸汽和精处理后凝结水的质量标准

| 项　　目 | DL/T 805.1—2011 | | | GB/T 12145—2016 过热蒸汽压力大于 18.3MPa | | |
|---|---|---|---|---|---|---|
| | 凝结水 | 给水 | 主蒸汽 | 凝结水 | 给水 | 主蒸汽 |
| 氢电导率($\mu S/cm$, 25℃) | ≤0.10 (0.08) | <0.15 (0.10) | <0.15 (0.10) | ≤0.10 (0.08) | ≤0.10 (0.08) | ≤0.10 (0.08) |
| Fe($\mu g/L$) | ≤5 (3) | ≤5 (3) | ≤5 (3) | ≤5 (3) | ≤5 (3) | ≤5 (3) |
| Cu($\mu g/L$) | ≤2 (1) | ≤3 (2) | ≤3 (2) | — | ≤2 (1) | ≤2 (1) |
| $SiO_2$($\mu g/L$) | ≤10 (5) | ≤15 (10) | ≤15 (10) | ≤10 (5) | ≤10 (5) | ≤10 (5) |
| $Na^+$($\mu g/L$) | ≤3 (1) | ≤5 (2) | ≤5 (2) | ≤2 (1) | ≤2 (1) | ≤2 (1) |
| $Cl^-$($\mu g/L$) | ≤3 (1) | ≤3 (1) | — | ≤1 | ≤1 | — |

表 7-2　　　　　　　　　直流锅炉给水 pH、溶氧、N₂H₄ 和 TOC 控制标准

| 项　目 | DL/T 805.1—2011 | GB/T 12145—2016 | |
| --- | --- | --- | --- |
| | CWT | AVT(R) | OT |
| pH(25℃) | 8.0～9.0 | 8.8～9.3(有铜) 9.2～9.6(无铜) | 8.5～9.3 |
| 溶解氧(μg/L) | 30～150 (30～100) | ≤7 | 10～150 |
| N₂H₄(μg/L) | 不加 N₂H₄ | ≤30 | 不加 N₂H₄ |
| TOC(μg/L) | — | ≤200 | ≤200 |

注　"有铜"或"无铜"分别指有铜或无铜给水系统。对于给水系统无铜而凝汽器管为铜管的机组，GB/T 12145—2016《火力发电机组及蒸汽动力设备水汽质量》规定的 AVT 水化学工况的 pH 标准值为 9.1～9.4。

表 7-3　　　　　　　　　锅炉补给水质量标准（GB/T 12145—2016）

| 锅炉过热蒸汽压力 (MPa) | 氢电导率（μS/cm，25℃） | | SiO₂(μg/L) | TOC(μg/L) |
| --- | --- | --- | --- | --- |
| | 除盐水箱进口 | 除盐水箱出口 | | |
| 5.9～12.6 | ≤0.20 | | — | — |
| 12.7～18.3 | ≤0.20(0.10) | ≤0.40 | ≤20 | ≤400 |
| >18.3 | ≤0.15(0.10) | | ≤10 | ≤200 |

水汽质量监督的意义：

（1）蒸汽。为了防止蒸汽通流部分，特别是汽轮机内积盐及腐蚀，必须对蒸汽含钠量、含硅量、氢电导率等进行严格监督，以有效控制汽轮机的积盐和腐蚀。蒸汽各项监督的具体意义如下：

1）含钠量。蒸汽中的盐类主要是钠盐，所以蒸汽中的含钠量可表征蒸汽含盐量的多少，蒸汽携带的钠盐是导致蒸汽通流部位，特别是汽轮机内积盐的主要原因之一。

2）含硅量。蒸汽中的硅酸会在汽轮机内沉积，形成难溶于水的二氧化硅附着物，这对汽轮机运行的安全性与经济性常有很大的影响。

3）氢电导率。所谓氢电导率是指恒温 25℃的水样通过氢离子交换柱后测定的电导率。通过氢离子交换柱后，不仅可完全除去水样中的氨，彻底消除其对水样电导率测定的干扰，而且可将水样中各种杂质阳离子全部交换成 $H^+$（25℃时，$H^+$ 摩尔电导率约为 $Na^+$ 摩尔电导率的 7 倍），从而提高对杂质监测的灵敏性。可见，蒸汽的氢电导率比含钠量更灵敏地反映蒸汽污染的状况。另外，由于钠离子测量的可靠性较差，所以氢电导率的控制尤为重要。

（2）给水及凝结水。给水质量是机组水汽质量的核心，不仅影响给水系统的腐蚀，而且对锅炉水冷壁的结垢、腐蚀和汽轮机的积盐都有重要影响。凝结水是给水的主要组成部分，为了保证给水的质量，凝结水的质量必须符合标准的规定。严格控制凝结水的氢电导率，也有助于减少精处理出水氯离子浓度偏高的问题。

根据直流锅炉的工作原理和直流锅炉中杂质的溶解与沉积特性可知，超临界锅炉主蒸汽的纯度取决于给水纯度，而给水纯度又主要取决于精处理后凝结水纯度。为了保证主蒸汽的品质，应根据主蒸汽的质量标准确定给水的纯度标准；而为了保证给水的纯度，应根据给水纯度标准确定精处理后凝结水的质量标准。因此，由表 7-1 可见，给水的纯度标准

与蒸汽质量标准完全相同,但对 Na 等部分凝结水指标提出了更高的要求。

为了保证给水的纯度,除了控制凝结水的质量,还应根据所采取的给水处理方式,按照表 7-2 中的 GB/T 12145—2016《火力发电机组及蒸汽动力设备水汽质量》或 DL/T 805.1—2011《火电厂汽水化学导则 第 1 部分:锅炉给水加氧处理导则》的标准调节给水和凝结水的 pH 值和电导率,以控制给水系统的腐蚀,使给水铁、铜含量合格。由于水中的铁和铜来源于系统金属材料的腐蚀,主要以氧化物的形式存在,其含量直接反映系统腐蚀的速度和给水处理的效果。

下面主要对制定给水含钠量、含硅量、含铁量和含铜量标准的依据作简要说明:

1)含钠量。因为直流锅炉给水中的绝大部分钠盐能被蒸汽溶解携带到汽轮机中,所以给水中的含钠量应由汽轮机进口蒸汽(即锅炉送出的蒸汽)中允许的含钠量来决定。

2)含硅量。直流锅炉给水中的硅酸化合物能全部被蒸汽溶解携带到汽轮机中,所以给水含硅量的允许值应由汽轮机进口蒸汽中所允许的含硅量来决定。根据运行经验,目前认为:当汽轮机进口蒸汽的含硅量小于 $15\mu g/kg$ 时,基本上可避免汽轮机中沉积二氧化硅。因此,现规定亚临界直流锅炉给水含硅量应不大于 $15\mu g/L$,超临界直流锅炉给水含硅量应小于 $10\mu g/L$。

3)含铁量。在超临界锅炉的过热蒸汽中,铁氧化物的溶解度大约为 $10\sim15\mu g/kg$。GB/T 12145—2016《火力发电机组及蒸汽动力设备水汽质量》规定过热蒸汽压力大于 18.3MPa 的直流锅炉给水含铁量不超过 $5\mu g/L$,争取不超过 $3\mu g/L$,这不仅可防止铁的氧化物在水冷壁管内沉积,而且可以防止其在汽轮机和再热器中沉积。

4)含铜量。对于超临界机组,铜氧化物主要是被蒸汽带到汽轮机,并在那里沉积。GB/T 12145—2016《火力发电机组及蒸汽动力设备水汽质量》规定过热蒸汽压力大于 18.3MPa 的直流锅炉给水含铜量不超过 $2\mu g/L$,争取不超过 $1\mu g/L$,主要是为了防止铜氧化物在汽轮机内沉积。因为,对于超临界机组,在水处理方面已采取了许多措施,热力系统的水、汽中其他杂质很少,从而使汽轮机内铜的沉积变成一个突出问题。为了彻底解决这一问题,并为采用给水加氧处理创造有利条件,目前超临界机组不仅采用无铜给水系统,而且凝汽器也多用不锈钢管或钛管,这样整个热力系统就成为一个无铜系统。

## 第二节 水汽采样与监测

### 一、水汽采样点及在线仪表配置

在线化学仪表是指安装在生产流程线上的化学仪表,它随生产设备运行而投入运行,连续地监测工质或物料中的某些成分含量。

随着火力发电机组参数的提高、容量的大型化,对水汽质量的监测也越来越重要。为此必须配备精度更高的在线监测仪表,以便在运行中能够正确、连续地监控系统中水汽质量。DL 5068—2014《发电厂化学设计规范》要求 125MW 及以上机组应采用集中取样架,并配备在线监测电导率、pH 值、溶解氧、钠、硅等水质指标的化学仪表;在线仪表的配备应满足测试要求,并保证测定结果的准确可靠。机组参数、容量不同,其仪表配置的种类、数量、精度及安装位置也不尽相同。表 7-4 为 DL 5068—2014《发电厂化学设计规范》对直流炉机组热力系统的水汽采样点及在线仪表配置的一般规定。

表 7-4　　　　　　　　直流炉机组热力系统的水汽采样点及在线仪表配置

| 监测项目 | 取样点名称 | 配置的在线仪表 |
|---|---|---|
| 凝结水 | 凝结水泵出口 | CC　$O_2$　Na　M |
| 给水 | 除氧器入口 | SC　$O_2$　M |
| | 除氧器出口 | $O_2$　M |
| | 省煤器入口 | CC　SC　pH　$O_2$　$SiO_2$　M |
| 蒸汽 | 主蒸汽左、右侧 | CC　Na　$SiO_2$　M |
| | 再热蒸汽左、右侧 | CC　M |
| | 启动分离器汽侧出口 | CC　M |
| 疏水 | 高压加热器 | CC　M |
| | 低压加热器 | M |
| | 暖风器 | CC　M |
| | 热网加热器 | CC　M |
| | 启动分离器排水 | M |
| 冷却水 | 发电机内冷水 | SC　pH　M |
| | 取样冷却器冷却水/闭式冷却水 | SC　pH　M |
| | 间接空冷机组循环冷却水 | SC　pH　M |
| 凝汽器检漏装置 | 凝汽器 | CC |

注　表中符号 CC 表示带有 H 离子交换柱的电导仪；SC 表示电导表；$O_2$ 表示氧表；pH 表示 pH 表；Na 表示钠表；$SiO_2$ 表示硅表（可选择多通道仪表）；M 表示人工取样。对于超超临界机组，主蒸汽样点可设置氢表。

本期工程每台机组设置一套汽水取样装置，包括降温减压架（高温盘）、取样仪表屏（低温盘）。水样首先到高温盘经减压冷却后，再至低温盘，低温盘上设有恒温装置、分析仪表及手操取样阀。1 号和 2 号机组汽水取样设备集中布置在锅炉的 0 米层，其中汽水取样高温高压架布置在一间房内，低温仪表盘布置在另一间房内。各种水汽的采样点位置、参数及在线仪表配置见表 7-5，所用在线仪表的基本信息见表 7-6。

表 7-5　　　　　　　　本期工程热力系统水汽取样点位置、参数及仪表配置

| 取样点位置 | 分析仪表 | | | | | | | |
|---|---|---|---|---|---|---|---|---|
| | CC | SC | pH | $O_2$ | Na | $SiO_2$ | Z | M |
| 除氧器入口 | √ | √ | √ | √ | | | | √ |
| 除氧器出口 | | | | √ | | | | √ |
| 省煤器入口 | √ | √ | √ | √ | | √* | | √ |
| 水汽分离器水侧 | √ | | | | | | | √ |
| 主蒸汽 | √ | √ | | | √ | √* | | √ |
| 再热蒸汽 | √ | | | | | | | √ |
| 凝结水泵出口 | √ | √ | √ | √ | √ | | | √ |
| 高压加热器疏水 | | √ | | | | | | √ |
| 低压加热器疏水 | | √ | | | | | | √ |

| 取样点位置 | 分析仪表 | | | | | | | |
|---|---|---|---|---|---|---|---|---|
| | CC | SC | pH | O₂ | Na | SiO₂ | Z | M |
| 凝汽器 | √ | | | | | | | √ |
| 发电机内冷水 | | √ | √ | | | | | √ |
| 供热回水 | | √ | | | | | √ | √ |
| 闭式冷却水母管 | | √ | √ | | | | | √ |

注 表中符号 Z 表示浊度表，其余符号表示的意义与表 7-4 中的相同。

\* 多点合用 1 块多通道硅表。

**表 7-6** 　　　　　　　　　　　　本期工程水汽质量监测所用在线仪表

| 序号 | 在线仪表 | 数量 | 型号 | 量程范围 |
|---|---|---|---|---|
| 1 | 工业电导率仪 | 26 台 | 2104CD | $0 \sim 20 \mu s/cm$ |
| 2 | 工业酸度计 | 8 台 | 2103PH | pH 为 $0 \sim 14$ |
| 3 | 水中溶氧分析仪 | 8 台 | 2116DO | $0 \sim 9999 \mu g/L$ |
| 4 | 硅酸根分析仪 | 2 台 | 2111ND | $0 \sim 500 \mu g/L$ |
| 5 | 微钠监测仪 | 2 台 | 9610SC | $0.01 ppb \sim 10\,000 ppb$ |

在线化学仪表监测系统一般都是由几个基本部分构成的，即测试部分（传感器）、信号处理部分（变送器）、显示部分（指示表和记录仪，也称为终端）。测试部分是仪表的核心，它通常将试样中待测定组分的浓度成比例地转换成易测电信号；变送器是将测试部分送来的微弱电信号进行放大和变换处理后，送到终端进行数值显示或用于自动控制（如给水加氨等）；终端也就是显示部分，其功能就是根据仪表的要求进行显示、打印、报警、自动调节等。

**二、水汽样品的采集与冷却**

为了取得代表性的水汽样品，保证测定结果的真实可靠，必须合理选取采样位置、正确选用或设计采样器与采样冷却设备，并正确安装、使用与维修采样系统。

1. 水汽样品的采集

采集的水汽样品应具有代表性，这是正确进行水汽质量监督的一个前提。所谓代表性样品，就是说这种样品能反映设备及系统中水汽质量的真实情况。否则，即使采用很精密的测定方法，测得的数据也不能真正说明水汽质量是否达到了标准。为了保证水汽样品具有代表性，必须合理选择取样点的位置，并采取正确的样品采集方法。

（1）给水样品的采集。给水取样点一般设在锅炉给水泵之后、省煤器之前的高压给水管上。最好在给水管的垂直管路上接一小管，给水样品由小管流出。为了监督除氧器运行情况，也应设取样点，该点应设在除氧器出口管上，样品引出管应在离除氧器出口不大于 1m 的水流通畅处，从取样点引至取样冷却管的导管长度不应大于 5～8m。

（2）凝结水样品的采集。凝结水取样点，一般设在凝结水泵出口端的凝结水管道上，在取样点处的凝结水管道上接一小管，将水样取出。设有凝结水精处理的机组，为了监督精处理后的水质，在精处理出水母管上取样。

（3）疏水样品的采集。一般从疏水箱中取出疏水样品，取样点设在距疏水箱底 200～300mm 处，用小管取出。然后引至取样冷却器中。

（4）蒸汽样品的采集。超临界机组的蒸汽取样包括主蒸汽和再热蒸汽，它们均为过热蒸汽。过热蒸汽中没有水分，是单相物质，容易取得代表性样品。过热蒸汽取样可采用乳头式取样器或缝隙式取样器，取样器中蒸汽的流量一般为 20～30kg/h，取样点设在过热蒸汽母管上。乳头式取样器是一根不锈钢管，管上开有几个小孔，每个小孔上焊着一个用不锈钢制成的乳头，如图 7-1 所示。缝隙式取样器是在一不锈钢管上焊上两条平行不锈钢薄板，使钢板间形成一缝隙，如图 7-2 所示。

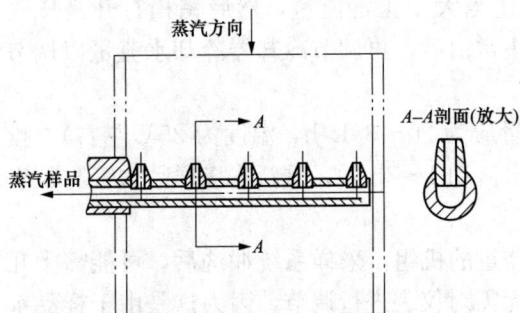

图 7-1　乳头式取样器

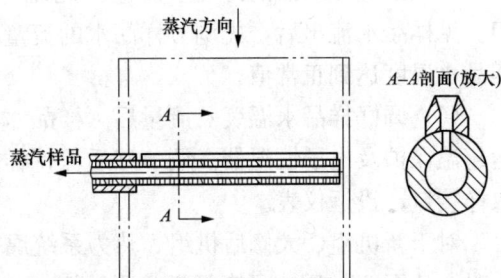

图 7-2　缝隙式取样器

在样品的采集和输送过程中，为避免水样受污染，取样管应采用 316、321 等优质不锈钢管。另外，为了避免样品受取样管中附着杂质的污染，在机组启动时应冲洗取样装置。

2. 水汽样品的冷却

样品的冷却是在线化学仪表正常投运的前提条件，从火电厂热力设备和系统中采集的水汽样品多是高温、高压介质，必须采用减压装置及冷却装置将其压力、温度降至仪表适用的允许界限内（30～25℃），才能输入仪表发送器。

本期工程取样冷却装置采用闭式循环冷却方式，冷却水源为机组闭式循环冷却水（加氨的碱性除盐水）。冷却水在取样冷却器中进行热交换后返回闭式循环冷却水系统，通过二次热交换进行冷却，然后循环使用。这样不仅可以节水，还可以防止系统腐蚀和结垢。

3. 采样器及冷却装置的冲洗

样品中的某些杂质成分容易发生沉积而影响样品的代表性，例如水汽中的铁含量，实际上是颗粒状、胶体状、溶解态铁量的总和。其中颗粒状铁有可能沉积在阀门或水样导管的弯曲部位，而沉积的颗粒状铁又可能吸附部分胶体与溶解态的铁或二氧化硅，从而使铁、硅含量的测试结果偏低。当热力系统工况发生波动时，沉积在阀门附近或弯管处的沉积物松动，随样水流入到仪表的发送器内，造成检测结果偏高，因此取样系统应定期冲洗。

一般下述情况时应对取样系统进行冲洗：①新建机组在投运初期，或机组检修后启动时；②某测点样品的测试结果长时间出现异常时；③在进行某些专门性试验前。此外，某些机组由于运行指标控制不当或因机组启停频繁而又没有恰当停用保护措施时，应定期进行采样系统的冲洗；对于长期连续运行的机组也应适当地进行采样系统冲洗。

采样系统冲洗的一般程序为：

（1）解列在线仪表，或关闭相应的阀门。

（2）将采样冷却器入口前的样水旁路门（排污门）打开，此时高温水或汽排入排水管，待排水管畅通后再重新开始冲洗。

（3）先关闭高压阀门，待1～2min后，快速全开高压阀门，如此反复多次，冲洗后关闭高压阀门。

（4）打开采样架冷却器入口阀门（此前应先将仪表样水的引入管解列），然后关闭冷却器入口旁路门。

（5）检查冷却器的冷却水流量，此流量可适当大于正常流量，然后稍稍打开高压阀门。见样品水流出后，先调节样品水的流量达正常值后，再调节冷却器冷却水流量以调节样品水温度达到正常值。

（6）调好样品水温度及流量后（样品水流量应为20～30L/h，温度为25℃左右），投运超温保护及电子恒温器。调节好后保持样品水流动1～2h后，重新连接样品水管与仪表取样接口，投运仪表。

对于新机组、大修后机组、热力系统腐蚀严重的机组，采样系统冲洗后，可能需十几小时，甚至24h后才可恢复正常测量值，此时无需对仪表进行调节，因为这是由于样品水受到采样系统内沉积物污染所致。

### 三、水汽集中取样监测装置

目前，火电厂水汽品质的监测均采用水汽集中取样监测装置，设置专用水汽采样架，集中安装，从而集所有水汽样品采集、冷却、仪表监测于一体。这样做主要是基于以下考虑：

（1）将不同参数的样品集中进行减温降压处理，使样品的压力、温度等同时满足仪表取样和人工取样的要求。

（2）缩短采样导管至仪表间的距离，减温降压装置、冷却器、管道、阀门的材料符合防腐蚀的要求，可以减少测试数据滞后和样品受污染。

（3）设备集中布置，便于管理，方便对样品的温度、流量进行调节，也便于配置超温报警与保护装置。

（4）满足在线化学仪表对环境条件（湿度、温度、电磁场）的要求。

下面，简要介绍水汽集中取样监测装置的组成、布置方式和主要部件的功能。

1. 水汽集中取样监测装置的组成

本期工程每台机组配置一套水汽集中采样监测装置，它由高温高压架、低温低压及仪表架、就地人工取样装置和监测仪表4部分组成，如图7-3所示。

（1）高温高压架。为完成高压高温的水汽样品减压和初冷而设，包括高压阀门、减压阀、冷却器、高温断水保护装置、样品温度及流量指示器等整套的设施和部件。

（2）低温低压及仪表架。包括恒压装置、保护装置，以及仪表盘和手工取样架，具有实现样品测试、取样、报警、信号传送及自动保护等功能。

（3）就地人工取样装置。由冷却、取样器、取样排水槽及阀门等组成。

（4）监测仪表。它包括各类在线化学分析仪表，如电导率表、pH表、硅表、钠表和溶解氧表等。

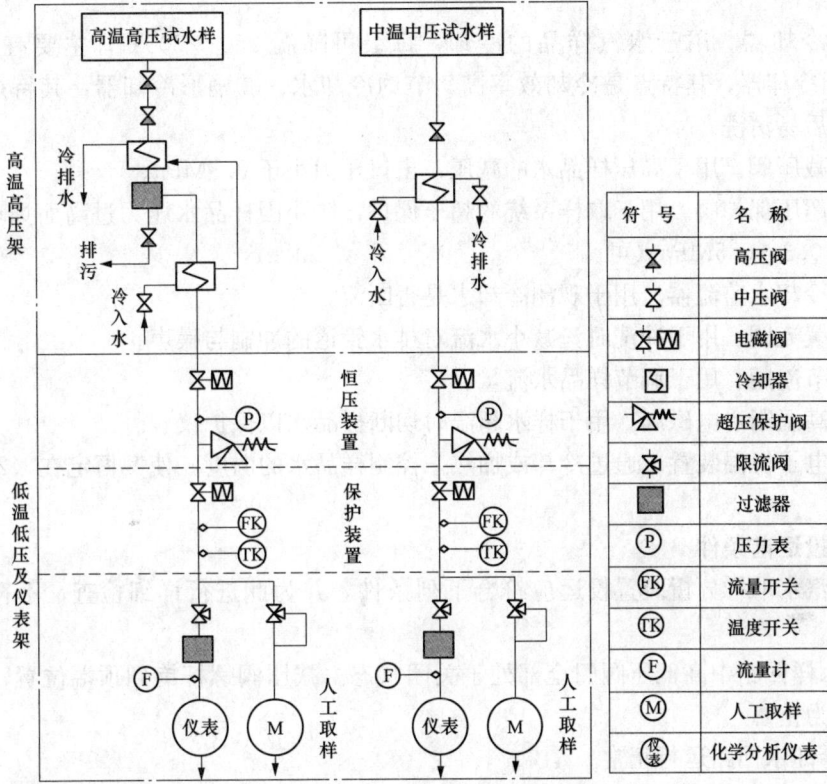

图 7-3 水汽取样监测系统组成示意图

另外，根据技术协议该水汽集中取样监测装置还包括凝汽器热井取样及检漏装置。后者由热井取样架和检测仪表盘两部分组成，整套装置至少应包含 2 台取样泵、相关的阀门、电导池、发送器、电导率表、人工取样器及实现报警、信号传送功能全部部件、管路、电气、控制部件等组成。凝汽器的检漏装置按凝汽器 A、B 两侧分别各设置一台取样泵和氢电导表，取样泵为进口品牌，出力为 0～30L/min。

2. 水汽集中取样监测装置的布置方式

(1) 全部集中，即把高温架、仪表架、人工取样盘并列于同一室内。其优点是样品的减压降温装置、在线仪表、人工取样装置集中在一起，便于调节、运行维护，占地小、投资少；其缺点是室内温度高，湿度大，需加强通风。

(2) 高温架与低温架及仪表架分隔开，这种方式基本消除了上述缺点。

(3) 高温架、低温架与仪表架三者分别隔离，即高温架在一个室内；经冷却后的样水及仪表发送器、人工取样盘安装在第二个室内；第三个室安装仪表架及微机巡测管理系统。

本工程机组水汽集中取样装置的高温取样架和低温仪表屏分室布置。高温取样架、低温仪表屏布置在主厂房 0m 层，凝汽器检漏取样架布置在凝泵坑—4m 层，检测仪表盘布置在附近 0m 层。

3. 主要部件的功能与材质

(1) 高压阀。用作水汽取样一次控制门，为针形阀门，压力不大于 32MPa；温度不大于 570℃。

（2）冷却器。用于水汽样品的冷却，每级可降温 250～300℃，主要有两种形式：① 同心圆冷却器，其特点是冷却效率高，节约冷却水；②桶形冷却器，其特点是体积较小，污堵后易清洗。

（3）减压阀。用于高压样品水的减压，出口压力小于 0.3MPa。

（4）超压保护阀。用于取样系统的超压保护，防止因样品水压力过高而损坏仪表，动作压力为 0.3～0.5MPa（可调）。

（5）冷却水监流器。用于观测冷却水是否断流。

（6）缓流阀。用于冲洗时，减小水流对排水管道的冲刷与噪声。

（7）节流阀。用于调节样品水流量。

（8）高温断水电磁阀。用于样水超温时切断样品水以保护仪表。

（9）电子恒温装置。通过冷却或加热来控制样品水的温度，使其恒定在（25±1)℃范围内。

**四、投运前条件**

（1）汽水取样分析装置投运应符合下列条件，并为此进行详细检查，不符合的应做处理。

1）水样回路中高低压阀门全部处于关闭状态。减压阀螺杆旋到顶端位置（顺时针方向旋到头为止）。

2）冷却水回路运行正常。

3）温度控制装置设定温度，正确（25℃），运行键指向 Auto 位置。

4）离子交换器内阳树脂有足够量，树脂没有失效，管子连接良好。

5）电气回路接线正确，绝缘符合要求。

6）各种仪表静态调试完毕，各指标符合要求。

7）水汽取样装置的投运。

8）取样装置投运前，首先投运冷却系统，这时开启所有冷却器冷却水回路球阀。检查是否有泄漏，如有泄漏及时处理。

9）人工取样槽及仪表排水的排污管通畅，人工取样槽干净。

10）首先打开各取样点排污阀，冲洗 5～15min 后关闭，然后依次缓慢打开水样入口阀，调整减压阀使各支路的流量符合测试要求，人工取样流量一般为 500mL/min，各化学分析仪表流量为 200mL/min。

11）监视各支路的水样温度不得高于 45℃，如有超温应检查冷却水的压力、流量、温度是否符合技术指标。

12）系统各支路在水样冲洗 1～2h 即可投入仪表分析。

13）投运恒温控制系统。

（2）操作取样架的注意事项：

1）高压针型阀不宜频繁操作。

2）冷却器中冷却水不得中断，以防水样温度过高损坏设备及危害人身安全。

3）在运行中发现取样点的水样流量下降主要是螺旋减压阀结垢，通知保养人员处理。可关闭一次阀门，拆下减压阀的螺杆部分进行冲洗。若高温管道阻塞，则小心开启排污门进行冲洗。

4）当取样装置在停运及检修过程中，各种化学分析仪表的测量系统应保持有水流或电极部分要保持一定的水位，防止电极干枯。

## 第三节　直流锅炉启动时的清洗

对于新建或长时间停运的超临界机组，其水汽系统内部不可避免地会产生一些腐蚀产物、硅化合物等杂质。即使是在化学清洗之后，水汽系统中也仍存在少量杂质。由于直流锅炉没有排污功能，如果在机组启动时，不将这些杂质除去，必然影响水汽品质，导致热力设备的腐蚀、结垢和积盐。因此，为了防止这些故障的发生，新机组或停运时间超过150h以上的运行机组，启动前必须对锅炉进行水清洗，包括冷态清洗和热态清洗。对于新机组，除了启动前的水清洗，在整套启动前还必须进行蒸汽吹管，在整套启动过程中应逐步提高机组负荷（蒸汽压力）进行"洗硅"运行，以清除系统内的硅化合物，保证相应压力下蒸汽含硅量符合要求。为了做好上述工作，化学监督工作是非常重要的。下面，按先后顺序介绍某新建超临界机组启动时的上述清洗过程及水质品质的化学监督要点。

### 一、冷态清洗

冷态清洗就是在直流锅炉点火前，用除盐水（或凝结水）清洗包括凝汽器、低压加热器（低加）、除氧器、高压加热器（高加）、省煤器、水冷壁、启动分离器和储水罐在内的水汽系统设备和相关输水管道。清洗过程可按凝结水泵出口、除氧器出口、高加出口、汽水分离器贮水箱出口的顺序逐级开式排放冲洗和闭式循环冲洗，逐步扩大冲洗范围。但是，必须保证在每个清洗阶段水质合格后，方可进行下一阶段的清洗。

1. 凝汽器和低压给水系统的清洗

首先，对凝结水补水箱、凝汽器热井、除氧给水箱进行彻底的人工清理；然后，按下面拟定的回路进行清洗。

（1）开式冲洗流程1。凝汽器→凝结水泵→轴加→低加及其旁路→5号低加排放口→机组排水槽。

（2）开式冲洗流程2。凝汽器→凝结水泵→轴加→低加及其旁路→除氧器给水箱放空水管→锅炉定排扩容器→机组排水槽。

（3）循环冲洗回路。凝汽器→凝结水泵→轴加→疏水冷却器→低加及其旁路→除氧器→给水箱→除氧器溢放水管→凝汽器。

清洗采用变流量方式，控制流量在 $800\sim1500t/h$ 之间。清洗工程中，应从凝结水泵出口取样进行监督，并根据具体情况及时清理凝汽器水箱和除氧水箱。当冲洗水浊度不大于 3NTU、$Fe\leqslant500\mu g/L$、$SiO_2\leqslant200\mu g/L$、$H\leqslant3\mu mol/L$ 时，系统清洗合格。

2. 高压给水系统及锅炉本体的清洗

高压给水系统及锅炉本体的清洗回路划分如下：

（1）开式冲洗流程1。除氧器→给水泵→高加及其旁路→给水管道放水管→锅炉疏水扩容器→机组排水槽。

（2）开式冲洗流程2。除氧器→给水泵→高加及其旁路→省煤器→水冷壁系统→启动分离器及储水箱→放水管→锅炉疏水扩容器→机组排水槽/雨水井。

（3）循环冲洗回路。低压给水系统→除氧器→给水泵→高压给水系统→省煤器→水冷壁系统→启动分离器及储水箱→凝汽器→凝结水泵。

冲洗合格标准为排放水浊度不大于 2NTU、Fe≤300$\mu$g/L、SiO$_2$≤150$\mu$g/L。

冲洗采用变流量方式，控制给水泵流量在 300～650t/h 之间。在冲洗水进入水冷壁前，应打开省煤器至水冷壁下联箱的分配联箱上的排污门，将省煤器系统中的杂物冲出。在系统冲洗时，应通过精处理装置出口、除氧器出水管加药点加入氨水和联氨，控制冲洗水的 pH 值大于 9.5。循环冲洗期间，如果凝结水泵出水 Fe<800$\mu$g/L 可以投入前置过滤器，Fe<500$\mu$g/L 时，可以投入高速混床。

## 二、热态清洗

锅炉冷态清洗结束后，首先，进行炉前热力系统的热态水冲洗。此时，应投入除氧器辅助蒸汽，将除氧器出水水温提高到 80℃ 左右，冲洗高压加热器旁路和高压给水管道，经锅炉按冷态冲洗排放系统回路将冲洗热水排放。冲洗到启动分离器贮水箱排水 Fe<200$\mu$g/L 时，炉前热力系统的热态水冲洗结束。

当给水符合要求，且锅炉热态冲洗排水铁含量小于 200$\mu$g/L 时，锅炉可以点火。点火升温过程中，维持水冷壁最小循环流量 25%～30% B-MCR。当水冷壁出口温度在 150～170℃ 时，通过控制油量和疏水阀开度将水冷壁出口温度控制在 150～170℃ 之间，按如下回路对锅炉进行热态冲洗。

（1）热力系统热态冲洗时的排放回路。凝汽器→凝结水泵→轴加→疏水冷却器→低加及其旁路→除氧器给水箱→电动给水泵→高加及其旁路→省煤器→水冷壁系统→启动分离系统→锅炉疏水扩容器→机组排水槽/雨水井。

（2）热力系统热态冲洗时的循环回路。凝汽器→凝结水泵→轴加→疏水冷却器→低加及其旁路→除氧器给水箱→电动给水泵→高加及其旁路→省煤器→水冷壁系统→启动分离系统→高、低压两级旁路系统→凝汽器。

热态冲洗期间，将启动分离器贮水箱至锅炉疏水扩容器的排水完全排放到机组排水槽。如果回收的凝结水 Fe>400$\mu$g/L，应通过 5 号低加排放口将其排放，并用凝结水补充水泵将除盐水直接补充到除氧器。

当启动分离器贮水箱排水 Fe≤100$\mu$g/L，SiO$_2$≤30$\mu$g/L 时，热态冲洗结束，锅炉可以升温、升压，准备吹管。

## 三、吹管期间的水汽品质监督

在锅炉点火吹管期间，投入除氧器加热蒸汽，对给水进行热力除氧，并按表 7-7 所列指标进行对给水和蒸汽质量监督（每 1h 分析一次），但不作为控制指标。

表 7-7　　　　　　　　　　　　　　吹管期间给水和蒸汽质量

| 指标 | pH (25℃) | N$_2$H$_4$ ($\mu$g/L) | Cu ($\mu$g/L) | Fe ($\mu$g/L) | SiO$_2$ ($\mu$g/L) | H ($\mu$mol/L) | Na ($\mu$g/L) | 氢电导率 ($\mu$S/cm) |
|---|---|---|---|---|---|---|---|---|
| 给水 | 9.5～10.0 | 300～500 | ≤30 | ≤50 | ≤30 | ～0 | 记录 | 记录 |
| 蒸汽 | — | — | — | ≤50 | ≤30 | — | 记录 | 记录 |

在吹管期间，对集中取样架上的所有水样的取样管进行冲洗，投用闭式冷却水系统和集中取样架的温度调节装置，但除电导率以外的其他监督项目，都通过手工取样、分析

化验。

如果锅炉采用稳压吹管，可由除盐水箱接临时大流量水泵（600～800t/h），将除盐水补充到凝汽器。在凝汽器未抽真空时，可以提前在凝汽器中储水，用凝结水泵向除氧器大流量补水以满足吹管补水要求。在联氨、氨水溶液箱中分别配置5%药液，根据吹管时的补充水量开启加药泵向除氧水箱下水管加药。

### 四、机组整套启动阶段汽机冲转和带负荷时的水汽品质监督

**1. 机组整套启动时水汽质量标准**

机组整套启动和试运行时给水的质量标准列于表7-8中。在启动中，给水指标应争取在16h内达到标准值，在完成168h满负荷试运前达到期望值。

表 7-8　　　　　　　　　机组整套启动和试运行时给水的质量标准

| 水质指标 | 氢电导率 ($\mu S/cm$) | pH (25℃) | $N_2H_4$ ($\mu g/L$) | 溶氧 ($\mu g/L$) | Fe ($\mu g/L$) | Cu ($\mu g/L$) | $SiO_2$ ($\mu g/L$) | Na ($\mu g/L$) | H ($\mu mol/L$) | Oil ($mg/L$) |
|---|---|---|---|---|---|---|---|---|---|---|
| 启动时 | ≤0.50 | — | — | — | ≤50 | — | ≤30 | — | ∼0 | — |
| 标准值 | ≤0.10 | 9.2～9.6 | — | ≤7 | ≤5 | ≤2 | ≤10 | ≤2 | ∼0 | — |
| 期望值 | ≤0.08 | — | — | ≤3 | — | — | ≤5 | — | ∼0 | — |

当主蒸汽分析指标达到表7-9所列的冲转前标准时，可以进行汽机冲转。汽机冲转后凝结水应从5号低加排水口排放，当水质达到表7-10要求时方可回收。并投入凝结水精处理装置将给水水质在短时间内控制在上述要求内。根据GB/T 12145—2016《火力发电机组及蒸汽动力设备水汽质量》，凝结水精处理正常投运时，凝结水回收铁的控制标准可放宽到小于1000 $\mu g/L$。机组启动时，应严格监督高、低压加热器的疏水质量，当其含铁量不大于500$\mu g/L$时可回收。

表 7-9　　　　　　汽机冲转前的蒸汽质量标准（GB/T 12145—2016）

| 炉型 | 氢电导率（$\mu S/cm$） | Fe（$\mu g/L$） | Cu（$\mu g/L$） | $SiO_2$（$\mu g/L$） | Na（$\mu g/L$） |
|---|---|---|---|---|---|
| 直流锅炉 | ≤0.50 | ≤50 | ≤15 | ≤30 | ≤20 |

表 7-10　　　　　　　凝结水回收质量标准（GB/T 12145—2016）

| 外状 | H（$\mu mol/L$） | Fe（$\mu g/L$） | Cu（$\mu g/L$） | $SiO_2$（$\mu g/L$） | Na（$\mu g/L$） |
|---|---|---|---|---|---|
| 无色透明 | ≤5.0 | ≤1000 | ≤30 | ≤200 | ≤80（滨海电厂） |

**2. 第一阶段洗硅运行（启动循环阶段）**

机组带20%以下负荷时，投入煤粉，以节约燃油，延长第一阶段洗硅过程（约需12～24h）。此时，对给水实施全挥发处理，给水联氨加入量为除氧器出水含氧量的3～7倍，pH值为9.0～9.5。当给水温度到达150℃以上时，可以停止加联氨。当给水、主蒸汽、再热蒸汽指标达到运行标准值时，机组可以升负荷进入下一阶段洗硅运行。

在这一阶段，应使集中取样架上所有分析仪表、温度自动调整装置都能够正常投入运行，电导率表前需加的阳树脂全部加好。在负荷稳定时，可以试投各检测仪表，有条件的应连续投入。

3. 第二阶段洗硅运行

在此阶段，机组应按冷态启动曲线升负荷，并控制在 35%～50% 之间，回收凝结水到除氧器。在由湿态运行转为干态运行之前，应投入高、低压加热器；高、低压加热器疏水通过接在高压疏水扩容器和低压疏水扩容器到凝汽器前的临时排放管，排放到机组排水槽，并进行取样分析。如果高、低压加热器的疏水 $Fe<300\mu g/L$ 时，可将其回收到凝汽器；高加疏水 $Fe<50\mu g/L$ 时，可回收到除氧器。

此时，仍按全挥发处理方式进行给水水质调节，给水和凝结水指标按正常值控制。为了保证给水和蒸汽品质、特别是 Fe 和 $SiO_2$ 含量合格，应及时投入凝结水精处理系统的前置过滤器和高速混床，加强对前置过滤器、高速混床的压差和出水指标的监督，及时进行冲洗和再生。另外，根据机组补水量、水汽品质和运行要求，可在除氧器前排放部分凝结水，排放量应以不影响机组安全、稳定试运为标准。为此，可将除盐水分别补充到除氧器和凝汽器。

当给水和蒸汽指标达到运行标准值时，机组可以升负荷进入第三阶段洗硅运行。一般情况下，第二阶段洗硅运行约需要 24～48h。

4. 第三段洗硅运行

当机组负荷升至 50%～100% 时，如果蒸汽 $SiO_2>30\mu g/L$，应将负荷降到此阶段的较低负荷下运行；当 $SiO_2>15\mu g/L$ 时，再逐步提高负荷，直至满负荷运行。

此时，应全部回收各级加热器疏水；同时，投入前置过滤器和高速混床，及时再生高速混床；给水仍实施全挥发处理。

5. 第四阶段洗硅运行

机组进入 168h 整套满负荷试运计时阶段的水汽质量标准见表 7-11。

表 7-11 　　　　　　　　 机组进入 168h 整套满负荷试运计时阶段水汽质量

| 指标 | 给水 | 主蒸汽 | 精处理出口凝结水 |
| --- | --- | --- | --- |
| pH(25℃) | 9.2～9.6 | — | — |
| 氢电导率($\mu S/cm,25℃$) | ≤0.10(0.08) | ≤0.10(0.08) | ≤0.10(0.08) |
| $SiO_2(\mu g/L)$ | ≤10(5) | ≤10(5) | ≤10(5) |
| $Fe(\mu g/L)$ | ≤5(3) | ≤5(3) | ≤5(3) |
| $Cu(\mu g/L)$ | ≤2 | ≤2 | ≤2 |
| $Na(\mu g/L)$ | ≤2 | ≤2 | ≤2 |
| $Cl^-(\mu g/L)$ | ≤1 | — | ≤1 |

# 第八章　热力设备停用保护和化学清洗

火力发电厂机组在运行时，由于需要进行大小修，或出现故障时进行临检。从而使热力设备停运，且停运时间长短不一，少则数天，多则半月、一月，甚至更长时间。在锅炉、汽轮机、凝汽器、加热器等热力设备停运期间，如果不采取有效的保护措施，设备金属表面会发生强烈的腐蚀，这种腐蚀就称为热力设备的停用腐蚀。火力发电厂常因停运后的防腐措施不足或方法不当，造成锈蚀、腐蚀和损坏（尤其是水汽侧的腐蚀），对电厂的安全经济运行造成严重影响。

化学清洗包括对新建锅炉和运行锅炉的化学清洗。新建锅炉在制造、储运和安装过程中，不可避免地会残存一些杂质和附着物，投运前，必须将这些杂质和附着物清除干净；在锅炉的运行过程中，水中残存的一些杂质会因为浓缩、结垢等原因在炉内沉积下来导致金属腐蚀。为保证水汽质量，减少结垢、腐蚀，提高热效率，需要定期通过化学清洗去除炉内的沉积物。

## 第一节　直流锅炉的化学清洗

锅炉的化学清洗就是根据锅炉内部的污脏程度、沉积物的性状及锅炉的结构特点，选择适当的化学清洗剂及其相应的工艺过程，来清除锅炉水汽系统中的各种沉积物，并使金属表面形成良好的防腐钝化膜的过程。随着锅炉参数的提高，对受热面清洁度和锅内水质的要求更加严格了，化学清洗已经成为维护锅炉安全经济运行的一项重要措施。目前，对新建的直流锅炉和高压以上的锅炉在启动前都应进行化学清洗；对已经运行的锅炉，也应在必要时进行化学清洗。

### 一、直流锅炉化学清洗必要性

1. 新建锅炉化学清洗的必要性

锅炉在制造、储运和安装过程中，不可避免地会形成氧化皮、腐蚀产物及焊渣，并带入砂子、尘土、水泥和保温材料碎渣等含硅杂质。管道在加工成型时，有时使用含硅、铜的冷热润湿剂，或在热弯管时灌砂，都可能使管道内残留含硅、铜的杂质。此外，设备在出厂时还可能涂覆有油脂类的防腐剂。锅炉投运时若不去除这些脏污物，就可能产生下列危害：

（1）锅炉启动时，汽水品质长期不合格，使机组启动时间延长；

（2）在锅炉内的水中形成碎片或沉渣，堵塞炉管，破坏正常的汽水流动工况；

（3）直接妨碍炉管管壁的传热或者导致水垢的产生，使炉管金属过热和损坏；

（4）促使锅炉在运行中发生沉积物下腐蚀，以致炉管变薄，甚至发生穿孔和爆管。

新建锅炉启动前的化学清洗，不仅有利于锅炉的安全运行，而且还能改善锅炉启动时的水汽质量，加快水汽质量达到正常标准，从而缩短新机组启动到正常运行的时间。因此，DL/T 794—2012《火力发电厂锅炉化学清洗导则》规定直流锅炉和过热蒸汽出口压力为9.8MPa及以上的汽包锅炉，在投运前必须进行化学清洗。

新建直流锅炉化学清洗的范围，一般应包括锅炉全部的水汽系统、过热器和炉前系统（即从凝结水泵出口经由除氧器，直至省煤器的全部水管）。

2. 运行炉化学清洗的必要性

锅炉投运后，即使有十分完善的给水处理和合理的炉水处理，仍然不可避免地会有结垢性物质进入给水系统，而热力系统本身也会产生一定的腐蚀产物。这些杂质在炉管内形成水垢或附着物，影响炉管的传热和水汽流动特性，加速炉管的腐蚀和损坏，污染蒸汽，危害机组正常运行。因此，锅炉运行一定时间后，也有必要进行化学清洗。

究竟在什么时候应进行化学清洗，不能一概而论。应根据锅炉类型、运行参数、燃料品种、补给水质以及内部的实际脏污程度等因素来决定。在国外，一般是根据锅炉运行年限（定期清洗），或炉管内结垢量，或二者兼而虑之，并在制定这两方面的极限指标时，考虑上述诸方面的因素。目前，国内规定，当水冷壁管内的沉积物量或锅炉化学清洗的间隔时间超过表8-1中的极限值时，就应安排化学清洗。锅炉化学清洗的间隔时间还可根据运行水质的异常情况，大修时锅内的检查情况做适当变更。

表8-1 运行炉清洗的时间间隔和炉管向火侧沉积物的极限量

| 炉型 | 汽包锅炉 | | | 直流锅炉 |
|---|---|---|---|---|
| 主蒸汽压力（MPa） | <5.88 | 5.88～12.64 | >12.74 | |
| 垢量（g/m²） | 600～900 | 400～600 | 300～400 | 200～300 |
| 清洗时间间隔（年） | 12～15 | 10～12 | 5～10 | 5～10 |

表8-1中的沉积物量，是割取具有代表性的管样用洗垢法测得。割管时，应选择最易产生结垢和腐蚀的部位，也即受热面热负荷最高的部位（如喷燃附近，燃烧带上部距炉膛中心最近处）及冷灰斗和焊口等处。因为炉管的向火侧比背火侧热负荷高得多，产生沉积物量也多些，炉管的腐蚀、过热和爆管等故障往往发生在向火侧，所以按炉管向火侧沉积物量来决定锅炉是否需要进行化学清洗较为合适。

运行锅炉的化学清洗范围一般只包括锅炉本体的水汽系统。

3. 凝汽器清洗的必要性

凝汽器管结垢会导致冷却效果下降，凝结水温度升高，从而使凝汽器真空度下降、端差超标，直接影响汽轮机的出力和运行的经济性；管内的水垢和附着物会加剧凝汽器的腐蚀，导致穿孔泄漏，造成凝结水水质劣化，影响汽水品质，直接危及机组的安全经济运行。当运行机组的凝汽器管内侧结垢厚度达到0.5mm或由于污垢导致端差大于8℃时应进行化学清洗。

**二、直流锅炉的化学清洗质量要求**

锅炉及其热力系统化学清洗的质量应达到如下要求：

（1）被清洗金属表面清洁，基本无残留氧化物、焊渣及其他杂质；

（2）无明显金属粗晶析出的过洗现象，无二次浮锈，无点蚀；腐蚀指示片无点蚀，平均腐蚀速度应小于 $8g/(m^2 \cdot h)$，腐蚀总量应小于 $80g/m^2$；不应有镀铜现象并应形成良好的钝化保护膜。

## 第二节 超超临界热力设备停用腐蚀和停用保护

在锅炉、汽轮机、凝汽器、加热器等热力设备停运期间，如果不采取有效的保护措施，设备金属表面会发生强烈的腐蚀，这种腐蚀就称为热力设备的停用腐蚀。火力发电厂常因停运后的防腐措施不足或方法不当，造成锈蚀、腐蚀和损坏（尤其是水汽侧的腐蚀），对电厂的安全经济运行造成严重影响。

### 一、热力设备的停用腐蚀

1. 停用腐蚀产生的原因

（1）水汽系统内部有氧气。热力设备停用时，水汽系统内部的温度和压力逐渐下降，蒸汽凝结。停运后，空气从设备不严密处或检修处大量渗入设备内部，带入的氧溶解在水中。

（2）金属表面有水膜或金属浸于水中。由于停运放水时，不可能彻底放空，因此有的部位仍有积水，使金属浸于水中。积水的蒸发或潮湿空气的影响，使水汽系统内部湿度很大。在潮湿的金属表面形成耗氧腐蚀原电池作用，使金属迅速生锈。

2. 停用腐蚀的特征

（1）锅炉停用时的耗氧腐蚀，与运行时的耗氧腐蚀相比，在腐蚀部位、腐蚀严重程度、腐蚀形态、腐蚀产物颜色、腐蚀产物组成等方面都有明显不同。因为停炉时，氧可以扩散到各个部位，因此几乎锅炉的所有部位均会发生停炉耗氧腐蚀。停用时耗氧腐蚀的主要形态是点蚀，形成的腐蚀产物表层常呈黄褐色，其附着能力低，疏松，易被水带走。

1）过热器。运行时不发生耗氧腐蚀，停炉时，立式过热器的下弯头常有严重的耗氧腐蚀。

2）再热器。运行中不会有耗氧腐蚀，停用时在积水部位有严重腐蚀。

3）省煤器。运行中出口腐蚀较轻，入口段腐蚀较重。停炉时，整个省煤器均有腐蚀，且出口段腐蚀更严重。

4）水冷壁管、下降管和汽包。锅炉运行时，只有当除氧器运行不正常时，汽包和下降管中才会有耗氧腐蚀，水冷管是不会有耗氧腐蚀的。停炉时，汽包、下降管、水冷壁中均会遭受耗氧腐蚀，汽包的水侧腐蚀严重。

（2）汽轮机的停用腐蚀，通常在喷嘴和叶片上出现，有时也在转子叶轮和转子本体上发生。停机腐蚀在有氯化物污染的机组上更严重，并表现为点蚀。

3. 停用腐蚀的影响因素

影响热力设备停用腐蚀的因素，对放水停用的设备，其停用腐蚀类似大气腐蚀中的情况，影响因素有温度、湿度、金属表面水膜成分和金属表面的清洁程度等。对充水停用的，金属浸于水中，影响因素有水温、水中溶解氧含量、水的成分以及金属表面的清洁程度等。

（1）湿度。对放水停用的设备，金属表面的潮气对腐蚀速度影响大。因为在有湿分的大气中，金属腐蚀都是表面有水膜时的电化学腐蚀。大气中湿度大，易在金属表面结露，形成水膜，造成腐蚀增加。在大气中，各种金属都有一个腐蚀速度呈现迅速增大的湿度范围，湿度超过这一临界值时，金属腐蚀速度急剧增加，而低于此值，金属腐蚀很轻或几乎不腐蚀。

钢、铜等金属的临界相对湿度值在50％～70％之间。当热力设备内部相对湿度小于35％时，铁可完全停止生锈。实际上如果金属表面无强烈的吸湿剂沾污，相对湿度低于60％时，铁的锈蚀即停止。

（2）含盐量。水中或金属表面水膜中盐分浓度增加，腐蚀速度增加。特别是氯化物和硫酸盐含量增加使腐蚀速度上升很明显。汽轮机停用时，若叶片等部件上有氯化物沉积，就会引起腐蚀。

（3）金属表面清洁程度。当金属表面有沉积物或水渣时，妨碍氧扩散进去，所以沉积物或水渣下面的金属电位较负，成为阳极；而沉积物或水渣周围，氧容易扩散到的金属表面，电位较正，成为阴极。由于这种氧浓度差异原电池的存在，使腐蚀增加。

4. 停用腐蚀的危害

（1）在短期内即使停用设备也会遭到大面积破坏，甚至腐蚀穿孔。

（2）加剧热力设备运行时的腐蚀。停用腐蚀的腐蚀产物在锅炉再启动时，进入锅炉，促使锅炉炉水浓缩腐蚀速度增加，以及造成炉管内摩擦阻力增大，水质恶化等。停机时，汽轮机中的停用腐蚀部位，可能成为汽轮机应力腐蚀破裂或腐蚀疲劳裂纹的起源。

因此，DL/T 956—2017《火力发电厂停（备）用热力设备防锈蚀导则》规定："火力发电厂热力设备停（备）用期间应采取有效的防锈蚀措施"。为了做好这一工作，该导则不仅制定了"火力发电厂热力设备防锈蚀监督和工作制度"，而且提出了下列考核指标及要求：

1）防锈蚀率 $= \dfrac{\text{防锈蚀时间}}{\text{停（备）用时间}} \times 100\% \geqslant 80\%$；

2）防锈蚀指标合格率 $\geqslant 90\%$。

**二、热力设备的停用保护**

1. 停用保护分类

为保证热力设备的安全运行，热力设备在停用或备用期间，必须采用有效的防锈蚀措施，以避免或减轻停用腐蚀。按照保护方法或措施的作用原理，停用保护方法可分为三类：

（1）阻止空气进入热力设备水汽系统内部。其实质是减少起金属腐蚀剂作用的氧的浓度。这类方法有充氮法、保持蒸汽压力法等。

（2）降低热力设备水汽系统内部的湿度。其实质是防止金属表面凝结水膜，形成电化学腐蚀电池。这类方法有烘干法、干燥法等。

（3）使用缓蚀剂，减缓金属表面的腐蚀；或加碱化剂，调整保护溶液的 pH 值，使腐蚀减轻。所用药剂有氨、联氨、气相缓蚀剂、新型除氧-钝化剂等。这类方法的实质是使电化学腐蚀中的阳极或阴极反应阻滞。

2. 停用保护方法的选用原则

选择停用保护方法时，必须充分考虑机组的特点，才能选择合适的药品或恰当的保护方法。也只有在充分考虑到需要保护的时间的长短，才能选择出既有满意的防锈蚀效果，又方便机组启动的保护方法。

（1）机组的参数和类型。首先要考虑锅炉的类别。直流炉对水质要求高，只能用挥发性药品保护，如联氨和氨或充氮保护；汽包锅炉则既可以用挥发性药品，也可以用非挥发性药品。其次是考虑机组的参数。对高参数机组，因对水质要求高，因而汽包锅炉机组也使用联氨和氨做缓蚀剂。同时，高参数机组的水汽系统结构复杂，机组停用放水后，有些部位不易放干，所以不宜采用干燥剂法。

（2）停用时间的长短。停用时间不同，所选用的方法也不同。对热备用状态的锅炉，必须考虑能随时投入运行，因此所采用的方法不能排掉炉水，也不能改变炉水成分，所以一般采用保持蒸汽压力法。对于短期停用机组，要求短期保护以后能投入运行，锅炉一般采用湿式保护，其他热力设备可以采用湿式保护，也可采用干式保护。对于长期停用的机组，要求所用保护方法防锈蚀作用持久，一般可用湿式保护，如加联氨和氨，或用于干式保护，如充氮法。

（3）选择保护方法时，要考虑现场条件。现场条件包括设计条件、给水的水质、环境温度和药品来源等。如采用湿式保护的各种方法时，在寒冷地区均需考虑药液的防冻。

停运保护方法选择时除考虑以上因素外，还需考虑：停用保护所采用的方法不会破坏与运行期间的化学水工况之间的兼容性；防锈蚀方法不影响机组按电网要求随时启动运行；应建立临时废液处理系统，处理后的废液排放符合 GB 8978—1996《污水综合排放标准》的规定；所采用的保护方法不影响检修工作和检修人员的安全。

3. 锅炉停用保护方法

锅炉停用保护方法分干式保护法、湿式保护法以及联合保护法。

干式保护法有热炉放水余热烘干法、负压余热烘干法、邻炉热风烘干法、充氮法、气相缓蚀剂法等。

湿式保护法有氨水法、氨-联氨法、蒸汽压力法、给水压力法等。

联合保护法有充氮或充蒸汽的湿式保护法。

（1）热炉放水余热烘干法。热炉放水是指锅炉停运后，压力降到 0.5～0.8MPa 时，迅速放尽锅内存水，利用炉膛余热烘干受热面。若炉膛温度降到 105℃，锅内空气湿度仍高于 70% 则锅炉点火继续烘干。此法适用于临时检修或小修锅炉时，停用期限一周以内。

（2）负压余热烘干法。锅炉停运后，压力降到 0.5～0.8MPa 时，迅速放尽锅内存水，然后立即抽真空，加速锅内排出湿气的过程，并提高烘干效果。此保护法适用于锅炉大、小修时，停运期限可长至 3 个月。

（3）邻炉热风烘干法。热炉放水后，将正在运行的邻炉的热风引入炉膛，继续烘干水汽系统表面，直到锅内空气湿度低于 70%。此法适用于锅炉冷态备用、大、小修期间，停用期限 1 个月以内。

（4）充氮法。当锅炉压力降到 0.3～0.5MPa 时，接好充氮管，待压力降到 0.05MPa 时，充入氮气并保持压力 0.03MPa 以上。氮气本身无腐蚀性，它的作用是阻止空气漏入锅内。此法适用于长期冷态备用的锅炉的保护。停用期限可达 3 个月以上。

（5）气相缓蚀剂法。锅炉烘干，锅内空气湿度小于 90% 时，向锅内充入气化了的气相缓蚀剂。待锅内气相缓蚀剂含量达 30g/m² 时，停止充气，封闭锅炉。此法适用于冷态备用锅炉。一般使用期限为1个月，但实际经验报道，有的机组用此法保护长达一年以上。

气相缓蚀剂，如碳酸环己胺、碳酸铵等，它们具有较大挥发性，溶于水后能解离出具有缓蚀性能的保护性基团的化合物。气相缓蚀剂应具备如下的基本特点：化学稳定性高；有一定蒸汽压，以保证充满被保护设备的各个部位，还应能保留较长时间；在水中有一定溶解度；有较高的防腐能力。

（6）蒸汽压力法。有时锅炉因临时小故障或外部电负荷需求情况而处于热备用态状态，需采取保护措施，但锅炉必须随时再投入运行，所以锅炉不能放水，也不能改变炉水成分。在这种情况下，可采用蒸汽压力法。其方法是：锅炉停用后，用间歇点火方法，保持蒸汽压力大于0.5MPa，一般使蒸汽压力达0.98MPa，以防止外部空气漏入。此法适用于一周以内的短期停用保护，耗费较大。

（7）给水压力法。锅炉停运后，用除氧合格的给水充满锅内，保持给水压力0.5～1.0MPa，并保证一定量的溢流量，以防空气漏入。此法适用于停用期一周以内的短期停用锅炉的保护。保护期间定期检查锅内水压力和水中溶解氧的含量，如压力不合格或溶解氧大于$7\mu g/L$，应立即采取补救措施。

（8）氨水法。锅炉停用后放尽锅内存水，用氨溶液作防锈蚀介质充满锅炉，防止空气进入。使用的氨液浓度为500～700mg/L。氨液呈碱性。加入氨，使水碱化到一定程度，有利于钢铁表面形成保护层，可减轻腐蚀。因为浓度较大的氨液对铜合金有腐蚀，因此使用此法保护前应隔离可能与氨液接触的铜合金部件。解除设备停用保护、准备再启动的锅炉，在点火前应加强锅炉本体到过热器的反冲洗。点火后，必须待蒸汽中氨含量小于2mg/kg时，方可并汽。此法可适用于停用期为一个月以内的锅炉。

（9）氨-联氨法。锅炉停用后，把锅内存水放尽，充入加了联氨并用氨调pH值的给水。保持水中联氨过剩量200mg/L以上，水的pH值为10～10.5。此法保护锅炉，其停用期可达3个月以上。所以适用于长期停用、冷备用或封存的锅炉的保护。当然也适用于3个月以内的停用保护。在保护期，应定期检查联氨的浓度和pH值。

氨-联氨法在汽包锅炉和直流锅炉上都采用，锅炉本体、过热器均可采用此法保护。但中间再热机组的再热系统不能用此法保护，因为再热器与汽轮机系统连接，用湿式保护法，汽轮机有进水的危险。再热器系统可用干燥热风保护。此法是高参数大容量机组普遍采用的保护方法。

应用氨-联氨法保护的机组再启动时，应先将氨-联氨水排放干净，并彻底冲洗。锅炉点火后，应先向空排汽，直至蒸汽中氨含量小于2mg/kg时才可送汽，以免氨浓度过大而腐蚀凝汽器铜管。对排放的氨-联氨保护液要进行处理后才可排入河道，以防污染。

由于氨-联氨液保护时，温度为常温条件，所以联氨的主要作用不是直接与氧反应而除去氧，而是起阳极缓蚀剂或牺牲阳极的作用。因而联氨的用量必须足够。

（10）联合保护法。联合保护法是最主要的保护法，因单靠一种保护法是很难卓有成效地防止锅炉的停用腐蚀。联合保护法中最常用的是充氮或充蒸汽的湿式保护法。其方法是：

在锅炉停运后，未完成炉内换水，充入氮气，并加入联氨和氨，使联氨量达200mg/L以上，水pH值达10以上，氮压保持0.03MPa以上。若保护期较长，则联氨量还需增加。锅炉从锅筒至高压过热器、高压再热器出口设置了七条放气充氮管路，以便为停用较长时间而采用充氮或其他方法保养。

各种停用热力设备方法见表 8-2，各种防锈蚀方法的监督项目和控制标准见表 8-3。

**表 8-2　　　　　　　　　　　　停用热力设备的保护方法一览表**

| 防锈蚀方法 | 适用状态 | 适用设备 | 防锈蚀方法工艺要求 | 停用时间 | | | | |
|---|---|---|---|---|---|---|---|---|
| | | | | <3天 | <1周 | <1月 | <1季度 | >1季度 |
| 干式保护 | | | | | | | | |
| 热炉放水余热烘干法 | 临检、小修 | 锅炉 | 炉膛有足够的余热，系统严密，放水门、空气门无缺陷 | ✓ | ✓ | | | |
| 负压余热烘干法 | 大、小修 | 锅炉 | 炉膛有足够的余热，配抽气系统，系统严密 | | | ✓ | ✓ | |
| 邻炉热风烘干法 | 冷备用；大、小修 | 锅炉 | 邻炉有富裕热风，有热风连通管，有热风连续供给 | | | ✓ | | |
| 干风干燥法 | 冷备用；大、小修 | 锅炉、汽轮机 | 备有干风系统及设备，热风连续供给 | | | ✓ | ✓ | ✓ |
| 热风吹干法 | 冷备用；大、小修 | 锅炉、汽轮机 | 备有热风系统及设备，热风连续供给 | | | ✓ | | |
| 气相缓蚀剂法 | 冷备用；封存 | 锅炉，高压、低压加热器 | 设备严密，内部空气相对湿度不高于60% | | | | ✓ | ✓ |
| 氨、联氨钝化干燥法 | 冷备用；大、小修 | 锅炉给水系统 | 停炉前2h，无铜系统给水pH在9.4~10.0；有铜系统给水pH在9.0~9.2，联氨0.5~500mol/L，热炉放水，余热烘干 | ✓ | ✓ | ✓ | ✓ | |
| 吹灰排烟道干燥法 | 冷备用；封存 | 锅炉烟气侧 | 配有吹灰、排烟设备和干风设备 | | | ✓ | | ✓ |
| 通风干燥法 | 冷备用；大、小修 | 凝汽器水侧 | 备有通风设备 | | | ✓ | ✓ | ✓ |
| 湿式保护 | | | | | | | | |
| 蒸汽压力法 | 热备用 | 锅炉 | 锅炉保持一定压力 | ✓ | ✓ | | | |
| 给水压力法 | 热备用 | 锅炉及给水系统 | 锅炉保持一定压力，给水水质保持运行水质 | ✓ | ✓ | | | |
| 维持密封真空法 | 热备用 | 汽轮机、再热器、凝汽器汽侧 | 维持凝汽器真空，汽轮机轴封蒸汽保持汽轮机处于密封状态 | ✓ | | | | |
| 氨水法 | 冷备用、封存 | 锅炉低压给水系统 | 有配药、加药系统及废液处理系统 | | | | ✓ | ✓ |

| 防锈蚀方法 | 适用状态 | 适用设备 | 防锈蚀方法工艺要求 | 停用时间 | | | | |
|---|---|---|---|---|---|---|---|---|
| | | | | <3天 | <1周 | <1月 | <1季度 | >1季度 |
| | | | 湿式保护 | | | | | |
| 氨-联氨法 | 冷备用、封存 | 锅炉高低压给水系统 | 有配药、加药系统及废液处理系统 | | | √ | √ | √ |
| 充氮法 | 冷备用、封存 | 锅炉高低压给水系统 | 配有充氮系统,氮气纯度应符合相应要求,系统有一定严密性 | | √ | √ | √ | √ |
| 成膜氨法 | 冷备用;大、小修 | 汽轮机、锅炉及高压给水系统 | 配有加药系统,停机过程中实施 | | | | √ | √ |
| 通蒸汽加热循环法 | 热备用 | 除氧器 | 维持水温高于105℃ | √ | √ | | | |
| 循环水运行法 | 备用 | 凝汽器水侧 | 维持水侧一台循环泵运行 | √ | | | | |

**注** 表中划"√"符号者表示在该停用期间适用的防锈蚀方法。

**表 8-3** 各种防锈蚀方法的监督项目和控制标准

| 防锈蚀方法 | | 监督项目 | 控制标准 | 检测方法 | 取样部位 | 其他 |
|---|---|---|---|---|---|---|
| 干法防锈 | 热炉放水余热烘干法 | 空气相对湿度(室温值) | <70%或等于环境相对湿度 | 干湿球温度计法 DL/T 956—2017 | 空气门、放水门或疏水门 | 烘干过程中每1h时测定湿度1次。备用期间每周测定湿度1次 |
| | 负压余热烘干法 | | | | | |
| | 邻炉热风烘干法 | | <50% | 相对湿度计 | 排气门 | |
| | 热风干燥法 | | 小于环境相对湿度 | 干湿球温度计法 | 排气门 | 干燥过程中每班测定湿度2次 |
| | 干燥剂去湿法 | | | | | 每周测定湿度2次 |
| | 充氮法 | 氮压 氮气纯度 | >0.03MPa >98% | 压力表、色谱仪 | 氮气取样门 | 备用中每班记录氮压2次,充氮前测定氮气纯度1次 |
| | 气相缓蚀剂法 | 含量 | >30g/m³ | | 空气门、放水门、蒸汽取样门、炉水取样门 | 充气时每1h测定含量1次,备用时每周测定含量1次 |
| 湿法防锈 | 氨水法 | 氨含量 | 500~700mg/L | | 炉水取样 | 每班测定氨含量1次 |
| | 氨-联氨法 | 联氨含量 pH值 | ≥200mg/L 10~10.5 | | 炉水取样、高加取样 | 每周测定联氨含量和pH值各一次 |
| | 蒸汽压力法 | 蒸汽压力 | >0.5MPa | 压力表 | | 每班记录压力2次 |
| | 给水压力法 | 压力 溶氧 | 0.5~1.0MPa <7μg/L | | 炉水取样、蒸汽取样 | 每班记录压力2次,每班测定溶氧1次 |

**4. 启动锅炉停用保护**

在锅炉的炉墙及锅炉内部经处理干燥后，可用以下两种方式进行保护。

(1) 氮保护：将氮气从下炉筒排污处和给水管道中的氮气进口处不断地输入，将各部件顶上的放氮口的阀门打开，让炉体中的空气排出，直至内部均充满氮气后再将各放氮口关闭。最后将进氮口阀门关闭。炉子本体在保养期间，各个炉门、入孔门、手孔均应密封关闭，防止氮气泄漏，并定期进行检查，及时补充氮气，保证氮气的充满度。

(2) 干法保养：在上下炉筒内，距离均匀地各放置 14 个铁罐，罐内盛有 1.5kg 左右的氧化钙，以便防潮吸水，罐内药品厚度不超过罐边高度的 1/3 为宜，药品纯度在 50％以上，颗粒度为 10～30mm，铁罐放妥后关闭入孔盖。

在保养期间，炉内应紧闭，管道应隔绝，并每三个月打开入孔盖进行一次检查，如药品已消耗成粉状，应进行调换。

**5. 汽轮机和凝汽器的停用保护方法**

汽轮机和凝汽器在停用期间，采用干法保护。首先必须使汽轮机和凝汽器停运后内部保持干燥。为此，凝汽器在停用以后，先排水，使其自然干燥，如底部积水可以采用吹干的办法除去。为了保持汽轮机和凝汽器在停用期间内部干燥，可以在凝汽器内部放入干燥剂，如生石灰、变色硅胶等。

**6. 加热器的停用保护方法**

低压加热器和高压加热器采用的管材是不同的，因此保护方法也不同。低压加热器的管材一般是铜管，所以可以采用干法保养或充氮气保养；如低压加热器采用不锈钢管材，可采用干法保护。高压加热器所用管材一般为低合金钢管，停用保护方法为充氮保护或加联氨保护。加联氨保护时，联氨溶液的浓度视保护时间长短不同，pH 值用氨调至大于 10。

**7. 除氧器的停用保护方法**

除氧器若停用时间在一周以内，通热蒸汽进行热循环，维持水温大于 106℃。若停用时间在一周以上至三个月以内，采用把水放空、充氮气保养的方法；或采用加联氨溶液，上部充氮气的保养方法。若停用时间在三个月以上，采用干式保养，水全部放掉，水箱充氮气保护。

**8. 超临界直流机组采用 CWT 方式运行后的停炉保护措施**

(1) 机组停运 1～2 天。机组停运前 2h，给水处理方式由 CWT 方式切换至 AVT 方式，机组停运后再提高加氨量至 pH＞10，机组采用加氨湿法保护。

(2) 机组停运 2 天至一周。如热力系统无检修工作，不要求放水，可采用加氨调节 pH＞10 的湿法保护；如要求水系统放水，可采用热炉放水，余热烘干保护；高、低压加热器汽侧采用充氮保护。

(3) 机组停运一周以上。高压、低压加热器水侧，省煤器、水冷壁采用热炉放水，余热烘干保护，并从水冷壁及省煤器入口联箱疏水门导入加有气相缓蚀剂的压缩空气，采用气相缓蚀剂保护；高、低压加热器汽侧采用充氮保护。

## 第三节 常用的清洗剂和添加剂

### 一、化学清洗药品的选择

锅炉内部的脏污物，就化学成分而言，主要是铁，其次可能有铜、硅及油脂类物质等。为了去除这些有害物质，并使金属表面钝化，就应根据具体清洗来选取不同的对策。因此，化学清洗可能包括脱脂除硅、除铁、除铜以及钝化等基本过程；就所采用的清洗介质而言，化学清洗可能包括碱洗/碱煮、酸洗及中和钝化等基本过程。由于其中起清洗作用的主要步骤是酸洗过程，因此又往往称它所用的溶液为清洗剂。

除掉金属表面聚积的铁的氧化物。除去铁的氧化物是化学清洗的主要步骤。对清洗剂的基本要求是：

(1) 清洗效果好，即除去铁的氧化物效果好；

(2) 对锅炉的腐蚀性小；

(3) 成本较低，货源较充足，使用方便；

(4) 清洗后的废液易于处理。

### 二、常用的清洗剂

化学清洗介质的选择，一般根据垢的成分，锅炉设备的构造、材质，清洗效果，缓蚀效果，经济性的要求，药物对人体的危害以及废液排放和处理要求等因素进行综合考虑。所用药剂主要包括清洗剂、缓蚀剂、添加剂等，既要达到清洗的目的，又要防止金属腐蚀并有助于钝化膜的形成。

常用的化学清洗剂可分为酸性清洗剂、碱性清洗剂、络合清洗剂、黏泥菌藻清洗剂、缓蚀剂和其他清洗添加剂等。酸性清洗剂包括无机酸和有机酸两大类，常用的无机酸主要有盐酸、氢氟酸等；有机酸有柠檬酸、EIDTA 等。

#### 1. 无机酸清洗剂

无机酸清洗剂主要有盐酸、硝酸、硫酸、氢氟酸、氨基磺酸、磷酸等。无机酸对垢的溶解能力较强，反应速度快、清洗费用较低，但对金属的腐蚀倾向也相对较大。盐酸、硫酸、氢氟酸、氨基磺酸等无机酸主要靠酸的溶解作用和剥离脱落作用来除垢。酸与垢反应生成可溶性的盐，从而使垢溶解到清洗液中，这就是酸对垢的溶解作用。同时酸液还会与钢铁基体发生反应，即 $Fe+2H^+ \rightarrow Fe^{2+}+H_2\uparrow$。在清洗除垢过程中，由于反应产生的 $CO_2$ 和 $H_2$，对水垢及氧化物有松动、剥离作用，因此难溶的硫酸盐水垢和硅垢等随着大量碳酸盐垢的溶解而变成松散的残渣片，自动脱落或被冲刷脱落。

(1) 盐酸（HCl）。盐酸是一种较好的清洗剂。采用盐酸洗炉时，其反应式如下：

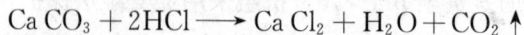

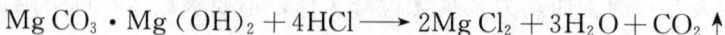

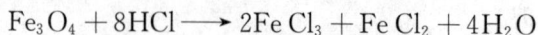

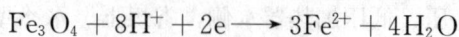

$$CaCO_3+2HCl \longrightarrow CaCl_2+H_2O+CO_2\uparrow$$

$$MgCO_3 \cdot Mg(OH)_2+4HCl \longrightarrow 2MgCl_2+3H_2O+CO_2\uparrow$$

$$Fe_2O_3+6HCl \longrightarrow 2FeCl_3+3H_2O$$

$$Fe_3O_4+8HCl \longrightarrow 2FeCl_3+FeCl_2+4H_2O$$

$$Fe_3O_4+8H^++2e \longrightarrow 3Fe^{2+}+4H_2O$$

$$Fe+2HCl \longrightarrow FeCl_2+H_2$$

实践表明，盐酸是一种应用广泛的清洗剂，其优点有：除污能力强，溶解铁的氧化物能力强，添加适当的缓蚀剂，可有效抑制盐酸对金属的腐蚀；价廉、货广易得，输送方便，但不适用于清洗有奥氏体不锈钢的锅炉，因为氯离子能促使奥氏体钢发生应力腐蚀。用盐酸清洗以硅酸盐为主的水垢效果不佳，在清洗液中往往需补加氟化物等添加剂。采用盐酸清洗后残余浓度高，浪费较大。

盐酸清洗的工艺条件是盐酸浓度为 $3\%\sim5\%$，加 $0.2\%\sim0.4\%$ 的若丁或 $0.2\%\sim0.3\%$ 的乌洛托平作缓蚀剂，清洗温度为 $40\sim60℃$，流速为 $0.2\sim1.0m/s$，清洗时间为 $6\sim8h$。

（2）氢氟酸（HF）。氢氟酸不仅溶解铁氧化物的速度快，溶解以硅酸盐为主的水垢能力也很强，这是由于氟离子能加速硅酸的溶解，用氢氟酸洗炉时，其反应式如下：

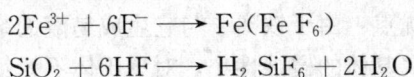

$$2Fe^{3+} + 6F^- \longrightarrow Fe(FeF_6)$$

$$SiO_2 + 6HF \longrightarrow H_2SiF_6 + 2H_2O$$

用氢氟酸清洗时，由于上述反应快、清洗液温度低、时间短，通常采用氢氟酸清洗液一次性流过清洗设备。此法具有临时工作量小，清洗系统简单，耗水量少和当添加适当缓蚀剂时可使静态下基体金属的腐蚀速度小等优点。由于氢氟酸具有上述优点，它可以用来清洗奥氏体钢部件，可以用来清洗炉前系统和炉后系统而不必拆除或隔离汽水系统中的阀门，可十分方便地实现对大型机组热力系统的全面清洗。采用氢氟酸清洗的工艺条件是氢氟酸的浓度为 $1.0\%\sim2.0\%$，加 $0.2\%\sim0.4\%$ 的混合缓蚀剂，酸性液温度为 $30\sim60℃$，最低流速为 $0.15\sim0.20m/s$，酸性时间为 $2\sim3h$。应强调指出的是，浓氢氟酸易烧伤人体，氢氟酸蒸汽有很强的毒性，使用时必须注意安全。

2. 有机酸清洗剂

目前用于锅炉化学清洗剂的有机酸很多，常用的有柠檬酸、乙二胺四乙酸（EDTA）等。用这些酸作清洗剂，不仅是利用其酸性来溶解沉积物，而且主要是利用它们具有与铁离子络合的性能，因此用有机酸清洗有许多优点：不会形成大量的沉渣或沉积物以致堵塞管道，对基体金属侵蚀性小，可采用较高的流速等。不足之处在于药品较贵，清洗成本高等。

有机酸化学清洗主要利用有机酸的酸性和活性基团的络合能力，加上表面活性剂、渗透剂等将垢层溶解、剥离、润湿、分散、络合至清洗液中。其特点：不会使清洗液中出现大量沉渣或悬浮物，对于结构复杂和系统复杂的高参数大容量锅炉的清洗非常有利；可以清洗奥氏体钢或其他特种钢制成的锅炉或设备；对于锅炉和炉前系统（给水系统）等结构复杂、清洗废液完全排尽有困难的系统，使用有机酸清洗液相对安全。

（1）柠檬酸（$H_3C_6H_5O_7$）。柠檬酸是目前化学清洗中应用较广的一种有机酸。在水溶液中，其电离度随着 pH 值的升高而增大。它与 $Fe_3O_4$ 反应较慢，与 $Fe_2O_3$ 反应生成溶解度较小的柠檬酸铁，易产生沉淀。所以在用柠檬酸作清洗剂时，要在清洗液中加氨，将溶液的 pH 调至 $3.5\sim4.0$。因为，在这样的条件下，清洗溶液的主要成分是柠檬酸单氨，在这种溶液中铁离子会生成易溶的络合物，可得到较好的清洗效果。这时清洗液中发生的主要化学反应如下：

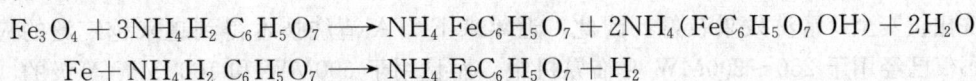

$$Fe_3O_4 + 3NH_4H_2C_6H_5O_7 \longrightarrow NH_4FeC_6H_5O_7 + 2NH_4(FeC_6H_5O_7OH) + 2H_2O$$

$$Fe + NH_4H_2C_6H_5O_7 \longrightarrow NH_4FeC_6H_5O_7 + H_2$$

实践表明，当用柠檬酸作清洗剂时，为防止产生柠檬酸铁沉淀，应保证以下工艺条件：

1）柠檬酸溶液应有足够的浓度，不能小于1%，常用2%～4%；

2）温度90～98℃，最低时不得低于85℃，且清洗过程中不应突然降低温度；

3）将清洗液的 pH 调控在3.5～4.0的范围内；

4）清洗流速一般采用0.6m/s，最高可用1.0m/s；

5）在保证沉积物能清除的条件下，可采用最短的时间（3～4h），一般不得超过6h；

6）为了避免清洗废液中胶态柠檬酸铁络合物附着到金属表面上，形成很难冲洗掉的有色膜，在清洗结束后，还必须采用热水或柠檬酸单氨的稀溶液来置换清洗废液，而不能将热的柠檬酸清洗废液直接放空。

用柠檬酸清洗具有许多优点：由于铁离子与它生成易溶的络合物，清洗中不会形成大量的悬浮物和沉渣；它对金属基体的侵蚀性小，对奥氏体不锈钢安全性高，可采用较高流速。因此，它可用来清洗受热面大、管径小、结构复杂的高参数、大容量机组的锅炉本体系统和炉前系统。其缺点是：药品较贵，除垢能力较盐酸差，对铜垢、钙镁垢以及硅垢溶解能力较差，清洗过程要求较高的温度与流速，需要大容量酸洗泵。

（2）乙二胺四乙酸（EDTA）。EDTA 及其铵盐液是较好的锅炉清洗剂。它们除具有一般有机酸清洗剂的优点外，对铜、钙、镁等垢都有较强的清除能力。清洗后金属表面能形成良好的防腐保护膜，无需另行钝化。在溶液中 EDTA 与锅炉内部的金属化合物反应生成可溶性稳定络合物：

$$Me + Y \longrightarrow MeY$$

在清洗液的 pH 值为9.0～9.5，清洗液浓度为1%～2%，清洗温度在130～160℃，循环6h的条件下，可得到较好的清洗效果。采用 EDTA 洗炉有很多优点：除污能力强，形成的沉渣少，对基体金属腐蚀性小，无需专用耐蚀泵，而且工艺简单，水耗低，可达到用同一溶液实现除垢和钝化金属表面的目的。其不足之处是药品贵，清洗成本高。

EDTA 清洗就是在化学清洗中用乙二胺四乙酸（EDTA）的铵盐或钠盐作为清洗剂，利用 EDTA 的络合作用溶解金属表面的沉积物。EDTA 是四元弱酸，它本身难溶于水，室温下溶解度只有0.02%。但是，当羧基上的氢被 $Na^+$ 或 $NH_4^+$ 取代后，则其水溶性增强。也就是说，溶液 pH 升高，其溶解度增大。在溶液中，EDTA 与金属表面沉积物中的铁、铜、钙、镁等金属氧化物或盐类反应，并能在相当宽的 pH 值范围内，与其中的金属离子按1：1的比例形成可溶的稳定络合物，所以它具有较强的除垢能力。

EDTA 清洗可分为 EDTA 铵盐和 EDTA 钠盐两种工艺，后者又称为协调 EDTA 清洗。EDTA 铵盐清洗始终在可促使钢铁表面钝化的弱碱性范围内（pH＝8.5～9.5）进行，这不仅使 pH 值的控制比较容易，而且有利于钝化和钙镁类沉积物的去除。EDTA 钠盐清洗则是从弱酸性（pH＝5.6～5.8）开始，依靠清洗络合体系自身的化学变化，使清洗液的 pH 值自动升高，最后以弱碱性的钝化 pH 值结束清洗。可见，两种工艺均可实现除垢和钝化一步完成（这是 EDTA 清洗最突出的优点），从而克服了盐酸清洗等工艺工艺程序多、工期长、用水量大、排放困难的缺点，这是 EDTA 清洗最突出的优点。另外，EDTA清洗比较安全，清洗效果较好。因此，近年来 EDTA 清洗技术得到越来越广泛的应用。它不仅已经用于250～600MW 亚临界机组，而且用于600MW 和1000MW 等级的（超）超临界机组的锅炉本体和炉前系统的化学清洗。但是，也必须指出 EDTA 清洗药品价格高，清洗成本高，这是限制其应用的主要原因；另外，它配药工作量较大，清洗时需要100℃以上的高温。

EDTA清洗的效果主要影响因素有清洗液的EDTA浓度、pH值、温度和流速，以及缓蚀剂和其他添加剂。

1）清洗液的EDTA浓度。初始EDTA浓度是清洗成功与否的关键，其高低不仅影响清洗效果，而且还会影响钝化效果。因为，要保证清洗效果，必须使初始EDTA浓度足够高。如果过剩浓度太小，会使清洗后期清洗液的pH值过高（大于11），使络合物发生解离，生成$Fe(OH)_3$沉淀，从而失去除垢能力。相反，如果过剩浓度过高，可能使清洗后期清洗液的pH值偏低（小于8），从而影响钝化效果。因此，协调EDTA清洗必须控制一个适当的过剩EDTA浓度，一般取1.5%左右为宜。

2）清洗液的pH值。初始pH值过低，不仅会影响EDTA的溶解，而且会导致清洗结束时清洗液的pH值较低，从而影响钝化效果，EDTA钠盐工艺尤为如此。为此，有必要提高清洗液的pH值。但是，清洗液的初始pH值过高将使EDTA的清洗能力下降，特别是可能使清洗后期的pH值大于11而失去除垢能力。因此，应将清洗液的初始pH值控制在一个适当的范围内。

3）清洗液的温度。一般情况下，提高清洗液的温度有利于提高清洗能力。但是，随着温度的升高，金属在EDTA溶液中的腐蚀速度迅速增大。特别是，温度过高时EDTA还会发生热分解。实验结果表明，EDTA在140℃时开始发生热分解，并且分解速度随着温度的进一步提高迅速增大。因此，EDTA清洗的温度一般应控制在140℃以下。实践证明，温度控制在110～140℃的范围内均能取得良好的清洗效果，但为了提高清洗能力，常将温度控制在130～140℃的范围内。

4）清洗液的流速。保持一定的清洗液流速可使清洗液的温度、成分均匀，使药品得到充分有效的利用，并且可根据对清洗液的分析比较准确地判断清洗终点。但流速过高会加强阴、阳极反应速度，从而加速金属基体的腐蚀。一般认为，EDTA清洗的流速控制在0.5～1.0m/s范围内便能取得良好的清洗效果。

5）缓蚀剂及其他助剂的选择。由于EDTA清洗通常是在较高的温度（如135℃左右）下进行，如果不加缓蚀剂，锅炉钢在清洗液中的腐蚀速度很高。因此，为了控制清洗液对金属基体的腐蚀，必须在清洗液中添加适当的缓蚀剂。一般的酸洗缓蚀剂在较高温度下缓蚀性能会大大降低，甚至发生分解而失效，所以不能用于EDTA清洗。为了保证缓蚀效果，所选用的EDTA清洗缓蚀剂首先必须具有良好的耐温性。除了缓蚀剂之外，为了抑制$Fe^{3+}$和$Cu^{2+}$离子对金属基体的腐蚀，以及防止镀铜现象的发生，在清洗中还必须根据实际情况添加有效地抑制剂和掩蔽剂。在EDTA清洗中常用的缓蚀剂和其他辅助剂主要有乌洛托品、硫脲、$N_2H_4$、MBT等单体，由于它们单独使用时都不能保证理想的保护效果，所以目前EDTA的清洗辅助剂往往是含有多种成分的复配缓蚀剂。

（3）羟基乙酸及复合有机酸。羟基乙酸[$CH_2(OH)CO$]又称乙醇酸，是一种酸性较强的一元有机酸，所以它溶垢的能力比柠檬酸和EDTA更强。羟基乙酸中不含氯离子，可用于清洗含有奥体不锈钢部件的热力设备，以及水冷壁管已有裂纹的锅炉。另外，采用羟基乙酸作为清洗剂，清洗液中不含氯离子不会产生有机酸铁沉淀。

但是，当水垢等沉积物中铁锈所占比例较大时，单一羟基乙酸溶液的溶解效果不好。

此时，采用2％～4％（质量分数）羟基乙酸 ＋ 1％甲酸的复合有机酸溶液，可获得优良的清洗效果。但是，在使用中应注意甲酸具有强刺激性。当沉积物的主要成分是铁氧化物时，为了提高酸溶液的清洗能力，可在较高温度下（95±2）℃进行循环清洗。为了控制酸洗中金属基体的腐蚀，可添加0.3％二邻甲苯硫脲（作为缓蚀剂）。

3. 碱性清洗剂

碱性清洗剂包括氢氧化钠、碳酸钠、磷酸三钠、磷酸氢钠、磷酸氢二钠等。在碱性条件下以表面活性剂为主的清洗剂也属于碱性清洗剂的范畴。

碱性清洗剂是一种以碱性物质为主剂的化学清洗剂，清洗成本低，被广泛应用。碱性清洗剂可以单独使用，也可以和其他清洗剂交替或混合使用，主要用于清除油污、硅垢、金属氧化物和有机涂层等。碱性清洗剂除油污和硅垢的效果较好，但清除锈垢和无机盐垢的速慢，效果不理想。

（1）氢氧化钠。氢氧化钠又称为苛性钠，俗名烧碱、火碱，化学组成$NaOH$。工业氢氧化钠含有少量的氯化钠和碳酸钠，为白色不透明固体，有条状、块状、粒状和片状。液态的称为液碱，浓度一般是40％。固体氢氧化钠吸湿性很强，易溶于水，并伴有强烈放热现象。

氢氧化钠具有很强的碱性，对皮肤、纸张、织物等有机物有强烈的腐蚀性。由于它的强碱性，在空气中易吸收二氧化碳逐渐生成碳酸钠。

氢氧化钠清除油污是通过皂化作用达到清除目的的，氢氧化钠可以转化强酸强碱盐，例如，硫酸钙、硫酸镁都属于强酸强碱盐，不能直接和酸反应。可先用氢氧化钠与之作用，生成溶解于酸的氢氧化钙和氢氧化镁，再用酸洗。

氢氧化钠可与$SiO_2$发生反应，即$SiO_2 + 2NaOH \rightarrow Na_2SiO_3 + H_2O$，因此当锅炉中结有硅垢时，采用氢氧化钠在高温带压条件下清洗可取得好的效果。但氢氧化钠对某些金属有腐蚀作用，在选用时应加以注意。

（2）碳酸盐。

1）碳酸钠（$Na_2CO_3$）俗名纯碱或苏打，其存在形式有无水碳酸钠和带1、7、10个结晶水的碳酸钠。碳酸钠易溶于水，属于强碱弱酸盐，水解后的水溶液呈强碱性；不溶于乙醇。

2）碳酸氢钠（$NaHCO_3$）是碳酸钠的酸式盐，白色结晶状，碱性小于碳酸钠，俗称小苏打，也用作碱性清洗剂。

碳酸盐用作清洗液的特点：

1）碳酸钠用于清洗油脂，可使油脂疏松、分散、乳化和皂化。但是碳酸氢钠的碱性较弱，不足以使油脂皂化。

2）在高温下碳酸钠可使部分难溶于酸的强碱强酸盐（如硫酸钙、硫酸镁）转化为易溶于酸的碳酸盐。

3）碳酸盐是多元酸盐，对溶液的酸碱性有一定的缓冲作用，对有色金属的腐蚀小于强碱。

（3）磷酸盐。最常见的简单磷酸盐是磷酸三钠，工业品带12个结晶水，分子式为$Na_3PO_4 \cdot 12H_2O$，是无色晶体，磷酸三钠易溶于水，水解后呈碱性。

磷酸氢二钠（$Na_2HPO_4 \cdot 12H_2O$）、磷酸二氢钠（$NaH_2PO_4$）是磷酸三钠的酸式盐，

碱性比磷酸三钠弱，适于用作弱碱性清洗剂。此外，常用的聚磷酸盐有三聚磷酸钠（$Na_5P_3O_{10}$）和焦磷酸钠（$Na_5P_2O_7$），也常用于钢铁的钝化。

磷酸盐用作清洗液的特点：

1）磷酸三钠是强碱弱酸盐，水解成氢氧化钠和酸式磷酸盐，溶液呈强碱性，酸式磷酸盐的碱性较弱，可根据需要进行选择。

2）聚磷酸盐用于碱性清洗时，具有较明显的表面活性，表面活性比磷酸三钠强。

4. 化学清洗添加剂

为了抑制清洗过程中清洗剂对金属的腐蚀，提高清洗效果，通常在清洗液中加入少量的化学药品，作为化学清洗的添加剂，如缓蚀剂、还原剂和表面活性剂等。

（1）缓蚀剂。在腐蚀介质中加入少量某种物质就能大大降低金属的腐蚀速度，这种物质称为缓蚀剂。其缓蚀效果常用缓蚀效率（$I$）来表示：

$$I = \frac{v_0 - v_1}{v_0} \times 100\%$$

式中　$v_0$和$v_1$——未加缓蚀剂时和加入缓蚀剂后金属的腐蚀速度。

化学清洗的缓蚀剂应满足下列要求：

1）有良好的缓蚀性能，必须使腐蚀速度降至 $8g/(m^2 \cdot h)$ 以下，不发生明显的局部腐蚀（如点蚀），并且有利于防止氢脆；

2）不影响清洗剂的清洗能力；

3）无毒性，使用安全方便，并且清洗废液排放以后不污染环境。

在实际的化学清洗中所用的缓蚀剂通常为复合缓蚀剂，它们的主要成分一般是含氮、硫等原子的有机化合物。如柠檬酸清洗时，常用缓蚀剂的主要成分是二邻甲苯硫脲等，如诺丁、SH-416、SH-369 等。EDTA 洗护时，常用乌洛托品、硫脲、MBT 等组成的复合缓蚀剂。

目前，与各种清洗剂匹配的、常用的缓蚀剂见表 8-4。

表 8-4　　　　　　　　　　　各种清洗剂匹配的、常用的缓蚀剂

| 清洗剂 | 缓 蚀 剂 |
| --- | --- |
| 盐酸 | 咪唑类季胺（IS-129 或 IS-156）、乌洛托品-硫脲-表面活性剂、若丁 |
| 氢氟酸 | MBT-4502-硫脲-表面活性剂、若丁、咪唑啉季铵盐-表面活性剂 |
| 柠檬酸 | 二邻甲苯硫脲-表面活性剂 |
| EDTA | 硫脲类表面活性剂 |

（2）还原剂。清洗液中的 $Fe^{3+}$ 会引起基体金属的腐蚀，其反应式为：$Fe + 2Fe^{3+} \rightarrow 3Fe^{2+}$。当 $Fe^{3+}$ 超过一定量时，会使钢铁腐蚀显著加快，甚至产生点蚀。当其含量过高时，可以加还原剂，如联氨、异抗坏血酸钠等。

（3）表面活性剂。表面活性剂又称界面活性剂，它是能够显著降低水的表面张力的物质，这些物质是有机化合物，其分子由极性基和非极性基组成，极性基（如—OH、—COOH、—COO⁻、$NH_4^+$、—$SO_3H$ 等）是亲水的，非极性基（如碳氢基）是憎水的。表面活性剂能够在液体/液体接口或液体/固体接口上定向排列，改变接口张力，从而起到润湿、加溶和乳化等作用。

所谓润湿作用一般是指液体在固体表面的吸附现象。在化学清洗中，加入表面活性剂以后，它能够在金属表面吸附，使表面亲水性增加，润湿性得到改善，清洗剂能很好地在金属表面铺展，从而提高清洗效果。

表面活性剂可以使某些在水中溶解度低或不溶的物质增大溶解度，这称为加溶作用。表面活性剂加溶作用的原因是它能包围这些难溶或不溶的物质，并使其形成与溶剂相亲的胶团（或称胶束）而比较稳定地分散在溶剂中，从而增大其溶解度。在化学清洗中，可以利用表面活性剂（如烷基磺酸钠等）的加溶作用来除去金属表面的油污，使油污溶解在清洗剂中。

### 三、锅炉启动前的加氧蒸汽清洗工艺

#### 1. 原理

新建锅炉汽水管道内表面上的氧化物主要由热力学不稳定的低价氧化铁（FeO）组成，它在适当的温度下与氧发生反应，可转变为高价铁的氧化物（$Fe_3O_4$ 或 $Fe_2O_3$）。这样，沉积层的组成和结构将发生变化，其结构坚固性被破坏。在一定压力、温度的过热蒸汽以较高流速通过时，便能将沉积物机械地除去；另外，在清洗后的金属表面，由于高温下氧化剂的作用，会形成良好的保护膜。这种新工艺主要是根据核电站机组启动前酸洗和添加过氧化氢的实际经验，以及火电厂对水、汽系统进行蒸汽冲洗的多年实践而开发出来的。

#### 2. 工艺

蒸汽吹洗速度 $50\sim80$m/s［质量流量不低于 $600$kg/$(m^2 \cdot s)$］；蒸汽压力大于 4MPa，温度 $170\sim450℃$；加氧量 $0.1\sim1$g/L。

该工艺简单、无需使用化学药剂、除垢与钝化合一、可形成较稳定的钝化膜。

## 第四节 化学清洗工艺及系统

### 一、工艺条件

#### 1. 化学清洗介质的选择

在拟定清洗方案时，首先应根据机组参数，设备的构造、材质和脏污情况，各种清洗剂的特性和适用范围，以及国内外的经验，进行技术经济比较，本着有效、安全、经济的原则，参考 DL/T 794－2012《火力发电厂锅炉化学清洗导则》或表8-5，慎重地选择清洗介质。然后再根据所选定的清洗介质、设备材质和脏污情况选择缓蚀剂等必要的辅助添加剂。

#### 2. 清洗液的温度和流速

清洗液的温度对清洗效果有较大的影响。对于铁的氧化物等沉积物，酸洗时清洗液的温度高对清除这种沉积物有利，因为它们的溶解度和溶解速度都随温度升高而增大，当清洗温度下降时已溶解的沉积物还可能再沉淀出来。但是，缓蚀剂的缓蚀效果可能随温度的上升而下降，当超过一定的温度时，甚至可能使其完全失效。因此，清洗液的温度应根据清洗介质的组成及其特性来确定。采用动态清洗方式时，应适当控制清洗液的流速。增加流速，虽然可使沉积物的溶解加快，但也可能使金属腐蚀加速。

表 8-5 清洗介质的选择

| 工艺名称 | 清洗介质及添加药品 | 控制温度及酸洗时间 | 适用炉型及材料 | 优 缺 点 |
|---|---|---|---|---|
| 柠檬酸清洗 | $2\%\sim4\%$ $H_3C_6H_5O_7$；<br>$pH=3.5\sim4.0$ $(NH_3)$；<br>$0.3\%\sim0.4\%$ 缓蚀剂 | $90\sim98℃$；<br>$4\sim6h$ | 直流锅炉；<br>奥氏体不锈钢 | 清洗系统简单，不需要对阀门采取防护措施，危险性较小。但是，清除氧化铁垢能力较差，不宜用于清洗钙镁垢和硅垢，废液必须进行氧化或焚烧处理 |
| EDTA钠盐清洗 | $4\%\sim8\%$ EDTA；<br>开始 $pH=5.6\sim5.8$ $(NaOH)$；<br>$0.3\%\sim0.5\%$ 缓蚀剂 | $120\sim130℃$<br>或<br>$130\sim140℃$；<br>$6\sim10h$ | 汽包锅炉、直流锅炉；<br>奥氏体不锈钢 | 可用同一介质实现除垢和钝化，工艺简单、工期短、用水量少。但是，其药品价格高，清洗时需要 $100℃$ 以上的高温，废液须回收处理，配药和回收工作量大 |
| EDTA氨盐清洗 | $3\%\sim6\%$ EDTA；<br>$pH=8.5\sim9.5$ $(NH_3)$；<br>$0.3\%\sim0.5\%$ 缓蚀剂 | | | |

3. 清洗时间

清洗时间通常是指清洗液在清洗系统中静置或循环流动的时间，因为清洗的化学反应随清洗剂的不同而异，所以清洗时间也随清洗剂种类而不同。清洗方案所预定的清洗时间，一般是根据试验结果和有关经验确定的。但实际清洗的终点，则是参照这个预定时间，根据化学监督数据和监视管样清洗的情况来确定的。

**二、化学清洗系统的设计**

化学清洗系统，应根据热力系统的结构特点、沉积物的分布及现场条件等具体情况来拟定。拟定清洗系统时，应以系统简单、临时管道和设备少，以及操作方便、安全、可靠为原则，一般主要应考虑以下 4 个方面。

1. 清洗泵

为了确保清洗效果，使清洗后的废液及洗下来的脏污物能被排走并冲洗干净，应保证清洗系统各部位在清洗过程中都有适当的流速。因此，必须根据系统的通流截面和流动阻力选择适当的清洗泵，保证它有足够的流量和扬程。一般应设两台清洗泵，互为备用。如果清洗泵的容量不够或清洗箱的容积太小，可将整个化学清洗系统分为几个独立的清洗回路。

2. 清洗范围与系统连接

直流炉清洗系统的连接方法与清洗方式和范围有关。为了避免将炉前系统的脏物代入锅炉本体，一般应分别对两者进行清洗。超超临界机组的化学清洗，炉前系统只进行碱洗，锅炉本体进行复合有机酸清洗。清洗范围如下：

（1）炉前系统清洗系统及范围：包括凝汽器汽侧，凝结水泵，凝结水系统（包括精处理旁路、轴加、低加旁路），除氧器，低压给水系统，高压给水系统，高压和低压加热器（以下简称高加和低加）的汽侧和水侧，高加正常和危急疏水系统，5、6 号低加危急疏水管道，5 号低加正常疏水管道，除氧器溢放水管道，一、二、三、五、六级抽汽系统等。某超超临界炉前系统清洗范围系统图示意如图 8-1 所示。

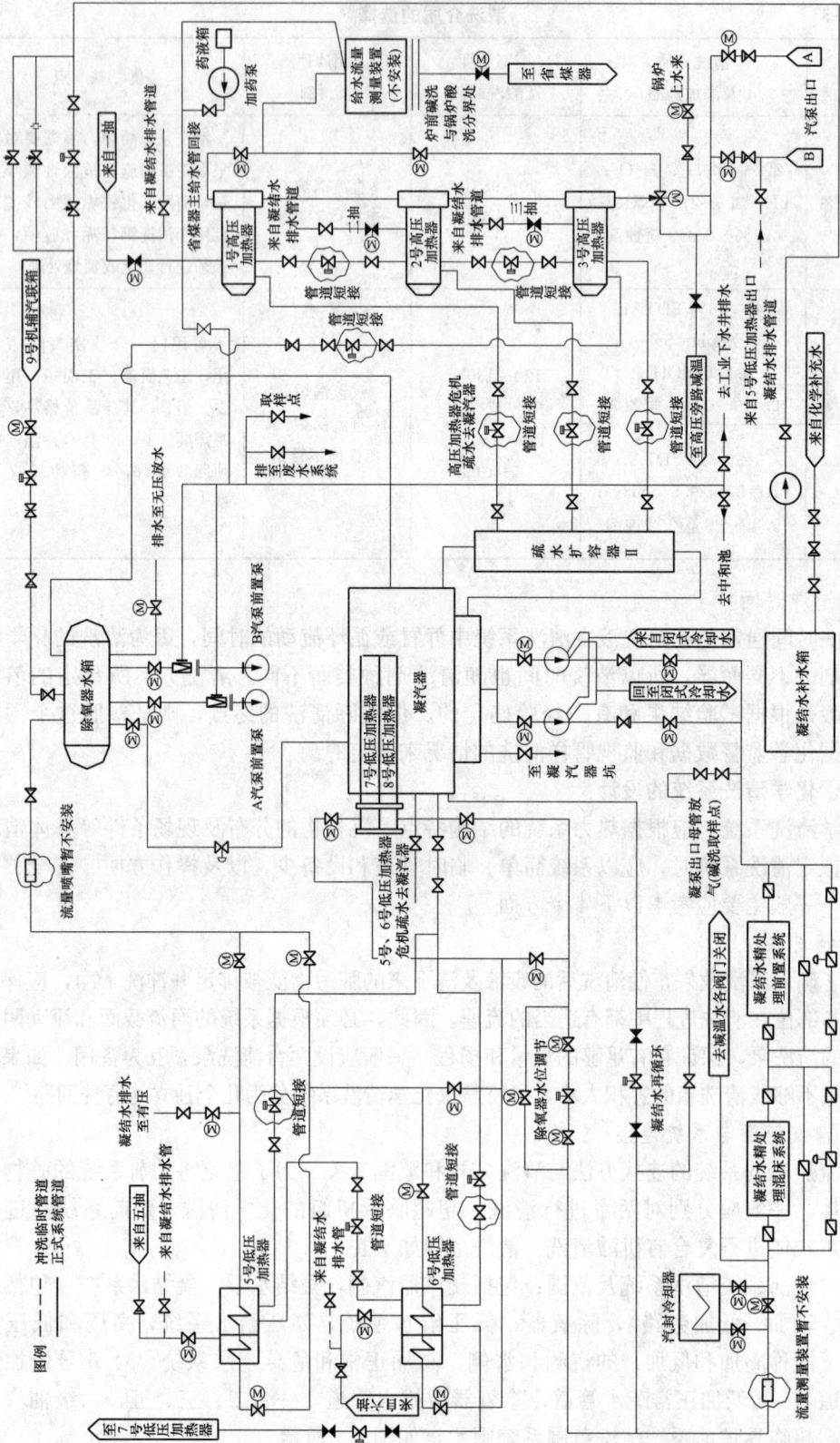

图 8-1 炉前系统碱洗系统图示意图

（2）锅炉本体清洗范围：省煤器、水冷壁管、汽水分离器、储水箱、联箱及连接管道等，某超超临界锅炉本体清洗系统如图 8-2 所示。过热器、再热器不参加化学清洗。

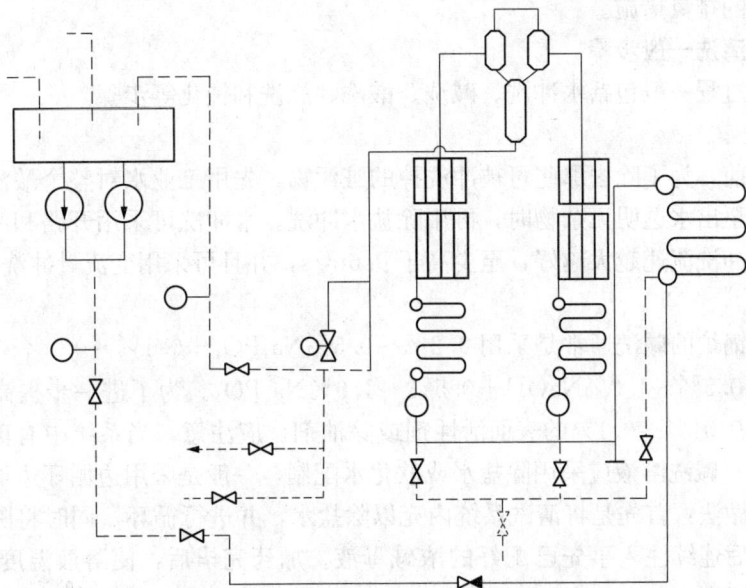

图 8-2　超超临界锅炉机组的化学清洗系统图

3. 清洗回路

根据上述清洗范围，炉前系统划分如下 4 个回路，分别进行碱洗。

回路 1（凝结水及低压给水系统碱洗回路）：凝汽器热井→凝泵→轴加→低加（8 号/7号、6 号、5 号）及旁路→除氧器→低压给水管→临时管道→凝汽器。

回路 2（5 号和 6 号低加汽侧碱洗回路）：凝汽器热井→凝泵→轴加→低加旁路→5 号低加出口凝结水排水管→临时管→5 号段抽汽→5 号低加汽侧→5 号低加正常疏水→6 号低加汽侧→临时管→凝汽器。

回路 3（高压给水系统碱洗回路）：凝汽器热井→凝泵→轴加→低加旁路→5 号低加出口凝结水排水管→临时管→高压给水系统→高加（3、2、1 号）及旁路→省煤器主给水管→临时管→凝汽器。

回路 4（高加汽侧碱洗回路）：凝汽器热井→凝泵→轴加→低加旁路→5 号低加出口凝结水排水管→临时管→1 号段抽汽→1 号高加汽侧→2 号高加汽侧→3 号高加汽侧→临时管→凝汽器。

锅炉本体清洗系统循环回路：清洗箱→清洗泵→高压主给水管道→省煤器→省煤器出口导管→下联箱→螺旋管圈水冷壁→中间集箱→垂直水冷壁→折焰角降水管→延伸水→汽水连接管→汽水分离器→储水箱→下水管→临时回水管→清洗箱。

4. 监测

为了及时掌握清洗过程及评价清洗效果，应考虑在清洗泵出口的临时管道上设置监视管旁路，并在其中安装代表性垢样管段（监视管）及主要管材的腐蚀指示片。另外，在清洗系统中应装有足够的仪表及取样点，以便测定清洗液的流量、温度、压力以及进行化学监督。

此外，还应注意采取合适的加药方式，保证充足的热源与水源，对不拟进行清洗、或不能与清洗液接触的部位和零件进行隔离与保护（如对过热器进行湿法保护和反冲洗），以及采取适当的排氢措施。

### 三、化学清洗一般步骤

化学清洗过程一般包括水冲洗、碱洗、酸洗、漂洗和钝化等步骤。

1. 水冲洗

化学清洗前，为了除去那些可被冲洗掉的脏污物，先用工业水对整个酸洗系统进行大流量冲洗，冲至出水透明无杂物时，再用除盐水冲洗。水冲洗可采用开路和闭路相结合的方式来进行，冲洗流速越大越好，至少高于 0.6m/s，并且可采用变流量冲洗。

2. 碱洗

高压以上锅炉的碱洗通常是采用 $0.2\% \sim 0.5\% Na_3PO_4 + 0.1\% \sim 0.2\% Na_2HPO_4$，中低压炉可采用 $0.5\% \sim 1.0\% NaOH + 0.5\% \sim 1.0\% Na_3PO_4$。为了进一步提高碱洗效果还可以同时加入 $0.01\% \sim 0.1\%$ 的表面活性剂或除油剂。应注意，当系统中有奥氏体钢，不宜采用 $NaOH$。碱洗溶液应采用除盐水或软化水配制，一般是采用边循环边加药的方式配制溶液。具体做法：首先是将清洗系统内充以除盐水，并进行循环，同时将除盐水加热到 80℃以上，然后连续注入事先已配好的浓碱母液。加药完毕后，使溶液温度维持在 80～90℃，循环流速在 0.3m/s 以上，持续 8～24h，即可排放废液。碱洗结束后，先放尽系统内的碱洗废液，然后用除盐水冲洗清洗回路至出水 pH≤8.4，水质澄清、无颗粒物为止。

3. 酸洗

当使用柠檬酸清洗时，通常采用闭式循环方式进行。在碱洗后，往系统注入适量的除盐水，维持循环，并加热到所需温度，然后边循环边加入所需的缓蚀剂和浓酸量。加药后继续按拟定的清洗回路进行大流量的循环清洗，并定期倒换清洗回路。酸洗持续的时间一般为 4～6h，但实际上应根据化学监督的结果来判断酸洗的终点。当清洗至酸液中全铁含量和酸度基本稳定时，应退出监视管进行检查。若监视管已清洗干净，再循环 1h 左右，即可结束酸洗（但是，接触酸液的总时间应小于 10h）。这时，便可开始用除盐水顶排废液，并进行水冲洗，冲洗至排出水的电导率小于 50μs/cm、pH＝4.0～4.5、总铁浓度小于 50mg/L 为止。

4. 漂洗

当用盐酸或柠檬酸清洗时，为保证冲洗合格，冲洗时间较长，有可能产生二次锈。因此，当冲洗时间大于 3.5h 或监视管段显示清洗表面出现浮锈时，应进行漂洗（否则，可不进行漂洗，直接进入钝化过程），即用较稀的酸性溶液进行一次冲洗，这种冲洗称为漂洗。实践证明，漂洗能使酸洗后的金属表面洁净，能缩短冲洗时间，节省水耗，并有利于钝化处理。

（1）柠檬酸漂洗。柠檬酸漂洗时，一般采用 $0.1\% \sim 0.3\%$ 柠檬酸溶液，添加 $0.1\%$ 的缓蚀剂（如 SH-369），用氨水调节 pH＝3.5～4.0，75～90℃，循环流速大于 0.1m/s，循环 2h 左右。漂洗液中总铁量应小于 300mg/L；否则，应用热的除盐水更换部分漂洗液至铁离子含量小于该值后，方可进行钝化。

（2）磷酸-三聚磷酸钠漂洗。磷酸-三聚磷酸钠漂洗的工艺条件为 $0.15\% \sim 0.25\%$ 磷酸 $+0.2\% \sim 0.3\%$ 三聚磷酸钠 $+0.05\% \sim 0.1\%$ 缓蚀剂，pH＝2.5～3.5，温度 43～47℃，流

速 $0.2\sim1m/s$，循环 $1\sim2h$。具体做法如下：在酸洗、水冲洗并清理系统内沉渣后，交叉注入 $H_3PO_4$ 和 $Na_5P_3O_{10}$ 溶液，调整两种药剂的比例，使混合溶液的 pH$=2.5\sim3.5$，加热并维持 $43\sim47℃$，循环 $1\sim2h$。这种漂洗方法，无论是盐酸、柠檬酸或氢氟酸清洗，均可采用。

5. 钝化

漂洗结束后，将漂洗液的温度和 pH 值调整到钝化工艺要求的范围内，即可按表 8-6 中的工艺条件，开始注入钝化剂进行钝化处理。

表 8-6　　　　　　　　　　　　钝化工艺条件

| 工艺名称 | 药品名称 | 钝化液浓度 | 温度（℃） | 时间（h）或结束条件 | 备　注 |
|---|---|---|---|---|---|
| 磷酸三钠钝化 | $Na_3PO_4$ | $1\%\sim2\%$ | $80\sim90$ | $8\sim24$ | |
| 联氨钝化 | $N_2H_4$ | $300\sim500mg/L$；pH$=9.5\sim10$（$NH_3$） | $90\sim95$ | $24\sim50$ | |
| 亚硝酸钠钝化 | $NaNO_2$ | $1.0\%\sim2.0\%$；pH$=9\sim10$（$NH_3$） | $50\sim60$ | $4\sim6$ | |
| 三聚磷酸钠钝化 | $H_3PO_4$ $Na_5P_3O_{10}$ | $0.15\%\sim0.25\%$；$0.2\%\sim0.3\%$；pH$=9.5\sim10$（$NH_3$） | $80\sim90$ | $1\sim2$ | 钝化前先进行磷酸-三聚磷酸钠漂洗 |
| 过氧化氢钝化 | $H_2O_2$ | $0.3\%\sim0.5\%$；pH$=9.5\sim10$（$NH_3$） | $53\sim57$ | $4\sim6$ | 钝化前先进行柠檬酸或磷酸-三聚磷酸钠漂洗 |
| 丙酮肟钝化 | $(CH_3)_2CNOH$ | $500\sim800mg/L$；pH$\geqslant10.5$ | $90\sim95$ | $\geqslant12$ | |
| 乙醛肟钝化 | $CH_3CHNOH$ | $500\sim800mg/L$；pH$\geqslant10.5$ | $90\sim95$ | $12\sim24$ | |
| EDTA 充氧钝化 | EDTA ＋ $O_2$ | 游离 EDTA $0.5\%\sim1.0\%$；pH$=8.5\sim9.5$；氧化还原电位$-700mV$ | $60\sim70$ | 氧化还原电位升至 $-100\sim-200mV$终止 | 在 EDTA 清洗结束阶段进行 |

在选择钝化方法时，应注意不同钝化方法的特点和适用范围。亚硝酸钠或双氧水钝化的优点是要求温度较低，时间较短，并能形成钢灰色或银色钝化膜。但是，钝化剂浓度不够可能产生点蚀。另外，亚硝酸钠钝化过程将 $Na^+$ 引入系统，要求彻底冲洗；且 $NaNO_2$ 有毒，在酸中分解会产生有毒气体 $NO_2$；废液中 $NH_4NO_2$ 为致癌物，应适当处理。而双氧水无毒，废液易于处理。因此，近年来双氧水钝化法的应用越来越广泛，而亚硝酸钠法基本上不再使用。联氨钝化要求较高的温度和较长时间，并且 $N_2H_4$ 有毒。但是，该方法不会给系统引入有害物质，并可形成棕褐色或黑色膜。适用于直流锅炉，尤其是过热器系统的钝化处理。磷酸盐钝化形成黑色钝化膜，但会给系统引入有害物质，钝化膜耐腐蚀性较差，在高温下易被损坏，故仅适用于中、低压锅炉。如果钝化液中铁离子浓度小于 $100mg/L$，则钝化结束排放钝化液后，可以不冲洗系统。否则应按下述要求对清洗系统进行水冲洗：先将临时系统冲洗干净；然后，再用含 $10mg/L$ 联氨、并用氨水调节 pH 在 $9.0\sim9.5$ 之间的除盐水将系统冲洗一遍。

### 四、清洗效果检查

化学清洗结束以后，应对清洗部件进行检查，客观地评价清洗效果。化学清洗的质量应达到以下要求：被清洗的金属表面洁净，基本无残留沉积物，不出现二次浮锈，无点蚀，无明显金属粗晶析出的过洗现象，不允许有镀铜现象，并形成良好的钝化膜。

化学清洗质量的检查包括以下内容：

（1）对联箱等能打开的部位应打开进行检查，看是否清洗干净，同时清除沉积在其中的沉渣。还要检查水冷壁节流圈附近是否有沉渣和堵塞。

（2）割取具有代表性的管样，观察管内是否洗净，表面有否点蚀，是否形成了良好的钝化膜。钝化膜的质量可以用湿热箱观察法和酸性硫酸铜点滴试验法进行鉴别。除污率（$\eta$）可按下式确定：

$$\eta = \frac{\omega_1 - \omega_2}{\omega_1} \times 100\%$$

式中　$\omega_1$、$\omega_2$——清洗前后管样内表面附着物的量，$g/m^2$。

一般认为，$\eta > 95\%$者为优良。

（3）根据腐蚀指示片的失重计算腐蚀速度，腐蚀指示片的腐蚀速度应低于$8g/(m^2 \cdot h)$。

（4）清洗后锅炉启动时的汽水品质也是评定清洗效果的一个重要标准，其水平值达到正常运行标准所需的时间越短，则清洗效果越好。

## 第五节　超临界机组的化学清洗过程

### 一、炉前系统的碱洗

*1. 碱洗前容器内部清理*

系统冲洗前对除氧器、凝汽器内部进行人工清理，尽可能将内部粉状及颗粒状杂物清理干净。

*2. 水冲洗*

在开始碱洗前，应采用除盐水对清洗系统进行大流量水冲洗。对冲洗排水取样检查，水质透明、澄清且无机械杂质视为冲洗合格。水冲洗采用多点排放，冲洗流程如下：

（1）除盐水泵→凝汽器→排放；

（2）除盐水泵→凝汽器→凝结水泵→精处理旁路→轴加旁路→低加（8号/7号、6号、5号）旁路→除氧器→排放；

（3）除盐水泵→凝汽器→凝结水泵→轴加→低加（8号/7号、6号、5号）→除氧器→排放；

（4）除盐水泵→凝汽器→凝结水泵→精处理旁路→轴加→低加旁路→5号低加出口去凝结水排水管→临时管→5号段抽汽→5号低加汽侧→5号低加危急疏水→排放；

（5）5号低加出口去凝结水排水管→临时管→5号段抽汽→5号低加汽侧→5号低加正常疏水→6号低加汽侧→6号低加危急疏水→排放；

（6）5号低加出口凝结水排水管→临时管→高压给水系统→高加（3、2、1号）旁路→省煤器入口主给水管→临时管→排放；

（7）5低加出口凝结水排水管→临时管→高压给水系统→高加（3、2、1号）→省煤器主给水管→临时管→排放；

（8）5号低加出口凝结水排水管→临时管→1号段抽汽→1号高加汽侧→1号高加危急疏水→排放；

（9）5号低加出口凝结水排水管→临时管→2号段抽汽→2号高加汽侧→2号高加危急疏水→排放；

（10）5号低加出口凝结水排水管→临时管→3号段抽汽→3号高加汽侧→3号高加危急疏水→排放；

（11）5号低加出口凝结水排水管→临时管→1号段抽汽→1号高加汽侧→1号高加正常疏水→2号高加汽侧→2号高加正常疏水→3号高加汽侧→3号高加正常疏水→除氧器→低压给水→排放。

3. 系统碱洗

各系统水冲洗合格后，将上述四个回路进行闭式循环，并开始将除氧器加热系统投入，缓慢加热温度至50~55℃时，对系统开始进行加碱液（0.15~0.25％碱洗除油剂A5＋适量洗涤助剂），同时将四个回路带碱液进行循环，待循环均匀后分别对四个回路单独进行循环清洗，每路清洗时其余三回路处于浸泡状态。每个回路循环清洗2~3h后，再将四个回路同时循环一个小时，对碱液进行排放。碱洗期间对碱液温度、pH值随时进行监测。

4. 碱洗后水冲洗

碱洗结束后，将碱液通过临时系统进行排放。排放结束后，向系统内注入除盐水进行冲洗，第一次上水冲洗时应加热到50℃进行循环冲洗，除盐水冲洗直到排放口取样pH＜9，水质澄清无机械杂质，即为合格。

5. 碱洗后容器内部清理

系统碱洗合格后，将各容器及管道系统的水放掉，打开设备人孔门，派人员进入除氧器、凝汽器内部，将内部粉状及颗粒状杂物清理干净，并验收封闭。

6. 清洗后检查验收

系统碱洗后，被清洗系统应冲洗干净，无机械杂质，表面无油污，凝汽器和除氧器底部沉积物清理干净。

**二、锅炉本体的化学清洗**

1. 水冲洗与过热器保护

冲洗流程：清洗溶液箱→清洗水泵→高压主给水管道→省煤器→省煤器出口导管→下联箱→螺旋管圈水冷壁→中间集箱→垂直水冷壁→折焰角降水管→延伸水→汽水连接管→汽水分离器→储水箱→下水管→临时回水管→储水箱→排放系统。

启动清洗水泵，经临时给水管道，将除盐水送至高压主给水管道和省煤器，再经省煤器至水冷壁，分离器水位在可见水位；然后，对系统进行水冲洗，冲洗期间清洗系统检漏，检验阀门的灵活性，结合水冲洗进行清洗水泵和清洗回路试运行，若有问题及时处理；冲洗同时，打开锅炉本体与省煤器各个定期排污门进行冲洗。参加化学清洗人员进行操作练习，冲洗过程随时取样观察，冲洗至水澄清无机械颗粒物，合格后结束冲洗。

维持清洗水泵正常运行，汽水分离器在可见水位，打开过热器排气门，在清洗溶液箱配含联氨大于 200mg/L、用氨水调 pH＞9.5 的除盐水，打开临时注液阀门，注入过热器，过热器排气门满水，汽水分离器水位上升，关闭过热器排气门，对过热器进行保护，过热器注液保护完毕，停清洗水泵在临时注液门前加堵板，以防清洗时阀门不严密，清洗液渗入过热器。

过热器注保护液流程：清洗溶液箱→清洗水泵→过热器疏水管路→过热器→过热器排气门。

2. 复合有机酸酸洗

维持清洗回路正常运行，系统上除盐水至汽水分离器可见水位，在循环过程中开启加热蒸汽升温至 55～65℃，控制汽水分离器水位在中心线之下，在循环过程中加入缓蚀剂浓度 0.3%～0.4%、除氧还原剂浓度 0.05%～0.1% 药品，保持温度循环 0.5～1h，让炉体各部位达到加药温度及药剂均匀后进行加计算量的复合有机酸清洗剂清洗，当计算量的复合有机酸清洗剂加入浓度基本达要求时停止加药，清洗过程中控制温度 55～65℃，调整清洗箱液位与汽水分离器液位在中心线，计时酸洗 6～8h，每 30min 取样（进出口）化验一次酸浓度和二、三价铁浓度，注意维持酸洗液位在分离器中心线以上 50～100mm，清洗终点根据化验结果确定；测定进出口总铁浓度基本平衡，酸浓度两次化验测试小于 0.1%，监视管段清洗干净，再运行 0.5～1h，结束清洗。

3. 酸洗后水冲洗

清洗结束，整炉排放废酸液，打开除盐水补水阀，启动清洗水泵，用除盐水进行水冲洗残留废液，维持汽水分离器液位在酸洗线之上，冲洗时随时取样，冲洗到出水 pH＝3.5～4，铁浓度小于 50mg/L，取样化验合格为止。

4. 漂洗与钝化

水冲洗合格，维持清洗泵循环运行，调整汽水分离器可见水位，维持升温至 50～70℃，依次加入计算量的缓蚀剂 0.05%～0.1%、柠檬酸 0.1%～0.3%、用工业氨水调 pH＝3.5～4 进行漂洗；漂洗过程中汽水分离器水位控制在中心线以上 100mm。清洗回路维持运行循环漂洗 1.5～3h，每 30min 取样化验一次进、出口铁含量，以测试标准定终止时间。如果含铁量小于 300mg/L，转入钝化；如果铁量大于 300mg/L，用热除盐水替换部分漂洗液，直到漂洗液中铁量小于 300mg/L，转入钝化。

漂洗结束后，维持清洗水泵循环运行，升温大于 60℃，加工业氨水调 pH＝9.5～10，同时缓慢加入计算量的联氨，维持温度 75～95℃，钝化≥12h，钝化过程中汽水分离器水位控制稳定在酸洗水位之上，每 1h 在进出口取样化验一次钝化液的 pH。钝化结束后，趁热将锅炉本体钝化液排放干净，同时打开省煤器、水冷壁排污管的临时阀门将滞留的钝化残液排放干净；割断临时清洗管，使炉本体的省煤器、水冷壁管内迅速干燥。

5. 清洗废液处理

清洗废液分三部分，复合有机酸清洗液呈酸性，将酸洗废液排放至酸洗废水池；柠檬酸漂洗复合胺钝化液呈弱碱性，将废液排放至酸洗废水池，符合 GB 8978—1996《污水综合排放标准》，各阶段水冲洗废液排至电厂雨水井地沟。

化学清洗工序及控制项目列于表 8-7 中。

表 8-7 化学清洗工序及控制项目

| 序号 | 工序 | 介质 | 浓度 | 监督项目 | 控制范围 | 备注 |
|---|---|---|---|---|---|---|
| 1 | 水冲洗 | 除盐水 | | 澄清度 | 澄清<br>无机械颗粒物 | 随时取样 |
| 2 | 复合酸 | 缓蚀剂<br>除氧还原剂<br>复合有机酸 | 0.3%～0.4%<br>0.05%～0.1%<br>4%～6% | 温度<br>酸浓度<br>总铁 | 55～65℃ | 取样间隔加酸时 15min，清洗中 30min；清洗时间 6～8h，清洗终点为酸和总铁浓度稳定 |
| 3 | 水冲洗 | 除盐水 | | pH<br>总铁 | 3.5～4<br><50mg/L | 随时取样 |
| 4 | 漂洗 | 缓蚀剂<br>柠檬酸<br>氨水 | 0.03%～0.04%<br>0.1%～0.3%<br>适量 | 总铁<br>温度<br>pH | <300mg/L<br>50～70℃<br>3.5～4 | 取样间隔 15～30min；视检测结果而定终点一般 1.5～3h |
| 5 | 钝化 | 氨水<br>复合胺 | 适量<br>500～800mg/L | 温度<br>pH | 75～95℃<br>9.5～10 | 取样间隔 1h，时间大于 12h |
| 6 | 废液排放 | 清洗液<br>钝化液 | | pH | 6～9 | 混合后符合 GB 8978—1996《污水综合排放标准》 |

### 三、化学清洗效果评价

设备化学清洗结束后必须组织验收，对化学清洗的效果做出评价。通常的做法是对设备的不可见部位进行割管取样检查，对可见部位进行现场检查，结合化验的结果进行评价。

清洗效果评价的内容包括除垢效果、缓蚀效果、钝化效果三个方面。

1. 除垢效果

（1）仔细检查水汽系统，凡能打开的部分应打开检查，并将其中残存物尽量清除干净。还要检查水冷壁节流圈附近是否有沉渣和堵塞。

（2）割取取样检查。

2. 缓蚀效果

考查整个清洗过程对设备造成腐蚀的指标，大都以清洗过程中挂片的腐蚀总量和腐蚀速率表示。腐蚀总量是指单位面积的腐蚀量，单位为 $g/m^2$，按下式计算，即

$$m = (m_0 - m_1)/A$$

式中 $m_0$、$m_1$——清洗前、后试片质量，g；

$A$——试片面积，$m^2$。

腐蚀速率是指单位面积单位时间的腐蚀量，单位为 $g/(m^2 \cdot h)$，计算公式如下

$$mpy = \frac{m_0 - m_1}{Ah}$$

式中 $mpy$——腐蚀速率，$g/(m^2 \cdot h)$；

$h$——清洗时间，h。

DL/T 794—2012 对锅炉化学清洗缓蚀效果的要求：无明显的金属粗晶析出的过洗现象，无局部腐蚀现象，无镀铜现象，用腐蚀挂片测量的金属平均腐蚀速率小于 8g/($m^2 \cdot h$)，腐

蚀总量小于 $80g/m^2$。

凝汽器清洗对铜管的腐蚀要求腐蚀速率小于 $1g/(m^2 \cdot h)$，腐蚀总量小于 $10g/m^2$。

3. 钝化及成膜效果

DL/T 794—2012 对锅炉化学清洗钝化效果的要求：被清洗表面应形成良好的钝化膜，用酸性 $CuSO_4$ 检查其耐蚀性，检测标准见表 8-8；不应出现二次锈和点蚀现象；凝汽器（黄铜管）成膜后，膜应均匀致密。检测管滴溶检测见表 8-9。

表 8-8                                     酸性 $CuSO_4$ 耐腐蚀检验标准

| 检验标准 | 优良 | 合格 | 不合格 |
|---|---|---|---|
| $CuSO_4$ 点滴变色时间（s） | >10 | 5～10 | ≤5 |

表 8-9                          凝汽器管（黄铜管）成膜检测管滴溶检测

| 成膜介质 | 检验标准 | 优良 | 合格 | 不合格 |
|---|---|---|---|---|
| $CuSO_4$ | 1mol/L 盐酸点滴溶膜时间（s） | ≥30 | ≥15 | <15 |
| MBT | 20%氨水点滴溶膜时间（s） | ≥30 | ≥15 | <15 |

## 第六节 化学清洗废水处理

化学清洗的废液必须经过适当处理，符合 GB 8978—1996《污水综合排放标准》的要求后才能排放，以防止环境污染。

**一、碱洗或碱煮液废水处理**

碱洗或碱煮液中含有氢氧化钠、碳酸钠、磷酸三钠、三聚磷酸钠、表面活性剂以及被清洗下来的油脂、油垢、涂料等高聚合物，处理应包括中和碱性、去除油分、降低化学耗氧量（COD）三部分。

1. 中和碱性

碱洗废液中一般含碱量为 0.5%～5%，pH>9。通常测出废水酚酞碱度总量，通过投加工业硫酸、盐酸进行中和处理，使处理后的 pH 值在 6～9 范围。

通常碱洗废液并不事先处理，而是先存放在废水池，与后续化学清洗工艺中排放的酸洗废水和钝化废水混合。

2. 去除油分

碱洗液中的油污主要以乳化油状态存在，油滴分散的粒径很小并与悬浮物紧密结合，不易从废液中除去。电站热力系统含油脂类污染物较少，可投入硫酸铝、氯化铝、硫酸亚铁、三氯化铁或聚丙烯酰胺等絮凝剂，通常都有较好的除油作用，使其与固体悬浮颗粒絮凝沉淀分离。当含油脂类污染物较多时，采用破乳法。加入少量破乳剂，也可加入 1%～3%的氯化钙、氯化钠、氯化铵等无机盐以破坏废液中乳状液颗粒的稳定性，促使油水分离，再通过鼓气使油珠上浮聚积。聚积的油分经过刮油去除后，水中还存在的微量油污和表面活性剂可通过吸附、过滤去除，也可通过细砂过滤器去除，最后达到使水质净化的目的。常用的吸附、过滤材料有活性炭、焦炭、磺化煤、聚丙烯和聚丙烯腈纤维、植物纤维等。

### 3. 降低化学耗氧量（COD）

废水中有机物含量的指标有 COD、$BOD_5$ 和 TOD 三种。对一定废水而言，上述几种指标存在的关系为 $TOD>COD>BOD_5$。

通常采用焚烧法或氧化法处理以去除废水中的有机物，降低其 COD 值。焚烧法是将废液中收集的油脂类污物与煤混合送入锅炉焚烧。氧化法是将空气或臭氧通入废液，利用空气中的氧气或臭氧的氧化作用使有机物氧化分解。臭氧的氧化作用较强，不仅可降低废水 COD 值，而且有杀菌除酚、除氧及去除铁、锰等离子的作用，但与空气处理相比费用较高。也可以把双氧水、氯气、次氯酸钠、漂白粉等氧化剂投入废液中使有机物氧化而降低废水的 COD 值。

### 二、酸洗废水处理

根据不同的酸洗介质，酸洗废水中可能含有下列组分中的几种组分，即盐酸、硝酸、硫酸、磷酸、氢氟酸、柠檬酸、氨基磺酸、乙二胺四乙酸、甲酸与羟基乙酸、表面活性剂、铜络合剂、缓蚀剂以及还原剂等。

#### 1. 盐酸、硝酸、硫酸废水

当使用盐酸、硝酸或硫酸作酸洗介质时，其废液可在废水池直接用液体工业氢氧化钠中和处理到 pH 值 6～9，其反应生成物氯化钠、硝酸钠或硫酸钠为无害盐类，可直接排放。

酸洗工序完成后，酸洗废水中残留酸还有 2%～4%。燃煤发电厂也可将酸洗废水直接排到锅炉冲灰池，利用这些残余酸清洗冲灰管道，与沉积在灰管上的碳酸钙等反应进一步消耗掉残余酸，有机缓蚀剂和溶解到酸洗废水中的酸洗杂质、重金属离子同时也会被煤灰吸附固定在灰场。如果灰场灰水中还残留有酸度，再通过加碱调整灰水 pH 值到 6～9 即可。

#### 2. 磷酸废液

当使用磷酸作酸洗介质时，其废液可加入过量消石灰或石灰乳中和处理，其反应生成磷酸钙沉淀，降低废水中磷酸根的含量，反应式为

$$2H_3PO_4 + 3Ca(OH)_2 \longrightarrow Ca_3(PO_4)_2 \downarrow + 6H_2O$$

收集的沉淀物经过浓缩脱水，挤压成块，进行无害化处理。

#### 3. 氢氟酸废液

氢氟酸清洗废液的主要问题是溶液中的氟离子含量过高，必须进行处理。处理方法根据所用药剂不同分为石灰法、石灰-铝盐法及石灰-磷酸盐法等。其中采用混凝沉淀法配合进行处理比较普遍。

（1）石灰法。使用过量的消石灰或石灰乳与氢氟酸反应生成氟化钙沉淀是最经济有效的处理方法，即将生石灰粉（CaO）或石灰乳[$Ca(OH)_2$]与含氟废水混合，生成氟化钙沉淀以使氟离子从废液中去除的方法，反应式为

$$2HF+CaO \longrightarrow CaF_2 \downarrow + H_2O$$
$$2HF+Ca(OH)_2 \longrightarrow CaF_2 \downarrow + 2H_2O$$

石灰的加入量应比依据反应式计算的理论量要高，约为废液中氟含量的 2.2 倍。所用生石灰中的氧化钙含量应大于 70%，一般使用粉状生石灰，其中氧化钙含量应在 85% 以上。

氢氟酸废液处理应在废水沉淀池中进行，所用的沉淀池与沟道应经过防渗处理。处理过程将石灰粉或石灰乳投入沉淀池并要充分混合搅拌，使其反应完全。应注意经过石灰法处理过的含氟酸性废液中仍残留有 20mg/L 的氟离子，为了提高除氟效率，在加入石灰的同时投入一定量的氯化钙或硫酸铝，可以使氟离子沉淀更完全，直至游离氟离子小于 10mg/L 后再排放。

（2）石灰-铝盐法。当废液排放量大的情况下应采用这种方法。向废液中投加石灰乳，调节 pH 值至 6～7.5，然后投加硫酸铝或聚合氯化铝等铝盐絮凝剂。利用生成的氢氧化铝胶体吸附悬浮的氟化钙微小颗粒及氟离子形成沉淀，这种方法的除氟效果比单纯加石灰的效果好。

（3）石灰-磷酸盐法。先向废液中加入磷酸二氢钠、六偏磷酸钠、过磷酸钙等磷酸盐，再加入石灰生成难溶的磷石灰等沉淀把氟离子去除。磷酸二氢钠、石灰乳与氢氟酸反应式为

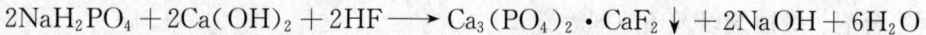

$$2NaH_2PO_4 + 2Ca(OH)_2 + 2HF \longrightarrow Ca_3(PO_4)_2 \cdot CaF_2 \downarrow + 2NaOH + 6H_2O$$

（4）其他方法。对于氟含量低的大量含氟酸洗废液可采用活性炭吸附和阴离子交换树脂处理的方法加以去除。但是，该处理方法存在的问题是所生成的氟化钙成为固体废弃物，在有水存在时，它会在相当长的时间内溶出氟离子，可使溶出的氟离子超过 5mg/L。如果是在高氟地区，此问题更要注意防范。在干旱少雨、地下水位低的地区，可送入储灰场处置，由于灰场已考虑了防渗及灰中氟化物的影响，可不构成对地下水的污染。不可在砂土地上直接挖坑处理废液。

4. 柠檬酸废液

（1）与煤混合燃烧处理。柠檬酸清洗废液所含的污染物质是其自身的化学耗氧量、缓蚀剂带入的污染物质及清洗下的铁与铜。清洗液的 pH 值在 3.5～4 较低范围内，不符合排放标准。柠檬酸是相当稳定的有机酸，常规的氧化方法不易使其分解破坏，但它是碳氢氧化合物，可通过燃烧方式使其在高温下氧化分解，反应过程为

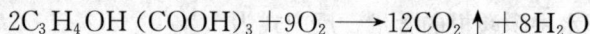

$$2C_3H_4OH(COOH)_3 + 9O_2 \longrightarrow 12CO_2 \uparrow + 8H_2O$$

（2）可将废液排到锅炉冲灰池与灰水混合排至灰场，利用粉煤灰的吸附性将柠檬酸（有机物）固定在粉煤灰上。

（3）氧化法降 COD。向废液中加入双氧水、次氯酸钠或漂白粉，氧化处理掉化学清洗废液中的有机物也有较好效果。具体步骤如下：

1）向废液中加入双氧水或次氯酸钠把废液中有机物氧化，如废液中含有 $Fe^{2+}$ 也会被氧化成 $Fe^{3+}$。

2）向废液中加入烧碱、石灰乳等中和剂，调节 pH 值至 10～12，呈碱性，然后通入压缩空气进行搅拌，促进有机物进一步氧化，把 $Fe^{2+}$ 全部氧化成 $Fe^{3+}$，并生成 $Fe(OH)_3$ 沉淀。

3）向废液中投入明矾、聚丙烯酰胺等凝聚剂使 $Fe(OH)_3$、$Cu(OH)_2$ 及悬浮物全部絮凝沉降，同时测定 COD 值（此时 COD 值应降至 300mg/L 以下）。

4）为使有机物进一步氧化，COD 值降至 100mg/L 以下，加入氧化剂过硫酸铵 $[(NH_4)_2S_2O_8]$，投入量为 1.2kg/m³，并通入压缩空气搅拌使有机物充分氧化。

5）最后用盐酸把溶液 pH 值调至 6～9，废液澄清后方可排放。

5. 氨基磺酸废液

当需要对氨基磺酸废水进行处理时，可按等摩尔量加入亚硝酸钠，利用亚硝酸钠的氧化性，将氨基磺酸转变成无害的硫酸氢钠，自身还原成氮气，其反应式为

$$NH_2SO_3H + NaNO_2 \longrightarrow NaHSO_4 + N_2 \uparrow + H_2O$$

但应注意处理后的废水中不应残留有过多的氨基磺酸或亚硝酸钠成分。

6. 乙二胺四乙酸（EDTA）废液

EDTA 废液处理应包括两部分：一是先回收废液中的 EDTA；二是处理废液中的联氨、铁、铜等杂质。

（1）EDTA 回收。使用后的 EDTA 废液，先用硫酸法进行 EDTA 回收处理。当形成 EDTA 沉淀后，转移上部清液到另一个废水池进行处理。

（2）废液中残留联氨处理。EDTA 清洗时一般会在清洗液中加有联氨，因此，完成 EDTA 回收处理后的废液中仍会残留有联氨，应投加氧化剂分解联氨使其转变成无害成分。

7. 甲酸与羟基乙酸清洗废液

有机混酸清洗废液化学耗氧量高，它们都是碳氢化合物，自身具有一定的燃烧热，也应仿照柠檬酸清洗废液处理，先将废液中和到 pH 值为 6～9 后，用作防止煤场扬尘的喷洒用水，其掺入燃煤中燃烧。

8. 金属离子废水

化学清洗废水中含有较多的重金属离子，需对这部分离子进行妥善处理。重金属离子的处理方法有氢氧化物沉淀法、硫化物沉淀法、氧化还原法和离子交换法等，其中以氢氧化物沉淀法使用较普遍，成本低。

为去除酸洗废液中的铜、铁等污染离子，可向酸洗废液中加入液体工业氢氧化钠、纯碱、石灰等，利用压缩空气搅动混合，同时可使亚铁离子氧化，在铁离子的催化下，联氨也可分解。调节溶液 pH 值在 10 以上的合适范围，铁、铜等重金属离子可与氢氧根离子反应生成难溶于水的金属氢氧化物沉淀，即

$$Fe^{3+} + 30H^- \longrightarrow Fe(OH)_3 \downarrow$$
$$Cu^{2+} + 20H^- \longrightarrow Cu(OH)_2 \downarrow$$
$$Cr^{3+} + 30H^- \longrightarrow Cr(OH)_3 \downarrow$$

此时铜离子将以氢氧化铜的形式沉淀，剩余铜离子的理论含量小于 0.1mg/L，可满足排放标准；三价铬离子的氢氧化物是两性氢氧化物，它会溶于过量的碱中，所以加碱后溶液 pH 值应控制在 8～9。废液调节溶液 pH 值后经过静置沉淀，可将大部分重金属离子去除，再用酸中和至 pH 值为 9 以下排放，如果辅以过滤手段，则去除效果更好。为了防止氢氧化铜部分溶解，排放液 pH 值不宜低于 8。

对于含 $Cr^{6+}$ 的酸洗废水常用加亚硫酸氢钠等还原剂的方法使其转变成 $Cr^{3+}$，反应式为

$$2H_2Cr_2O_7 + 6NaHSO_3 + 3H_2SO_4 \longrightarrow 2Cr_2(SO_4)_3 + 3Na_2SO_4 + 8H_2O$$
$$H_2Cr_2O_7 + 3Na_2SO_3 + 3H_2SO_4 \longrightarrow Cr_2(SO_4)_3 + 3Na_2SO_4 + 4H_2O$$

还原反应在 pH≤3 条件下进行较快。生成硫酸铬在水中易溶，再加入氢氧化钠等碱性物质可生成难溶的 $Cr(OH)_3$ 沉淀，将其从水中去除。加碱时控制 pH＝8～9，注意，当

pH＞9.2时氢氧化铬会再溶解。

收集的沉淀物经过浓缩脱水，挤压成块，进行无害化处理。

### 三、钝化液废水处理

电站热力设备化学清洗常用的钝化剂有氢氧化钠、氨、联氨、磷酸盐、双氧水、丙酮肟等，还包括可能还在使用的亚硝酸钠等，不同成分的钝化废液应选用不同方法处理。

**1. 联氨废液**

先将废液的 pH 值调节至 7～9，利用双氧水（$H_2O_2$）或次氯酸盐氧化分解联氨，反应产物是无害的氮气和氯化钠，反应在计算量下容易进行，反应式为

$$N_2H_4 + 2H_2O_2 \longrightarrow N_2\uparrow + 4H_2O$$

$$N_2H_4 + 2NaClO \longrightarrow N_2\uparrow + 2NaCl + 2H_2O$$

**2. 亚硝酸钠废液**

亚硝酸钠属于致癌物质，GB 3838—2002《地表水环境质量标准》对排水中亚硝酸根的高标准要求是小于或等于 0.1mg/L，低标准要求也应小于或等于 1mg/L。不宜将含亚硝酸钠的废水直接排放到水体中，应处理合格后排放。有以下 4 种处理方法可供选用。

（1）次氯酸钠（钙）法。用次氯酸钠（钙）将亚硝酸钠氧化转变成无害的硝酸钠，反应方程式为

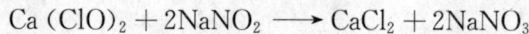

$$NaClO + NaNO_2 \longrightarrow NaCl + NaNO_3$$

$$Ca(ClO)_2 + 2NaNO_2 \longrightarrow CaCl_2 + 2NaNO_3$$

加入次氯酸钠或漂白粉［主要成分为 $Ca(ClO)_2$］时注意要缓慢加入并搅拌，以免发生副反应。

（2）尿素分解法。利用尿素与亚硝酸反应生成无害二氧化碳和氮气，其反应方程式为

$$CO(NH_2)_2 + 2NaNO_2 + 2HCl \longrightarrow CO_2\uparrow + 2N_2\uparrow + 2NaCl + 3H_2O$$

尿素加入量为每 1kg 亚硝酸钠投加尿素 0.45kg。

（3）氯化铵分解法。在废液中缓缓地加入盐酸和氯化铵使其产生氮气，其反应方程式为

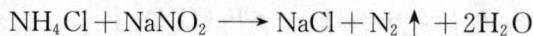

$$NH_4Cl + NaNO_2 \longrightarrow NaCl + N_2\uparrow + 2H_2O$$

氯化铵加入量应为亚硝酸钠含量的 3～4 倍。但加入氯化铵与上述尿素一样必须充分搅拌，如局部酸液浓度过大将会产生二氧化氮，危害人体健康。

（4）氨基磺酸分解法。此法的优点是操作比较简便，而且不产生二氧化氮，其反应方程式为

$$NH_2SO_3H + NaNO_2 \longrightarrow NaHSO_4 + N_2\uparrow + H_2O$$

处理亚硝酸钠时，应注意控制与酸性废液混合，在 pH 值低于 5 时会产生毒性很强的二氧化氮气体，褐色的二氧化氮气体被人吸入会引起口腔及鼻黏膜等呼吸系统的强烈刺激，反应式为

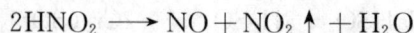

$$NaNO_2 + H^+ \longrightarrow Na^+ + HNO_2$$

$$2HNO_2 \longrightarrow NO + NO_2\uparrow + H_2O$$

**3. 磷酸盐废液**

含磷酸盐的钝化废水处理同前面磷酸废水处理方法，向其废液中加入过量消石灰或石灰乳中和处理，其反应生成磷酸钙沉淀，降低废水中磷酸根的含量。废水排放标准要求磷

含量应小于 1mg/L，即相当于磷酸根不大于 3mg/L。

4. 氨废水

锅炉钝化大多用氨水调整钝化液的 pH 值，溶液中氨浓度约在 2000mg/L 以上，超出国家允许排放标准近百倍，可用下述方法处理：

（1）$Ca(ClO)_2$ 处理。$Ca(ClO)_2$ 处理氨是利用次氯酸钙的氧化性，将氨氧化转变生成无害的氮气，既降低了氨含量，也消除了氨的异味，反应式为

$$2NH_3 + Ca(ClO)_2 \longrightarrow N_2\uparrow + CaCl_2 + 3H_2O$$

（2）溶液加热时，鼓入空气可有效地除氨。化学清洗废水在实际处理时除考虑 EDTA 回收、柠檬酸废水有机物处理会单独收集外，其他的往往是将碱洗、酸洗、漂洗钝化废水全部收集到废水池混合，利用废水自身的酸、碱性初步中和，一般酸度是过剩的，废水呈酸性。然后再针对废水所含需要处理的有害组分，分步处理，直至合格。

# 第九章 废 水 处 理

我国水资源不足已经成为制约国民经济和社会发展的主要因素。火力发电厂是工业用水大户,它的耗水量约占工业用水的 20%,一座 1000MW 装机容量的大型火力发电厂的耗水量相当于一个小城市的用水量。随着水资源短缺的加剧和日益严重的环境污染,废水处理在火力发电厂中占有越来越重要的位置。通过废水的回用,实现废水资源化,已经成为火力发电厂实现可持续发展的必由之路。

火力发电厂的废水资源化潜力很大。通过废水回用,可以替代火力发电厂 30% 以上的新鲜水,有很大的节水效益。同时,废水回用也可以减少火力发电厂的外排废水量,减轻对环境的污染,有很大的环境效益。目前,火力发电厂废水处理的重点已经由达标排放转为综合利用,相应的废水处理工艺也发生了很大的变化。在减少废水排放、污水回用处理等方面都有了长足的进步。除了进行冲灰水回用外,机组杂排水的回用、生活污水的回用、含煤废水的循环使用等逐渐兴起,使火力发电厂废水资源化发展到了一个新的水平。干除灰、废水综合利用等节水技术的不断推广,使得火力发电厂的发电水耗近年来有了明显的降低。

本期工程有如下化学废水:MBR 膜池排泥废水、一级反渗透浓水、凝结水精处理系统再生废水、精处理(前置过滤器和高速混床)冲洗排水、空气预热器冲洗排水、锅炉化学清洗排水、机组启动排水、脱硫废水等。其中 MBR 膜池排泥废水、空气预热器冲洗排水、机组启动排水属于高悬浮物废水,含盐量不高;反渗透浓盐水及精处理再生废水、锅炉化学清洗排水、脱硫废水属于高含盐量废水。

为使电厂运行尽量做到节能、环保、节约用水、经济用水,本期工程针对不同废水水质的特点,进行分类处理。

## 第一节 火电厂的废水形成

### 一、水质污染的几种形式

水是火力发电厂中最重要的能量转换介质,大部分水是循环使用的。水在使用过程中,一般都会受到不同程度的污染。在火力发电厂中,使用工业水的系统很多;对于不同的用途,污染物的种类和污染程度是不同的。水除了用于水汽循环系统传递能量外,还用于很多设备的冷却和冲洗,如凝汽器、冷油器、水泵、风机等。

除了原水携带的杂质外,废水中的污染物主要来源于使用过程中的污染或浓缩。水污染有以下几种形式。

（1）混入型污染。用水冲灰、冲渣时，灰渣直接与水混合造成水质变化。输煤系统用水喷淋煤堆、皮带，或冲洗输煤栈桥地面时，煤粉、煤粒、油等混入水中，形成含煤废水。

（2）设备油泄漏造成水的污染。设备冷却水中常见的污染物是油。

（3）运行中水质发生浓缩，造成水中杂质浓度的增高。如循环冷却水、反渗透浓排水等。

（4）在水处理或水质调整过程中，向水中加入了化学物质，使水中的杂质含量升高。如循环水系统加酸、加水质稳定剂处理；水处理系统增加混凝剂、助凝剂、杀菌剂、阻垢剂、还原剂等；离子交换器、软化器失效后用酸、碱再生；酸碱废液中和处理时加入酸、碱等。

（5）设备的清洗对水质的污染。如锅炉的化学清洗、空气预热器、省煤器烟气侧的水冲洗等，都会有大量的悬浮物、有机物和化学品进入水中。

**二、火力发电厂废水的分类**

1. 火力发电厂废水的来源

火力发电厂废水的种类很多，水质、水量的特性差异很大，有机污染物很少，除了油之外，废水的污染成分主要是无机物。火力发电厂产生废水的主要系统是水汽循环系统、循环冷却水系统、工业冷却水系统、冲灰水系统、煤系统。图 9-1 为火力发电厂主要废水的来源示意。

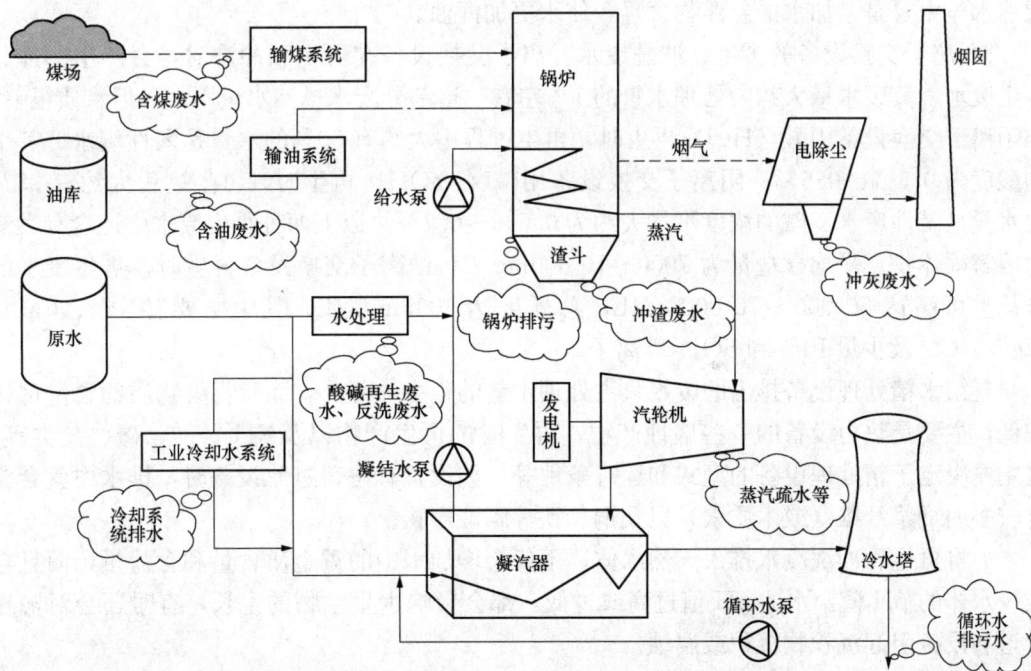

图 9-1　火力发电厂主要废水的来源示意

火力发电厂有很多独立的水循环回路。其中，水汽循环是最大的系统，其主要功能是进行能量的转换和传递。在水汽循环过程中，因排污（包括锅炉排污、蒸汽管道疏水等）或排汽（各种加热汽源）等原因，水量有一定的损失，所以需要不断补充经过处理后的水；在补入系统前要除去水中的所有杂质，包括悬浮物、胶体、无机盐、有机物，使水质达到较高纯度；为保证机组安全稳定运行，还需要冷却和清洗。因此，会产生不同性质的废水。

2. 各种废水对环境的影响

（1）锅炉补给水处理系统的废水。锅炉补给水处理系统一般包括预处理系统和离子交换除盐系统。预处理系统的主要设备有澄清器、过滤器（池）以及配套的加药系统，产生的废水主要是澄清器排泥水、滤池的反冲洗排水。除盐系统包括反渗透、离子交换器、电除盐等设备，产生的废水主要是再生酸碱废水、反渗透浓排水等，这些废水的含盐量很高。有些除盐系统带有活性炭过滤器，还会产生活性炭冲洗排水。

1）澄清设备排放的泥浆废水。这部分废水的污染物是生水在混凝、澄清、沉降过程中产生的，其化学成分与原水水质和加入的混凝剂等因素有关。主要有 $CaCO_3$、$CaSO_4$、$Fe(OH)_3$、$Al(OH)_3$、$Ca(OH)_2$、$Mg(OH)_2$、各种硅酸化合物和有机杂质等。泥浆废水中的固体杂质含量在 $1\% \sim 2\%$，其废水量一般为处理水量的 $0.1\% \sim 0.5\%$。这种废水排入天然水体，不仅会增加天然水体的碱性物质含量，而且也增加水的浑浊程度。

2）过滤设备的反洗排水。过滤设备反洗排出的废水，其废水量大约是处理水量的 $3\% \sim 5\%$，水中悬浮物的含量可达 $300 \sim 1000mg/L$。据有关资料估算，一台直径为 3.0m，滤层高度为 1.1m 的过滤设备反冲洗时，可排出 $20 \sim 80kg$ 的泥浆。这种废水排入天然水体主要是增加水的悬浮物含量，使水更加浑浊。

3）离子交换设备的再生、冲洗废水。离子交换设备在再生和冲洗时，会产生一部分再生废水，其废水量大约为处理水量的 $1\%$ 左右。这部分废水虽然水量不大，但水质很差。如阳离子交换设备用酸（HCl）再生时，再生过程中大约有 $50\%$ 的水量是酸性废水，其平均酸度为 $0.3\% \sim 0.5\%$。阴离子交换设备用碱（NaOH）再生时，再生过程大约有 $25\%$ 的水量是碱性废水，碱的浓度平均大约为 $0.5\% \sim 0.7\%$。以上两种再生废水中还含有大量的溶解固体物，平均含盐量为 $7000 \sim 10\ 000mg/L$。钠离子交换设备再生时，再生废水的含盐量可高达 $50\ 000 \sim 70\ 000mg/L$，总硬度达 $100mmol/L$，其中主要有 $Na^+$、$Ca^{2+}$、$Mg^{2+}$、$Cl^-$ 及少量 $Fe^{2+}$ 和 $SO_4^{2-}$ 等离子。

凝结水精处理设备排出的废水只占处理水量的很少一部分，而且污染物质的含量都比较低，主要是热力设备的一些腐蚀产物，再生时的再生产物以及 $NH_3$、酸、碱、盐类等，这主要决定于精处理设备的型式和运行条件等，如设置有覆盖过滤设备时，排水中就会含有较多的纸浆纤维（或木质素）以及铜、铁等腐蚀产物。

如将再生、冲洗废水排入天然水体，不仅会增加水中的重金属含量和含盐量，而且会改变水体的 pH 值。水的 pH 值过高或过低，都会影响水生生物的生长，有时还会对输送管道和设备引起沉积物沉积或腐蚀。

（2）循环冷却水系统的排污水。循环冷却水系统是火力发电厂水容量最大的系统，它主要与冷却倍率、冷却系统的形式、水质及季节等因素有关。

大部分水经过冷却塔冷却后循环使用。因为冷却塔主要是通过水的蒸发带走热量降温的，所以在循环过程中大量的水被蒸发掉，水质不断浓缩，为了维持水系统盐量平衡，需要根据水质间断性排污，因此产生了排污水。同时，因为蒸发、泄漏、风吹和排污，系统的水量不断减少，为了保持水质和水量的平衡，需要补充一定量的新鲜水。循环冷却方式补充的新鲜水量仅占循环水量的 1%～2%。

为了防止水质浓缩后产生结垢、腐蚀等现象，需要对循环补充水进行处理。如循环冷却水采用加酸处理时，其排污水中往往含有过高的盐类，特别是硫酸盐；如采用投加水质稳定剂处理，其排污水中则含有较高的含磷化合物及微生物。冷却塔排污水为间断性排放，瞬时流量很大。

（3）烟气脱硫废水。锅炉烟气湿法脱硫（石灰石/石膏法）过程产生的废水来源于吸收塔排放水。为了维持脱硫装置浆液循环系统物质的平衡，防止烟气中可溶部分即氯浓度超过规定值和保证石膏质量，必须从系统中排放一定量的废水，废水主要来自石膏脱水和清洗系统。废水中含有的杂质主要包括悬浮物、过饱和的亚硫酸盐、硫酸以及重金属，其中很多是国家环保标准中要求严格控制的第一类污染物。

脱硫废水的水质极差，悬浮物、含盐量、$Cl^-$、$Ca^{2+}$、$Mg^{2+}$、$F^-$、重金属离子等指标都比火力发电厂的其他废水高很多，许多水质指标都超过了排放标准。

1）悬浮物。主要是烟气中的细灰和灰浆中析出的难溶盐沉积物。

2）钙和镁。$Ca^{2+}$ 和 $Mg^{2+}$ 主要来源于石灰石和补充水。因为 Ca 是石灰石的主要元素，在废水中的浓度很高。另外，烟气中的飞灰中也含有 Ca 和 Mg。

3）氯化物。来源于烟气、石灰石和补充水。煤中所含有的氯元素在锅炉炉膛内燃烧后转化为 HCl，HCl 又被脱硫浆液吸收。由于 $Cl^-$ 的化学性能比较稳定，不会因化学反应引起浓度的改变，所以在浆液循环浓缩过程中，以 $Cl^-$ 的浓度变化判断浆液的浓缩程度，决定是否排污。

4）$SO_3^{2-}$ 和 $S_2O_6^{2-}$ 是水中主要的还原态无机物，是构成脱硫废水 COD 的主要成分。$SO_3^{2-}$ 和 $S_2O_6^{2-}$ 的浓度与在脱硫过程中氧化是否完全有关；如果氧化完全，$SO_3^{2-}$ 和 $S_2O_6^{2-}$ 的浓度就低，废水的 COD 就小。

5）$F^-$ 主要来源于煤。煤中的氟化物燃烧后生成 HF 气体，随烟气进入脱硫塔内，与浆液中的 $Ca^{2+}$ 反应生成 $CaF_2$ 沉淀。由于 $Ca^{2+}$ 的浓度很高，因此，废水中 $CaF_2$ 的浓度取决于的溶解度。

6）重金属。来源于石灰石、烟气和补充水。

对于湿法烟气脱硫技术，一般应控制氯离子含量小于 2000mg/L。脱硫废液呈酸性（pH＝4～6），悬浮物质量分数为 9000～12 700mg/L，一般含汞、铅、镍、锌等重金属以及砷、氟等非金属污染物脱硫废水，属弱酸性，故此时许多重金属离子仍有良好的溶解性。所以，脱硫废水的处理主要是以化学、机械方法分离重金属和其他可沉淀的物质，如氟化物、亚硫酸盐和硫酸盐。

（4）含油废水。火力发电厂的油系统包括储油设施、输油系统等。油系统产生的废水主要包括储油设施的排污、泄漏以及夏季油罐的冷却喷淋、冲洗水。主厂房含油废水是指由汽机和转动机械轴承的油系统泄漏的油而产生的含油废水。电气设备（包括变压器、高压油开关等）所造成的含油废水是由于法兰连接处泄漏引起的。目前含油废水的主要问题是水中含油量和含酚量超标。

含油废水排入天然水体，且超过一定限量时，一部分轻的石油就会在水面上形成一层油膜，破坏天然水体的自然爆气条件，而重的石油就会沉于水体底部，从而影响水中动植物群体的正常活动，甚至死亡。为此，渔业水体规定石油类产品的允许浓度只有0.05mg/L。

（5）锅炉化学清洗和停炉保护废水。对大型机组，不仅要求新建锅炉启动前要进行化学清洗，就是运行机组，当受热面上的沉积物超过有关规定时，也要进行化学清洗。

锅炉的化学清洗一般是按照水冲洗、碱洗、酸洗、漂洗和钝化几个步骤进行的，而每一步操作都会产生一定量的废水。其废水总量一般为清洗系统水容积的 15～20 倍。如一台 200MW 的机组，其化学清洗的水容积大约为 401.5m³，而废液总量为 6000～8000m³。

停炉保护是锅炉的主要防腐措施之一，它对锅炉的安全运行有重要意义，这部分废水的排放量大体与锅炉保护的水容积相当。

化学清洗过程中所产生的废水，其化学成分浓度大小与所采用的药剂组成以及锅炉受热面上被清除脏物的化学成分和数量有关。目前国内常用的化学清洗剂有 $HCl$、$H_2SO_4$、$HF$、$HNO_3$、EDTA、柠檬酸、蚁酸、羟基二酸、低分子有机混合物、$NaOH$、$NaNO_2$、$Na_3PO_4$ 以及各种有机缓蚀剂。因此，在这种废水中除含有酸、碱、盐及有机物之外，还含有大量的重金属、有机毒物以及重金属与清洗剂之间形成的各种复杂的络合物或螯合物等。

以上两种废水大多呈黄褐色或深褐色，每升水悬浮物含量从几百到近千毫克。酸性废液 pH 值一般小于 3～4，碱性废液 pH 值高达 10～11，每升水化学耗氧量 COD 在几百到几千毫克范围。由于两种废水都是非经常性排水，具有排放集中、流量大、水中污染物成分和浓度随时都在变化的特点，所以处理起来比较困难，往往需要几步处理才能达到排放标准。

（6）其他废水。其他废水包括锅炉的排污水，锅炉火侧和空气预热器的冲洗废水，凝汽器和冷却塔的冲洗废水、化学监督取样水和实验室排水，消防排水，轴承冷却排水，煤场排水和输煤系统的排水等。

1）锅炉排污废水。锅炉排污废水通常与各种冷却排水一道，汇集在主厂房外的机组排水槽。另外，汽机房和锅炉房的设备、地面的冲洗水一般也由地沟汇集到机组排水槽。

在正常运行阶段，锅炉一般只通过连排管路排污，排污量一般为蒸发量的 0.5%～1%。锅炉的定期排污除了在锅炉启动或炉水水质劣化时开启外，大部分时间是关闭的。

经过了锅炉内部的高温分解之后，锅炉排污水中一般不会含有 $HCO_3^-$ 和有机物等容易受热分解的物质，主要的杂质是 $Na^+$、$PO_4^{3-}$、$CO_3^{2-}$、$SiO_3^{2-}$ 等。其中，$Na^+$、$PO_4^{3-}$ 主要是炉内水质调整时加入的。

2）锅炉火侧和空气预热器冲洗废水。锅炉火侧的冲洗废水含氧化铁较多，有的是以悬浮颗粒存在，有的溶解于水中。如在冲洗过程中采用有机冲洗剂，则废水中的 COD 较高，超过排放标准。

空气预热器的冲洗废水，其水质成分与燃料有关。当燃料中的含硫量高时，冲洗废水的 pH 值可降至 1.6 以下。当燃料中砷的含量较高时，废水中的砷含量增加，有时高达50mg/L 以上。

3）凝汽器、冷却塔清洗废水。凝汽器在运行过程中，可在铜管（或不锈钢管）内形成垢或沉积物，因此在停机检修期间用清洗剂清洗，就会产生一定的废水。这部分废水的

pH 值、悬浮物、重金属、COD 等指标往往不合格。

冷却塔的冲洗废水主要含有泥沙、有机物、氯化物（加 $Cl_2$）、黏泥等。排入天然水体会使有机物含量增加和浊度上升。

4）煤场排水和输煤系统冲洗排水。煤系统产生废水的地方主要有码头、铁路专用线、煤场、输煤栈桥、转运站、碎煤机房、水击式除尘器、办公楼等。露天煤场在雨雪天气容易形成积水；煤场和输煤系统为了防止煤自燃和降尘，经常需要喷淋；输煤栈桥、输煤皮带机地面的落尘需要经常冲洗；所有这一切，都会产生含煤废水。从外观来看，含煤废水是火力发电厂最差的废水，外观呈黑色，含有大量的煤粉、油等杂质。

这种废水中的污染物主要是煤的碎末及其污染物，外观呈黑色或暗褐色，悬浮固体和COD 两个指标都较大，而且还含有一定数量的焦油成分（如酚）及少量重金属。煤场排水通常呈酸性，其 pH 值在 3.0 左右，这主要是因为煤中含有硫化物所致。由于这种废水呈酸性，所以煤中的一些金属元素如铁、砷、锰及氟化物等也会在水中溶解。

因此，这种废水排入天然水体，不仅增加水体的悬浮物、COD 和重金属离子，而且会改变水的 pH 值。

（7）生活污水。火力发电厂的生活污水主要来自餐厅、浴室、办公楼以及生活区的排水，一般有专用的排水系统收集。相对于火力发电厂的其他工业废水，生活污水的水质比较特殊，其特点是有臭味、色度、有机物、悬浮物、细菌、油、洗涤剂等成分的浓度较高，含盐量比自来水稍高一些。如将其排入天然水体，会使水中 COD 剧增，甚至引起富营养化。大部分火力发电厂设有生活污水处理系统，处理后达标排放。近年来，也有一些火力发电厂将其深度处理后用于循环水系统。

3. 火电厂废水的分类

火力发电厂中废水根据性质不同可分为生活污水和工业废水两大类。

工业废水是指在火电厂生产过程中所排出的废水。这类废水种类繁多，来源广泛，水量差别很大，水质成分复杂。

按照废水的流量特征，废水分为经常性废水和非经常性废水。

经常性废水指的是火力发电厂在正常运行过程中，各系统排出的工艺废水，这些废水可以是连续排放的，也可以是间断性排放的。火力发电厂的大部分废水是间断性排放，连续排放的很少。连续排放的废水主要有锅炉连续排污、汽水取样系统排水、部分设备的冷却水、反渗透水处理设备的浓排水；间断性排水包括锅炉补给水处理系统的工艺废水、凝结水精处理系统的再生排水、锅炉定时排污、化验室排水、冷却塔排污和各种冲洗废水。

按照来源划分，废水的种类很多，这给废水处理系统的选择带来了很大的困难。从回用角度出发，可以从处理工艺的相似性来划分。废水处理的一个原则是保证可靠性的前提下，尽可能用最简单的处理工艺满足回用要求。具体需要选择哪一类处理系统，除了用水系统的要求外，主要取决于废水的水质。

回用处理系统一般有两类。一类是只去除水中的悬浮物、油类杂质，只要处理后水的悬浮物、油等杂质的含量达到要求，就可以回用；另一类是在去除悬浮物的基础上，还要除盐，只有将含盐量降低到一定的范围之后，才能回用。因此，当以回用为目标时，可以根据废水的悬浮物和含盐量这两个代表性指标进行分类。

（1）低含盐量废水。低含盐量废水是指含盐量与新鲜水接近的废水，包括机组杂排水、工业冷却系统排水、生活污水等。这部分废水的共同特点是与新鲜水相比，其含盐量没有明显升高，因此，在不考虑脱盐处理的情况下，只要去除了悬浮物、油等杂质后就可以达到或接近工业水的水质标准，甚至可以替代新鲜水。由于回用处理成本较低，目前很多电厂已将这部分废水实现了回用。

（2）高含盐量、低悬浮物废水。这部分废水的特点是含盐量比新鲜水高很多，一般为工业水的数倍以上。含盐量增高的原因是在使用过程中人为加入化学品，或是水质发生了浓缩。最典型的高含盐量废水包括除盐水系统的再生废水、反渗透浓排水和循环水排污水。这类水要实现回用（除了用于冲灰、冲渣之外）必须进行脱盐处理，在现有的技术条件下，回用这类水存在建设投资大、运行费用高等问题，所以目前这部分水除用作冲灰、冲渣水外，大部分是达标排放。

（3）高悬浮物废水。这类废水主要是含煤废水、冲灰渣废水、脱硫废水等，另外，酸洗废液、空预器冲洗、省煤器冲洗等非经常性废水也属于这一类。这类废水的主要特点是水质特殊，含盐量和悬浮物都比较高，除此之外，有些废水的pH值不正常，如冲灰水的pH值大部分高于9、脱硫废水的pH值小于7、酸洗废液的pH值小于2等。

由于水质复杂多变，这类水一般不混合处理，也不与其他水混合处理。含煤废水、冲灰渣废水通常单独经过沉淀、混凝澄清、过滤处理后，补回至原系统循环使用。煤系统和冲灰渣系统对水的含盐量等都没有要求，可以接纳水质极差的废水，只要颗粒物质浓度满足要求，不堵塞设备就行。

在经常性废水中，脱硫废水的含盐量、悬浮物浓度是最高。如果在设计条件下运行，其$Cl^-$浓度最高可以达到20 000mg/L。脱硫废水除了含盐量和悬浮物浓度很高外，某些重金属离子的浓度也很高，按国家环保规定，不能与其他废水混合处理，一般单独处理后达到排放。

对于酸洗废液、空预器冲洗、省煤器冲洗等非经常性废水，除了悬浮物浓度很高外，COD、铁浓度也很高，其中铁浓度甚至可达10 000mg/L。因为水质复杂，一般通过沉淀、中和等处理后达标排放。

## 第二节 火电厂废水排放控制

### 一、废水排放控制标准

废水排放标准是国家对排入环境水体的污染物的浓度或总量所做的限量规定。其目的是通过控制污染源排污量的途径来保护环境、保护水体的正常用途。国家对废水中污染物的容许排放量或浓度有统一的控制标准。地方和行业根据水体的功能区别和行业特点，还有地方或行业规定的各种污染物的控制标准。

水质的监督应按国家、地方或行业规定的标准进行。目前污水排放执行的国家标准是1996年颁布的GB 8978—1996《污水综合排放标准》。在标准中，将排放的污染物按其性质及控制方式分为两类：第一类是指能在环境或动植物体内蓄积，对人体健康产生长远影响的有害物质。第二类是指其长远影响小于第一类的有害物质。标准规定：

（1）第一类污染物，不分行业和污水排放方式，也不分受纳水体的功能类别，一律在车间或车间处理设施排放口采样，其最高允许排放浓度必须达到标准要求（采矿行业的尾矿坝出水口不得视为车间排放口）。表 9-1 中列出了在 GB 8978—1996《污水综合排放标准》中规定的 13 种污染物排放要求。

表 9-1 第一类污染物最高允许排放浓度 mg/L

| 序号 | 污染物 | 最高允许排放浓度 | 序号 | 污染物 | 最高允许排放浓度 |
|------|--------|------------------|------|--------|------------------|
| 1 | 总汞 | 0.05 | 8 | 总镍 | 1.0 |
| 2 | 烷基汞 | 不得检出 | 9 | 苯并 [a] 芘 | 0.000 03 |
| 3 | 总镉 | 0.1 | 10 | 总铍 | 0.005 |
| 4 | 总铬 | 1.5 | 11 | 总银 | 0.5 |
| 5 | 六价铬 | 0.5 | 12 | 总 $\alpha$ 放射线 | 1Bq/L |
| 6 | 总砷 | 0.5 | 13 | 总 $\beta$ 放射线 | 10Bq/L |
| 7 | 总铅 | 1.0 | | | |

在火力发电厂的各类废水中，有可能含有一类污染物的废水有脱硫废水、冲灰渣废水、锅炉烟气侧冲洗废水等。其中，脱硫废水和冲灰渣废水是经常性废水，而锅炉烟气侧冲洗废水则是非经常性废水。重金属主要来源于燃料（包括重油和煤）。有可能超标的重金属包括汞、铅、铬、镉、镍等。另外，还有一些金属不是 GB 8978—1996《污水综合排放标准》中规定的控制项目，如铁。在锅炉化学清洗废液和空气预热器、省煤器冲洗废水中，铁的浓度很高。

（2）第二类污染物是指长远影响小于第一类污染物的污染物质，在排污单位排出口取样。其最高允许排放浓度分为三级，即通常所讲的"一级标准""二级标准"和"三级标准"。其分级是按照废水排入水域的类别进行的（包括海水水域）。

考虑到企业建设时间的差别，在 GB 8978—1996《污水综合排放标准》中按照排污单位的建设年限，分两个时段规定了第二类污染物的最高允许排放浓度及部分行业的最高允许排水量。其中，1997 年 12 月 31 日前建成的单位，规定的第二类污染物控制项目为 26 个；而在 1998 年 1 月 1 日之后建成的单位，规定的第二类污染物控制项目为 56 个，而且某些项目的控制指标要比 1997 年 12 月 31 日前建成得更为严格。

一般排放标准除 GB 8978—1996《污水综合排放标准》以外，还有 GB 4284—2018《农用污泥污染物控制标准》等。

综合排放标准的特点是按地表水域使用功能要求划分，并分别执行不同的标准。综合排放标准中，地表水域的划分为：

第一级控制区为特控制区，系指国家划定的自然保护区，珍贵鱼类保护区，集中饮用水水源地及其一级水源保护区和国家因政治经济特殊需要划定的保护水域。在本水域控制区内不得新建排入口，已在该区的排放口必须保证水体不受污染。

第二级控制区为重点控制区，系集中式生活用水水源地的二级保护区、渔业用水区（指一般经济鱼类的产卵、食铒场和养殖场）、国家重点风景游览区、特殊工业用水区（如食品加工）以及其他需要重点保护水域，对排入本区水域的污水应控制在 II 级水体的规定执行。

**二、火力发电厂废水排放常规监测项目**

由于废水的成分比天然水的复杂很多，无法规定每一种物质的浓度，除了少数组分，如重金属离子，可以直接采用纯物质的量来表示其浓度外，大多数杂质是用水质指标来监测、控制的。火力发电厂常用的废水水质指标有水温、pH 值、色度、悬浮物、化学需氧量、生化需氧量、总固形物等。根据火力发电厂废水的水质特点，排放常规监测的项目见表 9-2。

**表 9-2** 火力发电厂废水排放监测项目

| 检测项目 | 排水种类 | | | | | |
|---|---|---|---|---|---|---|
| | 灰场排水 | 厂区工业废水 | 化学酸碱废水 | 生活废水 | 煤系统废水 | 脱硫废水 |
| pH 值 | √ | √ | √ | √ | √ | √ |
| 悬浮物 | √ | √ | | √ | √ | √ |
| CODcr | √ | √ | | √ | √ | √ |
| 石油 | | | | | √ | |
| 氟化物 | √ | √ | | | | √ |
| 砷 | | | | | | √ |
| 硫化物 | √ | √ | | | | |
| 挥发酚 | | | | | √ | |
| 重金属 | √ | | | | | √ |
| BOD5 | | | | √ | | |
| 动植物油 | | | | √ | | |
| LAS | | | | √ | | |
| 氨氮 | | | | √ | | |
| 磷酸盐 | | | | √ | | |

**注** √表示有可能超过排放标准；LAS 为阴离子表面活性剂。

## 第三节 火电厂废水处理工艺

由于电厂各工艺过程产生的废水的水量、水质和污染因子各不相同，因此在处理工艺的选择上应针对废水的各自特点，加以认真的研究、综合分析。排出电厂之外的废水，应满足国家规定的污水排放标准，减小受纳水体的污染；有可能加以回收再利用的，应适当处理并重复使用，减少电厂的耗水量。

### 一、火电厂废水的收集方式

火力发电厂的废水收集系统是考虑排放和回用两个目的来设计的。由于废水的种类很多，将每种废水都进行分类收集是不现实的，因此火力发电厂多采用混合收集的方式。

目前，火力发电厂的废水收集系统既有混合收集又有单独收集。混合收集是将水质相似的排水收集在一起进行集中处理，单独收集是将一些特殊水质的废水或其他废水分别收集单独处理。下面就火力发电厂废水的混合处理和单独处理做一简单介绍。

#### 1. 混合收集的废水

一般将某些水量较小的或间歇性排水、水质相似的废水合并收集进行处理。例如，锅炉补给水处理系统和凝结水净化系统的再生过程废水、锅炉排污水、实验室废水，都是pH 值超过标准，都需要进行中和处理，可将它们混合收集。空气预热器冲洗水、炉前系统冲洗水，它们的污染都反映在 pH 值、悬浮物和化学需氧 COD 上，因此也可将它们混合收集。

2. 分类收集的废水

由于不同的废水中所含主要的污染因子不同，如果混为一体，会给处理工艺造成很大的困难，因此应分门别类地加以收集。

（1）冲灰、渣废水。火力发电厂的冲灰、冲渣水系统相对独立。尽管冲灰系统的补充水来自其他系统的排水，但是冲灰水在处理和循环使用过程中，不再与其他废水系统发生关系。例外的情况是灰浆水池的溢流管道与电厂的公用排水沟道相通，经常发现浑浊的灰水通过排水沟道混入其他废水，影响其他废水的分类处理。

（2）煤系统的废水。煤系统比较分散，废水的收集点比较多。一般根据实际地形经一定区域的含煤废水收集在一起，然后用泵送往处理站。

（3）循环水系统的排水。因为瞬时水量很大，无法收集，一般通过专用的排水管道引至排放口外排，或补入冲灰系统。

（4）非经常性排水。锅炉化学清洗排水、空预器冲洗水等非经常性废水，通过临时管道汇集至机组排水槽，再送往废水集中处理站处理。

此外，锅炉化学清洗废水、含油废水都应单独收集，分别处理。

3. 废水收集池容量选择

废水收集池在接纳不同来源的废水后，有均匀废水水质的作用。其容量选择的一般原则是：

（1）经常性废水收集池的容积应满足接纳一天排水量的要求。

（2）非经常性废水收集池的容积应满足接纳最大一次排水量，即满足空气预热器冲洗一次排水量的要求。

（3）锅炉化学清洗废水收集池的容积应满足接纳全部清洗废液和首次冲洗的排水量的要求。

（4）煤场排水初沉降池的出力大小与煤场面积、堆煤高度、降雨量、降雨持续时间和径流系数等有关，一般按处理 24h 大暴雨时煤场排出的水量考虑。

**二、废水处理基本原则**

（1）经常性废水的处理。经常性废水的主要污染因子是 pH 值超过标准，因此主要利用酸、碱进行中和处理，处理至 pH 值为 6～9 即可回收利用或排放。如果出现悬浮物超过标准的情况，应先进行凝聚澄清处理，澄清后的清水再把 pH 值调整至 6～9，然后回收利用。

（2）非经常性废水的处理。非经常性废水的特点是发生频次少，但一次的水量却很大，所以储存池的容积应满足接纳最大一次排水量的需要。非经常性废水的种类较多，根据其污染因子的不同可分成两大类：①pH 值和悬浮物都超过标准的废水，属于此类废水的有空气预热器冲洗水、炉前系统冲洗水、化学预处理澄清池排泥和过滤器的反洗排水等；②pH 值、悬浮物和化学需氧量（COD）都超过标准的废水，属于此类废水的有采用有机酸清洗的锅炉化学清洗废水。

1）pH 值和悬浮物都超过标准的废水的处理。这类废水先送至 pH 值调整池，在搅拌的作用下，加酸（盐酸）或碱（氢氧化钠）调节 pH 值。经 pH 值调节后的水中再加凝聚剂和高分子聚合物（如聚丙烯酰胺）进行凝聚处理。经凝聚反应后的水送至絮凝沉淀池澄清，澄清后的清水再送至中和池，通过酸、碱中至 pH 值为 6～9，其出水可回收利用或者排放。沉淀池的泥浆被送至泥浆浓缩和脱水的单元进行处理。

2）pH 值、悬浮物和化学需氧量（COD）都超过标准的废水的处理。大型动力锅炉的化学清洗介质大多使用有机酸。该类化学清洗废水的水质特点是 pH 值超过标准，悬浮物和化学需氧量高。针对该类废水的特点，目前的处理方法多采用焚烧法。

如果锅炉化学清洗介质是使用无机酸（如盐酸），则其清洗废水的污染因子是 pH 值和悬浮物，处理方法与 pH 值和悬浮物都超过标准的废水的处理方法相同。

**三、废水处理的方式**

废水处理是指通过各种技术方法，利用各种设备和构筑物将工业或生活废水中的污染物分离出来，或将其转化为无害物质，从而使废水得到净化，达到排放或回用的标准。

1. 废水处理方法分类

现代废水处理方法主要分为物理处理法、化学处理法、物理化学处理法和生物处理法四类。

（1）物理处理法。通过物理作用分离、回收废水中不溶解的悬浮状态污染物（包括油膜和油珠）的方法，可分为重力分离法、离心分离法和筛滤截留法等。属于重力分离法的处理单元有沉淀、上浮（气浮）等，相应使用的处理设备是沉砂池、沉淀池、隔油池、气浮池及其附属装置等。离心分离法本身就是一种处理单元，使用的处理装置有离心分离机和水旋分离器等。筛滤截留法有栅筛截留和过滤两种处理单元，前者使用的处理设备是格栅、筛网，而后者使用的是砂滤池和微孔滤机等。

（2）化学处理法。通过化学反应来分离、去除废水中呈溶解、胶体状态的污染物或将其转化为无害物质的方法。处理单元有混凝、中和、氧化还原、化学沉淀等。

（3）物理化学处理法。通过传质作用来分离、去除废水中呈溶解、胶体状态的污染物的方法，既具有化学作用，又具有与之相关的物理作用。处理单元有蒸发、萃取、汽提、吹脱、吸附、离子交换以及电渗析和反渗透等。而电渗析和反渗透处理单元使用的是膜分离技术。

（4）生物处理法。通过微生物的代谢作用，使废水中呈溶解、胶体以及微细悬浮状态的有机污染物转化为稳定、无害的物质的方法。根据作用微生物的不同，生物处理法又可分为好氧生物处理和厌氧生物处理。

1）好氧生物处理法处理效率高，是广泛使用的生物处理法。好氧生物处理法可分为人工生物处理法和自然生物处理法。前者又分为活性污泥法和生物膜法两类。活性污泥法本身就是一种处理单元，它有多种运行方式。生物膜法的处理设备有生物滤池、生物转盘、生物接触氧化池以及最近发展起来的生物流化床等。自然生物处理法分为氧化塘法和污水灌溉法（又称土地处理法）两类。

2）厌氧生物处理法，又名生物还原处理法，主要用于处理高浓度有机废水和污泥。使用的处理设备主要有消化池。

废水中的污染物是多种多样的，不可能指望用一种处理单元就把所有的污染物除尽，往往需要通过由几种方法和几个处理单元组成的处理系统处理后，才能达到要求。

2. 废水处理的分级处理

一般来讲，城市生活污水水质成分比较稳定，而工业废水的水质则千差万别，处理后的要求也不完全相同，但其两种的处理工艺流程也有许多形似之处。按其处理后对水质的要求不同归纳为以下三级处理。

一级处理的任务是从废水中去除呈悬浮状态的固体污染物。为此，多采用物理处理法中的各种处理单元。一般经过一级处理后，悬浮固体的去除率为 70%～80%，而生化需氧量（BOD）的去除率只有 25%～40%，一般不能去除废水中呈溶解状态和胶体状态的有机物，废水的净化程度不高，不宜排放，还必须进行二级处理。因此，对二级处理来说，一级处理又属于预处理。

二级处理的任务是大幅度地去除废水中呈胶体和溶解状态的有机污染物（即 BOD 物质）。一般通过二级处理后，废水中的 BOD 可去除 80%～90%，如城市污水经二级处理后水中的 BOD 含量可低于 30mg/L。好氧生物处理法的各种处理单元大多能够达到这种要求。一般，废水经二级处理后，已达到向水体排放的标准了。

一级和二级处理法，是城市污水经常采用的方法，因此又称常规处理法。

三级处理的任务是进一步去除二级处理未能去除的污染物，其中包括微生物未能降解的有机物、磷、氮和可溶性无机物。三级处理所使用的处理法是多种多样的。化学处理法和生物处理法的许多处理单元都可以用于三级处理，如生物脱氮、混凝沉淀、砂滤、活性炭过滤、化学除磷、离子交换、电渗析及反渗透等。通过三级处理，BOD 能够从 30mg/L 降至 5mg/L 以下，能够去除大部分的氮和磷等。三级处理常以废水回收、复用为目的，能充分利用水资源，但耗资大，管理也较复杂。

有些城市，为了缓解水资源不足的矛盾，对于水质较好的二级处理出水继续进行适当处理，然后回用于建筑物和城市小区生活杂用，这种特定污水的三级处理又称为中水回用。通常的中水回用是指采用优质排水为水源，经过处理后达到规定的水质标准，在一定的范围内可以重复使用的非饮用水。中水回用的范围主要包括园林绿化、道路保洁、汽车洗刷、喷水池、设备冷却补充水等。

中水处理技术可以选用多种处理单元，如格栅（格网）、调节池、沉淀池、气浮池、接触氧化池、其他生物处理、混凝反应、过滤、活性炭吸附、膜处理及消毒等。

3. 废水处理的产物

污泥是废水处理的副产物，也是必然的产物，如从沉淀池排出的沉淀污泥，从生物处理系统排出的剩余生物污泥等。这些污泥如不加以妥善处理，就会造成二次污染。因此污泥的处理与处置是废水处理过程中的重要环节。

污泥的处理方法有污泥浓缩、污泥消化、污泥脱水（干化）、污泥干燥、污泥焚烧等以及最终处置。最终处置包括资源再利用、用作农肥、深埋及向海洋投弃。

## 第四节　火电厂废水处理技术

### 一、火电厂废水处理的基本方法

废水中污染物的处理方法很多，但按其处理的本质，通常可分为三大类。

1. 稀释处理

稀释处理虽然不是把污染物从废水中分离出来，也不改变污染物的化学本性，但它通过混合稀释，可降低污染物的浓度，达到减少毒害的作用。所以，稀释处理一般是利用高浓度废水与低浓度废水（或天然水体）的混合稀释作用，使废水中污染物的浓度降低到某一无害的允许范围之内，以满足排放标准的要求，但这种处理方法一般不提倡。

2. 转化处理

转化处理是通过化学或生物化学作用，改变污染物的化学本性，使其转化为无害的物质或能从水中分离的物质。为此，它分为化学转化处理和生物转化处理两种类型。

化学转化处理又分为 pH 调节中和法、氧化还原法和化学沉淀法等。

（1）pH 调节中和法。工业废水中常含有一定量的酸性或碱性物质。一般而言，酸含量大于 3‰～5‰、碱含量大于 1‰～3‰ 的高浓度废水称为废酸液和废碱液，这类废液首先要考虑采用特殊的方法回收其中的酸和碱。酸含量小于 3‰～5‰ 的酸性废水或碱含量小于 1‰～3‰ 的碱性废水，回收价值不大，常采用中和处理方法，使其 pH 值达到排放废水的标准（pH=6～9）后再排放。

常用的中和法有酸碱废水相互中和法、投药中和法和过滤中和法。前两种是火电厂常用的中和方法。

1）酸碱废水相互中和法。是以废制废的方法，简单经济，适用于各种浓度的酸碱废水。所用的主要设备是酸碱混合反应池，具体配置要根据酸碱废水排放的具体情况来设计。

当酸碱的排出量稳定，含量也能相互平衡时，可以直接在管道内完成混合中和反应，不必再设中和池；若排出的废水酸碱浓度和流量经常变化，则应设置中和池，必要时还需补加中和药剂。

常用的中和设备主要有连续流中和池、间歇式中和池、集水井及混合槽等。当水质水量变化不大或后续处理对 pH 值要求不高的，可设连续流中和池；而当水质水量变化较大，且水量较小时，连续流无法保证出水 pH 值要求，或出水中还含有其他杂质或重金属离子时，多采用间歇式中和池。池有效容积可按污水排放周期（如一班或一昼夜）中的废水量计算。

2）投药中和法。是利用向酸性废水投加碱性物质或向碱性废水投加酸性物质以改变废水酸碱度的方法。投药中和法对水量和水质波动适应性强，中和药剂利用率高，是一种广泛应用的中和方法。

酸性废水最常用的中和药剂是石灰，此外石灰石、电石渣、苛性钠和纯碱等也经常使用。碱性废水常用的中和剂有硫酸、盐酸和含有 $CO_2$、$H_2S$、$SO_2$ 等成分的酸性烟道气。工业硫酸由于价格较低，因此应用最广。盐酸中和的最大优点是反应产物溶解度大，泥渣量少，但是出水中溶解固体浓度高，不适用于对溶解固体有严格限制的废水中和处理。烟道气是最常用的处理碱性废水的方法。既可以降低废水的 pH 值，又可以去除烟道气中的粉尘，并使烟道气中的 $CO_2$、$H_2S$、$SO_2$ 等气体从烟气中分离出来，防止烟道气污染大气。但应注意处理后的废水中，硫化物、色度和耗氧量均有显著增加。

投药中和法有两种运行方式。当废水量少或间断排出时，可采用间歇处理，并设置 2～3 个池子进行交替工作。而当废水量大时，可采用连续流式处理，并可采用多级串联的方式，以获得稳定可靠的中和效果。

（2）氧化还原法。化学氧化法是降解废水中污染物的有效方法。废水中呈溶解状态的无机物和有机物，通过化学反应被氧化为微毒或无毒的物质，或者转化为容易与水分离的形态，从而达到处理的目的。

常见的化学氧化方法根据使用的氧化剂不同可分为臭氧、过氧化氢、次氯酸钠或二氧化氯、高锰酸钾氧化等。

（3）化学沉淀法。化学沉淀法是向废水中投加某些化学药剂，使其与废水中污染物发生直接的化学反应，形成难溶的固体生成物沉淀下来，再进行固液分离，从而除去水中污染物的处理方法。这种方法可用于给水处理中去除钙、镁硬度，废水处理中去除重金属（如 Hg、Cd、Zn、Cr、Pb、Cu 等）和某些非金属（如 As、F 等）离子态污染物。

化学沉淀法常用的沉淀剂有石灰、硫化物、钡盐、铁氧体等。

1）氢氧化物沉淀法。除了碱金属和部分碱土金属外，其他金属的氢氧化物大都是难溶的。常见难溶金属氢氧化物的溶度积见表 9-3。

表 9-3　　　　　　　　　　　　　　常见难溶氢氧化物的溶度积

| 化学式 | 溶度积 $K_{sp}$ | 化学式 | 溶度积 $K_{sp}$ | 化学式 | 溶度积 $K_{sp}$ |
|---|---|---|---|---|---|
| $Al(OH)_3$ | $1.33 \times 10^{-33}$ | $Cu(OH)_2$ | $5.0 \times 10^{-20}$ | $Mn(OH)_2$ | $1.1 \times 10^{-13}$ |
| $Ca(OH)_2$ | $5.5 \times 10^{-6}$ | $Fe(OH)_2$ | $1.0 \times 10^{-15}$ | $Ni(OH)_2$ | $2.0 \times 10^{-15}$ |
| $Cd(OH)_2$ | $2.2 \times 10^{-14}$ | $Fe(OH)_3$ | $3.2 \times 10^{-38}$ | $Pb(OH)_2$ | $1.2 \times 10^{-15}$ |
| $Co(OH)_2$ | $1.6 \times 10^{-15}$ | $Hg(OH)_2$ | $4.8 \times 10^{-26}$ | $Sn(OH)_2$ | $6.3 \times 10^{-27}$ |
| $Cr(OH)_2$ | $2.0 \times 10^{-16}$ | $Mg(OH)_2$ | $1.8 \times 10^{-11}$ | $Zn(OH)_2$ | $7.1 \times 10^{-18}$ |

由表 9-3 可以看出，金属氢氧化物的溶度积一般都很小，因此可用氢氧化物沉淀法去除废水中的大多数金属离子，如 $Cr^{3+}$、$Hg^{2+}$、$Al^{3+}$、$Fe^{3+}$、$Pb^{2+}$、$Zn^{2+}$、$Cu^{2+}$ 等。氢氧化物沉淀法常用的沉淀剂有：石灰、苛性钠、石灰石、$Na_2CO_3$ 和电石渣等。

许多金属离子和氢氧根离子不仅可以生成氢氧化物沉淀，而且还可以生成各种可溶性羟基络合物。各种金属羟基络合物在溶液中存在的数量和比例都直接同溶液 pH 值有关。而且还应该指出，有些金属（如 Al、Zn、Pb、Cr、Sn 等）氢氧化物沉淀具有两性，即它们既具有酸性又具有碱性，既能和酸作用，又能和碱作用。因此，用氢氧化物沉淀法分离废水中的金属时，废水的 pH 值是操作的一个重要条件。

最常用的沉淀剂是石灰，其优点是：经济、简便、药剂来源广，因而在处理重金属废水时应用最广。但是此法在实践中还存在不少问题和困难，主要是劳动卫生条件差，石灰品级不稳定，管道易结垢堵塞与腐蚀、沉渣体积庞大，脱水困难。其中沉渣问题最为突出，因为金属氢氧化物沉渣多为胶体状态，含水率高达 95%～98%，给脱水造成了极大困难。

2）硫化物沉淀法。硫化物沉淀法是向废水中投加硫化物沉淀剂，使废水中的重金属离子与硫离子反应，生成难溶的金属硫化物沉淀。由于重金属离子与硫离子能生成溶度积很小的硫化物，因此用硫化法去除废水中溶解性的重金属离子是一种有效的处理方法。而且硫化物沉淀法比氢氧化物沉淀法对废水中重金属离子的去除更为彻底。硫化物沉淀法常用的沉淀剂有 $H_2S$、$Na_2S$、NaHS 等。表 9-4 列出了某些金属硫化物的溶度积常数。

表 9-4　　　　　　　　　　　　常见难溶金属硫化物的溶度积

| 化学式 | 溶度积 $K_{sp}$ | 化学式 | 溶度积 $K_{sp}$ | 化学式 | 溶度积 $K_{sp}$ |
|---|---|---|---|---|---|
| $Ag_2S$ | $1.6 \times 10^{-49}$ | CuS | $8.5 \times 10^{-45}$ | MnS | $1.4 \times 10^{-15}$ |
| $Al_2S_3$ | $2 \times 10^{-7}$ | FeS | $3.7 \times 10^{-19}$ | PbS | $3.4 \times 10^{-28}$ |
| CdS | $3.6 \times 10^{-29}$ | $Hg_2S$ | $1.0 \times 10^{-45}$ | ZnS | $1.6 \times 10^{-24}$ |
| $Cu_2S$ | $2 \times 10^{-47}$ | HgS | $4 \times 10^{-53}$ | | |

采用硫化物沉淀法处理含重金属废水，去除率高，可分步沉淀，泥渣中金属品位高，便于回收利用，适用 pH 值范围大。但过量 $S^{2-}$ 可使处理水 COD 增加；当 pH 值降低时，可产生有毒的 $H_2S$。有时金属硫化物的颗粒很小，分离困难，此时可投加适量絮凝剂进行共沉。

化学沉淀的基本过程是难溶电解质的沉淀析出，其溶解度大小与溶质本性、温度、盐效应、沉淀颗粒的大小及晶型等有关。在废水处理中，根据沉淀-溶解平衡移动的一般原理，可利用过量投药、防止络合、沉淀转化、分步沉淀等，提高处理效率，回收有用物质。

生物转化处理又分为好氧生物转化处理和厌氧生物转化处理两种。

1）好氧生物转化处理：它是在有溶解氧的条件下，利用好氧微生物和兼性微生物的生物化学反应，将其废水中的有机污染物转化或降解为简单的无害的无机物。

2）厌氧生物转化处理：它是在无溶解氧的条件下，利用厌氧微生物和兼性微生物化学反应，转化或降解有机污染物。

除上述两种转化处理外，还有的是向废水中投加强氧化剂、重金属离子等药剂或利用高温、紫外光、超声波等能源抑制和杀死致病微生物，这称为消毒转化处理。

3. 分离处理

废水中的污染物按其颗粒大小不同，可分为四种存在形态：即悬浮物、胶体、分子和离子。颗粒大小不同，造成周围各种外力对其产生的效果不同，所以，分离方法也不同。

（1）悬浮物分离法。这类污染物由于颗粒较大，重力和离心力十分明显，因此可依靠阻力截留、重力分离、离心分离、粒状介质截留等进行分离。阻力截留是依靠筛网与悬浮物之间的几何尺寸差异截留悬浮物的一种方法；重力分离是依靠悬浮物与水的密度差，让其悬浮物下沉或上浮而进行分离的一种方法；离心分离法是依靠作用于悬浮物上面的离心力，使其从废水中分离的一种方法；粒状介质是依靠粒状滤料截留悬浮物的一种方法，由于滤料之间的间隙很小以及滤料表面的吸附作用，所以这种分离方法不仅能除去悬浮物而且还可除去一部分颗粒较小的胶体污染物。

（2）胶体分离法。这类污染物由于颗粒较小，重力和离心力都不明显，而且颗粒之间往往存在一种斥力，所以，完全依靠重力、浮力或离心力还是难以从水中分离出来的。但它可以用化学絮凝法、生物絮凝法进行分离。化学絮凝法是通过向废水中投加混凝剂、高分子絮凝剂等化学药剂，使胶体污染物絮凝成大而重的絮凝体，然后再进行分离；生物絮凝是利用生物活性物质（如生物膜和活性污泥）的生物转化作用，将有机胶体污染物絮凝而进行分离的一种方法。

（3）分子分离法。这类污染物颗粒更小，是溶解性的，它既不能用重力法分离，也不能用絮凝法分离，但它可用吹脱法、汽提法、萃取法和吸附法等进行分离。吹脱法是使废水与空气充分接触，使溶解性的气态或挥发性污染物，由水相转移到气相而进行分离的一种方法；汽提法是使废水与水蒸气充分接触，直到沸腾，使挥发性污染物与水蒸气一起逸出而进行分离的一种方法；萃取法是向废水中投加一种不溶于水但能溶解污染物的一种萃取剂，使污染物从水相转移到萃取剂中，然后再从萃取剂中进行分离或回收的一种方法；吸附法是让废水与固体吸附剂充分接触，使分子态污染物吸附于吸附剂上，然后再从吸附剂上进行解吸而进行分离的一种方法。

（4）离子分离法。这类污染物的颗粒最小，也是溶解性的，而且起作用的主要是化学键力，而重力和离心力都不起作用。因此，它的分离方法与上述各种污染物都不相同。分离这类污染的方法有离子交换法、离子吸附法和电渗析法。离子交换法是使废水与固态离子交换剂相接触，废水中的离子态污染物便与离子交换剂上的同电荷离子相互交换，从而使废水中有害离子污染物分离出来，交换剂失效后可以通过再生操作，使离子态污染物随再生液排出或浓缩回收利用，交换剂本身又可重复利用；离子吸附法是使废水与具有离子吸附性能的固体吸附剂相接触，废水中的离子态污染物便与吸附剂上电性相反的活性基因相吸引，从而使废水中有害离子污染物分离出来，吸附剂也可以再生重复利用；电渗析法是在直流电场的作用下，利用阴阳离子交换膜对水中阴阳离子污染物的选择透过性，即阳离子交换膜只允许阳离子通过，阴离子交换膜只允许阴离子通过，所以只要让废水通过由阴阳离子交换膜排列组成的通道，就可将离子态污染物分离出来。因为这种处理方法与反渗透法一样，都是借助一个膜，所以也叫膜分离法。

## 二、火电厂废水处理的常用方法和设备介绍

对于火电厂不同种类的废水，处理方法也各不相同，下面主要介绍火电厂废水处理系统这种常用的方法和设备。

### （一）调节法

无论是工业废水，还是城市污水或生活污水，水量和水质在 24h 之内都有波动。一般说来，工业废水的波动比城市污水大，中小型工厂的波动就更大，甚至在一日内都可能有很大的变化。这种变化对污水处理设备，特别是生物处理设备正常发挥其净化功能是不利的，甚至还可能遭到破坏。水量和水质的波动越大，过程参数就越难控制，处理效果越不稳定。在这种情况下，应在废水处理系统之前，设置调节池，用以进行水量的调节和水质的调节，以保证废水处理的正常进行。此外，酸性废水和碱性废水可以在调节池内中和；短期排出的高温废水也可通过调节以平衡水温。另外，调节池设置是否合理，对后续处理设施的处理能力、基建投资、运转费用等都有较大的影响。

废水处理设施中调节的目的是：

（1）提供对有机物负荷的缓冲能力，防止生物处理系统负荷的急剧变化；

（2）控制 pH 值，以减小中和作用中的化学品的用量；

（3）减小对物理化学处理系统的流量波动，使化学品添加速率适合加料设备的定额；

（4）当工厂停产时，仍能对生物处理系统继续输入废水；

（5）控制向市政系统的废水排放，以缓解废水负荷分布的变化；

（6）防止高浓度有毒物质进入生物处理系统。

在调节池内通常要进行混合，其目的是要通过混合与曝气，防止可沉降的固体物质在

池中沉降下来和出现厌氧情况；还有预曝气的作用，废水中的还原性物质可以被氧化，吹脱去除可挥发性物质，而 BOD 可因空气汽提而减少，减轻曝气池负荷；还能改进初沉效果。

**（二）气浮法**

**1. 气浮的原理**

气浮法是一种固-液分离或液-液分离技术。它是通过某种方法产生大量的微细气泡，使其与废水中密度接近于水的固体或液体污染物微粒黏附，形成密度小于水的气浮体，在浮力作用下，上浮至水面形成浮渣而实现固-液或液-液分离。

在废水处理中，气浮法广泛应用于：

（1）分离地面水中的细小悬浮物、藻类及微絮体；

（2）回收工业废水中的有用物质，如造纸厂废水中的纸浆纤维及填料等；

（3）代替二沉池，分离和浓缩剩余污泥，特别适用于那些易于产生污泥膨胀的生化处理工艺中；

（4）分离回收含油废水中的悬浮油和浮化油；

（5）分离回收以分子或离子状态存在的物质，如表面活性物质和金属离子。

在电厂废水处理中，气浮法主要用于含油废水的处理。

溶气气浮法是目前水处理中最常用的一种。气浮的工作过程是将一部分水加压，使过量的空气溶于水中形成溶气水。溶气水经过快速减压释放出大量的微气泡，并立即与经过混凝的水（事先已加入混凝剂并已经形成絮凝体）混合。释放出的微气泡（气泡直径为 $20 \sim 100 \mu m$）会迅速吸附到水中的絮凝体上，使絮体的密度小于水的密度而上浮，从而与水以较快的速度分离。图 9-2 为气浮装置示意图。

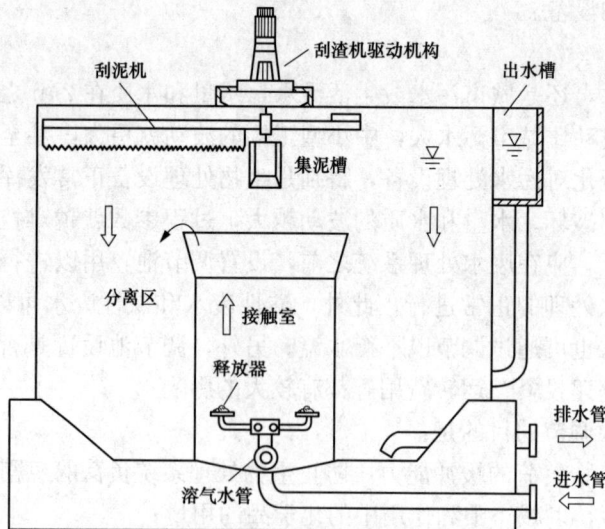

图 9-2 气浮装置示意图

根据气泡从水中析出时所处压力的不同，溶气气浮可分为溶气真空气浮和加压溶气气浮两种类型。

（1）溶气真空气浮。溶气真空气浮是空气在常压或加压条件下溶入水，而在负压条件下析出。其主要特点是气浮池在负压（真空）状态下运行，因此，溶解在水中的空气易于呈过饱和状态，从而大量地以气泡形式从水中析出，进行气浮。析出的空气数量取决于水中溶解的空气量和真空度。

溶气真空气浮的优点是溶气压力比加压法低，动力设备和电能消耗较少。而其最大缺点是气浮池构造复杂，运行维护困难，因此在生产中应用不多。

（2）加压溶气气浮。加压溶气气浮法是目前应用最广泛的一种气浮方法，也是火电厂处理含油废水采用的方法。这种方法是空气在加压条件下溶于水中，再在常压下以微气泡的形式释放出来进行气浮。加压溶气水可以是所处理水的全部或一部分，也可以是气浮池出水的回流水，回流水量占所处理水量的百分比称回流比，是影响气浮效率的重要因素，须由试验确定。加压溶气法的设备有加压泵、溶气罐和空气压缩机等。溶气罐为承压钢筒，内部常设置导流板或放置填料。溶气罐出水通过减压阀或释放器进入气浮池。

2. 加压溶气气浮池

气浮池的功能是提供一定的容积和池表面积，使微气泡与水中悬浮颗粒充分混合、接触、黏附，并使带气颗粒与水分离。常用的加压溶气气浮池有平流式和竖流式二种。

（1）平流式气浮池。其反应池与气浮池合建。废水进入反应池完全混合后，经挡板底部进入气浮接触室以延长絮体与气泡的接触时间，然后由接触室上部进入分离室进行固-液分离。池面浮渣由刮渣机刮入集渣槽，清水由底部集水槽排出。气浮池的有效水深通常为 2.0～2.5m，一般以单格宽度不超过 10m，长度不超过 15m 为宜。

废水在反应池中的停留时间与混凝剂种类、投加量、反应形式等因素有关，一般为 5～15min。为避免打碎絮体，废水经挡板底部进入气浮接触室时的流速应小于 0.1m/s。废水在接触室中的上升流速一般为 10～20mm/s，停留时间应大于 60s。

废水在气浮分离室的停留时间一般为 10～20min，其表面负荷率约为 6～8m³/(m²·d)，最大不超过 10m³/(m²·d)。

平流式气浮池的优点是池身浅、造价低、构造简单、运行方便。缺点是分离部分的容积利用率不高等。

（2）竖流式气浮池。竖流式气浮池的基本工艺参数与平流式气浮池相同。其优点是接触室在池中央，水流向四周扩散，水力条件较好。缺点是与反应池较难衔接，容积利用率较低。

3. 影响气浮运行的主要因素

影响气浮效果的因素很多，如控制不好，会影响气浮设备运行的稳定性和可靠性。根据有关研究结果，影响气浮效果的主要因素有以下几点：

（1）原水水质的影响。泥沙的含量不宜过高。如果泥沙含量高，形成的絮体密度大，吸附气泡后与水的密度差小，上浮速度慢或不上浮。另外，泥沙含量高的絮体活性差，带气颗粒容易"失气"而下沉，产生"落渣"。

含有表面活性剂的水加气后容易形成持久的微气泡。因为水的表面张力小，形成的微气泡细密而稳定，不容易破裂。有些水的表面张力大，形成的微气泡直径大，数量少，而且容易破裂，落渣较多。在废水处理中，水质成分波动较大，这对气浮水处理装置的运行是不利的。

（2）混凝的影响。混凝效果的好坏对气浮出水水质的影响很大。如果直接将溶气水加入未混凝的原水中，几乎不会形成浮渣层。出水和进水水质相比没有大的变化，这是因为水中的胶体是不能直接吸附气泡而发生气浮现象的。只有在水中加入混凝后使胶体或悬浮物脱稳并形成带有憎水基团的"絮体"后，才能吸附气泡，使絮凝体的密度小于水的密度而上浮。

（3）接触效果的影响。接触室是微气泡与絮凝体接触、吸附的区域。是决定气浮效果好坏的关键环节。在接触室内要完成两个过程：一是溶气水中的微气泡迅速、均匀地扩散；二是微气泡与絮凝体快速吸附。其中，第二个过程的速度很快，影响接触效果的主要是微气泡的扩散。

（4）分离负荷的影响。分离区是悬浮物与水分离的区域。分离区的关键设计参数是表面负荷和有效水深。分离作用主要发生在池体的上半部分，即工作区。下半部分主要是清水区。工作区的深度称为有效水深。分离负荷越大，分离区的深度就越大，有效水深越大。

### 三、隔油法

含油废水的处理工艺通常是采用几种方法联合处理，以除去不同状态的油，达到较好的水质。对于分散油和浮油，一般采用隔油池、气浮池就可以除去大部分；而对于乳化油则首先要破乳化，再用机械方法去除。

常用的处理工艺有以下几种：

（1）含油废水→隔油池→油水分离器或活性炭过滤器→排放；

（2）含油废水→隔油池→气浮分离→机械过滤→排放；

（3）含油废水→隔油池→气浮分离→生物转盘或活性炭吸附→排放。

严格地说，火力发电厂的很多废水都含有油。但是，通常所说的含油废水是指储油罐排水、卸油栈台、点火油泵房、汽轮机房油操作区、柴油机房、柴油机驱动泵（消防泵）等的冲洗水。这部分废水量比较小，与冲洗频率、冲洗水量有关。

#### 1. 含油废水的水质

含油废水处理系统的主要处理对象是油。油在废水中的存在形式有：

（1）浮油。漂浮于水面，形成油膜甚至油层。油滴粒径较大，一般大于 $100\mu m$。这种状态常见于油罐排污废水和油库地面冲洗废水中。

（2）分散油。以微细油滴悬浮于水中，不稳定；静置一段时间后往往会变成浮油，其油滴粒径 $10\sim100\mu m$。在混有地面冲洗水的废水中、设备检修时排入沟道的废水中常见到这种油的形态。

（3）乳化油。乳化油一般是一种或几种液体以微小的粒状均匀地分布于另一种液体中形成的分散体系。水中往往含有表面活化剂，这样容易使油分散成稳定的乳化油。乳化油的油滴直径极其微小，一般小于 $10\mu m$，大部分为 $0.1\sim2\mu m$。

（4）溶解油。是一种以化学方式溶解的微粒分散油，油滴直径比乳化油还要小，有时只有几纳米大。

#### 2. 隔油池

隔油法主要是采用重力分离法分离除去废水中浮于水面的浮油。目前常用的除油装置有平流隔油池和斜板隔油池。

平流式隔油池的构造与沉淀池很相似，但工作原理完全不同。图 9-3 所示为平流式隔油池结构示意。平流式隔油池的工作过程是含油废水首先流入隔油池的进水室，经隔板 A 向下折返后，流入分离室。在分离室中，水的流速降低，其中密度小于水的油珠上浮至水面，而密度大于水的渣则沉淀在底部。上浮的油层由隔板拦截，然后由排油管排出。大部分浮油都被刮除，少量的残油随水流进入出水区排出。底部的沉渣则由泥斗中设置的排污排出。这种隔油池虽然构造简单，

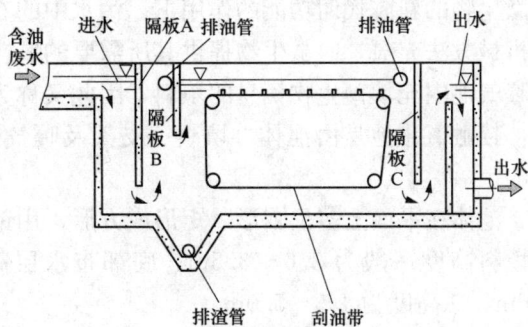

图 9-3 平流式隔油池结构示意图

便于运行管理，除油效果稳定；但是由于池体大，占地面积多，电厂通常不采用这种隔油池。

斜板式隔油池结构示意图如图 9-4 所示。这种隔油地采用波纹形斜板，板间距宜采用 40mm，倾角不应小于 45°。废水沿板面向下流动，从出水堰排出。水中油珠沿板的下表面向上流动，然后经集油管收集排出。水中悬浮物沉降到斜板上表面，滑下落入池底部经排泥管排出。实践表明，这种隔油池油水分离效率较高，能够去除粒径不小于 80μm 的油珠，表面水力负荷宜为 $0.6\sim0.8\mathrm{m}^3/(\mathrm{m}^2\cdot\mathrm{h})$，停留时间不大于 30min，占地面积小。目前我国火电厂的含油废水处理，采用的都是这种形式的隔油池。斜板材料应耐腐蚀、不沾油和光洁度好，一般由聚酯玻璃钢制成。池内应设清洗斜板的设施。

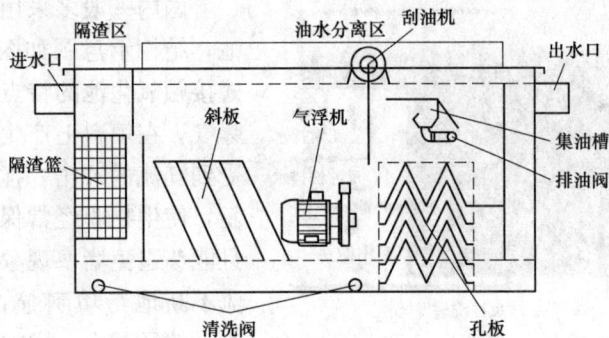

图 9-4 斜板式隔油池结构示意图

火力发电厂的隔油池比较小，一般不设刮板，浮油采用除油机清除。出水的含油量与油的状态、浓度、水的温度、停留时间等因素有关。火力发电厂油库废水的油多为重油，经隔油池处理后的含油量通常还大于 200mg/L，达不到排放标准，因此隔油池除油只能用作含油废水的预处理。

### 四、生物接触氧化法

生物接触氧化法是一种介于活性污泥法与生物滤池两者之间的生物处理技术，它于 20 世纪 70 年代初开创，近 10~20 年来在国内外都得到了广泛的研究与应用。生物接触氧化技术又称为"淹没式生物滤池"，即在曝气池中填充填料，已经充氧的污水浸没全部填料，并以一定的速度流经填料，使填料颗粒表面长满生物膜，废水和生物膜相接触，在生物膜

上微生物的新陈代谢功能的作用下，污水中的有机污染物得到去除。接触氧化池内用鼓风或机械方法充氧，向微生物提供其所需要的氧，并起到搅拌与混合作用，这种技术相当于在曝气池内充填微生物栖息的填料，因此又称为"接触曝气法"。

接触氧化池是由池体、填料、支架及曝气装置、进出水装置以及排泥管道等部件组成的。

池体在平面上多呈圆形、矩形或方形，用钢板焊接制成或用钢筋混凝土浇灌成的。池内填料高度一般为 $3.0\sim3.5m$；底部布水层高为 $0.6\sim0.7m$；顶部稳定水层为 $0.5\sim0.6m$，总高度为 $4.5\sim5.0m$。

填料是接触氧化处理工艺的关键部位，它直接影响处理效果并关系到接触氧化池的基建费用。要求接触氧化池填料的比表面积大、空隙率大、水流阻力小、性能稳定。目前在我国常用的填料有蜂窝状填料、波纹板状填料、软性纤维填料、半软性填料、盾形填料以及不规则粒状填料和球形填料等。

目前接触氧化池在形式上，按曝气装置的位置分为分流式与直流式；按水流循环方式又分为填料内循环式与外循环式。国外多采用分流式。分流式接触氧化池就是使污水在单独的隔间内进行充氧，在这里进行激烈的曝气和氧的转移过程，充氧后污水又缓慢地流经填充着填料的另一隔间，与填料和生物膜充分接触，这种外循环方式使污水多次反复地通过充氧与接触两个过程，溶解氧是充足的，营养条件好，非常有利于微生物的生长繁殖。但是这种装置在填料间水流缓慢，冲刷力小，生物膜更新缓慢，而且逐渐增厚易于形成厌氧层，可能产生堵塞现象，在$BOD_5$负荷率高的情况下不宜采用。

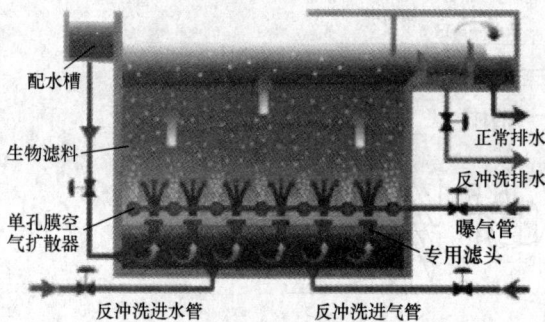

图 9-5 直流式接触氧化池结构示意图

国内一般多采用直流式的接触氧化池，结构示意图如图 9-5 所示。这种形式接触氧化池的特点是直接在填料底部曝气，在填料上产生向上气流，生物膜受到气流的冲击、搅动，加速脱落、更新，使生物膜经常保持较高的活性，而且能够避免堵塞现象发生。此外上升气流不断地与填料撞击，使气泡反复切割，粒径减小，增加了气泡与污水的接触面积，提高了氧的转移率。

<!-- 图中标注: 配水槽、生物滤料、单孔膜空气扩散器、反冲洗进水管、反冲洗进气管、正常排水、反冲洗排水、曝气管、专用滤头 -->

## 第五节 本工程的废水处理及回用

本期工程尽量做到节能、环保、节约用水、经济用水，针对电厂不同废水水质的特点，设计有工业废水处理系统、含煤废水处理系统、生活污水处理系统以及脱硫废水零排放处理系统。

### 一、工业废水处理系统

1. 工业废水的水质

本期工程经常性废水的处理，MBR 膜池排泥废水直接排入供水工业废水处理系统，处理后回收利用；反渗透浓水收集于锅炉补给水系统废水池，经化学废水泵处理加压后送至供水专业统一回收利用，精处理系统再生废水分别收集于机组排水槽，经酸碱中和后送至供水专业统一回收利用；非经常性废水的处理，空气预热器冲洗排水、机组启动冲洗排水以及酸洗废水属于非经常性废水，空气预热器冲洗排水、机组启动冲洗排水首先排至机组排水槽，经泵提升后送至锅炉酸洗废水池临时存储，逐步进入工业废水处理系统处理合格后回用于脱硫系统或辅冷塔水池。

锅炉酸洗废水由酸洗厂家负责处理回收，本期工程仅设酸洗废水储存池供酸洗废水临时储存。酸洗废水储存池容积为 $3\times2000m^3$ 酸洗废水储存池。

本工程 $2\times660MW$ 机组的工业废水水质见表9-5。

表 9-5　　　　　　　　　　工业废水水质

| 项目 | 名称 | 水量 | 单位 | 水质（mg/L，除 pH 以外） | | | | | 备注 |
|---|---|---|---|---|---|---|---|---|---|
| | | | | pH | Fe | SS | COD | 油 | |
| 经常性排水 | 超滤的反洗排水 | | $m^3/d$ | 6～9 | | 50 | 10 | | |
| | 凝结水精处理系统排水 | | $m^3/d$ | 2～12 | | 50 | 10 | | |
| | 一级反渗透浓水 | | $m^3/d$ | 6～8 | | 含泥0.5% | | | |
| | 主厂房排水 | | $m^3/h$ | 9 | | | 10 | | 不定时 |
| | 脱硫废水 | | $m^3/d$ | | | | | | 水量为估计值 |
| 非经常性排水 | 空气预热器清洗排水 | | $m^3/次$ | 2～6 | 3000 | 4000 | 1000 | | 约2次/（炉·年） |
| | 机组启动排水 | | $m^3/年$ | | | | | | |
| | 锅炉化学清洗排水 | | $m^3/次$ | 2～12 | 1000 | 3000 | 3000 | | 约1次/（炉·6年） |

2. 工业废水的流程及设备规范

本期工程工业废水处理设备的设计处理能力为 $2\times50m^3/h$；工业废水处理系统工艺流程如图9-6所示。

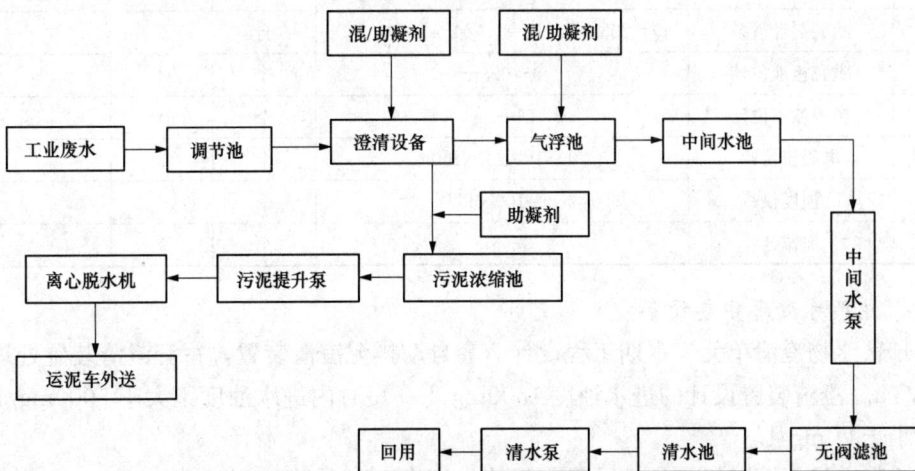

图 9-6　工业废水处理系统工艺流程图

表9-6为工业废水处理系统设备规范。

表 9-6　　　　　　　　　　　　工业废水处理系统设备规范

| 序号 | 名　称 | 规格型号 | 单位 | 数量 | 备注 |
|---|---|---|---|---|---|
| 1 | 悬浮物澄清装置 | GNXC-50，$Q=50m^3/h$ | 套 | 2 | |
| 1.1 | 澄清装置本体 | $\phi3000\times5500mm$ | 台 | 2 | |
| 2 | 气浮处理装置 | GNQFJ-50，$Q=50m^3/h$ | 套 | 2 | |
| 2.1 | 气浮处理装置本体 | $\phi4000\times4400mm$ | 台 | 2 | |
| 2.2 | 溶气罐及附件 | $\phi600\times3000mm$ | 台 | 2 | |
| 2.3 | 溶气水泵 | $Q=15m^3/h$，$H=40m$ | 台 | 2 | |
| 2.4 | 空压机 | $Q=0.1m^3/min$，$H=70m$ | 台 | 2 | 成套 |
| 2.5 | 刮渣机 | GNGM-03 | 套 | 2 | |
| 3 | 过滤装置 | GNDLB-50，$Q=50m^3/h$ | 套 | 2 | 一组双罐 |
| 3.1 | 无阀过滤器本体 | $\phi2900\times4500mm$，含滤料 | 台 | 2 | 含爬梯 |
| 4 | 污泥浓缩装置 | GNWNS-20，$Q=20m^3/h$ | 套 | 1 | |
| 4.1 | 污泥浓缩罐本体 | $\phi4000\times4500mm$ | 台 | 1 | |
| 5 | 离心脱水机 | $Q=8m^3/h$ | 台 | 1 | 含平台爬梯 |
| 6 | 电动泥斗 | 钢制，$V=5m^3$ | 台 | 1 | 含控制柜 |
| 7 | 运泥小车 | 手推式，钢制 | 辆 | 1 | |
| 8 | 工业废水提升泵 | $Q=60m^3/h$，$H=30m$，80WFB-B | 台 | 3 | |
| 9 | 中间水泵 | $Q=60m^3/h$，$H=25m$，80WFB-A | 台 | 3 | |
| 10 | 清水回用水泵 | $Q=60m^3/h$，$H=45m$，80WFB-C | 台 | 3 | |
| 11 | 生活污水提升泵 | $Q=12m^3/h$，$H=30m$，50WFB-B1 | 台 | 3 | |
| 12 | 污泥泵 | $Q=8m^3/h$，$H=30m$，BN106L | 台 | 2 | 电机与泵原厂成套 |
| 13 | 助凝剂加药装置 | | 套 | 1 | |
| 13.1 | 溶液箱 | 钢衬胶，含搅拌机 | 台 | 2 | |
| 13.2 | 助凝剂计量泵 | $Q=235L/h$，$H=0.7MPa$，GM0240 | 台 | 3 | |
| 14 | 磁翻板液位计 | $0\sim0.8m$ | 个 | 4 | |
| 15 | 超声波液位计 | $0\sim5m$ | 个 | 4 | |
| 16 | 电磁流量计 | DN100、DN200 | 个 | 3 | |
| 17 | 浊度仪 | $0\sim100NTU$ | 个 | 4 | |
| 18 | 泥位计 | $0\sim5m$ | 个 | 1 | |

3. 工业废水处理主要设备

（1）悬浮物澄清单元。本期工程设计 2 套自动排泥澄清装置，每套澄清装置处理水量为 $50m^3/h$。澄清装置设计的进水浊度 1500mg/L，短时内进水浊度不大于 5000mg/L，出水浊度小于 20mg/L。

澄清区内设斜管以提高处理效果，斜管斜长为 1.0m，倾角为 60°。斜管区液面负荷为 $9\sim11m^3/(m^2\cdot h)$。污水在自动反冲洗澄清装置中停留时间 25min。斜管区设泥位窥视镜方便观察。

澄清装置外形为竖式圆形结构，直径 $\phi=3000mm$，高度 $H=5500mm$。最大水头损失为 1m。罐体试验压力为常压，进水压力不大于 0.25MPa。

澄清装置的排泥周期为 4~8h 或自动。

澄清装置可实现自动控制，无需人员管理，能够连续运行，保证出水水质均匀，并可连续监控。每套自动排泥澄清装置出水设有浊度仪。所有进水、出水、排泥自动控制。通过浊度仪来连续测定出水水质、调整加药量。污泥采取设定 8h（具体排泥周期由调试结果定）排泥一次，控制系统指令排泥阀打开，自流排泥至污泥浓缩罐，由污泥泵提升至离心脱水机，脱水后的泥饼用小车外运。澄清装置污水处理应不受排泥、反洗影响，可连续进行污水处理。

（2）气浮处理装置。本期工程设计 2 套气浮处理装置，每套处理装置处理水量为 50m³/h。气浮装置设计进水含油量小于 500mg/L，出水含油量小于 5mg/L。

气浮装置为竖式圆形结构，直径 $\phi=4000$mm，高度 $H=4400$mm。设备表面负荷为 4m³/(m²·h)。

最大水头损失不大于 1.0m，溶气罐的工作压力 0.2~0.4MPa，回流比为 0.3，废水在气浮装置中停留时间为 4~6min，气浮装置的排污周期为 4~8h。

气浮装置刮渣机周边线速度 3~4m/min。在运行中定期刮渣，浮渣刮至集油箱中。处理装置为竖式结构，并设集油箱，集油箱应为可移动式（带滚轮）。

气浮装置根据进水流量自动控制加药量大小，同时气浮装置的溶气水系统、排油泥系统均由卖方就地控制柜控制，信号传入买方的程控系统。

储油箱的容积按 2 套设备连续运行，7 天清理一次设计，设备有效容积不小于 1m³。储油箱的设计应便于清运。

气浮装置运行平稳，出水水质均匀。并对出水水质能连续监测。

（3）无阀滤池。本期工程设计 2 套无阀滤池，过滤装置外形为圆形，过滤装置直径 $\phi=2900$mm，高度 $H=4500$mm。罐内滤料采用石英砂滤料，粒径 $\phi=0.5\sim1$mm，滤料相对密度 $1.75\times10^3$kg/m³。

无阀滤池设计进水的悬浮物浓度 50~150mg/L，处理后出水的悬浮物浓度不大于 5mg/L。设备内流速为 7.6m/h。过滤装置水头损失 1.7m。

无阀滤池装置在进行反冲洗时，应保证反冲洗时滤料不漂走，应在过滤装置上设有观察视镜，以便观察滤料膨胀情况。

处理水由进水管进入水力自动过滤装置，悬浮物截留在滤层表面，造成阻力增加，当达到一定值时自动启动反冲洗装置，自下往上反冲滤层，达到反冲洗目的，该装置从过滤、投入反冲洗、终止反冲洗及过滤均自动进行，此自动反洗属水力自动，无需人员管理，且平衡进水。

无阀滤池装置应运行稳定，出水水质均匀，每套滤池装置出水设有在线浊度分析仪，对出水进行连续监测。

**二、煤水处理系统**

煤系统的废水有两部分，一部分是煤场汇集的废水，另一部分是输煤栈桥、码头、铁路等处分散的废水。

煤场废水主要是下雨和积雪融化时形成的。当下雨时，煤场会形成径流，水中夹带着煤粒。当水流速变缓时，这些煤粒很容易沉积下来。

煤场的废水首先通过沟道流入布置在煤场周围的沉煤池来收集。沉煤池为细长型水池,底部带有一定的坡度。其作用有两个,一是收集废水;二是对煤泥水进行预沉淀。当废水进入沉煤池后,流速变缓,煤粒中的大颗粒物质发生沉淀。沉淀后的水流至沉煤池的另一侧,由废水泵送入含煤废水处理系统,处理后的水循环使用。

煤场废水存在的最大问题是堵塞。由于沟道在煤堆旁边,随水冲入沟道的煤块会沉积在沟道中,阻碍水的流动,久而久之就会发生沟道的堵塞。

输煤栈桥、码头、铁路等处分散的废水,一般根据地形设有多个容积较小的收集池。这些废水一般用泵送至含煤废水处理系统,处理后的水循环使用。

1. 煤水处理流程及设备规范

含煤废水主要来自输煤栈桥的冲洗水,来水经过煤泥沉淀池初步沉淀后溢流至煤水调节池。本期工程含煤废水处理装置的设计出力为 $2 \times 15m^3/h$,设计进水水质:SS≤5000mg/L、短时进水 SS≤8000mg/L;pH=6～9;煤泥颗粒直径不大于 40mm。出水水质要求达到:SS≤5ppm,pH=6～9。出水指标达到国家污水一级排放标准,并达到栈桥冲洗回用的要求。图 9-7 为含煤废水处理工艺流程。煤水处理系统设备规范见表 9-7。

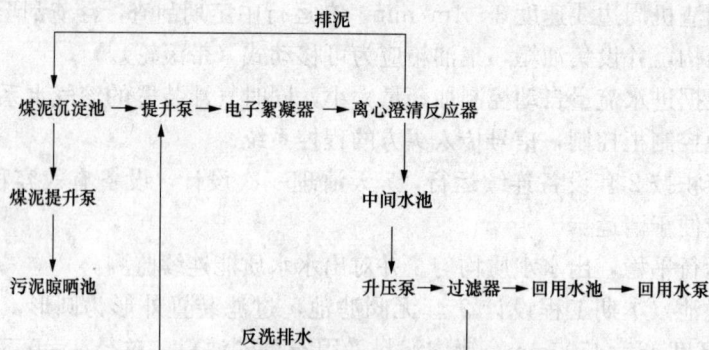

图 9-7  含煤废水处理工艺流程图

表 9-7                                 煤水处理系统设备规范

| 序号 | 设备名称 | 规格型号 | 单位 | 数量 | 备注 |
|---|---|---|---|---|---|
| 1 | 电子絮凝器 | JEC-E-15,处理水量:15m³/h,壁厚 10mm | 套 | 2 | 壳体钢板厚度不得小于 10mm |
| 1.1 | 尺寸 | φ750×4100mm | 台 | 2 | |
| 1.2 | 进水电动蝶阀 | DN80 | 台 | 2 | 电动执行机构:扬州恒春电子有限公司产品 |
| 1.3 | 排泥电动蝶阀 | DN80 | 台 | 2 | 电动执行机构:扬州恒春电子有限公司产品 |
| 2 | 离心沉淀器 | TE-15,处理水量:15m³/h | 套 | 2 | 壳体采用 Q235B,壁厚不小于 10mm,加配搅拌机 |
| 2.1 | 外形尺寸 | φ3000×5800 | 台 | 2 | |

续表

| 序号 | 设备名称 | 规格型号 | 单位 | 数量 | 备注 |
|---|---|---|---|---|---|
| 2.2 | 进水电动蝶阀 | DN80 智能一体化 | 台 | 2 | 电动执行机构：扬州恒春电子有限公司产品 |
| 2.3 | 排泥电动蝶阀 | DN100 智能一体化 | 台 | 2 | 电动执行机构：扬州恒春电子有限公司产品 |
| 3 | 行车式刮泥机 | 轨距 4.3m，刮板宽度 4m | 套 | 1 | 定时自动运行 |
| 3.1 | 刮泥机就地控制柜 | | 台 | 1 | |
| 4 | 中间水箱 | 有效容积 30m³ | 台 | 1 | 材质采用 235B，厚度大于 10mm |
| 5 | 过滤器 | JF-E-6036HM，处理量 15m³/h，φ900 罐体 4 个，壁厚不小于 10mm | 套 | 2 | |
| 6 | 电磁阀 | GML-SOL | 只 | 10 | |
| 7 | 石英砂 | 粒径 0.8～1.6mm | t | 1 | |
| 8 | 石英砂 | 粒径 0.5～0.8mm | t | 1.6 | |
| 9 | 火山砾 | 粒径 0.25～0.5mm，高度 200mm | t | 0.2 | |
| 10 | 无烟煤 | 粒径 1～2mm，高度 200mm | t | 0.25 | |
| 11 | 煤水提升泵 | 立式长轴泵，$Q=18m^3/h$，$H=20m$，LC/X100-20A | 台 | 3 | 水泵吸入口应带高铬合金的搅刀 |
| 12 | 中间水泵 | 4KQL(W) 65/170-5.5/2，$Q=18m^3/h$，$H=40m$，自吸卧式离心泵 | 台 | 3 | |
| 13 | 回用水泵 | 流量 $Q=80m^3/h$，扬程 $H=100m$ | 台 | 3 | |
| 14 | 煤泥提升泵 | $Q=10m^3/h$，$H=45m$，潜污泵，50WQ/E262-5.5 | 台 | 2 | 一用一备，入口应带高铬合金的搅刀 |
| 15 | 电子絮凝器和过滤器就地控制柜 | | 台 | 1 | 控制盘柜内电源开关、继电器、交流接触器、热继电器、继电器选用进口 |
| 16 | 超声波液位计 | 4～20mA 输出，带表头，合体式 | 台 | 3 | |
| 17 | 进水浊度仪 | 4～20mA 输出 | 套 | 2 | |
| 18 | 出水浊度仪 | 0～100NTU，4～20mA 输出，1720E | 套 | 2 | |
| 19 | 电磁流量计 | 工作流量为 18m³/h，DN80，4～20mA 输出，带表头一体式 | 套 | 2 | |

2. 煤水处理主要设备

（1）电子絮凝器和离心澄清反应器装置。本期工程设计 2 套煤水电子絮凝装置，每套装置处理水量为 15m³/h；设计 2 套离心澄清反应器装置，每套装置处理水量为 15m³/h。

每套电子絮凝器和离心澄清反应器进水母管上设一只进水浊度仪及一只电磁流量计；每套电子絮凝器和离心澄清反应器的进水支管各设一只电动蝶阀，电动蝶阀按中核苏阀选型供货；为了保证每套处理设备可独立运行，每套处理装置的出水管上应设阀门，阀门按正品中核苏阀选型供货，最终由买方确定。

本装置可实现自动控制，无需人员管理，能够连续运行，保证出水水质均匀，并可连续监控。所有进水、出水、排泥自动控制。设定 8～12h（具体排泥周期调试结果定）排泥一次，控制系统指令排泥电磁阀打开，靠净压排泥至煤水调节池。排泥历时暂定为 5～20min（具体排泥历时根据调试结果定）。本装置煤水处理应不受排泥影响，可连续进行煤水处理。

（2）过滤器。设 2 套过滤器，过滤装置外形为圆柱形，罐内滤料采用瓷砂或石英砂滤料，粒径 $\phi = 0.5～1.6mm$，滤料比重 $1.7t/m^3$，填装高度大于 0.6m，罐体试验压力 0.25MPa。过滤器处理后出水的悬浮物浓度不大于 5mg/L。

过滤装置在进行反冲洗时，应保证反冲洗时滤料不漂走，应在过滤装置上设有观察视镜，以便观察滤料膨胀情况。观察视镜配置必须满足安全、经济运行要求。

整套过滤器处理能力的配置，应保证在部分过滤器进行反冲洗时，系统仍有足够的处理能力满足正常处理水量的需求。

处理水由进水管进入水力自动过滤装置，悬浮物截留在滤层表面，造成阻力增加，当达到一定值时自动启动反冲洗装置，自下往上反冲滤层，达到反冲洗目的，该装置从过滤、投入反冲洗、终止反冲洗及过滤均自动进行，此自动反洗属水力自动，无需人员管理，且平衡进水。

过滤器应运行稳定，出水水质均匀，每套装置出水设在线浊度分析仪并对出水进行连续监测。

### 三、生活污水处理系统

**1. 生活污水水质及水量**

生活污水是指人们在日常生活活动中所排出的废水，主要包括粪便水、洗浴水、洗涤水和冲洗水等。

本期工程生活污水处理设备的处理能力为 $2×10m^3/h$。厂区生活污水排至生活污水调节池，经生活污水提升泵送往地埋式一体化生活污水处理系统。生活污水经接触氧化池处理单元处理后进行沉淀、消毒，处理达标的清水作为辅机冷却水池补水。

生活污水的设计进水水质为：COD$\leqslant 400\mu g/L$，BOD$_5 \leqslant 100～500\mu g/L$，SS$\leqslant 100～1000\mu g/L$，氨氮$\leqslant 50\mu g/L$，总磷$\leqslant 5ppm$，pH$=6～9$。

**2. 生活污水处理工艺**

图 9-8 为生活污水处理系统基本流程。

（1）格栅和调节池。由于各个时段排出的污水水量及水质均不一样，高峰时的排水量为平均流量的 3～4 倍，因此生活污水经格栅进入调节池。格栅可以除去大尺寸杂物，保证后续处理构筑物的正常运行及有效减轻处理负荷、为系统的长期正常运行提供可靠的保证。调节池不仅具有调节各个时段污水的水量和水质的作用，而且减少了污水处理系统的设备投资，保证了污水处理设备的连续定量运行。调节池中装有潜水排污泵，生活污水经泵提升后进入初沉生化池。

（2）初沉生化池。调节池生活污水经泵提升后进入初沉生化池即厌氧池。一方面，悬浮颗粒借助于自身的重力作用下沉。另一方面，厌氧区中污水在缺氧的状态下，利用兼氧

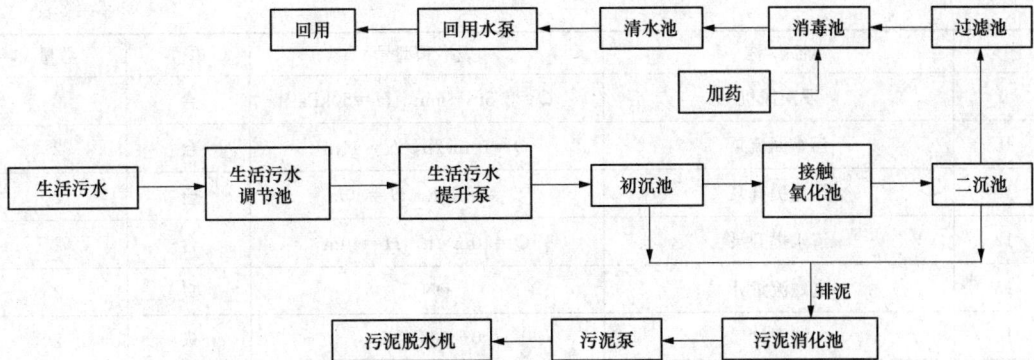

图 9-8　生活污水处理系统基本流程图

菌水解酸化的过程，将污水中难降解的、大的蛋白质、脂肪等有机物在此酸化水解成小分子的有机物，从而使污水的可生化程度进一步提高，为后续生化作铺垫；池内设置的新型半软性填料可作为反硝化菌的载体，将污水中的硝态氮和亚硝态氮分解还原为氮，从而达到脱氮的目的。

（3）接触氧化池。缺氧池出水自流至接触氧化池（即好氧生物池）。好氧区同样装有半软性填料，并有风机鼓风供氧。污水在生化池内不断的循环，污水中的有机物与生物膜充分接触，好氧微生物在充足氧气条件下分解去除含碳有机物，硝化细菌将 $NH_3\text{-}N$ 转化 $NO_x$。

（4）二沉池。污水进入二沉区，该池采用设计合理的表面负荷、沉降速度、污泥斗倾角，避免了死角，缩短了污泥在池内停留时间，保证了澄清效果和泥水分离效果。可有效沉降分离接触氧化池随水流出的脱落微生物、游离菌胶团、有机杂质等。

（5）消毒池。生活污水经生化接触氧化处理后水质已经改善，但细菌的绝对值仍很大，并有存在病原菌的可能性。因此，在进入清水池或排放之前应进行消毒处理，一般投加氯片。

生活污水处理系统出水水质要求为：$COD \leqslant 50\mu g/L$，$BOD_5 \leqslant 10\mu g/L$，$SS \leqslant 10\mu g/L$，氨氮 $\leqslant 1\mu g/L$，总磷 $\leqslant 1\mu g/L$，pH 为 6～9。

生活污水处理系统设备规范见表 9-8。

表 9-8　　　　　　　　　　生活污水处理系统设备规范

| 序号 | 名　称 | 规格和型号 | 单位 | 数量 |
|---|---|---|---|---|
| 1 | 生活污水提升泵 | $Q=12m^3/h$，$H=30m$ | 台 | 3 |
| 2 | 初沉生化池 | 3.0m×3.0m×3.0m | 套 | 2 |
| 3 | 生物接触氧化池 | 7.5m×3.0m×3.0m | 套 | 2 |
| 4 | 二沉池 | 3.0m×3.0m×3.0m | 台 | 2 |
| 5 | 消毒池 | $V=3m^3$ | 套 | 1 |
| 6 | 清水池 | $V=9m^3$ | 套 | 1 |
| 7 | 污泥硝化池 | 2.5m×1.6m×2.8m | 套 | 1 |
| 8 | 风机房 | | 座 | 1 |

| 序号 | 名　　称 | 规格和型号 | 单位 | 数量 |
|---|---|---|---|---|
| 9 | 罗茨风机 | $Q=2.5m^3/min$，$H=50kPa$ | 台 | 3 |
| 10 | 污水回流泵 | $Q=10m^3/h$，$H=10m$ | 台 | 2 |
| 11 | 污泥提升泵 | $Q=5m^3/h$，$H=30m$ | 台 | 2 |
| 12 | 清水提升泵 | $Q=10m^3/h$，$H=40m$ | 台 | 2 |
| 13 | 电磁流量计 | DN65 | 只 | 2 |
| 14 | 浊度计 | 0～100NTU | 只 | 1 |
| 15 | 溶氧仪 | 0～20mg/L | 只 | 2 |
| 16 | 超声波液位计 | 0～5m | 只 | 4 |
| 17 | 余氯仪 | 0～20mg/L | 只 | 1 |

整套设备可实现无人值班、全自动控制要求。可根据进水水质、水量的变化自动控制系统的水泵、曝气、排泥、反洗等所有有关设备，使出水水质达到要求。正常情况，排泥采用定时自控；每套设备出水口设浊度仪，过滤器的反洗可根据出水水质和时间自动控制，反洗水水源和系统由设备自供。每套设备设溶氧仪，曝气根据溶解氧指标和时间自动控制；每套设备的进口设流量监测装置，该装置应满足就地、联锁控制和远方监测的要求，并有瞬时和累计流量显示的功能。清水提升泵（回用水泵）根据清水池水位自动控制。风机、水泵也可连续运行，定时自动互换。并设有设备故障报警，液位超高、过低报警，低负荷自动睡眠运行，高负荷自动满负荷运行。

3. 生物膜的培养

（1）挂膜。挂膜即培养活性污泥，就是为形成活性污泥的微生物提供一定的生长繁殖条件即营养物质、溶解氧、适宜的温度和酸碱度，在这种情况下，经过一段时间，就会有活性污泥形成，并且在数量上逐渐增长，并最后达到处理废水所需的污泥浓度。

生活污水的培菌较为简单，可在温暖季节，向系统充满生活污水（后面各池充水是为了避免侧压过大，破坏池体结构），闷曝数小时后即可连续进水，进水量从小到大逐渐增加，连续运行数天后即可见活性污泥开始出现并逐渐增多，由于生活污水营养合适，所以污泥很快就会增长至所需浓度。

为了提高速度，加快膜的生成，可按池体1%体积加入活性污泥菌种，并补加营养，例如投加一定浓度的稀饭、尿素和 $KH_2PO_4$ 等营养物。控制培养液的营养比为 $BOD_5$：N：P=100：5：1。在温湿季节10天后可停止营养的加入。

注意事项：①控制培养初期的 pH，使之不大于9，以免抑制细菌生长；②培菌初期，由于污泥尚未大量形成，污水浓度较低，且污泥活性较低，故系统的运行负荷和曝气量须低于正常运行期的参数；③控制进水有毒物质。

（2）驯化。挂膜后停止鼓气，待沉淀后抽走一部分上清液，然后每天间断几次进入一部分污水，每次水量5m³左右，几天后可见填料变黑，水变清，然后连续进水并且每天增加流量 2～4m³，直至满负荷，生物膜将不断增厚，直至完全长成。

（3）常见故障及排除。生活污水处理系统常见故障及排除方法见表9-9。

表 9-9                      生活污水处理系统常见故障分析及排除方法

| 故障处 | 故障现象 | 原 因 | 排 除 方 法 |
|---|---|---|---|
| 调节池及生化池 | 水质发黑，有臭味 | 池底有沉积物，发生厌氧 | 进行鼓风机曝气 |
| | 进出水水质变化不大 | 填料上生物膜过厚 | 进行鼓风机曝气，强制脱膜 |
| | | 填料上无生物膜 | 检查进水是否有生物抑制剂，可采取减少进水、适当投加营养物质等措施 |
| | | 池底有沉积物 | 进行鼓风机曝气，强制排出 |
| 生化接触氧化池 | 出水水质不好 | 填料上生物膜发黑、缺氧 | 加大鼓风量 |
| | | 填料上生物膜过厚 | 加大鼓风量，强制脱膜 |
| | | 填料上生物膜太少 | 减少鼓风量 |
| | | | 检查进水是否含有生物抑制剂，可采取减少进水、适当投加营养物质等措施 |
| | | 流量超过设计标准 | 减少流量 |
| | | 进水水质超过设计标准 | 减少流量 |
| 二沉池 | 液面有漂泥 | 排泥不及时，发生污泥消化现象 | 及时排泥 |
| | 出水悬浮物较多 | 排泥不及时，泥面过高影响沉淀 | 控制排泥时间，及时排泥 |
| | | 流量超过设计标准 | 减少流量 |
| | | 集水装置发生移位 | 调整集水装置 |
| | | 生物膜沉降性能差 | 根据生化池故障原因及对策调整 |

#### 四、脱硫废水处理系统

脱硫废水来源于持液槽和石膏脱水系统排水。在脱硫装置运行过程中，由于吸收液循环使用，其中的盐分和悬浮物杂质浓度会越来越高，而 pH 值越来越低。pH 值的降低会引起 $SO_2$ 吸收率降低；过高的杂质浓度会影响石膏的品质。因此，脱硫废液不能无限的浓缩。当杂质浓度达到一定值后，需要定时从系统内排出一部分废水，以保持吸收液的杂质浓度，维持循环系统的物料平衡。

脱硫废水中既有一类污染物又含有二类污染物。所含的一类污染物有镉、汞、铬、铅、镍等金属离子，对环境有很强的污染性；二类污染物有铜、锌、氟化物、硫化物。另外，废水中 COD、悬浮物含量都很高。

1. 脱硫废水处理工艺和设备规范

本工程脱硫废水零排放处理系统主工艺路线为预处理＋浓缩减量＋烟道蒸发。脱硫废水零排放工艺水平衡如图 9-9 所示。

本期工程脱硫系统废水排放量为 $15\sim20\text{m}^3/\text{h}$，脱硫废水零排放处理系统设备正常出力为 $20\text{m}^3/\text{h}$，脱硫废水零排放处理系统设备独立布置。工艺系统包括：预处理系统、浓缩系统、烟道喷洒系统、脱水系统、加药系统、公用系统等。脱硫废水处理流程如图 9-10 所示。

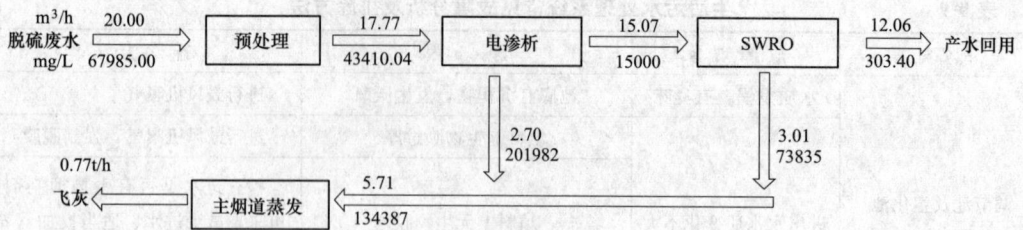

图 9-9 脱硫废水零排放工艺水平衡

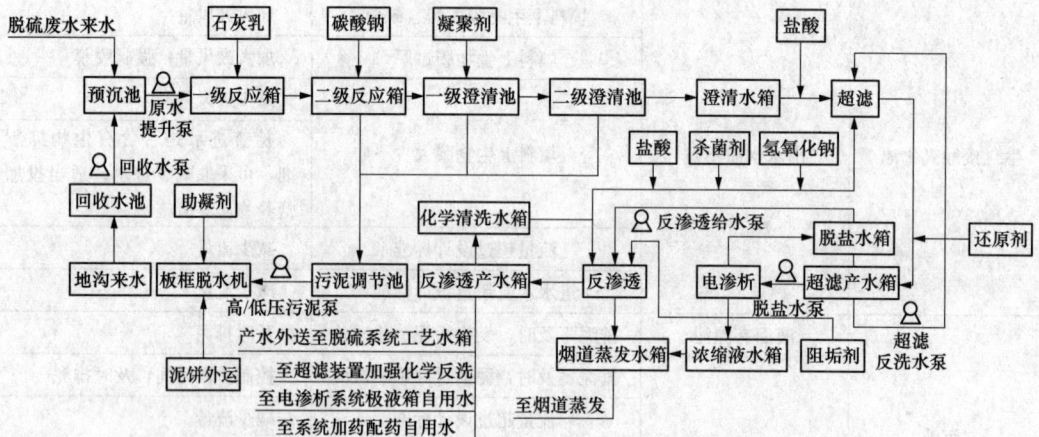

图 9-10 脱硫废水处理流程图

脱硫废水首先通过废水预处理去除系统中的悬浮物、重金属、硬度，进行 pH 调节后，进入后续浓缩减量处理系统，浓缩液继续进行处理，经蒸发结晶处理系统后，产水回收利用、结晶产物作为固废或外销处理，整个系统水回收率可达 90% 以上。正常运行时，脱硫废水经结晶蒸发后回收至锅炉补给水处理系统超滤水箱，当辅机干湿联合冷却系统末级启动喷水时，脱硫废水零排放系统回收水可直接回收至辅机湿冷循环水系统。

脱硫废水零排放处理系统主要设备规范见表 9-10。

表 9-10　　　　　　　　　　　脱硫废水零排放处理系统主要设备规范

| 序号 | 名　称 | 规格和型号 | 单位 | 数量 |
|---|---|---|---|---|
| 1 | 曝气风机 | $Q=7.8\mathrm{Nm^3/min}$，$P=0.07\mathrm{MPa}$，$N=15\mathrm{kW}$ | 台 | 2 |
| 2 | 原水提升泵（自吸泵） | $Q=20\mathrm{m^3/h}$，$H=20\mathrm{m}$，$N=5.5\mathrm{kW}$ | 台 | 2 |
| 3 | 一级反应箱 | $\phi2200\times4500$，$V=17\mathrm{m^3}$，碳钢衬玻璃鳞片 | 台 | 1 |
| 4 | 二级反应箱 | $\phi3000\times4500$，$V=31\mathrm{m^3}$，碳钢衬玻璃鳞片 | 台 | |
| 5 | 反应箱泥渣罐 | $\phi2500\times3000$，$V=15\mathrm{m^3}$，碳钢衬胶 | 台 | 1 |

| 序号 | 名　称 | 规格和型号 | 单位 | 数量 |
|---|---|---|---|---|
| 6 | 泥渣罐刮泥机 | XLED0.75-63-3481，<br>$N=0.75kW$ | 台 | 1 |
| 7 | 澄清池 | $\phi 7600 \times 6500$，$V=230m^3$，<br>碳钢衬玻璃鳞片 | 台 | 2 |
| 8 | 澄清池搅拌器 | GMX300-34E<br>（含减速机：XLVP3-6-43） | 台 | 2 |
| 9 | 澄清池泥渣罐 | $\phi 2500 \times 3500$，$V=17m^3$ | 台 | 2 |
| 10 | 泥渣罐刮泥机 | XLED0.75-63-3481 | 台 | 2 |
| 11 | 一级过滤器 | $\phi 2000 \times 5500$，$V=17m^3$，<br>碳钢衬胶 | 台 | 2 |
| 12 | 二级过滤器 | $\phi 2400 \times 5500$，$V=25m^3$，<br>碳钢衬胶 | 台 | 2 |
| 13 | 石灰加药系统 | | 套 | 1 |
| 14 | 碳酸钠加药单元 | | 套 | 1 |
| 15 | 硫酸钠加药单元 | | 套 | 1 |
| 16 | 助凝剂加药单元 | | 套 | 1 |
| 17 | 凝聚剂加药单元 | | 套 | 1 |
| 18 | 酸加药系统 | | 套 | 1 |
| 19 | 污泥储罐 | $V=50m^3$，$\phi 4000$，<br>碳钢衬胶 | 台 | 1 |
| 20 | 污泥循环泵 | $Q=10m^3/h$，$H=15m$ | 台 | 2 |
| 21 | 板框压滤机系统 | 干泥量24t/d，污泥含水量：~95%，总功率：<br>$N=20kW$，泥饼含水率不高于60% | 套 | 1 |
| 22 | ED给水泵 | $Q=18m^3/h$，$H=50m$ | 台 | 2 |
| 23 | 电渗析装置 | 膜对数：1000/基，DW-4型 | 台 | 1 |
| 24 | SWRO保安过滤器 | $Q=15m^3/h$ | 台 | 1 |
| 25 | SWRO膜元件 | 一级1段，SW30HRLE-370/34i | 台 | 1 |
| 26 | 雾化喷枪 | | 台 | 48 |
| 27 | 空气压缩机 | $60m^3/min$，0.7MPa | 台 | 2 |
| 28 | 低压污泥输送泵 | $Q=30m^3/h$，$H=80m$ | 台 | 4 |
| 29 | 高压污泥输送泵 | $Q=10m^3/h$，$H=160m$ | 台 | 4 |

2. 各分系统的作用

（1）预处理系统。预处理系统设置2台500m³ 预沉池。缓冲脱硫来废水的水质、水量波动。并对脱硫废水来水所含的悬浮物进行沉降；预处理系统设一级反应箱、二级反应箱、一级澄清池、二级澄清池，通过投加相应药品，去除水中硬度、重金属等，使脱硫废水满足后续浓缩系统进水要求。

一级反应箱内投加石灰乳液 [$Ca(OH)_2$]，去除废水中镁离子；二级反应箱入口投加碳酸钠（$Na_2CO_3$），与水中钙离子反应生成碳酸钙沉淀；去除硬度的脱硫废水经两级澄清池沉降后，上清液进入浓缩系统，反应生成的沉淀泥渣排至脱水系统。

（2）浓缩系统。采用陶瓷超滤膜、SWRO、电渗析工艺，最大设计水量 20m³/h，脱硫废水来水量长时间大于 6m³/h 时，启动浓缩系统，将脱硫废水浓缩至 6m³/h 以下，满足烟道蒸发对水量的要求。

陶瓷超滤给水泵设置 2 台，1 用 1 备，陶瓷超滤装置 1 台，陶瓷超滤入口设置碟片过滤器，保证陶瓷超滤进水悬浮物含量小于 50mg/L 的要求。

SWRO 反渗透装置设置 4 个膜壳，浓水含盐量大于 60 000mg/L，产水含盐量小于 1000mg/L；反渗透回收率根据来水水量和水质确定。

电渗析装置设置 2 台，采用常规阴阳离子均相膜，设计进水量 20m³/h，浓缩液产水浓度 100 000～200 000mg/L，脱盐液侧浓度控制在 15 000mg/L 以上。

（3）烟道喷洒系统。1 号、2 号机组设公用泵站 1 台，烟道喷洒水泵采用 2 用 1 备，1 号烟道喷洒水泵至 1 号机组，3 号烟道喷洒水泵至 2 号机组，2 号烟道喷洒水泵为备用。

（4）脱水系统。脱水系统设置 1 台 50m³ 污泥池，2 台板框脱水机，1 用 1 备，1 号高、低压污泥输送泵对应 1 号板框脱水机，2 号高、低压污泥输送泵对应 2 号板框脱水机。

脱水后的泥饼落入脱水机底部泥斗，采用汽车外运。

（5）加药系统。脱硫废水零排放系统设有石灰加药系统、碳酸钠加药系统、凝聚剂加药系统、助凝剂加药系统、盐酸加药系统、氢氧化钠加药系统、杀菌剂（次氯酸钠）加药系统、还原剂加药系统、阻垢剂加药系统。

1）石灰加药系统。石灰加药系统由石灰粉仓、震动料斗、给料机、螺旋输送机、汽水分离器、石灰溶解搅拌箱、辅助水箱、石灰输送泵、石灰计量泵组成。

石灰粉仓为 100m³/h，可容纳熟石灰 7 天用量，震动料斗设置 1 台振打器、1 台震摆器；给料机为变频控制，用于调节石灰加药量。石灰溶解搅拌箱容积为 3m³，石灰辅助水箱容积 0.5m³，石灰输送泵为 5m³/h，1 用 1 备，石灰计量泵为变频控制，出力 2.7m³/h，1 用 1 备。

2）碳酸钠加药系统。碳酸钠加药系统设置碳酸钠溶解池 1 台，容积 100m³，2 台碳酸钠计量泵，出力 1.5m³/h，变频控制。

3）凝聚剂加药系统。凝聚剂计量箱 1 台，容积 1m³，凝聚剂计量泵 16.6L/h，1 用 1 备。

4）助凝剂加药系统。助凝剂三联箱 1 台，容积 2m³，助凝剂计量泵 6L/h，2 台。

5）盐酸加药系统。盐酸计量箱 1 台，容积 1m³，系统加酸计量泵 20L/h，1 用 1 备，公用加酸计量泵 150L/h，2 用 1 备。

6）氢氧化钠加药系统。氢氧化钠计量箱 1 台，容积 1m³，氢氧化钠计量泵 150L/h，1 用 1 备。

7）杀菌剂（次氯酸钠）加药系统。杀菌剂（次氯酸钠）计量箱 1 台，容积 1m³，次氯酸钠计量泵 30L/h，1 用 1 备。

8）还原剂加药系统。还原剂计量箱 1 台，容积 1m³，还原剂计量泵 6L/h，1 用 1 备。

9）阻垢剂加药系统。阻垢剂计量箱 1 台，容积 1m³，阻垢剂计量泵 6L/h，1 用 1 备。

（6）公用系统。公用系统主要包括除盐水自用水系统、回收水系统和仪用压缩空气系统。

　　除盐水自用水系统主要用于药剂自用水、石灰、碳酸钠加药系统冲洗水等，水源采用反渗产水，备用水源为厂区工业用水。

　　回收水系统设置地下回收水池 1 台，回收水泵 2 台，出力 $15m^3/h$。系统内超滤、反渗透冲洗排水，各水箱溢流、排空水经地沟排至回收水池，经回收水泵提升至预处理系统，进行重新处理。

# 参 考 文 献

[1] 陈志和. 电厂化学设备及系统 [M]. 北京：中国电力出版社，2006.

[2] 刘海虹. 大型火电机组运行维护培训教材：化学分册 [M]. 北京：中国电力出版社，2010.

[3] 望亭发电厂. 600MW 超超临界火力发电机组培训教材：化学分册 [M]. 北京：中国电力出版社，2011.

[4] 江亭桂. 火力发电厂水处理 [M]. 北京：中国水利水电出版社，2011.

[5] 李培元，周柏青. 火力发电厂水处理及水质控制 [M]. 3 版. 北京：中国电力出版社，2018.

[6] 郭新茹. 火电厂水处理生产运行典型问题诊断分析 [M]. 北京：科学出版社，2018.